高等学校土木工程学科专业指导委员会规划教材
高等学校土木工程本科指导性专业规范配套系列教材
总主编 何若全

土木工程测量（第2版）

TUMU GONGCHENG CELIANG

编著 覃辉

重庆大学出版社

内容简介

“土木工程测量”是一门实践性强，理论与实践相结合的课程，教学重点在于培养学生应用测量的基本原理、基本方法和测量仪器进行测、算、绘作业三个方面的实践能力。本书引入了成熟的先进技术，测的重点是操作主流全站仪与GNSS RTK，算的重点是应用提供的fx-5800P编程计算器程序进行便携快速计算，绘的重点是操作数字测图软件CASS进行数字测图及其数字地形图的应用，建筑物放样的重点是数字化放样方法，路线曲线放样的重点是编程计算器程序计算与全站仪坐标放样。

本书按2011年高等学校土木工程专业指导委员会编制的“高等学校土木工程本科指导性专业规范”编写，适用于土建类各专业使用，也可用于本行业施工技术人员的继续教育教材。

图书在版编目(CIP)数据

土木工程测量/覃辉编著.—2版.—重庆：重庆大学出版社，2013.2(2025.1重印)

高等学校土木工程本科指导性专业规范配套系列教材

ISBN 978-7-5624-6080-0

Ⅰ.①土… Ⅱ.①覃… Ⅲ.①土木工程—工程测量—高等学校—教材 Ⅳ.①TU198

中国版本图书馆CIP数据核字(2013)第020143号

高等学校土木工程本科指导性专业规范配套系列教材

土木工程测量

(第2版)

覃 辉 编著

责任编辑：林青山 版式设计：莫 西

责任校对：邬小梅 责任印制：赵 晟

*

重庆大学出版社出版发行

出版人：陈晓阳

社址：重庆市沙坪坝区大学城西路21号

邮编：401331

电话：(023) 88617190 88617185(中小学)

传真：(023) 88617186 88617166

网址：http://www.cqup.com.cn

邮箱：fxk@cqup.com.cn(营销中心)

全国新华书店经销

重庆新生代彩印技术有限公司印刷

*

开本：787mm×1092mm 1/16 印张：21.5 字数：537千

2013年2月第2版 2025年1月第16次印刷

印数：25 501—26 500

ISBN 978-7-5624-6080-0 定价：59.00元

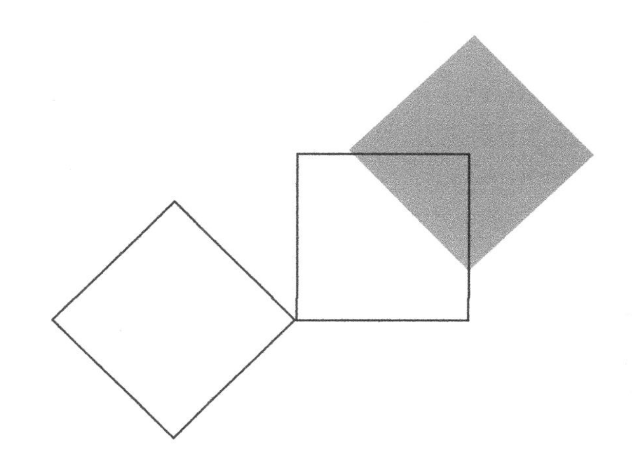

编委会名单

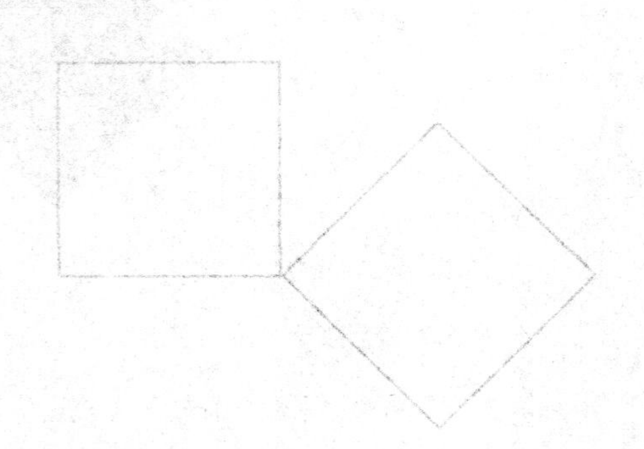

编委会名单

总 序

进入21世纪的第二个十年，土木工程专业教育的背景发生了很大的变化。"国家中长期教育改革和发展规划纲要"正式启动，中国工程院和国家教育部倡导的"卓越工程师培养计划"开始实施，这些都为高等工程教育的改革指明了方向。截至2010年底，我国已有300多所大学开设土木工程专业，在校生达30多万人，这无疑是世界上该专业在校大学生最多的国家。如何培养面向产业、面向世界、面向未来的合格工程师，是土木工程界一直在思考的问题。

由住房和城乡建设部土建学科教学指导委员会下达的重点课题"高等学校土木工程本科指导性专业规范"的研制，是落实国家工程教育改革战略的一次尝试。"专业规范"为土木工程本科教育提供了一个重要的指导性文件。

由"高等学校土木工程本科指导性专业规范"研制项目负责人何若全教授担任总主编，重庆大学出版社出版的《高等学校土木工程本科指导性专业规范配套系列教材》力求体现"专业规范"的原则和主要精神，按照土木工程专业本科期间有关知识、能力、素质的要求设计了各教材的内容，同时对大学生增强工程意识、提高实践能力和培养创新精神做了许多有意义的尝试。这套教材的主要特色体现在以下方面：

(1)系列教材的内容覆盖了"专业规范"要求的所有核心知识点，并且教材之间尽量避免了知识的重复；

(2)系列教材更加贴近工程实际，满足培养应用型人才对知识和动手能力的要求，符合工程教育改革的方向；

(3)教材主编们大多具有较为丰富的工程实践能力，他们力图通过教材这个重要手段实现"基于问题、基于项目、基于案例"的研究型学习方式。

据悉，本系列教材编委会的部分成员参加了"专业规范"的研究工作，而大部分成员曾为"专业规范"的研制提供了丰富的背景资料。我相信，这套教材的出版将为"专业规范"的推广实施，为土木工程教育事业的健康发展起到积极的作用！

中国工程院院士　哈尔滨工业大学教授

沈世钊

前言

2004年1月，我们出版了国内第一本多媒体立体化教材《土木工程测量》[9]，采用随书标配一片630 MB容量CD光盘的方式，为任课教师的多媒体教学提供基础教学资料。为了征求用户对教材内容、尤其是对光盘多媒体教学文件的意见，我们在教材前言公布了作者的电子邮箱地址。很快，读者的邮件像潮水一样涌来。

使我们刻骨铭心的是国内一位路桥施工企业测量员措词尖刻的电子邮件，邮件说：他是一位具有15年公路施工测量经验的测量员，因为看到《土木工程测量》一本多媒体立体化教材，就购买了一本。看完"路线测量"一章后给我们提出了四点意见：①章节内容是以交通设计院勘测人员的工作内容为主编写的，不是为路桥施工企业测量员编写的；②放样方法还是沿用上世纪50年代经纬仪加钢尺、国内路桥施工企业早已弃置不用的陈旧方法，现在的路桥施工企业全部使用全站仪或GNSS RTK放样，施工企业没有这些设备，连投标资格都没有；③路线曲线只介绍了对称基本型平曲线，而现在随便一条高速公路标段都普遍含有非对称基本型平曲线，有些还含有卵形曲线，且高速公路匝道基本都含有非完整缓和曲线；④路线设计中，因故改线引起的断链已成为路线施工图中的普遍现象，而该书却未介绍这些最基础的内容。

为了证明上述意见的正确性，该读者还将他公司正在施工高速公路标段的全套设计图纸复印件快递给了我们。笔者在仔细研究了该标段的全部设计图纸后，总结出企业用户测量计算的基本需求是，根据路线图纸的设计参数，准确、快速地现场计算路线中边桩的设计三维坐标，其计算内容主要包括：①任意路线或匝道平曲线的坐标正反算；②竖曲线设计高程与路基超高计算；③隧道超欠挖、断面放样与净空测量计算；④桥墩桩基坐标验算。在条件简陋的施工现场完成上述复杂计算必须借助于便携编程计算器程序才能实现，而研发这些程序并通过市场检验成熟后引入教材，需要花费大量的时间与精力。

测量的任务有测定与测设两个，土木工程专业学生到施工企业就业时，所从事测量工作的内容，95%以上是测设。测设是将图纸设计的建筑物、构筑物、路线放样到实地，也称施工放样。施工放样的关键是获取放样点位的三维设计坐标。本书只介绍建筑物放样与路线放样的原理与方法。

建筑物放样采用数字化放样法。它是在AutoCAD中对建筑基础施工图dwg文件进行编辑、校准并变换为测量坐标系，再用数字测图软件CASS采集设计点位的坐标文件，最后将坐标文件上载到全站仪内存文件，就可以实现快速、高效、准确地放样。

公路与铁路路线属于三维空间曲线,设计图纸只给出路线平曲线、竖曲线、纵断面与路基横断面参数,其设计三维坐标需要施工员根据设计图纸现场计算获得,本书采用 fx-5800P 程序 QH2-7T 计算。QH2-7T 程序具有三维坐标正反算、超高及边桩设计高程计算、桥墩桩基坐标计算与隧道超欠挖计算等功能。我们从 2004 年开始研发 QH2-7T 程序,通过出版系列专著[10]~[19]的方式,在全国路桥施工企业应用及测试,根据用户的意见不断修改完善后才引入本书,前后经历了漫长的 7 年时间。本书第 14 章的路线施工测量是按应用 QH2-7T 程序计算路线任意点的三维设计坐标为主线编写,学生只要掌握了 QH2-7T 程序的使用方法,毕业后到路桥施工企业从事施工测量工作时,可以快速适应岗位工作的要求。

"附录 A fx-5800P 编程计算器简介""附录 B 测量实验""附录 C 建筑变形测量与竣工总图的编绘"内容不再放入纸质教材中,通过配套数字资源同名 pdf 格式文件的方式给出。文件"\测量实验与实习\附录 B 测量实验.pdf"文件只给出了 5 个基础测量实验,这是学习本课程所需进行的最低限度的测量实验,我们在文件"\测量实验与实习"路径下给出了完整的 10 个测量实验指导书及测量实习指导书的开放 doc 文件,以便于教师根据本校的实际情况选择与修改测量实验指导书及测量实习指导书的内容。

本书以培养学生的测、算、绘三个重要应用技能为主线编写,其中"测"是操作全站仪、数字水准仪、GNSS RTK 等电子测量仪器采集点位的坐标,"算"是应用 fx-5800P 程序计算点位的坐标,"绘"是应用 Auto CAD 与数字测图软件 CASS 编辑与采集点位的坐标。为了配合教材内容的教学,我们配套提供教学文件的大部分内容,容量达到了 8.4GB。

将一本纯纸质教材用于多媒体教学,任课教师制作 ppt 及其辅助电子教学文件的工作量是巨大的。笔者 8 年的教材研发实践证明,为测量教材制作精美完善的 ppt 教案文件简直是一个无底洞,我们累计花费在制作数字资源的时间几乎是编写纸质教材时间的 10 倍以上,这还不包括企业制作的电子教学文件。

这是一本校企深度合作教材,虽然企业技术人员未直接参与教材章节的编写,也未署名,但他们为教材编写提供了大量的先进测量仪器设备与工具,仔细审阅了教材纸质,制作了部分数字教学文件,尤其是本书路线施工测量章节中极具特色的路线与匝道设计案例,是从成千上万名施工员发送给我们的设计图纸中精心挑选的,而全部 fx-5800P 程序的测试工作也是由他们完成的。他们中的很多人,我们都只知道电子邮箱地址,不知道姓名。他们是本书计算程序得以完善的无名英雄,在此一并表示感谢!

2010 年 3 月 28 日,从重庆大学出版社开完教材主编会议返校后,就开始了本教材的编写,累计写作了 9 个月时间,2001 年 1 月将书稿寄送出版社后,又花费了 4 个月时间修改与完善"第 13 章 路线施工测量"的内容。我们倾尽全力地精心编写每个章节的内容,精心设计与绘制每幅插图,精心制作电子教学文件,所做的每一项工作,都是为了实现教育部及本套教材编委会要求的应用能力及与企业施工测量生产实践零距离对接的培养目标。但是否实现了这个目标,还需要经过市场的检验。

希望继续得到广大读者的批评意见,以改进我们的修订工作。敬请读者将使用中发现的问题和建议及时发送到 qh-506@163.com 邮箱。

编 者

2011 年 5 月

配套数字资源的使用方法

注:购书教师如需配套数字资源,请联系编辑部索取,电话:023-88617142。

本书提供配套数字资源,目录见图1所示,购书的读者可以免费索取。数字资源使用前,请先阅读下列说明。

①文件"\电子章节"路径下放置了本书纸质教材以外的pdf格式文件。

②文件"\电子教案"路径下放置了包含本书全部内容的电子教案ppt文件、含本书全部内容与建议学时数的教学日历doc文件,文件"\辅助电子教案"路径下放置了为国内外著名测量仪器厂商制作的全系列测量仪器与软件介绍电子教案ppt文件。为使读者了解世界测量仪器的发展历史,还制作了"经典测量仪器回顾展教案ppt"。通过观看这些电子教案,可以帮助读者较全面地了解测量仪器的发展历史。建议使用Office2000或以上版本打开。任课教师如要修改电子教案内容,请先将其复制到PC机硬盘中并取消文件的只读属性。

③文件"\练习题答案pdf加密文件"路径下放置了包含本书全部章节练习题答案的pdf加密文件,**它们只对教师与工程技术人员开放,不对在校学生开放,请将本人的工作证扫描后存为JPG图像文件发送到qh-506@163.com邮箱获取密码。**

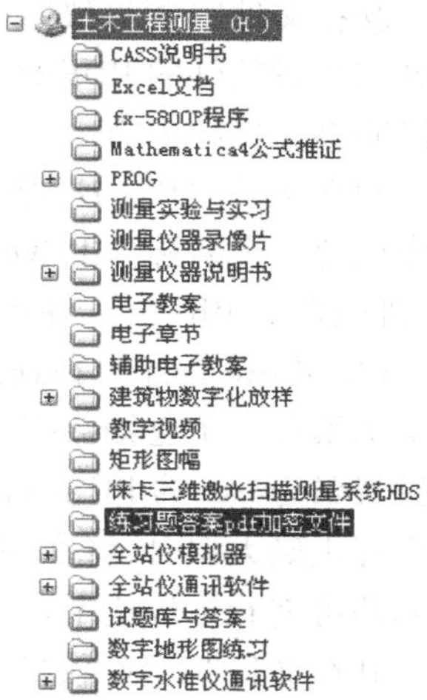

土木工程测量(H:)
- CASS说明书
- Excel文档
- fx-5800P程序
- Mathematica4公式推证
- PROG
- 测量实验与实习
- 测量仪器录像片
- 测量仪器说明书
- 电子教案
- 电子章节
- 辅助电子教案
- 建筑物数字化放样
- 教学视频
- 矩形图幅
- 徕卡三维激光扫描测量系统HDS
- 练习题答案pdf加密文件
- 全站仪模拟器
- 全站仪通讯软件
- 试题库与答案
- 数字地形图练习
- 数字水准仪通讯软件

图1 本书配套数字资源目录

④文件"\试题库与答案"路径下放置了测量试题库与参考答案,内容涵盖了本书全部教学内容。试题库按填空题、判断题、选择题、名词解释、简答题与计算题分类排列,教师只需要根据已完成的教学内容,在试题库的每类试题中各选择一部分试题就可以快速生成一份新试卷并得到试卷答案。

⑤如图2所示,文件"\测量实验与实习"路径下放置了10次测量实验指导书与测量实习指导书的开放doc文件,教师可根据本校各专业的实际情况选择实验与实习的内容。

⑥文件"\fx-5800P程序"路径下放置了本书fx-5800P母机的10个程序的逐屏数码图片ppt文件,还放置了主要程序的操作视频文件。建议教师安排多名同学分别输入到各自的计算器内,然后通过数据通讯方式传输到一台fx-5800P中,最后分别传输给每位同学。

⑦文件"\测量仪器录像片"与"\视频教学"路径下放置了反映当今国际先进测量仪器与测

实验_水准仪的检验与校正.doc
实验_水准测量.doc
实验_竖直角与经纬仪视距三角高程测量.doc
实验_全站仪放样建筑物轴线交点.doc
实验_全站仪放样对称基本型路线平曲线主点平面位置.doc
实验_全站仪草图法数字测图.doc
实验_经纬仪配合量角器测绘法测图.doc
实验_光学经纬仪的检验和校正.doc
实验_方向观测法测量水平角.doc
实验_测回法测量水平角.doc
《测量教学实习》指导书.doc
测量实习_建筑物数字化放样.dwg

图2 “\测量实验与实习”路径下的开放doc文件目录

量方法的视频录像文件,主要有mpg与AVI视频格式文件,它们不能在普通DVD机上播放,只能在PC机上使用视频播放软件播放,建议使用Windows Media Player软件播放。

⑧在文件“\徕卡三维激光扫描测量系统HDS”路径下放置了介绍徕卡HDS系列三维激光扫描测量系统的原理、操作方法与测量案例的视频录像。

⑨在文件“\测量仪器说明书”路径下放置了国内外主流仪器厂商生产的绝大部分全站仪、GPS与测量软件的PDF格式说明书文件,它需要先安装PDF阅读器才可以打开、查看及打印这些说明书文件的内容。

⑩在文件“\PROG”路径下放置的程序有PC机程序(扩展名为exe),请读者在PC机的硬盘中创建一个名称为PROG的文件夹,将文件“\PROG”路径下的全部文件及文件夹都复制到PC机硬盘的PROG文件夹中并取消文件的只读属性。

PC机exe程序可在任意的Windows下运行,方法是:先按书中介绍的程序要求,用Windows记事本编写一个已知数据文件并按程序要求的文件名存盘保存,在Windows的资源管理器下双击扩展名为exe的PC机程序,输入已知数据文件名,按回车键,当已知数据文件名、文件格式及其内容正确无误时,将在同路径下生成一个SU文件或CS与SV坐标数据文件。用记事本打开它们即可查看计算成果。

⑪在文件“\全站仪模拟器”路径下放置了部分全站仪的模拟器软件,只有徕卡全站仪的模拟器软件需要安装,其余全站仪的模拟器软件只需要将其复制到用户PC机硬盘,并将其发送到Windows桌面上即可使用。

⑫在文件“\全站仪通讯软件”路径下,放置了国内外主流全站仪生产厂商的全站仪通讯软件,其中,索佳、南方测绘与科力达公司的通讯软件不需要安装,只需将其复制到PC机的硬盘中,然后发送到Windows桌面上即可使用,其余通讯软件需要安装后才能使用。

编　者
2011年5月

目　录

1 绪 论

本章导读:

- **基本要求** 理解重力、铅垂线、水准面、大地水准面、参考椭球面、法线的概念及其相互关系;掌握高斯平面坐标系的原理;了解我国大地坐标系——“1954 北京坐标系”与“1980 西安坐标系”的定义、大地原点的意义;了解我国高程系——“1956 年黄海高程系”与“1985 国家高程基准”的定义、水准原点的意义。
- **重点** 测量的两个任务——测定与测设,其原理是测量并计算空间点的三维坐标,测定与测设都应在已知坐标的点上安置仪器进行,已知点的坐标是通过控制测量的方法获得。
- **难点** 大地水准面与参考椭球面的关系;高斯平面坐标系与数学笛卡儿坐标系的关系与区别;我国对高斯平面坐标系 y 坐标的处理规则。

1.1 测量学简介

测量学是研究地球表面局部地区内测绘工作的基本原理、技术、方法和应用的学科。测量学将地表物体分为地物和地貌。

地物:地面上天然或人工形成的物体,它包括湖泊、河流、海洋、房屋、道路、桥梁等。

地貌:地表高低起伏的形态,它包括山地、丘陵和平原等。

地物和地貌总称为地形,测量学的主要任务是测定和测设。

测定:使用测量仪器和工具,通过测量与计算将地物和地貌的位置按一定比例尺、规定的符号缩小绘制成地形图,供科学研究和工程建设规划设计使用。

测设:将在地形图上设计出的建筑物和构筑物的位置在实地标定出来,作为施工的依据。

在城市规划、给水排水、煤气管道、工业厂房和民用建筑建设中的测量工作是:在设计阶段,测绘各种比例尺的地形图，供建、构筑物的平面及竖向设计使用；在施工阶段，将设计建、构筑物的平面位置和高程在实地标定出来，作为施工的依据；工程完工后，测绘竣工图，供日后扩建、改建、维修和城市管理应用，对某些重要的建、构筑物，在建设中和建成以后还应进行变形观测，以保证建、构筑物的安全。

在公路、铁路建设中的测量工作是：为了确定一条经济合理的路线，应预先测绘路线附近的地形图，在地形图上进行路线设计，然后将设计路线的位置标定在地面上以指导施工；当路线跨越河流时，应建造桥梁，建桥前，应测绘河流两岸的地形图，测定河流的水位、流速、流量、河床地形图与桥梁轴线长度等，为桥梁设计提供必要的资料。在施工阶段，需要将设计桥台、桥墩的位置标定到实地；当路线穿过山岭需要开挖隧道时，开挖前，应在地形图上确定隧道的位置，根据测量数据计算隧道的长度和方向；隧道施工通常是从隧道两端相向开挖，这就需要根据测量成果指示开挖方向，保证其正确贯通。

对土建类专业的学生，通过本课程的学习，应掌握下列有关测定和测设的基本内容：

①地形图测绘：运用各种测量仪器、软件和工具，通过实地测量与计算，把小范围内地面上的地物、地貌按一定的比例尺测绘成图。

②地形图应用：在工程设计中，从地形图上获取设计所需要的资料，例如点的平面坐标和高程、两点间的水平距离、地块的面积、土方量、地面的坡度、指定方向的纵和横断面，以及进行地形分析等。

③施工放样：将图上设计的建、构筑物标定在实地上，作为施工的依据。

④变形观测：监测建、构筑物的水平位移和垂直沉降，以便采取措施，保证建筑物的安全。

⑤竣工测量：测绘竣工图。

1.2 地球的形状和大小

地球是一个南北极稍扁、赤道稍长、平均半径约为 6 371 km 的椭球体。测量工作在地球表面上进行，地球的自然表面有高山、丘陵、平原、盆地、湖泊、河流和海洋等呈高低起伏的形态，其中海洋面积约占 71%，陆地面积约占 29%。在地面进行测量工作应掌握重力、铅垂线、水准面、大地水准面、参考椭球面和法线的概念及关系。

如图 1.1(a)所示，由于地球的自转，其表面的质点 P 除受万有引力的作用外，还受到离心力的影响。P 点所受的万有引力与离心力的合力称为重力，称重力的方向为铅垂线方向。

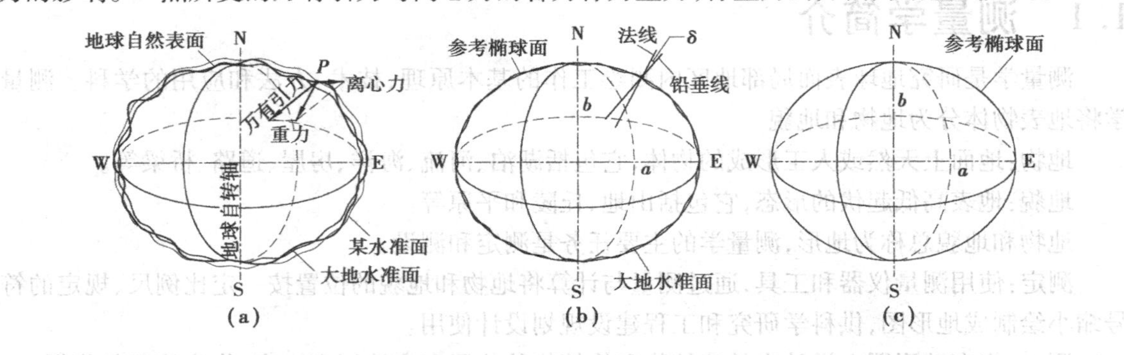

图 1.1　地球自然表面、水准面、大地水准面、参考椭球面、铅垂线、法线之间的关系

假想静止不动的水面延伸穿过陆地,包围整个地球,形成一个封闭曲面,这个封闭曲面称为水准面。水准面是受地球重力影响形成的重力等位面,物体沿该面运动时,重力不做功(如水在这个面上不会流动),其特点是曲面上任意一点的铅垂线垂直于该点的曲面。根据这个特点,水准面也可以定义为:处处均与铅垂线垂直的连续封闭曲面。由于水准面的高度可变,因此符合该定义的水准面有无数个,其中与平均海水面相吻合的水准面称为大地水准面。大地水准面是唯一的。

由于地球内部物质的密度分布不均匀,造成地球各处万有引力的大小不同,致使重力方向产生变化,所以大地水准面是有微小起伏、不规则、很难用数学方程表示的复杂曲面。如果将地球表面上的物体投影到这个复杂曲面上,计算起来将非常困难。为了解决投影计算问题,通常是选择一个与大地水准面非常接近、能用数学方程表示的椭球面作为投影的基准面,这个椭球面是由长半轴为 a、短半轴为 b 的椭圆 NESW 绕其短轴 NS 旋转而成的旋转椭球面[图 1.1(c)]。旋转椭球又称为参考椭球,其表面称为参考椭球面。

由地表任一点向参考椭球面所作的垂线称法线,地表点的铅垂线与法线一般不重合,其夹角 δ 称为垂线偏差,如图 1.1(b)所示。

如图 1.1(c)所示,决定参考椭球面形状和大小的元素是椭圆的长半轴 a、短半轴 b。此外,根据 a 和 b 还定义了扁率 f、第一偏心率 e 和第二偏心率 e':

$$\left.\begin{aligned} f &= \frac{a-b}{a} \\ e^2 &= \frac{a^2-b^2}{a^2} \\ e'^2 &= \frac{a^2-b^2}{b^2} \end{aligned}\right\} \tag{1.1}$$

我国采用过的两个参考椭球元素值及 GNSS 测量使用的参考椭球元素值列于表 1.1[1]。

表 1.1 参考椭球元素值

序	坐标系名称	a/m	f	e^2	e'^2
1	1954 北京坐标系	6 378 245	1:298.3	0.006 693 421 622 966	0.006 738 525 414 683
2	1980 西安坐标系	6 378 140	1:298.257	0.006 694 384 999 59	0.006 739 501 819 47
3	WGS-84 坐标系(GNSS)	6 378 137	1:298.257 223 563	0.006 694 379 990 13	0.006 739 496 742 227

在表 1.1 中,序 1 的参考椭球称为克拉索夫斯基椭球(Krasovsky ellipsoid),序 2 的参考椭球是 1975 年第 16 届"国际大地测量与地球物理联合会"(International Union of Geodesy and Geophysics)通过并推荐的椭球,简称 IUGG1975 椭球,序 3 的参考椭球是 1979 年第 17 届"国际大地测量与地球物理联合会"通过并推荐的椭球,简称 IUGG1979 椭球。

由于参考椭球的扁率很小,当测区范围不大时,可以将参考椭球近似看作半径为6 371 km 的圆球。

1.3 测量坐标系与地面点位的确定

无论测定还是测设,都需要通过确定地面点的空间位置来实现。空间是三维的,所以表示地面点在某个空间坐标系中的位置需要三个参数，确定地面点位的实质就是确定其在某个空间坐标系中的三维坐标。测量中，将空间坐标系分为参心坐标系和地心坐标系。“参心”意指参考椭球的中心，由于参考椭球的中心一般不与地球质心重合，所以它属于非地心坐标系，表1.1中的前两个坐标系是参心坐标系。“地心”意指地球的质心，表1.1中GNSS使用的WGS-84属于地心坐标系。工程测量通常使用参心坐标系。

1.3.1 确定点的球面位置的坐标系

由于地表高低起伏不平，所以一般是用地面某点投影到参考曲面上的位置和该点到大地水准面间的铅垂距离来表示该点在地球上的位置。为此，测量上将空间坐标系分解为确定点的球面位置的坐标系（二维）和高程系（一维）。确定点的球面位置的坐标系有地理坐标系和平面直角坐标系两类。

1）地理坐标系

地理坐标系是用经纬度表示点在地球表面的位置。1884年，在美国华盛顿召开的国际经度会议上，正式将经过格林威治（Greenwich）天文台的经线确定为0°经线，纬度以赤道为0°，分别向南北半球推算。明朝末年，意大利传教士利玛窦（Matteo Ricci，1522—1610）最早将西方经纬度概念引入中国，但当时并未引起中国人的太多重视，直到清朝初年，通晓天文地理的康熙皇帝（1654—1722）才决定使用经纬度等制图方法，重新绘制中国地图。他聘请了十多位各有特长的法国传教士，专门负责清朝的地图测绘工作。

按坐标系所依据的基本线和基本面的不同以及求坐标方法的不同，地理坐标系又分为天文地理坐标系和大地地理坐标系两种。

（1）天文地理坐标系

天文地理坐标又称天文坐标，表示地面点在大地水准面上的位置，其基准是铅垂线和大地水准面，它用天文经度 λ 和天文纬度 φ 来表示点在球面的位置。

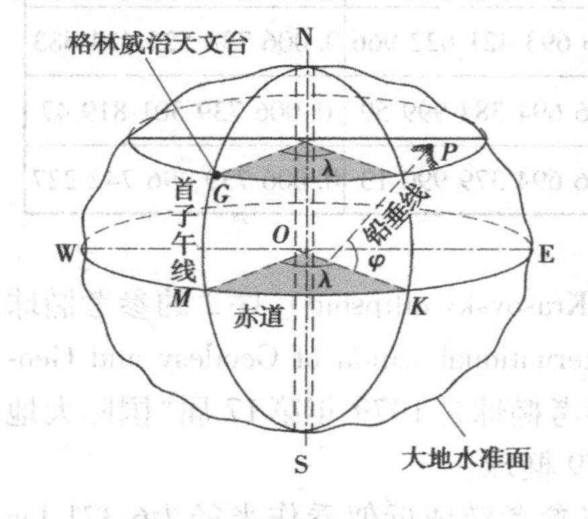

图1.2　天文地理坐标

如图1.2所示，过地表任一点 P 的铅垂线与地球旋转轴NS平行的平面称为该点的天文子午面。天文子午面与大地水准面的交线称为天文子午线，也称经线。设 G 点为英国格林威治天文台的位置，称过 G 点的天文子午面为首子午面。P 点天文经度 λ 的定义是：P 点天文子午面与首子午面的两面角，从首子午面向东或向西计算，取值范围是0°～180°，在首子午线以东为东经，以西为西经。同一子午线上各点的经度相同。过 P 点垂直于地球旋转轴的平面与大地水准面的交线称为 P 点的纬线，过球心 O 的纬线称为赤道。P 点天文纬度 φ 的定义是：P 点铅垂线与赤道平面的夹角，自赤道起向南或向北计算，取值范围为0°～90°，在赤道以北为北纬，以南为南纬。

可以应用天文测量方法测定地面点的天文纬度 φ 和天文经度 λ。例如广州地区的概略天文地理坐标为23°07′N，113°18′E，在谷歌地球上输入“23°07′N，113°18′E”即可搜索到该点的位置，注意其中的逗号应为西文逗号。

(2)大地地理坐标系

大地地理坐标又称大地坐标,是表示地面点在参考椭球面上的位置,它的基准是法线和参考椭球面。它用大地经度 L 和大地纬度 B 表示。由于参考椭球面上任意点 P 的法线与参考椭球面的旋转轴共平面,因此,过 P 点与参考椭球面旋转轴的平面称为该点的大地子午面。

P 点的大地经度 L 是过 P 点的大地子午面和首子午面所夹的两面角,P 点的大地纬度 B 是过 P 点的法线与赤道面的夹角。大地经、纬度是根据起始大地点(又称大地原点,该点的大地经纬度与天文经纬度一致)的大地坐标,按大地测量所得的数据推算而得。我国以陕西省泾阳县永乐镇石际寺村大地原点为起算点,由此建立的大地坐标系,称为"1980 西安坐标系",简称 80 西安系;通过与苏联 1942 年普尔科沃坐标系联测,经我国东北传算过来的坐标系称"1954 北京坐标系",简称 54 北京系,其大地原点位于现俄罗斯圣彼得堡市普尔科沃天文台圆形大厅中心。

2)平面直角坐标系

(1)高斯平面坐标系

地理坐标对局部测量工作来说是非常不方便的。例如,在赤道上,1″的经度差或纬度差对应的地面距离约为 30 m。测量计算最好在平面上进行,但地球是一个不可展的曲面,应通过投影的方法将地球表面上的点位换算到平面上。地图投影有多种方法,我国采用的是高斯-克吕格正形投影,简称高斯投影。高斯投影的实质是椭球面上微小区域的图形投影到平面上后仍然与原图形相似,即不改变原图形的形状。例如,椭球面上一个三角形投影到平面上后,其三个内角保持不变。

高斯投影是高斯(1777—1855)在 1820—1830 年间,为解决德国汉诺威地区大地测量投影问题而提出的一种投影方法。1912 年起,德国学者克吕格将高斯投影公式加以整理和扩充并推导了实用计算公式。以后,保加利亚学者赫里斯托夫等对高斯投影做了进一步的更新和扩充。使用高斯投影的国家主要有德国、中国与前苏联。

如图 1.3(a)所示,高斯投影是一种横椭圆柱正形投影。设想用一个横椭圆柱套在参考椭球外面,并与某一子午线相切,称该子午线为中央子午线或轴子午线,横椭圆柱的中心轴 CC' 通过参考椭球中心 O 并与地轴 NS 垂直。将中央子午线东西各一定经差范围内的地区投影到横椭圆柱面上,再将该横椭圆柱面沿过南、北极点的母线切开展平,便构成了高斯平面坐标系,如图 1.3(b)所示。

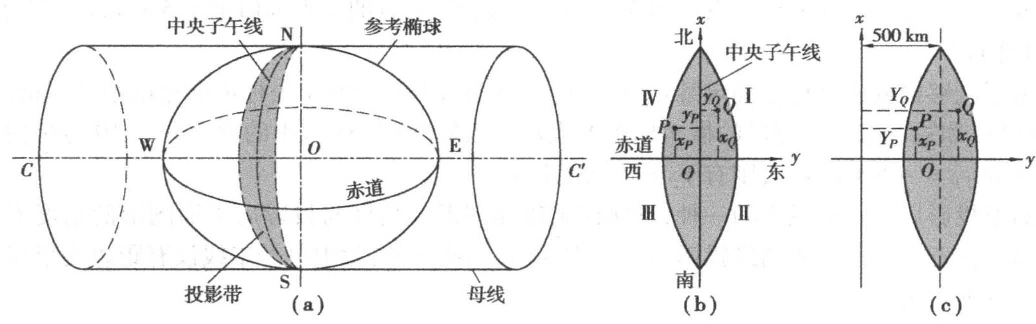

图 1.3　高斯平面坐标系投影图

高斯投影是将地球按经线划分成若干分带进行投影，带宽用投影带两边缘子午线的经度差表示，常用带宽为6°，3°和1.5°，分别简称为6°，3°和1.5°带投影。国际上对6°和3°带投影的中央子午线经度有统一规定，满足这一规定的投影称为统一6°带投影和统一3°带投影。

①统一6°带投影

从首子午线起，每隔经度6°划分为一带，如图1.4所示，自西向东将整个地球划分为60个投影带，带号从首子午线开始，用阿拉伯数字表示。第一个6°带的中央子午线的经度为3°，任意带的中央子午线经度L_0与投影带号N的关系为

$$L_0 = 6N - 3 \tag{1.2}$$

反之，已知地面任一点的经度L，计算该点所在的统一6°带编号N的公式为

$$N = \mathrm{Int}\left(\frac{L+3}{6} + 0.5\right) \tag{1.3}$$

式中，Int为取整函数。在fx-5800P编程计算器中，按FUNCTION 1 ▼ 2键输入取整函数**Int(**。

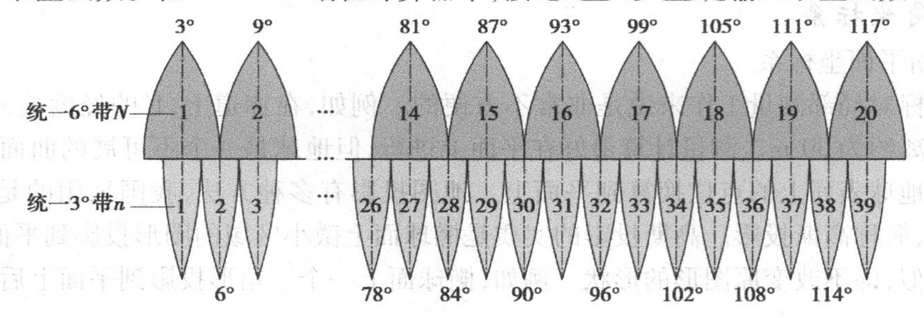

图1.4　统一6°带投影与统一3°带投影高斯平面坐标系的关系

投影后的中央子午线和赤道均为直线并保持相互垂直。以中央子午线为坐标纵轴（x轴），向北为正；以赤道为坐标横轴（y轴），向东为正，中央子午线与赤道的交点为坐标原点O。

与数学的笛卡儿坐标系比较，在高斯平面坐标系中，为了定向的方便，定义纵轴为x轴，横轴为y轴，x轴与y轴互换了位置，象限则按顺时针方向编号[图1.3(b)]，这样就可以将数学上定义的各类三角函数在高斯平面坐标系中直接应用，不需做任何变更。

如图1.5所示，我国位于北半球，x坐标值恒为正值，y坐标值则有正有负，当测点位于中央子午线以东时为正，以西时为负。例如图1.3(b)中的P点位于中央子午线以西，其y坐标值为负。对于6°带高斯平面坐标系，y坐标的最大负值约为-334 km。为了避免y坐标出现负值，我国统一规定将每带的坐标原点西移500 km，也即给每个点的y坐标值加上500 km，使之恒为正，如图1.3(c)所示。

为了能够根据横坐标值确定某点位于哪一个6°带内，还应在y坐标值前冠以带号。将经过加500 km和冠以带号处理后的横坐标用Y表示。例如，图1.3(c)中的P点位于19号带内，其横坐标为$y_P = -265\ 214$ m，则有$Y_P = 19\ 234\ 786$ m。

高斯投影属于正形投影的一种，它保证了球面图形的角度与投影后平面图形的角度不变，但球面上任意两点间的距离经投影后会产生变形，其规律是：除中央子午线没有距离变形以外，其余位置的距离均变长。

②统一3°带投影

统一3°带投影的中央子午线经度L_0'与投影带号n的关系为

$$L_0' = 3n \tag{1.4}$$

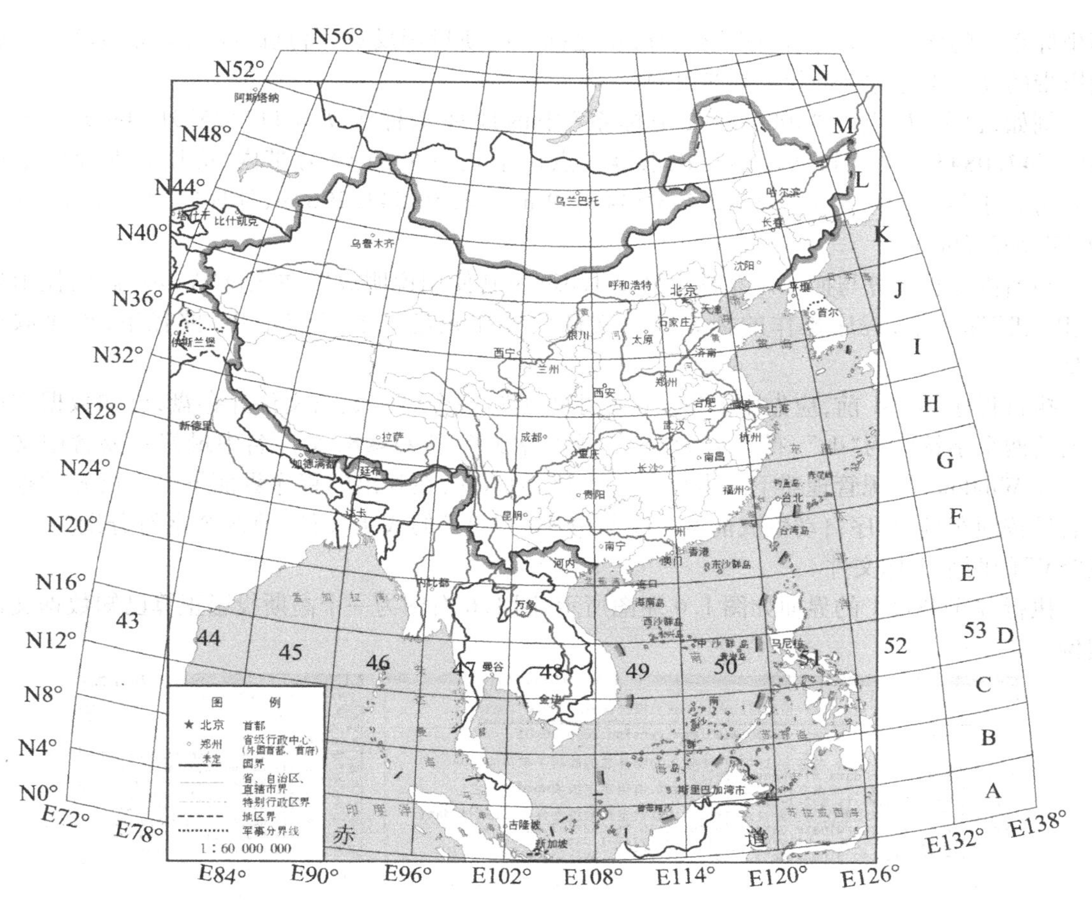

图 1.5 我国统一 6°带投影的分布情况（国家测绘地理信息局审图号：GS(2016)1593 号）

反之，已知地面任一点的经度 L，要计算该点所在的统一 3°带编号 n 的公式为

$$n = \mathrm{Int}\left(\frac{L}{3} + 0.5\right) \tag{1.5}$$

统一 6°带投影与统一 3°带投影的关系如图 1.4 所示。

我国领土所处的概略经度范围为 73°27′E ~ 135°09′E，根据式(1.3)和式(1.5)求得的统一 6°带投影与统一 3°带投影的带号范围分别为 13 ~ 23，24 ~ 45。可见，在我国领土范围内，统一 6°带与统一 3°带的投影带号不重叠，其中统一 6°带投影的分布情况如图 1.5 所示。

③1.5°带投影

1.5°带投影的中央子午线经度与带号的关系，国际上没有统一规定，通常是使 1.5°带投影的中央子午线与统一 3°带投影的中央子午线或边缘子午线重合。

④任意带投影

任意带投影通常用于建立城市独立坐标系。例如可以选择过城市中心某点的子午线为中央子午线进行投影，这样，可以使整个城市范围内的距离投影变形都比较小。

(2)大地地理坐标系与高斯平面坐标系的相互变换

我国使用的大地坐标系有“1954 北京坐标系”和“1980 西安坐标系”，在同一个大地坐标系中，地理坐标与高斯平面坐标可以相互变换。称由地面点的大地经纬度 L，B 计算其在高斯平

面坐标系中的坐标 x,y 为高斯投影正算,反之称为高斯投影反算,将点的高斯坐标换算到相邻投影带的高斯坐标称高斯投影换带计算。

例如,已知 P 点在“1980 西安坐标系”中的地理坐标为 $L=113°25'31.4880''\mathrm{E}$, $B=21°58'47.0845''\mathrm{N}$,应用式(1.3)可以求得 P 点位于统一 6°的 19 号带内,应用高斯投影正算公式可以求得其高斯坐标为 $x=2\ 433\ 544.439$ m, $y=250\ 543.296$ m,处理后的 y 坐标为 $Y=19\ 750\ 543.296$ m。

高斯投影正反算与换带计算程序 PG2-1.exe 及其使用说明放置在光盘“\prog\高斯投影程序_PC 机”路径下,程序操作的视频演示文件放置在光盘“\教学演示片”路径下,程序取自文献[2]。

执行程序 PG2-1 前,应先用 Windows 记事本编写一个已知数据文件并存盘,已知数据文件名的前两个字符应为“da”,扩展名为“txt”,文件名总字符数≤8,文件名中最好不要含中文字符。在 Windows 资源管理器下双击程序文件 PG2-1.exe,在弹出的程序界面下输入已知数据文件名后按回车键,程序自动生成前两个字符分别为“SU”的成果文件、前两个字符分别为“CS”及“SV”的两个坐标文件。

执行程序 PG2-1 的界面如图 1.6 左图所示,图 1.6 右图为一个高斯投影正算已知数据文件案例。

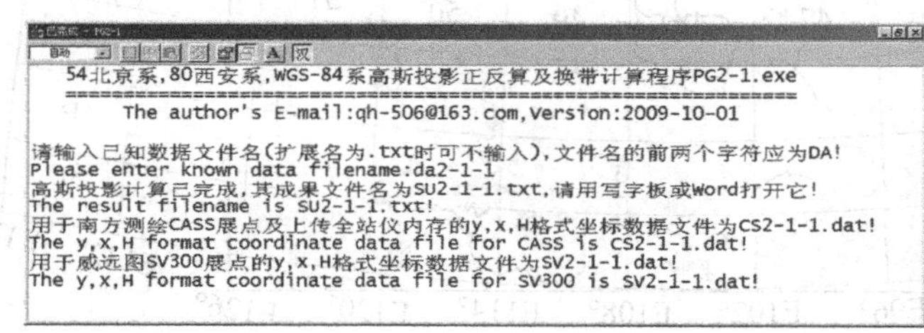

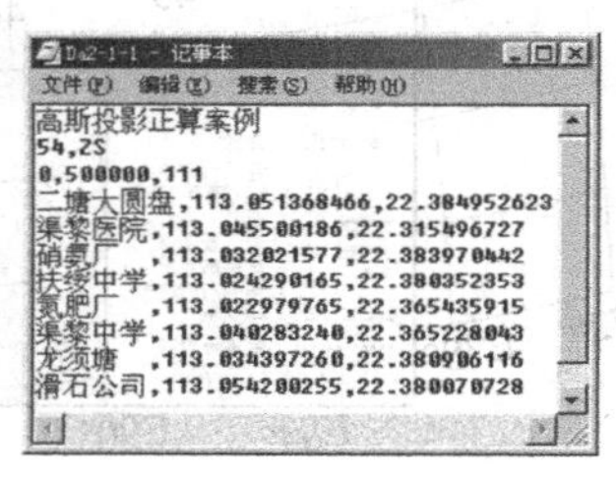

图 1.6　程序 PG2-1.exe 的运行界面与已知数据文件案例

CS 文件的内容如图 1.7 左图所示,它可用于南方测绘数字测图软件 CASS 展点及上传到全站仪内存;SV 文件的内容如图 1.7 右图所示,它用于威远图数字测图软件 SV300 展点;SU 文件为用于计算存档的成果文件,部分内容如图 1.8 所示。执行程序前,程序与已知数据文件应位于用户机器的硬盘或 U 盘的同一路径下,程序除计算出点的高斯坐标外,还能计算出点所在 1∶100 万~1∶1 万 7 种国家基础比例尺地形图的分幅号,分幅规则见 10.1 节。

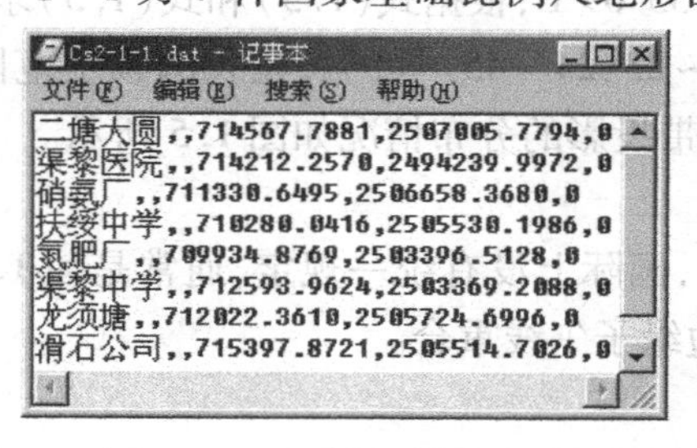

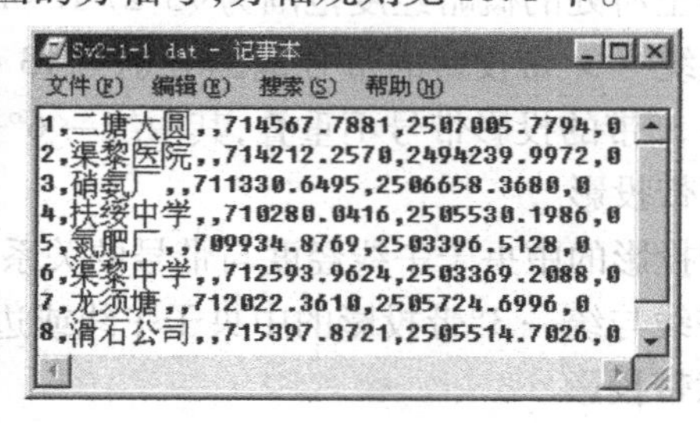

图 1.7　执行程序 PG2-1.exe 输出的坐标文件案例

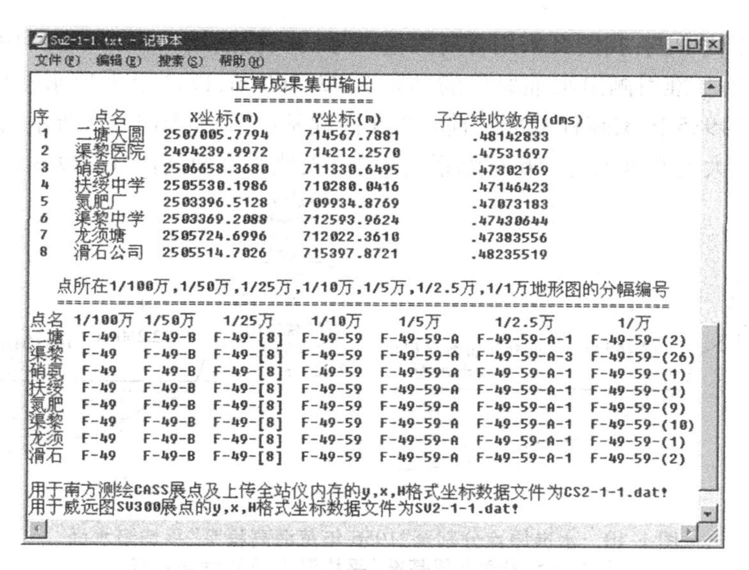

Su2-1-1.txt - 记事本

文件(F) 编辑(E) 搜索(S) 帮助(H)

正算成果集中输出

序	点名	X坐标(m)	Y坐标(m)	子午线收敛角(dms)
1	二塘大圆	2507005.7794	714567.7881	.48142833
2	渠黎医院	2494239.9972	714212.2570	.47531697
3	硝氨厂	2506658.3680	711330.6495	.47302169
4	扶绥中学	2505530.1986	710280.0416	.47146423
5	氮肥厂	2503396.5128	709934.8769	.47073183
6	渠黎中学	2503369.2088	712593.9624	.47430644
7	龙须塘	2505724.6996	712022.3610	.47383556
8	滑石公司	2505514.7026	715397.8721	.48235519

点所在1/100万,1/50万,1/25万,1/10万,1/5万,1/2.5万,1/1万地形图的分幅编号

点名	1/100万	1/50万	1/25万	1/10万	1/5万	1/2.5万	1/万
二塘	F-49	F-49-B	F-49-[8]	F-49-59	F-49-59-A	F-49-59-A-1	F-49-59-(2)
渠黎	F-49	F-49-B	F-49-[8]	F-49-59	F-49-59-A	F-49-59-A-3	F-49-59-(26)
硝氨	F-49	F-49-B	F-49-[8]	F-49-59	F-49-59-A	F-49-59-A-1	F-49-59-(1)
扶绥	F-49	F-49-B	F-49-[8]	F-49-59	F-49-59-A	F-49-59-A-1	F-49-59-(1)
氮肥	F-49	F-49-B	F-49-[8]	F-49-59	F-49-59-A	F-49-59-A-1	F-49-59-(9)
渠黎	F-49	F-49-B	F-49-[8]	F-49-59	F-49-59-A	F-49-59-A-1	F-49-59-(10)
龙须	F-49	F-49-B	F-49-[8]	F-49-59	F-49-59-A	F-49-59-A-1	F-49-59-(1)
滑石	F-49	F-49-B	F-49-[8]	F-49-59	F-49-59-A	F-49-59-A-1	F-49-59-(2)

用于南方测绘CASS展点及上传全站仪内存的y,x,H格式坐标数据文件为CS2-1-1.dat!
用于威远图SV300展点的y,x,H格式坐标数据文件为SV2-1-1.dat!

图 1.8 执行程序 PG2-1.exe 输出的案例成果文件部分内容

1.3.2 确定点的高程系

地面点到大地水准面的铅垂距离称为该点的绝对高程或海拔，简称高程，通常用 H 加点名作下标表示。如图 1.9 中 A,B 两点的高程表示为 H_A,H_B。

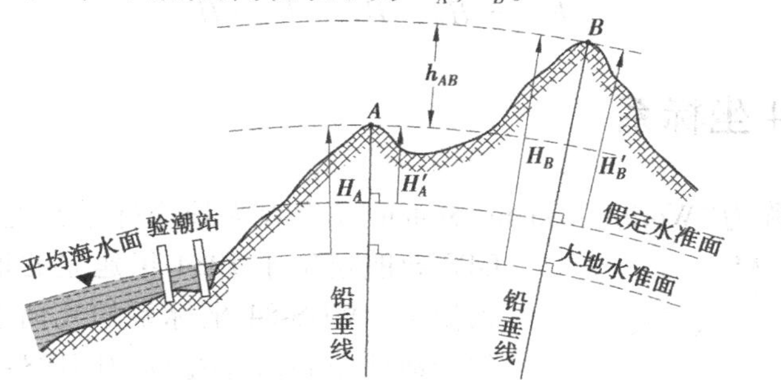

图 1.9 高程与高差的定义及其相互关系

高程系是一维坐标系，它的基准是大地水准面。由于海水面受潮汐、风浪等影响，它的高低时刻在变化。通常在海边设立验潮站，进行长期观测，求得海水面的平均高度作为高程零点，以通过该点的大地水准面为高程基准面，也即大地水准面上的高程恒为零。

最早应用平均海水面作为高程起算基准面的是我国元代水利与测量学家郭守敬，其概念的提出比西方早 400 多年。

我国境内所测定的高程点是以青岛大港一号码头验潮站历年观测的黄海平均海水面为基准面，并于 1954 年在青岛市观象山建立水准原点，通过水准测量的方法将验潮站确定的高程零点引测到水准原点，求出水准原点的高程。

1956 年我国采用青岛大港一号码头验潮站 1950—1956 年验潮资料计算确定的大地水准面为基准引测出水准原点的高程为 72.289 m，以该大地水准面为高程基准建立的高程系称为“1956 年黄海高程系”，简称“56 黄海系”。

20 世纪 80 年代中期，我国又采用青岛大港一号码头验潮站 1953—1979 年验潮资料计算确定的大地水准面为基准引测出水准原点的高程为 72.260 m，以这个大地水准面为高程基准建立的高程系称为“1985 国家高程基准”，简称“85 高程基准”。如图 1.10 所示，在水准原点，“85 高程基准”使用的大地水准面比“56 黄海系”使用的大地水准面高出 0.029 m。

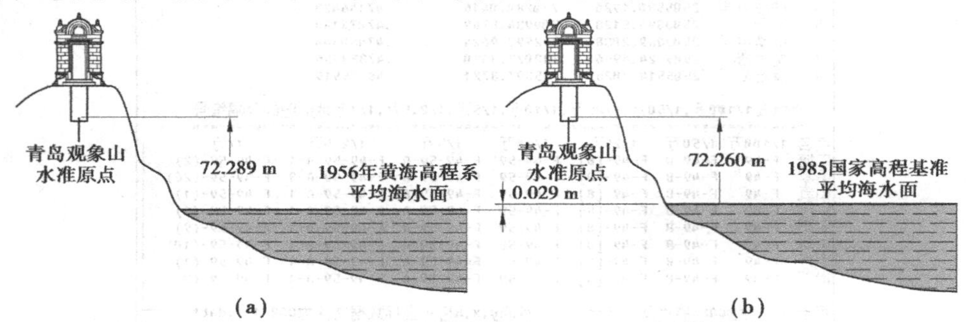

图 1.10　水准原点分别至“1956 年黄海高程系”平均海水面及“1985 国家高程基准”平均海水面的垂直距离

在局部地区，当无法知道绝对高程时，也可假定一个水准面作为高程起算面，地面点到假定水准面的垂直距离，称为假定高程或相对高程，通常用 H' 加点名作下标表示。如图 1.9 中 A，B 两点的相对高程表示为 H'_A，H'_B。

地面两点间的绝对高程或相对高程之差称为高差，用 h 加两点点名作下标表示。如 A，B 两点高差为

$$h_{AB} = H_B - H_A = H'_B - H'_A \tag{1.6}$$

1.3.3　WGS-84 坐标系

WGS 的英文全称为“World Geodetic System”（世界大地坐标系），它是美国国防局为进行 GPS 导航定位于 1984 年建立的地心坐标系，1985 年投入使用。WGS-84 坐标系的几何意义是：坐标系的原点位于地球质心，z 轴指向 BIH1984.0 定义的协议地球极（CTP）方向，x 轴指向 BIH1984.0 的零度子午面和 CTP 赤道的交点，y 轴通过 x，y，z 符合右手规则确定，如图 1.11所示。

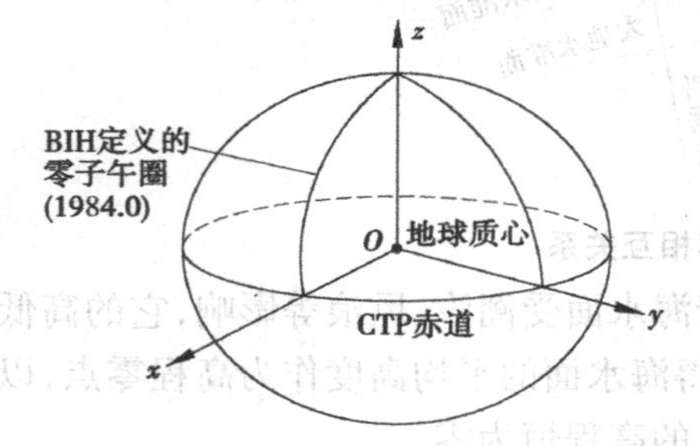

图 1.11　WGS-84 世界大地坐标系

WGS-84 地心坐标系可以与“1954 北京坐标系”或“1980 西安坐标系”等参心坐标系相互变换，方法之一是：在测区内，利用至少 3 个以上公共点的两套坐标列出坐标变换方程，采用最小二乘原理解算出 7 个变换参数就可以得到变换方程。7 个变换参数是指 3 个平移参数、3 个旋转参数和 1 个尺度参数，详细参见文献[3]。

1.4 测量工作概述

1)测定

如图1.12(a)所示,测区内有山丘、房屋、河流、小桥、公路等,测绘地形图的方法是先测量出这些地物、地貌特征点的坐标,然后按一定的比例尺,以《1∶500 1∶1000 1∶2000 地形图图式》[4]规定的符号缩小展绘在图纸上。例如,要在图纸上绘出一幢房屋,就需要在这幢房屋附近、与房屋通视且坐标已知的点(如图中的A点)安置仪器,选择另一个坐标已知的点(如图中的B点)作为定向方向(也称为后视方向),才能测量出这幢房屋角点的坐标。地物、地貌的特征点又称碎部点,测量碎部点坐标的方法与过程称为碎部测量。

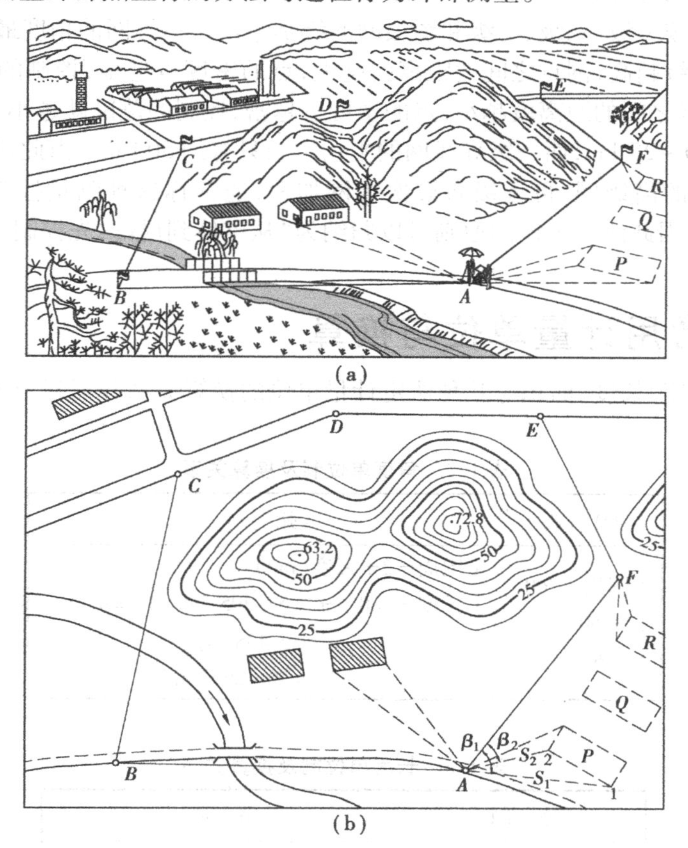

图1.12 某测区地物地貌透视图与地形图

由图1.12(a)可知,在A点安置测量仪器还可以测绘出西面的河流、小桥,北面的山丘,但山北面的工厂区就看不见了。因此还需要在山北面布置一些点,如图中的C,D,E点,这些点的坐标应已知。由此可知,要测绘地形图,首先应在测区内均匀布置一些点,通过测量计算出它们的x,y,H三维坐标。测量上将这些点称为控制点,测量与计算控制点坐标的方法与过程称为控制测量。

2) **测设**

设图1.12(b)是测绘出来的图1.12(a)的地形图。根据需要,设计人员已在图纸上设计出了P,Q,R三幢建筑物,用极坐标法将它们的位置标定到实地的方法是:在控制点A安置仪器,使用F点作为后视点定向,由A,F点及P,Q,R三幢建筑物轴线点的设计坐标计算出水平夹角β_1,β_2,…和水平距离S_1,S_2,…,然后用仪器分别定出水平夹角β_1,β_2,…所指的方向,并沿这些方向分别量出水平距离S_1,S_2,…即可在实地上定出1,2,…点,它们就是设计建筑物的实地平面位置。

由上述介绍可知,测定与测设都是在控制点上进行的,因此,测量工作的原则之一是"先控制后碎部"。《工程测量规范》[1]规定,测量控制网应由高级向低级分级布设。如平面三角控制网是按一等、二等、三等、四等、5″、10″和图根网的级别布设,城市导线网是在国家一等、二等、三等或四等控制网下按一级、二级、三级和图根网的级别布设。一等网的精度最高,图根网的精度最低。控制网的等级越高,网点之间的距离就越大,点的密度也越稀,控制的范围就越大;控制网的等级越低,网点之间的距离就越小,点的密度也越密,控制的范围就越小。如国家一等三角网的平均边长为20~25 km,而一级导线网的平均边长只有约500 m。由此可知,控制测量是先布设能控制大范围的高级网,再逐级布设次级网加密,通常称这种测量控制网的布设原则为"从整体到局部"。因此测量工作的原则可以归纳为"从整体到局部,先控制后碎部"。

1.5 测量常用计量单位与换算

测量常用的角度、长度、面积等几种法定计量单位的换算关系分别列于表1.2、表1.3和表1.4。

表1.2 角度单位制及换算关系

60进制	弧度制
1圆周 = 360° 1° = 60′ 1′ = 60″	1圆周 = 2π 弧度(rad) 1弧度 = $180°/\pi$ = 57.295 779 51° = $\rho°$ = 3 438′ = ρ' = 206 265″ = ρ''

表1.3 长度单位制及换算关系

公　制	英　制
1 km = 1 000 m 1 m = 10 dm = 100 cm = 1 000 mm	1英里(mile,简写mi) 1英尺(foot,简写ft) 1英寸(inch,简写in) 1 km = 0.621 4 mi = 3 280.8 ft 1 m = 3.280 8 ft = 39.37 in

表 1.4 面积单位制及换算关系

公 制	市 制	英 制
$1\ km^2=1\times10^6\ m^2$ $1\ m^2=100\ dm^2$ $=1\times10^4\ cm^2$ $=1\times10^6\ mm^2$	$1\ km^2=1\ 500$ 亩 $1\ m^2=0.001\ 5$ 亩 1 亩 $=666.666\ 666\ 7\ m^2$ $=0.066\ 666\ 67$ 公顷 $=0.164\ 7$ 英亩	$1\ km^2=247.11$ 英亩(acre) $=100$ 公顷(hm^2) $10\ 000\ m^2=1$ 公顷 $1\ m^2=10.764\ ft^2$ $1\ cm^2=0.155\ 0\ in^2$

本章小结

(1)测量的任务有两个:测定与测设,其原理是测量与计算空间点的三维坐标,测量前应先了解所使用的坐标系。测定与测设都应在已知坐标的点上安置仪器进行,已知点的坐标是通过控制测量的方法获得。

(2)测量的基准是铅垂线与水准面,平面坐标的基准是参考椭球面,高程的基准是大地水准面。

(3)高斯投影是横椭圆柱分带正形投影,参考椭球面上的物体投影到横椭圆柱上,其角度保持不变,除中央子午线外,其余距离变长,位于中央子午线西边的 y 坐标为负数。为保证高斯投影的 y 坐标均为正数,我国规定,将高斯投影的 y 坐标统一加 500 000 m,再在前面冠以 2 位数字的带号,因此高斯平面坐标的 y 坐标应有 8 位整数。在同一个测区测量时,通常省略带号,此时的 y 坐标应有 6 位整数。

(4)统一 6°带高斯投影中央子午线经度 L_0 与带号 N 的关系为:$L_0=6N-3$;已知地面任一点的经度 L,计算该点所在的统一 6°带编号 N 的公式为:$N=\mathrm{Int}\left(\frac{L+3}{6}+0.5\right)$。我国领土在统一 6°带投影的带号范围为 13~23。

(5)统一 3°带高斯投影中央子午线经度 L_0' 与带号 n 的关系为:$L_0'=3n$;已知地面任一点的经度 L,计算该点所在的统一 3°带编号 n 的公式为:$n=\mathrm{Int}\left(\frac{L}{3}+0.5\right)$。我国领土在统一 3°带投影的带号范围为 24~45。

(6)我国使用的两个平面坐标系为:"1954 北京坐标系"与"1980 西安坐标系",两个高程系为:"1956 年黄海高程系"与"1985 国家高程基准"。

思考题与练习题

1. 测量学研究的对象和任务是什么?
2. 熟悉和理解铅垂线、水准面、大地水准面、参考椭球面、法线的概念。
3. 绝对高程和相对高程的基准面是什么?
4. "1956 年黄海高程系"使用的平均海水面与"1985 国家高程基准"使用的平均海水面有何关系?

5. 测量中所使用的高斯平面坐标系与数学上使用的笛卡儿坐标系有何区别?

6. 广东省行政区域所处的概略经度范围是109°39′E～117°11′E,试分别求其在统一6°投影带与统一3°投影带中的带号范围。

7. 我国领土内某点A的高斯平面坐标为:x_A =2 497 019.17 m,Y_A =19 710 154.33 m,试说明A点所处的6°投影带和3°投影带的带号、各自的中央子午线经度。

8. 天文经纬度的基准是大地水准面,大地经纬度的基准是参考椭球面。在大地原点处,大地水准面与参考椭球面相切,其天文经纬度分别等于其大地经纬度。“1954 北京坐标系”的大地原点在哪里?“1980 西安坐标系”的大地原点在哪里?

9. 已知我国某点的大地地理坐标为L =113°04′45.119 9″E,B =22°36′10.403 9″N,试用程序PG2-1.exe 计算其在统一6°带的高斯平面坐标(1954 北京坐标系)。

10. 已知我国某点的高斯平面坐标为x =2 500 898.123 7 m,Y =38 405 318.870 1 m,试用程序PG2-1.exe 计算其大地地理坐标(1980 西安坐标系)。

11. 试在 Google Earth 上获取北京国家大剧院中心点的经纬度,用程序 PG2-1.exe 计算其在统一3°带的高斯平面坐标(1980 西安坐标系)。

12. 桂林两江国际机场航站楼的地理坐标为L =110°18′59″E,B =25°11′33″N,试在 Google Earth 上量取机场跑道的长度。

13. 测量工作的基本原则是什么?

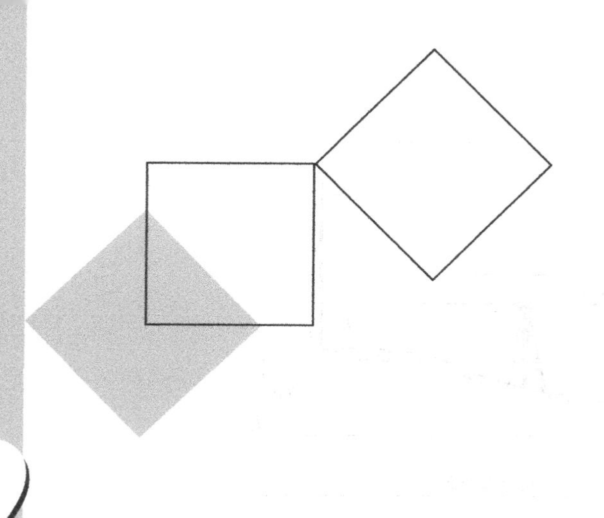

2 水准测量

本章导读：

- **基本要求** 熟练掌握DS3水准仪的原理、产生视差的原因与消除方法、图根水准测量的方法、单一闭附合水准路线测量观测数据的处理；掌握水准测量的误差来源与削减方法、水准仪轴系之间应满足的条件，了解水准仪检验与校正的内容与方法、自动安平水准仪的原理与方法、精密水准仪的读数原理与方法、数字水准仪的原理与方法。
- **重点** 消除视差的方法，水准器格值的几何意义，水准仪的安置与读数方法，两次变动仪器高法与双面尺法，削弱与减小水准测量误差的原理与方法，单一闭附合水准路线测量观测数据的处理。
- **难点** 消除视差的方法，单一闭附合水准路线测量观测数据的处理。

测定地面点高程的工作，称为高程测量，它是测量的基本工作之一。高程测量按所使用的仪器和施测方法的不同，分为水准测量、三角高程测量、GNSS拟合高程测量和气压高程测量。水准测量是精度最高的一种高程测量方法，它广泛应用于国家高程控制测量、工程勘测和施工测量中。

2.1 水准测量原理

水准测量是利用水准仪(level)提供的水平视线，读取竖立于两个点上水准尺的读数来测定两点间的高差，再根据已知点的高程计算待定点的高程。

如图2.1所示，在地面上有A,B两点，设A点的高程为H_A已知。为求B点的高程H_B，在A,B两点之间安置水准仪，A,B两点上各竖立一把水准尺，通过水准仪的望远镜读取水平视线分别在A,B两点水准尺上截取的读数为a和b，求出A点至B点的高差为

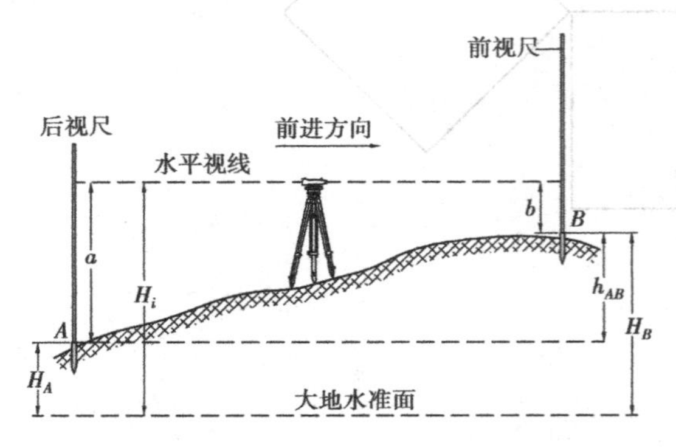

图 2.1　水准测量原理

$$h_{AB} = a - b \tag{2.1}$$

设水准测量的前进方向为 $A \to B$，则称 A 点为后视点，其水准尺读数 a 为后视读数；称 B 点为前视点，其水准尺读数 b 为前视读数；两点间的高差等于"后视读数" - "前视读数"。如果后视读数大于前视读数，则高差为正，表示 B 点比 A 点高，$h_{AB}>0$；如果后视读数小于前视读数，则高差为负，表示 B 点比 A 点低，$h_{AB}<0$。

如果 A，B 两点相距不远，且高差不大，则安置一次水准仪，就可以测得 h_{AB}。此时，B 点高程的计算公式为

$$H_B = H_A + h_{AB} \tag{2.2}$$

B 点高程也可用水准仪的视线高程 H_i 计算，即

$$\left.\begin{aligned} H_i &= H_A + a \\ H_B &= H_i - b \end{aligned}\right\} \tag{2.3}$$

当安置一次水准仪要测量出多个前视点 $B_1, B_2, \cdots, B_n$ 点的高程时，采用视线高程 H_i 计算这些点的高程就非常方便。设水准仪对竖立在 $B_1, B_2, \cdots, B_n$ 点上的水准尺读取的读数分别为 $b_1, b_2, \cdots, b_n$ 时，则有高程计算公式为

$$\left.\begin{aligned} H_i &= H_A + a \\ H_{B_1} &= H_i - b_1 \\ H_{B_2} &= H_i - b_2 \\ &\vdots \\ H_{B_n} &= H_i - b_n \end{aligned}\right\} \tag{2.4}$$

如果 A，B 两点相距较远或高差较大且安置一次仪器无法测得其高差时，就需要在两点间增设若干个作为传递高程的临时立尺点，称为转点（Turning Point，缩写为 TP），如图 2.2 中的 $TP_1, TP_2, \cdots$ 点，并依次连续设站观测，设测出的各站高差为

$$\left.\begin{aligned} h_{A1} &= h_1 = a_1 - b_1 \\ h_{12} &= h_2 = a_2 - b_2 \\ &\vdots \\ h_{(n-1)B} &= h_n = a_n - b_n \end{aligned}\right\} \tag{2.5}$$

则 A，B 两点间高差的计算公式为

$$h_{AB} = \sum_{i=1}^{n} h_i = \sum_{i=1}^{n} a_i - \sum_{i=1}^{n} b_i \tag{2.6}$$

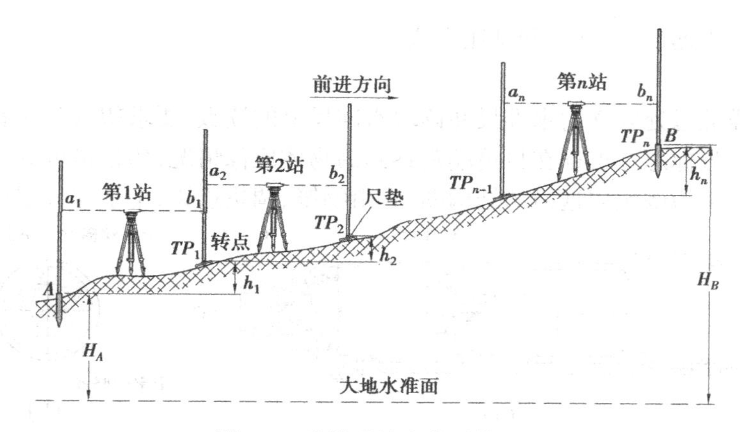

图 2.2　连续设站水准测量原理

式(2.6)表明,A,B 两点间的高差等于各测站后视读数之和减去前视读数之和。常用式(2.6)检核高差计算的正确性。

2.2　水准测量的仪器与工具

水准测量所用的仪器为水准仪,工具有水准尺和尺垫。

1)微倾式水准仪

水准仪的作用是提供一条水平视线,能瞄准离水准仪一定距离处的水准尺并读取尺上的读数。通过调整水准仪的微倾螺旋,使管水准气泡居中获得水平视线的水准仪称为微倾式水准仪,通过补偿器获得水平视线读数的水准仪称为自动安平水准仪。本节主要介绍微倾式水准仪的结构。

国产微倾式水准仪的型号有:DS05、DS1、DS3、DS10,其中字母 D,S 分别为“大地测量”和“水准仪”汉语拼音的第一个字母,字母后的数字表示以 mm 为单位的、仪器每千米往返测高差中数的中误差。DS05、DS1、DS3、DS10 水准仪每千米往返测高差中数的中误差分别为 ±0.5 mm、±1 mm、±3 mm、±10 mm。

通常称 DS05、DS1 为精密水准仪,主要用于国家一、二等水准测量和精密工程测量;称 DS3、DS10 为普通水准仪,主要用于国家三、四等水准测量和常规工程建设测量。工程建设中,使用最多的是 DS3 普通水准仪,如图 2.3 所示。

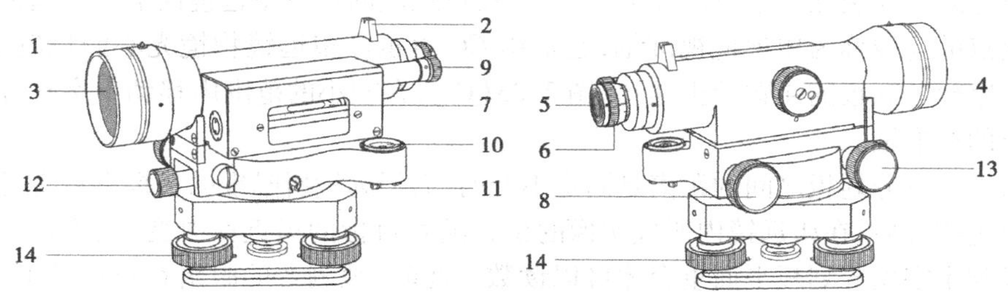

图 2.3　DS3 微倾式水准仪

1—准星;2—照门;3—物镜;4—物镜调焦螺旋;5—目镜;6—目镜调焦螺旋;
7—管水准器;8—微倾螺旋;9—管水准气泡观察窗;10—圆水准器;11—圆水准器校正螺丝;
12—水平制动螺旋;13—水平微动螺旋;14—脚螺旋

水准仪主要由望远镜、水准器和基座组成。

(1)望远镜

望远镜用来瞄准远处竖立的水准尺并读取水准尺上的读数,要求望远镜能看清水准尺上的分划和注记并有读数标志。根据在目镜端观察到的物体成像情况,望远镜可分为正像望远镜和倒像望远镜。图2.4为倒像望远镜的结构图,它由物镜、调焦透镜、十字丝分划板和目镜组成。

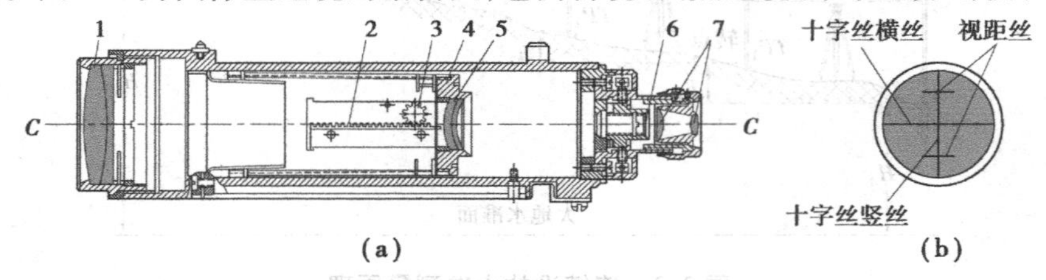

图2.4 望远镜的结构

1—物镜; 2—齿条; 3—调焦齿条; 4—调焦镜座;5—物镜调焦螺旋;6—十字丝分划板;7—目镜组

如图2.5所示,设远处目标AB发出的光线经物镜及物镜调焦透镜折射后,在十字丝分划板上成一倒立实像ab;通过目镜放大成虚像$a'b'$,十字丝分划板也同时被放大。

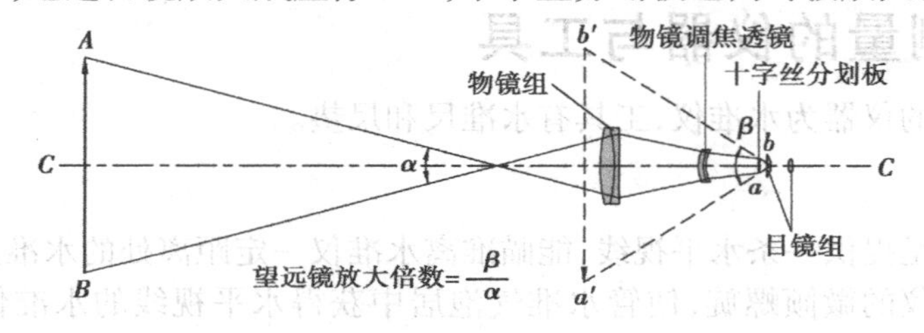

图2.5 望远镜的成像原理

观测者通过望远镜观察虚像$a'b'$的视角为β,而直接观察目标AB的视角为α,显然$\beta > \alpha$。由于视角放大了,观测者就感到远处的目标移近了,目标看得更清楚了,从而提高了瞄准和读数的精度。通常定义$V=\beta/\alpha$为望远镜的放大倍数。DS3水准仪望远镜的放大倍数为28×。

十字丝分划板的结构如图2.4(b)所示。它是在一直径为约10 mm的光学玻璃圆片上刻划出三根横丝和一根垂直于横丝的竖丝,中间的长横丝称为中丝,用于读取水准尺分划的读数;上、下两根较短的横丝称为上丝和下丝,上、下丝总称为视距丝,用来测定水准仪至水准尺的距离。称视距丝测量的距离为视距。

十字丝分划板安装在一金属圆环上,用4颗校正螺丝固定在望远镜筒上。望远镜物镜光心与十字丝交点的连线称为望远镜视准轴,通常用CC表示。望远镜物镜光心的位置是固定的,调整固定十字丝分划板的4颗校正螺丝[图2.23(f)],在较小的范围内移动十字丝分划板可以调整望远镜的视准轴。

物镜与十字丝分划板之间的距离是固定不变的,而望远镜所瞄准的目标有远有近。目标发出的光线通过物镜后,在望远镜内所成实像的位置随着目标的远近而改变,应旋转物镜调焦螺旋使目标像与十字丝分划板平面重合才可以读数。此时,观测者的眼睛在目镜端上、下微微移动时,目标像与十字丝没有相对移动,如图2.6(a)所示。如果目标像与十字丝分划板平面不重合,观测者的眼睛在目镜端上、下微微移动时,目标像与十字丝之间就会产生相对移动,称这种现象为视差,如图2.6(b)所示。

视差会影响读数的正确性,读数前应消除它。消除视差的方法是:将望远镜对准明亮的背

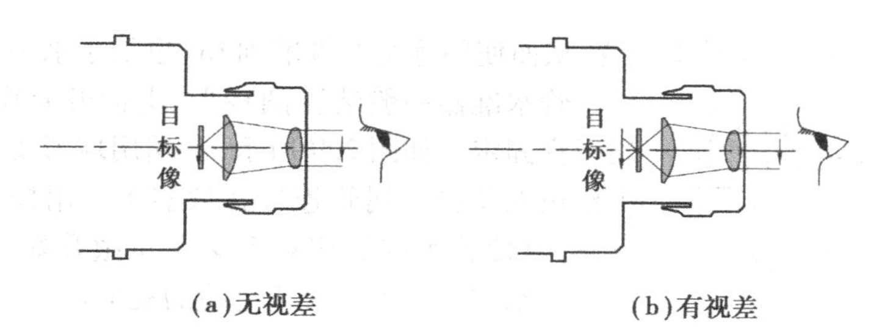

(a)无视差　　(b)有视差

图 2.6　视差

景,旋转目镜调焦螺旋,使十字丝十分清晰;将望远镜对准标尺,旋转物镜调焦螺旋使标尺像十分清晰。

(2)水准器

水准器用于置平仪器,有管水准器和圆水准器两种。

①管水准器

管水准器由玻璃圆管制成,其内壁磨成一定半径 R 的圆弧,如图 2.7 所示。将管内注满酒精或乙醚,加热封闭冷却后,管内形成的空隙部分充满了液体的蒸汽,称为水准气泡。因为蒸汽的比重小于液体,所以,水准气泡总是位于内圆弧的最高点。

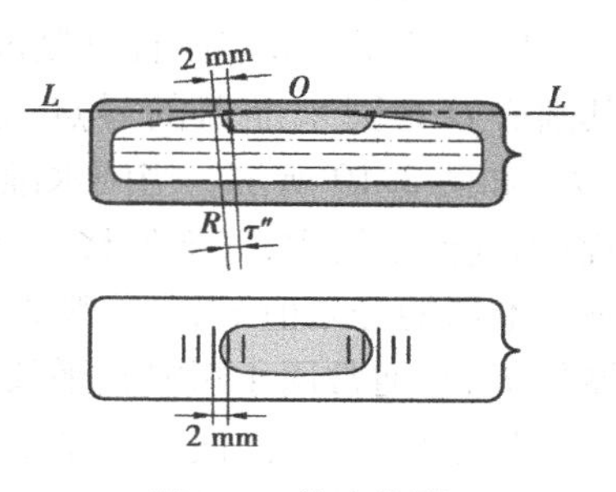

图 2.7　管水准器

管水准器内圆弧中点 O 称为管水准器的零点,过零点作内圆弧的切线 LL 称为管水准器轴。当管水准器气泡居中时,管水准器轴 LL 处于水平位置。

在管水准器的外表面、对称于零点的左右两侧,刻划有 2 mm 间隔的分划线。定义 2 mm 弧长所对的圆心角为管水准器分划值

$$\tau'' = \frac{2}{R}\rho'' \tag{2.7}$$

式中 $\rho''=206\ 265''$,为弧秒值,也即 1 弧度等于 $206\ 265''$,R 为以 mm 为单位的管水准器内圆弧的半径。分划值 τ'' 的几何意义为:当水准气泡移动 2 mm 时,管水准器轴倾斜角度 τ''。显然,R 愈大,τ'' 愈小,管水准器的灵敏度愈高,仪器置平的精度也愈高,反之置平精度就低。DS3 水准仪管水准器的分划值为 $20''/2$ mm。

为了提高水准气泡居中的精度,在管水准器的上方安装有一组符合棱镜,如图 2.8 所示。通过这组棱镜,将气泡两端的影像反射到望远镜旁的管水准气泡观察窗内,旋转微倾螺旋,当窗内气泡两端的影像吻合时,表示气泡居中。

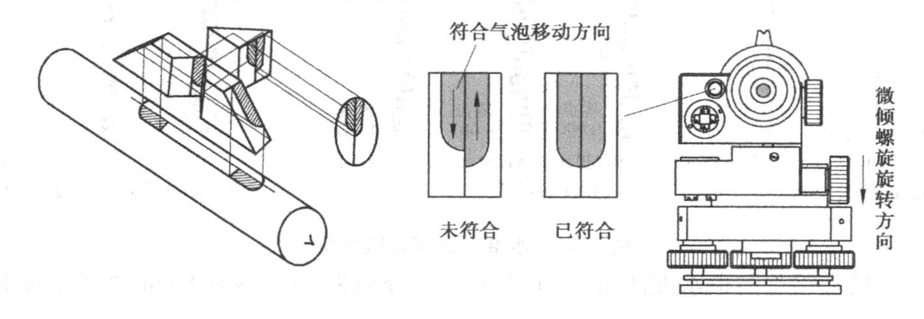

图 2.8　管水准器与符合棱镜

制造水准仪时,使管水准器轴 LL 平行于望远镜的视准轴 CC。旋转微倾螺旋使管水准气泡

居中时，管水准器轴 LL 处于水平位置，从而使望远镜的视准轴 CC 也处于水平位置。

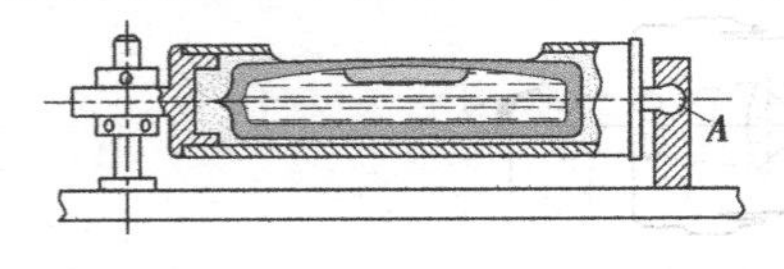

图 2.9　管水准器的安装

管水准器一般装在圆柱形、上面开有窗口的金属管内，用石膏固定。如图 2.9 所示，一端用球形支点 A，另一端用 4 个校正螺丝将金属管连接在仪器上。用校正针拨动校正螺丝，可以使管水准器相对于支点 A 做升降或左右移动，从而校正管水准器轴平行于望远镜的视准轴。

②圆水准器

圆水准器由玻璃圆柱管制成，其顶面内壁为磨成一定半径 R 的球面，中央刻划有小圆圈，其圆心 O 为圆水准器的零点，过零点 O 的球面法线为圆水准器轴 $L'L'$，如图 2.10 所示。当圆水准气泡居中时，圆水准器轴处于竖直位置；当气泡不居中，气泡偏移零点2 mm时，轴线所倾斜的角度值，称为圆水准器的分划值 τ'，τ'一般为 $8' \sim 10'$。圆水准器的 τ'大于管水准器的 τ''，它通常用于粗略整平仪器。

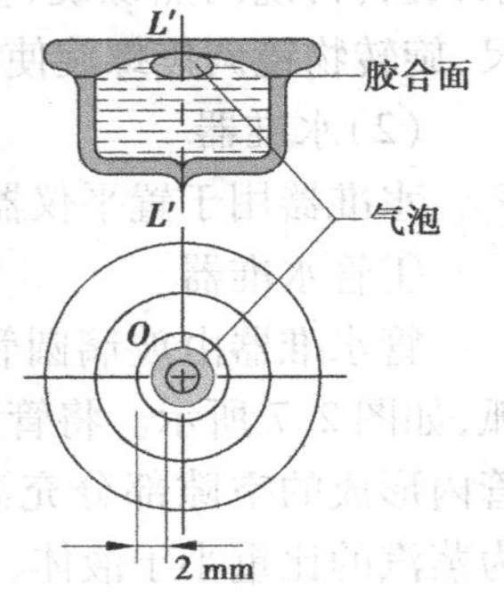

图 2.10　圆水准器

制造水准仪时，使圆水准器轴 $L'L'$平行于仪器竖轴 VV。旋转基座上的 3 个脚螺旋使圆水准气泡居中时，圆水准器轴 $L'L'$处于竖直位置，从而使仪器竖轴 VV 也处于竖直位置。

(3)基座

基座的作用是支承仪器的上部，用中心螺旋将基座连接到三脚架上。基座由轴座、脚螺旋、底板和三角压板构成。

2)水准尺和尺垫

水准尺一般用优质木材、玻璃钢或铝合金制成，长度从 2 ~5 m 不等。根据构造可以分为直尺、塔尺和折尺，如图 2.11 所示。其中直尺又分单面分划和双面分划两种。

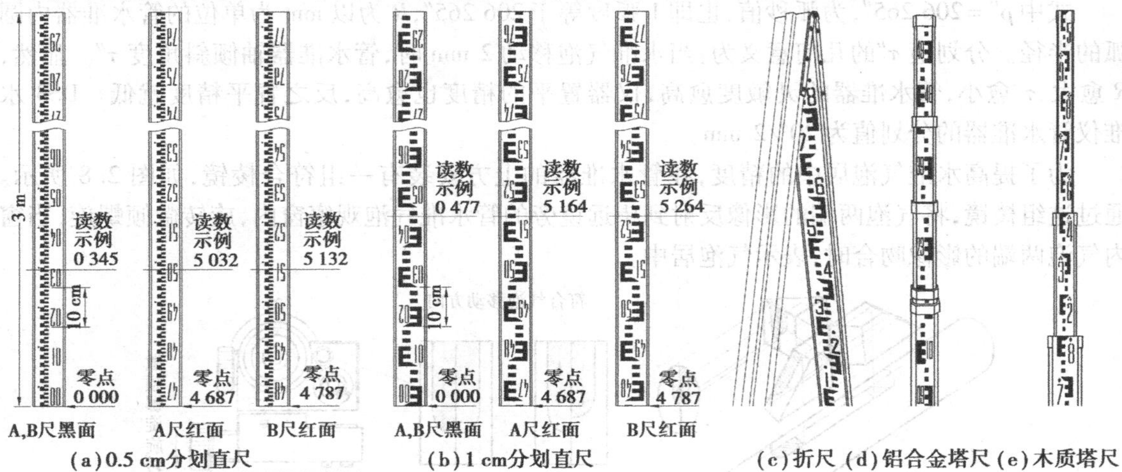

图 2.11　水准尺及其读数案例

塔尺和折尺常用于图根水准测量，尺面上的最小分划为 1 cm 或0.5 cm，在每 1 m 和每1 dm 处均有注记。

双面水准尺多用于三、四等水准测量，以两把尺为一对使用。尺的两面均有分划，一面为黑、白相间，称为黑面尺；另一面为红、白相间，称为红面尺，两面的最小分划均为 1 cm，只在 dm

处有注记。两把尺的黑面均由零开始分划和注记。而红面，一把尺由 4.687 m 开始分划和注记，另一把尺由 4.787 m 开始分划和注记，两把尺红面注记的零点差为 0.1 m。

尺垫是用生铁铸成的三角形板座，用于转点处放置水准尺用，如图 2.12 所示。尺垫中央有一凸起的半球用于放置水准尺，下有 3 个尖足便于将其踩入土中，以固稳防动。

3）微倾式水准仪的使用

安置水准仪前，首先应按观测者的身高调节好三脚架的高度，为便于整平仪器，还应使三脚架的架头面大致水平，并将三脚架的 3 个脚尖踩入土中，使脚架稳定；从仪器箱内取出水准仪，放在三脚架的架头面上，立即用中心螺旋旋入仪器基座的螺孔内，以防止仪器从三脚架头上摔下来。

用水准仪进行水准测量的操作步骤为粗平→瞄准水准尺→精平→读数，介绍如下：

（1）粗平

粗略整平仪器。旋转脚螺旋使圆水准气泡居中，仪器竖轴大致铅垂，从而使望远镜的视准轴大致水平。旋转脚螺旋方向与圆水准气泡移动方向的规律是：用左手旋转脚螺旋时，左手大拇指移动方向即为水准气泡移动方向；用右手旋转脚螺旋时，右手食指移动方向即为水准气泡移动方向，如图 2.13 所示。初学者一般先练习用一只手操作，熟练后再练习用双手操作。

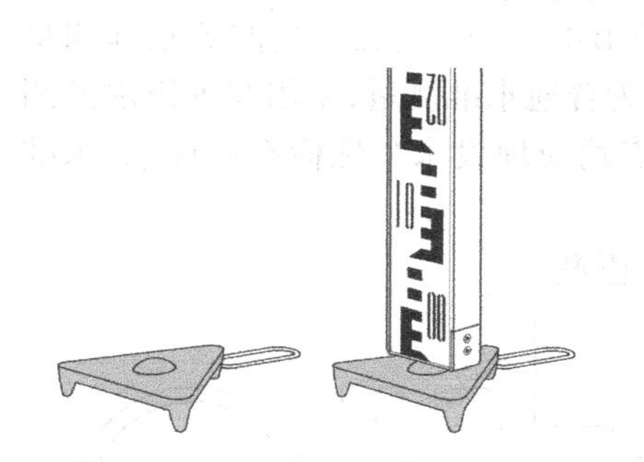

图 2.12　尺垫及其作用

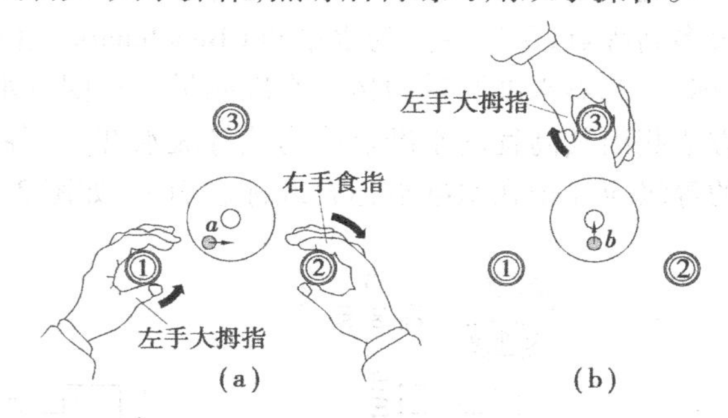

图 2.13　旋转脚螺旋方向与圆水准气泡移动方向的关系

（2）瞄准水准尺

首先进行目镜对光，将望远镜对准明亮的背景，旋转目镜调焦螺旋，使十字丝清晰。再松开制动螺旋，转动望远镜，用望远镜上的准星和照门瞄准水准尺，拧紧制动螺旋。从望远镜中观察目标，旋转物镜调焦螺旋，使目标清晰，再旋转微动螺旋，使竖丝对准水准尺，如图 2.14 所示。

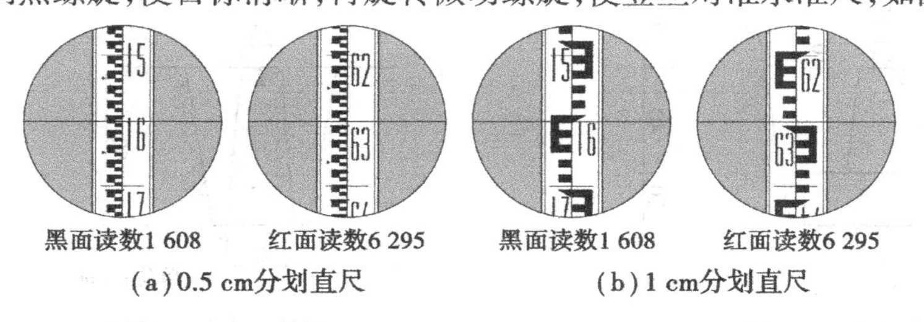

图 2.14　水准尺读数示例

（3）精平

先从望远镜侧面观察管水准气泡偏离零点的方向，旋转微倾螺旋，使气泡大致居中，再从目镜左边的附合气泡观察窗中察看两个气泡影像是否吻合，如不吻合，再慢慢旋转微倾螺旋直至完全吻合为止。

(4)读数

仪器精平后,应立即用十字丝横丝在水准标尺上读数。对于倒像望远镜,所用水准尺的注记数字是倒写的,此时从望远镜中所看到的像是正立的。水准标尺的注记是从标尺底部向上增加,而在望远镜中则变成从上向下增加,所以在望远镜中读数应从上往下读。可以从水准尺上读取 4 位数字,其中前面两位为 m 位和 dm 位,可从水准尺注记的数字直接读取,后面的 cm 位则要数分划数,一个**E**表示 0 ~5 cm,其下面的分划位为 6 ~9 cm,mm 位需要估读。水准尺读数示例如图 2.14 所示。完成黑面尺的读数后,将水准标尺纵转 180°,立即读取红面尺的读数,这两个读数之差为 6 295 -1 608 =4 687,正好等于该尺红面注记的零点常数,说明读数正确。

如果该标尺的红黑面读数之差不等于其红面注记的零点常数,《工程测量规范》[1]规定,对于三等水准测量,其限差为 ±2 mm;对于四等水准测量,其限差为 ±3 mm。

2.3 水准测量的方法与成果处理

1)水准点

为统一全国的高程系统和满足各种测量的需要,国家各级测绘部门在全国各地埋设并测定了很多高程点,称这些点为水准点(Benchmark,通常缩写为 BM)。在一、二、三、四等水准测量中,称一、二等水准测量为精密水准测量,三、四等水准测量为普通水准测量,采用某等级水准测量方法测出其高程的水准点称为该等级水准点,各等水准点均应埋设永久性标石或标志,水准点的等级应注记在水准点标石或标志面上,如图 2.15 所示。

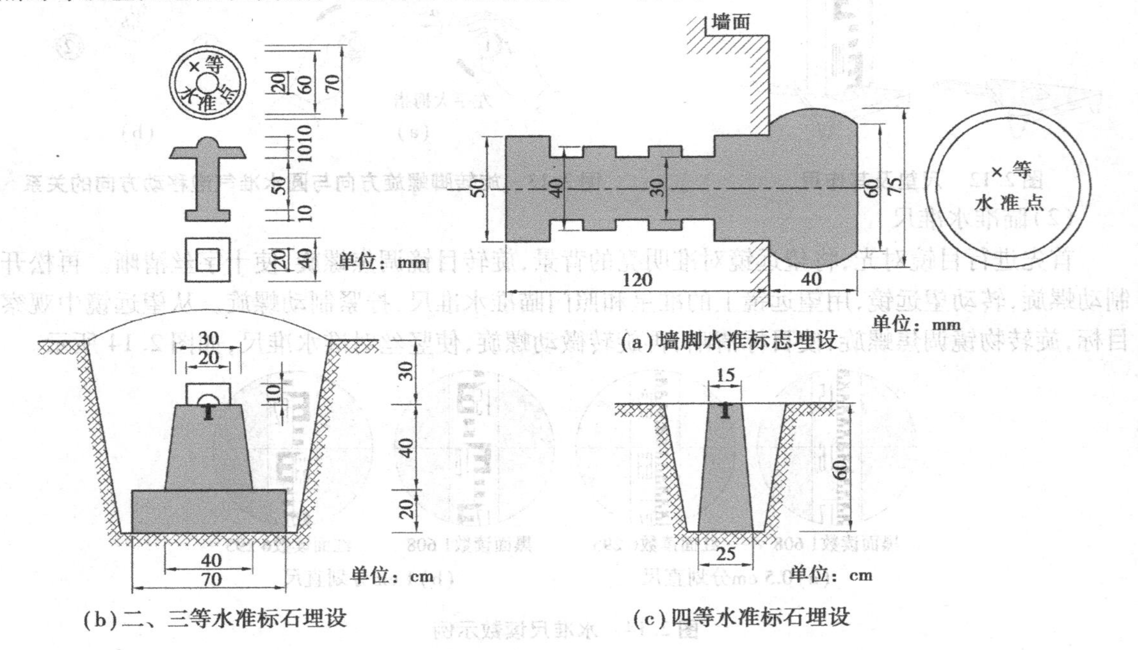

图 2.15　水准点标志

《工程测量规范》将水准点标志分为墙脚水准标志与普通水准标石。水准点标志如图 2.15 所示,三、四等水准点及四等以下高程控制点亦可利用平面控制点的点位标志。水准点在地形图上的表示符号如图 2.16 所示[5],图中的 2.0 表示符号圆的直径为 2 mm。

在大比例尺地形图测绘中，常用图根水准测量来测量图根点的高程，这时的图根点也称图根水准点。图根点的标石埋设如图7.7所示。

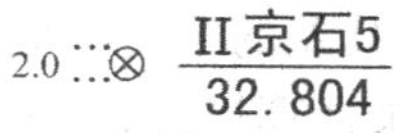

2.0 ⊗ $\frac{\text{II京石5}}{32.804}$

图2.16　水准点在地形图上的表示符号

2)水准路线

在水准点之间进行水准测量所经过的路线，称为水准路线。按照已知高程的水准点的分布情况和实际需要，水准路线一般布设为附合水准路线、闭合水准路线和支水准路线3种，如图2.17所示。

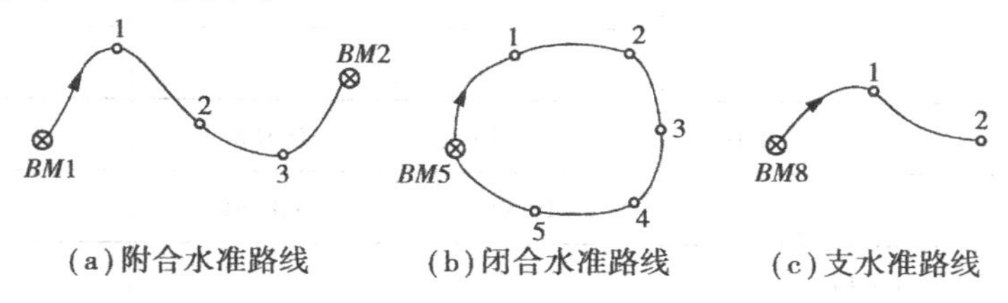

图2.17　水准路线的类型

(1)附合水准路线

如图2.17(a)所示，它是从一个已知高程的水准点$BM1$出发，沿各高程待定点1,2,3进行水准测量，最后附合到另一个已知高程的水准点$BM2$上，各站所测高差之和的理论值应等于由已知水准点的高程计算出的高差，即有

$$\sum h_{\text{理论}} = H_{BM2} - H_{BM1} \tag{2.8}$$

(2)闭合水准路线

如图2.17(b)所示，它是从一个已知高程的水准点$BM5$出发，沿各高程待定点1,2,3,4,5进行水准测量，最后返回到原水准点$BM5$上，各站所测高差之和的理论值应等于零，即有

$$\sum h_{\text{理论}} = 0 \tag{2.9}$$

(3)支水准路线

如图2.17(c)所示，它是从一个已知高程的水准点$BM8$出发，沿各高程待定点1,2进行水准测量。支水准路线应进行往返观测，理论上，往测高差总和与返测高差总和应大小相等，符号相反，即有

$$\sum h_{\text{往}} + \sum h_{\text{返}} = 0 \tag{2.10}$$

式(2.8)、式(2.9)、式(2.10)可以分别作为附合水准路线、闭合水准路线和支水准路线观测正确性的检核。

3)水准测量方法

如图2.2所示，从一已知高程的水准点A出发，一般要用连续水准测量的方法，才能测算出另一待定水准点B的高程。在进行连续水准测量时，如果任何一测站的后视读数或前视读数有错误，都将影响所测高差的正确性。因此，在每一测站的水准测量中，为了及时发现观测中的错误，通常采用两次仪器高法或双面尺法进行观测，以检核高差测量中可能发生的错误，称这种检核为测站检核。

(1)两次仪器高法

在每一测站上用两次不同仪器高度的水平视线(改变仪器高度应在10 cm以上)来测定相邻两点间的高差，理论上两次测得的高差应相等。如果两次高差观测值不相等，对图根水准测量，其差的绝对值应小于 5 mm，否则应重测。表 2.1 给出了对一附合水准路线进行水准测量的记录计算格式，表中圆括弧内的数值为两次高差之差。

表 2.1　水准测量记录（两次仪器高法）

测　站	点号	水准尺读数/mm		高差/m	平均高差/m	高程/m	备注
		后视	前视				
1	BM-A	1 134				13.428	
		1 011					
	TP1		1 677	−0.543	(0.000)		
			1 554	−0.543	−0.543		
2	TP1	1 444					
		1 624					
	TP2		1 324	+0.120	(+0.004)		
			1 508	+0.116	+0.118		
3	TP2	1 822					
		1 710					
	TP3		0 876	+0.946	(0.000)		
			0 764	+0.946	+0.946		
4	TP3	1 820					
		1 923					
	TP4		1 435	+0.385	(+0.002)		
			1 540	+0.383	+0.384		
5	TP5	1 422					
		1 604					
	BM-D		1 308	+0.114	(−0.002)		
			1 488	+0.116	+0.115	14.448	
检核计算	∑	15.514	13.474	2.040	1.020		

（2）双面尺法

在每一测站上同时读取每把水准尺的黑面和红面分划读数，然后由前、后视尺的黑面读数计算出一个高差，前后视尺的红面读数计算出另一个高差，以这两个高差之差是否小于某一限值进行检核。由于在每一测站上仪器高度不变，因此可加快观测的速度。每站仪器粗平后的观测步骤为：

①瞄准后视点水准尺黑面分划→精平→读数；

②瞄准后视点水准尺红面分划→精平→读数；

③瞄准前视点水准尺黑面分划→精平→读数；

④瞄准前视点水准尺红面分划→精平→读数。

其观测顺序简称为“后—后—前—前”，对于尺面分划来说，顺序为“黑—红—黑—红”。表2.2给出了某附合水准路线水准测量的记录计算格式。

表2.2 水准测量记录(双面尺法)

测站	点号	水准尺读数/mm		高差 /m	平均高差 /m	高程 /m	备注
		后视	前视				
1	BM-C	1 211				3.688	
		5 998					
	TP1		0 586	+0.625	(0.000)		
			5 273	+0.725	+0.625		
2	TP1	1 554					
		6 241					
	TP2		0 311	+1.243	(−0.001)		
			5 097	+1.144	+1.243 5		
3	TP2	0 398					
		5 186					
	TP3		1 523	−1.125	(−0.001)		
			6 210	−1.024	−1.124 5		
4	TP3	1 708					
		6 395					
	D		0 574	+1.134	(+0.000)		
			5 361	+1.034	+1.134	5.566	
检核计算	∑	28.691	24.935	+3.756	+1.878		

由于在一对双面水准尺中，两把尺子的红面零点注记分别为4 687和4 787，零点差为100 mm，所以在表2.2每站观测高差的计算中，当4 787水准尺位于后视点而4 687水准尺位于前视点时，采用红面尺读数算出的高差比采用黑面尺读数算出的高差大100 mm；当4 687水准尺位于后视点，4 787水准尺位于前视点时，采用红面尺读数算出的高差比采用黑面尺读数算出的高差小100 mm。因此，在每站高差计算中，应先将红面尺读数算出的高差减或加100 mm后才能与黑面尺读数算出的高差取平均。

4) fx-5800P图根水准测量记录计算程序

fx-5800P程序QH4-5能记录计算两次仪器高法或双面尺法图根水准测量成果，能根据用户输入的4个中丝读数，自动识别所使用的水准测量方法，完成观测后，程序自动统计出检核数据和高差观测站数。

5)水准测量的成果处理

在每站水准测量中，采用两次仪器高法或双面尺法进行测站检核还不能保证整条水准路线的观测高差没有错误，例如用作转点的尺垫在仪器搬站期间被碰动所引起的误差不能用测站检核检查出来，还需要通过水准路线闭合差来检验。

水准测量的成果整理内容包括：测量记录与计算的复核，高差闭合差的计算与检核，高差改正数与各点高程的计算。

(1)高差闭合差的计算

高差闭合差一般用f_h表示，根据式(2.8)、式(2.9)与式(2.10)可以写出3种水准路线的高差闭合差计算公式如下：

①附合水准路线高差闭合差

$$f_h = \sum h - (H_{终} - H_{起}) \tag{2.11}$$

②闭合水准路线高差闭合差

$$f_h = \sum h \tag{2.12}$$

③支水准路线高差闭合差

$$f_h = \sum h_{往} + \sum h_{返} \tag{2.13}$$

受仪器精密度和观测者分辨力的限制及外界环境的影响，观测数据中不可避免地含有一定的误差，高差闭合差f_h就是水准测量观测误差的综合反映。当f_h在容许范围内时，认为精度合格，成果可用，否则应返工重测，直至符合要求为止。

《工程测量规范》规定，图根水准测量的主要技术要求，应符合表2.3的规定：

表2.3　图根水准测量的主要技术要求

每km高差中误差/mm	附合路线长度/km	仪器类型	视线长度/m	观测次数		往返较差、附合或环线闭合差/mm	
				附合或闭合路线	支水准路线	平地/mm	山地/mm
20	≤5	DS10	≤100	往一次	往返各一次	$40\sqrt{L}$	$12\sqrt{n}$

注：1. L为往返测段、附合环线的水准路线长度(km)，n为测站数；

2. 当水准路线布设成支线时，其路线长度不应大于2.5 km。

(2)高差闭合差的分配和待定点高程的计算

当f_h的绝对值小于$f_{h容}$时，说明观测成果合格，可以进行高差闭合差的分配、高差改正及待定点高程计算。

对于附合或闭合水准路线，一般按与路线长L或测站数n成正比的原则，将高差闭合差反号进行分配。也即在闭合差为f_h、路线总长为L（或测站总数为n）的一条水准路线上，设某两点间的高差观测值为h_i、路线长为L_i(或测站数为n_i)，则其高差改正数V_i的计算公式为

$$V_i = -\frac{L_i}{L}f_h(或\ V_i = -\frac{n_i}{n}f_h) \tag{2.14}$$

改正后的高差为 $\hat{h}_i = h_i + V_i$。

对于支水准路线，采用往测高差减去返测高差后取平均值，作为改正后往测方向的高差，也即有

$$\hat{h}_i = \frac{h_{往} - h_{返}}{2} \tag{2.15}$$

【例 2.1】 图 2.18 为按图根水准测量要求在平地施测某附合水准路线的观测成果略图。*BM-A* 和 *BM-B* 为已知高程的水准点，图中箭头表示水准测量的前进方向，路线上方的数字为测得的两点间的高差，路线下方的数字为该段路线的长度，试计算待定点 1,2,3 点的高程。

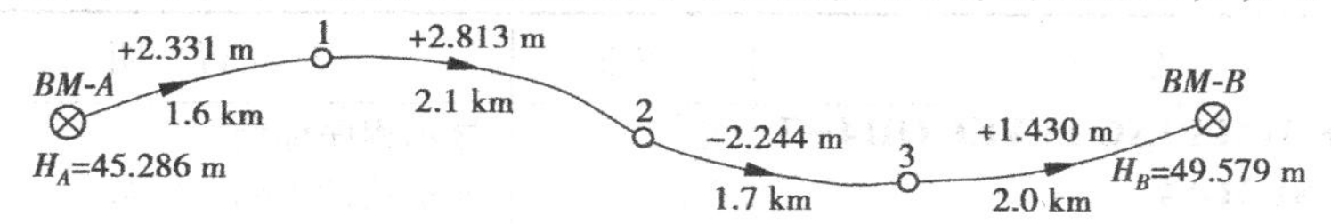

图 2.18 图根附合水准路线略图

【解】 全部计算在表 2.4 中进行。计算步骤如下：

①高差闭合差的计算与检核

表 2.4 图根水准测量的成果处理

点名	路线长 L_i/km	观测高差 h_i/m	改正数 V_i/m	改正后高差 $\hat{h}_i$/m	高程 H/m
BM-A					**45.286**
	1.6	+2.331	−0.008	2.323	
1					47.609
	2.1	+2.813	−0.011	2.802	
2					50.411
	1.7	−2.244	−0.008	−2.252	
3					48.159
	2.0	+1.430	−0.010	+1.420	
BM-B					**49.579**
$\sum$	7.4	+4.330	−0.037	+4.293	

$\sum h = (2.331 + 2.813 - 2.244 + 1.43)\text{m} = 4.33\ \text{m}$

$f_h = \sum h - (H_B - H_A) = [4.33 - (49.579 - 45.286)]\text{m} = 0.037\ \text{m} = 37\ \text{mm}$

$f_{h容} = \pm 40\sqrt{L} = \pm 40 \times \sqrt{7.4}\ \text{mm} = \pm 109\ \text{mm}$

$|f_h| < |f_{h容}|$，符合表 2.3 的要求，可以分配闭合差。

②高差改正数和改正后的高差计算

高差改正数的计算公式为：$V_i = -\dfrac{L_i}{L} f_h$，改正后的高差计算公式为：$\hat{h}_i = h_i + V_i$，在表 2.4 中计算。

③高程的计算

1 点高程的计算过程为：$H_1 = H_A + \hat{h}_1 = (45.286 + 2.323)\text{m} = 47.609\ \text{m}$，其余点的高程计算过程依此类推，作为检核，最后推算出的 *B* 点高程应该等于其已知高程。

也可以用 fx-5800P 程序 QH4-7 计算图 2.18 附合水准路线未知点的高程。按 MODE 1 键进入 **COMP** 模式，按 FUNCTION 6 1 EXE 键执行 **ClrStat** 命令清除统计存储器；按 MODE 4 键进入 **REG** 模式，

将图2.18四个测段的水准路线长顺序输入统计串列 **List X**，高差观测值顺序输入统计串列 **List Y**，此时，**List Freq** 串列单元的数值自动变成 1，请不要改变它们的值，结果如图 2.19 所示。

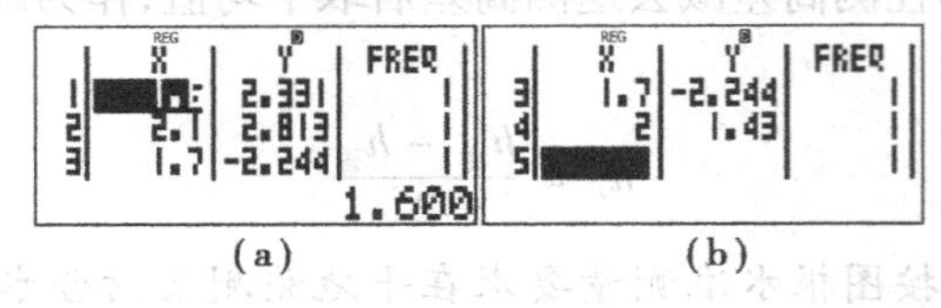

(a)　　(b)

图 2.19　执行 QH4-7 程序前在统计串列输入的观测数据

执行 QH4-7 程序，输入图 2.18 已知点高程的屏幕提示及操作过程如下：

屏幕提示	按键	说　明
SINGLE MAPPING LEVEL QH4－7	EXE	显示程序标题
TOTAL NUM=4	EXE	显示统计串列测段数
START H(m)=?	**45.286** EXE	输入起点已知高程
END H(m)=?	**49.579** EXE	输入终点已知高程
PLATE(0),HILL(≠0)=?	**0** EXE	输入 0 选择平地
∑(L)km=7.4	EXE	显示总路线长
h CLOSE ERROR(mm)=37	EXE	显示高差闭合差
n=1	EXE	显示 1 点数据
h ADJUST(m)=2.323	EXE	显示第 1 测段调整后的高差
Hn ADJUST(m)=47.609	EXE	显示 1 点平差后高程
n=2	EXE	显示 2 点数据
h ADJUST(m)=2.803	EXE	显示第 2 测段调整后的高差
Hn ADJUST(m)=50.412	EXE	显示 2 点平差后高程
n=3	EXE	显示 3 点数据
h ADJUST(m)=-2.253	EXE	显示第 3 测段调整后的高差
Hn ADJUST(m)=48.159	EXE	显示 3 点平差后高程
n=4	EXE	显示 4 点数据
h ADJUST(m)=1.420	EXE	显示第 4 测段调整后的高差
Hn ADJUST(m)=49.579	EXE	显示检核点高程
h CLOSE TEST(mm)=0.000	EXE	高差闭合差检核结果
QH4－7⇒END		程序执行结束显示

程序计算结果只供屏幕显示，不存入统计串列，也即执行程序不会破坏预先输入到统计串列中的高差观测数据，允许反复多次执行程序。

2.4　微倾式水准仪的检验与校正

1）水准仪的轴线及其应满足的条件

如图 2.20(a)所示，水准仪的主要轴线有视准轴 CC、管水准器轴 LL、圆水准器轴 $L'L'$ 和竖轴 VV。为使水准仪能正确工作，水准仪的轴线应满足下列 3 个条件：

①圆水准器轴应平行于竖轴（$L'L' /\!/ VV$）；

②十字丝分划板的横丝应垂直于竖轴 VV；

③管水准器轴应平行于视准轴（$LL /\!/ CC$）。

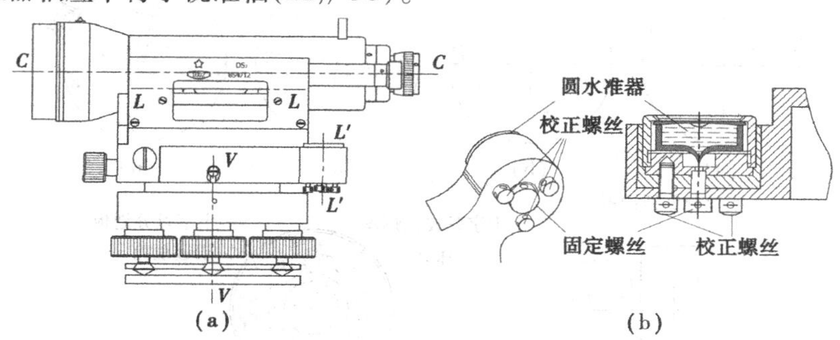

图 2.20　水准仪的轴线与圆水准器校正螺丝

2）水准仪的检验与校正

（1）圆水准器轴平行于竖轴的检验与校正

检验：旋转脚螺旋，使圆水准气泡居中；将仪器绕竖轴旋转 180°，如果气泡中心偏离圆水准器的零点，则说明 $L'L'$ 不平行于 VV，需要校正。

校正：旋转脚螺旋使气泡中心向圆水准器的零点移动偏距的一半。然后使用校正针拨动圆水准器的 3 个校正螺丝，如图 2.20(b) 所示，使气泡中心移动到圆水准器的零点，将仪器再绕竖轴旋转 180°。如果气泡中心与圆水准器的零点重合，则校正完毕，否则还需要重复前面的校正工作。最后，勿忘拧紧固定螺丝。检验与校正操作的原理如图 2.21 所示。

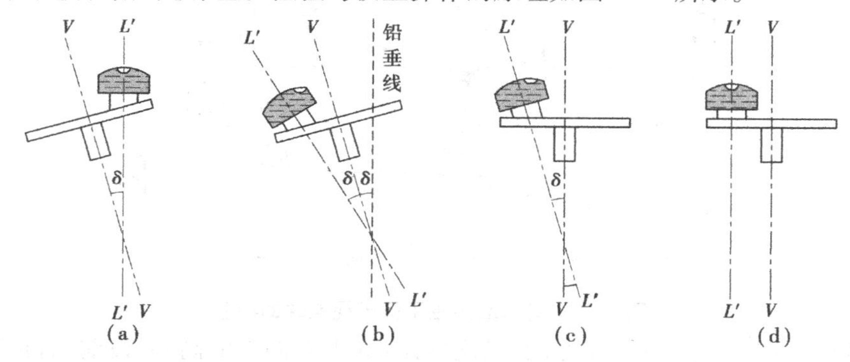

图 2.21　圆水准器轴的检验与校正原理

（2）十字丝分划板的横丝垂直于竖轴的检验与校正

检验：整平仪器后，用十字丝横丝的一端对准远处一明显标志点 P[图 2.23(a)]，旋紧制动螺旋，旋转微动螺旋转动水准仪，如果标志点 P 始终在横丝上移动[图 2.23(b)]，说明横丝垂直于竖轴。否则，需要校正[图 2.23(c) 和图 2.23(d)]。

校正：旋下十字丝分划板护罩[图 2.23(e)]，用螺丝批松开 4 个压环螺丝[图 2.23(f)]，按横丝倾斜的反方向转动十字丝组件，再进行检验。如果 P 点始终在横丝上移动，表明横丝已经水平，最后用螺丝批拧紧 4 个压环螺丝。

（3）管水准器轴平行于视准轴的检验与校正

如果管水准器轴在竖直面内不平行于视准轴，说明两轴之间存在一个夹角 i。当管水准气泡居中时，管水准器轴水平，视准轴相对于水平线则倾斜了 i 角。

检验：如图 2.23 所示，在平坦场地选定相距约 80 m 的 A，B 两点，打木桩或放置尺垫作标志

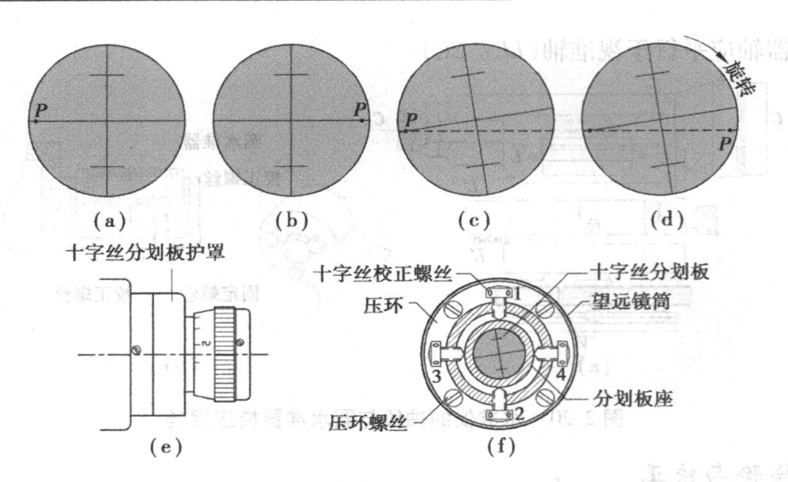

图 2.22 十字丝横丝的检验与校正

并在其上竖立水准尺。将水准仪安置在与 A,B 两点等距离处的 C 点,采用变动仪器高法或双面尺法测出 A,B 两点的高差,若两次测得的高差之差不超过 3 mm,则取其平均值作为最后结果 h_{AB}。由于测站距两把水准标尺的水平距离相等,所以,i 角引起的前、后视尺的读数误差 x(也称视准轴误差)相等,可以在高差计算中抵消,故 h_{AB} 不受 i 角误差的影响。

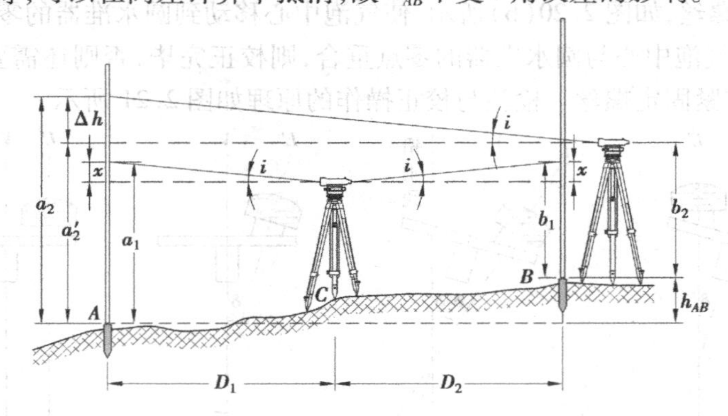

图 2.23 管水准器轴平行于视准轴的检验

将水准仪搬到距 B 点 2 ~ 3 m 处,安置仪器,测量 A,B 两点的高差,设前、后视尺的读数分别为 a_2,b_2,由此计算出的高差为 $h'_{AB}=a_2-b_2$,两次设站观测的高差之差为 $\Delta h=h'_{AB}-h_{AB}$,由图 2.23 可以写出 i 角的计算公式为

$$i''=\frac{\Delta h}{S_{AB}}\rho''=\frac{\Delta h}{80}\rho'' \tag{2.16}$$

式中 $\rho''=206\ 265''$。《工程测量规范》规定,用于三、四等水准测量的水准仪,其 i 角不应超过 20″。否则,需要校正。

校正:根据图 2.23,可以求出 A 点水准标尺上的正确读数为 $a'_2=a_2-\Delta h$。旋转微倾螺旋,使十字丝横丝对准 A 尺上的正确读数 a'_2,此时,视准轴已处于水平位置,而管水准气泡必然偏离中心。用校正针拨动管水准器一端的上、下两个校正螺丝(图 2.24),使气泡的两个影像符合。注意,这种成对的校正螺丝在校正时应遵循"先松后紧"的规则。即如要抬高管水准器的一端,必须先松开上校正螺丝,让出一定的空隙,然后再旋出下校正螺丝。

《工程测量规范》规定,在水准测量作业开始的第一周内应每天测定一次 i 角,i 角稳定后可

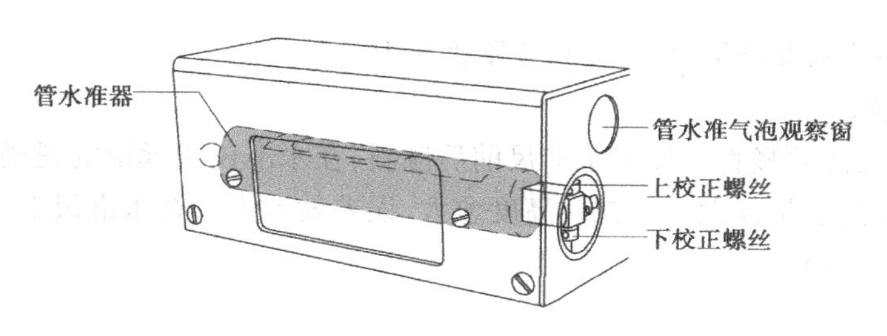

图 2.24 管水准器的校正

每隔 15 天测定一次。

2.5 水准测量的误差及其削减方法

水准测量误差包括仪器误差、观测误差和外界环境的影响 3 个方面。

1)仪器误差

(1)仪器校正后的残余误差

规范规定,DS3 水准仪的 i 角大于 20″才需要校正,因此,正常使用情况下,i 角将保持在 ±20″以内。由图 2.23 可知,i 角引起的水准尺读数误差 x 与仪器至标尺的距离成正比,只要观测时注意使前、后视距相等,便可消除或减弱 i 角误差的影响。在水准测量的每站观测中,使前、后视距完全相等是不容易做到的。因此规范规定,对于四等水准测量,一站的前、后视距差应小于等于 5 m,任一测站的前、后视距累积差应小于等于 10 m。

(2)水准尺误差

由于水准尺分划不准确、尺长变化、尺弯曲等原因而引起的水准尺分划误差会影响水准测量的精度,因此,须检验水准尺每米间隔平均真长与名义长之差。规范规定,对于区格式木质标尺,不应大于 0.5 mm,否则,应在所测高差中进行米真长改正。一对水准尺的零点差,可在每个水准测段观测中安排偶数个测站予以消除。

2)观测误差

(1)管水准气泡居中误差

水准测量的原理要求视准轴必须水平,视准轴水平是通过居中管水准气泡来实现的。精平仪器时,如果管水准气泡没有精确居中,将造成管水准器轴偏离水平面而产生误差。由于这种误差在前视与后视读数中不相等,所以,高差计算中不能抵消。

DS3 水准仪管水准器分划值为 $\tau''=20''/2$ mm,当视线长为 80 m,气泡偏离居中位置 0.5 格时引起的读数误差为:

$$\frac{0.5\times 20}{206\ 265}\times 80\times 1\ 000\ \text{mm}=4\ \text{mm}$$

削减这种误差的方法只能是每次读尺前、进行精平操作时,使管水准气泡严格居中。

(2)读数误差

普通水准测量观测中的 mm 位数字是依据十字丝横丝在水准尺厘米分划内的位置估读的,在望远镜内看到的横丝宽度相对于厘米分划格宽度的比例决定了估读的精度。读数误差与望远镜的放大倍数和视线长有关。视线愈长,读数误差愈大。因此,《工程测量规范》规定,使用

DS3 水准仪进行四等水准测量时，视线长应不大于 100 m。

(3)水准尺倾斜

读数时，水准尺必须竖直。如果水准尺前后倾斜，在水准仪望远镜的视场中不会察觉，但由此引起的水准尺读数总是偏大。且视线高度愈大，误差就愈大。在水准尺上安装圆水准器是保证尺子竖直的主要措施。

(4)视差

视差是指在望远镜中，水准尺的像没有准确地成在十字丝分划板上，造成眼睛的观察位置不同时，读出的标尺读数也不同，由此产生读数误差。

3)外界环境的影响

(1)仪器下沉和尺垫下沉

仪器或水准尺安置在软土或植被上时，容易产生下沉。采用"后—前—前—后"的观测顺序可以削弱仪器下沉的影响，采用往返观测取观测高差的中数可以削弱尺垫下沉的影响。

(2)大气折光

晴天在日光的照射下，地面温度较高，靠近地面的空气温度也较高，其密度较上层为稀。水准仪的水平视线离地面越近，光线的折射也就越大。《工程测量规范》规定，四等水准测量，视线离地面的高度应大于等于 0.2 m。

(3)温度

当日光直接照射水准仪时，仪器各构件受热不均匀引起仪器的不规则膨胀，从而影响仪器轴线间的正常关系，使观测产生误差。观测时应注意撑伞遮阳。

2.6 自动安平水准仪

自动安平水准仪(automatic level)的结构特点是没有管水准器和微倾螺旋，视线安平原理如图 2.25 所示。

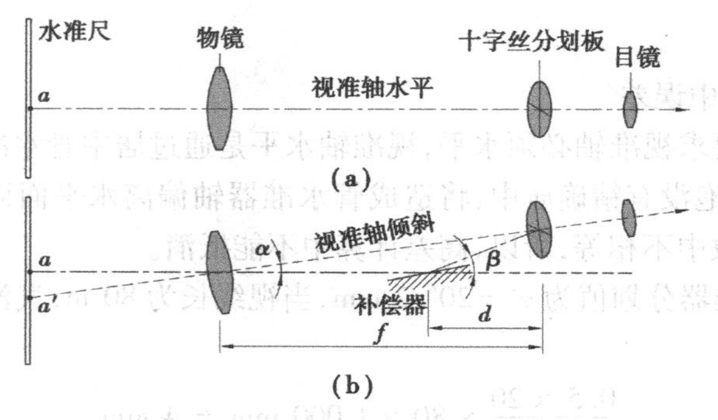

图 2.25 视线安平原理

当视准轴水平时，设在水准尺上的正确读数为 a，因为没有管水准器和微倾螺旋，依据圆水准器将仪器粗平后，视准轴相对于水平面将有微小的倾斜角 α。如果没有补偿器，此时在水准尺上的读数设为 a'；当在物镜和目镜之间设置有补偿器后，进入十字丝分划板的光线将全部偏转 β 角，使来自正确读数 a 的光线经过补偿器后正好通过十字丝分划板的横丝，从而读出视线水平时的正确读数。图 2.26 为天津欧波公司生产的 DS30 自动安平水准仪，各构件的名称见图中注记。

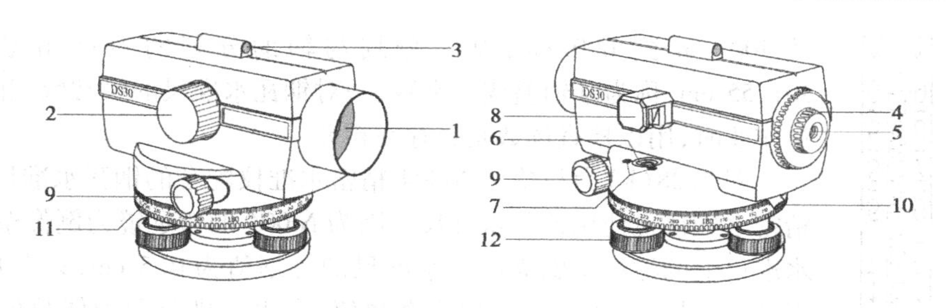

图 2.26 天津欧波 DS30 自动安平水准仪

1—物镜;2—物镜调焦螺旋;3—粗瞄器; 4—目镜调焦螺旋;5—目镜;
6—圆水准器;7—圆水准器校正螺丝;8—圆水准器反光镜;9—无限位微动螺旋;
10—补偿器检测按钮;11—水平度盘;12—脚螺旋

图 2.27 为其补偿器结构图。仪器采用精密微型轴承悬吊补偿器棱镜组 3,利用重力原理安平视线。补偿器的工作范围为 ±15′,视准线自动安平精度为 ±0.5″,每 km 往返测高差中数的中误差为 ±1.5 mm。

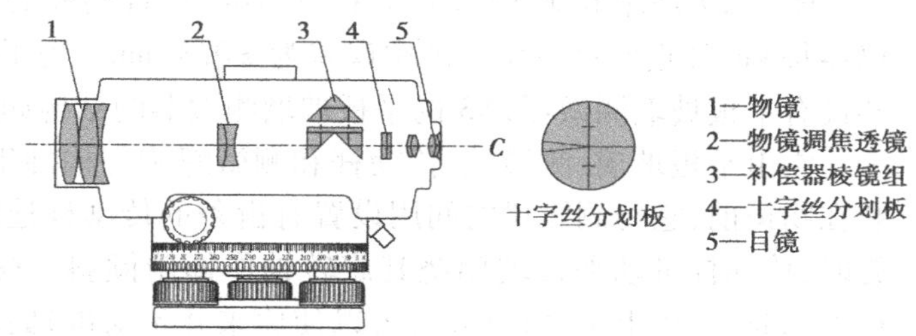

图 2.27 DS30 自动安平水准仪补偿器的结构

2.7 精密水准仪与铟瓦水准尺

精密水准仪(precise level)主要用于国家一、二等水准测量和精密工程测量中,例如,建、构筑物的沉降观测,大型桥梁工程的施工测量和大型精密设备安装的水平基准测量等。

1)精密水准仪的特点

与 DS3 普通水准仪比较,精密水准仪的特点是:①望远镜的放大倍数大、分辨率高;②管水准器分划值 $\tau''=10''$,精平精度高;③望远镜物镜的有效孔径大,亮度好;④望远镜外表材料应采用受温度变化小的铟瓦合金钢,以减小环境温度变化的影响;⑤采用平板玻璃测微器读数,读数误差小;⑥配备铟瓦水准尺。

2)铟瓦水准尺

铟瓦水准尺是在木质尺身的凹槽内引张一根铟瓦合金钢带,其中零点端固定在尺身上,另一端用弹簧以一定的拉力将其引张在尺身上,以使铟瓦合金钢带不受尺身伸缩变形的影响。长度分划在铟瓦合金钢带上,数字注记在木质尺身上,铟瓦水准尺的分划值有 1 cm 和0.5 cm两种。图 2.28(a)为与徕卡新 N3 精密水准仪配套的铟瓦水准尺。因为新 N3 的望远镜为正像望远镜,所以水准尺上的注记也是正立的。水准尺全长约 3.2 m,在铟瓦合金钢带上刻有两排分划,右边一排分划为基本分划,数字注记从 0 cm 到 300 cm,左边一排分划为辅助分划,数字注记

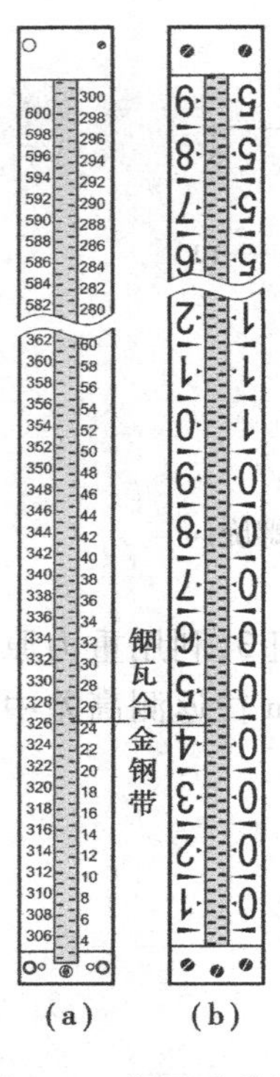

图 2.28　铟瓦水准尺

从 300 cm 到 600 cm，基本分划与辅助分划的零点相差一个常数 301.55 cm，称为基辅差或尺常数，一对铟瓦水准尺的尺常数相同。水准测量作业时，用以检查读数是否存在粗差。

图 2.28(b)为与蔡司 Ni004 精密水准仪配套的铟瓦水准尺，国产 DS1 精密水准仪也使用这种水准尺。因为 Ni004 的望远镜为倒像望远镜，所以水准尺上的注记是倒立的。水准尺的分划值为 0.5 cm，只有基本分划而无辅助分划，左边一排分划为奇数值，右边一排分划为偶数值；右边的注记为 m 数，左边的注记为 dm 数；小三角形▶表示半 dm 数，长三角形◀━表示 dm 起始线。由于将 0.5 cm 分划间隔注记为 1 cm，所以尺面注记值为实际长度的两倍，故用此水准尺观测的高差须除以 2 才等于实际高差值。其读数原理与 N3 相同。

3）徕卡 N3 精密水准仪及其读数原理

图 2.29 是徕卡新 N3 微倾式精密水准仪，各构件的名称如图中注记，仪器每 km 往返测高差中数的中误差为 ±0.3 mm。为了提高读数精度，仪器设有平板玻璃测微器，N3 的平板玻璃测微器的结构如图 2.30 所示。

它由平板玻璃、测微尺、传动杆和测微螺旋等构件组成。平板玻璃安装在物镜前，它与测微尺之间用设置有齿条的传动杆连接，当旋转测微螺旋时，传动杆带动平板玻璃绕其旋转轴作仰俯倾斜。视线经过倾斜的平板玻璃时，产生上下平行移动，可以使原来并不对准铟瓦水准尺上某一分划的视线能够精确对准某一分划，从而读到一个整分划读数(如图2.31中的 148 cm 分划)，而视线在尺上的平行移动量则由测微尺记录下来，测微尺的读数通过光路成像在望远镜的测微尺读数窗内。

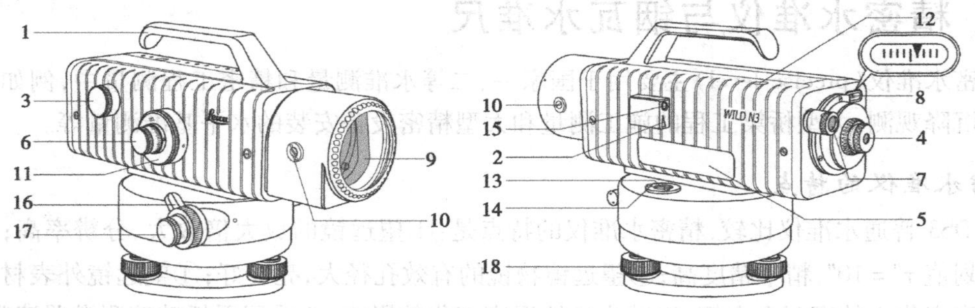

图 2.29　徕卡新 N3 微倾式精密水准仪

1—手柄；2—光学粗瞄器；3—物镜调焦螺旋；4—目镜；5—管水准器照明窗口；6—微倾螺旋；7—管水准气泡与测微尺观察窗；8—微倾螺旋行程指示器；9—平板玻璃；10—平板玻璃旋转轴；11—平板玻璃测微螺旋；12—平板玻璃测微器照明窗；13—圆水准器；14—圆水准器校正螺丝；15—圆水准器观察装置；16—制动螺旋；17—微动螺旋；18—脚螺旋

旋转 N3 的平板玻璃，可以产生的最大视线平移量为10 mm，它对应测微尺上 100 个分格，因此，测微尺上 1 个分格等于 0.1 mm，如在测微尺上估读到 0.1 分格，则可以估读到 0.01 mm。将标尺上的读数加上测微尺上的读数，就等于标尺的实际读数。例如，图 2.31 的读数为148 cm + 0.655 cm = 148.655 cm = 1.486 55 m。

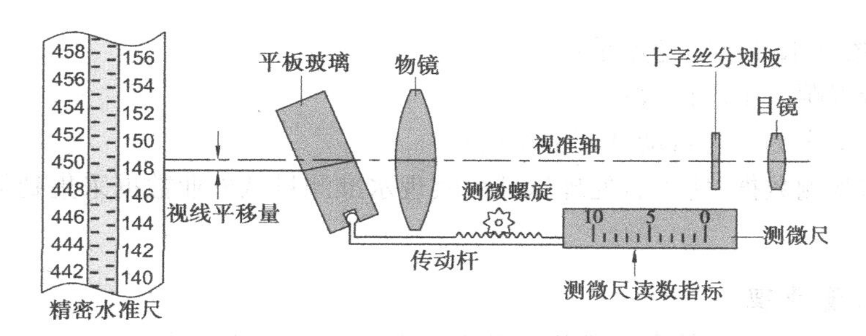

图 2.30　徕卡新 N3 的平板玻璃测微器结构

4) 国产 DSZ2 自动安平精密水准仪及其读数原理

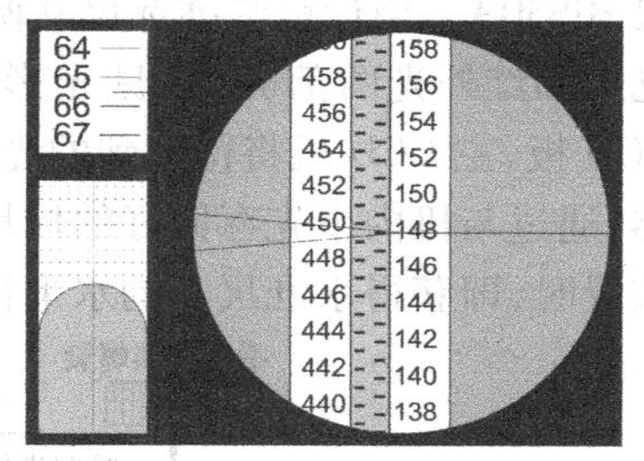

图 2.31　徕卡新 N3 的望远镜视场

图 2.32 为苏州一光生产的 DSZ2 自动安平精密水准仪，各构件的名称见图中注记。仪器采用交叉吊丝结构补偿器，补偿器的工作范围为 ±14′，视线安平精度为 ±0.3″，安装平板玻璃测微器 FS1 时，每 km 往返测高差中数的中误差为 ±0.5 mm，可用于国家二等水准测量。

平板玻璃测微器 FS1 可以根据需要安装或卸载，配合仪器使用的铟瓦水准尺与新 N3 的铟瓦水准尺[图 2.28(a)]完全相同，读数方法也相同。

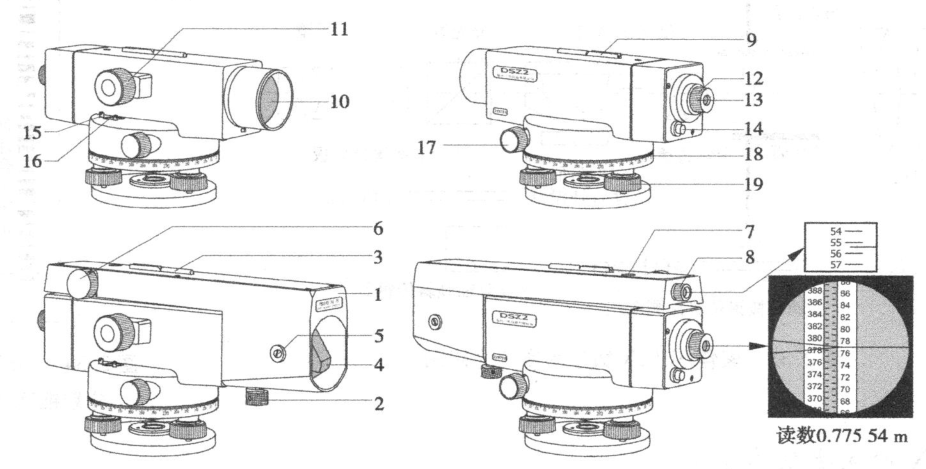

图 2.32　苏州一光 DSZ2 自动安平精密水准仪

1—FS1 平板玻璃测微器；2—平板玻璃测微器固定螺丝；3—平板玻璃测微器粗瞄器；4—平板玻璃；5—平板玻璃座转轴螺丝；6—测微螺旋；7—平板玻璃测微器照明窗；8—平板玻璃测微器读数窗目镜调焦螺旋；9—水准仪粗瞄器；10—望远镜物镜；11—物镜调焦螺旋；12—目镜调焦螺旋；13—目镜；14—补偿器按钮；15—圆水准器；16—圆水准器校正螺丝；17—无限位水平微动螺旋；18—水平度盘；19—脚螺旋

2.8　索佳 SDL1X 精密数字水准仪

数字水准仪(digital level)是在仪器望远镜光路中增加分光棱镜与 CCD 传感器等部件，采用条码水准尺和图像处理系统构成光、机、电及信息存储与处理的一体化水准测量系统。与光

学水准仪比较,数字水准仪的特点是:

①自动测量视距与中丝读数;

②快速进行多次测量并自动计算平均值;

③自动存储观测数据,使用后处理软件可实现水准测量从外业数据采集到最后成果计算的一体化。

1)SDL1X 的测量原理

图 2.33 为索佳 SDL1X 数字水准仪光路图,图 2.34 为与之配套的 3 m 条码分划铟瓦水准尺 BIS30A。望远镜瞄准标尺并调焦后,标尺的条形码影像入射到分光镜上,分光镜将其分为可见光和红外光两部分,可见光影像成像在十字丝分划板,供目视观测;红外光影像成像在主 CCD 板,主 CCD 板将接收到的光图像先转换成模拟信号,再转换为数字信号传送给仪器的处理器,通过与机内事先存储好的标尺条形码本源数字信息进行相关比较,当两信号处于最佳相关位置时,即获得水准尺上的水平视线读数和视距读数并输出到屏幕显示。

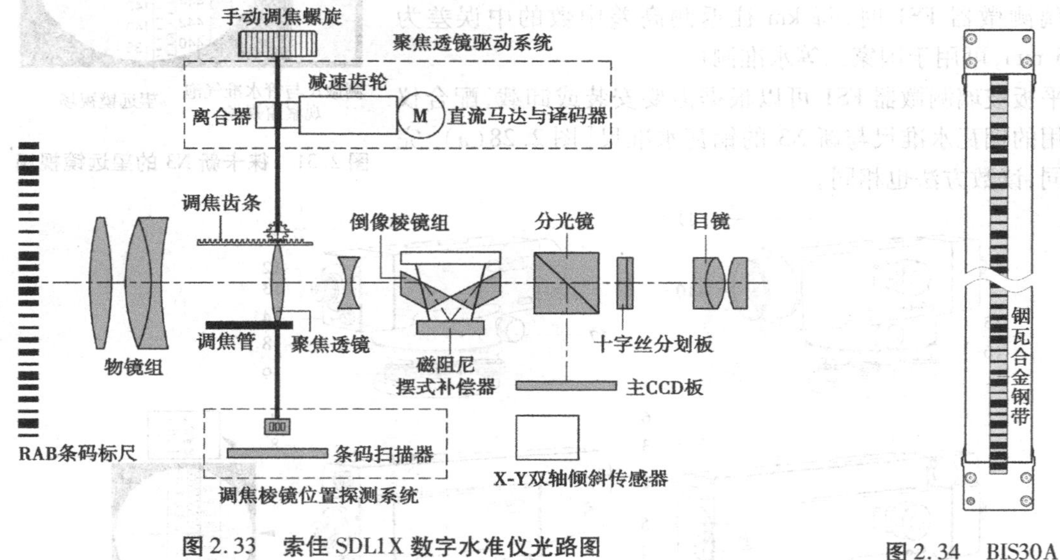

图 2.33　索佳 SDL1X 数字水准仪光路图

图 2.34　BIS30A 条码分划铟瓦水准尺

2)SDL1X 的主要技术参数

SDL1X 数字水准仪各构件的功能如图 2.35 的注记,操作面板与键功能如图 2.36 所示,条码分划尺铟瓦合金钢带的热膨胀系数为 $-0.11\times10^{-6}/℃$,远低于普通标尺的热膨胀系数 $13.8\times10^{-6}/℃$。DLC1 遥控器有(MEAS)、(ENT)、(ESC) 3 个键,其功能分别与仪器面板(MEAS)、(↵)、(ESC) 3 个键的功能相同。

SDL1X 的主要技术参数为:防尘防水等级为 IP54,望远镜放大倍数为 32×,视场角为1°20′(2.3 m/100 m),可以在 1.6～100 m 范围内对标尺进行自动调焦,自动调焦时间为 0.8～4 s;瞄准镜的放大倍数为 4.5×;液体双轴倾斜传感器补偿范围为 ±8.5′,磁阻尼摆式补偿器安平视线补偿范围为 ±12′,补偿精度为 ±0.3″;采用条码分划铟瓦水准尺 BIS30A 测量,1 km 往返观测高差中数的中误差为 ±0.2 mm,屏幕显示的最小中丝读数为 0.01 mm,最大测距100 m;可插 SD 卡的最大容量为 2 GB,可插 U 盘的最大容量为 4 GB,采用 7.2 V、容量为4 300 mAh的锂离子电

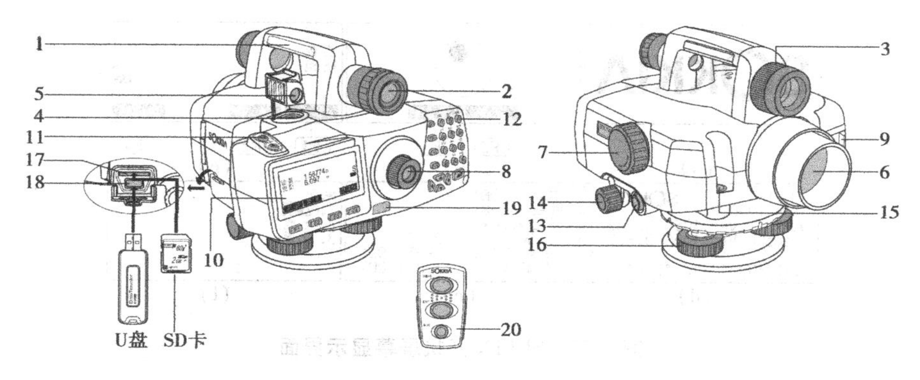

图 2.35 索佳 SDL1X 数字水准仪

1—提手；2—瞄准镜；3—瞄准镜轴调整螺旋；4—圆水准器；5—圆水准器观察镜；6—物镜；7—物镜调焦螺旋；8—目镜；9—电池护盖钮；10—显示屏幕；11—电源开关按钮；12—字母数字键盘；13—测量键；14—无限位水平微动螺旋；15—蓝牙组件插口；16—脚螺旋；17—SD 卡插槽；18—U 盘插口；19—遥控器信号接收窗口；20—DLC1 遥控器

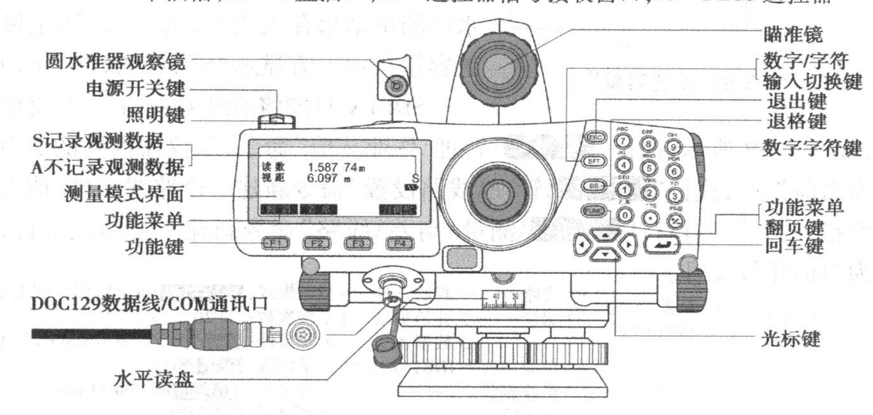

图 2.36 SDL1X 的操作面板与键功能

池 BDC58 供电，一块充满电的 BDC58 电池可供连续测量 9 h（自动调焦）或 12 h（手动调焦）。BDC58 电池与索佳 SETX 及 SRX 系列全站仪的电池通用。

外业观测数据可以存储在内存或 SD 卡上，内存最多可以存储 10 000 个点的观测数据，用 DOC129 数据线连接仪器的 COM 口与 PC 机的 COM 口，使用通讯软件（见光盘"\数字水准仪通讯软件\索佳\SDL_TOOL.exe"）可以将仪器观测数据下传到 PC 机，也可以将内存数据输出到 SD 卡或 U 盘。

3）SDL1X 的开机界面

按⏻键开机，屏幕显示图 2.37（a）所示的索佳商标后，当仪器未整平，"倾斜警示"设置为"Yes"时，屏幕自动显示图 2.37（b）所示的电子气泡；旋转脚螺旋整平好仪器后，自动进入图 2.37（c）所示的测量模式界面，按 ESC 键显示图 2.37（d）所示的软件版本界面，按▼键显示最近水准测量的记录信息[图 2.37（e）]。按住⏻键不放，再按☼键关机。

在图 2.37（c）的测量模式界面按 F2（菜单）键，进入图 2.37（f）的"菜单"界面，它有"测量"、"管理"、"设置"3 个模式，按①、②、③数字键或按▼、▲键移动光标到需要的模式再按↵键选择，3 个模式的菜单总图如图 2.38 所示。

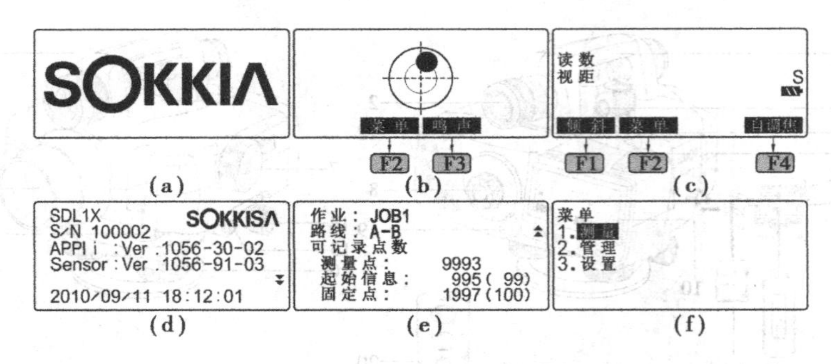

图 2.37　SDL1X 开机屏幕显示界面

4)设置模式

在图 2.37(f)的“菜单”界面,按③键进入图 2.38(a)所示的“设置菜单”,按①~⑥数字键选择设置内容,仪器出厂设置的各选项内容为图 2.39 中反白显示的设置项目。仪器出厂设置是将水准测量结果存入内存,此时,在测量模式界面电池容量指示上方显示“S”,如图2.37(c)所示。

图 2.38　SDL1X 的“设置菜单”

SDL1X 只能将观测数据存入当前作业下的当前路线文件,如图 2.39 所示,执行“菜单\管理\作业选取”命令,从仪器内置的 JOB1 ~ JOB20 中选择一个为当前作业;执行“菜单\管理\线路设置”命令新建一个路线文件,或选择一个已有路线为当前路线文件;或执行“菜单\测量\高差\线路”命令新建一个路线文件,或选择一个已有路线为当前路线文件。

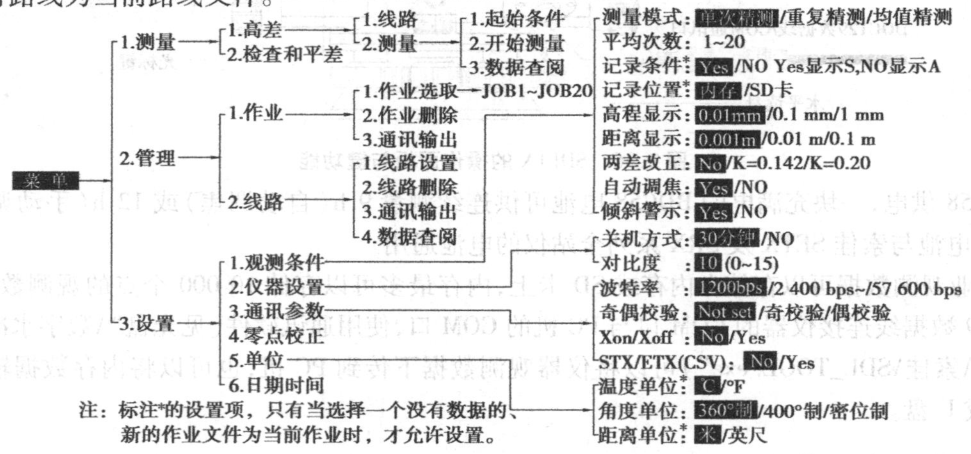

图 2.39　SDL1X 的模式菜单总图

只有当前作业为未定义任意路线及未存储记录数据的新作业,在图 2.38(a)的“设置菜单”下执行“观测条件”命令,才可以设置“记录条件”与“记录位置”。“记录条件”设置为“Yes”,表示可以存储观测数据,数据存储位置在“记录位置”设置,可以选择内存或 SD 卡;“记录条件”设置为“No”,表示可以不存储观测数据,此时,没有“记录位置”选项。

只有当前作业为未定义任意路线及未存储记录数据的新作业,在图 2.38(a)的“设置菜单”下执行“单位”命令,才可以设置“温度单位”与“距离单位”。

一旦在当前作业下新建了路线,"记录条件"、"记录位置"、"温度单位"与"距离单位"都不再允许修改,既使新建路线没有存储数据,也不允许修改。

5)测量模式

(1)标尺读数

使 SDL1X 瞄准条码铟瓦尺,在测量模式界面下[图 2.37(c)],按 F4 (自调焦)键使仪器对标尺自动调焦,按仪器右侧的MEAS键,屏幕显示中丝读数与视距,当标尺正立时,中丝读数为正数,如图 2.40(a)所示;当标尺倒置时,中丝读数为负数,如图 2.40(b)所示。

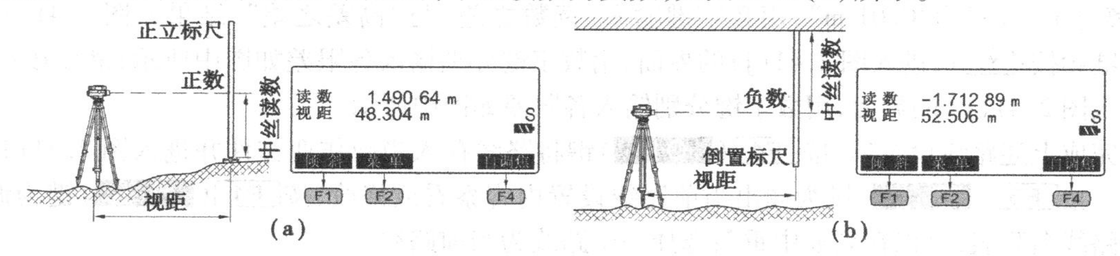

图 2.40 正立标尺与倒立标尺时中丝读数的差异

(2)自动记录路线水准测量

在测量模式界面下[图 2.37(c)],按 F2 (菜单)键,进入图 2.41(a)的"菜单"界面;按①①①键执行"测量\高差\线路"命令,进入图 2.41(d)的"路线设置"界面。下面以测量图 2.18所示 $A \to B$ 的五等附合水准路线为例,介绍新建路线的方法。

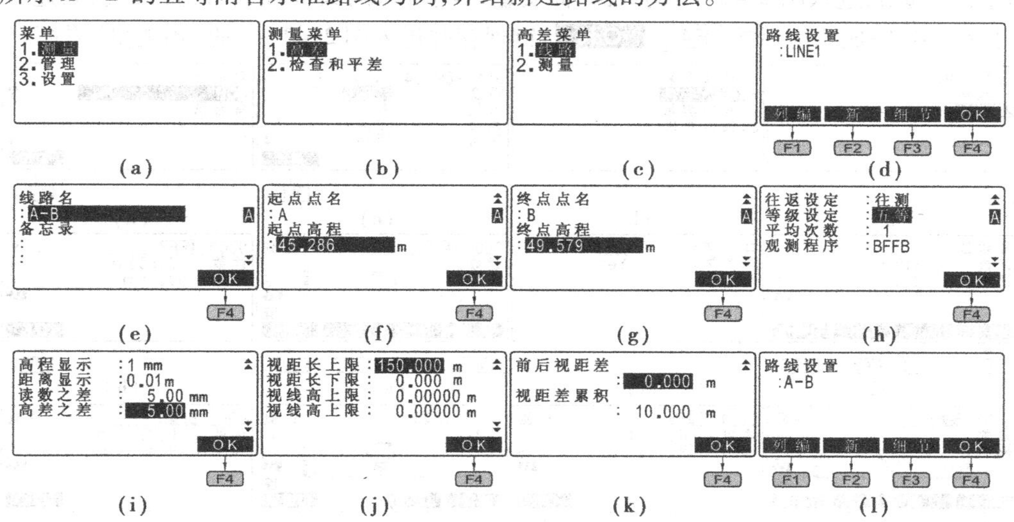

图 2.41 新建路线与设置操作案例

①输入路线名:按 F3 (新)键进入图 2.41(e)的"线路名"界面。输入新建路线名为"A-B"的方法是:按⑦键输入字母 A,按(SFT)(SFT)键将字符输入模式切换为数字,按(+/-)键输入减号 -,按(SFT)键将字符输入模式切换为大写英文字母,屏幕右上角显示为A,按⑦⑦键输入字母 B,结果如图 2.41(e)所示。

②输入路线起点与终点信息:按▽▽▽键进入图 2.41(f)的界面,分别输入路线起点名、起点高程、终点名、终点高程,结果如图 2.41(f)~(g)所示。

③输入路线水准测量等级、观测顺序、显示位数与限差：继续按▽键进入图2.41(h)的界面，光标位于“往返设定”行时，按◀或▶键将其切换为“往测”；按▽键移动光标到“等级设定”行，按◀或▶键若干次将其切换为“五等”；按▽键移动光标到“平均次数”行，按数字键输入1～20间的整数；按▽键移动光标到“观测程序”行时，按◀或▶键将其切换为“BFFB”，其中B代表英文单词“Back”(后)的第一个字母，F代表英文单词“Front”(前)的第一个字母，“BFFB”代表观测顺序为“后—前—前—后”，结果如图2.41(h)所示。

继续按▽键进入图2.41(i)的界面，按◀或▶键分别将“高程显示”设置为“1 mm”，将“距离显示”设置为“0.01 m”，用数字键输入“读数之差”与“高差之差”，结果如图2.41(i)所示。继续按▽键进入图2.41(j)的界面，用数字键分别输入各限差如图中所示；继续按▽键进入图2.41(k)的界面，用数字键分别输入各限差如图中所示。

完成上述路线设置后，按【F4】(【OK】)键将路线存入当前作业文件并进入图2.41(l)的界面。按【F3】(【细节】)键为调出当前路线设置内容察看或修改，按【F1】(【列编】)键为调出全部路线名列表，可以在列表中重新选择一个路线为当前路线。

☞当仪器界面允许输入字符时，多次按(SFT)键可以使输入模式在“大写字母(A)\小写字母(a)\数字”之间切换。

④设置路线水准测量起始条件：在图2.41(l)的界面下，按【F4】(【OK】)键进入图2.42(a)的“高差菜单”，按②键选择“测量”选项，进入图2.42(b)的“高差测量菜单”，按①键选择“起始条件”选项，进入图2.42(c)的界面，需要输入测量时的大气温度、设置天气、风速、风向，输入测量员名，完成响应后按【F4】(【OK】)键保存并进入图2.42(e)的“预测量”界面。

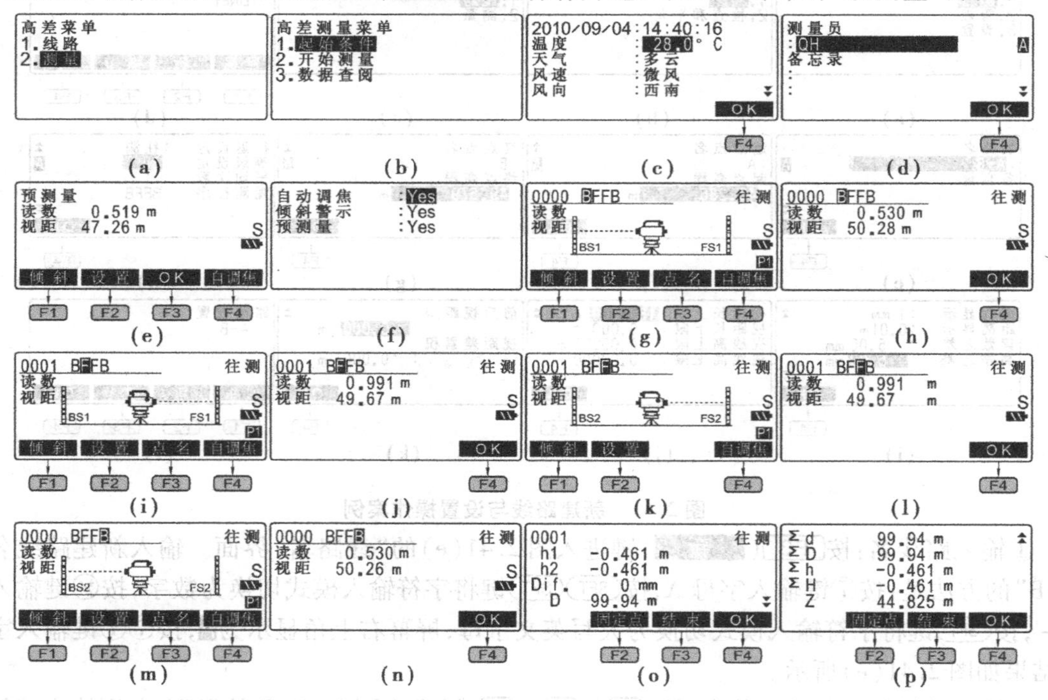

图2.42 五等水准路线测量“后—前—前—后”一站操作过程

⑤预测量：预测量的功能每站正式开始测量前，通过观测后视尺与前视尺，以调整前、后尺

使前后视距基本相等。方法是使仪器瞄准后视尺,按MEAS键观测,记住后视距;再瞄准前视尺,按MEAS键观测,根据前后视距差移动前视尺,使前后视距基本相等。

⑥ 设置:按F2(设置)键进入图2.42(f)的界面,可以重新设置“自动调焦”、“倾斜警示”、“预测量”的内容,该三项的仪器出厂设置均为“Yes”,按◀或▶键为改变光标项的设置,完成响应后按↵键退出设置菜单。

⑦一站水准观测:在图2.42(e)的“预测量”界面下,按F3(OK)键进入图2.42(g)的正式测量界面,按图示要求瞄准后视尺,按F4(自调焦)键进行物镜对光,按MEAS键测量,案例结果如图2.42(h)所示;按F4(OK)键,瞄准前视尺,按F4(自调焦)键进行物镜对光,按MEAS键测量,案例结果如图2.42(j)所示;按F4(OK)键,按MEAS键测量,案例结果如图2.42(l)所示;按F4(OK)键,瞄准后视尺,按F4(自调焦)键进行物镜对光,按MEAS键测量,案例结果如图2.42(n)所示。

按F4(OK)键,屏幕显示本站观测的全部数据结果,如图2.42(o)~(p)所示,按▼或▲键分别为向前、向后翻页。图中,h1与h2分别为两次观测高差,Dif为两次观测高差之差,D为前后视距之和,$\sum$d为前视点至上个固定点的距离,$\sum$D为前视点至首个固定点的距离,$\sum$h为前视点至上个固定点的高差,$\sum$H为前视点至首个固定点的高差。

再按F4(OK)键为继续下一站水准观测;当测至某个临时点时,应按F2(固定点)键,输入临时点号与温度后按F4(OK)键;当测至路线终点时,应按F3(结束)F4(YES)键,输入温度后按F4(OK)键结束观测,屏幕显示该路线水准测量的统计数据。

☞在图2.42(g),(i),(k),(m)所示的任一个水准测量正式观测界面中,屏幕右下角显示的P1表示该界面后至少还有一页软键功能菜单,按FUNC键为切换至下一页软键功能菜单,屏幕右下角显示的P2,按F1(输入)键为进入手工输入标尺读数界面,输入完标尺读数后按F4(OK)键,如图2.43所示。当使用索佳BSG40或BSG50玻璃钢RAB条码/数字双面分划尺测量三、四、五等水准测量时,当天色较暗,仪器测不出标尺读数时,可以瞄准标尺的数字分划面,人工读数并输入仪器中。

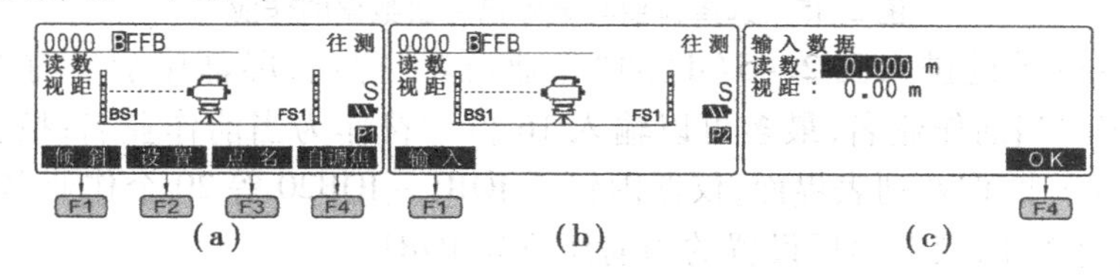

图2.43 观测双面标尺的数字分划面手工输入读数

(3)查阅当前路线的水准测量数据

在图2.42(b)的界面下,按③键进入图2.44(a)的界面,屏幕显示当前路线的各测段观测信息,移动光标到需要察看的测段按↵键,进入图2.44(b)的界面,光标位于测段标题时按↵键,屏幕显示该测段的观测条件信息,案例结果如图2.44(c)所示,按▼键为察看测量员与备注信息;按F1(往下)键为察看该测段第一个测站的观测数据;或在图2.44(b)的界面下,按▼键移动光标到第一测站,按↵键为察看该测段第一个测站的观测数据,结果如图2.44(e)~(f)所示。

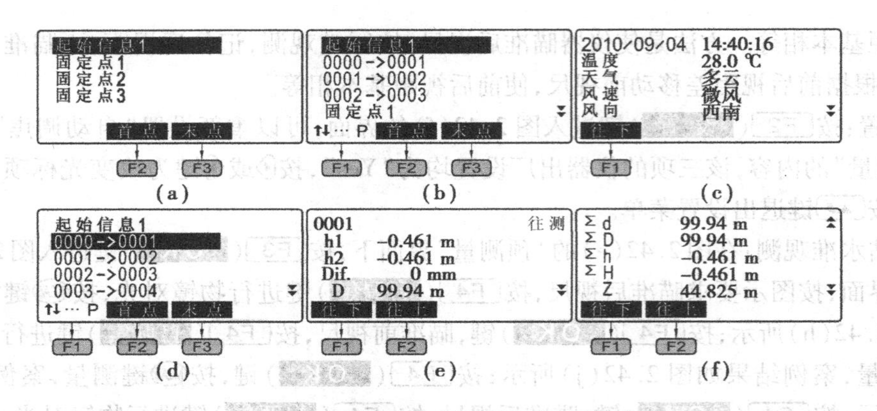

图 2.44 查阅当前路线的水准测量数据

6)管理模式

在测量模式界面下按 F2 (菜单) ②键进入图 2.45(b)的"测量菜单"界面,它有"作业"与"线路"两个选项。

(1)作业

在图 2.45(b)的"测量菜单"下按①键进入图 2.45(c)的"作业菜单",下列操作均在该界面下进行。

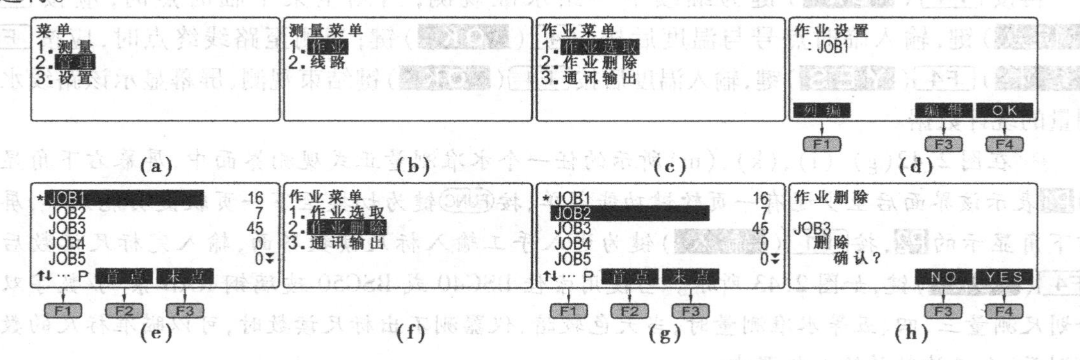

图 2.45 选择作业与删除已输出数据的作业

①作业选取:按①键进入图 2.45(d)的"作业设置"界面,屏幕显示当前作业名,按 F3 (编辑)键为编辑当前作业名,最多可以输入 16 位字符作为当前作业名;按 F1 (列编)键为进入图 2.45(e)的作业列表界面,仪器内置了 JOB1 ~ JOB20 等 20 个作业名,用户应在其中选择一个作为当前作业,仪器出厂设置的当前作业为 JOB1。

②作业删除:按②键进入图 2.45(g)的作业列表界面,作业名左边的" * "表示该作业数据未通讯输出过,用户不能删除这类作业,作业名右边的数字为该作业存储的水准测量测站数。移动光标到需要删除的作业名,按 ↵ 键进入图 2.45(h)的确认界面,按 F4 (YES)键为删除该作业内的全部路线数据,但并不删除该作业名。

③通讯输出:按②键进入图 2.46(b)的界面,光标位于"格式"行,按◀或▶键在"CSV_1/CSV_2"两项中选择。

a. CSV_1:输出各测站全部原始观测数据,当输出到 SD 卡或 U 盘时,生成的文本格式数据文件的扩展名为 cs1;

b. CSV_2:输出整理后的各测站前视、后视观测值、高差值和前视点高程值,当输出到 SD 卡或 U 盘时,生成的文本格式数据文件的扩展名为 cs2。

可以用 Windows 的记事本打开扩展名为 cs1 或 cs2 的数据文件。

完成“格式”设置后,按▼键移动光标到“通讯方式”行,按◀或▶键在“Com/SD/USB”3 项中选择。

a. SD:将作业数据输出到 SD 卡。将 SD 卡插入仪器的 SD 卡插槽,按◀或▶键将通讯方式设置为“SD”,按↵键,进入图 2.46(d)的作业列表界面,移动光标到需要输出的作业名,按↵键。图 2.46(d)~(f)为将 JOB1 作业以 CSV_2 格式输出到 SD 卡的操作过程,完成操作后,仪器在 SD 卡创建“JOB1\JOB1.cs2”文本格式数据文件。

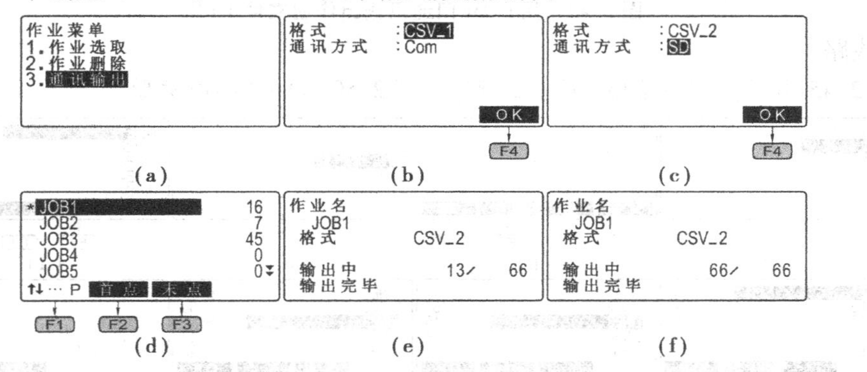

图 2.46 通讯输出作业文件 JOB1

b. USB:将作业数据输出到 U 盘,操作方法与 SD 卡类似。

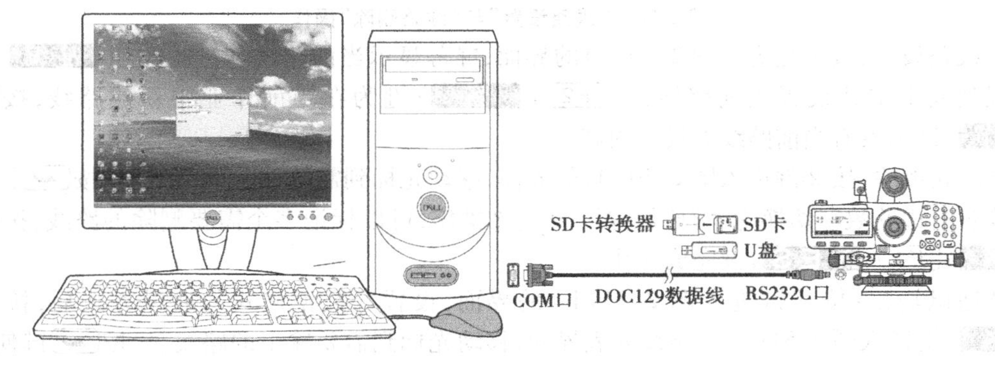

图 2.47 索佳 SDL1X 数字水准仪→PC 机下载作业数据

c. Com:将作业数据输出到 PC 机的 COM 口。如图 2.47 所示,应先用 DOC129 数据线连接好仪器的 Com 口与 PC 机的 COM 口,随书光盘“\数字水准仪通讯软件\索佳 SDL1X”文件夹复制到 PC 机硬盘上,再将该文件夹下的“SDL_TOOL.exe”文件发送到 Windows 桌面,鼠标左键双击桌面图标,启动通讯软件 SDL_TOOL,界面如图 2.48 所示,其缺省设置的通讯参数与仪器出厂设置的通讯参数相同。“STORE_FOLDER”为设置通讯软件接收到的数据文件存储文件夹,只能在“DESKTOP\MY DOCUMENTS”两项中选择,DESKTOP 为 Windows 桌面,MY DOCUMENTS 为 Windows 的我的文档。

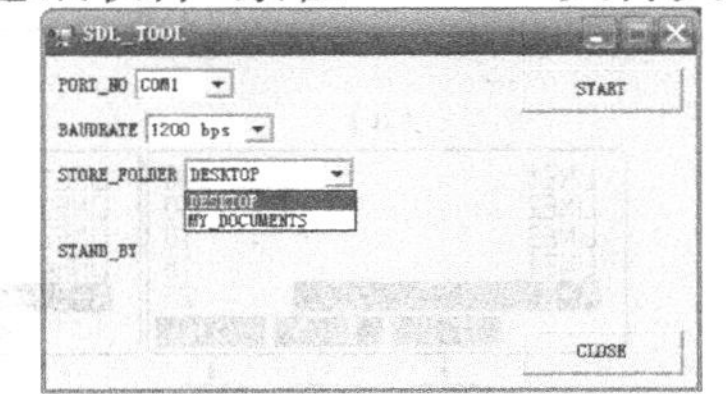

图 2.48 索佳 SDL_TOOL 通讯软件缺省设置界面

在仪器上执行“通讯输出”命令，进入图2.49(b)的界面，选择通讯方式为“Com”，按F4(OK)键，进入图2.49(c)的作业列表界面，移动光标到需要输出的作业文件；先用鼠标左键单击SDL-TOOL的START按钮启动通讯软件接收数据，再在仪器上按↵键启动仪器发送数据，仪器完成数据发送后的界面如图2.49(d)所示。

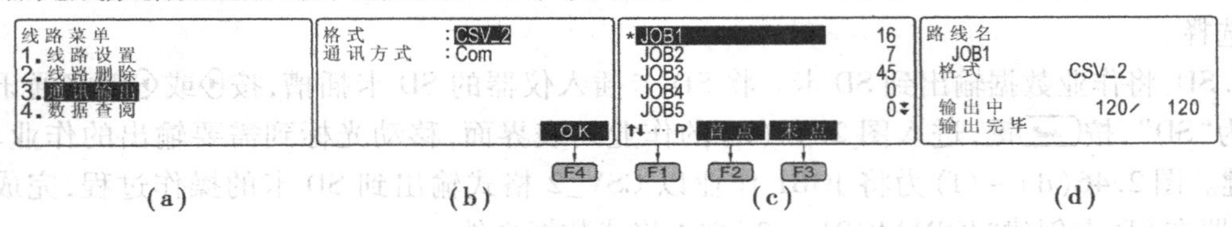

图2.49　用COM口通讯输出作业文件JOB1

(2)线路

在图2.45(b)的“测量菜单”下按②键进入图2.50(a)的“线路菜单”。

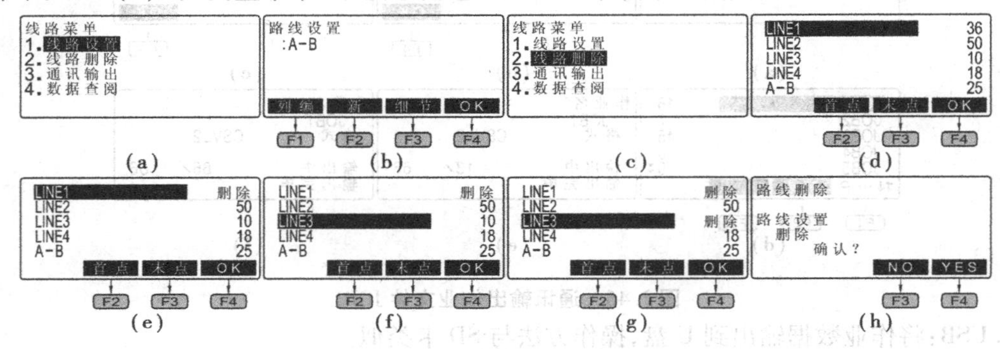

图2.50　“线路设置”与“线路删除”操作

①线路设置：按①键进入图2.50(b)的界面，屏幕显示当前路线名，按F1(列编)键为在路线列表中重新设置当前路线；按F2(新)键为在当前作业中新建路线；按F3(细节)键为察看当前路线的设置内容。

②线路删除：按②键进入图2.50(d)的界面，移动光标到需要删除的路线名，按↵键使光标路线名右边的数字切换为字符“删除”，重复该操作，可以标记多个需要删除的路线，按F4(OK)F4(YES)键完成操作。

③通讯输出：按③键进入图2.51(b)的界面，设置好数据格式与通讯方式后，按F4(OK)键进入图2.51(c)的路线列表界面，移动光标到需要输出的路线名，按↵键使光标

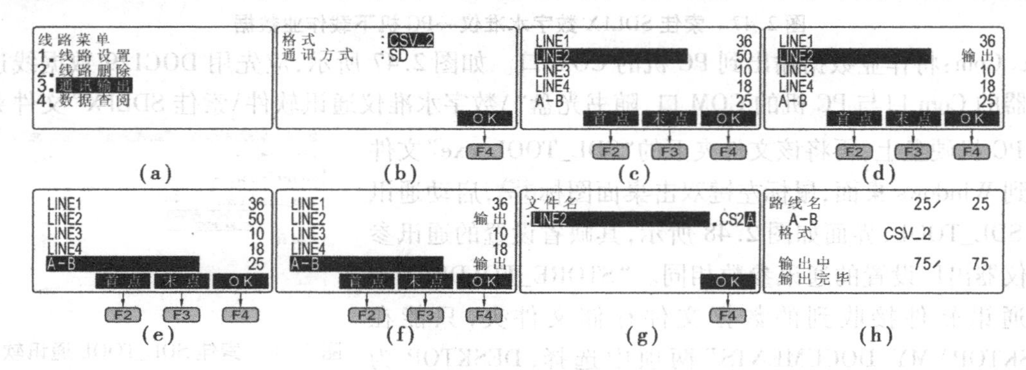

图2.51　“通讯输出”2个路线数据到SD卡一个文件中

路线名右边的数字切换为字符“输出”，重复该操作，可以标记多个需要输出的路线。按 F4 （ OK ）键进入图2.51(g)的界面，仪器自动以第一个标记的路线名为输出文件名，用户可以根据需要用数字键修改输出的文件名，完成响应后按 F4 （ OK ）键，仪器将标记的路线数据输出到指定的数据文件中。

图2.51是将路线LINE2与A-B的数据输出到SD卡的LINE2.cs2文件的操作过程。

④数据查阅：按④键进入图2.43(a)的界面，屏幕显示当前路线水准测量测段列表。该命令的功能与执行“ 菜单 \测量\高差\测量\数据查阅”命令的功能相同，执行该命令前，应先执行“ 菜单 \管理\线路\线路设置”命令设置当前水准路线。

7)仪器初始化

按住 BS 与 F4 键不放，再按⏻键开机，屏幕显示索佳商标后开始初始化，初始化完成后，屏幕显示“默认设置”，至此，仪器恢复到出厂设置。虽然仪器初始化不会清除内存的数据，但如果内存中有重要数据，建议先将其通讯输出保存。

本章小结

(1)水准测量是通过水准仪视准轴在后、前标尺上截取的读数之差获取高差，使用圆水准器与脚螺旋使仪器粗平后，微倾式水准仪是用管水准器与微倾螺旋使望远镜视准轴精平，自动安平水准仪是通过补偿器获得望远镜视准轴水平时的读数。

(2)水准器格值τ的几何意义是：水准器内圆弧弧长2 mm所夹的圆心角，τ值大，安平的精度低；τ值小，安平的精度高，DS3水准仪圆水准器$\tau=8'$，管水准器$\tau=20''$。

(3)水准测量测站检核的方法有两次仪器高法和双面尺法，图根水准测量可以任选其中一种方法观测，等级水准测量应选择双面尺法观测。

(4)水准路线的布设方式有3种：附合水准路线、闭合水准路线与支水准路线，水准测量限差有测站观测限差与路线限差。当图根水准路线闭合差f_h满足规范要求时，应按如下公式计算测段高差h_i的改正数与平差值

$$V_i=-\frac{\sum L}{L_i}f_h,\hat{h}_i=h_i+V_i$$

再利用已知点高程与$\hat{h}_i$推算各未知点的高程。

(5)望远镜视准轴CC与管水准器轴LL在竖直面的夹角称为i角，规范规定，$i<20''$时可以不校正，为削弱i角误差的影响，观测中要求每站的前后视距之差、水准路线的前后视距累积差不超过一定的限值。

(6)水准测段的测站数为偶数时，可以消除一对标尺零点差的影响；每站观测采用“后—前—前—后”的观测顺序可以减小仪器下沉的影响；采用往返观测高差的中数可以减小尺垫下沉的影响。

(7)光学精密水准仪使用平板玻璃测微器直接读取水准标尺的0.1 mm位的读数，配套的水准标尺为引张在木质尺身上的铟瓦合金钢带尺，以减小环境温度对标尺长度的影响。

(8)数字水准仪是将条码标尺影像成像在仪器的CCD板上，通过与仪器内置的本源数字信息进行相关比较，获取条码尺的水平视线读数和视距读数并输出到屏幕显示，实现了读数与记录的自动化。

思考题与练习题

1. 试说明视准轴、管水准器轴、圆水准器轴的定义？水准器格值的几何意义是什么？水准仪上的圆水准器与管水准器各有何作用？

2. 水准仪有哪些轴线？各轴线间应满足什么条件？

3. 什么是视差？产生视差的原因是什么？怎样消除视差？

4. 水准测量时为什么要求前、后视距相等？

5. 水准测量时，在哪些立尺点处需要放置尺垫？哪些点上不能放置尺垫？

6. 什么是高差？什么是视线高程？前视读数、后视读数与高差、视线高程各有何关系？

7. 与普通水准仪比较，精密水准仪有何特点？

8. 用两次变动仪器高法观测一条水准路线，其观测成果标注于图 2.52 中，图中视线上方的数字为第二次仪器高的读数，试计算高差 h_{AB}。

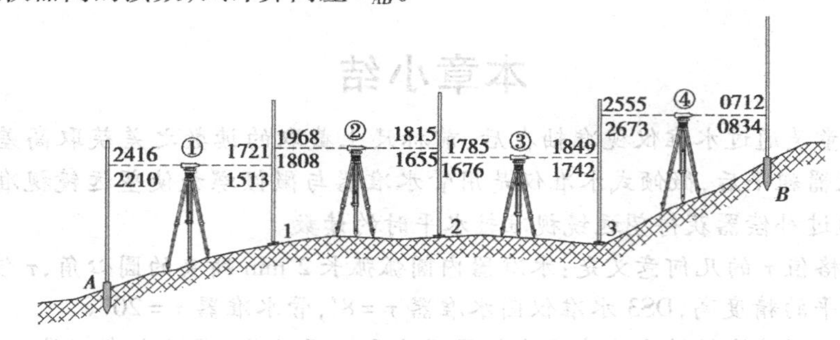

图 2.52 水准路线测量观测结果

9. 表 2.5 为一附合水准路线的观测成果，试计算 A,B,C 三点的高程。

表 2.5 图根水准测量的成果处理

点名	测站数	观测高差 h_i/m	改正数 V_i/m	改正后高差 $\hat{h}_i$/m	高程 H/m
$BM1$					489.523
	15	+4.675			
A					
	21	−3.238			
B					
	10	4.316			
C					
	19	−7.715			
$BM2$					487.550
$\sum$					
辅助计算	$H_2 - H_1 =$ $f_h =$ $f_{h容} =$ 一站高差改正数 $= \dfrac{-f_h}{总站数}$				

10. 在相距 100 m 的 A,B 两点的中央安置水准仪,测得高差 $h_{AB}=+0.306$ m,仪器搬站到 B 点附近安置,读得 A 尺的读数 $a_2=1.792$ m,B 尺读数 $b_2=1.467$ m。试计算该水准仪的 i 角。

11. 索佳 SDL1X 数字水准仪内置了多少个作业名?作业名是否可以修改?修改后的作业名最多允许输入多少位字符?

12. 索佳 SDL1X 数字水准仪作业名与路线名有何关系?新建路线名的方法有哪些?路线名最多允许输入多少位字符?

13. 索佳 SDL1X 数字水准仪执行"菜单\高差\测量\开始测量"命令进行路线水准测量时,观测数据存储在什么文件中?

14. 设置索佳 SDL1X 数字水准仪"自动调焦"为开的方法有哪些?各有何用途?

15. 索佳 SDL1X 数字水准仪的"自动调焦"为开时,在测量模式界面,不按 F4 (自调焦) 键,而是直接按 MEAS 键开始测量,仪器是否会自动调焦?

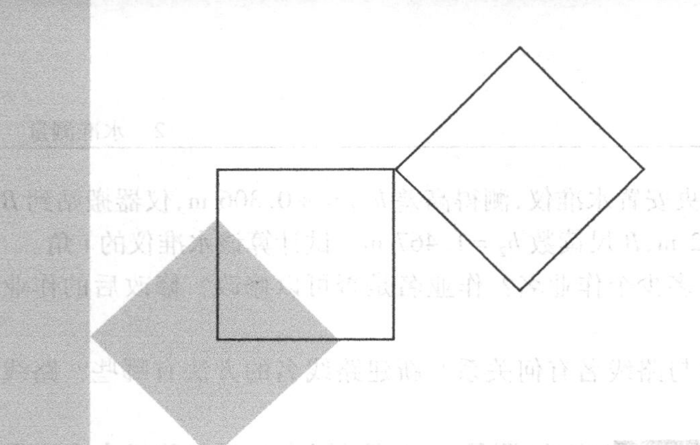

3 角度测量

本章导读：

- **基本要求** 掌握DJ6级光学经纬仪角度测量的原理、对中整平方法、测回法观测单个水平角的方法，了解方向观测法进行多方向水平角测量的操作步骤与计算内容；掌握水平角测量的误差来源与削减方法、经纬仪轴系之间应满足的条件，了解经纬仪检验与校正的内容与方法、竖盘指标自动归零补偿器的原理、绝对编码度盘测角系统的原理。
- **重点** 光学对中法及垂球对中法安置经纬仪的方法与技巧，测回法观测水平角的方法及记录计算要求，中丝法观测竖直角的方法及记录计算要求，双盘位观测水平角与竖直角能消除的误差内容。
- **难点** 消除视差的方法，经纬仪的两种安置方法，水平角与竖直角测量瞄准目标的方法。

测量地面点连线的水平夹角及视线方向与水平面的竖直角，称角度测量，它是测量的基本工作之一。角度测量所使用的仪器是经纬仪和全站仪。水平角测量用于求算点的平面位置，竖直角测量用于测定高差或将倾斜距离化算为水平距离。

3.1 角度测量原理

1）水平角测量原理

地面一点到两个目标点连线在水平面上投影的夹角称为水平角，它也是过两条方向线的铅垂面所夹的两面角。如图3.1所示，设A,B,C为地面上任意3点，将3点沿铅垂线方向投影到水平面上得到A_1,B_1,$C_1$3点，则直线B_1A_1与直线B_1C_1的夹角β即为地面上BA与BC两方向线间的水平角。为了测量水平角,应在 B 点上方水平安置一个有刻度的圆盘,称为水平度盘,水平度盘中心应位于过 B 点的铅垂线上;另外,经纬仪还应有一个能瞄准远方目标的望远镜,望远镜应可以在水平面和铅垂面内旋转,通过望远镜分别瞄准高低不同的目标 A 和 C,设在水平度盘上的读数分别为 a 和 c,则水平角为

$$\beta = c - a \tag{3.1}$$

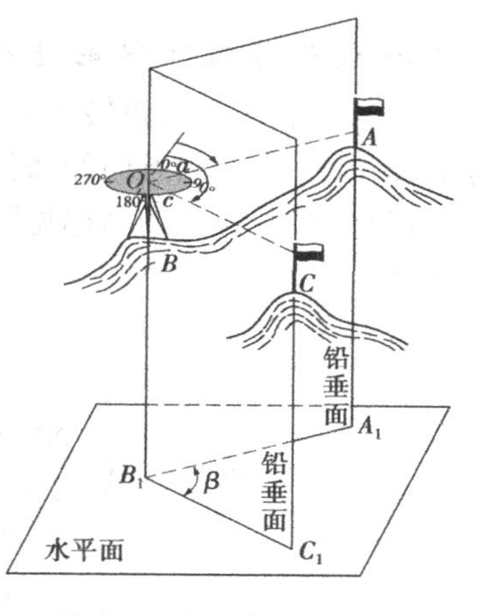

图 3.1 水平角测量原理

2)竖直角测量原理

在同一竖直面内,视线与水平线的夹角称为竖直角。视线在水平线上方时称为仰角,角值为正;视线在水平线下方时称为俯角,角值为负,见图 3.2。

为了测量竖直角,经纬仪应在铅垂面内安置一个圆盘,称为竖盘。竖直角也是两个方向在竖盘上的读数之差,与水平角不同的是,其中有一个为水平方向。水平方向的读数可以通过竖盘指标管水准器或竖盘指标自动补偿装置来确定。设计经纬仪时,一般使视线水平时的竖盘读数为0°或90°的倍数,这样,测量竖直角时,只要照准目标,读出竖盘读数并减去仪器视线水平时的竖盘读数就可以计算出视线方向的竖直角。

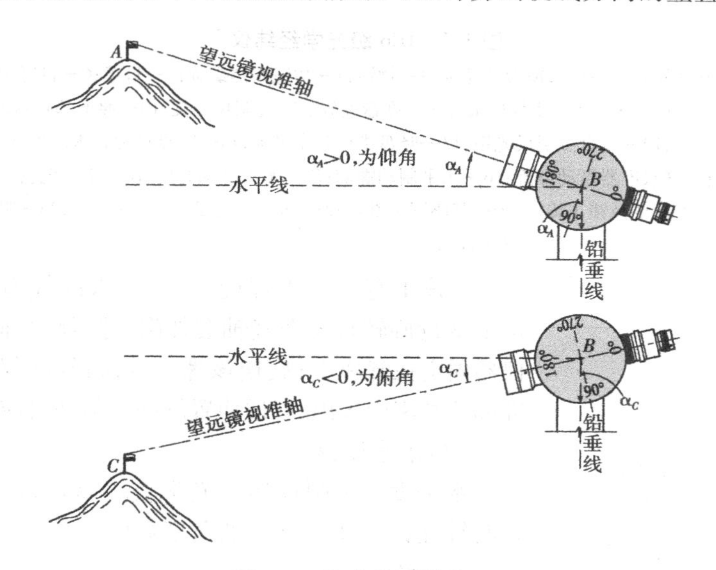

图 3.2 竖直角测量原理

3.2 光学经纬仪的结构与度盘读数

国产光学经纬仪(optical theodolite)按精度划分的型号有:DJ07,DJ1,DJ2,DJ6,DJ30,其中字母 D,J 分别为“大地测量”和“经纬仪”汉语拼音的第一个字母,07,1,2,6,30 分别为该仪器一测回方向观测中误差的秒数。

1) DJ6 级光学经纬仪的结构

根据控制水平度盘转动方式的不同,DJ6 级光学经纬仪又分为方向经纬仪和复测经纬仪。地表测量中,常使用方向经纬仪,复测经纬仪主要应用于地下工程测量。图 3.3 为 DJ6 级方向光学经纬仪,各构件的名称见图中注记。一般将光学经纬仪分解为基座、水平度盘和照准部,见图 3.4。

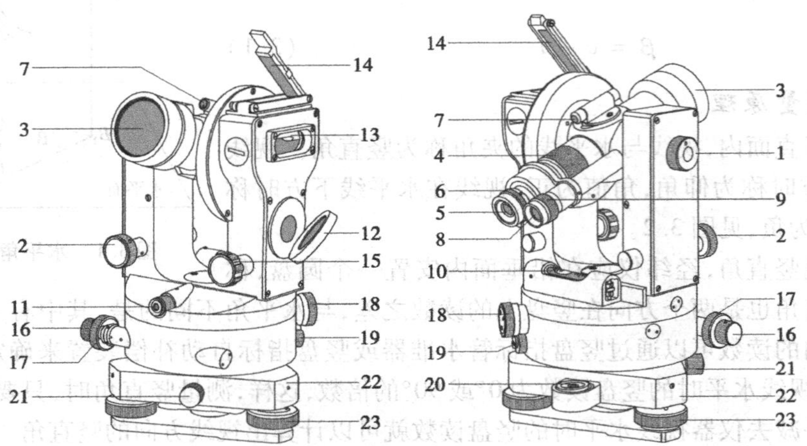

图 3.3 DJ6 级光学经纬仪

1—望远镜制动螺旋;2—望远镜微动螺旋;3—物镜;4—物镜调焦螺旋;5—目镜;6—目镜调焦螺旋;7—光学粗瞄器;8—度盘读数显微镜;9—度盘读数显微镜调焦螺旋;10—照准部管水准器;11—光学对中器;12—度盘照明反光镜;13—竖盘指标管水准器;14—竖盘指标管水准器观察反射镜;15—竖盘指标管水准器微动螺旋;16—水平制动螺旋;17—水平微动螺旋;18—水平度盘变换螺旋;19—水平度盘变换锁止旋钮;20—基座圆水准器;21—轴套固定螺丝;22—基座;23—脚螺旋

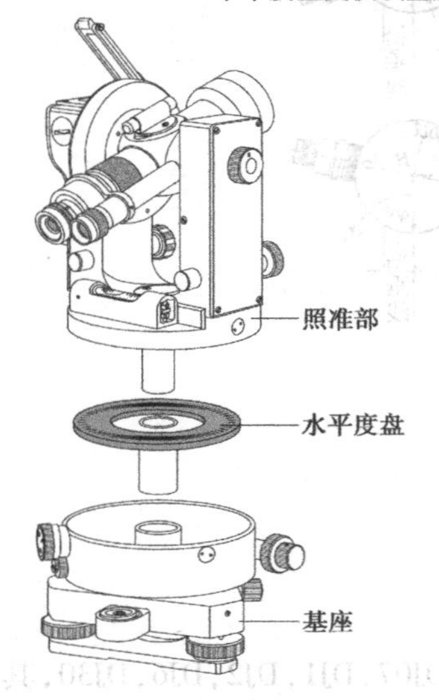

图 3.4 DJ6 级光学经纬仪的结构

(1)基座

基座上有 3 个脚螺旋,一个圆水准气泡,用来粗平仪器。水平度盘旋转轴套在竖轴套外围,拧紧轴套固定螺丝 21,可将仪器固定在基座上;旋松该螺丝,可将经纬仪水平度盘连同照准部从基座中拔出,以便换置觇牌。但平时应将该螺丝拧紧。

(2)水平度盘

水平度盘为圆环形的光学玻璃盘片,盘片边缘刻划并按顺时针注记有 0°~360°的角度数值。

(3)照准部

照准部是指水平度盘之上,能绕其旋转轴旋转的全部部件的总称,它包括竖轴、U 形支架、望远镜、横轴、竖盘、管水准器、竖盘指标管水准器和光学读数装置等。

照准部的旋转轴称为竖轴,竖轴插入基座内的竖轴轴套中旋转;照准部在水平方向的转动,由水平制动、水平微动螺旋控制;望远镜纵向的转动,由望远镜制动及其微动螺旋控制;竖盘指标管水准器的微倾运动由竖盘指标管水准器微动螺旋控制;照准部管水准器,用于精确整平仪器。

水平角测量需要旋转照准部和望远镜依次照准不同方向的目标并读取水平度盘的读数，在一测回观测过程中，水平度盘是固定不动的。但为了角度计算的方便，在观测之前，通常将起始方向（称为零方向）的水平度盘读数配置为0°左右，这就需要有控制水平度盘转动的部件。方向经纬仪使用水平度盘变换螺旋控制水平度盘的转动。

如图3.3所示，先顺时针旋开水平度盘变换锁止旋钮19，再将水平度盘变换螺旋18推压进去，旋转该螺旋即可带动水平度盘旋转。完成水平度盘配置后，松开手，水平度盘变换螺旋18自动弹出，逆时针旋关水平度盘变换锁止旋钮19。

不同厂家所产光学经纬仪的水平度盘变换螺旋锁止机构一般不同，图3.5(a)的经纬仪是用水平度盘锁止卡1锁住水平度盘变换螺旋2，图3.5(b)的经纬仪是用水平度盘变换螺旋护罩3遮盖住水平度盘变换螺旋2。

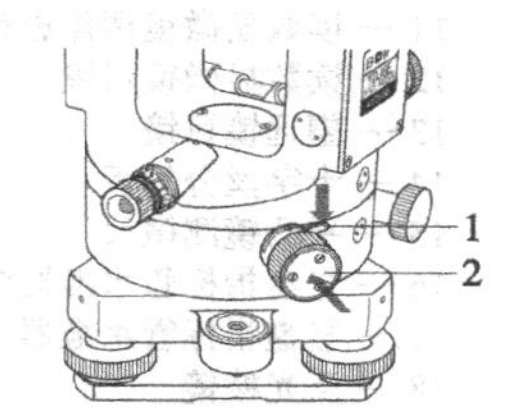

(a)北京博飞公司DJ6级经纬仪

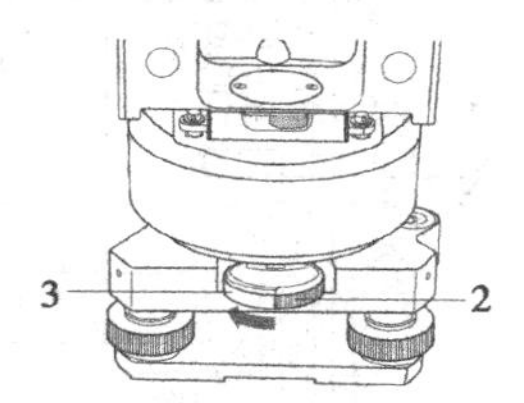

(b)南京1002厂DJ6级经纬仪

图3.5　DJ6级光学经纬仪水平度盘变换螺旋与其锁止卡(或护罩)之间的关系

2)DJ6级光学经纬仪的读数装置

光学经纬仪的读数设备包括度盘、光路系统和测微器。水平度盘和竖盘上的分划线，通过一系列棱镜和透镜成像显示在望远镜旁的读数显微镜内。DJ6级光学经纬仪的读数装置可以分为测微尺读数和单平板玻璃读数两种，下面只介绍测微尺读数装置。

测微尺读数装置的光路见图3.6。将水平度盘和竖盘均刻划为360格，每格的角度为1°，顺时针注记。照明光线通过反光镜21的反射进入进光窗20，其中照亮竖盘的光线通过竖盘显微镜23将竖盘19上的刻划和注记成像在平凸镜15上；照亮水平度盘的光线通过水平度盘显微镜24将水平度盘25上的刻划和注记成像在平凸镜15上；在平凸镜15上有两个测微尺，测微尺上刻划有60格。仪器制造时，使度盘上一格在平凸镜15上成像的宽度正好等于测微尺上刻划的60格的宽度，因此测微尺上一小格代表1′。通过棱镜8的反射，两个度盘分划线的像连同测微尺上的刻划和注记可以通过读数显微镜观察到。其中9是读数显微镜的物镜，11是读数显微镜的调焦透镜，12是读数显微镜的目镜。读数装置大约将两个度盘的刻划和注记影像放大了65倍。

图3.7为读数显微镜视场，注记有“H”字符窗口的像是水平度盘分划线及其测微尺的像，注记有“V”字符窗口的像是竖盘分划线及其测微尺的像。

读数方法为：以测微尺上的“0”分划线为读数指标，“度”数由落在测微尺上的度盘分划线的注记读出，测微尺的“0”分划线与度盘上的“度”分划线之间小于1°的角度在测微尺上读出，最小读数可以估读到测微尺上1格的十分之一，即为0.1′或6″。图3.7的水平度盘读数为214°54.7′，竖盘读数为79°05.5′。测微尺读数装置的读数误差为测微尺上一格的十分之一，即0.1′或6″。

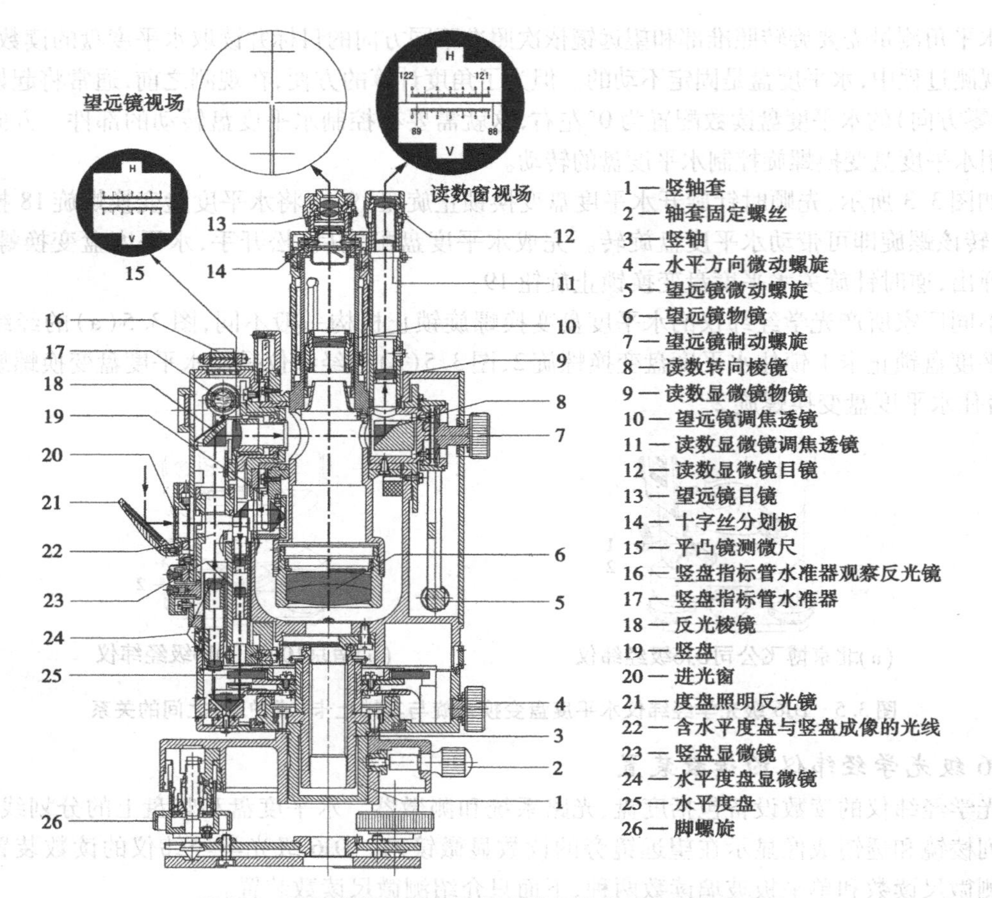

图 3.6　使用测微尺的 DJ6 级光学经纬仪的度盘读数光路

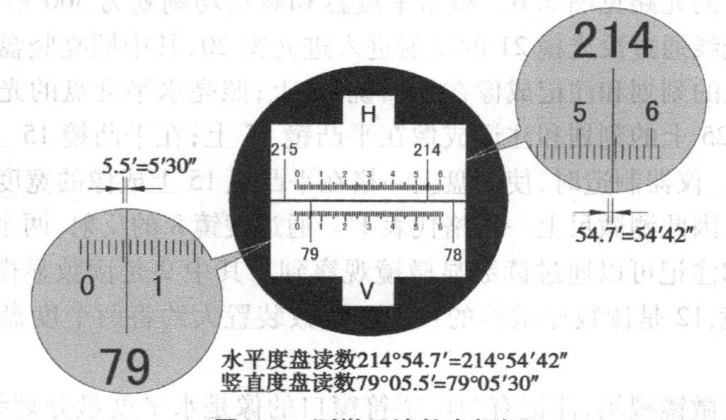

图 3.7　测微尺读数窗视场

3.3　经纬仪的安置与水平角观测

1) 经纬仪的安置

经纬仪的安置包括对中和整平，目的是使仪器竖轴位于过测站点的铅垂线上，水平度盘和横轴处于水平位置，竖盘位于铅垂面内。对中的方式有垂球对中和光学对中两种，整平分粗平和精平。

粗平是通过伸缩脚架腿或旋转脚螺旋使圆水准气泡居中,其规律是圆水准气泡向伸高脚架腿的一侧移动,或圆水准气泡移动方向与用左手大拇指或右手食指旋转脚螺旋的方向一致;精平是通过旋转脚螺旋使管水准气泡居中,要求将管水准器轴分别旋至相互垂直的两个方向上使气泡居中,其中一个方向应与任意两个脚螺旋中心连线方向平行。如图 3.8 所示,旋转照准部至图 3.8(a)的位置,旋转脚螺旋 1 或 2 使管水准气泡居中;然后旋转照准部至图 3.8(b)的位置,旋转脚螺旋 3 使管水准气泡居中,最后还应将照准部旋回至图 3.8(a)的位置,察看管水准气泡的偏离情况,如果仍然居中,则精平操作完成,否则还需按前面的步骤再操作一次。

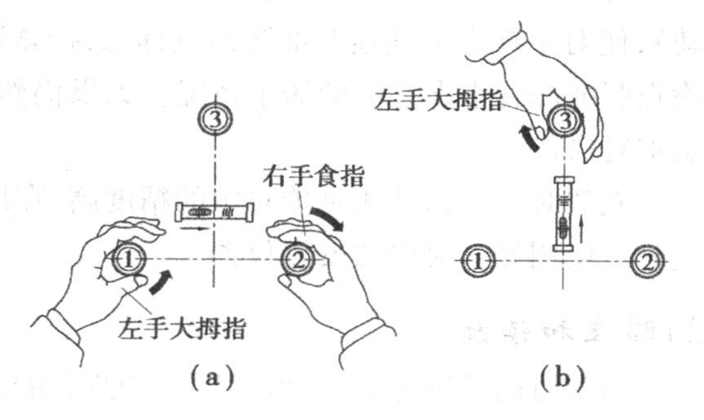

图 3.8 照准部管水准器整平方法

经纬仪安置的操作步骤:打开三脚架腿,调整好其长度使脚架高度适合于观测者的高度,张开三脚架,将其安置在测站上,使架头面大致水平。从仪器箱中取出经纬仪放置在三脚架头上,并使仪器基座中心基本对齐三脚架头的中心,旋紧连接螺旋后,即可进行对中整平操作。

使用垂球对中和光学对中器对中的操作步骤是不同的,分别介绍如下:

(1)垂球对中法安置经纬仪

将垂球悬挂于连接螺旋中心的挂钩上,调整垂球线长度使垂球尖略高于测站点。

粗对中与粗平:平移三脚架(应注意保持三脚架头面基本水平),使垂球尖大致对准测站点标志,将三脚架的脚尖踩入土中。

精对中:稍微旋松连接螺旋,双手扶住仪器基座,在架头上移动仪器,使垂球尖准确对准测站标志点后,再旋紧连接螺旋。垂球对中的误差应小于 3 mm。

精平:旋转脚螺旋使圆水准气泡居中;转动照准部,旋转脚螺旋,使管水准气泡在相互垂直的两个方向居中。旋转脚螺旋精平仪器时,不会破坏前已完成的垂球对中关系。

(2)光学对中法安置经纬仪

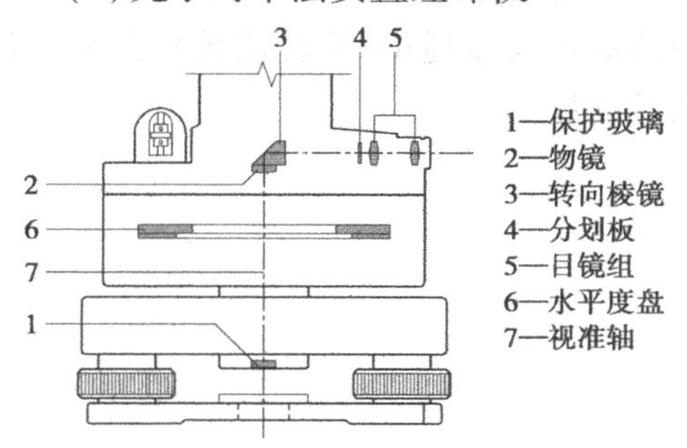

图 3.9 光学对中器的原理与光路

光学对中器也是一个小望远镜,各构件的功能见图 3.9。使用光学对中器之前,应先旋转目镜调焦螺旋使对中标志分划板十分清晰,再旋转物镜调焦螺旋[图 3.5(a)的仪器是拉伸光学对中器]看清地面的测点标志。

粗对中:双手握紧三脚架,眼睛观察光学对中器,移动三脚架使对中标志基本对准测站点的中心(应注意保持三脚架头面基本水平),将三脚架的脚尖踩入土中。

精对中:旋转脚螺旋使对中标志准确地对准测站点的中心,光学对中的误差应小于 1 mm。

粗平:伸缩脚架腿,使圆水准气泡居中。

精平:转动照准部,旋转脚螺旋,使管水准气泡在相互垂直的两个方向居中。精平操作会略微破坏前已完成的对中关系。

再次精对中：旋松连接螺旋，眼睛观察光学对中器，平移仪器基座（注意，不要有旋转运动），使对中标志准确地对准测站点标志，拧紧连接螺旋。旋转照准部，在相互垂直的两个方向检查照准部管水准气泡的居中情况。如果仍然居中，则仪器安置完成，否则应从上述的精平开始重复操作。

光学对中的精度比垂球对中的精度高，在风力较大的情况下，垂球对中的误差将变得很大，这时应使用光学对中法安置仪器。

2）瞄准和读数

测角时的照准标志，一般是竖立于测点的标杆、测钎、用三根竹竿悬吊垂球的线或觇牌，见图3.10。测量水平角时，以望远镜的十字丝竖丝瞄准照准标志。望远镜瞄准目标的操作步骤如下：

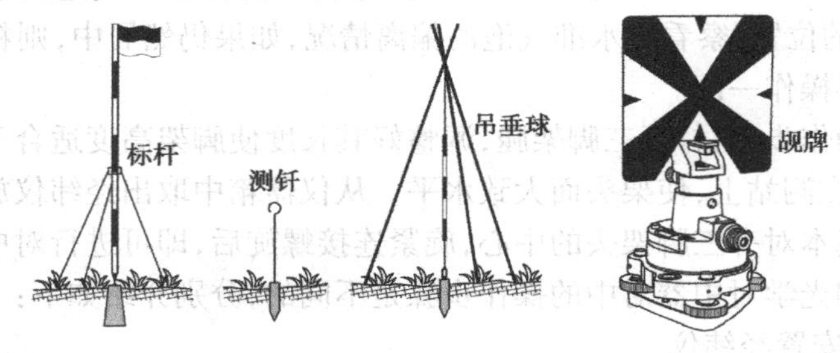

图3.10　水平角测量的常用照准标志

①目镜对光：松开望远镜制动螺旋和水平制动螺旋，将望远镜对向明亮的背景（如白墙、天空等，注意不要对向太阳），转动目镜使十字丝清晰。

②粗瞄目标：用望远镜上的粗瞄器瞄准目标，旋紧制动螺旋，转动物镜调焦螺旋使目标清晰，旋转水平微动螺旋和望远镜微动螺旋，精确瞄准目标。可用十字丝纵丝的单线平分目标，也可用双线夹住目标，见图3.11。

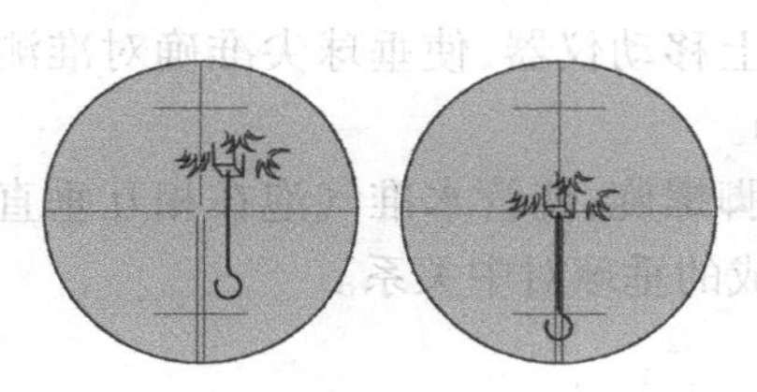

图3.11　水平角测量瞄准目标的方法

③读数：打开度盘照明反光镜［图3.6的21］，调整反光镜的开度和方向，使读数窗亮度适中，旋转读数显微镜的目镜使刻划线清晰，然后读数。

3.4　水平角测量方法

常用水平角观测方法有测回法和方向观测法。

1）测回法

测回法用于观测两个方向之间的单角。如图3.12所示，要测量 BA 与 BC 两个方向之间的水平夹角 β，在 B 点安置好经纬仪后，观测 $\angle ABC$ 一测回的操作步骤如下：

①盘左（竖盘在望远镜的左边，也称正镜）瞄准目标点 A，旋开水平度盘变换锁止螺旋，将水平度盘读数配置在0°左右。检查瞄准情况后读取水平度盘读数如0°06′24″，计入表3.1的相应栏内。

图 3.12 测回法观测水平角

表 3.1 水平角测回法观测手簿

<table>
<tr><th>测站</th><th>目标</th><th>竖盘位置</th><th>水平度盘读数
/(° ′ ″)</th><th>半测回角值
/(° ′ ″)</th><th>一测回平均角值
/(° ′ ″)</th><th>各测回平均值
/(° ′ ″)</th></tr>
<tr><td rowspan="4">一测回
B</td><td>A</td><td rowspan="2">左</td><td>0 06 24</td><td rowspan="2">111 39 54</td><td rowspan="4">111 39 51</td><td rowspan="8">111 39 52</td></tr>
<tr><td>C</td><td>111 46 18</td></tr>
<tr><td>A</td><td rowspan="2">右</td><td>180 06 48</td><td rowspan="2">111 39 48</td></tr>
<tr><td>C</td><td>291 46 36</td></tr>
<tr><td rowspan="4">二测回
B</td><td>A</td><td rowspan="2">左</td><td>90 06 18</td><td rowspan="2">111 39 48</td><td rowspan="4">111 39 54</td></tr>
<tr><td>C</td><td>201 46 06</td></tr>
<tr><td>A</td><td rowspan="2">右</td><td>270 06 30</td><td rowspan="2">111 40 00</td></tr>
<tr><td>C</td><td>21 46 30</td></tr>
</table>

A 点方向称为零方向。由于水平度盘是顺时针注记,因此选取零方向时,一般应使另一个观测方向的水平度盘读数大于零方向的读数。

②旋转照准部,瞄准目标点 C,读取水平度盘读数如 111°46′18″,计入表 3.1 的相应栏内。计算正镜观测的角度值为 111°46′18″ − 0°06′24″ = 111°39′54″,称为上半测回角值。

③纵转望远镜为盘右位置(竖盘在望远镜的右边,也称倒镜),旋转照准部,瞄准目标点 C,读取水平度盘读数如 291°46′36″,计入表 3.1 的相应栏内。

④旋转照准部,瞄准目标点 A,读取水平度盘读数如 180°06′48″,计入表 3.1 的相应栏内。计算倒镜观测的角度值为 291°46′36″ − 180°06′48″ = 111°39′48″,称为下半测回角值。

⑤计算检核:计算出上、下半测回角度值之差为 111°39′54″ − 111°39′48″ = 6″,小于限差值 ±40″时取上、下半测回角度值的平均值作为一测回角度值。

《工程测量规范》[1]没有给出测回法半测回角差的容许值,根据图根控制测量的测角中误差为 ±20″,一般取中误差的两倍作为限差,即为 ±40″。

当测角精度要求较高时,一般需要观测几个测回。为了减小水平度盘分划误差的影响,各测回间应根据测回数 n,以 $180°/n$ 为增量配置各测回的零方向水平度盘读数。

表 3.1 为观测两测回,第二测回观测时,A 方向的水平度盘读数应配置为 90°左右。如果第二测回的半测回角差符合要求,则取两测回角值的平均值作为最后结果。

2)方向观测法

当测站上的方向观测数≥3时,一般采用方向观测法。如图3.13所示,测站点为O,观测方向有A,B,C,D 4个。在O点安置仪器,在A,B,C,D 4个目标中选择一个标志十分清晰的点作为零方向。以A点为零方向时的一测回观测操作步骤如下:

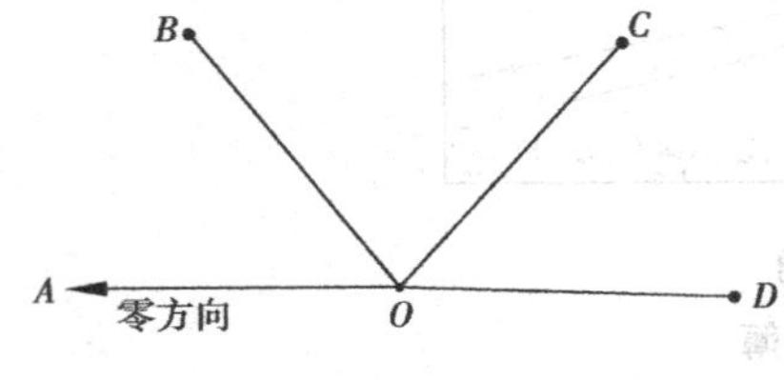

图3.13 方向观测法观测水平角

(1)上半测回操作:盘左瞄准A点的照准标志,将水平度盘读数配置在0°左右(称A点方向为零方向),检查瞄准情况后读取水平度盘读数并记录。松开制动螺旋,顺时针(向观测者的右边)转动照准部,依次瞄准B,C,D点的照准标志进行观测,其观测顺序是$A \to B \to C \to D \to A$,最后返回到零方向$A$的操作称为上半测回归零,两次观测零方向$A$的读数之差称为半测回归零差。《工程测量规范》规定,对于DJ6级经纬仪,半测回归零差不应大于18″。

(2)下半测回操作:纵转望远镜,盘右瞄准A点的照准标志,读数并记录,松开制动螺旋,逆时针(向观测者的左边)转动照准部,依次瞄准D,C,B,A点的照准标志进行观测,其观测顺序是$A \to D \to C \to B \to A$,最后返回到零方向$A$的操作称下半测回归零,至此,一测回观测操作完成。如需观测几个测回,各测回零方向应以$180°/n$为增量配置水平度盘读数。

(3)计算步骤。

①计算$2C$值(又称两倍照准差)

理论上,相同方向的盘左、盘右观测值应相差180°,如果不是,其偏差值称$2C$,计算公式为

$$2C = 盘左读数 - (盘右读数 \pm 180°) \tag{3.2}$$

式(3.2)中的“±”,盘右读数大于180°时,取“-”号,盘右读数小于180°时,取“+”号,下同,计算结果填入表3.2的第6栏。

②计算方向观测的平均值

$$平均读数 = \frac{1}{2}[盘左读数 + (盘右读数 \pm 180°)] \tag{3.3}$$

使用式(3.3)计算时,最后的平均读数为换算到盘左读数的平均值,也即,同一方向的盘右读数通过加或减180°后,应基本等于其盘左读数,计算结果填入第7栏。

③计算归零后的方向观测值

先计算零方向两个方向值的平均值(见表3.2中括弧内的数值),再将各方向值的平均值均减去括弧内的零方向值的平均值,计算结果填入第8栏。

④计算各测回归零后方向值的平均值

取各测回同一方向归零后方向值的平均值,计算结果填入第9栏。

⑤计算各目标间的水平夹角

根据第9栏的各测回归零后方向值的平均值,可以计算出任意两个方向间的水平夹角。

表 3.2 水平角方向观测法手簿

测站	测回数	目标	水平度盘读数		2C=左－(右±180°)	平均读数=[左+(右±180°)]/2	归零后方向值	各测回归零方向值的平均值
			盘左	盘右				
			/(° ′ ″)	/(° ′ ″)	/(″)	/(° ′ ″)	/(° ′ ″)	/(° ′ ″)
1	2	3	4	5	6	7	8	9
						(0 02 06)		
O	1	A	0 02 06	180 02 00	+6	0 02 03	0 00 00	
		B	51 15 42	231 15 30	+12	51 15 36	51 13 30	
		C	131 54 12	311 54 00	+12	131 54 06	131 52 00	
		D	182 02 24	2 02 24	0	182 02 24	182 00 18	
		A	0 02 12	180 02 06	+6	0 02 09		
						(90 03 32)		
O	2	A	90 03 30	270 03 24	+6	90 03 27	0 00 00	0 00 00
		B	141 17 00	321 16 54	+6	141 16 57	51 13 25	51 13 28
		C	221 55 42	41 55 30	+12	221 55 36	131 52 04	131 52 02
		D	272 04 00	92 03 54	+6	272 03 57	182 00 25	182 00 22
		A	90 03 36	270 03 36	0	90 03 36		

3)方向观测法的限差

《工程测量规范》规定，一级及以下导线，方向观测法的限差应符合表 3.3 的规定。

表 3.3 方向观测法的各项限差

经纬仪型号	半测回归零差	一测回内 2C 互差	同一方向值各测回较差
DJ2	12″	18″	12″
DJ6	18″	—	24″

当照准点的垂直角超过 ±3°时，该方向的 2C 较差可按同一观测时间段内的相邻测回进行比较，其差值仍按表 3.3 的规定。按此方法比较应在手簿中注明。

在表 3.2 的计算中，两个测回的 4 个半测回归零差分别为 6″，－6″，6″，－12″，其绝对值均小于限差要求的 18″；B，C，D 3 个方向值两测回较差分别为 －5″，4″，7″，其绝对值均小于限差要求的 24″。观测结果符合规范的要求。

4)水平角观测的注意事项

①仪器高度应与观测者的身高相适应；三脚架应踩实，仪器与脚架连接应牢固，操作仪器时不应用手扶三脚架；转动照准部和望远镜之前，应先松开制动螺旋，操作各螺旋时，用力应轻。

②精确对中，特别是对短边测角，对中要求应更严格。

③当观测目标间高低相差较大时，更应注意整平仪器。

④照准标志应竖直，尽可能用十字丝交点瞄准标杆或测钎底部。

⑤记录应清楚,应当场计算,发现错误,立即重测。

⑥一测回水平角观测过程中,不得再调整照准部管水准气泡,如气泡偏离中央超过 2 格时,应重新整平与对中仪器,重新观测。

3.5 竖直角测量方法

1)竖直角的用途

竖直角主要用于将观测的倾斜距离化算为水平距离或计算三角高程。

(1)倾斜距离化算为水平距离

如图 3.14(a)所示,测得 A,B 两点间的斜距 S 及竖直角 α,其水平距离 D 的计算公式为:

$$D = S\cos\alpha \tag{3.4}$$

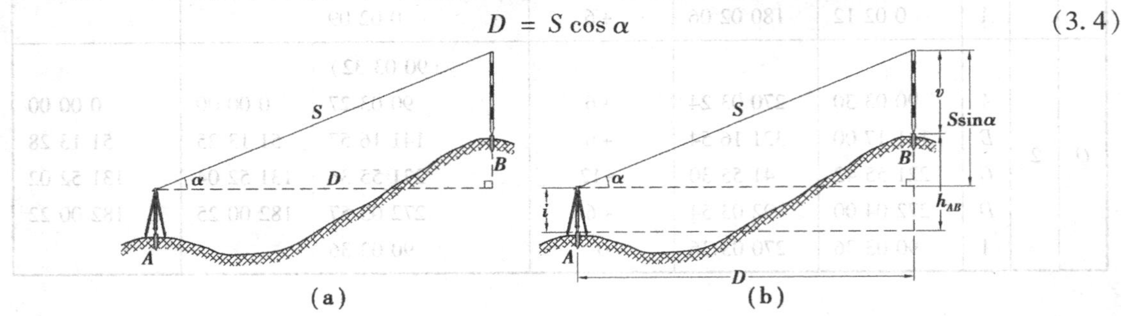

图 3.14　竖直角测量的用途

(2)三角高程计算

如图 3.14(b)所示,当用水准测量方法测定 A,B 两点间的高差 h_{AB} 有困难时,可以利用图中测得的斜距 S、竖直角 α、仪器高 i、标杆高 v,依下式计算 h_{AB}

$$h_{AB} = S\sin\alpha + i - v \tag{3.5}$$

已知 A 点的高程 H_A 时,B 点高程 H_B 的计算公式为

$$H_B = H_A + h_{AB} = H_A + S\sin\alpha + i - v \tag{3.6}$$

上述测量高程的方法称为三角高程测量。2005 年 5 月,我国测绘工作者测得世界最高峰——珠穆朗玛峰峰顶岩石面的海拔高程为 8 844.43 m,使用的就是三角高程测量方法。

2)竖盘构造

如图 3.15 所示,经纬仪的竖盘固定在望远镜横轴一端并与望远镜连接在一起,竖盘随望远镜一起可以绕横轴旋转,竖盘面垂直于横轴。竖盘读数指标与竖盘指标管水准器连接在一起,旋转竖盘管水准器微动螺旋将带动竖盘指标管水准器和竖盘读数指标一起做微小的转动。

竖盘读数指标的正确位置是:望远镜处于盘左、竖盘指标管水准气泡居中时,读数窗的竖盘读数应为 90°(有些仪器设计为 0°、180°或 270°,本书约定为 90°)。竖盘注记为 0°~360°,分顺时针和逆时针注记两种形式,本书只介绍顺时针注记的形式。

3)竖直角的计算

如图 3.16(a)所示,望远镜位于盘左位置,当视准轴水平、竖盘指标管水准气泡居中时,竖盘读数为 90°;当望远镜抬高 α 角度照准目标、竖盘指标管水准气泡居中时,竖盘读数设为 L,则盘左观测的竖直角为

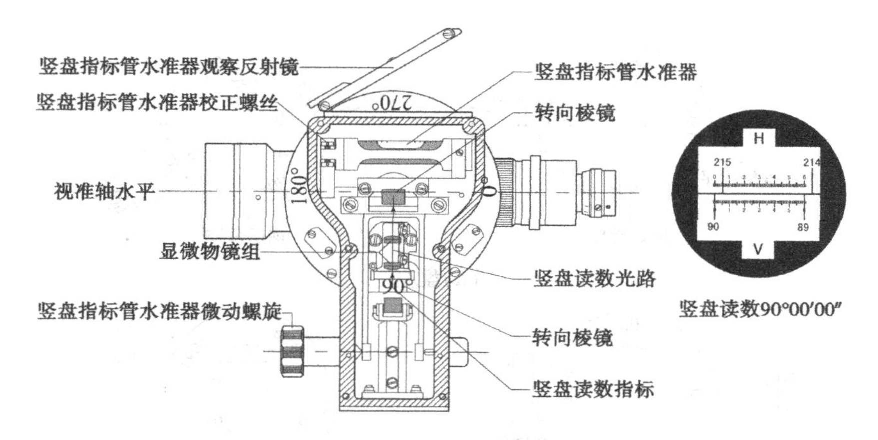

图 3.15　DJ6 级光学经纬仪竖盘的构造

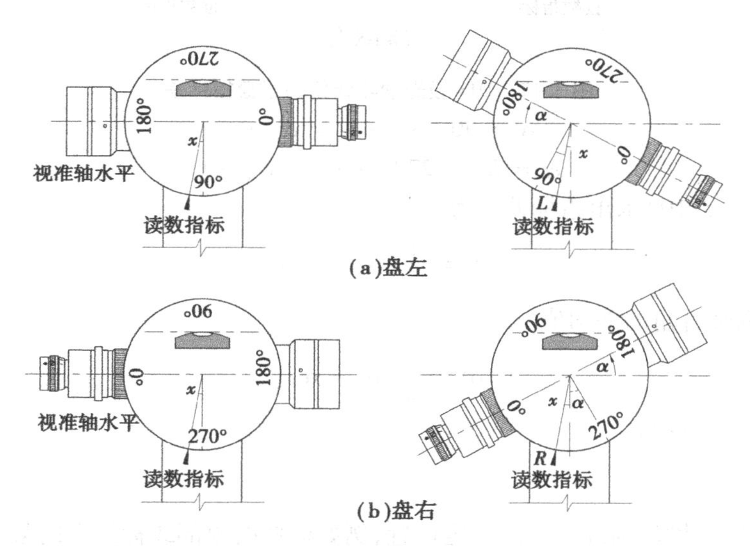

图 3.16　DJ6 级光学经纬仪竖直角的测量原理

$$\alpha_L = 90° - L \tag{3.7}$$

如图 3.16(b)所示,纵转望远镜于盘右位置,当视准轴水平、竖盘指标管水准气泡居中时,竖盘读数为 270°;当望远镜抬高 α 角度照准目标、竖盘指标管水准气泡居中时,竖盘读数设为 R,则盘右观测的竖直角为

$$\alpha_R = R - 270° \tag{3.8}$$

4)竖盘指标差

当望远镜视准轴水平,竖盘指标管水准气泡居中,竖盘读数为 90°(盘左)或 270°(盘右)的情形称为竖盘指标管水准器与竖盘读数指标关系正确,竖直角计算公式(3.7)和(3.8)是在这个条件下推导出来的。

当竖盘指标管水准器与竖盘读数指标关系不正确时,则望远镜视准轴水平时的竖盘读数相对于正确值 90°(盘左)或 270°(盘右)有一个小的角度偏差 x,称 x 为竖盘指标差,如图3.17所示。设所测竖直角的正确值为 α,则考虑指标差 x 时的竖直角计算公式应为

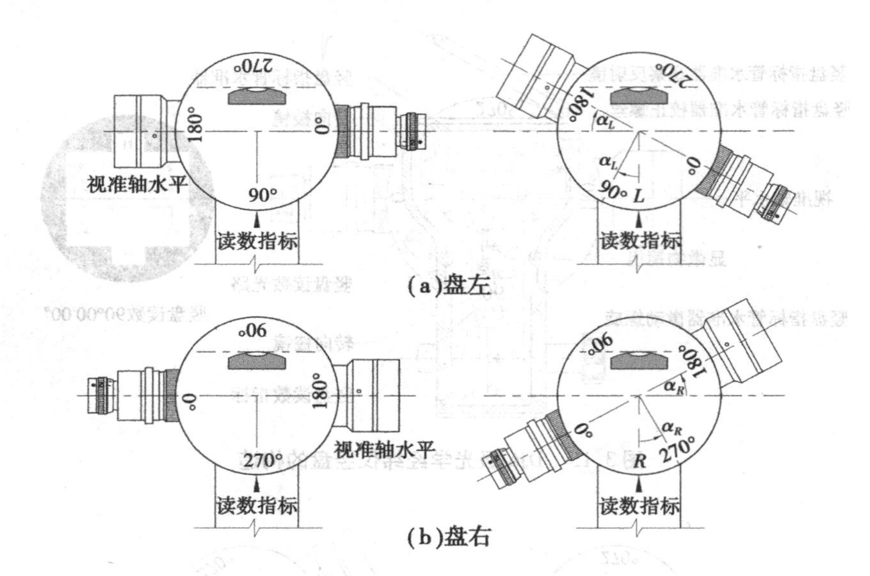

(a)盘左

(b)盘右

图 3.17　DJ6 级光学经纬仪的竖盘指标差

$$\alpha = 90° + x - L = \alpha_L + x \tag{3.9}$$

$$\alpha = R - (270° + x) = \alpha_R - x \tag{3.10}$$

将式(3.9)减去式(3.10)求出指标差 x 为

$$x = \frac{1}{2}(\alpha_R - \alpha_L) \tag{3.11}$$

取盘左、盘右所测竖直角的平均值

$$\alpha = \frac{1}{2}(\alpha_L + \alpha_R) \tag{3.12}$$

可以消除指标差 x 的影响。

5)竖直角观测

竖直角观测应用横丝瞄准目标的特定位置,例如标杆的顶部或标尺上的某一位置。竖直角观测的操作步骤如下:

①在测站点上安置经纬仪,用小钢尺量出仪器高 i。仪器高是测站点标志顶部到经纬仪横轴中心的垂直距离。

②盘左瞄准目标,使十字丝横丝切于目标某一位置,旋转竖盘指标管水准器微动螺旋,使竖盘指标管水准气泡居中,读取竖盘读数 L。

③盘右瞄准目标,使十字丝横丝切于目标同一位置,旋转竖盘指标管水准器微动螺旋,使竖盘指标管水准气泡居中,读取竖盘读数 R。

竖直角的记录计算见表 3.4。

6)竖盘指标自动归零补偿器

观测竖直角时,每次读数之前,都应旋转竖盘指标管水准器微动螺旋,使竖盘指标管水准气泡居中,这就降低了竖直角观测的效率。现在,只有少数光学经纬仪仍在使用这种竖盘读数装置,大部分光学经纬仪及所有的电子经纬仪和全站仪都采用了竖盘指标自动归零补偿器。

表 3.4　竖直角观测手簿

测站	目标	竖盘位置	竖盘读 /(° ′ ″)	半测回竖直角 /(° ′ ″)	指标差 /(″)	一测回竖直角 /(° ′ ″)
A	B	左	81 18 42	+8 41 18	+6	+8 41 24
		右	278 41 30	+8 41 30		
	C	左	94 03 30	−4 03 30	+12	−4 03 18
		右	265 56 54	−4 03 06		

竖盘指标自动归零补偿器是在仪器竖盘光路中，安装一个补偿器来代替竖盘指标管水准器。当仪器竖轴偏离铅垂线的角度在一定范围内时，通过补偿器仍能读到相当于竖盘指标管水准气泡居中时的竖盘读数。竖盘指标自动归零补偿器可以提高竖盘读数的效率。

竖盘指标自动归零补偿器的构造形式有多种，图 3.18 为应用两根金属丝悬吊一组光学透镜作竖盘指标自动归零补偿器的结构图，其原理见图 3.19。

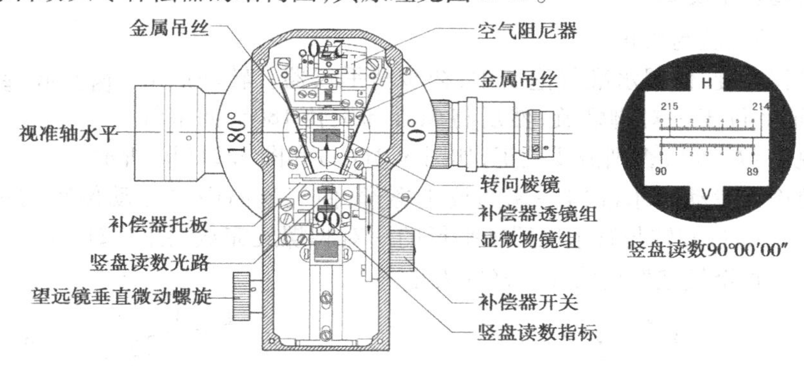

图 3.18　吊丝式竖盘指标自动归零补偿器结构图

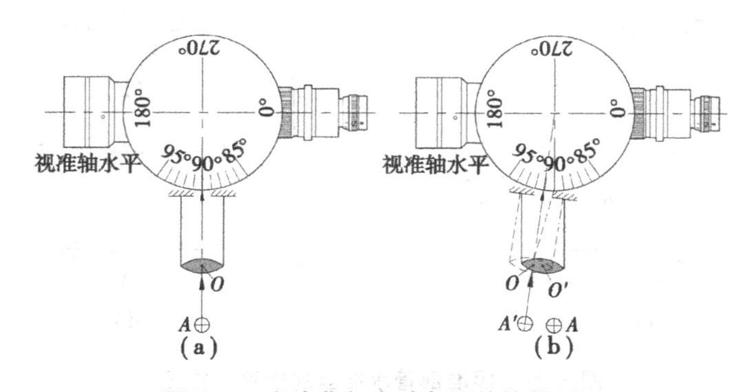

图 3.19　竖盘指标自动归零补偿器原理

在读数指标 A 和竖盘之间悬吊一组光学透镜，当仪器竖轴铅垂、视准轴水平时，读数指标 A 位于铅垂位置，通过补偿器读出盘左位置的竖盘正确读数为 90°。当仪器竖轴有微小倾斜，视准轴仍然水平时，因无竖盘指标管水准器及其微动螺旋可以调整，读数指标 A 偏斜到 A' 处，而悬吊的透镜因重力的作用由 O 偏移到 O' 处，此时，由 A' 处的读数指标，通过 O' 处的透镜，仍能读出正确读数 90°，达到竖盘指标自动归零补偿的作用。

3.6 经纬仪的检验和校正

1) 经纬仪的轴线及其应满足的关系

如图 3.20 所示,经纬仪的主要轴线有视准轴 CC、横轴 HH、管水准器轴 LL 和竖轴 VV。为使经纬仪正确工作,其轴线应满足下列关系:

①管水准器轴应垂直于竖轴($LL \perp VV$);

②十字丝竖丝应垂直于横轴(竖丝 $\perp HH$);

③视准轴应垂直于横轴($CC \perp HH$);

④横轴应垂直于竖轴($HH \perp VV$);

⑤竖盘指标差 x 应等于零;

⑥光学对中器的视准轴与竖轴重合。

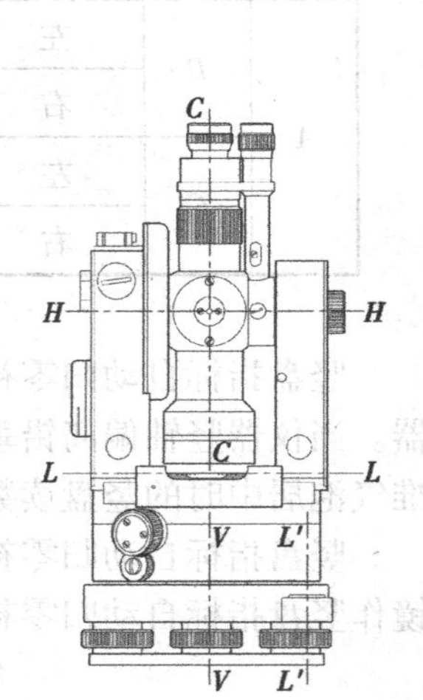

图 3.20 经纬仪的轴线

2) 经纬仪的检验与校正

(1) $LL \perp VV$ 的检验与校正

检验:旋转脚螺旋,使圆水准气泡居中,初步整平仪器。转动照准部使管水准器轴平行于一对脚螺旋,然后将照准部旋转 180°,如果气泡仍然居中,说明 $LL \perp VV$,否则需要校正,如图 3.21(a)和图 3.21(b)所示。

校正:用校正针拨动管水准器一端的校正螺丝,使气泡向中央移动偏距的一半[图 3.21(c)],余下的一半通过旋转与管水准器轴平行的一对脚螺旋完成[图 3.21(d)]。该项校正需要反复进行几次,直至气泡偏离值在一格内为止。

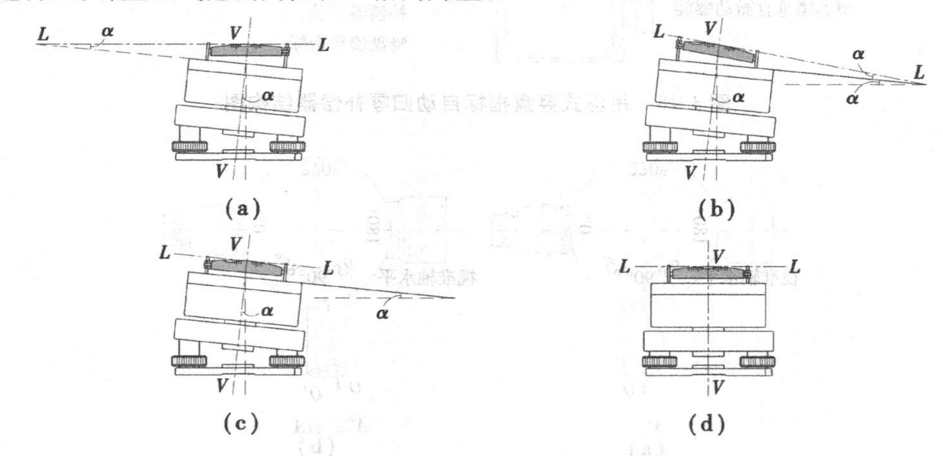

图 3.21 照准部管水准器的检验与校正

(2)十字丝竖丝 $\perp HH$ 的检验与校正

检验:用十字丝交点精确瞄准远处一目标 P,旋转水平微动螺旋,如 P 点左、右移动的轨迹偏离十字丝横丝[图 3.22(a)],则需要校正。

校正:卸下目镜端的十字丝分划板护罩,松开 4 个压环螺丝[图 3.22(b)],缓慢转动十字丝组,直到照准部水平微动时,P 点始终在横丝上移动为止,最后应旋紧 4 个压环螺丝。

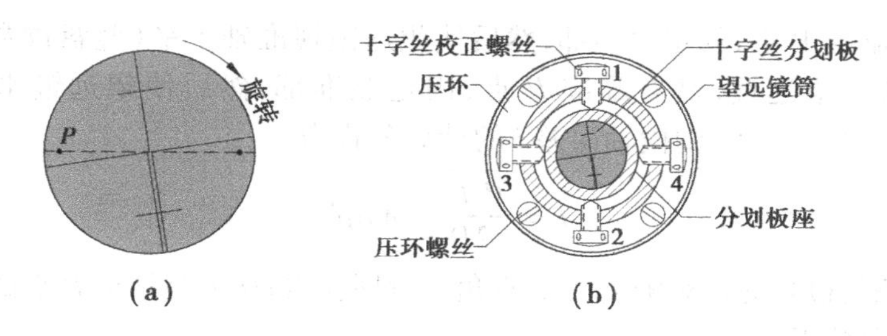

(a)　　　　(b)

图 3.22　十字丝竖丝 ⊥ *HH* 的检验与校正

(3) $CC \perp HH$ 的检验与校正

视准轴不垂直于横轴时，其偏离垂直位置的角值 C 称为视准轴误差或照准差。由式(3.2)可知，同一方向观测的 2 倍照准差 $2C$ 的计算公式为 $2C = L - (R \pm 180°)$，则有

$$C = \frac{1}{2}[L - (R \pm 180°)] \tag{3.13}$$

虽然取双盘位观测值的平均值可以消除同一方向观测的照准差 C，但 C 值过大将不便于方向观测的计算，所以，当 $C > 60''$ 时，必须校正。

检验：如图 3.23 所示，在一平坦场地上，选择相距约 100 m 的 A，B 两点，安置仪器于 AB 连线的中点 O，在 A 点设置一个与仪器高度相等的标志，在 B 点与仪器高度相等的位置横置一把 mm 分划直尺，使其垂直于视线 OB。先盘左瞄准 A 点标志，固定照准部，然后纵转望远镜，在 B 尺上读得读数为 B_1[图 3.23(a)]；再盘右瞄准 A 点，固定照准部，纵转望远镜，在 B 尺上读得读数为 B_2[图 3.23(b)]，如果 $B_1 = B_2$，说明视准轴垂直于横轴，否则需要校正。

校正：由 B_2 点向 B_1 点量取 $\frac{\overline{B_1B_2}}{4}$ 的长度定出 B_3 点，此时 OB_3 便垂直于横轴 HH，用校正针拨动十字丝环的左右一对校正螺丝 3，4[图 3.22(b)]，先松其中一个校正螺丝，后紧另一个校正螺丝，使十字丝交点与 B_3 点重合。完成校正后，应重复上述的检验操作，直至满足 $C < 60''$ 为止。

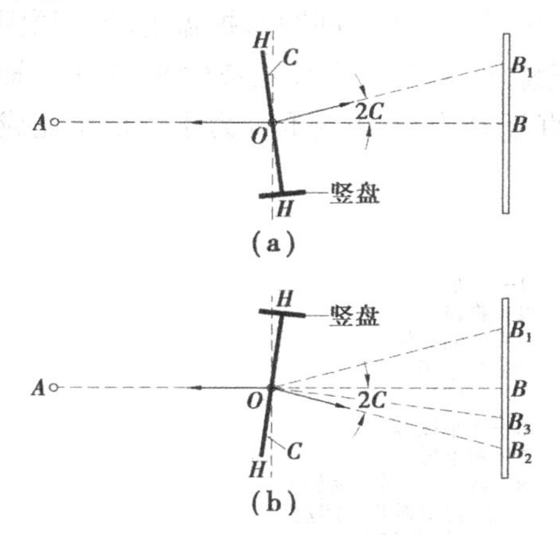

图 3.23　$CC \perp HH$ 的检验与校正

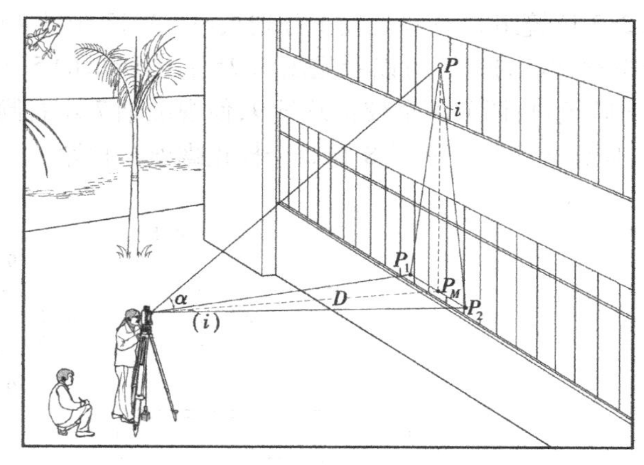

图 3.24　$HH \perp VV$ 的检验与校正

(4) $HH \perp VV$ 的检验与校正

横轴不垂直于竖轴时，其偏离正确位置的角值 i 称为横轴误差。$i > 20''$ 时，必须校正。

检验：如图 3.24 所示，在一面高墙上固定一个清晰的照准标志 P，在距离墙面 20 ~ 30 m 处安置经纬仪,盘左瞄准 P 点,固定照准部,然后使望远镜视准轴水平(竖盘读数为 90°),在墙面上定出一点 P_1;纵转望远镜,盘右瞄准 P 点,固定照准部,然后使望远镜水平(竖盘读数为 270°),在墙面上定出一点 P_2,则横轴误差 i 的计算公式为

$$i = \frac{\overline{P_1P_2}}{2D}\cot\alpha\rho'' \tag{3.14}$$

式中,α 为 P 点的竖直角,通过观测 P 点竖直角一测回获得;D 为测站至 P 点的水平距离。计算出的 $i>20''$时,必须校正。

校正:打开仪器的支架护盖,调整偏心轴承环,抬高或降低横轴的一端使 $i=0$。该项校正应在无尘的室内环境中,使用专用的平行光管进行操作,当用户不具备条件时,一般交专业维修人员校正。

(5)$x=0$ 的检验与校正

由式(3.12)可知,取目标双盘位所测竖直角的平均值,可以消除竖盘指标差 x 的影响。但当 x 较大时,将给竖直角的计算带来不便,所以,当 $x> \pm 1'$时,必须校正。

检验:安置好仪器,用盘左、盘右观测某个清晰目标的竖直角一测回(注意,每次读数之前,应使竖盘指标管水准气泡居中),依式(3.11)计算出 x。

校正:根据图3.17(b),计算消除了指标差 x 的盘右竖盘正确读数应为 $R-x$,旋转竖盘指标管水准器微动螺旋,使竖盘读数为 $R-x$,此时,竖盘指标管水准气泡必然不再居中,用校正针拨动竖盘指标管水准器校正螺丝,使气泡居中。该项校正需要反复进行。

(6)光学对中器视准轴与竖轴重合的检验与校正

检验:在地面上放置一张白纸,在白纸上画一十字形的标志 P,以 P 点为对中标志安置好仪器,将照准部旋转 180°,如果 P 点的像偏离了对中器分划板中心而对准了 P 点旁的另一点 P',则说明对中器的视准轴与竖轴不重合,需要校正。

校正:用直尺在白纸上定出 P,P'点的中点 O,转动对中器校正螺丝使对中器分划板的中心对准 O 点。光学对中器上的校正螺丝随仪器型号而异,有些是校正视线转向棱镜组(图3.25中的2、3 棱镜组),有些是校正分划板(图 3.25 中的4)。松开照准部支架间圆形护盖上的两颗固定螺丝,取出护盖,可以看见图 3.25 右图所示的 5 个校正螺丝,调节 3 个校正螺丝 8,使视准轴 7 前后倾斜;调节两个校正螺丝 9,使视准轴 7 左右倾斜,直至 P'点与 O 点重合为止。校正完成后,应将 3 个校正螺丝 8 与 2 个校正螺丝 9 拧紧。

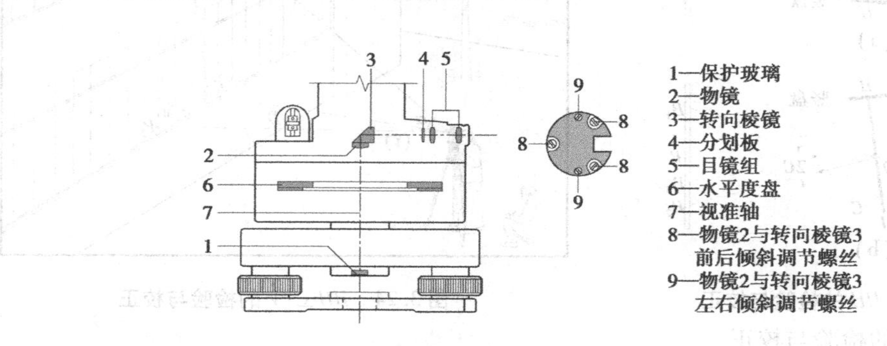

图 3.25　光学对中器的校正

3.7 水平角测量的误差分析

水平角测量误差可以分为仪器误差、对中与目标偏心误差、观测误差和外界环境影响4类。

1)仪器误差

仪器误差主要指仪器校正不完善而产生的误差,主要有视准轴误差、横轴误差和竖轴误差,讨论其中任一项误差时,均假设其他误差为零。

(1)视准轴误差

视准轴 CC 不垂直于横轴 HH 的偏差 C 称为视准轴误差,此时 CC 绕 HH 旋转一周将扫出两个圆锥面。如图3.26所示,盘左瞄准目标点 P,水平度盘读数为 L[图3.26(a)],因水平度盘为顺时针注记,所以正确读数应为 $\tilde{L}=L+C$;纵转望远镜[图3.26(b)],旋转照准部,盘右瞄准目标点 P,水平度盘读数为 R[图3.26(c)],正确读数应为 $\tilde{R}=R-C$;盘左、盘右方向观测值取平均为

$$\overline{L}=\tilde{L}+(\tilde{R}\pm180°)=L+C+R-C\pm180°=L+R\pm180° \tag{3.15}$$

式(3.15)说明,双盘位方向观测取平均可以消除视准轴误差的影响。

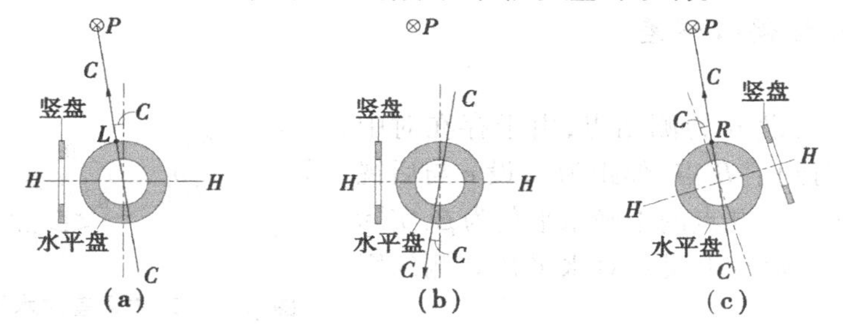

图3.26 视准轴误差对水平方向观测的影响

(2)横轴误差

横轴 HH 不垂直于竖轴 VV 的偏差 i 称为横轴误差,当 VV 铅垂时,HH 与水平面的夹角为 i。假设 CC 已经垂直于 HH,此时,CC 绕 HH 旋转一周将扫出一个与铅垂面成 i 角的倾斜平面。

如图3.27所示,当 CC 水平时,盘左瞄准 P'_1 点,然后将望远镜抬高竖直角 α,此时,当 $i=0$ 时,瞄准的是 P' 点,视线扫过的平面为一铅垂面;当 $i\neq0$ 时,瞄准的是 P 点,视线扫过的平面为与铅垂面成 i 角的倾斜平面。设 i 角对水平方向观测的影响为 (i),考虑到 i 和 (i) 均比较小,由图3.27可以列出下列等式

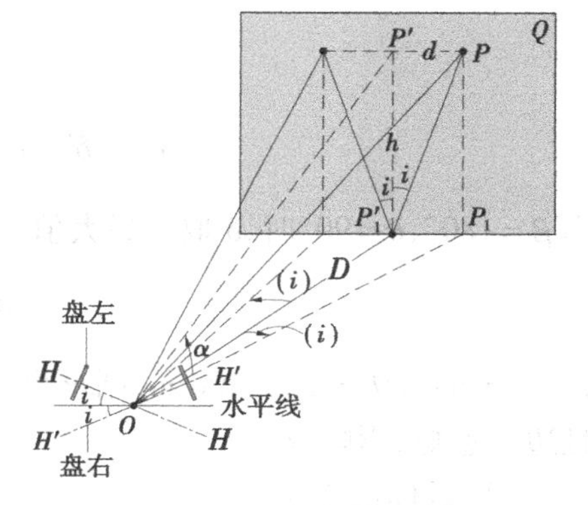

图3.27 横轴误差对水平方向观测的影响

$$h=D\tan\alpha$$

$$d=h\frac{i''}{\rho''}=D\tan\alpha\frac{i''}{\rho''}$$

$$(i)''=\frac{d}{D}\rho''=\frac{D\tan\alpha\frac{i''}{\rho''}}{D}\rho''=i''\tan\alpha \tag{3.16}$$

由式(3.16)可知,当视线水平时,$\alpha=0$,$(i)''=0$,此时,水平方向观测不受 i 角的影响。盘右观测瞄准 P'_1 点,将望远镜抬高竖直角 α,视线扫过的平面是一个与铅垂面成反向 i 角的倾斜平面,它对水平方向的影响与盘左时的情形大小相等,符号相反,因此,盘左、盘右观测取平均可以消除横轴误差的影响。

(3)竖轴误差

竖轴 VV 不垂直于管水准器轴 LL 的偏差 δ 称为竖轴误差,当 LL 水平时,VV 偏离铅垂线 δ 角,造成 HH 也偏离水平面 δ 角。因为照准部是绕倾斜了的竖轴 VV 旋转,无论盘左或盘右观测,VV 的倾斜方向都一样,致使 HH 的倾斜方向也相同,所以竖轴误差不能用双盘位观测取平均的方法消除。为此,观测前应严格校正仪器,观测时保持照准部管水准气泡居中,如果观测过程中气泡偏离,其偏离量不得超过一格,否则应重新进行对中整平操作。

(4)照准部偏心误差和度盘分划不均匀误差

照准部偏心误差是指照准部旋转中心与水平度盘分划中心不重合而产生的测角误差,盘左盘右观测取平均可以消除此项误差的影响。水平度盘分划不均匀误差是指度盘最小分划间隔不相等而产生的测角误差,各测回零方向根据测回数 n,以 $180°/n$ 为增量配置水平度盘读数可以削弱此项误差的影响。

2)对中误差与目标偏心误差

(1)对中误差

如图3.28所示,设 B 为测站点,由于存在对中误差,实际对中时对到了 B' 点,偏距为 e,设 e 与后视方向 A 的水平夹角为 θ,B 点的正确水平角为 β,实际观测的水平角为 β',则对中误差对水平角观测的影响为

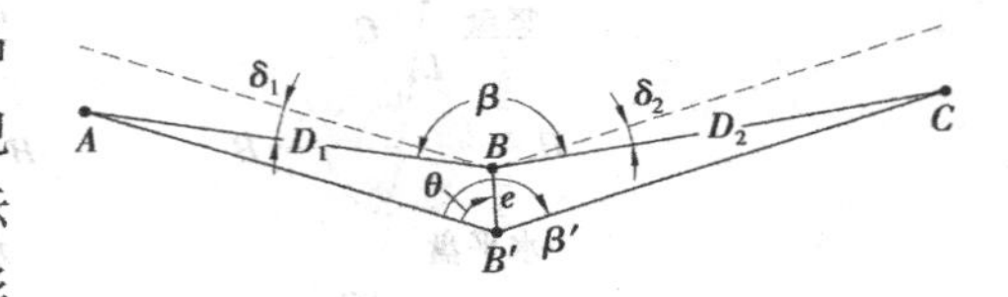

图3.28 对中误差对水平角观测的影响

$$\delta=\delta_1+\delta_2=\beta-\beta' \tag{3.17}$$

考虑到 δ_1,δ_2 很小,则有

$$\delta''_1=\frac{\rho''}{D_1}e\sin\theta \tag{3.18}$$

$$\delta''_2=\frac{\rho''}{D_2}e\sin(\beta'-\theta) \tag{3.19}$$

$$\delta''=\delta''_1+\delta''_2=\rho''e\left(\frac{\sin\theta}{D_1}+\frac{\sin(\beta'-\theta)}{D_2}\right) \tag{3.20}$$

当 $\beta=180°$,$\theta=90°$时,δ 取得最大值

$$\delta''_{\max}=\rho''e\left(\frac{1}{D_1}+\frac{1}{D_2}\right) \tag{3.21}$$

设 $e=3$ mm,$D_1=D_2=100$ m,则求得 $\delta''=12.4''$。可见对中误差对水平角观测的影响是较大的,且边长愈短,影响愈大。

(2)目标偏心误差

目标偏心误差是指照准点上所竖立的目标(如标杆、测钎、悬吊垂球线等)与地面点的标志中心不在同一铅垂线上所引起的水平方向观测误差,其对水平方向观测的影响见图3.29。设 B 为测站点,A 为照准点标志中心,A'为实际瞄准的目标中心,D 为两点间的距离,e_1 为目标的偏

心距，θ_1 为 e 与观测方向的水平夹角，则目标偏心误差对水平方向观测的影响为

$$\gamma'' = \frac{e_1 \sin \theta_1}{D}\rho'' \tag{3.22}$$

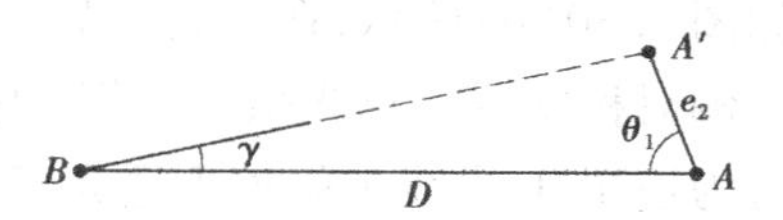

图 3.29　目标偏心误差对水平角观测的影响

由式(3.22)可知，当 $\theta_1 = 90°$时，γ''取得最大值，也即与瞄准方向垂直的目标偏心对水平方向观测的影响最大。

为了减小目标偏心对水平方向观测的影响，作为照准标志的标杆应竖直，水平角观测时，应尽量瞄准标杆的底部。

3）观测误差

观测误差主要有瞄准误差与读数误差。

（1）瞄准误差

人眼可以分辨的两个点的最小视角约为60″，当使用放大倍数为 V 的望远镜观测时，最小分辨视角可以减小 V 倍，即为 $m_V = \pm 60''/V$。DJ6 级经纬仪的 $V = 26\times$，则有 $m_V = \pm 2.3''$。

（2）读数误差

对于使用测微尺的 DJ6 级光学经纬仪，读数误差为测微尺上最小分划 1′的 1/10，即为 ±6″。

4）外界环境的影响

外界环境的影响主要是指松软的土壤和风力影响仪器的稳定，日晒和环境温度的变化引起管水准气泡的运动和视准轴的变化，太阳照射地面产生热辐射引起大气层密度变化带来目标影像的跳动，大气透明度低时目标成像不清晰，视线太靠近建、构筑物时引起的旁折光，等等，这些因素都会给水平角观测带来误差。通过选择有利的观测时间，布设测量点位时，注意避开松软的土壤和建、构筑物等措施来削弱它们对水平角观测的影响。

3.8　电子经纬仪

电子经纬仪（electronic theodolite）是利用光电转换原理和微处理器自动测量度盘的读数并将测量结果输出到仪器屏幕显示。

1）电子经纬仪的测角原理

电子经纬仪的测角系统有 3 种：编码度盘测角系统、光栅度盘测角系统和动态测角系统。本节只介绍编码度盘的测角原理。

编码度盘又分为多码道编码度盘与单码道编码度盘。多码道编码度盘是在玻璃圆盘上刻划 n 个同心圆环，称每个同心圆环为码道，n 为码道数。将外环码道圆环等分为 2^n 个扇形区，扇形区也称编码，编码按透光区与不透光区间隔排列，黑色部分为不透光编码，白色部分为透光编码，每个编码所包含的圆心角为 $\delta = 360° \div 2^n$，称 δ 为角度分辨率，它是编码度盘能区分的最小角度。向着圆心方向，其余 $n-1$ 个码道圆环分别被等分为 $2^{n-1}, 2^{n-2}, \cdots, 2^1$ 个编码，这些编码的作用是确定当前方向位于外环码道的绝对位置。

图 3.30(a)为 4 码道二进制编码度盘，外环码道的编码数为 $2^4 = 16$，角度分辨率 $\delta = 360° \div 16 = 22°30'$；向着圆心方向，其余 3 个码道的编码数依次为 $2^3 = 8, 2^2 = 4, 2^1 = 2$。

如图3.30(b)所示,在编码度盘一侧对应每个码道位置安置一行发光二极管,在编码度盘的另一侧对称安置一行光敏二极管,当发光二极管的光线经过码道的透光编码被光敏二极管接收到时为逻辑0,光线被码道不透光编码遮挡时为逻辑1。当照准某一方向时,度盘位置的方向信息通过各码道的光敏二极管经光电转换为电信号输出,从而获得该方向的二进制代码。表3.5列出了4码道编码度盘16个方向值的二进制代码值及与码道图形的关系。

4码道编码度盘的最小分辨角度为22°30′,这显然不能满足测角的要求,可以通过提高码道数 n 来减小分辨角度。例如,取码道数 $n=16$ 时的角度分辨率 $\delta=360°\div 2^{16}=0°00'19.78''$。但是,度盘半径 R 不变时增加码道数 n,码道的径向宽度 Δ 将减小,而 Δ 又不能太小,否则将使安置光电元器件产生困难。例如,拓普康GTS-105N全站仪编码度盘的半径 $R=35.5$ mm,如令 $R_\Delta=R$, $n=16$,求出 $\Delta=2.22$ mm,已经很小了。因此,利用多码道编码度盘不易达到较高的测角精度。

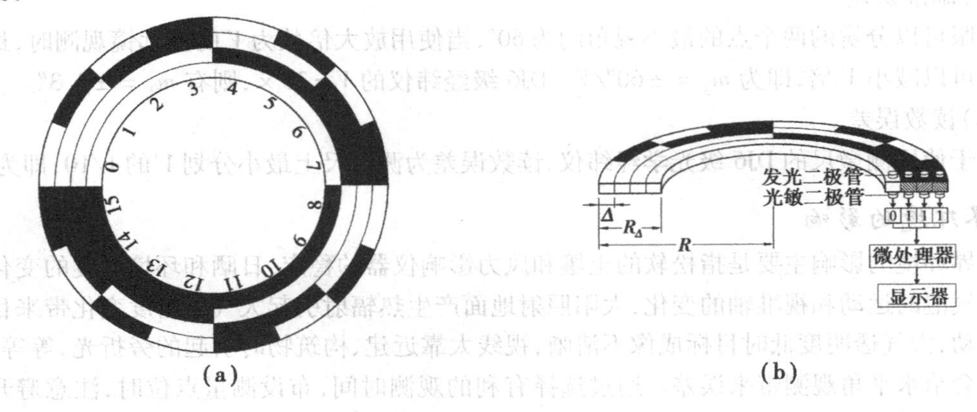

图3.30 编码度盘的测角原理

表3.5 4码道编码度盘16个方向值的二进制代码

方向序号	码道图形				二进制码	方向值	方向序号	码道图形				二进制码	方向值
	2^4	2^3	2^2	2^1				2^4	2^3	2^2	2^1		
0					0000	00°00′	8	■				1000	180°00′
1				■	0001	22°30′	9	■			■	1001	202°30′
2			■		0010	45°00′	10	■		■		1010	225°00′
3			■	■	0011	67°30′	11	■		■	■	1011	247°30′
4		■			0100	90°00′	12	■	■			1100	270°00′
5		■		■	0101	112°30′	13	■	■		■	1101	292°30′
6		■	■		0110	135°00′	14	■	■	■		1110	315°00′
7		■	■	■	0111	157°30′	15	■	■	■	■	1111	337°30′

现在的电子经纬仪与全站仪一般使用单码道编码度盘。它是在度盘外环刻划类似图2.35条码水准尺一样的、有约定规则的、无重复码段的二进制编码;当发光二极管照射编码度盘时,

通过光敏二极管获取度盘位置的编码信息,通过微处理器译码换算为实际角度值并送显示器显示。

2)南方测绘 DT 系列电子经纬仪

图 3.31 为南方测绘 DT-02 电子经纬仪,各构件的名称见图中注记。DT-02 采用编码度盘测角系统,一测回方向观测中误差为 ±2″,最小显示角度为 1″,竖盘指标自动归零补偿采用液体电子传感补偿器。

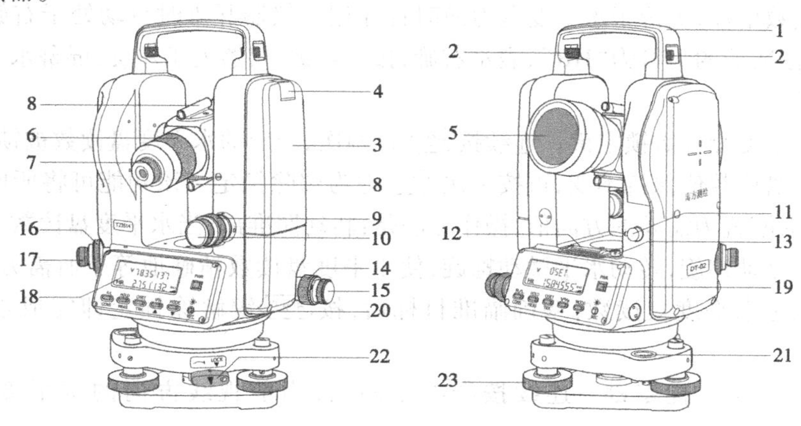

图 3.31 南方测绘 DT-02 电子经纬仪

1—手柄;2—手柄固定螺丝;3—电池盒;4—电池盒按钮;5—物镜;6—物镜调焦螺旋;
7—目镜调焦螺旋;8—光学粗瞄器;9—望远镜制动螺旋;10—望远镜微动螺旋;
11—光电测距仪数据接口;12—管水准器;13—管水准器校正螺丝;14—水平制动螺旋;
5—水平微动螺旋;16—光学对中器物镜调焦螺旋;17—光学对中器目镜调焦螺旋;18—屏幕;
19—电源开关键;20—屏幕照明开关键;21—圆水准器;22—轴套锁定钮;23—脚螺旋

仪器使用 NiMH 高能充电电池供电,一块充满电的电池可供仪器连续使用 8 ~ 10 h;设有双面操作面板,每个操作面板都有完全相同的一个屏幕和 7 个功能键,便于正、倒镜观测;望远镜的十字丝分划板和屏幕均有照明光源,以便于在黑暗环境中作业。

(1)开/关机

仪器面板见图 3.32(a),按住PWR键 2 s 为开机,再按住PWR键 2 s 为关机。在测站安置好仪器,打开仪器电源,屏幕“HR”字符右边的数字为当前视线方向的水平度盘读数;屏幕“V”字符右边显示的数字为竖盘读数。

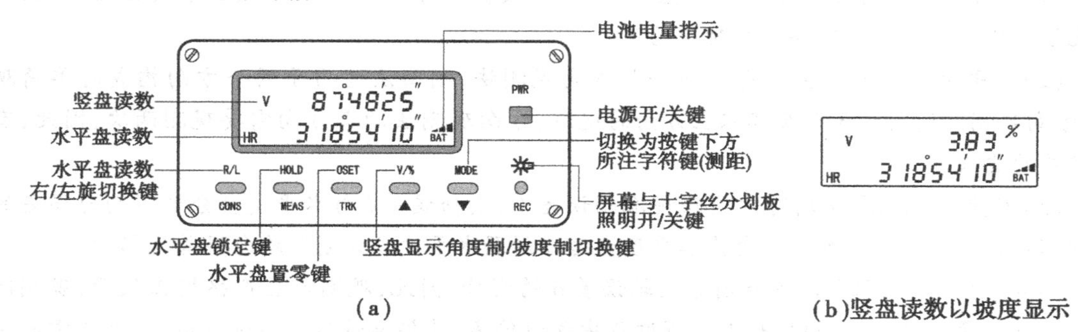

(a)　(b)竖盘读数以坡度显示

图 3.32 DT-02 电子经纬仪的操作面板

(2)键盘功能

除电源开关键PWR外，其余6个键都具有两种功能，一般情况下，仪器执行按键上方注记文字的第一功能(测角操作)；如先按MODE键，再按其余各键，为执行按键下方注记文字的第二功能(测距操作)。下面只介绍第一功能键的操作。

R/L键：显示右旋/左旋水平角选择键，按R/L键，可使仪器在右旋和左旋之间切换。右旋是仪器向右旋转时，水平度盘读数增加，等价于水平度盘为顺时针注记；左旋是仪器向左旋转时，水平度盘读数增加，等价于水平度盘为逆时针注记。仪器开机时自动处于右旋状态，此时，屏幕水平度盘读数前的字符为"HR"，表示右旋；按R/L键，仪器处于左旋，屏幕水平度盘读数前的字符为"HL"。

HOLD键：水平度盘读数锁定键。连续按HOLD键两次，当前的水平度盘读数被锁定，此时转动照准部，水平度盘读数值保持不变，再按一次HOLD键为解除锁定。该功能可将所照准目标方向的水平度盘读数配置为需要的方向值，操作方法是：转动照准部，当水平度盘读数接近所需方向值时，旋紧水平制动螺旋，转动水平微动螺旋，使水平度盘读数精确地等于所需方向值；连续按HOLD键两次，锁定水平度盘读数；精确瞄准目标后，按HOLD键解除锁定即完成水平度盘配置操作。

OSET键：水平度盘置零键。连续按OSET键两次，当前视线方向的水平度盘读数被置为0°00′00″。

V/%键：竖盘读数以角度制显示或以坡度显示切换键。按V/%键，可使屏幕"V"字符后的竖盘读数在角度制显示与坡度显示之间切换。

例如，当竖盘读数以角度制显示，盘左位置的竖盘读数为87°48′25″时，按V/%键后的竖盘读数为3.83%，见图3.32(b)，转换公式为

$$\tan\alpha = \tan(90° - 87°48'25'') = 3.83\%$$

※键：屏幕和十字丝分划板照明切换开关。照明灯关闭时，按※键为打开照明灯；再次按※键为关闭照明灯。打开照明灯后10 s内如没有按键操作，仪器自动关闭照明灯，以节省电源。

本章小结

(1)水平角测量原理要求水平度盘水平、水平度盘分划中心与测站点位于同一铅垂线上，因此经纬仪安置的内容有整平与对中两项。

(2)水平角观测方法主要有测回法与方向观测法，测回法适用于两个方向构成的单角观测，方向观测法适用于3个及其以上方向的观测，方向观测法的零方向需要观测两次，因此，有归零差的要求。

(3)双盘位观测取平均可以消除视准轴误差C、横轴误差i与水平度盘分划不均匀误差的影响，各测回观测按照$180°/n$变换水平度盘可以削弱水平度盘分划不均匀误差的影响。

(4)双盘位观测取平均不能消除竖轴误差δ的影响，因此，观测前应严格校正仪器，观测时保持照准部管水准气泡居中，如果观测过程中气泡偏离，其偏离量不得超过一格，否则应重新进行对中整平操作。

(5)对中误差与目标偏心误差对水平角的影响与观测方向的边长有关,边长愈短,影响愈大。

(6)电子经纬仪的绝对编码度盘测角系统是将视准轴方向度盘的编码信息转换为二进制码,进而确定方向观测值并送屏幕显示。

思考题与练习题

1. 什么是水平角?用经纬仪瞄准同一竖直面上高度不同的点,其水平度盘读数是否相同?为什么?

2. 什么是竖直角?观测竖直角时,为什么只瞄准一个方向即可测得竖直角值?

3. 经纬仪的安置为什么包括对中和整平?

4. 经纬仪由哪几个主要部分组成?各有何作用?

5. 用经纬仪测量水平角时,为什么要用盘左、盘右进行观测?

6. 用经纬仪测量竖直角时,为什么要用盘左、盘右进行观测?如果只用盘左、或只用盘右观测时应如何计算竖直角?

7. 竖盘指标管水准器的作用是什么?

8. 整理表3.6中测回法观测水平角的记录。

表3.6 水平角测回法观测手簿

测站	目标	竖盘位置	水平度盘读数 /(° ′ ″)	半测回角值 /(° ′ ″)	一测回平均角值 /(° ′ ″)	备注
A	B	左	0 05 18			
	C		46 30 24			
	B	右	180 05 12			
	C		226 30 30			
B	A	左	90 36 24			
	C		137 01 18			
	A	右	270 36 24			
	C		317 01 30			

9. 整理表3.7中方向观测法观测水平角的记录。

表 3.7　水平角方向观测法观测手簿

测站	测回数	目标	水平度盘读数		2C = 左 − (右 ± 180°)	平均读数 = [左 + (右 ± 180°)]/2	归零后方向值	各测回归零方向值的平均值
			盘左	盘右				
			/(° ′ ″)	/(° ′ ″)	/(″)	/(° ′ ″)	/(° ′ ″)	/(° ′ ″)
1	2	3	4	5	6	7	8	9
0	1	A	0 05 18	180 05 24				
		B	68 24 30	248 24 42				
		C	172 20 54	352 21 00				
		D	264 08 36	84 08 42				
		A	0 05 24	180 05 36				
0	2	A	90 20 06	270 29 18				
		B	158 48 36	338 48 48				
		C	262 44 42	82 44 54				
		D	354 32 30	174 32 36				
		A	90 29 18	270 29 12				

10. 整理表 3.8 中竖直角观测记录。

表 3.8　竖直角观测手簿

测　站	目　标	竖盘位置	竖盘读数 /(° ′ ″)	半测回竖直角 /(° ′ ″)	指标差 /(″)	一测回竖直角 /(° ′ ″)
A	B	左	78 25 24			
		右	281 34 54			
	C	左	98 45 36			
		右	261 14 48			

11. 已知 A 点高程为 56.38 m，现用三角高程测量方法进行直反觇观测，观测数据见表3.9，已知 AP 的水平距离为 2 338.379 m，试计算 P 点的高程。

表 3.9　三角高程计算

测站	目标	竖直角/(° ′ ″)	仪器高/m	觇标高/m
A	P	1 11 10	1.47	5.21
P	A	−1 02 23	2.17	5.10

12. 经纬仪有哪些主要轴线？它们之间应满足哪些条件？

13. 盘左、盘右观测可以消除水平角观测的哪些误差？是否可以消除竖轴 VV 倾斜引起的水平角测量误差？

14. 由对中误差引起的水平角观测误差与哪些因素有关？

15. 电子经纬仪与光学经纬仪的测角原理有何区别？其测角系统主要有哪几种？

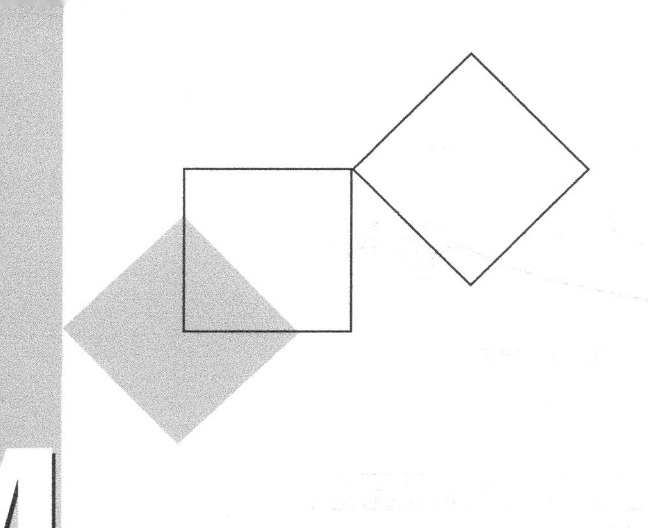

4 距离测量与直线定向

本章导读：

● **基本要求** 掌握钢尺量距的一般方法；掌握视距测量的原理，掌握相位式测距的原理，了解脉冲式测距的原理，掌握直线三北方向及其相互关系，了解陀螺全站仪确定真北方向的原理及观测方法。

● **重点** 钢尺量距的一般方法，相位式测距原理，电磁波测距的气象改正，三北方向的定义与测量方法。

● **难点** 相位式测距仪精粗测尺测距的组合原理，三北方向的相互关系，陀螺仪测量真北方向的原理，陀螺仪逆转点法与中天法测量直线真方位角的操作方法。

距离测量是确定地面点位的基本测量工作之一。距离测量方法有钢尺量距、视距测量、电磁波测距和 GNSS 测量等。本章重点介绍前 3 种距离测量方法，GNSS 测量在第 8 章介绍。

4.1 钢尺量距

1）量距工具

（1）钢尺

钢尺（steel tape）是用钢制成的带状尺，尺的宽度为 10 ~ 15 mm，厚度约为 0.4 mm，长度有 20，30，50 m 等几种。如图 4.1 所示，钢尺有卷放在圆盘形的尺壳内的，也有卷放在金属或塑料尺架上的，钢尺的基本分划为 mm，在每 cm、每 dm 及每 m 处有数字注记。

根据零点位置的不同，钢尺有端点尺和刻线尺两种。端点尺是以尺的最外端为尺的零点，见图 4.2（a）；刻线尺是以尺前端的一条分划线作为尺的零点，见图 4.2（b）。

图 4.1　钢尺

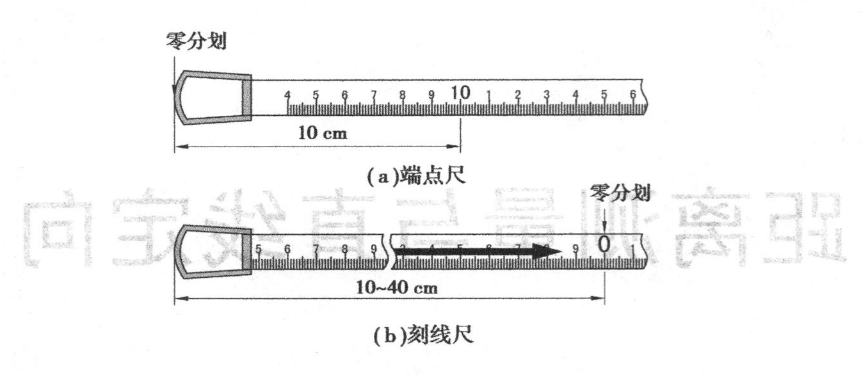

图 4.2　钢尺的零点及其分划

(2)其他辅助工具

其他辅助工具有测钎、标杆、垂球,精密量距时还需要有弹簧秤、温度计和尺夹。测钎用于标定尺段[图 4.3(a)],标杆用于直线定线[图 4.3(b)],垂球用于在不平坦地面丈量时将钢尺的端点垂直投影到地面,弹簧秤用于对钢尺施加规定的拉力[图 4.3(c)],温度计用于测定钢尺量距时的温度[图 4.3(d)],以便对钢尺丈量的距离施加温度改正。尺夹用于安装在钢尺末端,以方便持尺员稳定钢尺。

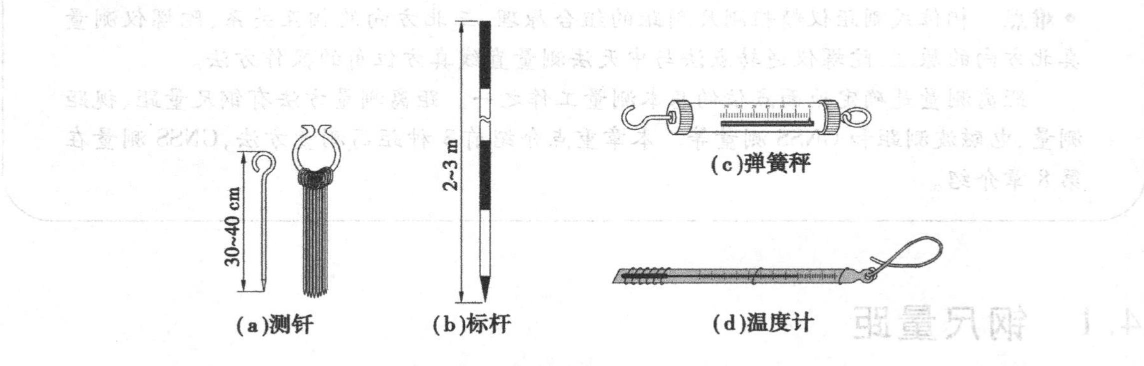

图 4.3　钢尺量距的辅助工具

2)直线定线

当地面两点间的距离大于钢尺的一个尺段时,就需要在直线方向上标定若干个分段点,以便于用钢尺分段丈量。直线定线的目的是使这些分段点在待量直线端点的连线上,其方法有以下两种:

(1)目测定线

目测定线适用于钢尺量距的一般方法。如图 4.4 所示,设 A,B 两点相互通视,要在 A,B 两点的直线上标出分段点 1,2 点。先在 A,B 两点上竖立标杆,甲站在 A 点标杆后约 1 m 处,指挥

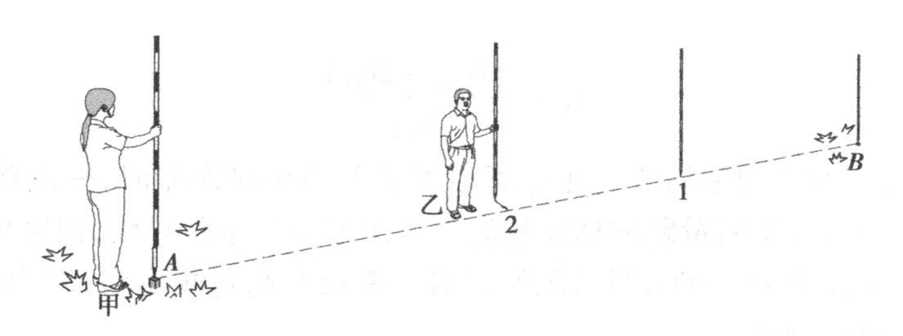

图4.4　目测定线

乙左右移动标杆，直到甲从在 A 点沿标杆的同一侧看到 A，2，B 三支标杆呈一条直线为止。同法可以定出直线上的其他点。两点间定线，一般应由远到近，即先定1点，再定2点。定线时，乙所持标杆应竖直，利用食指和拇指夹住标杆的上部，稍微提起，利用重力的作用使标杆自然竖直。为了不挡住甲的视线，乙应持标杆站立在直线方向的左侧或右侧。

（2）经纬仪定线

经纬仪定线适用于钢尺量距的精密方法。设 A，B 两点相互通视，将经纬仪安置在 A 点，用望远镜纵丝瞄准 B 点，制动照准部，上下转动望远镜，指挥在两点间某一点上的助手，左右移动标杆，直至标杆像为纵丝所平分。为了减小照准误差，精密定线时，也可以用直径更细的测钎或垂球线代替标杆。

3）钢尺量距的一般方法

（1）平坦地面的距离丈量

丈量工作一般由两人进行。如图4.5所示，清除待量直线上的障碍物后，在直线两端点 A，B 竖立标杆，后尺手持钢尺的零端位于 A 点，前尺手持钢尺的末端和一组测钎沿 AB 方向前进，行至一个尺段处停下。后尺手用手势指挥前尺手将钢尺拉在 AB 直线上，后尺手将钢尺的零点对准 A 点，当两人同时将钢尺拉紧后，前尺手在钢尺末端的整尺段长分划处竖直插下一根测钎（在水泥地面上丈量插不下测钎时，可用油性笔在地面上划线做记号）得到1点，即量完一个尺段。前、后尺手抬尺前进，当后尺手到达插测钎或划记号处时停住，重复上述操作，量完第二尺段。后尺手拔起地上的测钎，依次前进，直到量完 AB 直线的最后一段为止。

图4.5　平坦地面的距离丈量

最后一段距离一般不会刚好为整尺段的长度，称为余长。丈量余长时，前尺手在钢尺上读取余长值，则最后 A，B 两点间的水平距离为

$$D_{AB} = n \times \text{尺段长} + \text{余长} \tag{4.1}$$

式中，n 为整尺段数。

在平坦地面，钢尺沿地面丈量的结果就是水平距离。为了防止丈量中发生错误和提高量距的精度，需要往、返丈量。上述为往测，返测时要重新定线。往、返丈量距离较差的相对误差

K 为

$$K = \frac{|D_{AB} - D_{BA}|}{\overline{D}_{AB}} \tag{4.2}$$

式中，$\overline{D}_{AB}$为往、返丈量距离的平均值。在计算距离较差的相对误差时，一般将分子化为 1 的分式，相对误差的分母越大，说明量距的精度越高。对图根钢尺量距导线，钢尺量距往返丈量较差的相对误差一般不应大于1/3 000，当量距的相对误差没有超过规定时，取距离往、返丈量的平均值$\overline{D}_{AB}$作为两点间的水平距离。

例如，A，B 的往测距离为 162.73 m，返测距离为 162.78 m，则相对误差 K 为

$$K = \frac{|162.73 - 162.78|}{162.755} = \frac{1}{3\ 255} < \frac{1}{3\ 000}$$

(2)倾斜地面的距离丈量

①平量法：沿倾斜地面丈量距离，当地势起伏不大时，可将钢尺拉平丈量。如图 4.6(a)所示，丈量由 A 点向 B 点进行，甲立于 A 点，指挥乙将尺拉在 AB 方向线上。甲将尺的零端对准 A 点，乙将钢尺抬高，并目估使钢尺水平，然后用垂球尖将尺段的末端投影到地面上，插上测钎。若地面倾斜较大，将钢尺抬平有困难时，可将一个尺段分成若干个小段来平量，如图中的 ij 段。

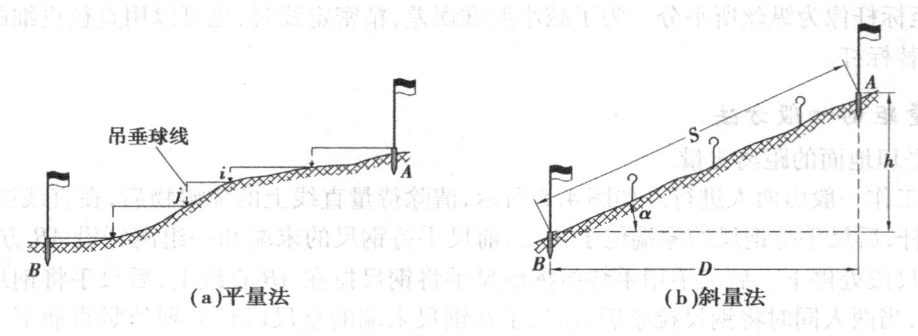

图 4.6　倾斜地面的距离丈量

②斜量法：当倾斜地面的坡度比较均匀时，如图 4.6(b)所示。沿斜坡丈量出 AB 的斜距 S，测出地面倾斜角 α 或两端点的高差 h，按下式计算 A，B 两点间的水平距离 D

$$D = S\cos\alpha = \sqrt{S^2 - h^2} \tag{4.3}$$

4)钢尺量距的精密方法

用一般方法量距，其相对误差只能达到 1/1 000 ~ 1/5 000，当要求量距的相对误差更小时，例如 1/10 000 ~ 1/40 000，就应使用精密方法丈量。精密方法量距的工具为：钢尺、弹簧秤、温度计、尺夹等。其中钢尺应经过检验，并得到其检定的尺长方程式，量取空气温度是为了计算钢尺的温度改正数。随着全站仪的普及，现在，人们已经很少使用钢尺精密方法丈量距离，若需要了解这方面内容请参考有关的书籍。

5)钢尺量距的误差分析

(1)尺长误差

如果钢尺的名义长度与实际长度不符，将产生尺长误差。尺长误差具有积累性，即丈量的距离越长，误差越大。因此新购置的钢尺应经过检定，测出其尺长改正值 Δl_d。

(2)温度误差

钢尺的长度随温度而变化，当丈量时的温度与钢尺检定时的标准温度不一致时，将产生温度误差。按照钢的膨胀系数计算，温度每变化1 ℃，丈量距离为30 m时对距离的影响约为0.4 mm。

(3)钢尺倾斜和垂曲误差

在高低不平的地面上采用钢尺水平法量距时，钢尺不水平或中间下垂而呈曲线时，都会使丈量的长度值比实际长度大。因此丈量时应注意使钢尺水平，整尺段悬空时，中间应有人托住钢尺，否则将产生垂曲误差。

(4)定线误差

丈量时钢尺没有准确地放置在所量距离的直线方向上，使所量距离不是直线而是一组折线，造成丈量结果偏大，这种误差称为定线误差。丈量30 m的距离，当偏差为0.25 m时，量距偏大1 mm。

(5)拉力误差

钢尺在丈量时所受拉力应与检定时的拉力相同，拉力变化±2.6 kgf(1 kgf=9.806 65 N)时的尺长误差为±1 mm。

(6)丈量误差

丈量时在地面上标志尺端点位置处插测钎不准，前、后尺手配合不佳，余长读数不准等都会引起丈量误差，这种误差对丈量结果的影响可正可负，大小不定。在丈量中应尽量做到对点准确，配合协调。

4.2　视距测量

视距测量是一种间接测距方法，它利用测量仪器望远镜内十字丝分划板上的视距丝及刻有厘米分划的视距标尺(地形塔尺或普通水准尺)，根据光学原理同时测定两点间的水平距离和高差的一种快速测距方法。其中测量距离的相对误差约为1/300，低于钢尺量距；测定高差的精度低于水准测量。视距测量广泛应用于地形测量的碎部测量中。

1)视准轴水平时的视距计算公式

如图4.7所示，设AB为待测距离，在A点安置水准仪或经纬仪，B点竖立视距尺，设望远镜视线水平，瞄准B点的视距尺，此时视线与视距尺垂直。

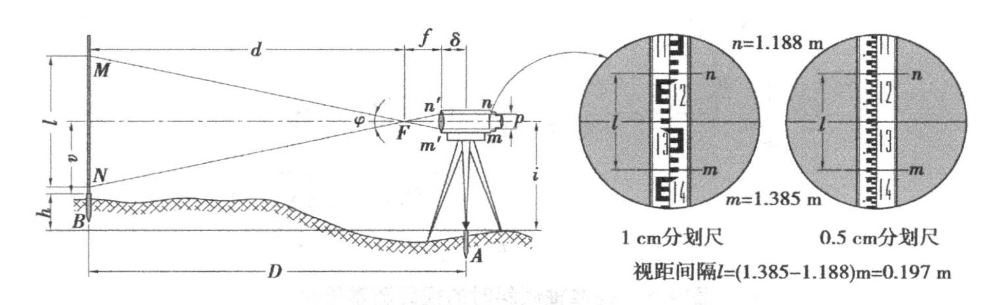

图4.7　视准轴水平时的视距测量原理

在图 4.7 中,$p=\overline{nm}$为望远镜上、下视距丝的间距,$l=\overline{NM}$为标尺视距间隔,f 为望远镜物镜的焦距,δ 为物镜中心到仪器中心的距离。

由于望远镜上、下视距丝的间距 p 固定,因此从这两根丝引出去的视线在竖直面内的夹角 φ 也是固定的。设由上下视距丝 n,m 引出去的视线在标尺上的交点分别为 N,M,则在望远镜视场内可以通过读取交点的读数 N,M 求出视距间隔 l。图 4.7 右图所示的视距间隔为:$l=(1.385-1.188)\text{ m}=0.197\text{ m}$(注:图示为倒像望远镜的视场,应从上往下读数)。

由于$\triangle n'm'F$ 相似于$\triangle NMF$,所以有$\dfrac{d}{f}=\dfrac{l}{p}$,则

$$d=\frac{f}{p}l \tag{4.4}$$

顾及式(4.4),由图 4.7 得

$$D=d+f+\delta=\frac{f}{p}l+f+\delta \tag{4.5}$$

令 $K=\dfrac{f}{p}$,$C=f+\delta$,则有

$$D=Kl+C \tag{4.6}$$

式中,K 为视距乘常数,C 为视距加常数。设计制造仪器时,通常使 $K=100$,C 接近于零。因此视准轴水平时的视距计算公式为

$$D=Kl=100l \tag{4.7}$$

图 4.7 所示的视距为 $D=100\times0.197\text{ m}=19.7\text{ m}$。如果再在望远镜中读出中丝读数 v(或取上、下丝读数的平均值),用小钢尺量出仪器高 i,则 A,B 两点的高差为

$$h=i-v \tag{4.8}$$

2)视准轴倾斜时的视距计算公式

如图 4.8 所示,当视准轴倾斜时,由于视线不垂直于视距尺,所以不能直接应用式(4.7)计算视距。由于 φ 角很小(约为 34′),所以有$\angle MO'M'=\alpha$,也即只要将视距尺绕与望远镜视线的交点 O'旋转图示的 α 角后就能与视线垂直,并有

$$l'=l\cos\alpha \tag{4.9}$$

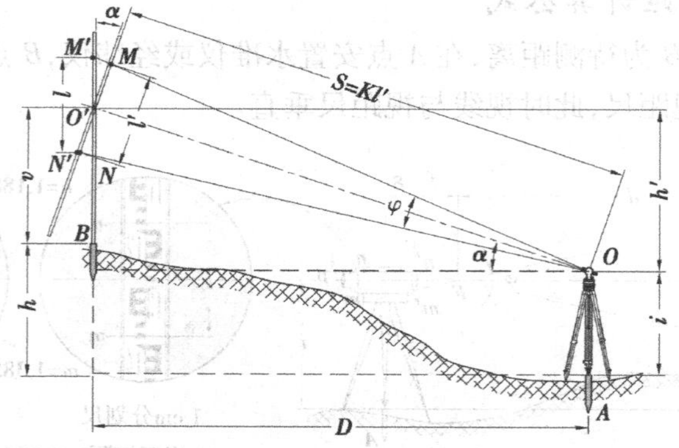

图 4.8　视准轴倾斜时的视距测量原理

则望远镜旋转中心 O 与视距尺旋转中心 O'之间的视距为

$$S = Kl' = Kl\cos\alpha \tag{4.10}$$

由此求得 A,B 两点间的水平距离为

$$D = S\cos\alpha = Kl\cos^2\alpha \tag{4.11}$$

设 A,B 的高差为 h,由图 4.8 容易列出方程

$$h + v = h' + i$$

式中,$h' = S\sin\alpha = Kl\cos\alpha\sin\alpha = \frac{1}{2}Kl\sin 2\alpha$,或者 $h' = D\tan\alpha$。称 h' 为初算高差,将其代入上式,得高差公式

$$h = h' + i - v = \frac{1}{2}Kl\sin 2\alpha + i - v = D\tan\alpha + i - v \tag{4.12}$$

【例 4.1】 在 A 点安置经纬仪,B 点竖立标尺,A 点的高程为 $H_A = 35.32$ m,量得仪器高 $i = 1.39$ m,测得上、下丝读数分别为 1.264 m,2.336 m,盘左观测的竖盘读数为 $L = 82°26'00''$,竖盘指标差为 $x = +1'$,求 A,B 两点间的水平距离和高差。

【解】 视距间隔为 $l = (2.336 - 1.264)\text{m} = 1.072$ m

竖直角为 $\alpha = 90° - L + x = 90° - 82°26'00'' + 1' = 7°35'$

水平距离为 $D = KL\cos^2\alpha = 105.333$ m

中丝读数为 $v = (1.264 + 2.336)\text{m}/2 = 1.8$ m

高差为 $h_{AB} = D\tan\alpha + i - v = +13.613$ m

B 点的高程为 $H_B = H_A + h_{AB} = (35.32 + 13.613)\text{m} = 48.933$ m

可以用下列 fx-5800P 程序 P4-1 进行视距测量计算。

程序名:P4-1,占用内存 218 字节

```
"STADIA SUR P4-1"↵                         显示程序标题
Deg:Fix 3↵                                 设置角度单位与数值显示格式
"H0(m)="?H:"i(m)="?I↵                      输入测站点高程与仪器高
"X(Deg)="?X↵                               输入经纬仪竖盘指标差
Lbl 0:"a(m),<0⇒END="?→A↵                   输入上丝读数
A<0⇒Goto E↵                                上丝读数为负数结束程序
"b(m)="?→B↵                                输入下丝读数
"V(Deg)="?→V↵                              输入碎部点方向盘左竖盘读数
90-V+X→W:100Abs(B-A)cos(W)²→D↵             计算测站至碎部点的水平距离
H+Dtan(W)+I-(A+B)÷2→G↵                     计算碎部点的高程
"Dp(m)=":D◢                                显示水平距离
"Hp(m)=":G◢                                显示碎部点高程
Goto 0:Lbl E:"P4-1⇒END"
```

✎输入程序时,按 SHIFT SETUP 3 键输入 **Deg**,按 SHIFT SETUP 6 键输入 **Fix**,按 FUNCTION 1 ▽ ▽ ▽ 1 键输入 **m**,按 FUNCTION 3 ▽ ▽ 3 键输入 **⇒**,按 FUNCTION 7 2 ▽ ▽ ▽ 1 键输入 **a**,按 FUNCTION 7 2 ▽ ▽ ▽ 2 键输入 **b**,按 FUNCTION 3 2 键输入 **→**,按 FUNCTION 1 ▽ 1 键输入 **Abs(**,按 FUNCTION 1 ▽ ▽ ▽ 4 键输入 **p**。

执行程序 P4-1,计算【例 4.1】的屏幕提示与操作过程如下:

屏幕提示	按　键	说　明
STADIA SUR P4-1	EXE	显示程序标题
H0(m)=?	**35.32** EXE	输入测站高程
i(m)=?	**1.39** EXE	输入仪器高
X(Deg)=?	**0** °′″ **1** °′″ EXE	输入竖盘指标差
a(m),<0⇛END=?	**1.264** EXE	输入上丝读数
b(m)=?	**2.336** EXE	输入下丝读数
V(Deg)=?	**82** °′″ **26** °′″ EXE	输入盘左竖盘读数
Dp(m)=105.333	EXE	显示水平距离
Hp(m)=48.933	EXE	显示碎部点高程
a(m),<0⇛END=?	**-1** EXE	输入任意负数结束程序
P4-1⇛END		程序结束显示

3)视距测量的误差分析

(1)读数误差

视距间隔 l 由上、下视距丝在标尺上截取的读数相减而得,由于视距常数 $K=100$,因此视距丝的读数误差将被扩大 100 倍地影响所测距离。如果读数误差为 1 mm,则视距误差即为 0.1 m。因此在标尺上读数前应先消除视差,读数时应十分仔细。另外,由于竖立标尺者不可能使标尺完全稳定不动,因此上、下丝读数应几乎同时进行。建议使用经纬仪的竖盘微动螺旋将上丝对准标尺的整分米分划后,立即估读下丝读数的方法;同时还应注意视距测量的距离不能太长,因为测量的距离越长,视距标尺上 1 cm 分划的长度在望远镜十字丝分划板上的成像长度就越小,读数误差就越大。

(2)标尺不竖直误差

当标尺不竖直且偏离铅垂线方向 $\mathrm{d}\alpha$ 角时,对水平距离影响的微分关系为

$$\mathrm{d}D = -\frac{1}{2}Kl\sin 2\alpha\frac{\mathrm{d}\alpha}{\rho} \tag{4.13}$$

目估使标尺竖直大约有 1°的误差,即 $\mathrm{d}\alpha=1°$,设 $Kl=100$ m,按式(4.13)计算,当 $\alpha=5°$时,$\mathrm{d}D=0.15$ m;当 $\alpha=30°$时,$\mathrm{d}D=0.76$ m。由此可见,标尺倾斜对测定水平距离的影响随视准轴竖直角的增大而增大。山区测量时的竖直角一般较大,此时应特别注意将标尺竖直。视距标尺上一般装有水准器,立尺者在观测者读数时应参照尺上的水准器来使标尺竖直及稳定。

(3)竖直角观测误差

竖直角观测误差在竖直角不大时对水平距离的影响较小,主要影响高差,公式为

$$\mathrm{d}h = Kl\cos 2\alpha\frac{\mathrm{d}\alpha}{\rho} \tag{4.14}$$

设 $Kl=100$ m,$\mathrm{d}\alpha=1'$,当 $\alpha=5°$时,$\mathrm{d}h=0.03$ m。

由于视距测量时通常是用竖盘的一个位置(盘左或盘右)进行观测,因此事先应对竖盘指标差进行检验和校正,使其尽可能小;或者每次测量之前测定指标差,在计算竖直角时加以改正。

(4)大气折光的影响

近地面的大气折光使视线产生弯曲,在日光照射下,大气湍流会使成像晃动,风力使标尺摇

动,这些因素都会使视距测量产生误差。因此,视距测量时,不要使视线太贴近地面(即不要用望远镜照准视距标尺的底部读数),在成像晃动剧烈或风力较大时,应停止观测。阴天且有微风时是观测的最有利气象条件。

在上述各种误差来源中,以(1),(2)两种误差影响最为突出,应给予充分注意。根据实践资料分析,在良好的外界条件下,距离在200 m以内,视距测量的相对误差约为1/300。

4.3 电磁波测距

电磁波测距(Electro-magnetic Distance Measuring,简称EDM)是用电磁波(光波或微波)作为载波传输测距信号,以测量两点间距离的一种方法。用光波作为载波的测距仪称为光电测距仪。

4.3.1 光电测距仪的基本原理

如图4.9所示,光电测距仪(electro-optical distance measuring instrument)是通过测量光波在待测距离 D 上往、返传播一次所需要的时间 t_{2D},依式(4.15)来计算待测距离 D

$$D = \frac{1}{2}Ct_{2D} \tag{4.15}$$

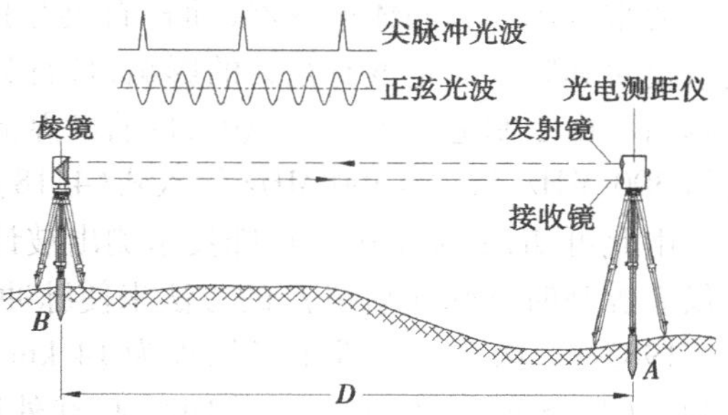

图4.9 光电测距原理

式中,$C = \frac{C_0}{n}$为光在大气中的传播速度,$C_0 = 299\ 792\ 458\ \text{m/s} \pm 1.2\ \text{m/s}$,为光在真空中的传播速度;$n \geqslant 1$,为大气折射率,$n$ 是光波长 λ、大气温度 t 和气压 P 的函数,即

$$n = f(\lambda, t, P) \tag{4.16}$$

由于 $n \geqslant 1$,所以 $C \leqslant C_0$,也即光在大气中的传播速度要小于其在真空中的传播速度。

红外测距仪一般采用GaAs(砷化镓)发光二极管发出的红外光作为光源,其波长 $\lambda = 0.85 \sim 0.93\ \mu\text{m}$。对一台红外测距仪来说,$\lambda$ 是一个常数。由式(4.16)可知,影响光速的大气折射率 n 只随大气温度 t 及气压 P 而变化,这就要求在光电测距作业中,应实时测定现场的大气温度和气压,并对所测距离施加气象改正。

根据测量光波在待测距离 D 上往、返一次传播时间 t_{2D} 方法的不同,光电测距仪可分为脉冲式和相位式两种。

1)脉冲式光电测距仪

脉冲式光电测距仪是将发射光波的光强调制成一定频率的尖脉冲,通过测量发射的尖脉冲在待测距离上往返传播的时间来计算距离。如图4.10所示,在尖脉冲光波离开测距仪发射镜的瞬间,触发打开电子门,此时,时钟脉冲进入电子门填充,计数器开始计数。在仪器接收镜接收到由棱镜反射回来的尖脉冲光波的瞬间,关闭电子门,计数器停止计数。设时钟脉冲的振荡频率为 f_0,周期为 $T_0 = 1/f_0$,计数器计得的时钟脉冲个数为 q,则有

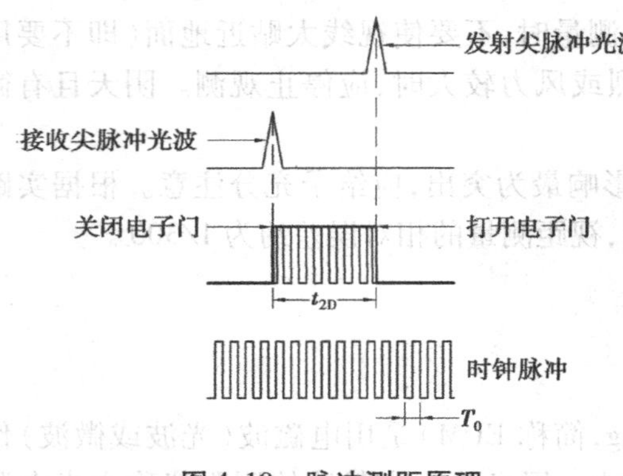

图 4.10 脉冲测距原理

$$t_{2D} = qT_0 = \frac{q}{f_0} \tag{4.17}$$

由于电子计数器只能记忆整数个时钟脉冲,小于一个时钟脉冲周期 T_0 的时间被计数器丢掉了,这就使计数器测得的 t_{2D} 最大有一个时钟脉冲周期 T_0 的误差,也即 $m_{t_{2D}} = \pm T_0$。应用误差传播定律(见第 6 章 6.4 节),由式(4.15)可以求得电子计数器的计数误差 $m_{t_{2D}}$ 对测距误差 m_D 的影响为

$$m_D = \frac{1}{2}Cm_{t_{2D}} = \pm \frac{1}{2}CT_0 = \pm \frac{1}{2f_0}C \tag{4.18}$$

由式(4.18)可知,时钟脉冲频率 f_0 越大,测距误差就越小。取 $C \approx 3 \times 10^8$ m,当要求测距误差为 $m_D = \pm 0.01$ m 时,由式(4.18)可以求出仪器的时钟脉冲频率应为 $f_0 = 15\ 000$ MHz。

通常应用石英晶体振荡器(简称石英晶振)来产生时钟脉冲频率,石英晶振工作温度的稳定情况对其频率稳定度有很大的影响,且石英晶振的振荡频率越高,对工作温度的稳定度要求也越高。由于制造技术上的原因,目前世界上可以做到并稳定在 1×10^{-6} 级的石英晶振频率最高为 300 MHz,将 $f_0 = 300$ MHz 代入式(4.18)求得仪器的测距误差 $m_D = \pm 0.5$ m。

由此可知,如果不采用特殊技术测出被计数器舍弃的小于一个时钟脉冲周期 T_0 的时间,而仅仅靠提高时钟脉冲频率 f_0 的方法来使脉冲测距仪达到 mm 级的测距精度是困难的。

1985 年,徕卡公司推出了测程为 14 km、标称测距精度为 ±(3 ~5 mm +1 ppm) * 的 DI3000 红外测距仪,它是当时测距精度最高的脉冲式光电测距仪,见图 4.11。根据厂方资料介绍,该仪器采用了一个特殊的电容器做充、放电用,它的放电时间是充电时间的数千倍。测距过程中,由发射和接收的尖脉冲光波控制对该电容器充电 t_{2D} 时间,然后放电。设放电时间为 T_{2D},利用放电的开始、结束来开关电子门,通过计数填入电子门的时钟脉冲数来解算放电时间 T_{2D}。

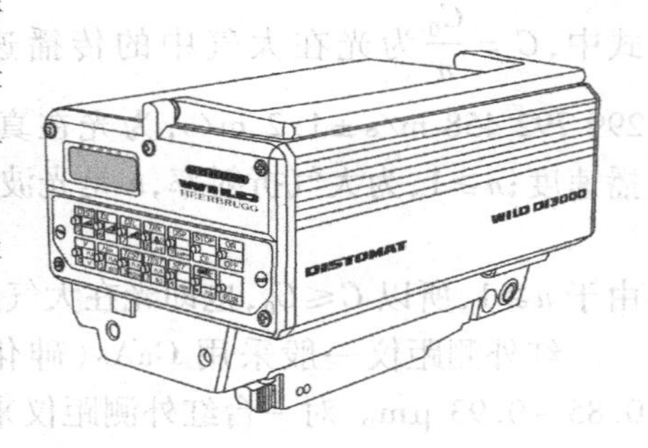

图 4.11 脉冲红外测距仪 DI3000

DI3000 红外测距仪的时钟脉冲频率 $f_0 = 15$ MHz,其周期为 $T_0 = 1/f_0 = 6.666\ 666\ 67 \times 10^{-8}$ s,则通过计数填入电子门的时钟脉冲数求得电容器的放电时间 T_{2D} 的误差为 $m_{T_{2D}} = \pm T_0 = \pm 6.666\ 666\ 67 \times 10^{-8}$ s。如果放电时间是充电时间的 3 000 倍(厂方没有提供详细资料),则求得的充电时间 t_{2D} 的误差为

$$m_{t_{2D}} = \frac{m_{T_{2D}}}{3\ 000} = \pm 2.222\ 222\ 22 \times 10^{-11}\ \text{s}$$

* ppm 意即 10^{-6},由于 1 ppm = 1 mm/km,在此 ppm 的特定含义系指测距 D 每增加 1 km,测量误差则增大 1 mm。应予说明的是,一是现行国标已不再以 ppm 表 10^{-6},二是 ppm 仅是一个纯数,而测量误差是一个随测距 D 而变化的长度量。因此若将 ppm 改写为 $10^{-6}D$ 则更能准确地反应测距仪精度与测距 D 的关系。虽如此,但本书按行业约定俗成仍沿用 ppm。以下凡出现 ppm 处若无特定说明释意类同。

将上式代入式(4.18)可以求得测距误差为 $m_D = \pm 3.3$ mm。

2)相位式光电测距仪

相位式光电测距仪是将发射光波的光强调制成正弦波,通过测量正弦光波在待测距离上往返传播的相位移来解算距离。图4.12是将返程的正弦波以棱镜站 B 点为中心对称展开后的光强图形。

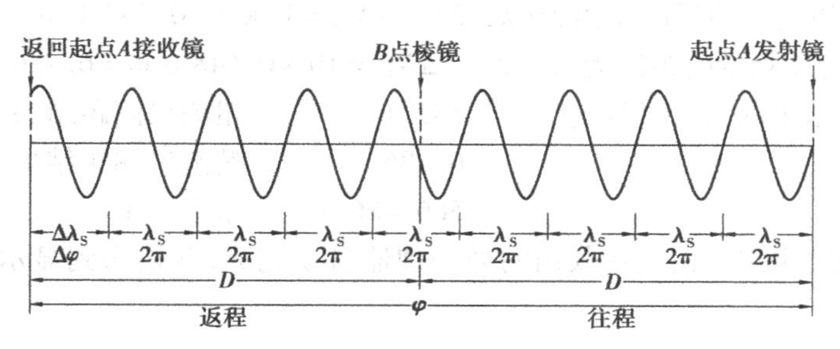

图4.12　相位测距原理

正弦光波振荡一个周期的相位移是 2π,设发射的正弦光波经过 $2D$ 距离后的相位移为 φ,则 φ 可以分解为 N 个 2π 整数周期和不足一个整数周期相位移 $\Delta\varphi$,也即有

$$\varphi = 2\pi N + \Delta\varphi \tag{4.19}$$

正弦光波振荡频率 f 的意义是一秒钟振荡的次数,则正弦光波经过 t_{2D} 后振荡的相位移为

$$\varphi = 2\pi f t_{2D} \tag{4.20}$$

由式(4.19)和式(4.20)可以解出 t_{2D} 为

$$t_{2D} = \frac{2\pi N + \Delta\varphi}{2\pi f} = \frac{1}{f}\left(N + \frac{\Delta\varphi}{2\pi}\right) = \frac{1}{f}(N + \Delta N) \tag{4.21}$$

式中,$\Delta N = \frac{\Delta\varphi}{2\pi}$,$0 < \Delta N < 1$。将式(4.21)代入式(4.15),得

$$D = \frac{C}{2f}(N + \Delta N) = \frac{\lambda_s}{2}(N + \Delta N) \tag{4.22}$$

式中,$\lambda_S = \frac{C}{f}$ 为正弦波的波长,$\frac{\lambda_S}{2}$ 为正弦波的半波长,又称测距仪的测尺。取 $C \approx 3 \times 10^8$ m,则不同的调制频率 f 对应的测尺长列于表4.1中。

表4.1　调制频率与测尺长度的关系

调制频率 f	15 MHz	7.5 MHz	1.5 MHz	150 kHz	75 kHz
测尺长 $\lambda_S/2$	10 m	20 m	100 m	1 km	2 km

由表4.1可知,f 与 $\lambda_S/2$ 的关系是:调制频率越大,测尺长度越短。

如果能够测出正弦光波在待测距离上往返传播的整周期相位移数 N 和不足一个周期的小数 ΔN,就可以依式(4.22)计算出待测距离 D。

在相位式光电测距仪中有一个电子部件,称相位计,它能将测距仪发射镜发射的正弦波与接收镜接收到的、传播了 $2D$ 距离后的正弦波进行相位比较,测出不足一个周期的小数 ΔN,其测相误差一般小于1/1 000。相位计测不出整周数 N,这就使相位式光电测距方程式(4.22)产生多值解,只有当待测距离小于测尺长度时(此时 $N=0$)才能确定距离值。人们通过在相位式光电测距仪中设置多个测尺，使用各测尺分别测距，然后组合测距结果来解决距离的多值解问题。

在仪器的多个测尺中，称长度最短的测尺为精测尺，其余为粗测尺。例如，一台测程为1 km的相位式光电测距仪设置有10 m和1 000 m两个测尺，由表4.1可查出其对应的调制频率为15 MHz和150 kHz。假设某段距离为586.486 m，则

用1 000 m的粗测尺测量的距离为$(\lambda_S/2)_{粗}\ \Delta N_{粗} = 1\ 000 \times 0.587\ 1\ \text{m} = 587.1\ \text{m}$

用10 m的精测尺测量的距离为$(\lambda_S/2)_{精}\ \Delta N_{精} = 10 \times 0.648\ 6\ \text{m} = 6.486\ \text{m}$

精粗测尺测距结果的组合过程为	587.1	粗测尺测距结果
	6.486	精测尺测距结果
	586.486 m	组合结果

精粗测尺测距结果组合由测距仪内的微处理器自动完成，并输送到显示窗显示，无需用户干预。

4.3.2 ND3000 红外测距仪简介

图4.13是南方测绘公司生产的ND3000红外相位式测距仪，图4.14为配套的棱镜对中杆。ND3000自带望远镜，望远镜的视准轴、发射光轴及接收光轴同轴，仪器的主要技术参数如下：

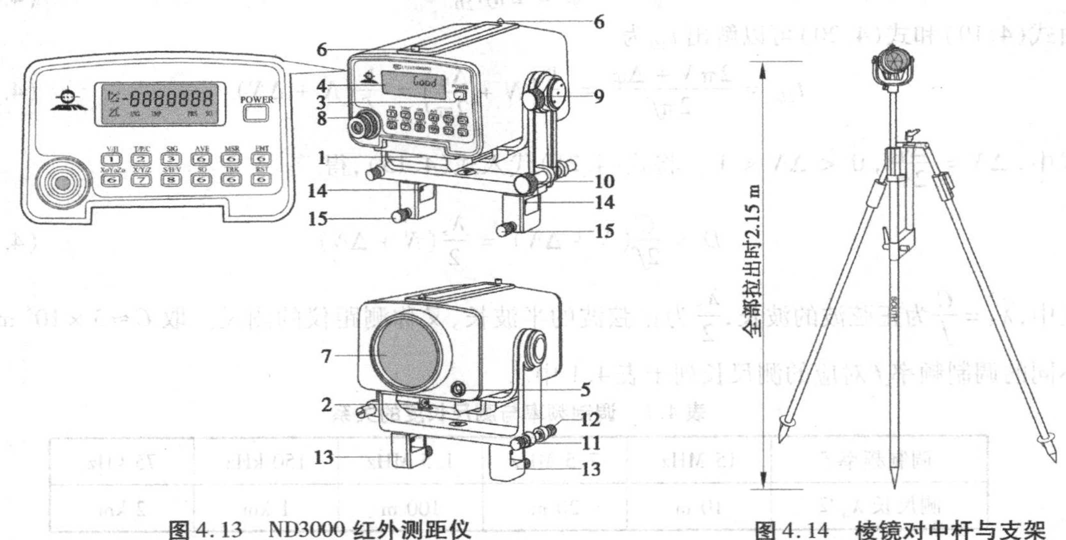

图4.13 ND3000红外测距仪　　　　图4.14 棱镜对中杆与支架

1—电池；2—外接电源插口；3—电源开关；4—显示屏；
5—RS-232C数据接口；6—粗瞄器；7—望远镜物镜；
8—望远镜物镜调焦螺旋；9—垂直制动螺旋；10—垂直微动螺旋；
11，12—水平调整螺丝；13—宽度可调连接支架；
14—支架宽度调整螺丝；15—连接固定螺丝

①红外光源波长：0.865 μm

②测尺长及对应的调制频率

精测尺：$\lambda_S/2 = 10$ m，$f = 14.835\ 546$ MHz

粗测尺 1：$\lambda_S/2 = 1\ 000$ m，$f = 148.355\ 46$ kHz

粗测尺 2：$\lambda_S/2 = 10\ 000$ m，$f = 14.835\ 546$ kHz

③测程：2 500 m（单棱镜），3 500 m（三棱镜）

④标称精度：±(5 mm + 3 ppm)

⑤测量时间：正常测距 3 s，跟踪测距、初始测距 3 s，以后每次测距 0.8 s

⑥供电：6 V 镍镉（NiCd）可充电电池

⑦气象改正比例系数计算公式：

$$\Delta D_1 = 278.96 - \frac{0.290\ 4P}{1 + 0.003\ 661t} \tag{4.23}$$

式中，P 为气压（hPa），t 为温度（℃），计算出的 ΔD_1 是以 ppm 为单位的气象改正比例系数，由于 1 ppm = 1 mm/km，所以它也代表每千米的比例改正长度。可以将测距时的温度和气压输入仪器，由仪器自动为所测距离施加气象比例改正。

4.3.3 喜利得 PD42 手持激光测距仪

在建筑施工与房产测量中，经常需要测量距离、面积和体积，使用手持激光测距仪可以方便、快速地实现。图 4.15 为喜利得（HILTI）公司生产的 PD42 手持激光测距仪，按键功能及屏幕显示的意义见图中的注释，仪器的主要技术参数如下：

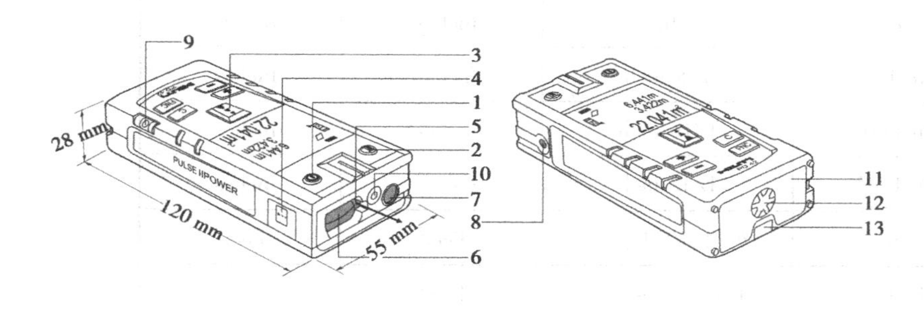

图 4.15 喜利得 PD42 手持激光测距仪

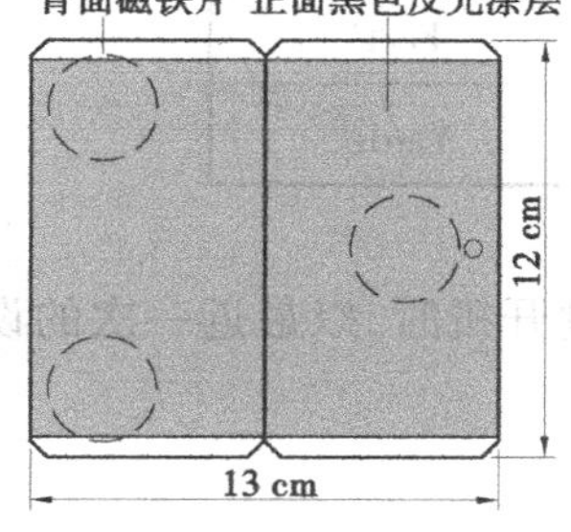

图 4.16 PDA50 目标板

①激光：2 级红色激光，波长 635 nm，最大发射功率 <1 mW；

②测量误差：±1 mm；

③测程：0.05 ~ 200 m，其中白色墙面为 100 m，干燥混凝土面为 70 m，干燥砖面为 50 m。当测距表面太粗糙无法测距时应使用 PDA50 目标板，目标板背面有三块磁铁片可以将其吸附在钢铁物的表面，见图 4.16；

④激光束光斑直径：6/30/60 mm（10/50/100 m）；

⑤电源：2 × 1.5 V 的 5 号 AAA 电池可供测量 8 000 ~ 10 000 次，2 × 1.2 V 的镍氢 5 号可充电电池可供测量 6 000 ~ 8 000 次。

按◎键打开 PD42 的电源并自动进入距离模式，再按◎键为关机；或按▣键（图 4.15 的 3）开机的同时发射指示激光；开机时，按▣键（图 4.15 的 4）为发射指示激光。

在低背景光下，按任意键可自动打开显示屏照明，10 s 后，显示屏照明亮度自动降低 50%，

20 s 内为按键，自动关闭显示屏照明，已节省电源。

1)设置距离单位

按住◎键 2 s 开机，屏幕显示图 4.17(a)的界面，按⊞键为使测距蜂鸣声在“开/关”之间切换，关闭测距蜂鸣声的界面见图 4.17(b)；多次按⊟键为使距离单位在“m/cm/mm/In/…/yd”之间切换，相应的距离、面积、体积单位列于表 4.2。

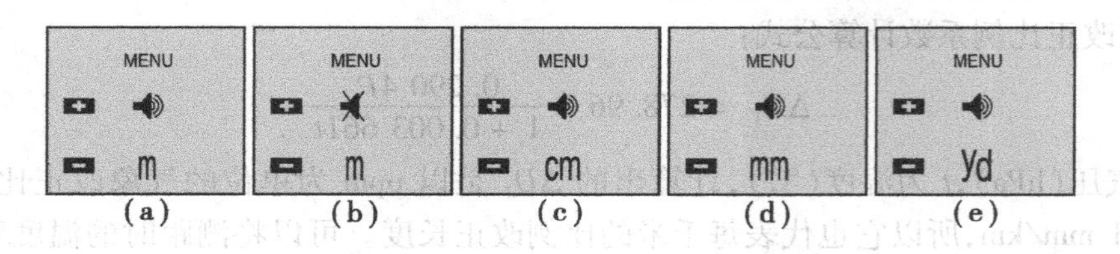

图 4.17 设置 PD42 蜂鸣声与距离单位

表 4.2 喜利得 PD42 手持激光测距仪单位设置

序	距离单位	距离显示	面积单位	体积单位
1	m	m	m^2	m^3
2	cm	cm	m^2	m^3
3	mm	mm	m^2	m^3
4	In	In	$Inches^2$	$Inches^3$
5	In 1/8	1/8 inch	$Inches^2$	$Inches^3$
6	In 1/16	1/16 inch	$Inches^2$	$Inches^3$
7	In 1/32	1/32 inch	$Inches^2$	$Inches^3$
8	ft	英尺,10 进位制	$Feet^2$	$Feet^3$
9	Ft 1/8	Feet-inches-1/8	$Feet^2$	$Feet^3$
10	Ft 1/16	Feet-inches-1/16	$Feet^2$	$Feet^3$
11	Ft 1/32	Feet-inches-1/32	$Feet^2$	$Feet^3$
12	Yd	码,10 进位制	$Yards^2$	$Yards^3$

完成设置后按◎键关机，仪器自动记忆设置结果，以后再按◎键开机时，以最近一次的设置显示。

2)设置测距基准点

连续按▣键可使 PD42 的测距基准点在后端[图 4.18(a)]、前端[图 4.18(b)]、PDA71 延长杆螺口中心[图 4.18(e)]之间切换；打开延长片时，测距基准点自动设置为延长片尾端[图 4.18(c)]；将 PDA71 延长杆连接到 PD42 底部时，测距基准点自动设置为延长杆尾端[图 4.18(d)]。

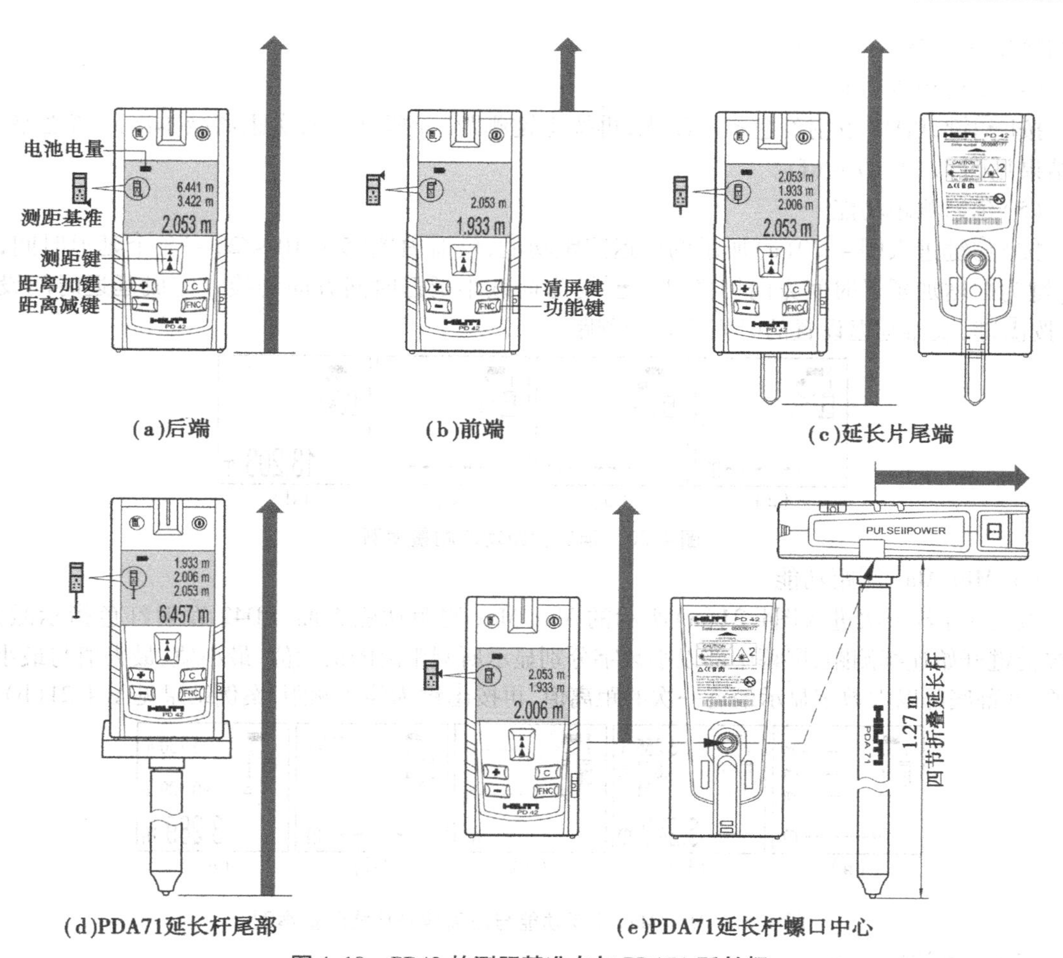

(a)后端　(b)前端　(c)延长片尾端

(d)PDA71延长杆尾部　(e)PDA71延长杆螺口中心

图 4.18　PD42 的测距基准点与 PDA71 延长杆

3)距离测量

(1)单次测距模式

按▲键,PD42 发射红色指示激光供用户照准目标点,屏幕显示见图 4.19(a),再按▲键开始测距,屏幕显示 PD42 基准边至激光点的距离值,见图 4.19(b)。当所测距离 >10 m 时,建议用仪器一侧的望远镜照准目标。

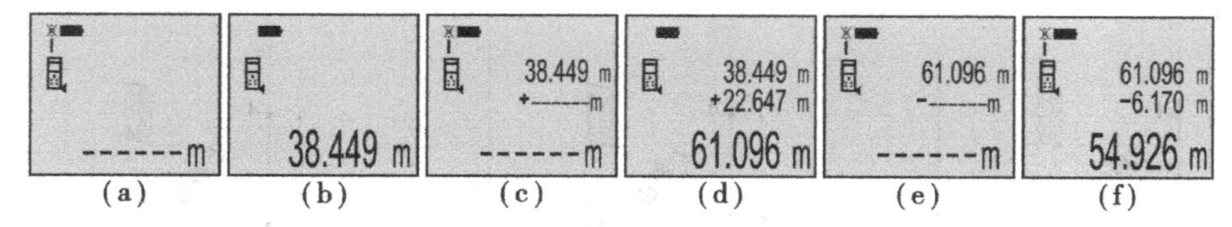

(a)　(b)　(c)　(d)　(e)　(f)

图 4.19　单次测距模式、距离相加、距离相减功能测量案例

(2)连续测距模式

按住▲键 2 s 进入连续测距模式,此时,屏幕显示的距离值随着激光光斑的移动实时变化,变化速率为 6~10 次/s,再次按▲键为停止连续测距模式。

(3)距离相加功能

按 + 键,PD42 发射红色指示激光,再按▲键测距,屏幕显示前次距离加本次距离之和,案例结果见图 4.19(c)～(d)。

(4)距离相减功能

按[−]键，PD42 发射红色指示激光，再按键测距，屏幕显示前次距离减本次距离之差，案例结果见图 4.19(e)～(f)。

(5)延迟测距功能

按[FNC]键进入图 4.20(a)所示的延迟测距功能，仪器内置“5 s/10 s/20 s”3 个延迟时间，按[+]键为向增加延迟时间方向切换，按[−]键为向减小延迟时间方向切换。完成延迟时间设置后，按键，仪器延迟设置的时间后开始测距。

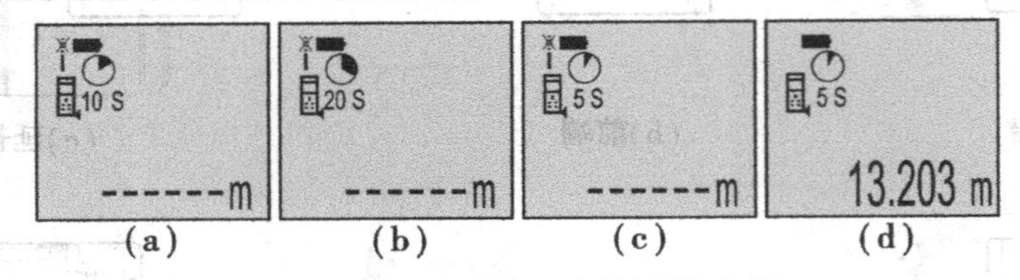

(a)　(b)　(c)　(d)

图 4.20　延迟测距功能测量案例

(6)Min/Max 测距功能

按[FNC]键若干次进入图4.21(a)所示的 Min/Max 测距功能界面，PD42 发射红色指示激光，再按键开始连续测距，屏幕中部以小数字分别显示所测距离的最大值、最小值、最大值与最小值之差，屏幕底部以大数字显示最近一次的距离值，再按键为停止测距，案例结果见图 4.21(b)。

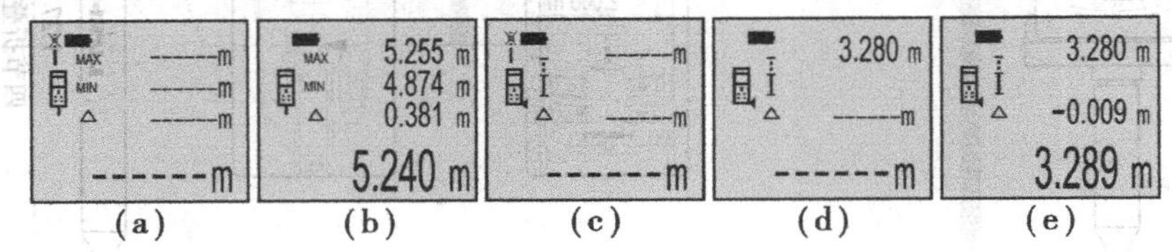

(a)　(b)　(c)　(d)　(e)

图 4.21　Min/Max 测距功能与距离放样功能测量案例

(7)距离放样功能

按[FNC]键若干次进入图 4.21(c)所示的距离放样功能界面，PD42 发射红色指示激光，照准已知距离点，按键先测量已知距离；照准待放样距离点，按键连续测距，屏幕实时显示已知距离与测距值之差，案例结果见图 4.21(e)。

(8)毕达哥拉斯(Pythagorase)测量功能

如图 4.22 所示，毕达哥拉斯功能实际上通过测量竖直面内三角形的邻边长，由 PD42 算出其对边长。

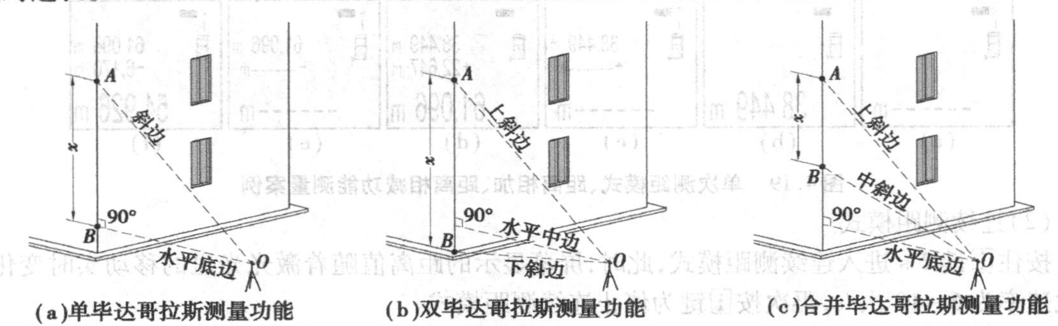

(a)单毕达哥拉斯测量功能　(b)双毕达哥拉斯测量功能　(c)合并毕达哥拉斯测量功能

图 4.22　毕达哥拉斯(Pythagorase)测量原理

①单毕达哥拉斯(Single Pythagorase)测量功能

通过测量直角三角形的斜边与水平底边长,计算另一直角边长。按FNC键若干次进入图4.23(a)所示的界面,此时,斜边闪烁,照准斜边点,按键单次测量斜边长;水平底边闪烁,照准水平底边点附近,按键连续测量,再按键,仪器自动记录连续测距的最小值,并算出另一直角边长度,案例结果见图4.23(c)。

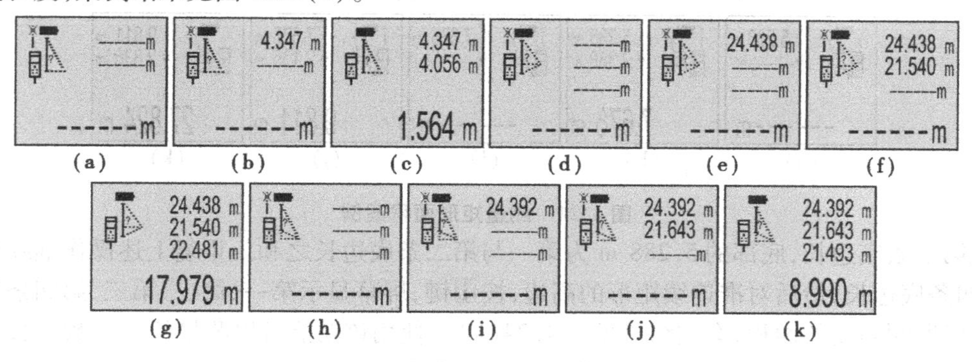

图4.23　毕达哥拉斯(Pythagorase)功能测量案例

②双毕达哥拉斯(Double Pythagorase)测量功能

通过测量任意三角形的上斜边、水平中边与下斜边长,计算另一边长。按FNC键若干次进入图4.23(d)所示的界面,此时,上斜边闪烁,照准上斜边点,按键单次测量上斜边长;此时,水平中边闪烁,照准上水平中边点附近,按键连续测量水平中边长,再按键,仪器自动记录连续测距的最小值;此时,下斜边闪烁,照准下斜边点,按键单次测量下斜边长,仪器算出另一边长度,案例结果见图4.23(g)。

③合并毕达哥拉斯(Combined Pythagorase)测量功能

通过测量任意三角形的上斜边、中斜边与水平底边长,计算另一边长。按FNC键若干次进入图4.23(h)所示的界面,此时,上斜边闪烁,照准上斜边点,按键单次测量上斜边长;此时,中斜边闪烁,照准中斜边点,按键单次测量中斜边长;此时,水平底边闪烁,照准水平底边点附近,按键连续测量水平底边,再按键,仪器自动记录连续测距的最小值,并算出另一边长,案例结果见图4.23(k)。

在执行上述3种毕达哥拉斯测量功能时,测量斜边均为单次测量,只有测量水平边长时为连续测量,当所测三角形位于竖直面内时,应使管水准气泡居中(图4.15的9)准确照准水平边长点。

4)面积测量

(1)单个矩形面积测量功能

按FNC键若干次进入图4.24(a)所示的单个矩形面积测量功能,对准矩形的第一条边长按键,对准矩形的第二条边长按键,案例结果见图4.24(c)。也可以按+或−键开始面积测量,仪器自动计算各次面积测量的代数和。

(2)连续矩形面积测量功能

按FNC键若干次进入图4.24(d)所示的连续矩形面积测量功能,对准连续矩形的第一条底边按键测量第一条底边长,按+键进入图4.24(e)所示的加测第二条底边界面,对准连续矩形的第二条底边按键,结果见图4.24(f),其中4.001 m为所测的第一条底边长,1.287 m为

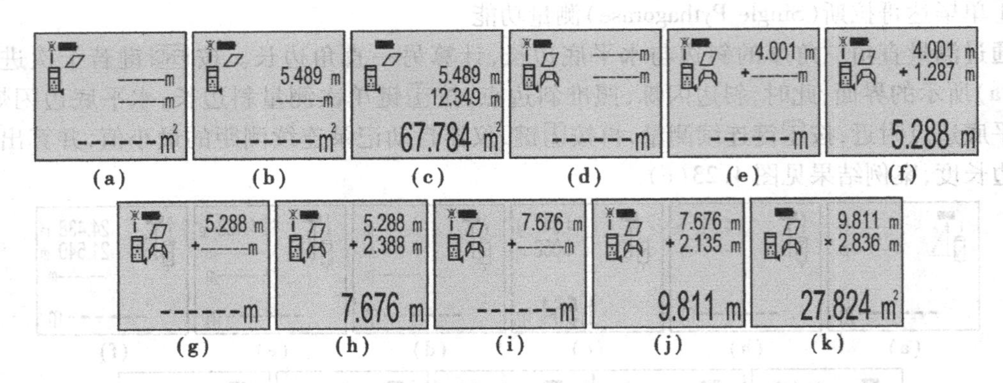

图 4.24　测量矩形面积案例

所测的第二条底边长，底部的 5.288 m 为第一与第二条底边长之和。重复上述操作继续加测第三、第四条底边长，最后对准连续矩形的高边，按键，屏幕显示第一、第二、第三、第四条底边长之和乘以所测高度的面积，案例结果见图 4.24(k)。使用该功能可以测量任意条数边长之和乘以所测高度的面积，常用于测量墙面面积以计算工程量。

5)体积测量

测量单个立方体的体积。按FNC键若干次进入图 4.25(a)所示的立方体体积测量功能。对准立方体的第一条边按键，对准立方体的第二条边按键，对准立方体的第三条边按键，屏幕显示立方体体积，案例结果见图 4.25(d)。也可以按+或-键开始体积测量，仪器自动计算各次体积测量的代数和。

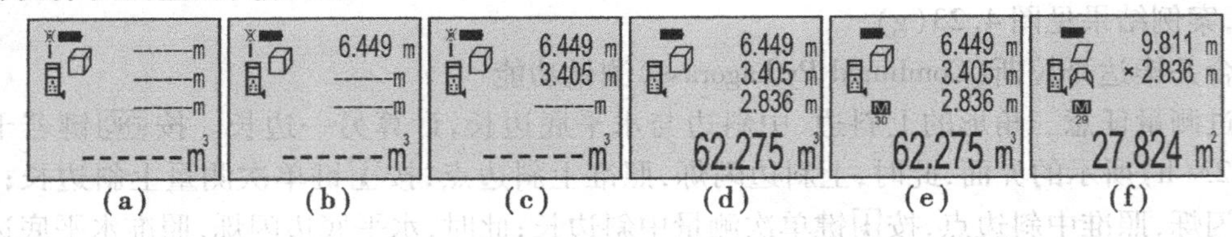

图 4.25　测量立方体体积与存储器案例

6)测量结果的存储

用 PD42 测量的结果及测量功能图形符号自动存入内存，最多可存储 30 个，当内存已存满 30 个测量结果时，最近一次测量结果存入第 30 号存储器，原 2 ~ 30 号存储器的结果分别自动存入第 1 ~ 29 号存储器，自动删除原 1 号存储器的结果。按FNC键若干次进入图 4.25(e)的界面，图中为显示 30 号存储器的最后一次体积测量结果，按-键为 29 号存储器连续矩形面积测量结果，见图 4.25(f)，或按+键显示 1 号存储器的测量结果。

4.3.4　相位式光电测距的误差分析

将 $C = \dfrac{C_0}{n}$ 代入式(4.22)得

$$D = \frac{C_0}{2fn}(N + \Delta N) + K \tag{4.24}$$

式中,K 为测距仪的加常数,它通过将测距仪安置在标准基线长度上进行比测,经回归统计计算求得。在式(4.24)中,待测距离 D 的误差来源于 $C_0,f,n,\Delta N$ 和 K 的测定误差。利用第6章的测量误差知识,通过将 D 对 $C_0,f,n,\Delta N$ 和 K 求全微分,然后利用误差传播定律求得 D 的方差 m_D^2 为

$$m_D^2 = \left(\frac{m_{C_0}^2}{C_0^2} + \frac{m_n^2}{n^2} + \frac{m_f^2}{f^2}\right)D^2 + \frac{\lambda_{s精}^2}{4}m_{\Delta N}^2 + m_K^2 \tag{4.25}$$

在式(4.25)中,C_0,f,n 的误差与待测距离成正比,称为比例误差,ΔN 和 K 的误差与距离无关,称为固定误差。一般将式(4.25)缩写成

$$m_D^2 = A^2 + B^2D^2 \tag{4.26}$$

或者写成常用的经验公式

$$m_D = \pm (a + bD) \tag{4.27}$$

如ND3000红外测距仪的标称精度为 ±(5 mm +3 ppm)即为上述形式。其中 1 ppm = 1 mm/1 km $=1\times10^{-6}$,也即测量1 km的距离有1 mm的比例误差。

下面对式(4.25)中各项误差的来源及削弱方法进行简要分析。

1)真空光速测定误差 m_{C_0}

真空光速测定误差 $m_{C_0} = \pm 1.2$ m/s,其相对误差为

$$\frac{m_{C_0}}{C_0} = \frac{1.2}{299\ 792\ 458} = 4.03\times10^{-9} = 0.004\ \text{ppm}$$

也就是说,真空光速测定误差对测距的影响是1 km产生0.004 mm的比例误差,可以忽略不计。

2)精测尺调制频率误差 m_f

目前,国内外厂商生产的红外测距仪的精测尺调制频率的相对误差 m_f/f 一般为 $1\sim5\times10^{-6}$ =1 ~5 ppm,其对测距的影响是1 km产生1 ~5 mm的比例误差。但仪器在使用中,电子元器件的老化和外部环境温度的变化,都会使设计频率发生漂移,这就需要通过对测距仪进行检定,以求出比例改正数对所测距离进行改正。也可以应用高精度野外便携式频率计,在测距的同时测定仪器的精测尺调制频率来对所测距离进行实时改正。

3)气象参数误差 m_n

大气折射率主要是大气温度 t 和大气压力 P 的函数。由测距仪的气象改正公式(4.23)可以计算出:大气温度测量误差为1 ℃或者大气压力测量误差为3 mmHg(1 mmHg =133.322 Pa)或3.9 mmbar(1 mmbar =100 Pa)时,都将产生1 ppm的比例误差。严格地说,计算大气折射率 n 所用的气象参数 t,P 应该是测距光波沿线的积分平均值,由于实践中难以测到,所以一般是在测距的同时测定仪器站(简称测站)和棱镜站(简称镜站)的 t,P 并取其平均来代替其积分值,由此引起的折射率误差称为气象代表性误差。实验表明,选择阴天、有微风的天气测距时,气象代表性误差较小。

4)测相误差 $m_{\Delta N}$

测相误差包括自动数字测相系统的误差、测距信号在大气传输中的信噪比误差等(信噪比为接收到的测距信号强度与大气中杂散光强度之比)。前者决定于测距仪的性能与精度,后者与测

距时的自然环境有关，例如空气的透明度、干扰因素的多少、视线离地面及障碍物的远近。

5)仪器对中误差

光电测距是测定测距仪中心至棱镜中心的距离，因此仪器对中误差包括测距仪的对中误差和棱镜的对中误差。用经过校准的光学对中器对中，此项误差一般不大于 2 mm。

4.4 直线定向

确定地面直线与标准北方向间的水平夹角称为直线定向。

1)标准北方向分类——三北方向

(1)真北方向

如图 4.26 所示，过地表 P 点的天文子午面与地球表面的交线称为 P 点的真子午线，真子午线在 P 点的切线北方向称为 P 点的真北方向。可以用天文测量法或陀螺经纬仪测定地表 P 点的真北方向。

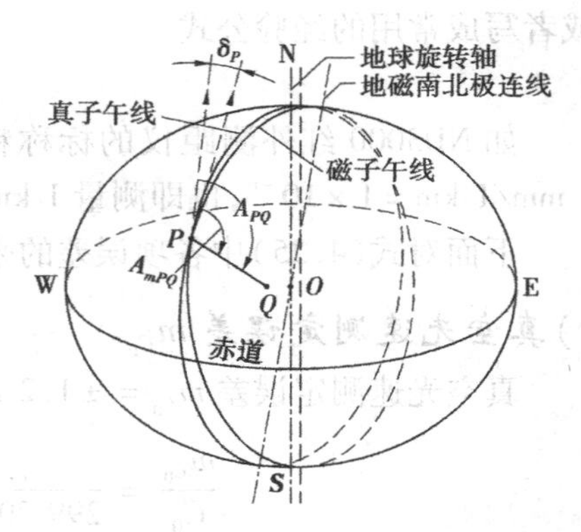

图 4.26 A_{PQ} 与 $A_{m_{PQ}}$ 的关系图

(2)磁北方向

在地表 P 点，磁针自由静止时北端所指方向为磁北方向，磁北方向可用罗盘仪测定。

(3)坐标北方向

称高斯平面直角坐标系 $+x$ 轴方向为坐标北方向，各点的坐标北方向相互平行。

测量上，称真北方向、磁北方向与坐标北方向为三北方向，在中、小比例尺地形图的图框外应绘有本幅图的三北方向关系图，详细见图 10.2。

2)表示直线方向的方法

测量中，常用方位角表示直线的方向，其定义为：由标准方向北端起，顺时针到直线的水平夹角。方位角的取值范围为 0°～360°。利用上述介绍的三北方向，可以对地表直线 PQ 定义 3 个方位角。

①由 P 点的真北方向起，顺时针到 PQ 的水平夹角，称 PQ 的真方位角，用 A_{PQ} 表示。

②由 P 点的磁北方向起，顺时针到 PQ 的水平夹角，称 PQ 的磁方位角，用 A_{mPQ} 表示。

③由 P 点的坐标北方向起，顺时针到 PQ 的水平夹角，称 PQ 的坐标方位角，用 α_{PQ} 表示。

3)3 种方位角的关系

讨论直线 PQ 的 3 种方位角的关系实际上就是讨论 P 点三北方向的关系。

(1) A_{PQ} 与 $A_{m_{PQ}}$ 的关系

由于地球南北极与地磁南北极不重合，地表 P 点的真北方向与磁北方向也不重合，两者间的水平夹角称为磁偏角，用 δ_P 表示，其正负定义为：以真北方向为基准，磁北方向偏东，$\delta_P > 0$；磁北方向偏西，$\delta_P < 0$。图 4.26 中的 $\delta_P > 0$，由图可得

$$A_{PQ} = A_{m_{PQ}} + \delta_P \tag{4.28}$$

我国磁偏角 δ_P 的变化在 +6°～−10°。

(2)A_{PQ}与α_{PQ}的关系

如图4.27所示，在高斯平面直角坐标系中，P点的真子午线是收敛于地球南北两极的曲线。所以，只要P点不在赤道上，其真北方向与坐标北方向就不重合，两者间的水平夹角称为子午线收敛角，用γ_P表示，其正负定义为：以真北方向为基准，坐标北方向偏东，$\gamma_P>0$；坐标北方向偏西，$\gamma_P<0$。图4.27中的$\gamma_P>0$，由图可得

$$A_{PQ} = \alpha_{PQ} + \gamma_P \tag{4.29}$$

子午线收敛角γ_P可以按下列近似公式计算

$$\gamma_P = (L_P - L_0)\sin B_P \tag{4.30}$$

式中，L_0为P点所在投影带中央子午线的经度，L_P，B_P分别为P点的大地经度和纬度。γ_P的精确值请使用高斯投影程序PG2-1.exe计算。

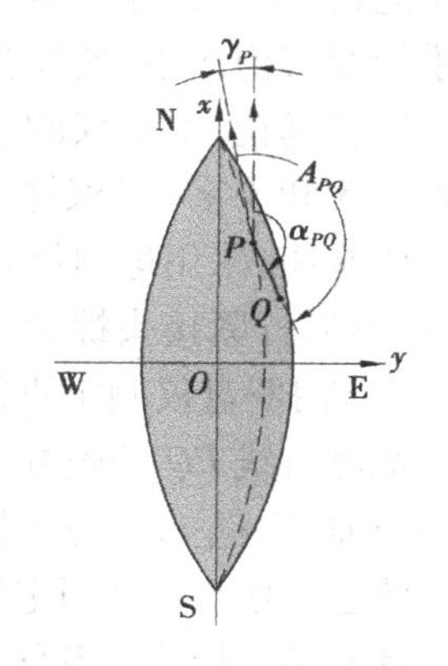

图4.27 A_{PQ}与α_{PQ}的关系图

(3)α_{PQ}与A_{mPQ}的关系

由式(4.28)和式(4.29)可得

$$\alpha_{PQ} = A_{mPQ} + \delta_P - \gamma_P \tag{4.31}$$

4)用罗盘仪测定磁方位角

(1)罗盘仪的构造

如图4.28所示，罗盘仪(compass)是测量直线磁方位角的仪器。罗盘仪构造简单，使用方便，但精度不高，外界环境对仪器的影响较大，如钢铁建筑和高压电线都会影响其精度。当测区内没有国家控制点可用，需要在小范围内建立假定坐标系的平面控制网时，可用罗盘仪测量磁方位角，作为该控制网起始边的坐标方位角；陀螺经纬仪精确定向时，也需要先用罗盘仪粗定向。罗盘仪的主要部件有磁针、刻度盘、望远镜和基座。

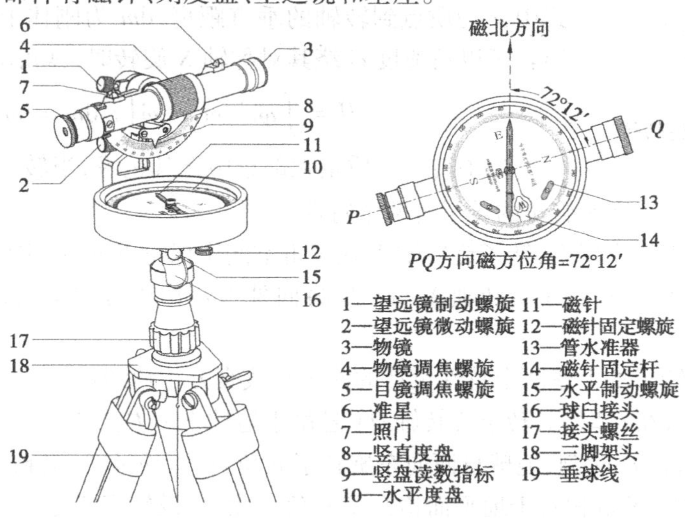

图4.28 罗盘仪

①磁针：磁针11用人造磁铁制成，磁针在度盘中心的顶针尖上可自由转动。为了减轻顶针尖的磨损，不用时，应旋转磁针固定螺旋12升高磁针固定杆14，将磁针固定在玻璃盖上。

②刻度盘：用钢或铝制成的圆环，随望远镜一起转动，每隔10°有一注记，按逆时针方向从

0°注记到360°,最小分划为1°。刻度盘内装有一个圆水准器或者两个相互垂直的管水准器13,用手控制气泡居中,使罗盘仪水平。

③望远镜:罗盘仪的望远镜与经纬仪的望远镜结构基本相似,也有物镜对光螺旋4、目镜对光螺旋5和十字丝分划板等,望远镜的视准轴与刻度盘的0°分划线共面。

④基座:采用球臼结构,松开接头螺旋17,可摆动刻度盘,使水准气泡居中,度盘处于水平位置,然后拧紧接头螺旋。

(2)用罗盘仪测定直线磁方位角的方法

欲测直线 PQ 的磁方位角,将罗盘仪安置在直线起点 P,挂上垂球对中后,松开球臼接头螺旋,用手向前、后、左或右方向转动刻度盘,使水准器气泡居中,拧紧球臼接头螺旋,使仪器处于对中与整平状态。松开磁针固定螺旋,让它自由转动;转动罗盘,用望远镜照准 Q 点标志;待磁针静止后,按磁针北端所指的度盘分划值读数,即为 PQ 边的磁方位角值,见图4.28。

使用罗盘仪时,应避开高压电线和避免铁质物体接近仪器,测量结束后,应旋紧固定螺旋将磁针固定在玻璃盖上。

4.5 索佳GPX陀螺全站仪与直线真方位角的测定

法国物理学家L.付科于1852年首次提出了陀螺仪(gyroscope)指北原理,受当时技术条件的限制,直到20世纪初这一原理才首先应用到航海中,20世纪50年代开始应用到测量领域。

1)陀螺仪定向原理

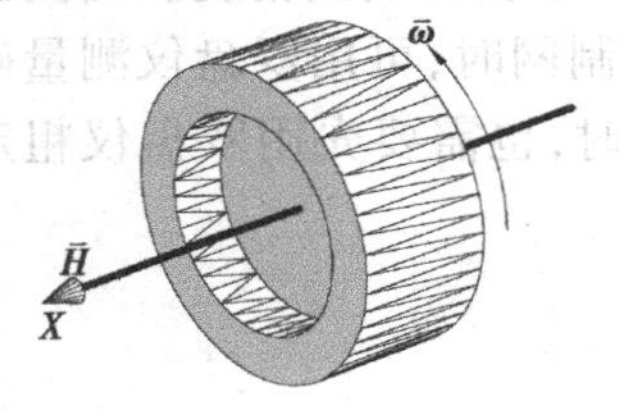

图4.29 对称刚性转子

物理学将图4.29所示对称刚性转子的转动惯量 J 定义为

$$J = \int r^2 \mathrm{d}m \tag{4.32}$$

式中,r 为质点到转轴的垂直距离,dm 为刚体上每一质点的质量。当转子以角速度 $\vec{\omega}$ 绕其对称轴X旋转时,其角动量 $\vec{H}$ 为

$$\vec{H} = \int \vec{\omega} r^2 \mathrm{d}m = \vec{\omega} \int r^2 \mathrm{d}m = \vec{\omega} J \tag{4.33}$$

如果转子的质量大部集中在其边缘,当转子高速旋转时,就会形成很大的角动量 H。高速旋转的转子有两个特性:

①在没有外力矩的作用下,转子旋转轴 X 在宇宙空间中保持不变,即定轴性。

②在外力矩的作用下,转子旋转轴 X 的方位将向外力矩作用方向运动,称这种运动为"进动"。

陀螺仪是利用转子的上述两个特性设计的测量直线真方位角的仪器。

如图4.30所示,在 t_1 时刻,转子旋转轴 OX 悬吊于地球上的 P 点,假设此时 OX 轴被定轴在真北方向偏东位置;在 t_2 时刻,地球自西向东旋转了 θ 角,从而使地平面降落了 θ 角,因转子的定轴性,造成 OX 轴的 X 端相对于地平面抬升了 θ 角。此时,设转子重心偏离过 P 点铅垂线的垂直距离为 b,转子重量 $\vec{G}$ 形成的外力矩为 $\vec{M} = b\vec{G} = l\sin\theta\vec{G}$。在 $\vec{M}$ 的作用下,OX 轴向西进动,在 t_3 时刻到达 P 点子午面;此时,OX 轴方向指向真北方向,$\vec{M}$ 变成0。但转子的进动不会立即停止下来,在惯性的作用下越过子午面继续向西进动,此时,转子轴 OX 相对于地平面由抬升变成了倾俯,力矩 $\vec{M}$ 的方向被改变。随着偏离真北方向夹角的不断增大,指向子午面的力矩会阻止转子继续进动，直到转子轴 OX 达到最大摆幅后反方向往回进动，如此往复。若没有其他因素的影响，转子轴 OX 将以过 P 点的真北方向为对称中心做等幅简谐运动。取东西最大摆幅方向的平均值方向即为 P 点的真北方向。

由于地球自转带给陀螺仪转轴的进动力矩，与陀螺仪所处的地理位置有关，在赤道为最大，在南、北两极为零。因此，在纬度≥75°的高纬度地区（含南、北两极），陀螺仪不能定向。我国属于中纬度地区，位于我国版图最北端的黑龙江漠河的纬度约为北纬 53°27′。因此，在我国版图内的任意地点都可以使用陀螺仪定向。

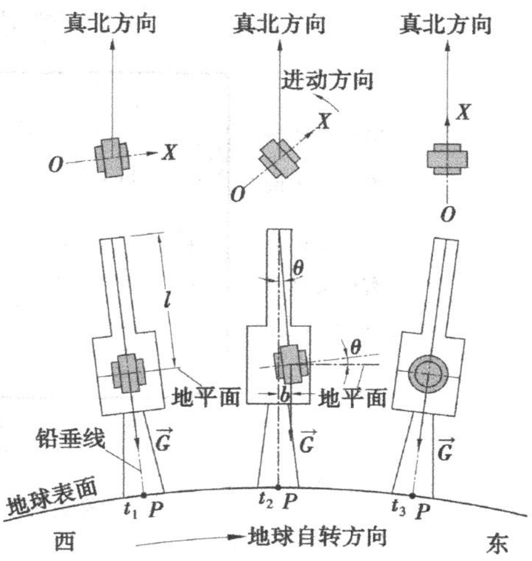

图 4.30 陀螺仪定向原理

2）索佳 GPX 陀螺全站仪

GPX 陀螺全站仪（gyro total station）由陀螺仪 GP-1、逆变器、电池 BCD7A 与 SETX 系列全站仪 4 部分组成，各部件的名称见图 4.31 中的注释，图 4.32 为 SET2X 全站仪键盘，仪器的主要性能和技术指标如下：

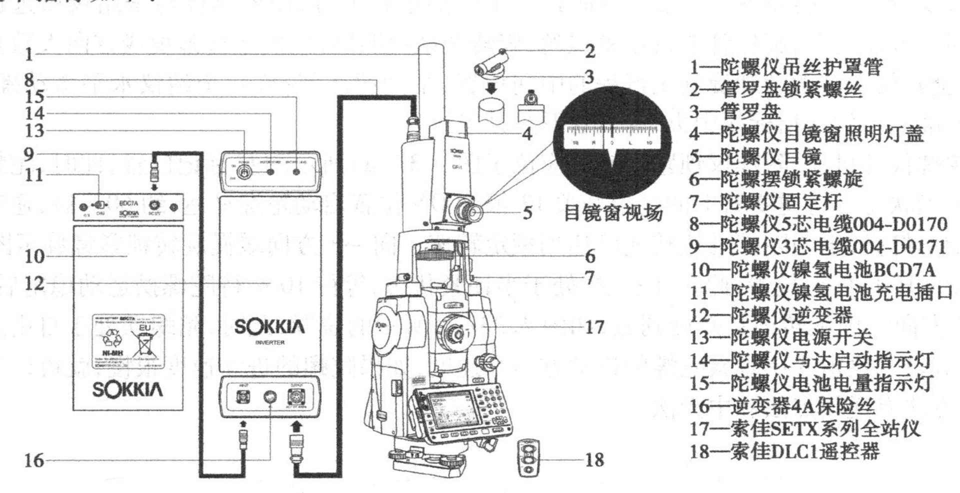

图 4.31 索佳 GPX 陀螺全站仪

①一次定向中误差≤±20″（中纬度地区）；

②陀螺仪启动时间 1 min，半周期测量时间 3 min；

③陀螺仪转子额定转速：12 000 r/min；

④仪器主机重量≤3.8 kg；

⑤BCD7A 电池：12VDC/9Ah 镍氢充电电池，充满电需 15 h，可供连续观测 3 h；

⑥使用环境温度：−20 ~ +50 ℃。

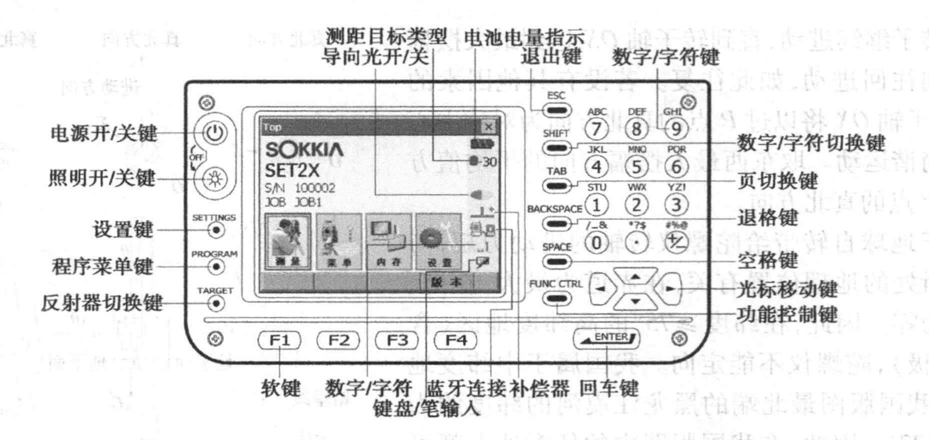

图 4.32　索佳 SET2X 全站仪键盘

3) GPX 陀螺全站仪的启动方法

陀螺仪转子的额定旋转速度较大,可以形成很大的内力矩,如果操作不正确,很容易毁坏仪器,因此,正确使用陀螺仪非常重要。

在需要测定真北方向的测站点安置好陀螺全站仪,按下列步骤操作仪器:

①管罗盘粗定向:将管罗盘安装在陀螺仪吊丝护罩管上方,使罗盘体与全站仪望远镜视准轴位于同一方向线上,旋松管罗盘锁紧螺丝,旋转全站仪照准部,使望远镜视线方向大致指向磁北方向,全站仪水平微动螺旋旋至行程的中间位置,制动照准部;旋转全站仪水平微动螺旋,使罗盘指针准确地位于指标线中央,旋紧管罗盘锁紧螺丝。

②陀螺仪开机前,陀螺仪锁紧螺旋 6 应位于图 4.33(a)所示的 C 标记位置,此时,陀螺摆处于完全锁紧状态。将逆变器上的电源开关 13 扳到 ON 位置启动陀螺马达,约 60 s 后,逆变器上的马达指示灯亮,表明陀螺马达转速已达到额定转速。向→F 方向缓慢旋转锁紧螺旋至图 4.33(b)所示的 H.C 标记位置,此时,陀螺摆处于半锁紧状态,等待 10 s,待陀螺摆运动稳定后,再继续向→F 方向缓慢旋转锁紧螺旋到底,如图 4.33(c)所示的位置,此时,陀螺摆处于自由悬挂状态;在陀螺仪观察窗 5 中观察陀螺的进动方向和速度,如果陀螺的进动速度很慢,就可以开始进行观测,方法有逆转点法和中天法。

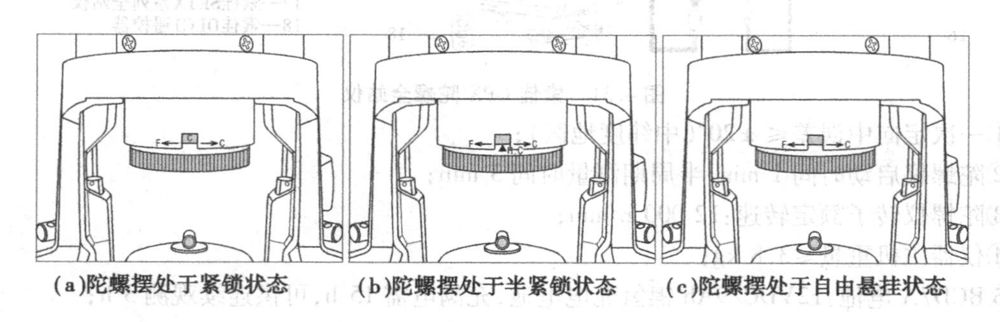

(a)陀螺摆处于紧锁状态　(b)陀螺摆处于半紧锁状态　(c)陀螺摆处于自由悬挂状态

图 4.33　GP-1 陀螺摆的三种状态

③观测完成后,应先向→C 方向旋转锁紧螺旋 6 至 C 标记位置,将陀螺摆托起,才能将逆变器上的电源开关 13 扳到 OFF 位置,关闭陀螺马达电源,大约需要 10 min、待陀螺马达完全停止转动以后才允许卸下陀螺仪装箱。

使用 GPX 陀螺全站仪测定真北方向的方法有逆转点法与中天法两种，详细参见光盘“\电子章节”文件夹的相应 pdf 格式文件。

本章小结

（1）衡量距离测量的精度指标为相对误差。钢尺量距一般方法的相对误差为 1/1 000 ~ 1/5 000，视距测量的相对误差为 1/300，光电测距的相对误差一般小于 1/10 000。

（2）视距测量是用仪器望远镜的上、下丝为指标，读取标尺上的读数，算出视距间隔 l，再乘以视距常数 100 获得仪器至标尺的距离。

（3）脉冲式光电测距是通过测量尖脉冲光波在待测距离上往返传播的时间解算距离，相位式光电测距是通过测量正弦光波在待测距离上往返传播的相位差解算距离。电磁波在大气中的传播速度与测距时的大气温度和气压有关，因此，精密测距时，必须实时测量温度与气压，并对所测距离施加气象改正。

（4）标准北方向有 3 种：真北方向、磁北方向、坐标北方向，简称三北方向。地面一点的真北方向与磁北方向的水平角 δ 称为磁偏角，真北方向与坐标北方向的水平角 γ 称为子午线收敛角。

（5）标准北方向顺时针旋转到直线方向的水平角称为方位角，任意直线 PQ 的方位角有三种：真方位角 A_{PQ}、磁方位角 A_{mPQ}、坐标方位角 α_{PQ}，三者的相互关系是

$$\left.\begin{aligned} A_{PQ} &= A_{mPQ} + \delta_P \\ A_{PQ} &= \alpha_{PQ} + \gamma_P \\ \alpha_{PQ} &= A_{mPQ} + \delta_P - \gamma_P \end{aligned}\right\}$$

（6）使用天文测量法与陀螺仪测量直线的真方位角，罗盘仪测量直线的磁方位角，用经纬仪测量直线与已知坐标方位角边的水平角推算其坐标方位角。

（7）在地球自转的作用下，高速旋转、自由悬挂的陀螺转子将对称于真北方向作东西摆幅进动，通过测定陀螺仪东西摆幅的方向值求出真北方向。

（8）隧道贯通测量中，为保证井下导线的方向精度，每隔一定的距离，通常用陀螺仪测定一条井下导线边 ij 的真方位角 A_{ij}，利用 i 点的大地经纬度准确算出其子午线收敛角 γ_i，依据式 $\alpha_{ij} = A_{ij} - \gamma_i$ 换算为坐标方位角。

思考题与练习题

1. 直线定线的目的是什么？有哪些方法？如何进行？
2. 简述用钢尺在平坦地面量距的步骤。
3. 钢尺量距会产生哪些误差？
4. 衡量距离测量的精度为什么采用相对误差？
5. 说明视距测量的方法。
6. 直线定向的目的是什么？它与直线定线有何区别？
7. 标准北方向有哪几种？它们之间有何关系？
8. 说明脉冲式测距和相位式测距的原理，为何相位式光电测距仪要设置精、粗测尺？

9. 用钢尺往、返丈量了一段距离，其平均值为 167.38 m，要求量距的相对误差为 1/3 000，问往、返丈量这段距离的绝对误差不能超过多少？

10. 试将程序 P4-1 输入 fx-5800P，并完成下表的视距测量计算。其中测站高程 $H_0 = 45.00$ m，仪器高 $i = 1.52$ m，竖盘指标差 $x = +2'$，竖直角的计算公式为 $\alpha_L = 90° - L + x$。

目标	上丝读数/m	下丝读数/m	竖盘读数	水平距离/m	高程/m
1	0.960	2.003	83°50′24″		
2	1.250	2.343	105°44′36″		
3	0.600	2.201	85°37′12″		

11. 测距仪的标称精度是任何定义的？相位式测距仪的测距误差主要有哪些？对测距影响最大的是什么误差？如何削弱？

12. 用 ND3000 红外测距仪测得倾斜距离为 $D = 1\ 397.691$ m，竖直角 $\alpha = 5°21'12''$，气压 $P = 1\ 013.2$ hPa，空气温度 $t = 28.6$ ℃，已知气象改正公式(4.23)，试计算该距离的气象改正值、改正后的斜距与水平距离。

13. 简要叙述陀螺仪确定真北方向的基本原理，它与地表纬度有何关系？

14. 逆转点法观测对粗定向有何要求？应至少连续跟踪多少个逆转点才能计算真北方向？

15. 在 A 点安置陀螺全站仪，连续观测了 5 个逆转点的水平盘读数列于下表，试用式(4.34)与式(4.35)在该表格中计算真北方向的水平盘读数；又测得镜站 B 点的水平盘读数为 30°12′12″，试计算直线 AB 的真方位角；设 A 点的子午线收敛角为 −0°21′14.19″，试计算直线 AB 的坐标方位角。

序	左方读数/(° ′ ″)	中值/(° ′ ″)	右方读数/(° ′ ″)
1			89 34 41
2	100 59 56		
3			89 35 07
4	100 59 07		
5			89 37 16
真北方向水平盘读数均值			

16. 中天点法观测对粗定向有何要求？应至少连续观测多少个中天时间才能计算真北方向？

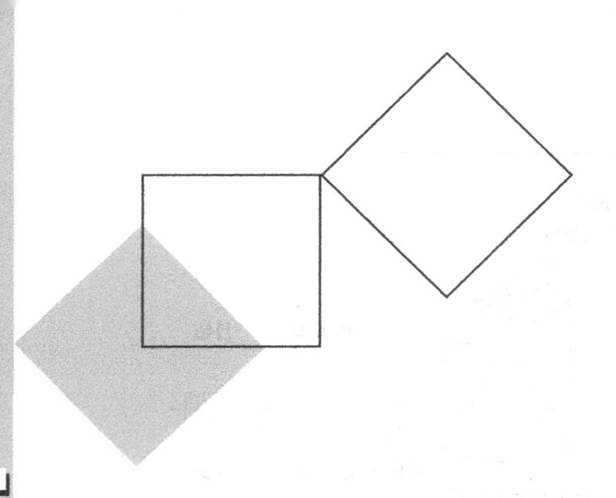

5 全站仪测量

本章导读：

● **基本要求** 理解索佳 SET50RX 系列全站仪的菜单结构及 4 种模式的意义；熟练掌握 **测 量** 模式常用软键功能的操作方法；掌握 **内 存** 模式"坐标文件"与"工作文件"的意义与作用；掌握全站仪与 PC 机上、下载坐标数据的操作方法。

● **重点** **测 量** 模式下，执行 **坐 标**、**放 样**、**对 边**、**设 角** 命令时，水平度盘读数的变化及对测点坐标的影响。

● **难点** "坐标文件"与"工作文件"联合列表界面及其坐标调用的原理与方法；索佳全站仪坐标文件的数据格式，用 Windows 记事本编写坐标文件的方法，全站仪与 PC 机上、下载坐标数据原理与方法。

5.1 概 述

全站仪(total station)是由电子测角、光电测距、微处理器与机载软件组合而成的智能光电测量仪器，它的基本功能是测量水平角、竖直角和斜距，借助于机载程序，可以组成多种测量功能，如计算并显示平距、高差及镜站点的三维坐标，进行坐标测量、放样测量、偏心测量、悬高测量、对边测量、后方交会测量、面积计算等。全站仪的主要特点如下：

1) 三同轴望远镜

图 5.1 为索佳 SET50RX 系列全站仪的望远镜光路图，由图可知，全站仪望远镜的视准轴、测距红外光发射光轴、接收光轴同轴，测量时使望远镜瞄准目标棱镜中心，就能同时测定目标点的水平角、竖直角和斜距。

2) 键盘操作

全站仪测量是通过操作面板按键选择命令进行的，面板按键分硬键和软键两种。每个硬键

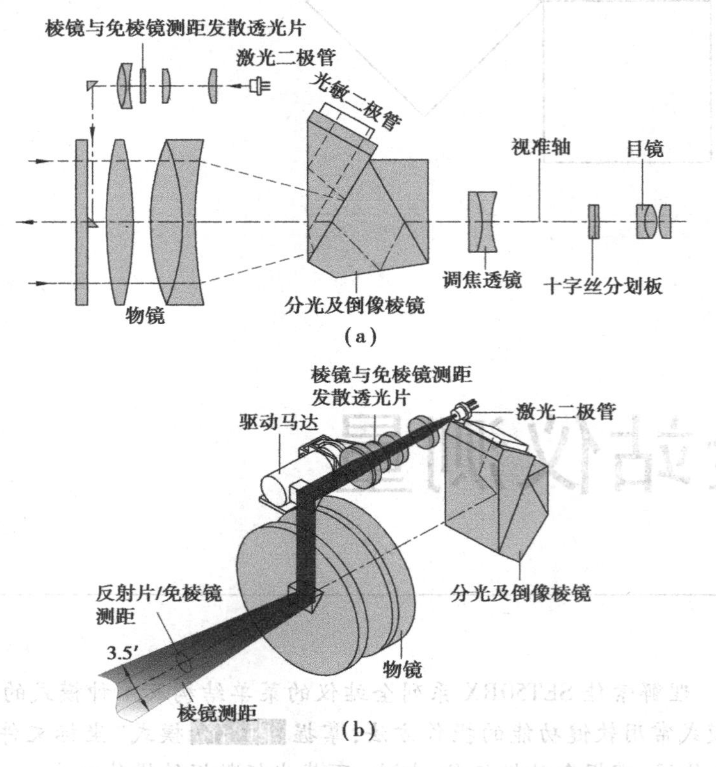

图 5.1　索佳 SET50RX 系列全站仪望远镜光路

有一个固定功能,或兼有第二、第三功能;软键(一般为 F1 、F2 、F3 、F4 等)用于执行机载软件的菜单命令,软键的功能通过显示窗最下一行对应位置的字符提示,在不同模式或执行不同命令时,软键的功能也不相同。

3)数据存储与通讯

索佳 SET50RX 系列全站仪有 1 MB 闪存内存,可以存储 10 000 个点的测量数据与坐标数据;设有两个外设插槽:一个 SD 卡插槽,一个 USB 口插槽,允许外设的最大容量为 4 GB;一个 RS-232C 串行通讯接口,使用数据线与计算机的 COM 口连接,应用通讯软件实现全站仪与 PC 机的双向数据传输。

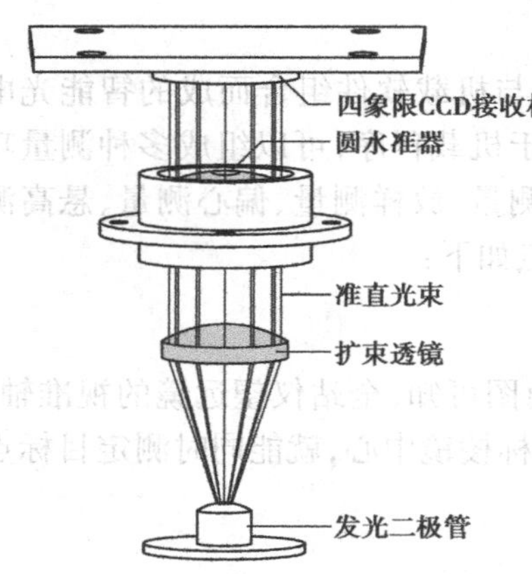

图 5.2　双轴电子补偿器

4)电子补偿器

仪器未精确整平致使竖轴倾斜引起的角度误差不能通过盘左、盘右观测取平均抵消,为了消除竖轴倾斜误差对角度观测的影响,全站仪设有电子补偿器。打开补偿器时,仪器能自动将竖轴倾斜量分解成视准轴方向(X 轴)和横轴方向(Y 轴)两个分量进行倾斜补偿,简称双轴补偿。

补偿器的类型有摆式和液体两种。早期的全站仪有使用摆式补偿器的,现在几乎所有全站仪都使用液体补偿器。图 5.2 为索佳全站仪使用的液体双轴电子补偿器,发光二极管发射的光线经扩束透镜后变成平行准直光线照射于圆水准器液面，将圆水准气泡成像在四象限 CCD 接收板上，根据圆水准气泡影像偏离 CCD 接收板中心的位置计算仪器竖轴倾斜量在 X 轴与 Y 轴方向的分量，双轴倾斜量被传输到仪器的微处理器中，用于自动修正水平度盘与竖盘观测值。索佳 SET250RX 液体补偿器的补偿范围为 ±6′。

单轴补偿的电子补偿器只能测出竖轴倾斜量在 X 轴方向的分量，并对竖盘读数进行改正，此时的电子补偿器相当于竖盘指标自动归零补偿器。

5.2 索佳 SET250RX 免棱镜测距(500 m)全站仪

索佳 SET50RX 系列免棱镜测距全站仪有 SET250RX、SET350RX、SET550RX 3 种型号，其一测回方向观测中误差分别为 ±2″、±3″、±5″。SET50RX 具有 IP66 防尘防水等级，能承受来自任意方向的喷射水流及高扬尘的侵袭，适合于在土方开挖、隧道及地铁施工等恶劣环境下使用。图 5.3 为索佳 SET250RX 免棱镜测距中文界面全站仪。

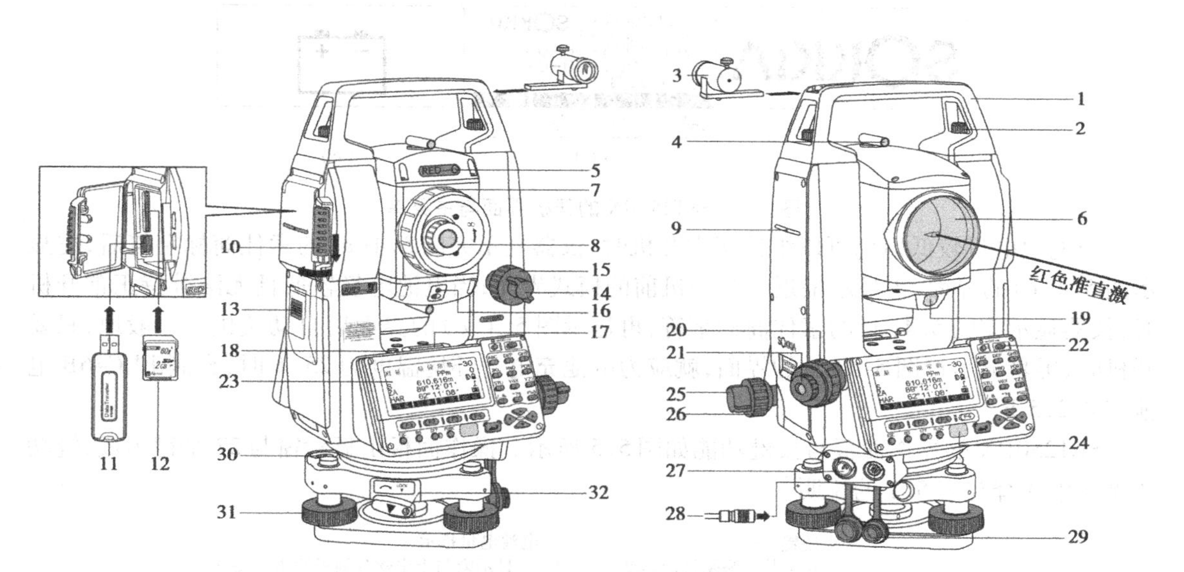

图 5.3 SET250RX 免棱镜测距全站仪

1—手柄；2—手柄固定螺丝；3—管罗盘；4—光学粗瞄器；5—准直/测距激光指示灯；6—物镜；7—物镜调焦螺旋；8—目镜；9—仪器高标记；10—SD 卡与 U 盘插槽盖板开/关锁钮；11—U 盘插槽；12—SD 卡插槽；13—电池盒开/关锁钮；14—望远镜制动螺旋；15—望远镜微动螺旋；16—导向光指示灯；17—管水准器；18—管水准器校正螺丝；19—导向光发射窗；20—光学对中器物镜调焦螺旋；21—光学对中器目镜调焦螺旋；22—电源开键；23—显示屏；24—遥控键盘 SF14 感应器；25—水平制动螺旋；26—水平微动螺旋；27—外部电源接口；28—RS232C 通讯接口；29—通讯口橡胶盖；30—圆水准器；31—脚螺旋；32—轴套锁钮

本章只介绍 SET250RX 的常用功能与操作方法，详细请读者参阅随书光盘“测量仪器说明书\索佳\”路径下的 pdf 说明书文件。

SET250RX 带有数字/字符键盘、编码度盘、双轴补偿，一测回方向观测中误差为 ±2″，液体补偿器的补偿范围为 ±6′，分辨率为 1″；可测最短距离为 1.3 m，在良好大气条件下的最大测程分别为 4 km(单块棱镜)、5 km(三块棱镜)、500 m(RS90N 反射片)、300 m(RS50N 反射片)、100 m(RS10N 反射片)、400 m(免棱镜),反射器为棱镜时的测距误差为 2 mm + 2 ppm,反射器为反射片时的测距误差为 3 mm + 2 ppm;反射器为棱镜(⊫)或反射片(⊞)时的测距激光输出功率为 1 级,反射器为免棱镜(⇥)时的测距激光输出功率为 3 级;内存容量为 1 MB,可存储 10 000 个点的坐标数据或测量数据,一个 RS-232C 串行通讯口。仪器采用 7.2 V 容量为2 330 mAh 的可充电锂离子电池 BDC46B 供电,一块充满电的电池可供连续测距 8.5 h,或连续测角 12.5 h。

按ON键为开机,按住ON键不放,再按☸键为关机。当 SET250RX 的"配置\仪器设置\恢复功能"设置为"开"时(仪器出厂设置为"关"),按ON☸键关机,仪器能自动记忆关机前的模式界面;按ON键开机时,仪器自动恢复最近一次关机前的模式界面。

按ON键开机,屏幕显示图5.4(a)所示的索佳商标字符 5 s 后,自动恢复最近一次关机前的模式界面。当屏幕显示图5.5 所示的测量模式界面时,按ESC键返回图5.4(b)所示的主菜单。

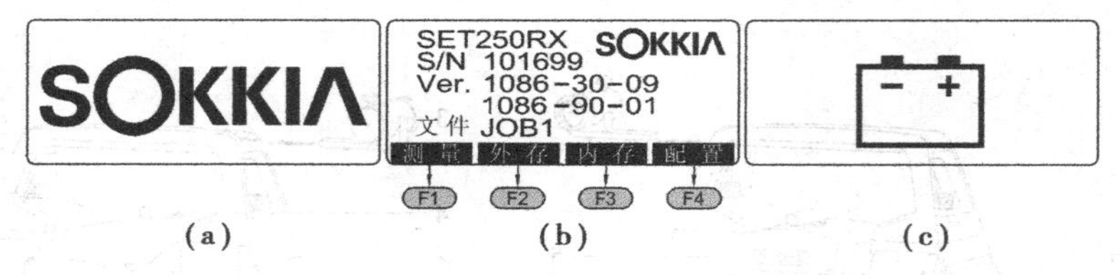

图 5.4　SET250RX 的开机界面与主菜单

当电池电量较低但仍可以维持正常开机时,仪器显示完图 5.4(a)的索佳商标字符后,先显示图5.4(c)的界面,再显示最近一次关机前的模式界面;当电池电量较低且无法维持正常开机时,仪器显示完图 5.4(a)的索佳商标字符,再显示图 5.4(c)的界面后自动关机。一般地,只要开机时,屏幕显示过图 5.4(c)的界面,就应为电池充电。环境温度为 25 ℃时,充满 BDC46B 电池需要 2.5 h。

SET250RX 的操作面板与按键功能如图5.5 所示。操作面板由显示窗与27 个键组成,键功能见图中注释与表 5.1 的说明。

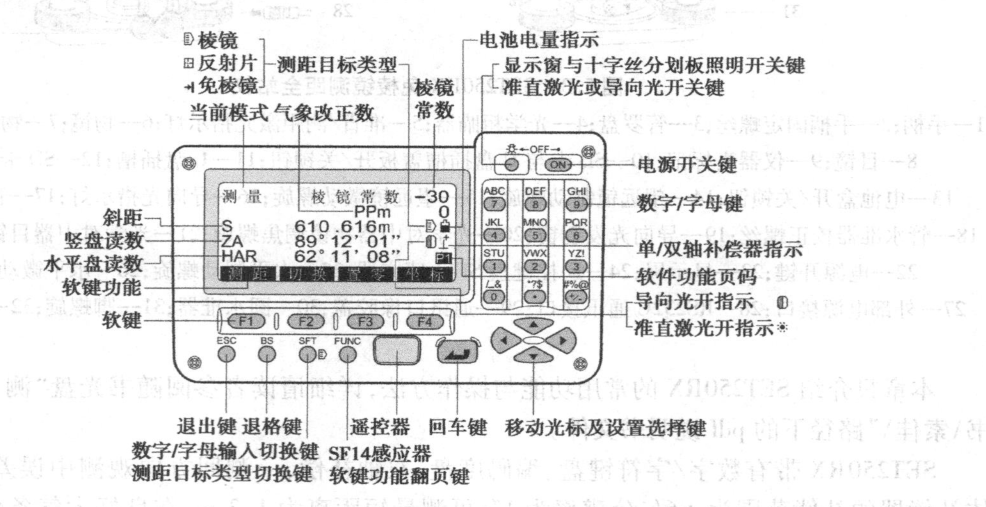

图 5.5　SET250RX 的操作面板与按键功能

表 5.1 SET250RX 键盘功能表

按 键	键 名	功 能
ON	开机键	打开仪器电源
ON ☼	关机组合键	关闭仪器电源
F1 ~ F4	软键	功能显示于屏幕最下面一行反黑字符
0 ~ 9 · +/-	数字/字符键	输入数字、小数点、加减号或其上方注记的字符
☼	灯键	开光屏幕、键背光及十字丝分划板照明，准直激光，导向光
ESC	退出键	退回到前一个菜单、前一个模式或命令的前一个界面
BS	退格键	输入模式删除光标前的一个数字或字符
SFT	切换键	输入模式切换数字/字符输入，测量模式切换测距反射器类型
FUNC	功能键	翻页软键功能菜单
▲▼◀▶	选择键	上、下移动光标，左、右移动光标或改变光标项目内容
↵	回车键	选择选项或确认输入的数据

SET250RX 有 测 量 、外 存 、内 存 与 配 置 4 种模式，仪器菜单与软键功能总图见图 5.6。

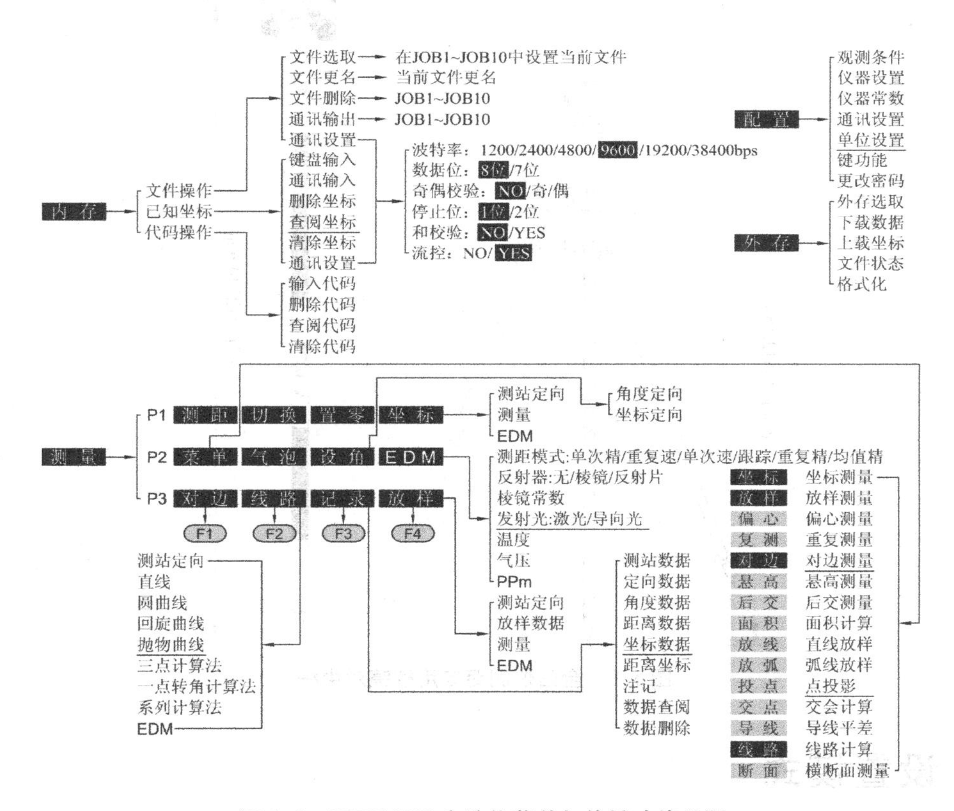

图 5.6 SET250RX 全站仪菜单与软键功能总图

SET250RX 测距专用棱镜与反射片系列见图 5.7，其中 ADSmini102 微型棱镜较便于建筑物放样，棱镜对中杆见图 5.8。

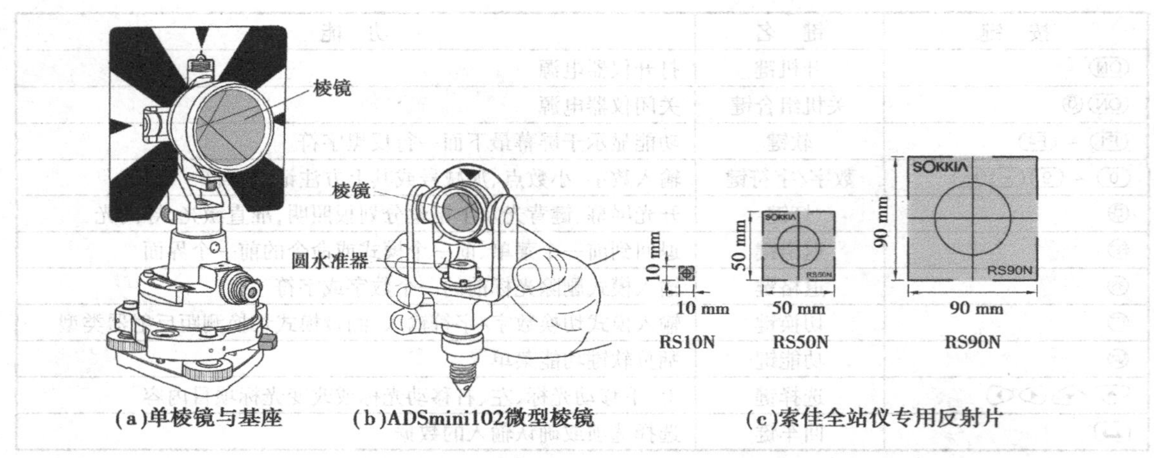

图 5.7　全站仪测距专用棱镜、基座与反射片

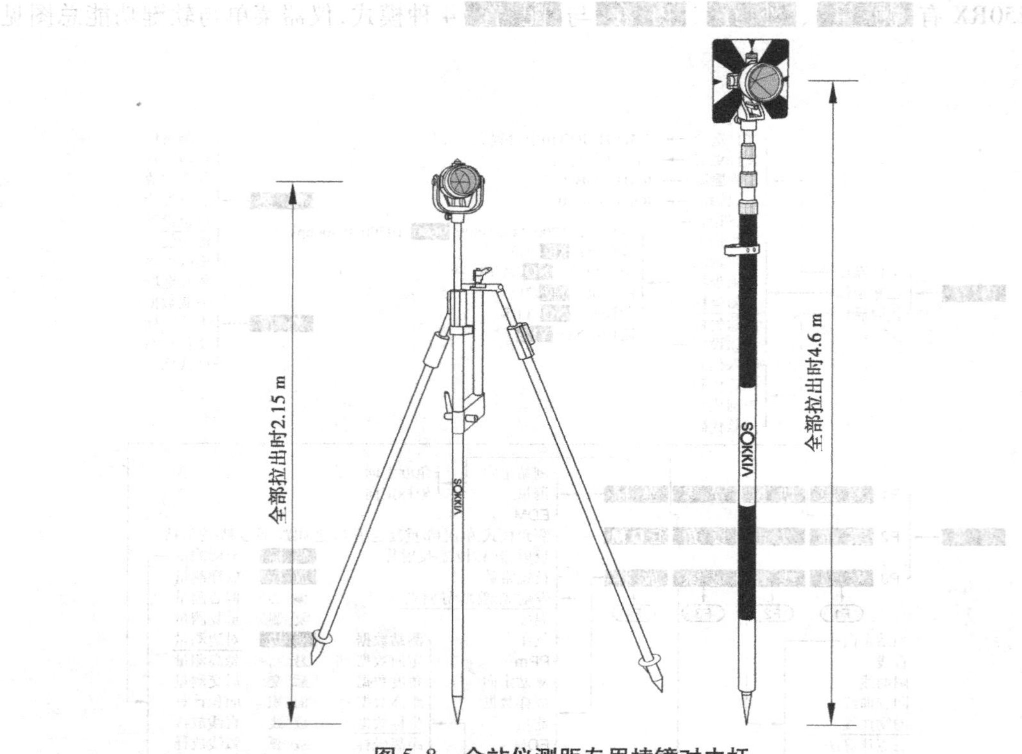

图 5.8　全站仪测距专用棱镜对中杆

5.3　设置模式

在图5.4(b)的主菜单下按F4(配置)键,进入图5.9(a)所示的设置模式菜单,按▼键下移光标或按▲键上移光标选择需要设置的选项。当前光标位于图5.9(a)最下面的“单位设置”选项时,按▼键翻页到图5.9(b)的界面,按↵键为进入光标选项的设置菜单。图5.10为仪器设置模式菜单总图,图中反白显示的设置项目为仪器出厂设置。

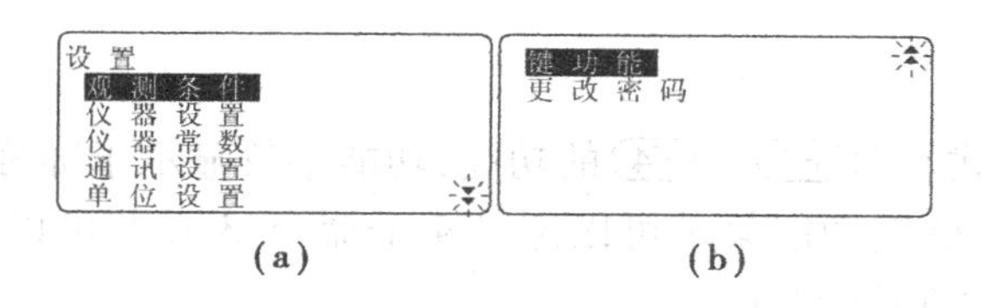

图 5.9 SET250RX 的设置模式菜单

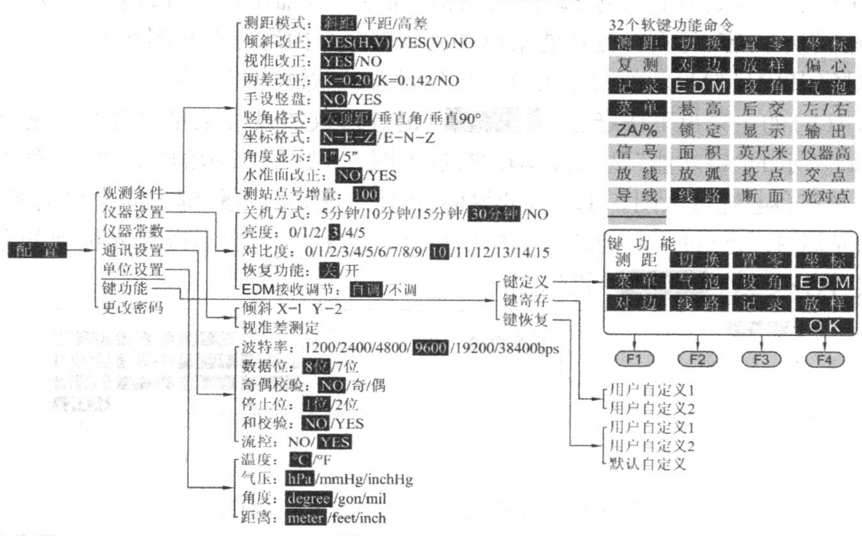

图 5.10 SET250RX 全站仪“配置”菜单总图

对仪器初始化也可以恢复仪器出厂设置，方法是：按住 F4 BS 键不放，再按 ON 键开机。仪器初始化将清除内存的全部文件，但没有下载数据的文件（文件名左边有“*”的文件，如图 5.35（b）所示的文件 JOB2）不被删除，以确保观测数据的安全。

下面介绍常用设置的操作方法。

1）设置“仪器设置\恢复功能”为“开”

“仪器设置\恢复功能”的出厂设置为“关”，在该设置下，无论仪器在什么模式关机，按 ON 键开机时，仪器都自动进入图 5.5 所示的 测 量 模式 P1 页软键功能菜单。

将“仪器设置\恢复功能”设置为“开”的方法是：在图 5.4（b）的主菜单下按 F4（ 配 置 ）键进入图 5.11（a）的界面，按键移动光标到“恢复功能”选项，按键将恢复功能设置为“开”，按键返回图 5.11（a）的界面，操作过程见图 5.11。

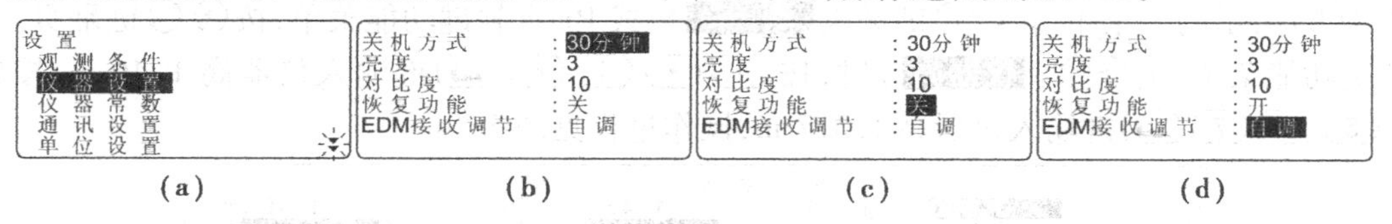

图 5.11 设置“仪器设置\恢复功能”为“开”

使用仪器进行放样时，设置“仪器设置\恢复功能”设置为“开”的好处是：当放样过程中需要更换电池时，换上备用电池后，按 ON 键开机，仪器将自动处于关机前的放样界面。

2)"键功能"设置

键功能是指测量模式软键(F1)～(F4)的功能,功能字符显示于屏幕底部。仪器有P1～P3三页软键功能菜单,每页软键功能菜单可以定义4个命令,3页共可以定义12个常用测量命令,按(FUNC)键为循环翻页软键功能菜单。

图5.10显示屏幕矩形框内的12个常用测量命令为仪器出厂设置,用户可以根据需要重新定义软键功能菜单内容,每页软键功能菜单中的软键命令内容可以从图5.10右上方的32个命令中任意选择(其中反白显示的命令为仪器出厂设置的软键功能命令)。

在图5.4(b)的主菜单下按(F4)(配置)键进入仪器设置菜单,多次按(▼)键移动光标到图5.12(a)所示的"键功能"选项按(↵)键,进入图5.12(b)所示的"键功能"菜单,移动光标到"键定义"项按(↵)键进入图5.12(c)的界面,操作方法是:按(◀)键为向左移动光标,按(▶)键为向右移动光标,按(▲)键为向前改变光标项命令,按(▼)键为向后改变光标项的命令,完成软键命令修改后,按(F4)(OK)键保存。

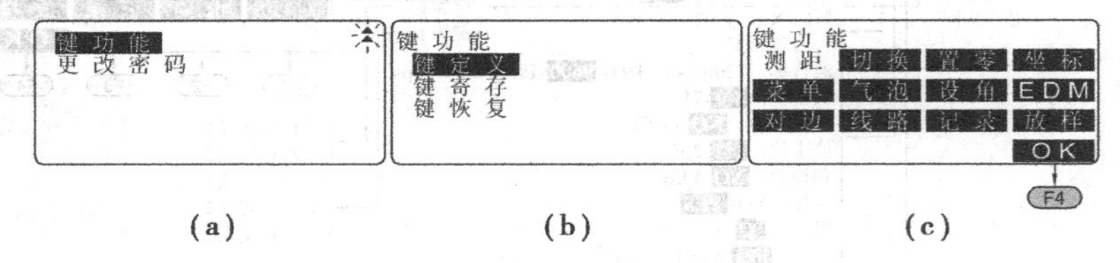

图5.12 设置"键功能\键定义"操作界面

例如,仪器出厂设置的P3页(F3)软键功能为对边命令,将其修改为仪器高的操作方法是:在图5.12(c)的界面按(◀)(◀)键移动光标到P31(表示第3页软键(F1)的功能)的对边软键命令,按(▲)键15次,将其修改为仪器高命令,按(F4)(OK)键保存并返回图5.12(b)的界面。以后,在测量模式中,第3页软键(F1)的功能就是仪器高命令,操作过程见图5.13。

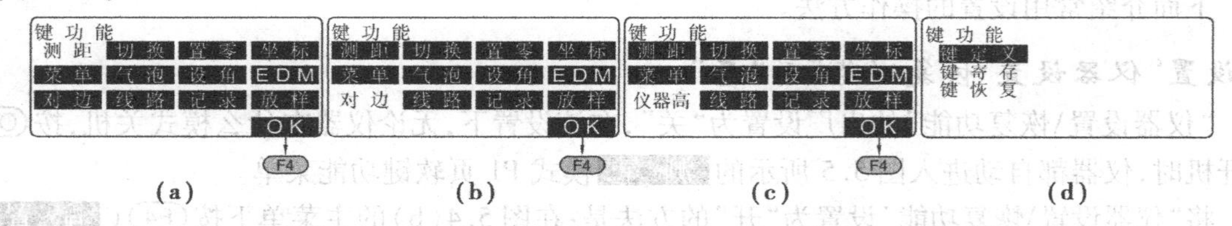

图5.13 将仪器出厂设置的P31软键功能"对边"修改为"仪器高"的操作过程

仪器高命令的功能是输入仪器高与目标高,目标高为照准标志的觇标高。按(ESC)(ESC)键返回图5.4(b)所示的主菜单,按(F1)键进入测量模式P1页软键功能菜单,按(FUNC)(FUNC)键翻页到P3页软键功能菜单,按(F1)(仪器高)键,按(1)(·)(4)(6)(↵)键输入仪器高1.46 m,按(1)(·)(5)(1)(7)(↵)键输入仪器高1.517 m,操作过程见图5.14。

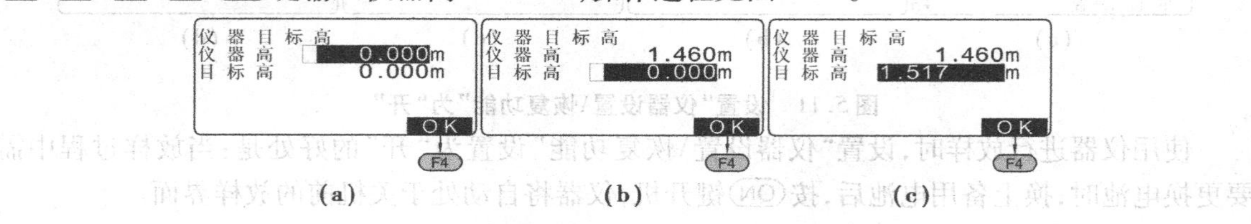

图5.14 "测量"模式设置仪器高与目标高的操作过程

3)“键寄存”设置

由图5.10右上图可知,仪器设置了32个软键命令,但当前3页软键功能菜单只能定义12个软键命令,剩余的20个灰底色所示软键命令没有被定义。“键寄存”的功能是将当前12个软键命令存入内存的“用户定义1”或“用户定义2”。图5.15为图5.13(c)的当前软键定义寄存到“用户定义1”的操作过程。

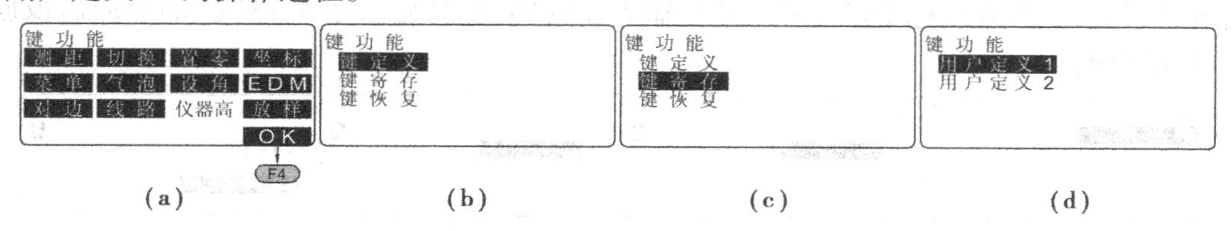

图5.15　将当前软键定义寄存到“用户定义1”的操作过程

执行“配置\键功能\键定义”命令,将当前3页软键功能菜单定义为图5.16(a)所示。

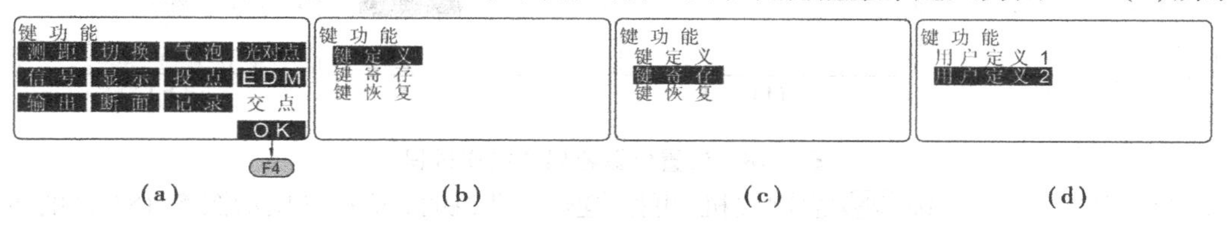

图5.16　将当前软键定义寄存到“用户定义2”的操作过程

按F4(OK)键返回图5.16(b)的界面,按▽↵键执行“键寄存”命令,按▽↵键将当前12个软键功能菜单寄存到“用户定义2”。

4)“键恢复”设置

执行“配置\键功能\键恢复”命令,进入图5.17(b)的界面,可以在“用户定义1”、“用户定义2”或“默认定义”中选择一个恢复为当前软键功能菜单,其中“默认定义”为仪器出厂设置的软键功能菜单,见图5.13(a)。移动光标到“用户定义2”按↵键为恢复图5.16(a)的软键功能菜单为当前软键功能菜单。按FUNC FUNC F1(测量)键进入“测量”模式的当前软键功能菜单,结果见图5.17(c)。

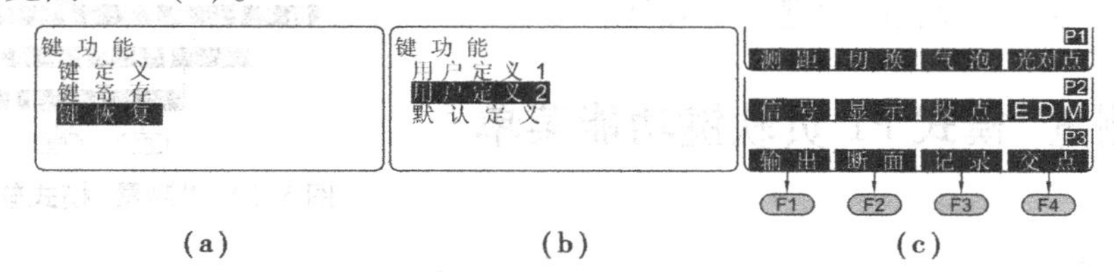

图5.17　恢复“用户定义2”软键功能菜单为当前软键功能菜单的操作过程

按住F4 BS键不放,再按ON键开机初始化仪器,将清除“用户定义1”与“用户定义2”中的软键功能菜单,但不能清除“默认定义”的软键功能菜单。

5)“更改密码”设置

仪器出厂时没有设置密码,用户可以根据需要设置密码。一旦设置了密码,按ON键开机时,只有正确输入密码才能打开仪器。按住F4 BS键不放,再按ON键开机,仪器初始化并清除内存文件,但不能清除密码设置。密码应为3~8位数字或字符,输入密码时,应根据需要按

SFT键,使输入模式在数字、大写字母(屏幕右上角显示A)、小写字母(屏幕右上角显示a)之间切换。

执行“配置\更改密码”命令,进入图5.18(b)的“更改密码”菜单,先输入旧密码,仪器没有密码时按↵键跳过,有密码时,需要输入旧密码按↵键,进入图5.18(c)的界面,按SFT键切换输入模式为大写英文字母(A),按①③⑥④⑥↵键输入大写字母“SYPJP”为新密码,按①③⑥④⑥↵键重复输入新密码,屏幕显示图5.15(e)的界面后返回图5.18(f)的界面。

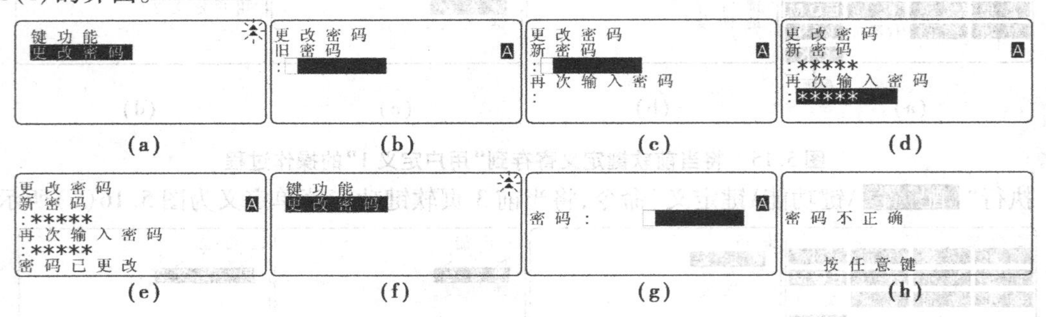

图5.18 设置仪器密码的操作过程

设置了开机密码后,按ON键关机,再按ON键开机时,屏幕将显示图5.18(g)的界面,要求用户输入开机密码。当所输密码不正确时,屏幕显示图5.18(h)的界面,按任意键返回图5.18(g)的界面,要求用户重复输入密码。

清除密码的方法是:在图5.18(b)的界面输入正确的旧密码按↵键,进入图5.18(c)的界面,直接按↵键输入新密码,再按↵键重复输入新密码。

5.4 测量模式的出厂设置软键功能菜单

在主菜单下按F1(测量)键,进入图5.19的“测量”模式界面,它有P1~P3三页软键功能菜单,按FUNC键翻页,图5.19为仪器出厂设置的软键功能菜单。

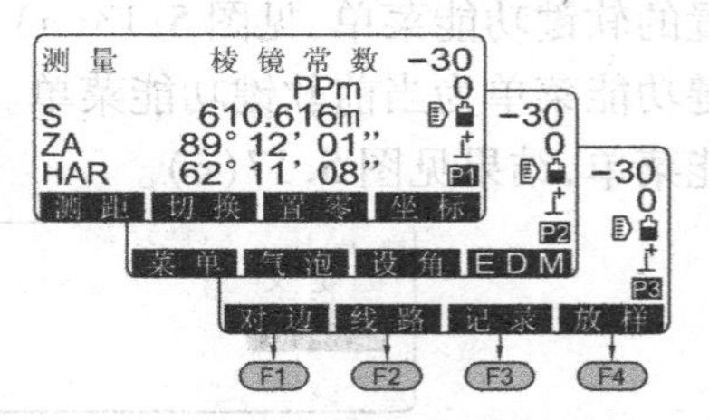

图5.19 “测量”模式软键功能菜单

5.4.1 “测量”模式P1页软键功能菜单

1)测距命令

按SFT键为使反射器类型在“棱镜()/反射片()/免棱镜()”之间切换。选择棱镜时,作为出厂设置,仪器自动设置棱镜常数为-30 mm。

如需精密测距,应用专用温度计与气压计实时测量测距时的大气温度与压力,再执行测量模式P2页软键功能菜单的EDM命令,输入测定的温度与气压值,由仪器自动为所测斜距施加气象改正。

执行EDM命令时,还应在“单次精测/重复速测/单次速测/跟踪测量/重复精测/均值精测”中,根据需要选择一种测距模式。

瞄准测距目标,按FUNC键翻页到P1页软键功能菜单,按F1(测距)键,仪器开始测距并显示结果,屏幕显示见图5.20(a)~(c),图中设置的反射器类型“无”表示为免棱镜,测距模式为“单次精测”。

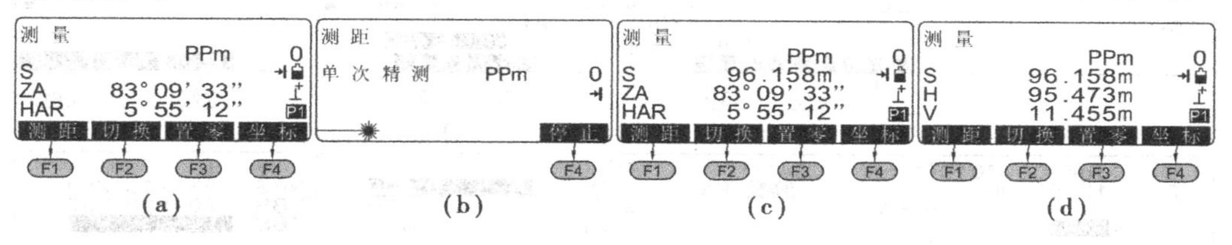

图5.20　执行P11“测距”命令的屏幕显示

2) 切 换 命令

完成测距后,在P1页软键功能菜单按(F2)(切 换)键,可使屏幕在“S/ZA/HAR”与“S/H/V”显示模式之间相互切换,结果见图5.20(d)。其中S为斜距;H为水平距离;V为初算高差;ZA为竖盘天顶距角度;HAR为右旋水平角。

3) 置 零 命令

连续按(F3)(置 零)键两次,将视线方向的水平度盘读数设置为0°00′00″,见图5.21。

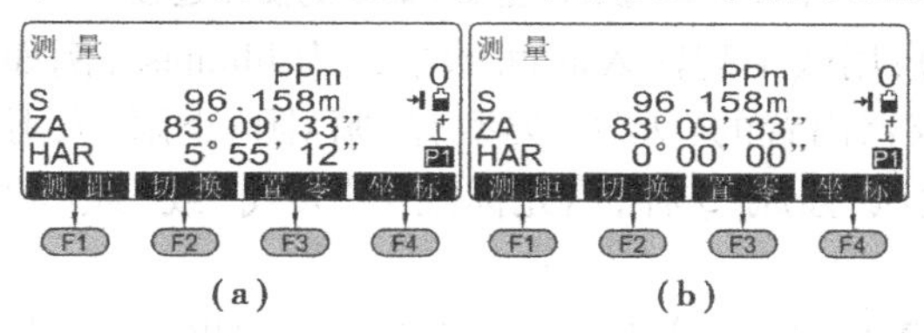

图5.21　水平度盘读数置零

4) 坐 标 命令

按(F4)(坐 标)键,进入图5.22(a)的“坐标测量”菜单。

(1)测站定向

移动光标到“测站定向”按(↵)键进入图5.22(b)的界面,功能为设置测站点的坐标、后视方向与仪器高。

①输入测站数据:可以输入的测站数据包括测站坐标、点名、仪器高、代码、测量员、日期、时间、天气、风、温度、气压或PPm等11项。

有两种输入测站坐标的方法:按(F1)(调 取)键为从”坐标文件”与“工作文件”联合点名列表中调用点的坐标和用数字键输入测站点的坐标。图5.22(c)为用数字键输入测站点的坐标、点名与仪器高,图中的N,E,Z分别代表北、东坐标与高程,对应于高斯平面坐标的x,y坐标与高程H;完成输入后按(↵)键,进入图5.22(d)的界面,要求输入测站点“代码”与“测量员”注释,两者最多均可输入16位字符,此时,仪器自动设置输入模式为大写英文字母(A)。输入代码时,可以按(F3)(列 表)键从预先存入仪器内存的代码库中调用(代码输入案例见图5.52),或按(F4)(查 找)键从代码库中查找调用,也可通过按键直接输入代码字符,完成输入后,按(F2)(增 加)键将当前输入的代码添加到内存的代码库中,不需要输入代码时按(↵)键跳过。

完成图5.22(d)的输入后,按(↵)键进入图5.22(e)的界面,要求输入观测日期、时间、天气、风量。用数字键输入日期的格式为yyyymmdd,例如,按(2)(0)(1)(0)(0)(6)(0)(8)

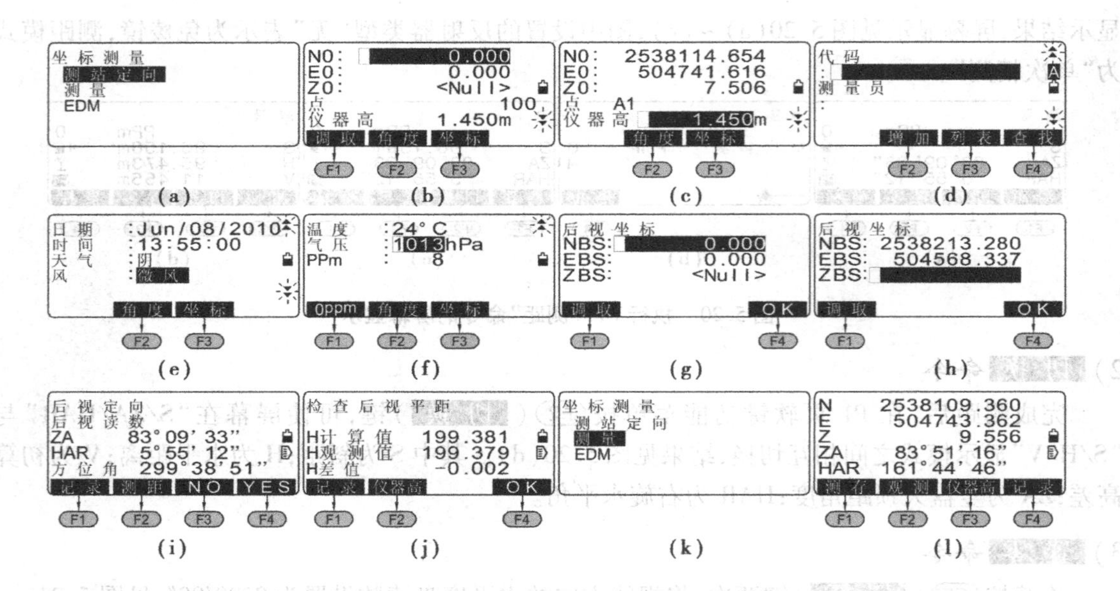

图 5.22 执行“坐标”命令的操作过程

[↵]键,结果见图 5.22(e);用数字键输入时间的格式为 hhmmss,例如,按[1][3][5][5][↵]键,结果见图 5.22(e)。仪器内置的“天气”类型有“晴\阴\小雨\大雨\雪”5 种,内置的“风”类型有“无风\微风\小风\大风\强风”5 种,当光标位于“天气”或“风”项时,按[▶]或[◀]键改变选项,按[↵]键确认。

完成图 5.22(e)的设置后,按[↵]键进入图 5.22(f)的界面,要求输入温度、气压或直接输入测距气象比例改正。用数字键输入当前温度与气压后,仪器依据式(5.1)自动算出气象改正数,并显示在第三行的“PPm”行中。当光标位于“PPm”行时,也可以用数字键直接输入气象比例改正值,或按[F1]([0ppm])键恢复气象参考点的温度 15 ℃,气压1 013 hPa,此时的 PPm 值为 0。

②后视定向:在图 5.22(f)的界面下,有两种设置后视定向的方法:按[F2]([角度])键,用数字键按 ddd.mmss 的格式输入后视方位角;或按[F3]([坐标])键输入后视点的坐标,由仪器反算后视方位角。图 5.22(g)为输入后视坐标的界面,可以按[F1]([调取])键从”坐标文件”与“工作文件”联合点名列表中调用点的坐标或用数字键输入后视点的坐标,完成响应后按[↵]键进入图 5.22(i)的界面,仪器自动算出测站至后视点的方位角。使仪器瞄准后视点的标志,按[F4]([YES])键为将水平度盘配置为后视方位角值;当后视点安置了棱镜时,使仪器瞄准棱镜中心,按[F2]([测距])键进行测距,屏幕显示图 5.22(j)的“检查后视平距”界面,其中“H 差值”为仪器观测平距减坐标反算平距的差值。

按[F2]([仪器高])键为输入目标高,界面与图 5.14 相同,完成操作后返回图 5.22(j)的界面;按[F1]([记录])键为将后视点观测结果存入“工作文件”(可输入后视点名、目标高与代码),按[F4]([OK])键为不存储后视点观测结果进入图 5.22(k)的坐标测量主菜单界面。

(2)测量

瞄准目标点,图 5.22(k)的界面下按[↵]键,测量目标点的三维坐标,案例结果见图 5.22(l),按[F3]([仪器高])键为重新输入仪器高或目标高(界面与图 5.14 相同),完成响应后,仪器自动用新输入的仪器高与目标高重新计算目标点的高程 Z;按 SFT 键为切换发射器类型,按 F2 (观 测)键为重新观测,按 F4 (记 录)键进入图 5.23(a)的界面,用户可以根据需要输入点名、目标高与代码,完成操作后按 F1 (OK)键存储结果并进入图 5.23(c)的界面,继续测量下一个点的坐标。

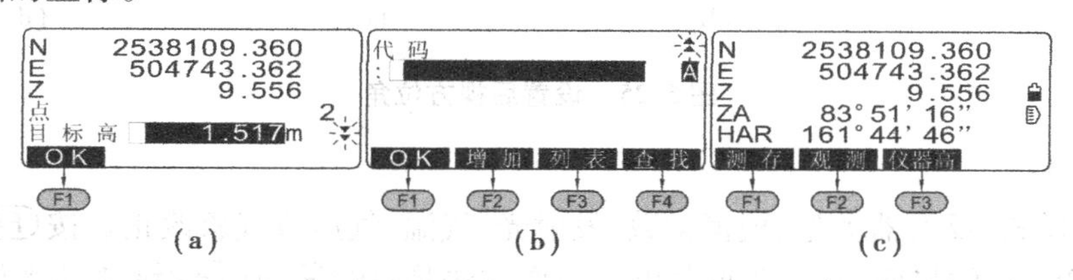

图 5.23 将坐标测量结果存入“工作文件”的操作过程

(3) EDM

设置测距参数,该命令与“测量”模式 P2 页软键功能菜单下 EDM 命令的功能相同。

5.4.2 “测量”模式 P2 页软键功能菜单

在“测量”模式 P1 页软键功能菜单下按 FUNC 键翻页到“测量”模式 P2 页软键功能菜单,它有 菜 单 、 气 泡 、 设 角 、 EDM 4 个软键命令,其中 菜 单 命令为从图 5.10 右上图所示的 32 个软键功能命令中选择了 15 个命令,其中的“坐标测量”、“放样测量”、“对边测量”、“线路”分别与仪器出厂设置的软键命令 坐 标 、 放 样 、 对 边 、 线 路 相同,见图 5.6。

1) 气 泡 命令

按 F2 (气 泡)键进入图 5.24(a)的电子气泡界面,图中的 X 值为竖轴在望远镜视准轴方向的倾角,Y 值为竖轴在横轴方向的倾角,气泡外内圆的倾角为 ±4′,外圆的倾角为 ±6′。

当仪器选装了激光对中装置时,按 F1 (对点开)键为打开激光对中,如图 5.24(b)所示,按 ▶ 键为增大激光亮度,按 ◀ 键为减小激光亮度,再次按 F1 (对点开)键为关闭激光对中,按 ESC 键为退出电子气泡界面。

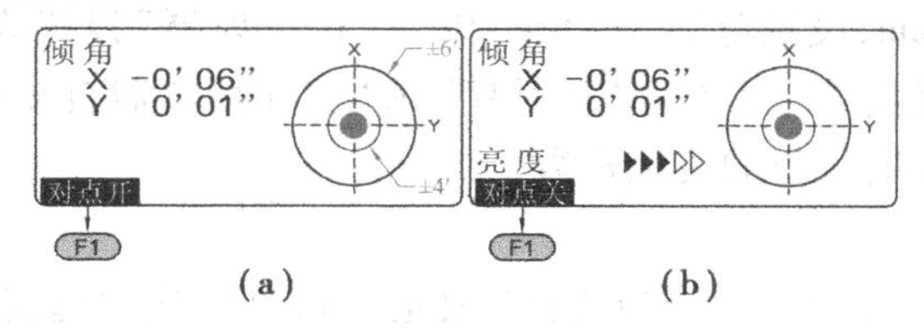

图 5.24 电子气泡与激光对中

2) 设 角 命令

设置水平度盘读数。按 F3 (设 角)键,进入图 5.25(b)的“后视定向”菜单,有“角度定向”与“坐标定向”两个命令,它们分别与执行 坐 标 命令下的 角 度 与 坐 标 命令的功能相同。

执行“角度定向”命令的操作方法为:光标位于“角度定向”项时按 ↵ 键,按 2 9 9 · 3 8 5 1 ↵ 键为输入后视方位角 299°38′51″,结果见图 5.25(d)。执行“坐标定向”命令的操作方法与图 5.22(f) ~ (i)的操作界面相同。

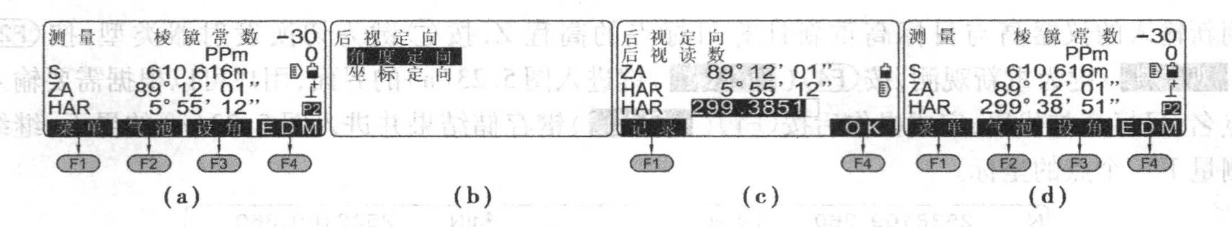

(a) (b) (c) (d)

图 5.25 设置后视方位角

3) EDM 命令

设置测距模式、反射器类型、棱镜常数、发射光、气温、气压或气象改正。按F4（EDM）键，进入图5.26(a)的界面，它有2页菜单。操作方法是：按下或上键移动光标到需要设置的项目，按左或右键切换项目内容，按回车键存储设置，完成设置后，按ESC键退出。

(1)测距模式

可以在"单次精测/重复速测/单次速测/跟踪/重复精测/均值精测"之间切换，设置为"跟踪"模式时，测距结果只显示到0.01 m；设置为"均值精测"模式时，测距结果显示到0.000 1 m；其余模式显示到0.001 m。图5.26(a)为"均值精测"模式，按F1（↑）键为增加测距次数1，按F2（↓）键为减小测距次数1，测距次数可以在1～9之间选择。

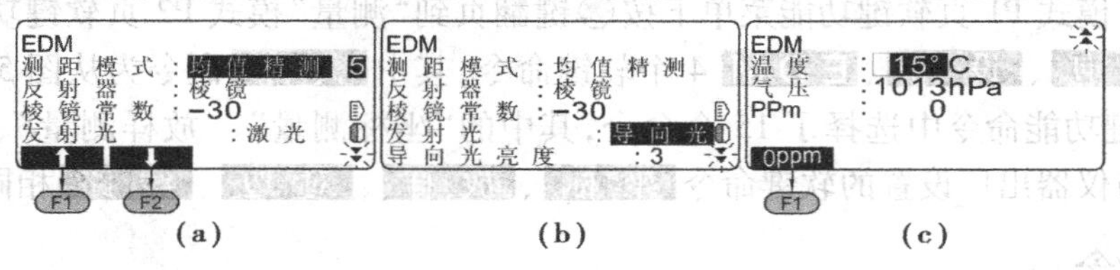

(a) (b) (c)

图 5.26 设置 EDM

(2)反射器

可以在"棱镜/反射片/无"之间切换，屏幕右边将分别显示相应图标，完成选择后应按回车键确认。在测量模式下，也可以按SFT键在"棱镜/反射片/无"之间快速切换反射器类型。

(3)棱镜常数

棱镜常数的单位为mm，设置范围为-99～99。当"反射器"设置为"棱镜"时，仪器自动设置棱镜常数为-30，当"反射器"设置为"反射片"或"无"时，仪器自动设置棱镜常数为0，用户也可以根据需要用数字键输入新的棱镜常数。

(4)发射光

可以在"激光/导向光"之间切换，当选择"激光"时，可以从望远镜视准轴发射固定亮度的准直激光；当选择"导向光"时，可以从导向光窗口(图5.3的19)发射导向光，图5.26(b)是设置为"导向光"的界面，按下键移动光标到"导向光亮度"行，按下或上键为在1～3之间调节导向光亮度。

在测量模式下，按住激光键2 s为开/关准直激光或导向光。当打开的是准直激光时，准直或测距激光发射指示灯(图5.3的9)点亮；当打开的是导向光时，导向光指示灯(图5.3的16)闪烁。

放样测量时，导向光的作用是引导司镜员将棱镜快速移动到仪器视准轴方向。如图5.27所示，司镜员在待测设点位附近观察测站仪器发射的导向光，若只看见绿色闪烁光，则应向右移动棱镜；若只看见红色闪烁光，则应向左移动棱镜，直至同时观察到绿色与红色闪烁光为止。该功能的定线精度，在 100 m 处为 ±5 cm，用于放样测量可以减小镜站寻点时间，提高放样的效率。

(5)温度与气压

用数字键输入测距时的大气温度与大气压力，其中温度设置围为 −30 ~ 60 ℃，气压设置范围为 500 ~ 1 400 hPa。SET50RX 系列全站仪的气象改正比例系数 ppm(单位：ppm)的计算公式为

$$ppm = 282.59 - \frac{0.294\,2P}{1 + 0.003\,661t} \tag{5.1}$$

式中，t 为大气温度，单位为 ℃；P 为大气压力，单位为 hPa。仪器设计的参考气象点为温度 $t_0 = 15$ ℃，气压 $P_0 = 1\,013$ hPa，将其代入式(5.1)，算出 $ppm = 0.079\,5$ ppm ≈ 0 ppm。也即，参考气象点的气象改正数为 0 ppm。

用数字键输入测距时的大气温度与大气压力后，仪器用式(5.1)算出的气象改正比例系数 ppm 的值，并立即显示在图 5.26(c)的 PPm 行中。

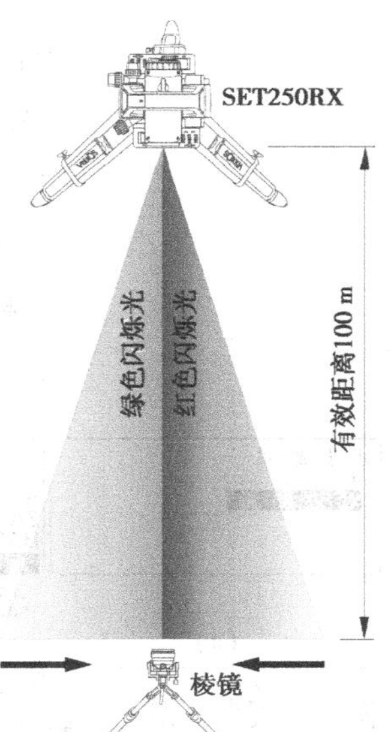

图 5.27 导向光原理

(6)PPm

气象改正比例系数 ppm 的另外一种输入方法是：用户将温度 t 与压力 P 的值代入式(5.1)，算出 ppm 的值，在 PPm 行用数字键输入，ppm 值的输入范围为 −499 ~ 499 ppm。

完成气象参数设置后，仪器在测量模式测距时，屏幕显示的斜距是经气象改正后的斜距 S_n，计算公式为

$$S_n = S + ppm \times S \times 10^{-3} \tag{5.2}$$

式中，S 为仪器实测斜距，S_n 为屏幕显示斜距，单位均为 m。屏幕显示的平距、高差、坐标等与距离有关的数据，都是用 S_n 计算的。

5.4.3 “测量”模式 P3 页软键功能菜单

对边 命令

如图 5.28 所示，对边测量是在不搬动仪器的情况下，通过观测起点 A 与测点 P_1，P_2，…，进而计算起点→各测点的斜距 S、平距 H 与高差 V，可以将高差 V 变换为坡度% 显示。仪器对测点的数量没有限制，允许将最后一个测点作为其后续测点的起点。对边测量时，如果先执行“测站定向”命令，还可以显示起点与各测点的坐标，结果可以存入“工作文件”。

放样测量时，常用 对边 命令测量任意两个放样点的平距，以检核是否等于设计值。

(1)观测法对边测量

在 测量 模式的 P3 页软键功能菜单，按 F1 (对边)键，进入图 5.29(a)的界面，如果希望获取起点与各测点的坐标，应先执行“测站定向”命令，操作方法与执行 坐标 命令下的同名命令相同，见图 5.22(b) ~ (i)。

移动光标到“对边测量”行按 ↵ 键，进入图 5.29(b)的界面，瞄准起点棱镜，按 F4 (观测)键测距；瞄准 1 号测点棱镜，按 F1 (对边)键测距，结果见图 5.29(d)，图中的

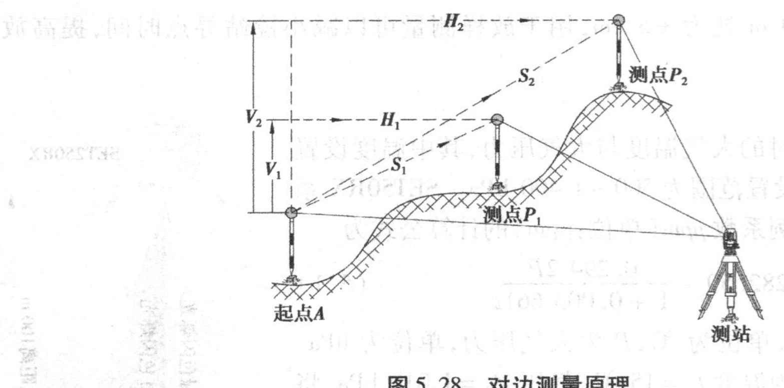

图 5.28　对边测量原理

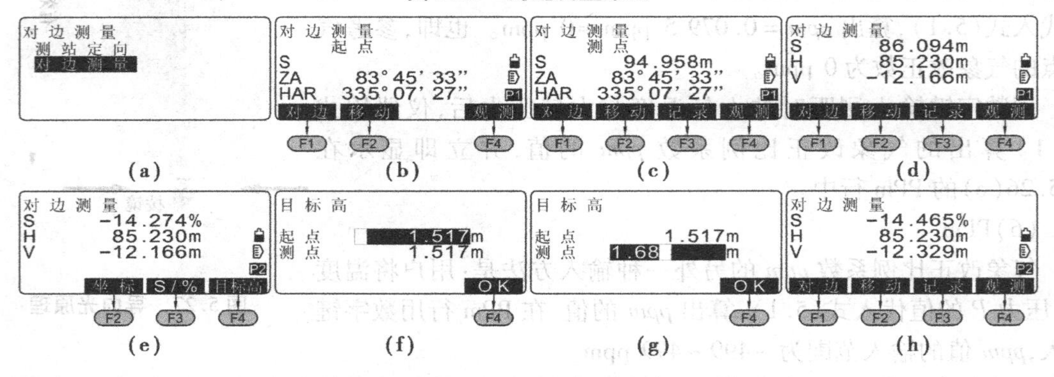

图 5.29　观测法对边测量的操作过程

S,H,V 分别为起点→1 号测点的斜距、平距与高差；按(FUNC)键翻页到 P2 页软键功能菜单，按(F3)（S/%）键将斜距 S 变换为坡度显示；按(F4)（目标高）键，分别输入起点与测点的棱镜高，按(F4)（OK）键，屏幕显示修改了目标高后的坡度与高差，结果见图 5.29(h)。

瞄准下一个测点的棱镜，按(F1)（对边）键测距，屏幕显示起点→2 号测点的 S,H,V。在图 5.29(a)的界面，如果先执行"测站定向"命令，则在图 5.29(h)的界面按(F3)（记录）键将显示测点的坐标。

(2)改变起点

观测完某个测点后，按(F2)（移动）(F4)（YES）键为将最近一次观测的测点作为下次观测测点的起点，操作过程见图 5.30。

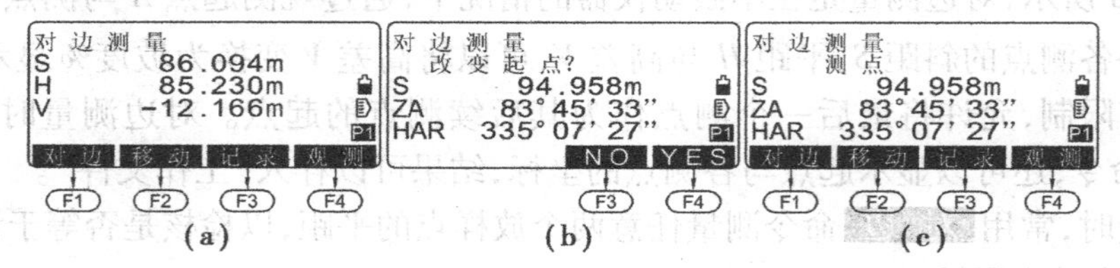

图 5.30　将最近一次观测的"测点"设置为新的"起点"

(3)坐标输入法对边测量

对边测量时，按(FUNC)键翻页到图 5.31(a)的 P2 页软键功能菜单，按(F2)（坐标）键进入图 5.31(b)的界面，先执行"起点"命令，用数字键输入起点的坐标，再执行"测点"命令，用数字键输入测点的坐标，屏幕显示起点→测点的 S,H,V，操作过程见图 5.31。

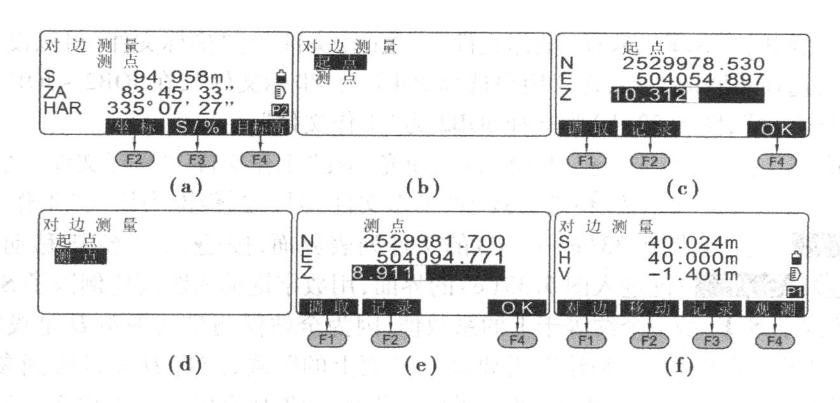

(a) (b) (c)

(d) (e) (f)

图 5.31 坐标输入法对边测量案例

在输入“起点”与“测点”的坐标时,也可以按(F1)(调取)键,从”坐标文件”与“工作文件”联合点名列表中调取。

5.5 内存模式

在图5.4(b)的主菜单下按(F3)(内存)键,进入图5.32的“内存”模式菜单,其功能是对仪器内存文件进行操作。仪器内存内置了文件名为JOB1~JOB10的10个文件,可以修改文件名,测量前应从中选择一个文件为“坐标文件”,用于输入已知点的坐标;选择一个文件为“工作文件”,用于存储观测结果、测站数据、测点坐标与注释字符。可以为“工作文件”设置距离比例因子**S.F.**(Scale Factor),计算中将对实测平距按下式进行改正:

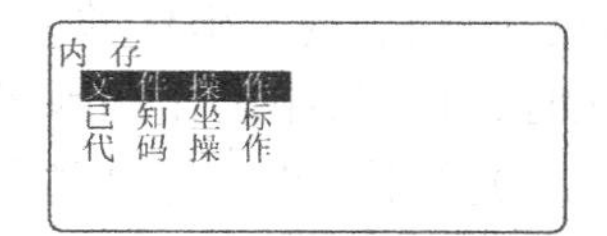

图 5.32 “内存”模式菜单

$$\text{比例改正后的平距} = \text{实测平距} \times \mathbf{S.F.} \tag{5.3}$$

仪器出厂设置的**S.F.** =1。

1)文件操作

执行“文件操作”命令的界面见图5.33(a)。

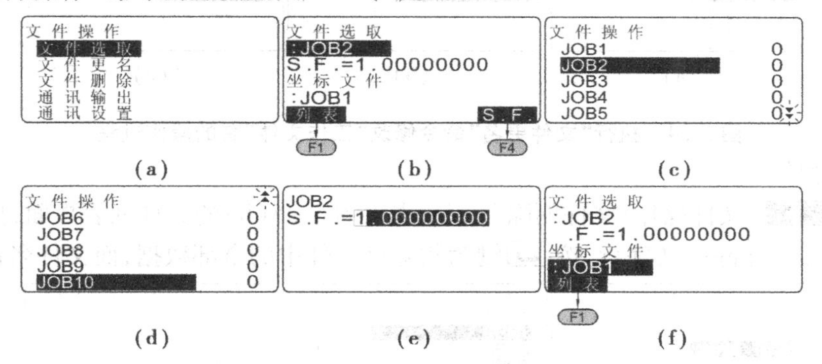

(a) (b) (c)

(d) (e) (f)

图 5.33 “文件操作”菜单与执行“文件选取”命令的操作过程

(1)文件选取

执行“内存\文件操作\文件选取”命令的界面见图5.33(b),其功能是选择“工作文件”

及其设置距离比例因子 **S. F.** 、选择“坐标文件”。“工作文件”与“坐标文件”可以设置为同一个文件,但最好是选择不同的文件,建议用户选择 JOB1 为“坐标文件”,在 JOB2 ~ JOB10 中任意选择一个为“工作文件”,图 5.33(b)为选择 JOB2 为“工作文件”。

在图 5.33(b)的界面下,按▽或△键为使光标在“工作文件”“坐标文件”之间移动。

光标位于“工作文件”时,按◁键为减小“工作文件”号,按▷键为增大“工作文件”号,或按 F1 (列 表)键进入图 5.33(c) ~ (d)的文件列表界面,按▽或△键移动光标按↵键选择;按 F4 (S. F.)键进入图 5.33(e)的界面,用数字键输入距离比例因子 **S. F.** 。

距离比例因子 **S. F.** 是一个约等于 1 的系数值,因为全站仪测量的平距 D 是投影到过仪器横轴水平面的距离,而测量计算和绘图需要高斯平面上的距离,应将 D 先投影到参考椭球面,再投影到高斯平面。在小测区范围内,两次投影最终可以将 D 乘以一个平均系数值来实现,这个平均系数值就是距离比例因子 **S. F.** ,计算公式为:

$$\mathrm{S.\,F.} \approx \left\{1 - \frac{H_m + h_g}{R} + \frac{(H_m + h_g)^2}{R^2}\right\}\left\{1 + \frac{y_m^2}{2R^2} + \frac{\Delta y^2}{24R^2}\right\} \tag{5.4}$$

式中 R 为地球平均曲率半径,可取 6 371 km,H_m 为测区的平均海拔高程,h_g 为测区大地水准面相对于参考椭球面的高度(未知时取 0 m),y_m 为测区中心点高斯平面坐标的 y 坐标,Δy 为边长两端点的 y 坐标差。当测区海拔高度较小且离中央子午线较近时,距离的投影改正很小,此时,可以将距离比例因子 **S. F.** 设置为 1。

光标位于“坐标文件”时,按上述同样的方法选择“坐标文件”,按↵键返回图 5.33(a)的界面。

(2)文件更名

仪器允许用户修改“工作文件”名。执行“ 内 存 \文件操作\文件更名”命令的界面如图 5.34所示。用数字/字符键输入的工作文件名最多允许 12 位字符,按SFT键可使输入模式在大写英文字母(A)、小写英文字母(a)与数字之间切换。如要修改其他文件名,则应先执行“ 内 存 \文件操作\文件选取”命令,将要更名的文件设置为“工作文件”,再执行“文件更名”命令。

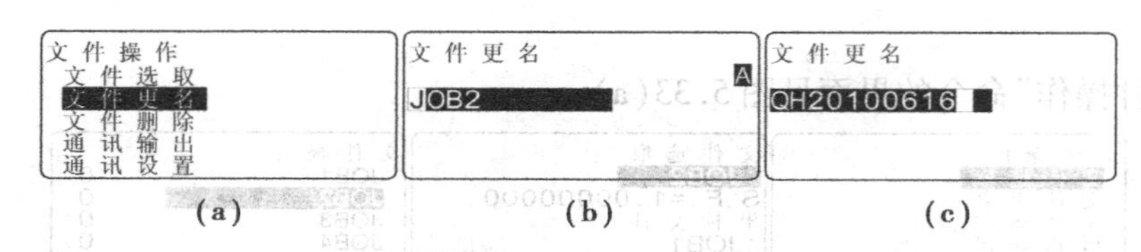

图 5.34　执行“文件更名”命令修改“工作文件”名的操作过程

(3)文件删除

执行“ 内 存 \文件操作\文件删除”命令,进入图 5.35(b)的文件列表界面,按▽或△键移动光标到需要删除的文件行,按↵键为删除该文件中的全部数据,而文件名仍然存在。

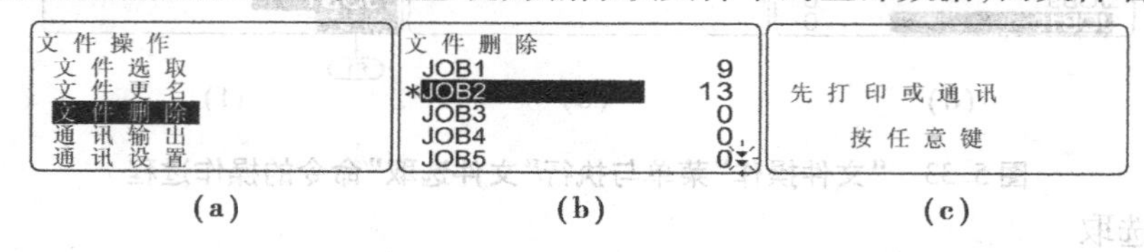

图 5.35　执行“文件删除”命令界面

文件名左边标记有“ * ”的文件为其数据还没有下载的文件，为了保护用户记录在“工作文件”中的数据安全，仪器不能删除此类文件，当误删此类文件时，仪器给出图 5.35(c)的提示。

(4)通讯软件

SET50RX 系列全站仪能与 PC 机进行双向数据文件传输，称“PC 机文件→工作文件”为上载，“仪器内置文件→PC 机文件”为下载。上载文件中的数据只能是坐标，下载文件中的数据可以是测量数据、测站数据、已知点数据、标记数据及坐标数据，可以用通讯软件分类输出。

数据通讯前，应先用数据线连接好仪器与 PC 机的通讯口，可以在图 5.36 所示的 3 种数据线中选择一种线连接，其中 DOC27 为 COM 口数据线，UTS-232 为 USB 口数据线，DOC46 为 LPT 口数据线，它们都是索佳 SET 与 NET 系列全站仪通用数据线。3 种数据线的一端均为 5 芯圆口，用于插入仪器的数据通讯口，DOC27 的另一端为串口，用于插入 PC 机的一个 COM 口；UTS-232 的另一端为 USB 口，用于插入 PC 机的任一个 USB 口；DOC46 的另一端为 LPT 口，用于插入打印机的 LPT 口，直接在打印机上打印输出数据。UTS-232 数据线使用前应先执行随书光盘文件“\全站仪通讯软件\拓普康\PL-2303 Driver Installer. exe”安装驱动程序。

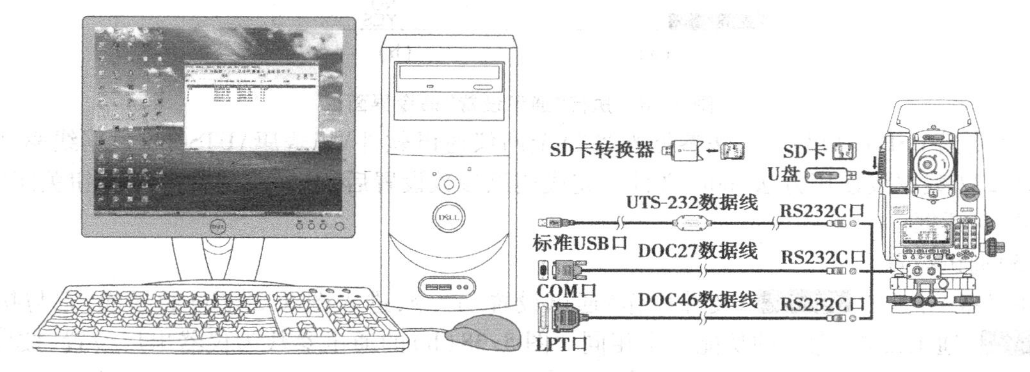

图 5.36 SET50RX 系列全站仪与 PC 机的数据通讯

现在的笔记本电脑已基本没有配置 COM 口了，通常只配置多个 USB 口，因此，使用UTS-232 数据线将更便于仪器与笔记本电脑野外数据通讯使用。

索佳通讯软件有 Coord 与 Link 两种，其中 Coord 为坐标通讯软件，可以与索佳 SET/NET 系列全站仪进行上/下载坐标通讯，可以编辑与存储文本格式坐标文件，但不能下载仪器的 SDK 格式观测数据；Link 为索佳全站仪、GNSS、数字水准仪综合应用软件，可以下载仪器的 SDK 格式观测数据、控制仪器进行实时测量、现场展绘测点坐标、存储 DXF 格式图形文件等多种功能，Link 软件应与索佳仪器连接并数据通讯一次注册后才能使用。

Coord 与 Link 软件的安装文件均位于随书光盘“\全站仪通讯软件\索佳”路径下，本节只介绍 Coord 软件的使用方法。Coord 软件无需安装，只需将光盘“\全站仪通讯软件\索佳\Coord坐标通讯”文件夹复制到用户机器硬盘，并将该目录下的“Coord. exe”文件发送到 Windows 桌面，双击桌面 Coord 图标即可打开该软件，界面见图 5.37 左图。

在 Coord 中执行下拉菜单“通讯\参数设置”命令(或按 Ctrl + F 快捷键)，弹出图 5.37 右图所示的“参数设置”对话框，除“通讯口”外，其余通讯参数与仪器出厂设置的通讯参数相同[图 5.38(b)]，建议不用修改。使用 DOC27 数据线连接仪器与 PC 机时，通讯口应选择“COM1”；使用 UTS-232 数据线通讯时，通讯口号应与 UTS-232 所插 USB 串口号相同，在 Windsow 中查询

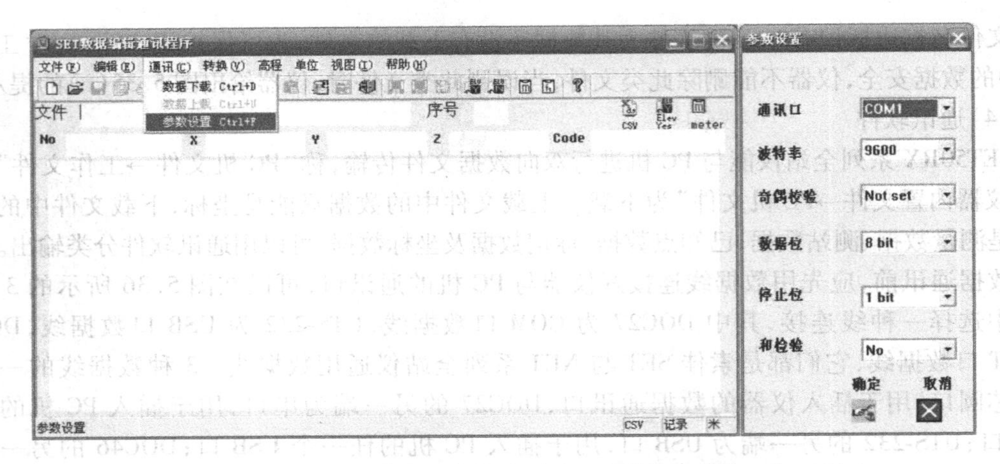

图 5.37　在 Coord 中执行下拉菜单“参数设置”命令或按 Ctrl + F 键

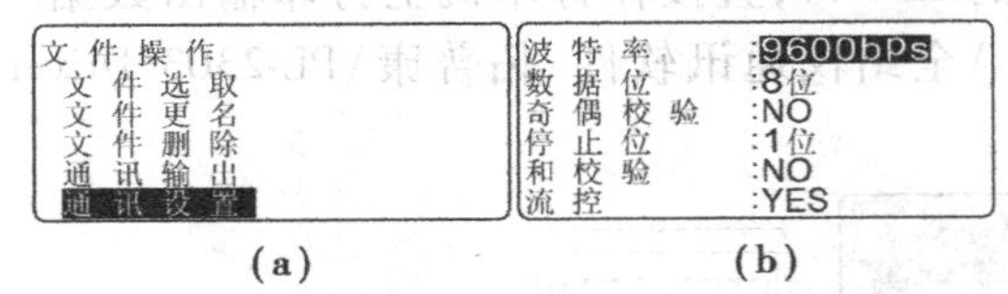

图 5.38　执行“通讯设置”命令界面

UTS-232 所插 USB 串口号的方法参见光盘“\全站仪通讯软件\拓普康\UTS-232数据线驱动程序\UTS-232 数据线使用方法. pdf”文件。完成通讯参数设置后，鼠标左键单击按钮关闭“参数设置”对话框。

(5)通讯设置

在仪器上执行“内存\文件操作\通讯设置”命令，进入图 5. 38(b)的界面，它与执行“配置\通讯设置”命令的功能完全相同。图 5. 38(b)的通讯参数为仪器出厂设置，按▲或▼键移动光标选择通讯参数，按◀或▶键改变光标选项的参数内容，完成修改后应按↵键保存。

(6)通讯输出

用 DOC27 数据线连接好仪器与 PC 机的通讯口，执行“内存\文件操作\通讯输出”命令，进入图 5.39(b)的界面，图中的 JOB2 文件中存储有 18 条观测数据，文件名左边的“＊”字符表示 JOB2 文件中的数据还未曾输出过。移动光标到 JOB2 文件行，按↵键，使 JOB2 右边的字符由数字切换为字符“Out”，意为输出模式，也可以重复该操作，将多个文件设置为输出模式

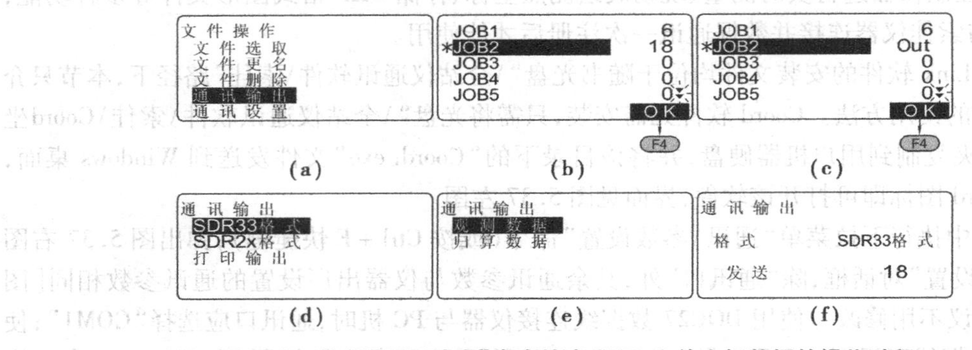

图 5.39　执行“通讯输出”命令输出 JOB2 文件坐标数据的操作过程

"Out"同时输出;按(F4)(OK)键进入图5.39(d)的界面,光标位于"SDR33格式"行按(↵)键,进入图5.39(e)的界面,光标位于"观测数据"行。

打开Coord软件,先在PC机上按Ctrl+D键启动Coord软件开始接收坐标数据,再在仪器上按(↵)键开始发送数据,仪器屏幕实时显示当前已发送的数据数,见图5.39(f)。

仪器发送完所选内存文件中的全部数据后,返回图5.39(b)的界面,此时,JOB2文件名左边的"*"字符消失,Coord软件接收到的18个点的坐标数据案例见图5.40。

No	X	Y	Z	Code
1	2529237.296	423703.184	14.441	
2	2529229.486	423703.911	13.964	
3	2529222.981	423707.068	13.896	
4	2529217.9	423708.411	13.76	
5	2529189.518	423649.237	5.705	
6	2529181.186	423651.423	4.149	
7	2529189.634	423649.204	13.143	
8	2529180.059	423665.068	10.306	
9	2529169.253	423667.923	13.447	
10	2529157.664	423670.985	13.496	
11	2529156.402	423671.314	1.407	
12	2529170.826	423667.498	4.186	
13	2529180.96	423664.829	7.164	
14	2529181.145	423651.432	1.414	
15	2529186.166	423650.118	1.451	
16	2529189.599	423649.218	0.0060	
17	2529156.301	423672.917	-0.393	
18	2529169.309	423669.469	5.54	

图5.40 Coord软件接收到的18个点的坐标数据案例

由于Coord软件缺省设置的存盘格式为SDR,应先执行下拉菜单"转换\转CSV格式"命令,再执行下拉菜单"文件\另存为"命令,将坐标数据以文件名"JOB2.csv"存盘。JOB2.csv为文本格式的逗号分隔文件,可以用Microsoft Excel软件打开,界面见图5.41左图,也可以用记事本打开,界面见图5.41右图。

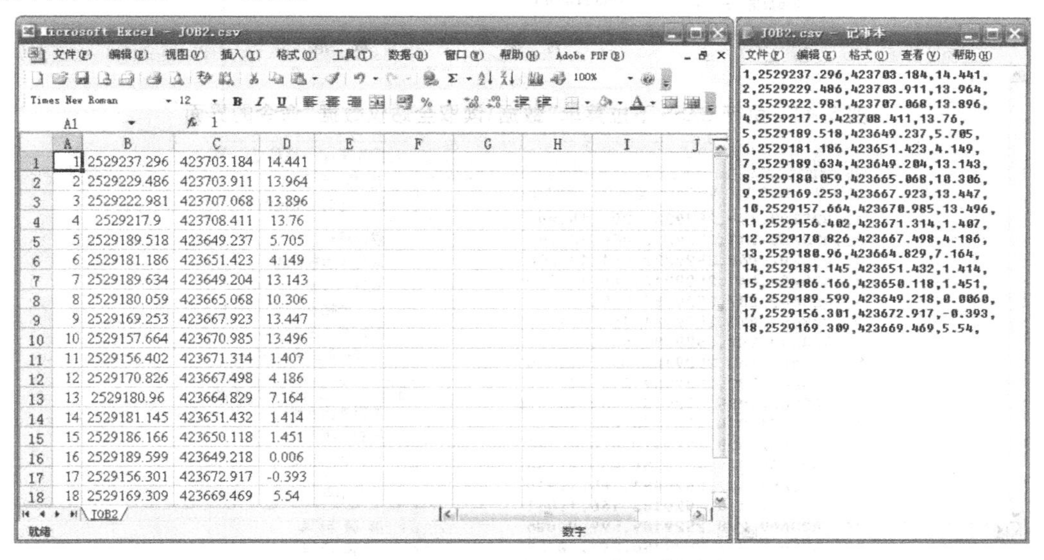

图5.41 用Excel或记事本打开JOB2.csv坐标文件的界面

在图5.39(d)的界面中,如执行"打印输出"命令,则在执行命令前,应用图5.36中的DOC46数据线连接好仪器与打印机的通讯口,并打开打印机的电源。

由图5.41左图可知，Coord软件输出的CSV坐标文件的格式为："点号，x，y，H，编码"；CASS的dat展点文件格式为："点号，编码，y，x，H"；无编码格式为："点号，，y，x，H"。因此，如要在CASS展绘坐标文件，应用MS-Excel软件对CSV坐标文件按CASS的要求编辑并存为dat格式文件。

也可以在CASS中执行下拉菜单"数据\读取全站仪数据"命令，在弹出的图5.42右图所示的对话框中选择"索佳SET系列"全站仪、设置PC机通讯口、与仪器相同的通讯参数、需要存储的dat坐标文件名，鼠标左键单击 转 换 按钮，在弹出的确认对话框中左键单击 确定 按钮启动CASS接收数据；再在仪器上执行" 内 存 \文件操作\通讯输出"命令发送数据，操作过程与图5.39相同，即可得到dat格式的展点坐标文件，用记事本打开的dat文件的结果见图5.43左图。再在CASS中执行下拉菜单"绘图处理\展野外测点点号"命令（图5.43右图），在弹出的"输入坐标数据文件名"对话框中，选择需要展点的dat文件，左键单击 打开(O) 按钮即可在CASS中展绘dat文件中的点位。

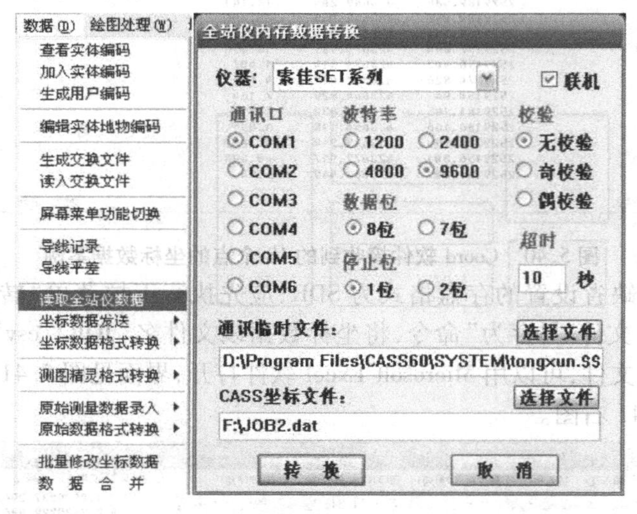

图5.42 执行CASS下拉菜单"数据\读取全站仪数据"命令的界面

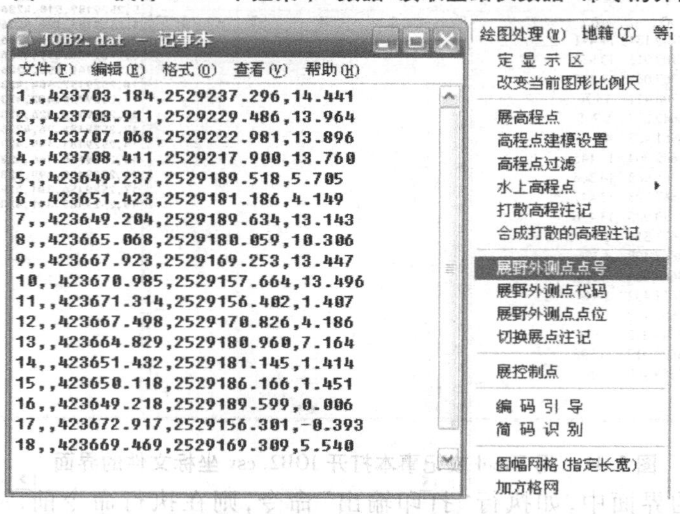

图5.43 CASS接收到的18个点的坐标数据文件JOB2.dat

2)已知坐标

执行“内存\已知坐标”命令的界面见图5.44,它有图5.44(b)~(c)两页菜单,其中图5.44(c)的“通讯设置”命令与图5.38(a)的同名命令功能相同。两页菜单的功能是对“工作文件”的坐标进行输入、删除与查阅等操作。

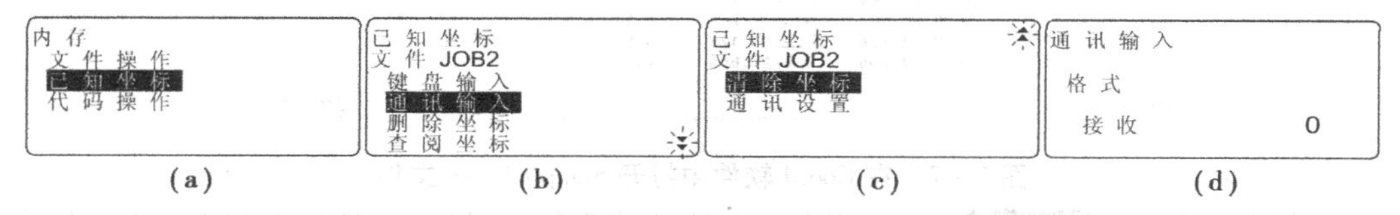

图5.44 执行“已知坐标\通讯输入”命令界面

由于在图5.33(b)中,设置JOB2为工作文件,因此,图5.44(b)中显示的“工作文件”名为JOB2。

(1)通讯输入

用Coord软件将坐标文件数据输入到仪器的“工作文件”中。例如,将图5.45右边前6个点的坐标输入到全站仪的内存文件JOB1的操作方法为:

①在PC机上打开MS-Excel,将图5.45右边前6个点的坐标输入到表格中,以Sample2.csv文件名存为逗号分隔文件,结果见图5.46。

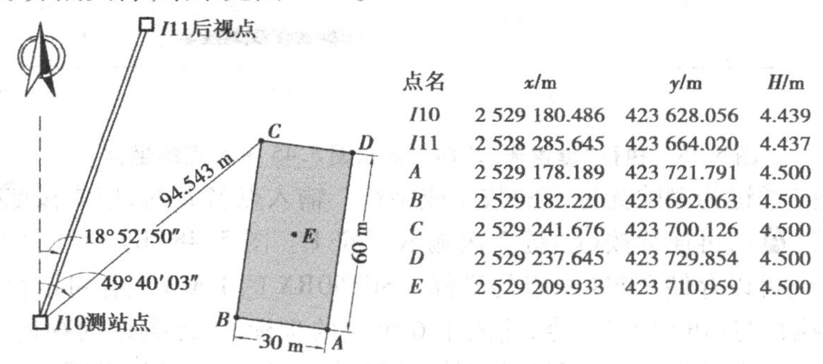

点名	x/m	y/m	H/m
I10	2 529 180.486	423 628.056	4.439
I11	2 528 285.645	423 664.020	4.437
A	2 529 178.189	423 721.791	4.500
B	2 529 182.220	423 692.063	4.500
C	2 529 241.676	423 700.126	4.500
D	2 529 237.645	423 729.854	4.500
E	2 529 209.933	423 710.959	4.500

图5.45 全站仪放样建筑物轴线交点坐标数据案例

Microsoft Excel - Sample2.csv

	A	B	C	D
1	I10	2529180.486	423628.056	4.439
2	I11	2529285.645	423664.02	4.437
3	A	2529178.189	423721.791	4.5
4	B	2529182.22	423692.063	4.5
5	C	2529241.676	423700.126	4.5
6	D	2529237.645	423729.854	4.5

图5.46 用MS-Excel编辑坐标文件并以csv格式存盘

②用Coord打开Sample2.csv文件,结果见图5.47,用DOC27数据线连接好PC机与仪器的通讯口,执行下拉菜单“通讯\参数设置”命令(或按Ctrl+F键),在弹出的“参数设置”对话框中设置Coord软件的通讯参数与仪器一致。

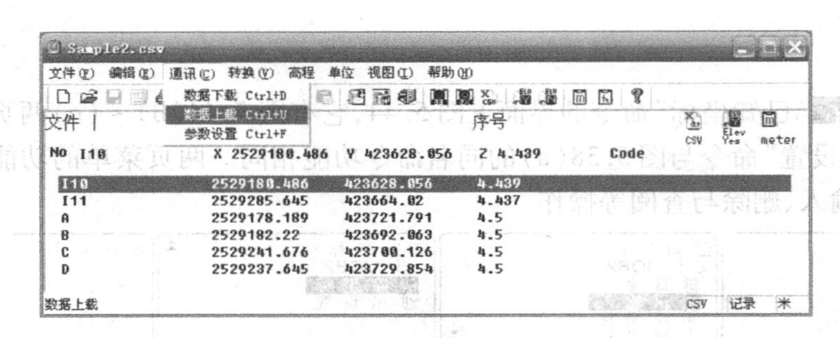

图 5.47　在 Coord 软件中打开 Sample2. csv 文件

③在仪器上执行"内 存\文件操作\文件选取"命令,设置 JOB1 为"工作文件",按ESC键执行"通讯输入"命令,启动仪器接收数据。

④在 Coord 中执行下拉菜单"通讯\数据上载"命令(或按 Ctrl + U 键),开始发送文本区的坐标数据,仪器屏幕实时显示接收到的坐标数。

(2)键盘输入

用数字键向"工作文件"逐个输入坐标。例如,输入图 5.45 中 *E* 点坐标到"工作文件"的操作过程见图 5.48。

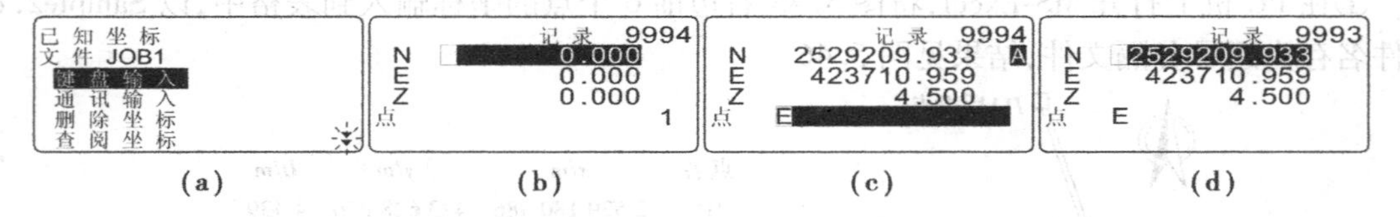

图 5.48　执行"键盘输入"命令输入图 5.45 中 *E* 点的坐标

输入坐标时,按BS键为删除光标前的数字或字符。输入点名 *E* 时,应先按SFT键切换为大写英文字母输入模式(A),再连续按8键 2 次输入字符 E。图 5.48(b)~(c)的屏幕顶部的数字 9 994 表示内存还可以存储 9 994 个点的坐标。SET50RX 的 1 MB 内存可以存储 10 000 个点的坐标,因为前已执行"通讯输入"命令,输入了 6 个点的坐标,因此剩余内存还可以存储 9 994 个点的坐标,输入了 *E* 点的坐标后,还可以存储 9 993 个点的坐标,结果见图 5.48(d)。

(3)删除坐标

删除"工作文件"中指定点的坐标。

执行"删除坐标"命令,进入图 5.49(b)的"工作文件"点名列表界面,按或键移动光标到需要删除的点名行,按键进入图 5.49(c)的界面,按F4(删 除)键为删除该点的坐标。

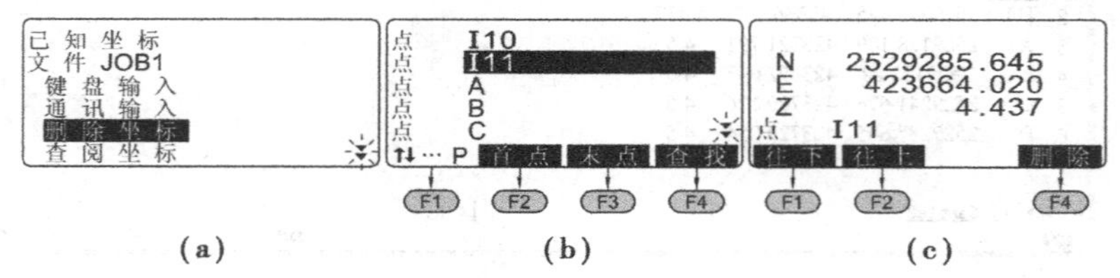

图 5.49　执行"已知坐标\删除坐标"命令界面

在图 5.49(b)的界面中,按F1(↑↓… P)键使该软键功能切换为↑↓… P,此时,按键为向下翻一页点名列表,按键为向上翻一页点名列表,每页显示 5 个点名。再按F1(↑↓… P)键为使该软键功能切换为↑↓… P。按F2(首 点)键为使光标快速移动到第一个点,按F3(末点)键为使光标快速移动到最后一个点,按F4(查找)键,输入点名按↵键,为使光标快速移动到所输入字符的点。

在图5.49(c)的界面中,按F1(往下)键为显示当前点下一个点的坐标,按F2(往上)键为显示当前点上一个点的坐标。

(4)查阅坐标

显示"工作文件"中指定点的坐标值。执行"查阅坐标"命令的界面见图5.50,软键的操作方法与图5.49相同。

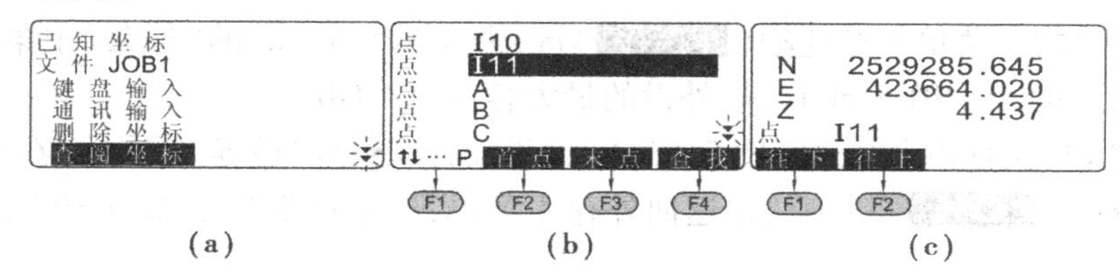

图5.50 执行"已知坐标\查阅坐标"命令界面

(5)清除坐标

清除"工作文件"中的全部数据。执行"清除坐标"命令进入图5.51(b)的界面,按F4(YES)键完成操作。

图5.51 执行"已知坐标\清除坐标"命令界面

3)代码操作

代码一般用于数字测图时注释测点的类别,每个代码最多允许输入16位字符,仪器最多可以存储60个代码。SET50RX系列全站仪的代码只能用数字/字符键手工逐个输入,不能用通讯软件批量输入。执行"内存\代码操作"命令进入图5.52(b)的界面。

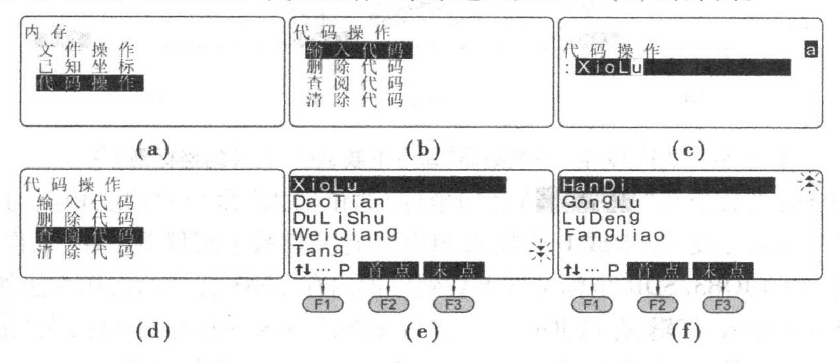

图5.52 使用数字/字符键输入代码的操作过程

(1)输入代码:执行该命令的界面见图5.52(c),图中为输入"小路"的汉语拼音字母,输入时应根据需要按SFT键切换数字/字符输入模式,完成操作后按↵键保存。

(2)删除代码:在代码列表中删除光标行的代码。

(3)查阅代码:执行该命令,屏幕列表显示内存代码的内容,界面见图5.52(e)~(f),图中已输入了"小路"、"稻田"、"独立树"、"围墙"、"塘"、"旱地"、"公路"、"路灯"、"房角"等的汉语拼音字母,软键功能菜单的操作方法与图5.49相同。

(4)清除代码:清除内存中的全部代码。

5.6 外存模式

在图5.4(b)的主菜单下按F2(内 存)键,进入图5.53(a)的"外存"主菜单,外存设备(以下简称外设)可以是SD卡或U盘,外设的最大容量为4 GB。

(1)外存选取:执行该命令进入图5.53(b)的界面,按◀或▶键为使外存在SD卡与U盘之间切换,按F4(OK)键确认并返回外存主菜单,屏幕顶部显示的"USB"表示当前外存为U盘。

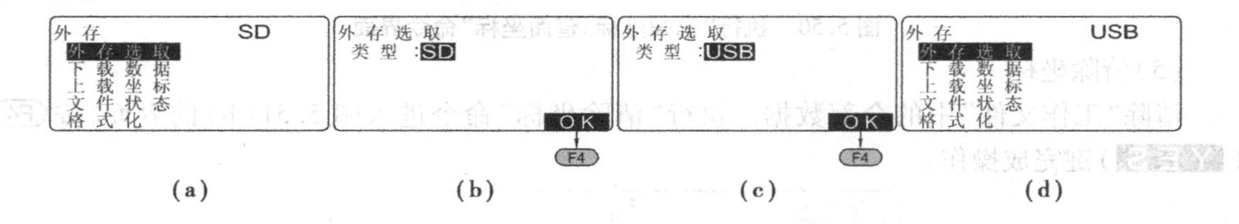

图5.53 执行"外存\外存选取"命令设置外存为U盘的操作过程

(2)下载数据:该命令与"内 存\文件操作\通讯输出"命令的功能相同,唯一区别是"下载数据"命令是向外设SD卡或U盘输出SDR文件,执行命令的操作过程见图5.54。

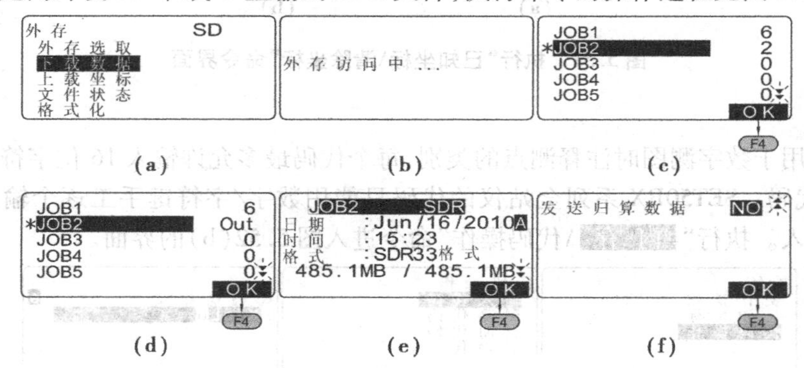

图5.54 执行"外存\下载数据"命令下载JOB2文件的坐标到SD卡

(3)上载坐标:该命令与"内 存\已知坐标\通讯输入"命令的功能相同,其区别主要是"上载坐标"命令是由外设SD卡或U盘输入SDR坐标文件数据到仪器内存"工作文件"。执行该命令将SD卡中的JOB3.SDR坐标文件上载到仪器内存JOB3文件的操作方法如下:

①用MS-Excel输入、编辑、存盘JOB3.csv坐标文件,用Coord打开该文件,在"文件"栏输入字符"JOB3",在"版本"栏输入字符"SDR33 V04-04.02",执行下拉菜单"转换\转SDR格式"命令,执行下拉菜单"文件\另存为"命令以JOB3.sdr文件名存入SD卡,案例结果见图5.55。

②将SD卡插入仪器的SD卡插槽,执行"内 存\文件操作\文件选取"命令,设置JOB3为"工作文件"。

③执行"内 存\上载坐标"命令,图5.56(c)显示"工作文件"为JOB3;按F4(OK)

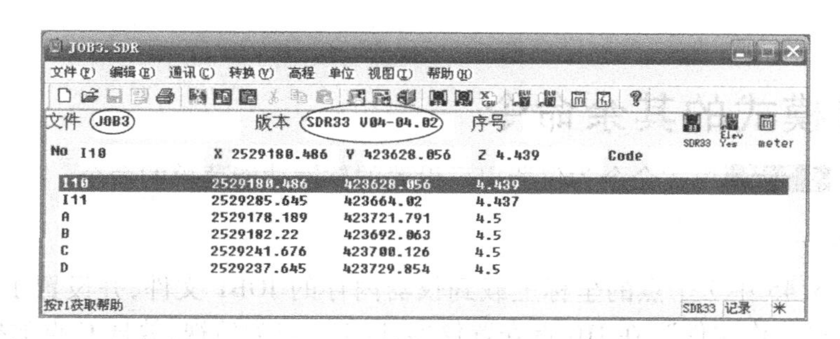

图 5.55 在 Coord 中创建 JOB3. sdr 文件

键,图 5.56(d)显示 SD 卡中已有的 SDR 文件列表;移动光标到 JOB3 文件行按(↵)键,图 5.56(e)显示 SD 卡中的 JOB3 文件的参数;按(F4)(YES)键开始上载 SD 卡 JOB3 文件的坐标数据并显示当前已上载坐标数的进程,结果见图 5.56(f)。只有当图5.56(f)右下角显示的上载坐标数与 JOB3. sdr 中的坐标数相等时命令才有效,否则命令无效。

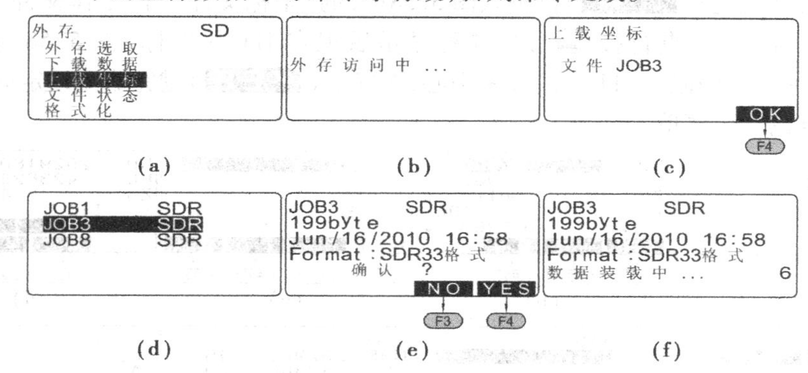

图 5.56 执行"外存\上载坐标"命令上载 SD 卡的 JOB3. sdr 坐标文件到内存"工作文件"

执行"上载坐标"命令之前,如果仪器内存还有未输出的文件(文件列表中,文件名左边有"*"字符的文件),应先执行"下载数据"命令输出,否则执行"上载坐标"命令无效。一旦执行"上载坐标"命令无效,仪器将改变外设的该 SDR 文件,用户又需按上述①的步骤重新创建 JOB3. sdr 文件。

如图 5.55 所示,当用 Coord 创建 JOB3. sdr 文件时,如果"文件"栏与"版本"栏输入的字符不正确,执行"上载坐标"命令也将无效。

(4)文件状态:删除外设中的 SDR 文件、编辑 SDR 文件名(最多允许 8 位字符),操作过程见图 5.57。

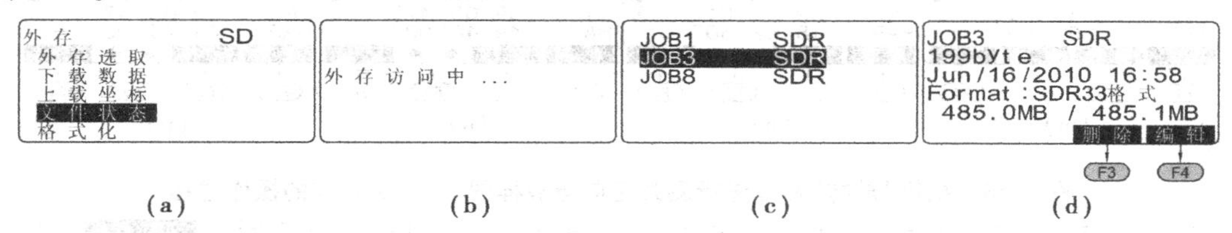

图 5.57 执行"外存\文件状态"命令

(5)格式化:格式化外设。

5.7 测量模式的其余命令

本节介绍的 测 量 模式命令为仪器出厂设置的软键功能菜单的命令。

1) 放 样 命令

假设已将图5.45中7个点的坐标上载到仪器内存的JOB1文件,并设置了JOB1为"坐标文件","JOB2"为"工作文件",在I10点安置仪器,以I11点为后视,放样C点的操作步骤如下:

(1)按FUNC键翻页到P3页软键功能菜单,按F4(放 样)键,进入图5.58(a)的界面。移动光标到"测站定向"行按↵键,进入图5.58(b)的界面,按F1(调 取)键进入图5.58(c)的"坐标文件"与"工作文件"联合点名列表界面,移动光标到I10点行按↵键,屏幕显示测站点I10的坐标[图5.58(d)],输入仪器高按↵键;按F3(坐 标)键进入图5.58(e)的界面,按F1(调 取)键进入图5.58(f)的"坐标文件"与"工作文件"联合点名列表界面,移动光标到I11点行按↵键,屏幕显示后视点I11的坐标[图5.58(g)],按F4(OK)键,使望远镜瞄准I11点的棱镜中心,按F4(YES)键完成测站定向操作并返回图5.58(i)放样测量主菜单。

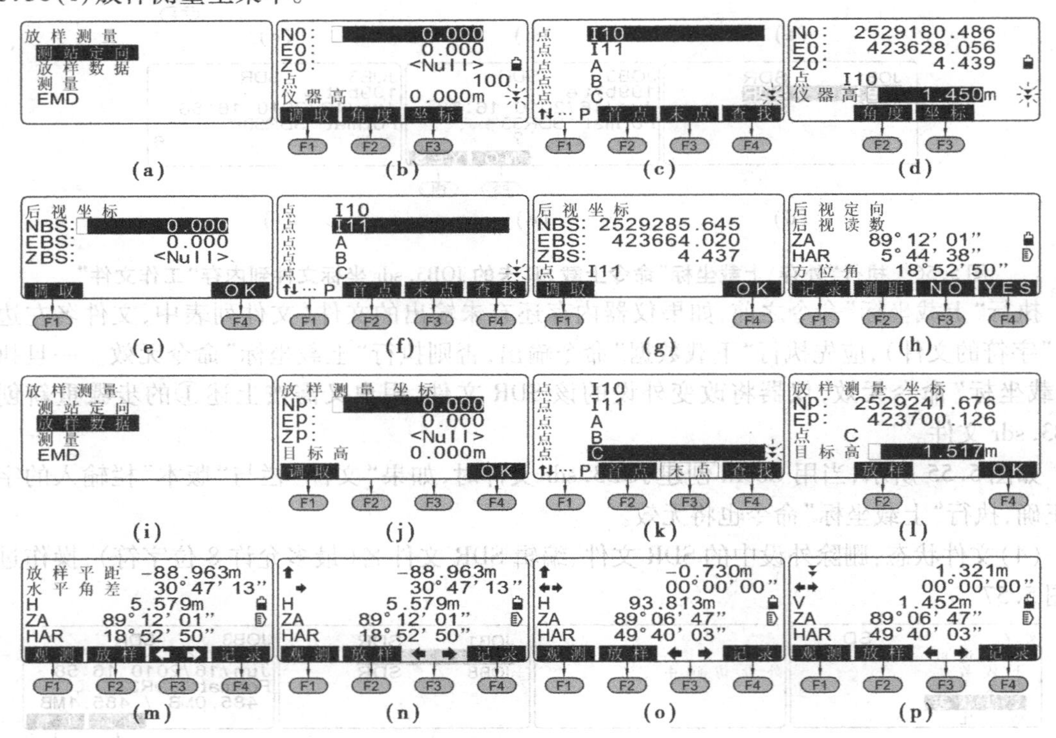

图5.58 执行"放样"命令进行测站定向与放样图5.45中C点的操作过程

(2)在图5.58(i)的菜单下按↵键进入图5.58(j)的界面,按F1(调 取)键进入图5.58(k)的"坐标文件"与"工作文件"联合点名列表界面,移动光标到C点行按↵键,屏幕显示放样点C的坐标[图5.58(l)],输入目标高按F4(OK)键进入图5.58(m)的界面,其中H值为仪器最近一次测量的平距,"放样平距"为H减测站I10→C点的设计平距94.543

(图5.45)的值。

按F3(←→)键切换该软键功能为← →[图5.58(n)],向右转动仪器照准部,使"水平角差"为0°00′00″,按住⊛键2 s打开导向光,指挥司镜员将棱镜移至望远镜视准轴方向,瞄准棱镜中心,按F1(观测)键测距,案例结果见图5.58(o)所示,屏幕显示的"放样平距"为-0.730 m,表示棱镜还需要沿视准轴、离开仪器方向移动0.730 m。按F2(放样)键两次切换至图5.58(p)所示的界面,V为实测初算高差,屏幕第一行1.321 m为"放样高差",其左边显示的▼符号表示该点向下沉1.321 m即为C点设计高程位置。

指挥司镜员按屏幕显示的平距与高差移动后,瞄准棱镜中心重复上述操作,直至屏幕显示的"放样平距"与"放样高差"均为0.000 m止,此时,棱镜杆尖位置即为放样点C的设计位置。

如果只放样点的平面位置,可以不输入仪器高与目标高。

完成C点的放样后,按ESC键返回图5.58(k)的"坐标文件"与"工作文件"联合点名列表界面,又可以重新选择其余点继续放样。

在图5.58(l)的界面,按F2(放样)键为显示图5.59所示的测站点I10→放样点C的设计方位角与平距,它与图5.45标注的C点放样参数相同。

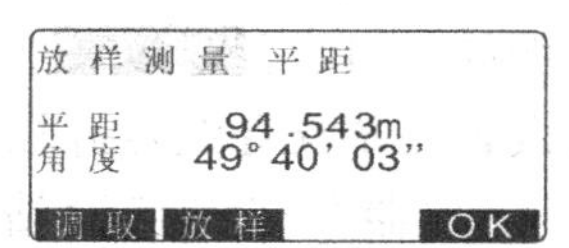

图5.59 显示C点的放样参数

完成A,B,C,D4点的放样后,可以执行对边命令,分别测量AB,BC,CD,DA4条边长的平距,以检查放样点位的正确性,这比拉钢尺检核要方便快捷得多。

2)面积计算

计算3~50个点连成的多边形面积,多边形顶点的坐标可以从"坐标文件"与"工作文件"联合点名列表中调用,也可以测量获得。下面介绍从"坐标文件"中调用坐标,计算图5.45所示四边形ABCD面积的操作方法。

在测量模式P2页软键功能菜单下,按F1(菜单)键进入图5.60(a)的界面,多次按◇键移动光标到"面积计算"行按↵键,进入图5.60(c)的界面,移动光标到"面积计算"行按↵键,按F1(调取)键,从"坐标文件"与"工作文件"联合点名列表中选择A点按↵键完成多边形第一个顶点的设置[图5.60(f)];重复上述操作,分别完成其余3个点的设置[图5.60(g)],按F2(计算)键计算面积,结果见图5.60(h)所示。

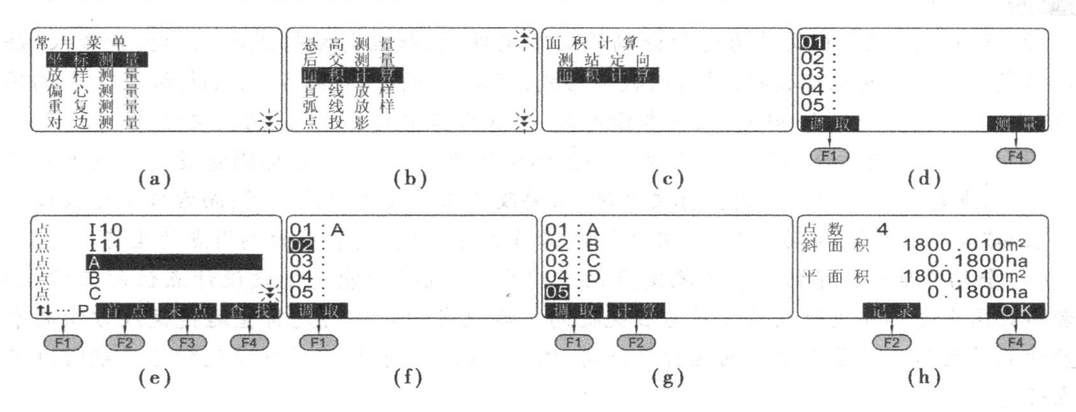

图5.60 执行"面积计算"命令,调用"坐标文件"中A,B,C,D点坐标计算多边形面积的操作过程

由图5.45可知,由于A,B,C,D4个点的高程都是4.5 m,因此,算出的"斜面积"与"平面积"相等,图中的"ha"为面积单位"公顷",1 ha = 10 000 m^2。

5.8 索佳全站仪坐标调用的原理与方法

执行"内存\文件操作\文件选取"命令为设置测量的"坐标文件"与"工作文件",界面见图5.33(b)所示。一般地,将测量所用的已知点坐标预先输入到"坐标文件",而"工作文件"用于存储观测数据与坐标。

执行仪器的任意命令,在需要输入坐标时,都可以按F1(调取)键进入图5.60(e)所示的"坐标文件"与"工作文件"联合列表界面,该列表坐标点名的排列规则是,先排列"坐标文件"中的所有点名,紧接着排列"工作文件"中的点名,两个文件中允许有重名点。这种坐标调用方法的优点是,测量时,不需要频繁变换"工作文件"去查找所需的坐标。

例如,在执行测量模式P1页软键功能菜单的坐标命令进行碎部测量的过程中,当需要设置一个支导线点并在该支点设站继续测量时,可以先测量出该支点的坐标并存入"工作文件"。仪器在该支点设站、继续执行坐标命令、需要进行"测站定向"时,可以按F1(调取)键从"坐标文件"与"工作文件"联合列表界面中方便地调取该支点的坐标(位于工作文件中)为测站点,调取上一个测站点的坐标(位于坐标文件中)为后视点。

在执行测量模式P3页软键功能菜单的放样命令进行测量放样的过程中,也存在上述情形。当需要设置一个支导线点并在该支点设站继续放样时,可以先测量出该支点的坐标并存入"工作文件"。仪器在支点设站、继续执行放样命令、需要进行"测站定向"时,可以按F1(调取)键从"坐标文件"与"工作文件"联合列表界面中方便地调取该支点的坐标(位于工作文件中)为测站点,调取上一个测站点(位于坐标文件中)为后视点。

本章小结

(1)与拓普康和南方全站仪有角度、距离、坐标、菜单四种模式不同,索佳SET250RX全站仪有测量、外存、内存、配置4种模式,角度、距离、坐标与菜单功能均位于测量模式下。

(2)索佳全站仪坐标文件为逗号分隔的文本文件,已知点与放样点的坐标按行输入,每行的数据代表一个点的坐标数据,每行的数据格式,有编码的点为"点名,x,y,H,编码",无编码的点为"点名,x,y,H",用Windows记事本输入时,应注意其中的逗号","为西文逗号。

(3)拓普康和南方全站仪只能设置一个坐标文件为工作文件,坐标测量设置测站点与后视点、当测站点与后视点位于不同坐标文件时,需要改变工作文件才能调用;而索佳全站仪设置有一个已知"坐标文件",自动从"坐标文件"与"工作文件"联合列表界面调用点的坐标。

(4)全站仪坐标测量的功能是测定点的三维坐标,放样功能是测设设计点位的三维坐标,两者的共同点是都要进行测站设置与后视定向。后视定向的作用是将望远镜视线方向的水平度盘读数设置为测站至后视点的坐标方位角,因此,后视定向时,应确保望远镜已准确瞄准了后视点标志。

思考题与练习题

1. 全站仪主要由哪些部件组成？

2. 电子补偿器分单轴和双轴，单轴补偿器的功能是什么？双轴补偿器的功能是什么？

3. SET250RX 全站仪的主菜单下有几种模式？各有何功能？

4. 在“测量”模式下，SFT键的功能是什么？

5. 在“测量”模式下，FUNC键的功能是什么？

6. SET250RX 全站仪内置了多少文件？是否允许新增或删除文件名？是否允许编辑内置文件名？用户修改后的内置文件名最多允许多少位字符？

7. SET250RX 全站仪“面积计算”命令的功能是什么？最多允许计算多少个顶点多边形的面积？

8. 在 SET250RX 全站仪执行“内存\已知坐标\通讯输入”命令，可以将 Coord 软件中的坐标输入到内存的什么文件？设置 JOB1 为“坐标文件”，JOB2 为“工作文件”，如何才能将已知坐标输入到内存的“坐标文件”JOB1？

9. SET250RX 全站仪的“坐标文件”与“工作文件”联合列表是什么意思？在放样测量中有何作用？

10. 代码的作用是什么？SET250RX 全站仪内存最多可以存储多少个代码？每个代码最多允许多少位字符？是否可以用 Coord 软件上载代码？

11. Coord 软件可以打开什么格式的坐标文件？当有很多点的坐标需要上载到 SET250RX 全站仪内存文件时，使用什么软件编辑可以快速输入？如何将下载的坐标数据变换为可用于 CASS 展点的坐标文件？

12. SET250RX 的导向光有何功能，其作用距离与精度是多少？

13. SET250RX 免棱镜测距的测程多少？测量中有何实际意义？

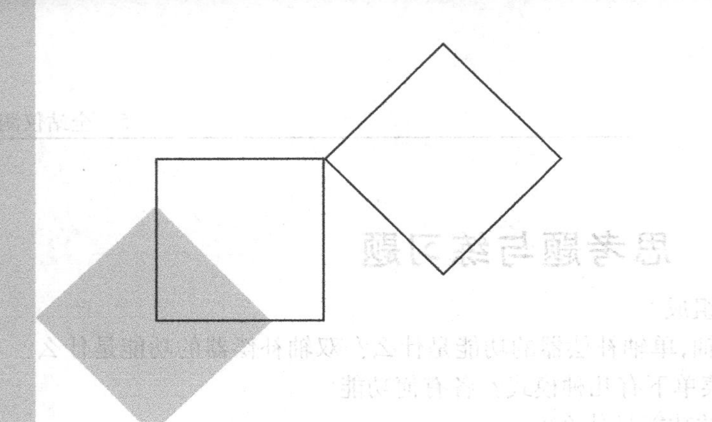

6 测量误差的基本知识

本章导读：

- **基本要求** 理解测量误差的来源、偶然误差与系统误差的特性、测量中削弱偶然误差的方法、消除或削弱系统误差的方法；掌握观测量精度指标——中误差、相对误差、极限误差的计算方法；掌握单位权中误差与权的定义及其计算方法；掌握加权平均值及其中误差的定义及其计算方法。
- **重点** 偶然误差的特性，中误差的定义及其计算方法；误差传播定律的应用；等精度独立观测的中误差及其计算，算术平均值中误差的计算；不等精度独立观测的单位权中误差的定义及其计算，加权平均值中误差的计算。
- **难点** 非线性函数的误差传播定律及其应用；权的定义及其应用。

6.1 测量误差概述

测量生产实践表明，只要使用仪器对某个量进行观测，就会产生误差。表现为：在同等条件下（相同的外界环境下，同一个人使用同一台仪器）对某个量 l 进行多次重复观测，得到的一系列观测值 $l_1, l_2, \cdots, l_n$ 一般互不相等。设观测量的真值为 $\tilde{l}$，则观测量 l_i 的误差 Δ_i 定义为

$$\Delta_i = l_i - \tilde{l} \tag{6.1}$$

根据前面章节的分析可知，产生测量误差的原因主要有：仪器误差、观测误差和外界环境的影响。根据表现形式的不同，通常将误差分为下列两种：

1）偶然误差 Δ_a

偶然误差的符号和大小呈偶然性，单个偶然误差没有规律，大量的偶然误差有统计规律。偶然误差又称真误差。三等、四等水准测量时，在 cm 分划的水准标尺上估读 mm 位，估读的

mm 数有时过大,有时偏小;使用经纬仪测量水平角时,大气折光使望远镜中目标的成像不稳定,引起瞄准目标有时偏左、有时偏右,这些都是偶然误差。通过多次观测取平均值可以削弱偶然误差的影响,但不能完全消除偶然误差的影响。

2)系统误差 Δ_s

系统误差的符号和大小保持不变,或按照一定的规律变化。例如,若使用没有鉴定的名义长度为 30 m 而实际长度为 30.005 m 的钢尺量距,每丈量一整尺段距离就量短了 0.005 m,即产生 -0.005 m 的量距误差。显然,各整尺段的量距误差大小都是 0.005 m,符号都是负,不能抵消,具有累积性。

由于系统误差对观测值的影响具有一定的规律性,如能找到规律,就可以通过对观测值施加改正来消除或削弱系统误差的影响。

综上所述,误差可以表示为

$$\Delta = \Delta_a + \Delta_s \tag{6.2}$$

规范规定:测量仪器在使用前应进行检验和校正;操作时应严格按规范的要求进行;布设平面与高程控制网测量控制点的坐标时,应有一定的多余观测量。一般认为,当严格按规范要求进行测量工作时,系统误差是可以被消除或削弱到很小,此时可以认为 $\Delta_s \approx 0$,故有 $\Delta \approx \Delta_a$。以后凡提到误差,通常认为它只包含有偶然误差或者说真误差。

6.2 偶然误差的特性

单个偶然误差没有规律,只有大量的偶然误差才有统计规律,所以,要分析偶然误差的统计规律,需要得到一系列的偶然误差 Δ_i。根据式(6.1),应对某个真值 $\tilde{l}$ 已知的量进行多次重复观测才可以得到一系列偶然误差 Δ_i 的准确值。在大部分情况下,观测量的真值 $\tilde{l}$ 是不知道的,这就为我们得到 Δ_i 的准确值进而分析其统计规律带来了困难。

但是,在某些情况下,观测量函数的真值是已知的。例如,将一个三角形内角和闭合差的观测值定义为

$$\omega_i = (\beta_1 + \beta_2 + \beta_3)_i - 180° \tag{6.3}$$

则它的真值为 $\tilde{\omega}_i = 0$,根据真误差的定义可以求得 ω_i 的真误差为

$$\Delta_i = \omega_i - \tilde{\omega}_i = \omega_i \tag{6.4}$$

上式表明,任一三角形闭合差的真误差就等于闭合差本身。

设某测区,在相同观测条件下共观测了 358 个三角形的全部内角,将计算出的 358 个三角形闭合差划分为正误差、负误差,分别在正、负误差中按照绝对值由小到大排列,以误差区间 $d\Delta = \pm 3''$ 统计误差个数 k,并计算其相对个数 k/n($n = 358$),称 k/n 为频率,结果列于表 6.1。

为了更直观地表示偶然误差的分布情况,以 Δ 为横坐标,以 $y = \dfrac{\frac{k}{n}}{d\Delta}$ 为纵坐标作表 6.1 的直方图,结果如图 6.1 所示。图中任一长条矩形的面积为 $y d\Delta = \dfrac{k}{d\Delta n} d\Delta = \dfrac{k}{n}$,等于频率。

表 6.1　三角形闭合差的统计结果

误差区间 dΔ/(″)	负误差		正误差		绝对误差	
	k	*k*/*n*	*k*	*k*/*n*	*k*	*k*/*n*
0～3	45	0.126	46	0.128	91	0.254
3～6	40	0.112	41	0.115	81	0.226
6～9	33	0.092	33	0.092	66	0.184
9～12	23	0.064	21	0.059	44	0.123
12～15	17	0.047	16	0.045	33	0.092
15～18	13	0.036	13	0.036	26	0.073
18～21	6	0.017	5	0.014	11	0.031
21～24	4	0.011	2	0.006	6	0.017
24 以上	0	0	0	0	0	0
k	181	0.505	177	0.495	358	1.000

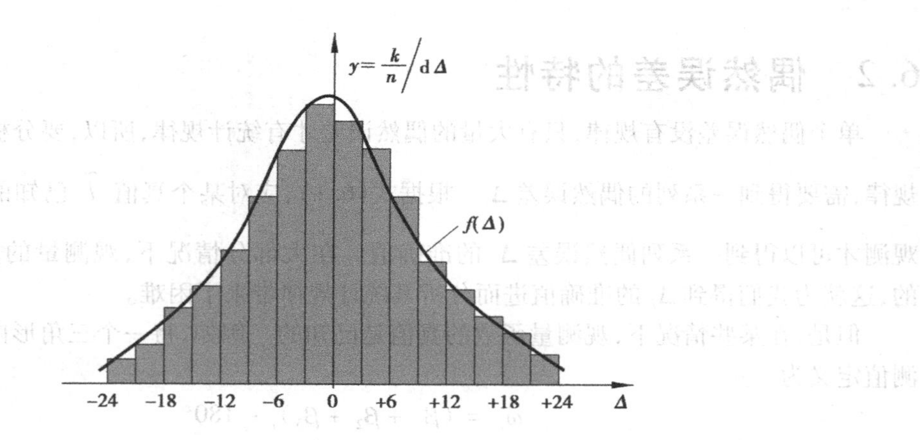

图 6.1　偶然误差频率直方图

由图 6.1 可以总结出偶然误差的 4 个统计规律如下：

①偶然误差有界，或者说在一定观测条件下的有限次观测中，偶然误差的绝对值不会超过一定的限值；

②绝对值较小的误差出现的频率较大，绝对值较大的误差出现的频率较小；

③绝对值相等的正、负误差出现的频率大致相等；

④当观测次数 $n\to\infty$ 时，偶然误差的平均值趋近于零，即有

$$\lim_{n\to\infty}\frac{[\Delta]}{n}=0 \tag{6.5}$$

式中，$[\Delta]=\Delta_1+\Delta_2+\cdots+\Delta_n=\sum_{i=1}^{n}\Delta_i$。在测量中，常用[ ]表示括号中数值的代数和。

当误差的个数 $n\to\infty$，误差区间 $d\Delta\to 0$ 时，图 6.1 中，连接各小长条矩形顶点的折线将变成

一条光滑的曲线。在概率论中，称该曲线为正态分布曲线，曲线的函数式为：

$$y = f(\Delta) = \frac{1}{\sqrt{2\pi}\sigma} e^{-\frac{\Delta^2}{2\sigma^2}} \tag{6.6}$$

称式(6.6)为正态分布概率密度函数，它是德国科学家高斯(Gauss)于1794年研究误差规律时发现的，当年他只有17岁。

偶然误差的上述4个统计特性也可以用式(6.6)表示如下：

①$\Delta \to \infty$，$f(\Delta) \to 0$；

②如$|\Delta_1| > |\Delta_2|$，则有$f(\Delta_1) < f(\Delta_2)$；

③$f(-\Delta) = f(\Delta)$，也即$f(\Delta)$关于y轴对称；

④$E(\Delta) = 0$。

在概率论中，称Δ为随机变量。当Δ为连续型随机变量时，可以证明

$$E(\Delta) = \int_{-\infty}^{+\infty} \Delta \frac{1}{\sqrt{2\pi}\sigma} e^{-\frac{\Delta^2}{2\sigma^2}} d\Delta = 0 \tag{6.7}$$

$$Var(\Delta) = E(\Delta - E(\Delta))^2 = E(\Delta^2) = \int_{-\infty}^{+\infty} \Delta^2 \frac{1}{\sqrt{2\pi}\sigma} e^{-\frac{\Delta^2}{2\sigma^2}} d\Delta = \sigma^2 \tag{6.8}$$

式中，$E(\Delta)$为随机变量Δ的数学期望(Expectation)，$Var(\Delta)$为方差(Variance)，σ为标准差(Standard deviation)。读者可以使用数学工具软件Mathematica证明它，请参见光盘"\Mathematica4 公式推证"下的文件。当Δ为离散型随机变量时，上述两式变成

$$E(\Delta) = \lim_{n \to \infty} \frac{[\Delta]}{n} = 0 \tag{6.9}$$

$$Var(\Delta) = E(\Delta^2) = \lim_{n \to \infty} \frac{[\Delta\Delta]}{n} = \sigma^2 \tag{6.10}$$

6.3 评定真误差精度的指标

1) 标准差与中误差

设对某真值$\tilde{l}$进行了n次等精度独立观测，得观测值$l_1, l_2, \cdots, l_n$，各观测值的真误差为$\Delta_1, \Delta_2, \cdots, \Delta_n$($\Delta_i = l_i - \tilde{l}$)，由式(6.10)求得该组观测值的标准差为

$$\sigma = \pm \lim_{n \to \infty} \sqrt{\frac{[\Delta\Delta]}{n}} \tag{6.11}$$

测量生产中，观测次数n总是有限的，这时，根据式(6.11)只能求出标准差的估计值$\hat{\sigma}$，通常又称$\hat{\sigma}$为中误差(mean square error)，用m表示，即有

$$\hat{\sigma} = m = \pm \sqrt{\frac{[\Delta\Delta]}{n}} \tag{6.12}$$

【例6.1】 某段距离使用铟瓦基线尺丈量的长度为49.984 m，因丈量的精度很高，可以视为真值。现使用50 m钢尺丈量该距离6次，观测值列于表6.2，试求该钢尺一次丈量50 m的中误差。

表 6.2 用观测值真误差 Δ 计算一次丈量中误差

观测次序	观测值/m	Δ/mm	ΔΔ	计 算
1	49.988	+4	16	$m = \pm\sqrt{\frac{[\Delta\Delta]}{n}}$
2	49.975	−9	81	$= \pm\sqrt{\frac{151}{6}}\text{mm}$
3	49.981	−3	9	$= \pm 5.02\text{mm}$
4	49.978	−6	36	
5	49.987	+3	9	
6	49.984	0	0	
$\sum$			151	

使用 Excel 计算的结果参见光盘文件“\Excel\表 6.2.xls”。

因为是等精度独立观测，所以，6 次距离观测值的中误差都是 ±5.02 mm。

2)相对误差

相对误差是专为距离测量定义的精度指标，因为单纯用距离丈量中误差还不能反映距离丈量精度的高低。例如，在[例 6.1]中，用 50 m 钢尺丈量一段约 50 m 的距离，其测量中误差为 ±5.02 mm，如果使用手持激光测距仪测量 100 m 的距离，其测量中误差仍然等于 ±5.02 mm，显然不能认为这两段不同长度的距离丈量精度相等，这就需要引入相对误差。相对误差的定义为

$$K = \frac{|m_D|}{D} = \frac{1}{\frac{D}{|m_D|}} \tag{6.13}$$

相对误差是一个无单位的数，在计算距离的相对误差时，应注意将分子和分母的长度单位统一。通常习惯于将相对误差的分子化为 1，分母为一个较大的数来表示。分母越大，相对误差越小，距离测量的精度就越高。依据式(6.13)可以求得上述所述两段距离的相对误差分别为

$$K_1 = \frac{0.005\,02}{49.982} \approx \frac{1}{9\,956}$$

$$K_2 = \frac{0.005\,02}{100} \approx \frac{1}{19\,920}$$

结果表明，用相对误差衡量两者的测距精度时，后者的精度比前者的高。距离测量中，常用同一段距离往返测量结果的相对误差来检核距离测量的内部符合精度，计算公式为

$$\frac{|D_{往} - D_{返}|}{D_{平均}} = \frac{|\Delta D|}{D_{平均}} = \frac{1}{\frac{D_{平均}}{|\Delta D|}} \tag{6.14}$$

3)极限误差

极限误差是通过概率论中某一事件发生的概率来定义的。设 ξ 为任一正实数，则事件 $|\Delta| < \xi\sigma$ 发生的概率为

$$P(|\Delta| < \xi\sigma) = \int_{-\xi\sigma}^{+\xi\sigma} \frac{1}{\sqrt{2\pi}\sigma} e^{-\frac{\Delta^2}{2\sigma^2}} d\Delta \tag{6.15}$$

令 $\Delta' = \dfrac{\Delta}{\sigma}$，则式(6.15)变成

$$P(|\Delta'| < \xi) = \int_{-\xi}^{+\xi} \frac{1}{\sqrt{2\pi}} e^{-\frac{\Delta'^2}{2}} d\Delta' \tag{6.16}$$

因此，事件 $|\Delta| > \xi\sigma$ 发生的概率为 $1 - P(|\Delta'| < \xi)$。

下面的 fx-5800P 程序 P6-3 能自动计算 $1 - P(|\Delta'| < \xi)$ 的值。

程序名：P6-3，占用内存 120 字节

```
Fix 3:Lbl 0↵                                设置固定小数显示格式位数
"a,π⇒END="?A:A=π⇒Goto E↵                    输入积分下限值，输 π 结束程序
"b="?B↵                                     输入积分上限值
1-∫(1÷√(2π)e^(-X²÷2),A,B)→Q↵                计算标准正态分布函数的数值积分
"1-P(%)=":100Q◢                             显示计算结果
Goto 0:Lbl E:"P6-3⇒END"
```

执行程序 P6-3，分别计算 ξ 等于 1，2，3 的积分值如下：

屏幕提示	按 键	说 明
a,π⇒END=?	-1 EXE	积分下限值 1
b=?	1 EXE	积分上限值 1
1-P(%)=31.731	EXE	显示积分 $1 - P(\|\Delta'\| < 1)$ 的值
a,π⇒END=?	-2 EXE	积分下限值 2
b=?	2 EXE	积分上限值 2
1-P(%)=4.550	EXE	显示积分 $1 - P(\|\Delta'\| < 2)$ 的值
a,π⇒END=?	-3 EXE	积分下限值 3
b=?	3 EXE	积分上限值 3
1-P(%)=0.270	EXE	显示积分 $1 - P(\|\Delta'\| < 3)$ 的值
a,π⇒END=?	SHIFT π EXE	积分下限输入 π 结束程序
QH6-3⇒END		程序执行结束显示

上述的计算结果表明，真误差绝对值大于 σ 的占 31.731%；真误差绝对值大于 2σ 的占 4.55%，即 100 个真误差中，只有 4.55 个真误差的绝对值可能超过 2σ；而大于 3σ 的仅仅占 0.27%，也即 1 000 个真误差中，只有 2.7 个真误差的绝对值可能超过 3σ。后两者都属于小概率事件，根据概率原理，小概率事件在小样本中是不会发生的，也即当观测次数 n 有限时，绝对值大于 2σ 或 3σ 的真误差实际上是不可能出现的。因此测量规范常以 2σ 或 3σ 作为真误差的允许值，该允许值称为极限误差，简称为限差。

$$|\Delta_{容}| = 2\sigma \approx 2m \quad 或 \quad |\Delta_{容}| = 3\sigma \approx 3m$$

当某观测值误差的绝对值大于上述限差时，则认为它含有系统误差，应剔除它。

6.4 误差传播定律及其应用

测量中，有些未知量不能直接观测测定，需要用直接观测量计算求出。例如，水准仪一站观测的高差 h 为

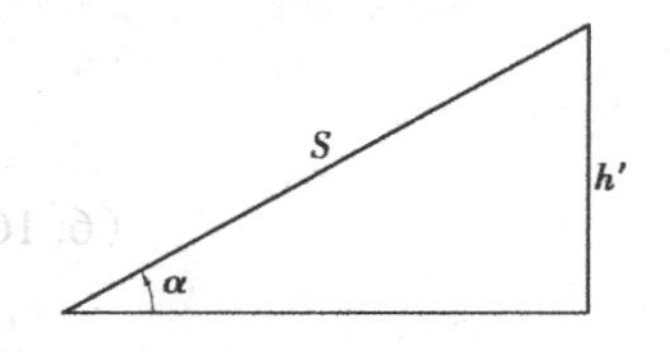

图6.2　三角高程测量初算高差

$$h = a - b \tag{6.17}$$

式中的后视读数 a 与前视读数 b 均为直接观测量，h 与 a,b 的函数关系为线性关系。

在图6.2中，三角高程测量的初算高差 h' 为

$$h' = S\sin\alpha \tag{6.18}$$

式中的斜距 S 与竖直角 α 也是直接观测量，h' 与 S,α 的函数关系为非线性关系。

直接观测量的误差导致它们的函数也存在误差，函数的误差是由直接观测量的误差传播过来的。

1）线性函数的误差传播定律及其应用

一般地，设有线性函数为

$$Z = f_1X_1 + f_2X_2 + \cdots + f_nX_n \tag{6.19}$$

式中，$f_1,f_2,\cdots,f_n$ 为系数，$X_1,X_2,\cdots,X_n$ 为误差独立观测量，其中误差分别为 $m_1,m_2,\cdots,m_n$，则函数 Z 的中误差为

$$m_Z = \pm\sqrt{f_1^2m_1^2 + f_2^2m_2^2 + \cdots + f_n^2m_n^2} \tag{6.20}$$

（1）等精度独立观测量算术平均值的中误差

设对某未知量等精度独立观测了 n 次，得观测值为 $l_1,l_2,\cdots,l_n$，其算术平均值为

$$\bar{l} = \frac{l_1 + l_2 + \cdots + l_n}{n} = \frac{[l]}{n} = \frac{1}{n}l_1 + \frac{1}{n}l_2 + \cdots + \frac{1}{n}l_n \tag{6.21}$$

设每个观测量的中误差为 m，根据式（6.20），得算术平均值的中误差为

$$m_{\bar{l}} = \pm\sqrt{\frac{1}{n^2}m^2 + \frac{1}{n^2}m^2 + \cdots + \frac{1}{n^2}m^2} = \pm\sqrt{\frac{n}{n^2}m^2} = \frac{m}{\sqrt{n}} \tag{6.22}$$

由式（6.22）可知，n 次等精度独立观测量算术平均值的中误差为一次观测中误差的 $\frac{1}{\sqrt{n}}$，当 $n\to\infty$ 时，有 $\frac{m}{\sqrt{n}}\to 0$。

在【例6.1】中，计算出每次丈量距离中误差为 $m = \pm 5.02$ mm，根据式（6.22）求得6次丈量距离平均值的中误差为 $m_{\bar{l}} = \frac{\pm 5.02\ \text{mm}}{\sqrt{6}} = \pm 2.05$ mm，平均值的相对误差为 $K_{\bar{l}} = \frac{0.002\,05}{49.982} = \frac{1}{24\,381}$。

（2）水准测量路线高差的中误差

某条水准路线，等精度独立观测了 n 站高差 $h_1,h_2,\cdots,h_n$，路线高差之和为

$$h = h_1 + h_2 + \cdots + h_n \tag{6.23}$$

设每站高差观测的中误差为 $m_{站}$，则 h 的中误差为

$$m_h = \pm\sqrt{m_1^2 + m_2^2 + \cdots + m_n^2} = \sqrt{n}m_{站} \tag{6.24}$$

式（6.24）一般用来计算上山水准路线的高差中误差。在平坦地区进行水准测量时，每站前视尺至后视尺的距离（也称每站距离）L_i（km）基本相等，设水准路线总长为 L（km），则有 $n = \frac{L}{L_i}$，将其代入式（6.24）得

$$m_h = \sqrt{\frac{L}{L_i}}m_{站} = \sqrt{L}\frac{m_{站}}{\sqrt{L_i}} = \sqrt{L}m_{km} \tag{6.25}$$

式中 $m_{km}=\frac{m_{站}}{\sqrt{L_i}}$,称为每 km 水准测量的高差观测中误差。

2)非线性函数的误差传播定律及其应用

一般地,设有非线性函数为

$$Z = F(X_1, X_2, \cdots, X_n) \tag{6.26}$$

式中,$X_1, X_2, \cdots, X_2$ 为误差独立观测量,其中误差分别为 $m_1, m_2, \cdots, m_n$,对式(6.26)求全微分得

$$dZ = \frac{\partial F}{\partial X_1}dX_1 + \frac{\partial F}{\partial X_2}dX_2 + \cdots + \frac{\partial F}{\partial X_n}dX_n \tag{6.27}$$

令 $f_1=\frac{\partial F}{\partial x_1}, f_2=\frac{\partial F}{\partial x_2}, \cdots f_n=\frac{\partial F}{\partial x_n}$,其值可以将 $X_1, X_2, \cdots, X_n$ 的观测值代入求得,则有

$$dZ = f_1 dX_1 + f_2 dX_2 + \cdots + f_n dX_n \tag{6.28}$$

则函数 Z 的中误差为

$$m_Z = \pm\sqrt{f_1^2 m_1^2 + f_2^2 m_2^2 + \cdots + f_n^2 m_n^2} \tag{6.29}$$

【例 6.2】 如图 6.2 所示,测量的斜边为 $S=163.563$ m,中误差为 $m_S = \pm 0.006$ m;测量的竖直角为 $\alpha=32°15'26''$,中误差为 $m_\alpha = \pm 6''$,设边长与角度观测误差独立,试求初算高差 h' 的中误差 $m_{h'}$。

【解】 由图 6.2 可以列出计算 h' 的函数关系式为 $h'=S\sin\alpha$,对其取全微分得

$$\begin{aligned}
dh' &= \frac{\partial h'}{\partial S}dS + \frac{\partial h'}{\partial \alpha}\frac{d\alpha''}{\rho''} \\
&= \sin\alpha dS + S\cos\alpha\frac{d\alpha''}{\rho''} \\
&= S\sin\alpha\frac{dS}{S} + S\sin\alpha\frac{\cos\alpha}{\sin\alpha}\frac{d\alpha''}{\rho''} \\
&= \frac{h'}{S}dS + \frac{h'\cot\alpha}{\rho''}d\alpha'' \\
&= f_1 dS + f_2 d\alpha''
\end{aligned}$$

式中 $f_1=\frac{h'}{S}, f_2=\frac{h'\cot\alpha}{\rho''}$ 为系数,将观测值代入求得;$\rho''=206\ 265$ 为弧秒值。将角度的微分量 $d\alpha''$ 除以 ρ'',是为了将 $d\alpha''$ 的单位从“″”换算为弧度。

应用误差传播率,得 $m_{h'}=\sqrt{f_1^2 m_S^2 + f_2^2 m_\alpha^2}$,将观测值代入,得

$$h' = S\sin\alpha = 163.563\ \text{m} \times \sin 32°15'26'' = 87.297\ \text{m}$$

$$f_1 = \frac{h'}{S} = \frac{87.297}{163.563} = 0.533\ 721$$

$$f_2 = \frac{h'\cot\alpha}{\rho''} = \frac{87.297 \times \cot 32°15'26''}{206\ 265} = 0.000\ 671$$

$$m_{h'} = \pm\sqrt{0.533\ 7^2 \times 0.006^2 + 0.000\ 671^2 \times 6^2}\ \text{m} = \pm 0.005\ 142\ \text{m}$$

可以使用 fx-5800P 计算器的数值微分功能编程自动计算函数的中误差,在计算器中输入下列程序 P6-4。

程序名:P6-4,占用内存204字节

```
Fix 5:Lbl 0↵                                   设置固定小数显示格式位数
"S(m),0⇒END="?S:S=0⇒Goto E↵                    输入斜边观测值,输入0结束程序
"mS(m)="?B                                     输入斜边中误差
"α(Deg)="?D:"mα(Sec)="?C↵                      输入竖直角及其中误差
Rad:D°→A↵                                      变换十进制角度为弧度
"h(m)=":Ssin(A)→H◢                             计算与显示初算高差h'的值
"f1=":d/dX(Xsin(A),S)→I◢                       计算与显示系数f1的值
"f2=":d/dX(Ssin(X),A)÷206265→J◢                计算与显示系数f2的值
"mh(m)=":√(I²B²+J²C²)→M◢                       计算与显示m_h'的值
Goto 0:Lbl E:"P6−4⇒END"
```

执行程序P6-4,屏幕提示与用户操作过程如下:

屏幕提示	按　键	说　明
S(m),0⇒END=?	163.563 EXE	输入斜距
mS(m)=?	0.006 EXE	输入斜距中误差
α(Deg)=?	32 °′″ 15 °′″ 26 °′″ EXE	输入竖直角
mα(Sec)=?	6 EXE	输入竖直角中误差
h(m)=87.29703	EXE	显示初算高差的值
f1=0.53372	EXE	显示系数f_1的值
f2=0.00067	EXE	显示系数f_2的值
mh(m)=0.00514	EXE	显示初算高差的中误差
S(m),0⇒END=?	0 EXE	输入0结束程序
P6−4⇒END		程序结束显示

由于微分函数中有三角函数,因此,程序中应有Rad语句将角度制设置为弧度。

6.5 等精度独立观测量的最可靠值与精度评定

设对某未知量等精度独立观测了n次,得观测值为$l_1,l_2,\cdots,l_n$,其算术平均值为

$$\bar{l}=\frac{l_1+l_2+\cdots+l_n}{n}=\frac{[l]}{n} \tag{6.30}$$

真误差为$\Delta_1,\Delta_2,\cdots,\Delta_n$,其中

$$\Delta_i=l_i-\tilde{l}\ (i=1,2,\cdots,n) \tag{6.31}$$

式中,$\tilde{l}$为观测量的真值。取式(6.31)的和并除以观测次数n,得

$$\frac{[\Delta]}{n}=\frac{[l]}{n}-\tilde{l}=\bar{l}-\tilde{l} \tag{6.32}$$

由式(6.9),对式(6.32)取极限$\lim\limits_{n\to\infty}\frac{[\Delta]}{n}=\lim\limits_{n\to\infty}\bar{l}-\tilde{l}=0$,由此得:

$$\lim_{n\to\infty}\bar{l}=\tilde{l} \tag{6.33}$$

式(6.33)说明,当观测次数 n 趋于无穷大时,算术平均值就趋于未知量的真值 $\tilde{l}$。所以,当 n 有限时,通常取算术平均值为未知量的最可靠值。

当观测量的真值 $\tilde{l}$ 已知时,每个观测量的真误差 $\Delta_i = l_i - \tilde{l}$ 可以求出,根据式(6.12)可以计算出一次观测的中误差 m。但在大部分情况下,观测量的真值 $\tilde{l}$ 是不知道的,这时,由于求不出 Δ_i,所以也求不出中误差 m。但由于算术平均值 $\bar{l}$ 是真值 $\tilde{l}$ 的最可靠值,所以,可以用 $\bar{l}$ 代替 $\tilde{l}$ 计算 m,下面推导计算公式。

定义观测量 l_i 的改正数 V_i(也称残差)为

$$V_i = \bar{l} - l_i \tag{6.34}$$

求和,得

$$[V] = n\bar{l} - [l] = 0 \tag{6.35}$$

根据 l_i 的真误差为 $\Delta_i = l_i - \tilde{l}$,将其与式(6.34)相加,得

$$V_i + \Delta_i = \bar{l} - \tilde{l} = \delta \tag{6.36}$$

式中,δ 为常数,由此求得

$$\Delta_i = \delta - V_i \tag{6.37}$$

对式(6.37)取平方,得

$$\Delta_i^2 = \delta^2 - 2\delta V_i + V_i^2 \tag{6.38}$$

求和并根据式(6.35),得

$$[\Delta\Delta] = n\delta^2 - 2\delta[V] + [VV] = n\delta^2 + [VV] \tag{6.39}$$

上式除以 n 并取极限

$$\lim_{n\to\infty}\frac{[\Delta\Delta]}{n} = \lim_{n\to\infty}\delta^2 + \lim_{n\to\infty}\frac{[VV]}{n} \tag{6.40}$$

下面化简 $\lim\limits_{n\to\infty}\delta^2$。由式(6.36),得

$$\begin{aligned}\delta &= \bar{l} - \tilde{l} \\ &= \frac{l_1 + l_2 + \cdots + l_n}{n} - \tilde{l} \\ &= \frac{l_1 - \tilde{l}}{n} + \frac{l_2 - \tilde{l}}{n} + \cdots + \frac{l_n - \tilde{l}}{n} \\ &= \frac{\Delta_1}{n} + \frac{\Delta_2}{n} + \cdots + \frac{\Delta_n}{n} = \frac{1}{n}(\Delta_1 + \Delta_2 + \cdots + \Delta_n)\end{aligned}$$

故有

$$\begin{aligned}\delta^2 &= \frac{1}{n^2}(\Delta_1^2 + \Delta_2^2 + \cdots + \Delta_n^2 + 2\Delta_1\Delta_2 + 2\Delta_1\Delta_3 + \cdots + 2\Delta_{n-1}\Delta_n) \\ &= \frac{[\Delta\Delta]}{n^2} + \frac{2}{n^2}(\Delta_1\Delta_2 + \Delta_1\Delta_3 + \cdots + \Delta_{n-1}\Delta_n)\end{aligned}$$

取极限

$$\lim_{n\to\infty}\delta^2 = \lim_{n\to\infty}\frac{[\Delta\Delta]}{n^2} + \lim_{n\to\infty}\frac{2}{n^2}(\Delta_1\Delta_2 + \Delta_1\Delta_3 + \cdots + \Delta_{n-1}\Delta_n) \tag{6.41}$$

因为观测值 $l_1, l_2, \cdots, l_n$ 误差独立,所以它们相互间的两两协方差应等于零,也即有

$$\lim_{n\to\infty} \frac{2}{n^2}(\Delta_1\Delta_2 + \Delta_1\Delta_3 + \cdots + \Delta_{n-1}\Delta_n) = 0 \tag{6.42}$$

将式(6.42)代入式(6.41),得

$$\lim_{n\to\infty} \delta^2 = \lim_{n\to\infty} \frac{[\Delta\Delta]}{n^2} \tag{6.43}$$

再将式(6.43)代入式(6.40),得

$$\lim_{n\to\infty} \frac{[\Delta\Delta]}{n} = \lim_{n\to\infty} \delta^2 + \lim_{n\to\infty} \frac{[VV]}{n} = \lim_{n\to\infty} \frac{[\Delta\Delta]}{n^2} + \lim_{n\to\infty} \frac{[VV]}{n}$$

化简上式,得

$$\lim_{n\to\infty} \frac{[\Delta\Delta]}{n} = \lim_{n\to\infty} \frac{[VV]}{n-1} = \sigma^2 \tag{6.44}$$

当观测次数 n 有限时,有

$$m = \pm\sqrt{\frac{[VV]}{n-1}} \tag{6.45}$$

式(6.45)即为等精度独立观测时,利用观测值改正数 V_i 计算一次观测中误差的公式,也称白塞尔公式(Bessel formula)。

【例 6.3】 在【例 6.1】中,假设其距离的真值未知,试用白塞尔公式计算该 50 m 钢尺一次丈量的中误差。

【解】 容易求出 6 次距离丈量的算术平均值为 $\bar{l}$ =49.982 2 m,其余计算在表 6.3 中进行。

表 6.3 用观测值改正数 V 计算一次丈量中误差

观测次序	观测值/m	V/mm	VV	计 算
1	49.988	−5.8	33.64	
2	49.975	7.2	51.84	
3	49.981	1.2	1.44	$m = \pm\sqrt{\frac{[VV]}{n-1}}$
4	49.978	4.2	17.64	$= \pm\sqrt{\frac{130.84}{5}}$ mm
5	49.987	−4.8	23.04	$= \pm 5.12$ mm
6	49.984	−1.8	3.24	
$\sum$			130.84	

使用 Excel 计算的结果参见光盘文件“\Excel\表 6.3.xls”。

使用 fx-5800P 的单变量统计 **SD** 模式计算算术平均值 $\bar{l}$ 与中误差 m 的操作步骤为:

按 MODE 3 键进入 **SD** 模式,移动光标到 **X** 串列的第一单元,按 **49.988** EXE **49.975** EXE **49.981** EXE **49.978** EXE **49.987** EXE **49.984** EXE 键输入 6 个距离丈量值,**FREQ** 串列的值自动变成 1,结果如图 6.3(a)~(b)所示。

按 FUNCTION 6 (**RESULT**)键进行单变量统计计算,多次按 ▼ 键向下翻页查看,结果如图 6.3(d)~(f)所示。由图可知,6 次丈量的平均值为 $\bar{x}$ =49.982 m,一次量距的中误差为 $x\sigma n\text{-}1$ = 5.12 mm。

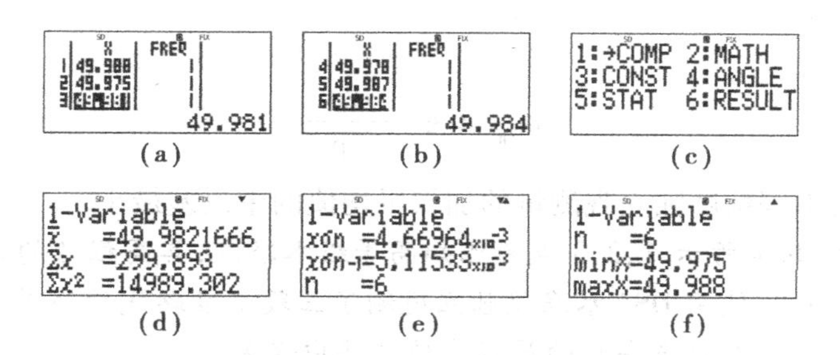

图 6.3 在 fx-5800P 的 SD 模式计算表 6.3 单变量统计的操作过程

表 6.2 使用式(6.12)计算出的钢尺每次丈量中误差 $m=\pm5.02$ mm,而表 6.3 使用式(6.45)计算出的钢尺每次丈量中误差 $m=\pm5.12$ mm,两者并不相等,这是因为观测次数 $n=6$ 较小所致。

6.6 不等精度独立观测量的最可靠值与精度评定

1)权的定义

设观测量 l_i 的中误差为 m_i,其权(weight)W_i 的定义为

$$W_i=\frac{m_0^2}{m_i^2} \tag{6.46}$$

式中 m_0^2 为任意正实数。由式(6.46)可知,观测量 l_i 的权 W_i 与其方差 m_i^2 成反比,l_i 的方差 m_i^2 越大,其权就越小,精度越低;反之,l_i 的方差 m_i^2 越小,其权就越大,精度越高。

如果令 $W_i=1$,则有 $m_0^2=m_i^2$,也即 m_0^2 为权等于 1 的观测量的方差,故称 m_0^2 为单位权方差,而 m_0 就称为单位权中误差。

2)加权平均值及其中误差

对某量进行不等精度独立观测,得观测值 $l_1,l_2,\cdots,l_n$,其中误差分别为 $m_1,m_2,\cdots,m_n$,权分别为 $W_1,W_2,\cdots,W_n$,则观测值的加权平均值为

$$\bar{l}_W=\frac{W_1l_1+W_2l_2+\cdots+W_nl_n}{W_1+W_2+\cdots+W_n}=\frac{[Wl]}{[W]} \tag{6.47}$$

将式(6.47)化为

$$\bar{l}_W=\frac{W_1}{[W]}l_1+\frac{W_2}{[W]}l_2+\cdots+\frac{W_n}{[W]}l_n \tag{6.48}$$

应用误差传播定律得

$$m_{\bar{l}_W}^2=\frac{W_1^2}{[W]^2}m_1^2+\frac{W_2^2}{[W]^2}m_2^2+\cdots+\frac{W_n^2}{[W]^2}m_n^2$$

因 $W_i^2m_i^2=\left(\frac{m_0^2}{m_i^2}\right)^2m_i^2=\frac{m_0^4}{m_i^4}m_i^2=\frac{m_0^2}{m_i^2}m_0^2=W_im_0^2(i=1,2,\cdots,n)$,将其代入上式得

$$\begin{aligned}m_{\bar{l}_W}^2&=\frac{W_1}{[W]^2}m_0^2+\frac{W_2}{[W]^2}m_0^2+\cdots+\frac{W_n}{[W]^2}m_0^2\\&=\frac{[W]}{[W]^2}m_0^2=\frac{m_0^2}{[W]}\end{aligned}$$

等式两边开平方得

$$m_{\bar{l}_W} = \pm \frac{m_0}{\sqrt{[W]}} \tag{6.49}$$

下一节将证明：不等精度独立观测量的加权平均值的中误差最小。

【例6.4】 如图6.4所示，1,2,3点为已知高等级水准点，其高程值的误差很小，可以忽略不计。为求P点的高程，使用DS3水准仪独立观测了三段水准路线的高差，每段高差的观测值及其测站数标于图中，试求P点高程的最可靠值及其中误差。

【解】 因为都是使用DS3水准仪观测，可以认为其每站高差观测中误差$m_{站}$相等。

由式(6.24)求得高差观测值h_1, h_2, h_3的中误差分别为$m_1 = \sqrt{n_1}m_{站}$，$m_2 = \sqrt{n_2}m_{站}$，$m_3 = \sqrt{n_3}m_{站}$。

取$m_0 = m_{站}$，则h_1, h_2, h_3的权分别为$W_1 = 1/n_1$，$W_2 = 1/n_2$，$W_3 = 1/n_3$。

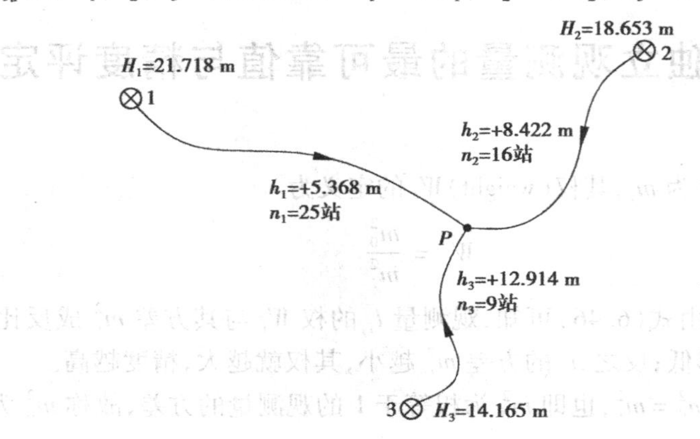

图6.4　某水准路线图

由1,2,3点的高程值和3个高差观测值h_1, h_2, h_3可以分别计算出P点的高程值为

$$H_{P1} = H_1 + h_1 = 21.718\ \text{m} + 5.368\ \text{m} = 27.086\ \text{m}$$

$$H_{P2} = H_2 + h_2 = 18.653\ \text{m} + 8.422\ \text{m} = 27.075\ \text{m}$$

$$H_{P3} = H_3 + h_3 = 14.165\ \text{m} + 12.914\ \text{m} = 27.079\ \text{m}$$

因为3个已知水准点的高程误差很小，可以忽略不计，所以前面求出的3个高差观测值的中误差m_1, m_2, m_3就等于使用该高差观测值计算出的P点高程值H_{P1}, H_{P2}, H_{P3}的中误差。

P点高程的加权平均值为

$$\overline{H}_{PW} = \frac{\frac{1}{n_1}H_{P1} + \frac{1}{n_2}H_{P2} + \frac{1}{n_3}H_{P3}}{\frac{1}{n_1} + \frac{1}{n_2} + \frac{1}{n_3}} = \frac{\frac{27.086\ \text{m}}{25} + \frac{27.075\ \text{m}}{16} + \frac{27.079\ \text{m}}{9}}{\frac{1}{25} + \frac{1}{16} + \frac{1}{9}} = 27.079\ \text{m} \tag{6.50}$$

P点高程加权平均值的中误差为

$$m_{\overline{H}_{PW}} = \pm \frac{m_{站}}{\sqrt{\frac{1}{n_1}+\frac{1}{n_2}+\frac{1}{n_3}}} = \pm \frac{m_{站}}{\sqrt{\frac{1}{25}+\frac{1}{16}+\frac{1}{9}}} = \pm 0.462\ 2m_{站} \tag{6.51}$$

下面验证 P 点高程算术平均值的中误差 $m_{\overline{H}_P} > m_{\overline{H}_{PW}}$。$P$ 点高程的算术平均值为

$$\overline{H}_P = \frac{H_{P1}+H_{P2}+H_{P3}}{3} = 27.080\ \text{m} \tag{6.52}$$

根据误差传播定律，求得 P 点高程算术平均值的中误差为

$$m_{\overline{H}_P} = \pm \sqrt{\frac{1}{9}m_1^2+\frac{1}{9}m_2^2+\frac{1}{9}m_3^2} = \pm \frac{1}{3}\sqrt{m_1^2+m_2^2+m_3^2}$$

$$= \pm \frac{1}{3}m_{站}\sqrt{n_1+n_2+n_3} = \pm \frac{\sqrt{50}}{3}m_{站} = \pm 2.357m_{站} \tag{6.53}$$

比较式(6.51)与式(6.53)的结果可知，对于不等精度独立观测，加权平均值比算术平均值更合理。

3)单位权中误差的计算

由式(6.51)可知，求出的 P 点高程加权平均值的中误差为单位权中误差 $m_0 = m_{站}$ 的函数，由于 $m_{站}$ 未知，仍然求不出 $m_{\overline{H}_{PW}}$，下面推导单位权中误差 m_0 的计算公式。

一般地，对权分别为 $W_1, W_2, \cdots, W_n$ 的不等精度独立观测量 $l_1, l_2, \cdots, l_n$，构造虚拟观测量 $l'_1, l'_2, \cdots, l'_n$，其中

$$l'_i = \sqrt{W_i}l_i, i = 1,2,\cdots,n \tag{6.54}$$

应用误差传播定律，得：

$$m_{l'_i}^2 = W_i m_i^2 = \frac{m_0^2}{m_i^2}m_i^2 = m_0^2 \tag{6.55}$$

式(6.55)说明，虚拟观测量 $l'_1, l'_2, \cdots, l'_n$是等精度独立观测量，其每个观测量的中误差相等，根据式(6.45)的白塞尔公式，得

$$m_0 = \pm \sqrt{\frac{[V'V']}{n-1}} \tag{6.56}$$

对式(6.54)取微分，并令微分量等于改正数，得 $V'_i = \sqrt{W_i}V_i$，将其代入式(6.56)，得

$$m_0 = \pm \sqrt{\frac{[WVV]}{n-1}} \tag{6.57}$$

将式(6.57)代入式(6.49)，得

$$m_{\bar{l}_W} = \pm \sqrt{\frac{[WVV]}{[W](n-1)}} \tag{6.58}$$

【例6.4】的单位权中误差 $m_0 = m_{站}$ 的计算在表6.4中进行。

下面证明，加权平均值的方差为未知量估计的最小方差。一般地，设对某未知量 l 进行 n 次不等精度独立观测，得观测值 $l_1, l_2, \cdots, l_n$，权为 $W_1, W_2, \cdots, W_n$，设未知量的最可靠值为 x，则各观测量的改正数为

$$V_i = x - l_i, i = 1,2,\cdots,n \tag{6.59}$$

表 6.4 计算不等精度独立观测量的单位权中误差

序	H_P/m	V/mm	W	WVV	
1	27.086	−6.9	0.04	1.904 4	$m_{站}=\pm\sqrt{\frac{[WVV]}{n-1}}$
2	27.075	+4.1	0.062 5	1.050 6	$=\pm\sqrt{\frac{2.956\ 1}{2}}$ mm
3	27.079	+0.1	0.111 1	0.001 1	
∑				2.956 1	$=\pm 1.22$ mm

测量上称式(6.59)为观测方程或误差方程。n 个误差方程中只要给定一个 x 的值,就可以计算出 n 个改正数 V,因此方程有无穷组解。为了求出 x 的最优解,应给改正数 V 一个约束准则。测量上,一般使用下面的最小二乘准则作为约束条件

$$[WVV]=[W(x-l)^2]\rightarrow \min \tag{6.60}$$

将式(6.60)对未知量 x 求一阶导数,并令其等于0,得

$$\frac{\mathrm{d}[WVV]}{\mathrm{d}x}=2[WV]=2[W(x-l)]=0$$

$$[W]x-[Wl]=0$$

$$x=\frac{[Wl]}{[W]} \tag{6.61}$$

式(6.61)与式(6.47)的加权平均值相同,这说明,当未知量的估值等于观测量的加权平均值时,可以使$[WVV]\rightarrow\min$,由式(6.58)可知,它等价于满足条件 $m_0\rightarrow\min$。

测量中,称在式(6.60)的最小二乘准则下求观测方程式(6.59)解的方法为最小二乘平差(least squares adjustment)。平差的英文单词为 adjustment,意为调整,其实质是调整改正数使之满足某个约束条件。通常称满足最小二乘准则的平差为严密平差,不符合最小二乘准则的平差为近似平差。本书2.3节介绍的图根水准测量成果处理方法属于近似平差,《工程测量规范》规定,三、四等以上等级水准测量的成果处理应使用严密平差方法。多参数严密平差的计算是比较复杂的,文献[3]给出了使用 True BASIC 语言编写的各类严密平差计算源程序。

本章小结

(1)当严格按规范要求检验与校正仪器并实施测量时,一般认为测量的误差只含有偶然误差。

(2)衡量偶然误差精度的指标有中误差 m、相对误差 K 与极限误差 $|\Delta_{容}|=2m$ 或 $|\Delta_{容}|=3m$。

(3)等精度独立观测量的算术平均值 $\bar{l}$、一次观测中误差 m、算术平均值的中误差 $m_{\bar{l}}$ 的计算公式为

$$\left.\begin{aligned}\bar{l}&=\frac{[l]}{n}\\ m&=\pm\sqrt{\frac{[VV]}{n-1}}\\ m_{\bar{l}}&=\frac{m}{\sqrt{n}}\end{aligned}\right\}$$

(4)观测值 l_i 的权定义为 $W_i = \frac{m_0^2}{m_i^2}$,它是一个大于0的实数。

(5)不等精度独立观测量的加权平均值 $\bar{l}_W$、单位权中误差 m_0、加权平均值的中误差 $m_{\bar{l}_W}$ 的计算公式为

$$\left.\begin{aligned}\bar{l} &= \frac{[Wl]}{[W]}\\ m_0 &= \pm\sqrt{\frac{[WVV]}{n-1}}\\ m_{\bar{l}_W} &= \frac{m_0}{\sqrt{W}}\end{aligned}\right\}$$

思考题与练习题

1. 产生测量误差的原因是什么?

2. 测量误差是如何分类的?各有何特性?在测量工作中如何消除或削弱?

3. 偶然误差有哪些特性?

4. 对某直线等精度独立丈量了7次,观测结果分别为168.135,168.148,168.120,168.129,168.150,168.137,168.131,试用fx-5800P的单变量统计功能计算其算术平均值、每次观测的中误差,应用误差传播定律计算算术平均值中误差。

5. DJ6级经纬仪一测回方向观测中误差 $m_0 = \pm 6''$,试计算该仪器一测回观测一个水平角的中误差 m_A。

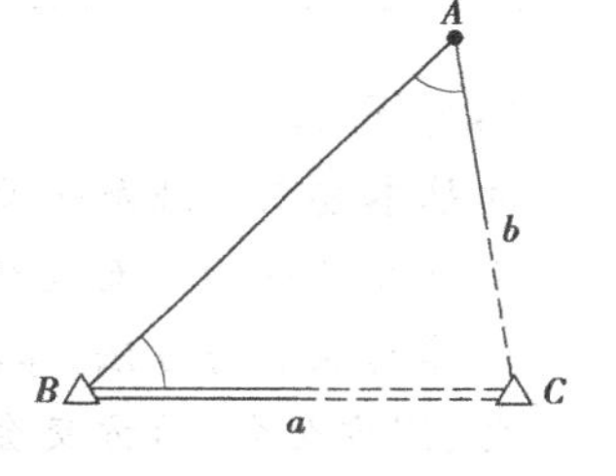

图6.5 侧方交会测量

6. 量得一圆柱体的半径及其中误差为 $r = 4.578\ \text{m} \pm 0.006\ \text{m}$,高度及其中误差为 $h = 2.378\ \text{m} \pm 0.004\ \text{m}$,试计算其体积及其中误差。

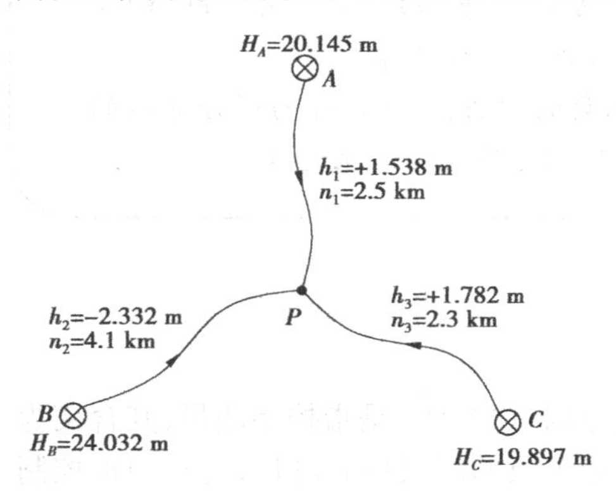

图6.6 节点水准路线略图

7. 如图6.5所示的侧方交会测量,测得边长 a 及其中误差为 $a = 230.78\ \text{m} \pm 0.012\ \text{m}$,$\angle A = 52°47'36'' \pm 15''$,$\angle B = 45°28'54'' \pm 20''$,试计算边长 b 及其中误差 m_b。

8. 已知三角形各内角的测量中误差为 $\pm 15''$,容许中误差为中误差的2倍,求该三角形闭合差的限差。

9. 如图6.6所示,A,B,C 3个已知水准点的高程误差很小,可以忽略不计。为了求得图中 P 点的高程,从 A,B,C 三点向 P 点进行同等级的水准测量,高差观测的中误差按式(6.25)计算,取单位权中误差 $m_0 = m_{\text{km}}$,试计算 P 点高程的加权平均值及其中误差、单位权中误差。

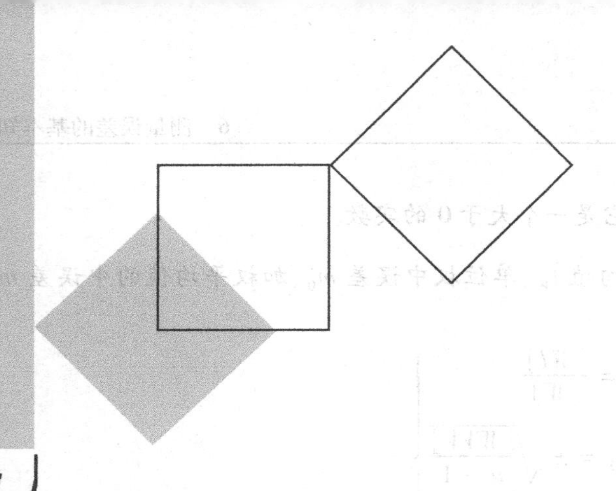

7 控制测量

本章导读：

- **基本要求**　理解平面与高程控制网是由高级网向低级网逐级加密的原则布设；掌握由直线端点的平面坐标反算其平距与坐标方位角的两种方法、坐标方位角推算及坐标计算的原理与方法；掌握单一闭合与附合导线的布设、测量与计算方法；熟悉前方交会、侧方交会、后方交会的测量与计算方法，熟悉三、四等水准测量的观测与记录计算方法，熟悉四、五等三角高程观测与计算方法。
- **重点**　由直线端点坐标反算直线平距与坐标方位角的方法，单一闭合与附合导线的测量与计算方法，前方交会的测量与计算方法，四等水准测量“后—后—前—前”的观测方法及其记录计算方法，三角高程测量的球气差改正原理与计算。
- **难点**　由直线端点坐标反算直线平距与坐标方位角的方法，单一闭合与附合导线的近似平差计算，四等水准测量“后—后—前—前”的观测方法及其记录计算。

7.1 控制测量概述

测量工作应遵循“从整体到局部，先控制后碎部”的原则。“整体”是指控制测量，其含义为控制测量应按由高等级到低等级逐级加密进行，直至最低等级的图根控制测量，再在图根控制点上安置仪器进行碎部测量或测设工作。控制测量包括平面控制测量和高程控制测量，称测定点位的 x，y 坐标为平面控制测量，测定点位的 H 坐标为高程控制测量。

在全国范围内建立的控制网，称为国家控制网。它是全国各种比例尺测图的基本控制，也为研究地球的形状和大小，了解地壳水平形变和垂直形变的大小及演变趋势，为地震预测提供形变信息等服务。国家控制网是用精密测量仪器和方法依照《国家三角测量和精密导线测量规范》、《全球定位系统（GPS）测量规范》、《国家一、二等水准测量规范》及《国家三、四等水准测量规范》按一、二、三、四4个等级、由高级到低级逐级加密点位建立的。

1）平面控制测量

我国的国家平面控制网主要用三角测量法布设，在西部困难地区采用导线测量法。一等三角锁沿经线和纬线布设成纵横交叉的三角锁系，锁长为200～250 km，构成120个锁环。一等三角锁内由近于等边的三角形组成，平均边长为20～30 km。二等三角测量有两种布网形式，一种是由纵横交叉的两条二等基本锁将一等锁环划分为4个大致相等的部分，其4个空白部分用二等补充网填充，称纵横锁系布网方案；另一种是在一等锁环内布设全面二等三角网，称全面布网方案。二等基本锁的平均边长为20～25 km，二等网的平均边长为13 km左右。一等锁的两端和二等网的中间，都要测定起算边长、天文经纬度和方位角。国家一、二等网合称为天文大地网。我国天文大地网于1951年开始布设，1961年基本完成，1975年修补测工作全部结束。三、四等三角网为在二等三角网内的进一步加密。图7.1为国家一等三角锁和一等导线布设略图。

城市或工矿区，一般应在上述国家等级控制点的基础上，根据测区的大小、城市规划或施工测量的要求，布设不同等级的城市平面控制网，以供地形测图和测设建、构筑物时使用。

《工程测量规范》规定，平面控制网的布设，可采用GNSS卫星定位测量、导线测量、三角形网测量方法。其中GNSS测量的技术要求参见第8章，各等级导线测量的主要技术要求应符合表7.1的规定。

表7.1　等级导线测量的主要技术要求

等级	导线长度/km	平均边长/km	测角中误差/(″)	测距中误差/mm	测距相对中误差	测回数			方位角闭合差/(″)	导线全长相对闭合差
						1″级仪器	2″级仪器	6″级仪器		
三等	14	3	1.8	20	1/150 000	6	10	—	$3.6\sqrt{n}$	≤1/55 000
四等	9	1.5	2.5	18	1/80 000	4	6	—	$5\sqrt{n}$	≤1/35 000
一级	4	0.5	5	15	1/30 000	—	2	4	$10\sqrt{n}$	≤1/15 000
二级	2.4	0.25	8	15	1/14 000	—	1	3	$16\sqrt{n}$	≤1/10 000
三级	1.2	0.1	12	15	1/7 000	—	1	2	$24\sqrt{n}$	≤1/5 000

直接供地形测图使用的控制点，称为图根控制点，简称图根点。图根导线测量的主要技术要求应符合表7.2的规定。

表7.2　图根导线测量的主要技术要求

导线长度	相对闭合差	测角中误差/(″)		方位角闭合差/(″)	
		一般	首级	一般	首级
$\leq \alpha \times M$	$\leq 1/(2\,000 \times \alpha)$	30	20	$60\sqrt{n}$	$40\sqrt{n}$

注：1. α为比例系数，取值宜为1，当采用1:500、1:1 000比例尺测图时，其值可在1～2之间选用；

2. M为比例尺的分母，但对于工矿区现状图测量，不论测图比例尺大小，M均应取值为500；

3. 隐蔽或施测困难地区导线相对闭合差可放宽，但不应大于$1/(1\,000 \times \alpha)$。

各等级三角形网测量的主要技术要求，应符合表7.3的规定。

表 7.3　三角形网测量的主要技术要求

<table>
<tr><th rowspan="2">等级</th><th rowspan="2">平均边长/km</th><th rowspan="2">测角中误差/(″)</th><th rowspan="2">测边相对中误差</th><th rowspan="2">最弱边边长相对中误差</th><th colspan="3">测回数</th><th rowspan="2">三角形最大闭合差/(″)</th></tr>
<tr><th>1″级仪器</th><th>2″级仪器</th><th>6″级仪器</th></tr>
<tr><td>二等</td><td>9</td><td>1</td><td>≤1/250 000</td><td>≤1/120 000</td><td>12</td><td>—</td><td>—</td><td>3.5</td></tr>
<tr><td>三等</td><td>4.5</td><td>1.8</td><td>≤1/150 000</td><td>≤1/70 000</td><td>6</td><td>9</td><td>—</td><td>7</td></tr>
<tr><td>四等</td><td>2</td><td>2.5</td><td>≤1/100 000</td><td>≤1/40 000</td><td>4</td><td>6</td><td>—</td><td>9</td></tr>
<tr><td>一级</td><td>1</td><td>5</td><td>≤1/40 000</td><td>≤1/20 000</td><td>—</td><td>2</td><td>4</td><td>15</td></tr>
<tr><td>二级</td><td>0.5</td><td>10</td><td>≤1/20 000</td><td>≤1/10 000</td><td>—</td><td>1</td><td>2</td><td>20</td></tr>
</table>

注：当测区测图的最大比例尺为 1:1000 时，一、二级三角形网的边长可适当放宽，但最大长度不应大于表中规定的 2 倍。

2）高程控制测量

高程控制测量的方法主要有水准测量、三角高程测量与 GNSS 拟合高程测量。《工程测量规范》规定，各等级高程控制宜采用水准测量，四等及以下等级可采用电磁波测距三角高程测量，五等也可采用 GNSS 拟合高程测量。

在全国领土范围内，由一系列按国家统一规范测定高程的水准点构成的网称为国家水准网，水准点上设有固定标志，以便长期保存，为国家各项建设和科学研究提供高程资料。

国家水准网按逐级控制、分级布设的原则分为一、二、三、四等，其中一、二等水准测量称为精密水准测量。一等水准是国家高程控制的骨干，沿地质构造稳定和坡度平缓的交通线布满全国，构成网状。二等水准是国家高程控制网的全面基础，一般沿铁路、公路和河流布设。二等水准环线布设在一等水准环内。沿一、二等水准路线还应进行重力测量，提供重力改正数据；三、四等水准直接为测制地形图和各项工程建设用。全国各地的高程，都是根据国家水准网统一传算的，图 7.2 为国家一等水准路线略图。

《工程测量规范》规定，各等级水准测量的主要技术要求，应符合表 7.4 的规定。

表 7.4　水准测量的主要技术要求

<table>
<tr><th rowspan="2">等级</th><th rowspan="2">每 km 高差全中误差/mm</th><th rowspan="2">路线长度/km</th><th rowspan="2">水准仪型号</th><th rowspan="2">水准尺</th><th colspan="2">观测次数</th><th colspan="2">往返较差、附合或环线闭合差</th></tr>
<tr><th>与已知点联测</th><th>附合或环线</th><th>平地/mm</th><th>山地/mm</th></tr>
<tr><td>二等</td><td>2</td><td>—</td><td>DS1</td><td>铟瓦</td><td>往返各一次</td><td>往返各一次</td><td>$4\sqrt{L}$</td><td>—</td></tr>
<tr><td rowspan="2">三等</td><td rowspan="2">6</td><td rowspan="2">≤50</td><td>DS1</td><td>铟瓦</td><td rowspan="2">往返各一次</td><td>往一次</td><td rowspan="2">$12\sqrt{L}$</td><td rowspan="2">$4\sqrt{n}$</td></tr>
<tr><td>DS3</td><td>双面</td><td>往返各一次</td></tr>
<tr><td>四等</td><td>10</td><td>≤16</td><td>DS3</td><td>双面</td><td>往返各一次</td><td>往一次</td><td>$20\sqrt{L}$</td><td>$6\sqrt{n}$</td></tr>
<tr><td>五等</td><td>15</td><td>—</td><td>DS3</td><td>单面</td><td>往返各一次</td><td>往一次</td><td>$30\sqrt{L}$</td><td>—</td></tr>
</table>

注：1. 结点之间或结点与高级点之间，其路线的长度，不应大于表中规定的 0.7 倍；

2. L 为往返测段、附合环线的水准路线长度(km)，n 为测站数；

3. 数字水准仪测量的技术要求与同等级光学水准仪相同。

图根水准测量的主要技术要求，应符合表 2.3 的规定。

国家一等平面控制网由三角锁和青藏高原导线构成

三角锁共5 206个点，构成326个锁段，形成120个锁环，全长7.5万km

青藏高原导线共426个点，构成22条导线，全长1.24万km

图7.1　国家一等三角锁与一等导线略图［审图号：GS(2016)2923号］

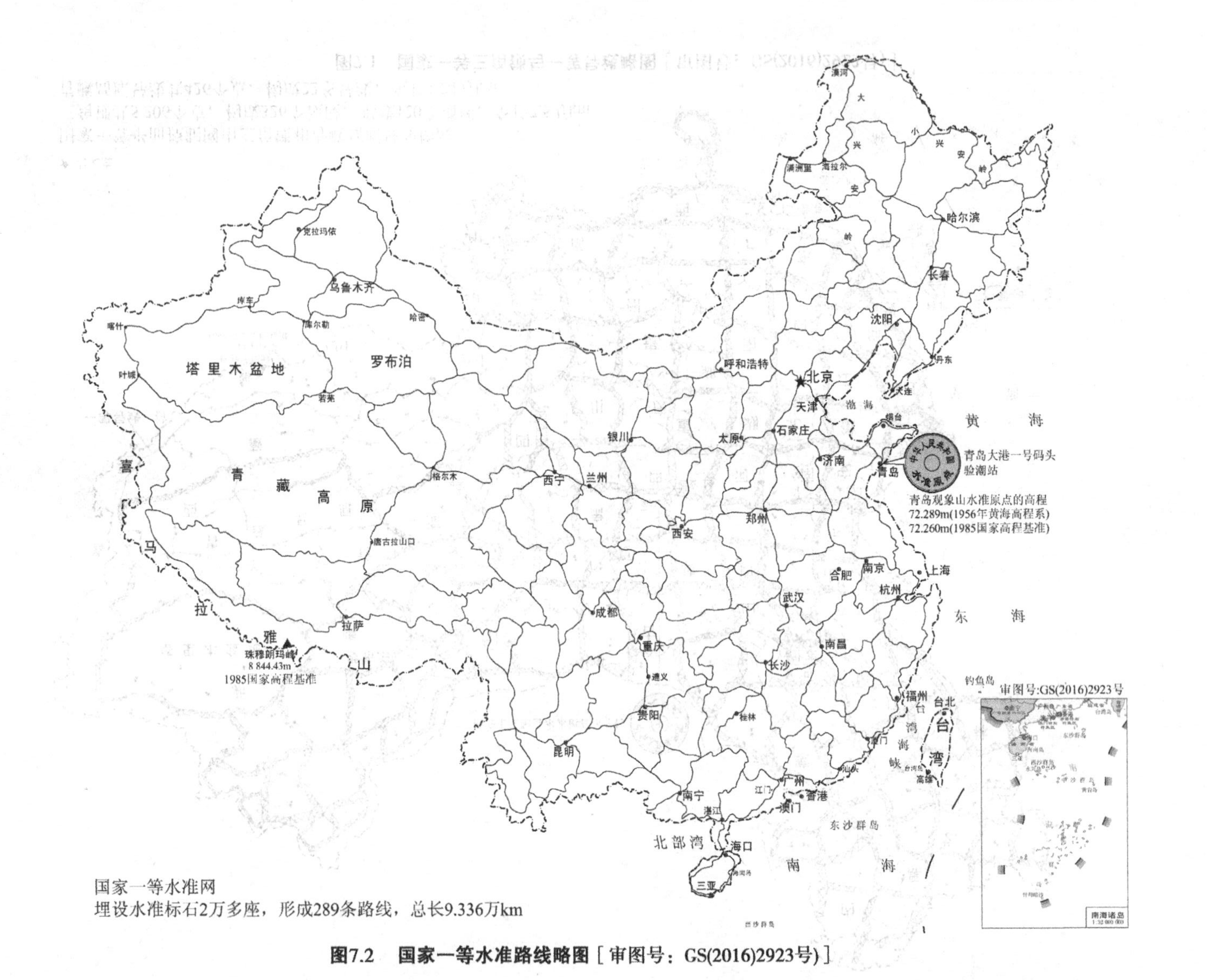

图7.2　国家一等水准路线略图［审图号：GS(2016)2923号）］

7.2　平面控制网的坐标计算原理

在新布设的平面控制网中,至少需要已知一个点的平面坐标,才可以确定控制网的位置,称为定位;至少需要已知一条边的坐标方位角才可以确定控制网的方向,称为定向。

如图7.3所示,已知A,B两点的坐标,为了计算C点的平面坐标x_C,y_C,在B点安置全站仪观测了水平角$\beta_{左}$与水平距离D_{BC},计算C点平面坐标的步骤如下。

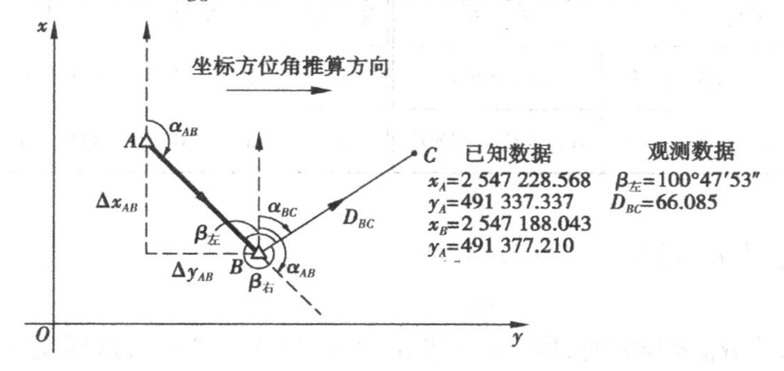

图7.3　坐标方位角与坐标增量的关系

1)由A,B两点的已知坐标计算坐标方位角α_{AB}

设边长$A \to B$的坐标增量为

$$\left.\begin{aligned}\Delta x_{AB} &= x_B - x_A \\ \Delta y_{AB} &= y_B - y_A\end{aligned}\right\} \tag{7.1}$$

则水平距离为

$$D_{AB} = \sqrt{\Delta x_{AB}^2 + \Delta y_{AB}^2} \tag{7.2}$$

由$A \to B$的坐标增量Δx_{AB},Δy_{AB}计算坐标方位角α_{AB}有下列两种方法:

(1)arctan函数计算

如图7.4(a)所示,过直线起点A分别平行于高斯平面坐标系的x轴与y轴作平行线,建立图示的$\Delta x A \Delta y$增量坐标系(以下简称增量坐标系),由Δx_{AB},Δy_{AB}计算象限角R_{AB}的公式为

$$R_{AB} = \arctan\frac{\Delta y_{AB}}{\Delta x_{AB}} \tag{7.3}$$

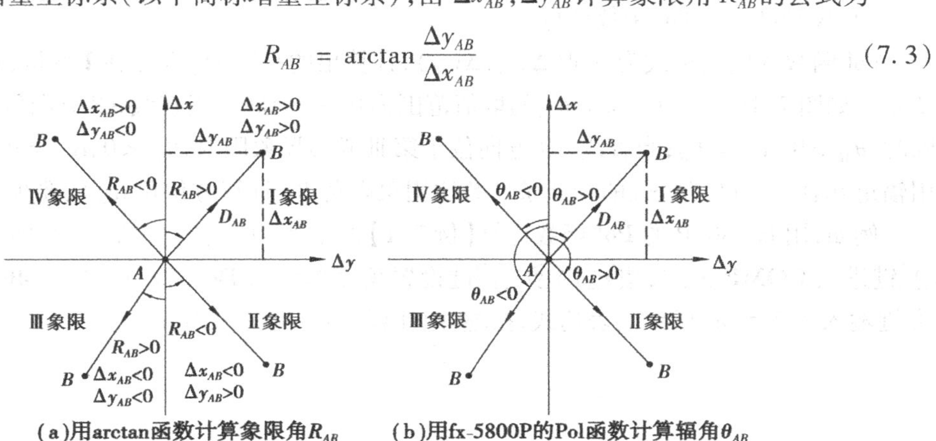

图7.4　由AB直线的坐标增量计算方位角的两种方法

根据三角函数的性质可知，由式(7.3)计算的象限角 R_{AB} 的取值范围为 0° ~ ±90°，将 R_{AB} 转换为坐标方位角 α_{AB} 时，需要根据 Δx_{AB} 与 Δy_{AB} 的正负参照图 7.4(a)来判断，规律是：当直线 AB 方向位于增量坐标系的第Ⅰ象限时，$\alpha_{AB}=R_{AB}$；当直线 AB 方向位于增量坐标系的第Ⅱ或第Ⅲ象限时，$\alpha_{AB}=R_{AB}+180°$；当直线 AB 方向位于增量坐标系的第Ⅳ象限时，$\alpha_{AB}=R_{AB}+360°$，详细列于表 7.5。

表 7.5 象限角 R 与坐标方位角 α 的关系

象限	坐标增量	关 系	象 限	坐标增量	关 系
Ⅰ	$\Delta x_{AB}>0, \Delta y_{AB}>0$	$\alpha_{AB}=R_{AB}$	Ⅲ	$\Delta x_{AB}<0, \Delta y_{AB}<0$	$\alpha_{AB}=R_{AB}+180°$
Ⅱ	$\Delta x_{AB}<0, \Delta y_{AB}>0$	$\alpha_{AB}=R_{AB}+180°$	Ⅳ	$\Delta x_{AB}>0, \Delta y_{AB}<0$	$\alpha_{AB}=R_{AB}+360°$

测量上，称 α_{BA} 为 α_{AB} 的反方位角，关系为

$$\alpha_{BA}=\alpha_{AB}\pm 180° \tag{7.4}$$

式中的"±"，当 $\alpha_{AB}<180°$ 时，取"+"；当 $\alpha_{AB}>180°$ 时，取"-"，这样就可以保证 α_{BA} 的值在 0°~360°范围内。

【例 7.1】 试计算图 7.3 已知边 AB 的水平距离 D_{AB}、坐标方位角 α_{AB} 及其反方位角 α_{BA}。

【解】 $\Delta x_{AB}=2\ 547\ 188.043\ \text{m}-2\ 547\ 228.568\ \text{m}=-40.525\ \text{m}$，$\Delta y_{AB}=491\ 377.210\ \text{m}-491\ 337.337\ \text{m}=39.873\ \text{m}$

水平距离为 $D_{AB}=\sqrt{\Delta x_{AB}^2+\Delta y_{AB}^2}=56.852\ \text{m}$

象限角为 $R_{AB}=\arctan\dfrac{\Delta y_{AB}}{\Delta x_{AB}}=-44°32'07.3''$

因为 $\Delta x_{AB}<0, \Delta y_{AB}>0$，由图 7.4(a)或表 7.5 可知，$AB$ 边方向位于增量坐标系的第Ⅱ象限，坐标方位角为

$$\alpha_{AB}=R_{AB}+180°=135°27'52.7''$$

α_{AB} 的反方位角为 $\alpha_{BA}=\alpha_{AB}+180°=315°27'52.7''$。

(2) fx-5800P 的 Pol 函数计算

Pol 函数的使用格式为：Pol($\Delta x_{AB}, \Delta y_{AB}$)，计算出的平距 D_{AB} 存储在 **I** 变量，辐角 θ_{AB} 存储在 **J** 变量。如图 7.4(b)所示，辐角 θ_{AB} 的取值范围为 0° ~ ±180°，当直线 AB 方向位于第Ⅰ或第Ⅱ象限时，$\theta_{AB}>0, \alpha_{AB}=\theta_{AB}$；当直线 AB 方向位于第Ⅲ或第Ⅳ象限时，$\theta_{AB}<0, \alpha_{AB}=\theta_{AB}+360°$。显然，用辐角 θ_{AB} 计算方位角 α_{AB} 的判断条件数比用象限角 R_{AB} 计算方位角 α_{AB} 的要少。

例如，用 fx-5800P 的 **Pol** 函数计算【例 7.1】的平距 D_{AB} 与方位角 α_{AB} 的操作步骤为：按 MODE 1 键进入 **COMP** 模式，按 SHIFT SETUP 3 键设置角度单位为 **Deg**，按 SHIFT Pol **-40.525** , **39.873**) 键输入图 7.5(a)所示的表达式，按 EXE 键计算，结果见图 7.5(b)。

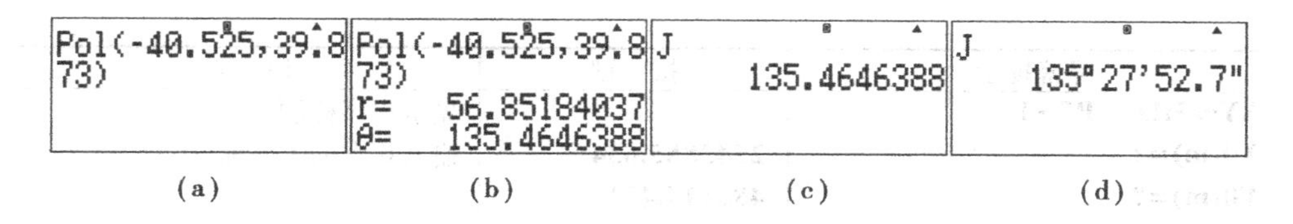

图 7.5 用 fx-5800P 的 Pol 函数计算【例 7.1】的 α_{AB} 的操作过程

图中 r 的值为平距 D_{AB}，存储在 **I** 变量中；θ 的值为辐角 θ_{AB}，存储在 **J** 变量中，单位为十进制度。因为 $\theta>0$，所以 $\alpha_{AB}=\theta_{AB}$。按 AC/ON 键清除屏幕，按 ALPHA J EXE 键调出变量 **J** 的值[图 7.5(c)]，再按 ◦‚″ 键将其变换为六十进制角度显示，结果见图 7.5(d)。

下面的 fx-5800P 程序 P7-1 的功能是使用 Pol 函数计算起始点至任意点的平距及坐标方位角，案例及其计算结果列于表 7.6。

表 7.6 使用程序 P7-1 计算平距和坐标方位角案例

点号	x/m	y/m	边长 起讫点号	D_{0j}/m	α_{0j} /(° ′ ″)
0	2 543 885. 634	483 114. 471			
1	2 544 281. 739	483 592. 881	0→1	621. 108	50 22 35. 6
2	2 543 356. 668	483 419. 507	0→2	610. 616	150 01 46
3	2 543 373. 397	482 385. 189	0→3	891. 201	234 54 58
4	2 543 968. 103	483 005. 750	0→4	136. 460	307 10 54

程序名：P7-1，占用内存 156 字节

程序	说明
XY→HD，α P7-1↵	显示程序标题
Deg:Fix 3↵	设置角度单位与数值显示格式
"X0(m)="?A:"Y0(m)="?B↵	输入直线起点坐标
Lbl 0:"Xn(m), π⇒END="?C↵	输入直线端点 x 坐标
C=π⇒Goto E↵	端点 x 坐标 <0 时结束程序
"Yn(m)="?D↵	输入直线端点 y 坐标
Pol(C−A,D−B)↵	计算直线平距与辐角
J<0⇒J+360→J↵	判断方位角
"HD(m)=":I◢	显示平距
"α=":J▸DMS◢	60 进制显示方位角
Goto 0↵	重复输入端点坐标
Lbl E:"P7−1⇒END"	

输入程序时，按 FUNCTION 1 ▼ ▼ ▼ 1 键输入 **m**，按 FUNCTION 7 2 1 键输入 **n**，按 FUNCTION 4 ▼ 2 键输入 α，按 FUNCTION 5 4 键输入 **▶DMS**。

执行程序 P7-1，计算表 7.6 所示起讫点号的平距与方位角操作过程如下：

屏幕提示	按　键	说　明
XY→HD, α P7−1		显示程序标题
X0(m)=?	**2543885.634**EXE	输入0点的 x 坐标
Y0(m)=?	**483114.471**EXE	
Xn(m),π⇒END=?	**2544281.739**EXE	输入1点坐标
Yn(m)=?	**483592.881**EXE	
HD(m)=621.108	EXE	显示0→1的水平距离
α=50°22′35.6″	EXE	显示0→1的方位角
Xn(m),π⇒END=?	**2543356.668**EXE	输入2点的 x 坐标
Y(m)=?	**483419.507**EXE	输入2点的 y 坐标
HD(m)=610.616	EXE	显示0→2的水平距离
α=150°1′46.09″	EXE	显示0→2的方位角
Xn(m),π⇒END=?	**2543373.397**EXE	输入3点的 x 坐标
Y(m)=?	**482385.189**EXE	输入3点的 y 坐标
HD(m)=891.201	EXE	显示0→3的水平距离
α=234°54′58.89″	EXE	显示0→3的方位角
Xn(m),π⇒END=?	**2543968.103**EXE	输入4点的 x 坐标
Y(m)=?	**483005.75**EXE	输入4点的 y 坐标
HD(m)=136.460	EXE	显示0→4的水平距离
α=307°10′54.11″	EXE	显示0→4的方位角
Xn(m),π⇒END=?	SHIFT π EXE	输入 π 结束程序
P7−1⇒END		程序结束显示

2）根据已知坐标方位角 α_{AB} 推算未知边的坐标方位角 α_{BC}

如图7.3所示，设坐标方位角推算方向为 $A \to B \to C$，在 B 点安置经纬仪观测了水平角 $\beta_左$，可以列出角度方程为

$$\alpha_{AB} - \alpha_{BC} = 180° - \beta_左 \tag{7.5}$$

解方程得

$$\alpha_{BC} = \alpha_{AB} + \beta_左 - 180° \tag{7.6}$$

当使用 B 点观测的右角 $\beta_右$ 时，则有 $\beta_左 = 360° - \beta_右$，将其代入式(7.6)得

$$\alpha_{BC} = \alpha_{AB} - \beta_右 + 180° \tag{7.7}$$

顾及到方位角的取值范围为0～360°，可将式(7.6)与式(7.7)综合为

$$\left.\begin{aligned}\alpha_{BC} &= \alpha_{AB} + \beta_左 \pm 180° \\ \alpha_{BC} &= \alpha_{AB} - \beta_右 \pm 180°\end{aligned}\right\} \tag{7.8}$$

为保证用式(7.8)计算的 α_{BC} 的值在0°～360°的范围内，式中的“±”，当 $\alpha_{AB} + \beta_左$ 或 $\alpha_{AB} - \beta_右$ 的结果大于180°时取“−”，当 $\alpha_{AB} + \beta_左$ 或 $\alpha_{AB} - \beta_右$ 的结果小于180°时取“+”。将【例7.1】的计算结果 α_{AB} 与图7.3的 $\beta_左$ 代入式(7.8)得

$$\alpha_{BC} = 135°27'52.7'' + 100°47'53'' - 180° = 56°15'45.7''$$

3）根据坐标方位角 α_{BC} 与水平距离 D_{BC} 计算 C 点的平面坐标

由图7.3可以列出 C 点坐标的计算公式为

$$\left.\begin{aligned} x_C &= x_B + D_{BC}\cos\alpha_{BC} \\ y_C &= y_B + D_{BC}\sin\alpha_{BC} \end{aligned}\right\} \tag{7.9}$$

将图7.3的数据代入得

$$x_C = 2\ 547\ 188.043\ \text{m} + 66.085\ \text{m} \times \cos 56°15'45.7'' = 2\ 547\ 224.746\ \text{m}$$

$$y_C = 491\ 377.21\ \text{m} + 66.085\ \text{m} \times \sin 56°15'45.7'' = 491\ 432.166\ \text{m}$$

7.3 导线测量

1)导线的布设

将相邻控制点连成直线而构成的折线称为导线,控制点称为导线点。导线测量是依次测定导线边的水平距离和两相邻导线边的水平夹角,然后根据起算数据,推算各边的坐标方位角,最后求出导线点的平面坐标。

水平角可使用经纬仪测量,边长可使用光电测距仪测量或钢尺丈量,也可用全站仪同时测量水平角与边长。

导线测量是建立平面控制网常用的一种方法,特别是在地物分布比较复杂的建筑区,视线障碍较多的隐蔽区和带状地区,多采用导线测量方法。导线的布设形式有闭合导线、附合导线和支导线3种,见图7.6。

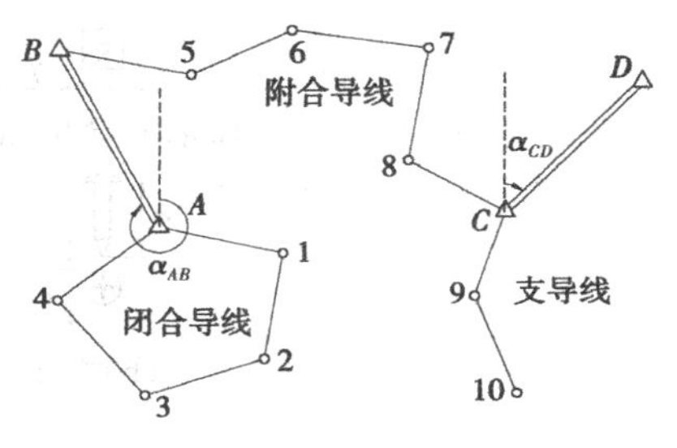

图7.6 导线的布设形式

(1)闭合导线

起讫于同一已知点的导线,称为闭合导线。如图7.6所示,导线从已知高级控制点A和已知方向AB出发,经过1,2,3,4点,最后返回到起点A,形成一个闭合多边形。它有3个检核条件:一个多边形内角和条件和两个坐标增量条件。

(2)附合导线

布设在两个已知点之间的导线,称为附合导线。如图7.6所示,导线从已知高级控制点B和已知方向BA出发,经过5,6,7,8点,最后附合到另一已知高级点C和已知方向CD。它也有3个检核条件:一个坐标方位角条件和两个坐标增量条件。

(3)支导线

如图7.6所示,导线从已知高级控制点C和已知方向CD出发,延伸出去的导线C,9,10称为支导线。由于支导线只有必要的起算数据,没有检核条件,所以,它只限于在图根导线中使用,且支导线的点数一般不应超过3个。

2)导线测量外业

导线测量的外业工作包括:踏勘选点、建立标志、测角与量边。

(1)踏勘选点及建立标志

在踏勘选点之前,应到有关部门收集测区原有的地形图与高一等级控制点的成果资料,然后在地形图上初步设计导线布设路线,最后按照设计方案到实地踏勘选点。实地踏勘选点时,应注意下列事项:

①相邻导线点间应通视良好,以便于角度和距离测量。

②点位应选在土质坚实并便于保存的地方。

③点位上的视野应开阔，便于测绘周围的地物和地貌。

④导线边长应参照表7.1与表7.2的规定，相邻边长尽量不使其长短相差悬殊。

⑤导线应均匀分布在测区，便于控制整个测区。

导线点位选定后，在土质地面上，应在点位上打一木桩，桩顶钉一小钉，作为临时性标志，如图7.7(a)所示；在碎石或沥青路面上，可用顶上凿有十字纹的测钉代替木桩，如图7.7(b)所示；在混凝土场地或路面上，可以用钢凿凿一十字纹，再涂上红油漆使标志明显。对于一、二级导线点，需要长期保存时，可参照图7.7(c)所示埋设混凝土导线点标石。导线点在地形图上的表示符号见图7.8，图中的2.0表示符号正方形的宽为2 mm，1.6表示符号圆的直径为1.6 mm。

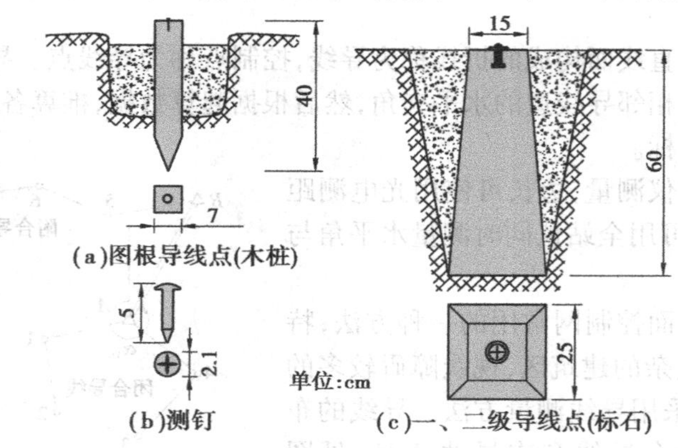

图7.7 导线点的埋设

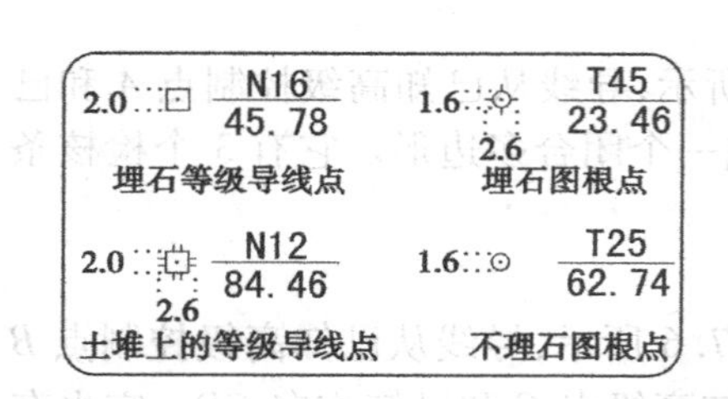

图7.8 导线点在地形图上的表示符号

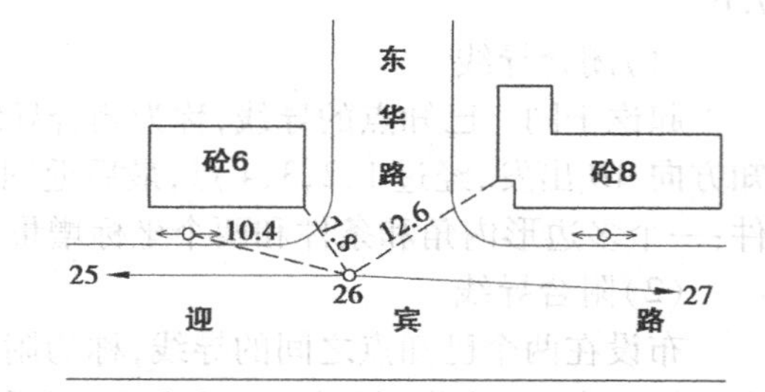

图7.9 导线点的点之记

导线点应分等级统一编号，以便于测量资料的统一管理。导线点埋设后，为便于观测时寻找，可在点位附近房角或电线杆等明显地物上用红油漆标明指示导线点的位置。应为每一个导线点绘制一张点之记，在点之记上注记地名、路名、导线点编号及导线点与邻近明显地物点的距离，如图7.9所示。

(2)导线边长测量

图根导线边长可以使用检定过的钢尺丈量、检定过的光电测距仪或全站仪测量。钢尺量距宜采用双次丈量方法，其较差的相对误差应不大于1/3 000。钢尺的尺长改正数大于1/10 000时，应加尺长改正；量距时，平均尺温与检定时温度相差大于±10 ℃时，应进行温度改正；尺面倾斜坡度大于1.5%时，应进行倾斜改正。

(3)导线转折角测量

导线转折角是指在导线点上由相邻导线边构成的水平角。导线转折角分为左角和右角，在导线前进方向左侧的水平角称为左角，右侧的水平角称为右角。若观测无误差，在同一个导线点测得的左角与右角之和应等于360°。导线转折角测量的要求应符合表7.1或表7.2的规定。

3)闭合导线测量的计算

导线测量计算的目的是计算各导线点的坐标。计算前，应全面检查导线测量的外业记录，如数据是否齐全，有无遗漏、记错或算错，成果是否符合规范要求等。经上述各项检查无误后，即可绘制导线略图，将已知数据和观测成果标注于图上，案例见图7.10。

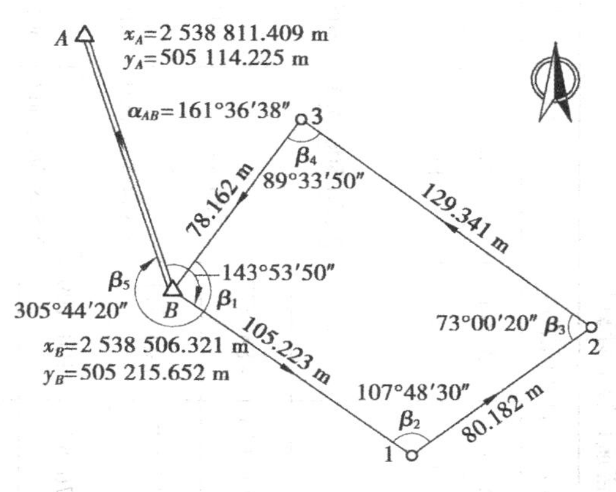

图7.10 光电测距图根闭合导线略图

在图7.10中，已知A点的坐标(x_A,y_A)，B点的坐标(x_B,y_B)，计算出AB边的坐标方位角α_{AB}，如果令方位角推算方向为A→B→1→2→3→B→A，则图中观测的5个水平角均为左角。导线计算的目的是求出1,2,3点的平面坐标，全部计算在表7.7中进行，计算方法与步骤如下：

(1)角度闭合差的计算与调整

根据平面几何原理，n边形的内角和应为$(n-2)\times180°$，如设n边形闭合导线的各内角分别为$\beta_1,\beta_2,\cdots,\beta_n$，则内角和的理论值应为

$$\sum\beta_{理}=(n-2)\times180° \tag{7.10}$$

按图7.10所示路线推算方位角时，AB边使用了两次，加上B—1,1—2,2—3,3—B四条边应构成一个六边形，角度和的理论值应为

$$\sum\beta_{理}=(6-2)\times180°=720°$$

因为水平角观测有误差，致使内角和的观测值$\sum\beta_{测}$不等于理论值$\sum\beta_{理}$，其角度闭合差f_β定义为

$$f_\beta=\sum\beta_{测}-\sum\beta_{理} \tag{7.11}$$

按照表7.2的规定，首级图根光电测距导线角度闭合差的允许值为$f_{\beta允}=40''\sqrt{n}$，若$f_\beta\leqslant f_{\beta允}$，则将角度闭合差$f_\beta$按"反号平均分配"的原则，计算各角的改正数$v_\beta$

$$v_\beta=-\frac{f_\beta}{n} \tag{7.12}$$

然后将v_β加至各观测角β_i上，求出改正后的角值

$$\hat{\beta}_i=\beta_i+v_\beta \tag{7.13}$$

角度改正数和改正后的角值计算在表7.7的第3,4列进行。

(2)坐标方位角的推算

因图7.10所示的导线转折角均为左角，由式(7.8)可得坐标方位角的计算公式为

$$\alpha_{前}=\alpha_{后}+\hat{\beta}_{左}\pm180° \tag{7.14}$$

方位角的计算在表7.7的第5列进行。

表 7.7　光电测距图根闭合导线坐标计算表(使用普通计算器计算)

点号	观测角(左角)/(° ′ ″)	改正数/(″)	改正角/(° ′ ″)	坐标方位角/(° ′ ″)	平距/m	坐标增量		改正后的坐标增量		坐标平差值		点号
						Δx/m	Δy/m	$\Delta\hat{x}$/m	$\Delta\hat{y}$/m	$\hat{x}$/m	$\hat{y}$/m	
1	2	3	4	5	6	7	8	9	10	11	12	13
A												
				161 36 38								
B	143 53 50	-10	143 53 40							**2 538 506.321**	**505 215.652**	*B*
				125 30 18	105.223	-0.015 -61.111	+0.019 +85.658	-61.126	+85.677			
1	107 48 30	-10	107 48 20							2 538 445.195	505 301.329	1
				53 18 38	80.182	-0.012 +47.907	+0.014 +64.297	+47.895	+64.311			
2	73 00 20	-10	73 00 10							2 538 493.090	505 365.640	2
				306 18 48	129.341	-0.019 +76.596	+0.023 -104.222	+76.577	-104.199			
3	89 33 50	-10	89 33 40							2 538 569.667	505 261.441	3
				215 52 28	78.162	-0.011 -63.335	+0.015 -45.804	-63.346	-45.789			
B	305 44 20	-10	305 44 10							**2 538 506.321**	**505 215.652**	*B*
				341 36 38								
A												
总和	720 00 50	-50	720 00 00		392.908	+0.057	-0.071	**0.000**	**0.000**			

辅助计算：

$\sum \beta_{测} = 720°00'50''$

$\sum \beta_{理} = 720°$

$f_\beta = \sum \beta_{测} - \sum \beta_{理} = 50''$

$f_{\beta允} = 40''\sqrt{n} = 89''$(取表 7.2 的首级图根导线限差)

$f_x = \sum \Delta x_{测} = 0.057\ \text{m}, f_y = \sum \Delta y_{测} = -0.071\ \text{m}$

导线全长闭合差 $f = \sqrt{f_x^2 + f_y^2} = 0.091\ \text{m}$

导线全长相对闭合差 $K = \dfrac{1}{\sum D/f} \approx \dfrac{1}{4\ 315} < \dfrac{1}{4\ 000}$

允许相对闭合差 $K_{允} = 1/4\ 000$(取表 7.2 的系数 $\alpha = 2$)

注:在 Excel 中计算该闭合导线的结果参见光盘“Excel\表 7.7_闭合导线计算.xls”文件。

(3)坐标增量的计算与坐标增量闭合差的调整

计算出边长D_{ij}的坐标方位角α_{ij}后,依下式计算其坐标增量Δx_{ij},Δy_{ij}

$$\left.\begin{aligned}\Delta x_{ij} &= D_{ij}\cos\alpha_{ij}\\ \Delta y_{ij} &= D_{ij}\sin\alpha_{ij}\end{aligned}\right\} \tag{7.15}$$

坐标增量的计算结果填入表7.7的第7,8列。

导线边的坐标增量和导线点坐标的关系见图7.11(a)。由图可知,闭合导线各边x,y坐标增量代数和的理论值应分别等于零,即有

$$\left.\begin{aligned}\sum\Delta x_{理} &= 0\\ \sum\Delta y_{理} &= 0\end{aligned}\right\} \tag{7.16}$$

由于边长观测值和调整后的角度值有误差,造成坐标增量也有误差。设x,y坐标增量闭合差分别为f_x,f_y,则有

$$\left.\begin{aligned}f_x &= \sum\Delta x_{测} - \sum\Delta x_{理} = \sum\Delta x_{测}\\ f_y &= \sum\Delta y_{测} - \sum\Delta y_{理} = \sum\Delta y_{测}\end{aligned}\right\} \tag{7.17}$$

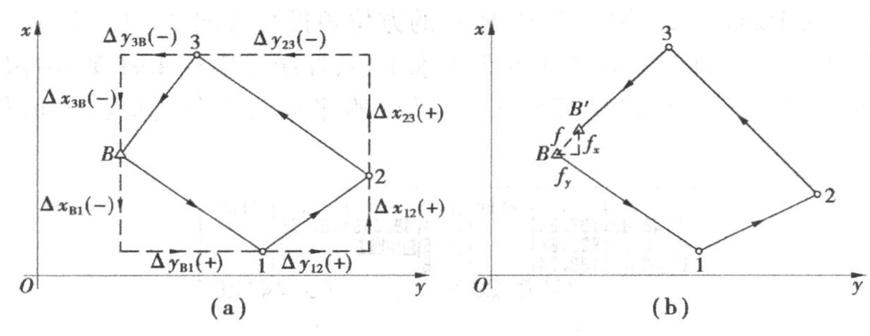

图7.11 闭合导线坐标闭合差的计算原理

如图7.11(b)所示,坐标增量闭合差f_x,f_y的存在,使导线在平面图形上不能闭合,即由已知点B出发,沿方位角推算方向$B\to1\to2\to3\to B'$计算出的B'点的坐标不等于B点的已知坐标,其长度值f称为导线全长闭合差,计算公式为

$$f = \sqrt{f_x^2 + f_y^2} \tag{7.18}$$

定义导线全长相对闭合差为

$$K = \frac{f}{\sum D} = \frac{1}{\frac{\sum D}{f}} \tag{7.19}$$

由表7.2可知,对图根光电测距导线,比例系数α取1时,$K_{允}=1/2\ 000$,α取2时,$K_{允}=1/4\ 000$。当$K\leqslant K_{允}$时,可以分配坐标增量闭合差f_x,f_y,其原则是"反号与边长成比例分配",也即,边长D_{ij}的坐标增量改正数为

$$\left.\begin{aligned}\delta\Delta x_{ij} &= -\frac{f_x}{\sum D}D_{ij}\\ \delta\Delta y_{ij} &= -\frac{f_y}{\sum D}D_{ij}\end{aligned}\right\} \tag{7.20}$$

其计算在表7.7的第7,8列进行,改正后的坐标增量为

$$\left.\begin{aligned}\Delta\hat{x}_{ij} &= \Delta x_{ij} + \delta\Delta x_{ij}\\ \Delta\hat{y}_{ij} &= \Delta y_{ij} + \delta\Delta y_{ij}\end{aligned}\right\} \tag{7.21}$$

计算在表 7.7 的第 9,10 列进行。

（4）导线点的坐标推算

设两相邻导线点为 i,j，利用 i 点的坐标和调整后 i 点→j 点的坐标增量推算 j 点坐标的公式为

$$\left.\begin{aligned}x_j &= x_i + \Delta\hat{x}_{ij}\\ y_j &= y_i + \Delta\hat{y}_{ij}\end{aligned}\right\} \tag{7.22}$$

导线点坐标推算在表 7.7 的第 11,12 列进行。本例中，闭合导线从 B 点开始，依次推算 1,2,3 点的坐标，最后返回到 B 点，计算结果应与 B 点的已知坐标相同，以此作为推算正确性的检核。

（5）使用 fx-5800P 程序 QH1-8T 进行闭合导线坐标计算

fx-5800P 程序 QH1-8T 能计算单一闭、附合导线与无定向导线的坐标，对于闭合导线，起算数据可以是 A,B 两点的坐标，也可以是 AB 边的坐标方位角与 B 点的坐标。

按 MODE 1 键进入 **COMP** 模式，按 FUNCTION 6 1 EXE 键执行 **ClrStat** 命令清除统计存储器。

按 MODE 4 键进入 **REG** 模式，按图 7.10 所示的方位角推算方向 $A \to B \to 1 \to 2 \to 3 \to B \to A$，在统计串列 **List X** 中顺序输入图 7.10 所注的 5 个水平角，在统计串列 **List Y** 顺序输入 4 个水平距离，因 5 个水平角均为左角，所以全部输入正角值（水平角为右角时应输入负角值），结果见图 7.12。

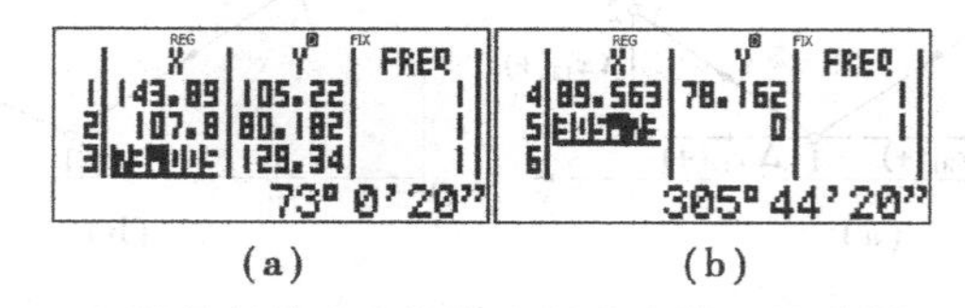

图 7.12 REG 模式输入图 7.10 闭合导线的水平角与平距

执行程序 QH1-8T，计算图 7.10 所示闭合导线的屏幕提示与操作过程如下：

屏幕提示	按 键	说 明
SINGLE TRAVE QH1-8T		显示程序标题
CLOS(0),CONT(1)=?	**0** EXE	输入 0 选择闭合导线
XA(m),π⇒αA→B(Deg)=?	**2538811.409** EXE	输入 A 点坐标
YA(m)=?	**505114.225** EXE	
XB(m)=?	**2538506.321** EXE	输入 B 点坐标
YB(m)=?	**505215.652** EXE	
HD A→B(m)=321.506	EXE	显示 $A \to B$ 边平距
αA→B=161°36′37.91″	EXE	显示 $A \to B$ 边方位角
Σ(D)m=392.908	EXE	显示导线总长
fα(S)=50.000	EXE	显示方位角闭合差，耗时 1.30 s
fX+fYi(m)=0.057-0.070i	EXE	显示坐标增量闭合差复数，耗时 1.52 s
f(m)=0.091	EXE	显示导线全长闭合差 f
K=1÷4335.000	EXE	显示导线全长相对闭合差 K
Pn=1.000	EXE	显示未知点号
Xp+Ypi(m)=2538445.195+505301.329i	EXE	显示第 1 个未知点坐标复数
Pn=2.000	EXE	显示未知点号
Xp+Ypi(m)=2538493.090+505365.640i	EXE	显示第 2 个未知点坐标复数

续表

屏幕提示	按 键	说 明
Pn=3.000	EXE	显示未知点号
Xp+Ypi(m)=2538569.667+505261.442i	EXE	显示第3个未知点坐标复数
Pn=4.000	EXE	显示未知点号
Xp+Ypi(m)=2538506.321+505215.652i	EXE	显示计算到 B 点坐标复数
CHECK X+Yi(m)=0.000	EXE	显示 B 点坐标检核结果复数
QH1−8T⇒END	EXE	程序结束显示

程序计算出的结果只供屏幕显示，不存入统计串列，也即执行程序不会破坏用户预先输入到统计串列的导线观测数据，允许用户反复执行程序。

4)附合导线的计算

附合导线测量的计算与闭合导线基本相同，两者的主要差异在于角度闭合差 f_β 和坐标增量闭合差 f_x,f_y 的计算。下面以图7.13所示的附合导线为例进行讨论。

(1)角度闭合差 f_β 的计算

附合导线的角度闭合差为坐标方位角闭合差。如图7.13所示，由已知边长 AB 的坐标方位角 α_{AB}，利用观测的转折角 β_B,β_1,β_2,β_3,β_4,β_C 可以依次推算出边长 B—1,1—2,2—3,3—4,4—C 直至 CD 边的坐标方位角，设推算出的 CD 边的坐标方位角为 α'_{CD}，则角度闭合差 f_β 为

$$f_\beta = \alpha'_{CD} - \alpha_{CD} \tag{7.23}$$

角度闭合差 f_β 的分配原则与闭合导线相同。

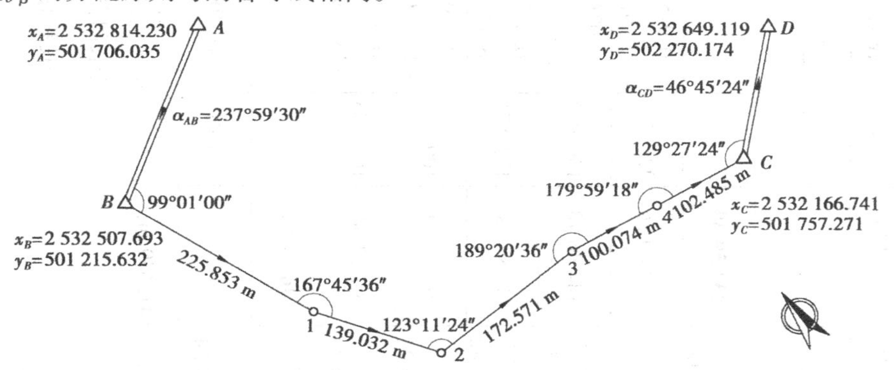

图7.13 光电测距图根附合导线略图

(2)坐标增量闭合差 f_x,f_y 的计算

设计算出的边长 B—1,1—2,2—3,3—4,4—C 的坐标增量之和为 $\sum \Delta x_{测}$，$\sum \Delta y_{测}$，而其理论值为

$$\left.\begin{aligned} \sum \Delta x_{理} &= x_C - x_B \\ \sum \Delta y_{理} &= y_C - y_B \end{aligned}\right\} \tag{7.24}$$

则坐标增量闭合差 f_x,f_y 按下式计算

$$\left.\begin{aligned} f_x &= \sum \Delta x_{测} - \sum \Delta x_{理} = \sum \Delta x_{测} - (x_C - x_B) \\ f_y &= \sum \Delta y_{测} - \sum \Delta y_{理} = \sum \Delta y_{测} - (y_C - y_B) \end{aligned}\right\} \tag{7.25}$$

计算结果见表7.8。

表 7.8　光电测距图根附合导线坐标计算表(使用普通计算器计算)

点号	观测角(左角)/(° ′ ″)	改正数/(″)	改正角/(° ′ ″)	坐标方位角/(° ′ ″)	平距/m	坐标增量 $\Delta x/m$	坐标增量 $\Delta y/m$	改正后的坐标增量 $\Delta\hat{x}/m$	改正后的坐标增量 $\Delta\hat{y}/m$	坐标值 $\hat{x}/m$	坐标值 $\hat{y}/m$	点号
1	2	3	4	5	6	7	8	9	10	11	12	13
A												
				237 59 30								
B	99 01 00	+6	99 01 06							**2 532 507. 693**	**501 215. 632**	B
				157 00 36	225. 853	+0. 045 -207. 914	-0. 046 +88. 212	-207. 869	+88. 166			
1	167 45 36	+6	167 45 42							2 532 299. 824	501 303. 798	1
				144 46 18	139. 032	+0. 028 -113. 570	-0. 028 +80. 199	-113. 542	+80. 171			
2	123 11 24	+6	123 11 30							2 532 186. 282	501 383. 969	2
				87 57 48	172. 571	+0. 035 +6. 133	-0. 035 +172. 462	+6. 168	+172. 427			
3	189 20 36	+6	189 20 42							2 532 192. 450	501 556. 396	3
				97 18 30	100. 074	+0. 020 -12. 730	-0. 020 +99. 261	-12. 710	+99. 241			
4	179 59 18	+6	179 59 24							2 532 179. 740	501 655. 637	4
				97 17 54	102. 485	+0. 020 -13. 019	-0. 021 +101. 655	-12. 999	+101. 634			
C	129 27 24	+6	129 27 30							**2 532 166. 741**	**501 757. 271**	C
				46 45 24								
D												
总和	888 45 18	+36	**888 45 54**		740. 015	-341. 100	+541. 789	**-340. 952**	**+541. 639**			

辅助计算：

$x_C - x_B = -340.952$ m, $y_C - y_B = 541.639$ m;

$\alpha'_{CD} = 46°44'48''$

$\alpha_{CD} = 46°45'24''$

$f_\beta = \alpha'_{CD} - \alpha_{CD} = -36''$

$f_{\beta允} = 60''\sqrt{n} = 147''$(取表 7.2 的一般图根导线限差)

$f_x = \sum \Delta x_{测} - (x_C - x_B) = -0.148$ m, $f_y = \sum \Delta y_{测} - (y_C - y_B) = +0.150$ m

全长闭合差 $f = \sqrt{f_x^2 + f_y^2} = 0.211$ m

全长相对闭合差 $K = \dfrac{1}{\sum D/f} \approx \dfrac{1}{3\,507} < \dfrac{1}{2\,000}$

允许相对闭合差 $K_{允} = 1/2\,000$(取表 7.2 的系数 $\alpha = 1$)

注:在 Excel 中计算该附合导线的结果参见光盘"Excel\表 7.8_附合导线计算. xls"文件。

(3)使用 fx-5800P 程序 QH1-8T 进行闭合导线坐标计算

按MODE 1键进入 **COMP** 模式,按FUNCTION 6 1 EXE键执行 **ClrStat** 命令清除统计存储器。

按MODE 4键进入 **REG** 模式,按图 7.13 所示的方位角推算方向 $A\to B\to 1\to 2\to 3\to 4\to C\to D$,在统计串列 **List X** 顺序输入图 7.13 所注的 6 个水平角,在统计串列 **List Y** 顺序输入 5 个水平距离,因 6 个水平角均为左角,所以全部输入正角值(水平角为右角时应输入负角值),结果见图 7.14。

(a) (b)

图 7.14 REG 模式输入图 7.13 附合导线的水平角与平距

执行程序 QH1-8T,计算图 7.13 所示附合导线的屏幕提示与操作过程如下:

屏幕提示	按 键	说 明
SINGLE TRAVE QH1－8T		显示程序标题
CLOS(0),CONT(1)=?	**1** EXE	输入 1 选择附合导线
XA(m),π⇒αA→B(Deg)=?	**2532814.23** EXE	输入 *A* 点坐标
YA(m)=?	**501706.035** EXE	
XB(m)=?	**2532507.693** EXE	输入 *B* 点坐标
YB(m)=?	**501215.632** EXE	
HD A→B(m)=578.325	EXE	显示 *A*→*B* 边平距
αA→B=237°59′30″	EXE	显示 *A*→*B* 边方位角
XC(m)=?	**2532166.741** EXE	输入 *C* 点坐标
YC(m)=?	**501757.271** EXE	
XD(m),π⇒αC→D(Deg)=?	**2532649.119** EXE	输入 *D* 点坐标
YD(m)=?	**502270.174** EXE	
HD C→D(m)=704.101	EXE	显示 *C*→*D* 边平距
αC→D=46°45′24.1″	EXE	显示 *C*→*D* 边方位角
Σ(D)m=740.015	EXE	显示导线总长
fα(S)=-36.107	EXE	显示方位角闭合差,耗时 1.43 s
fX+fYi(m)=-0.149+0.149i	EXE	显示坐标增量闭合差复数,耗时 1.83 s
f(m)=0.210	EXE	显示导线全长闭合差
K=1÷3519.000	EXE	显示导线全长相对闭合差
Pn=1.000	EXE	显示未知点号
Xp+Ypi(m)=2532299.824+501303.798i	EXE	显示第 1 个未知点坐标复数
Pn=2.000	EXE	显示未知点号
Xp+Ypi(m)=2532186.282+501383.969i	EXE	显示第 2 个未知点坐标复数
Pn=3	EXE	显示未知点号
Xp+Ypi(m)=2532192.450+501556.396i	EXE	显示第 3 个未知点坐标复数
Pn=4	EXE	显示未知点号
Xp+Ypi(m)=2532179.740+501655.637i	EXE	显示第 4 个未知点坐标复数
Pn=5	EXE	显示未知点号
Xp+Ypi(m)=2532166.741+501757.271i	EXE	显示计算到 *C* 点坐标复数
CHECK X+Yi(m)=0.000	EXE	显示 *C* 点坐标检核结果复数
QH1－8T⇒END	EXE	程序结束显示

7.4 交会定点的计算

交会定点是通过测量交会点与周边已知坐标点所构成的三角形的水平角来计算交会点的平面坐标，它是加密平面控制点的方法之一。按交会图形分为前方交会、侧方交会和后方交会；按观测值类型，分为测角交会、测边交会与边角交会。本节只介绍测角交会的坐标计算方法。

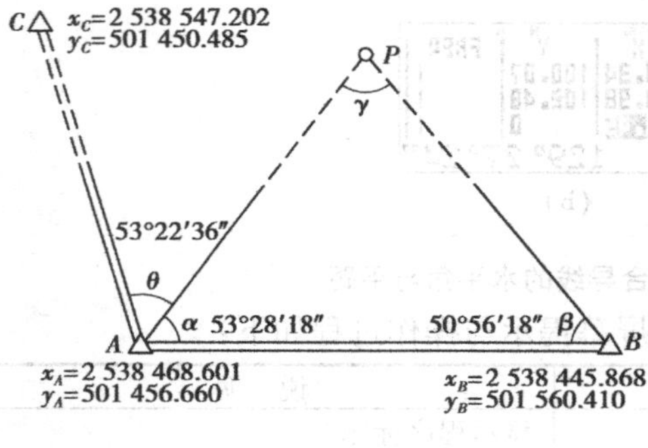

图 7.15 测角前方交会观测略图

1) 前方交会

如图 7.15 所示，前方交会是分别在已知坐标点 A,B 安置经纬仪向待定点 P 观测水平角 α,β 和检查角 θ，以确定待定点 P 的坐标。为保证交会定点的精度，选定 P 点时，应使交会角 γ 位于 30° ~ 120°之间，最好近于 90°。

(1)坐标计算

利用 A,B 点的坐标和观测的水平角直接计算待定点 P 的坐标公式为

$$\left.\begin{aligned} x_P &= \frac{x_A \cot\beta + x_B \cot\alpha + (y_B - y_A)}{\cot\alpha + \cot\beta} \\ y_P &= \frac{y_A \cot\beta + y_B \cot\alpha + (x_A - x_B)}{\cot\alpha + \cot\beta} \end{aligned}\right\} \tag{7.26}$$

称式(7.26)为余切公式，它较适合于计算器编程计算，点位编号时，应保证 $A \to B \to P$ 3 点构成的旋转方向为逆时针方向并与实际情况相符。图 7.16 给出了 A,B 编号方向不同时，计算出 P 点坐标的两种位置情况。

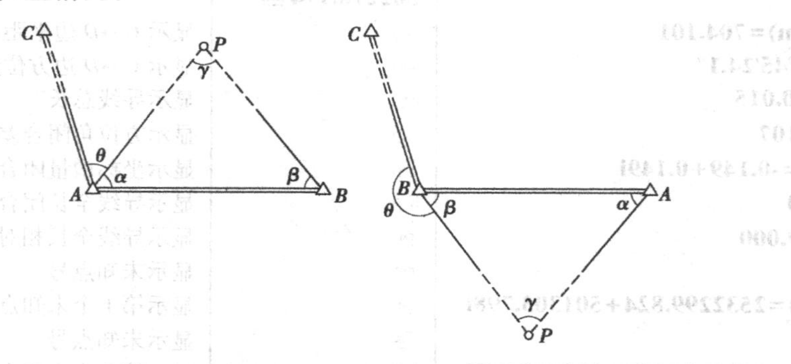

图 7.16 测角前方交会图形的点位编号对计算结果的影响

(2)检核计算

根据已知点 A,B,C 的坐标和计算出的待定点 P 的坐标，可以反算出边长 AC 和 AP 的坐标方位角 α_{AC} 和 α_{AP}，则 θ 角的计算值与观测值之差为

$$\Delta\theta = \theta - (\alpha_{AP} - \alpha_{AC}) \tag{7.27}$$

$\Delta\theta$ 不应大于 2 倍测角中误差。

(3)fx-5800P 测角前方交会程序 QH4-2

执行程序 QH4-2，计算图 7.15 所示测角前方交会点坐标的屏幕提示与操作过程如下：

屏幕提示	按 键	说 明
FORWARD INTERSECTION QH4-2		显示程序标题
XA(m)=?	2538468.601 EXE	输入 A 点坐标
YA(m)=?	501456.66 EXE	
XB(m)=?	2538445.868 EXE	输入 B 点坐标
YB(m)=?	501560.41 EXE	
XC(m),π⇒NO=?	2538547.202 EXE	输入 C 点坐标(输 π 为无 C 点)
YC(m)=?	501450.485 EXE	
∠A(Deg)=?	53 °′″ 28 °′″ 18 °′″ EXE	输入 A 点水平角 α
∠B(Deg)=?	50 °′″ 56 °′″ 18 °′″ EXE	输入 B 点水平角 β
∠C(Deg)=?	53 °′″ 22 °′″ 36 °′″ EXE	输入 C 点检查角 θ
Xp+Ypi(m)=2538524.590+501520.812i	EXE	显示 P 点坐标复数
CHECK ANGLE=53°22′45.44″	EXE	显示计算出的检查角
CHECK ANGLE ERROR=-0°0′9.44″	EXE	显示检查角差
QH4-2⇒END	EXE	程序执行结束显示

2)侧方交会

如图7.17所示,侧方交会是分别在一个已知点(如 A 点)和待定点 P 上安置经纬仪,观测水平角 α,γ 和检查角 θ,进而确定 P 点的平面坐标。

先计算出 $\beta=180°-\alpha-\gamma$,然后即可按前方交会的计算方法求出 P 点的平面坐标并进行检核。计算时,要求 $A\rightarrow B\rightarrow P$ 为逆时针方向。

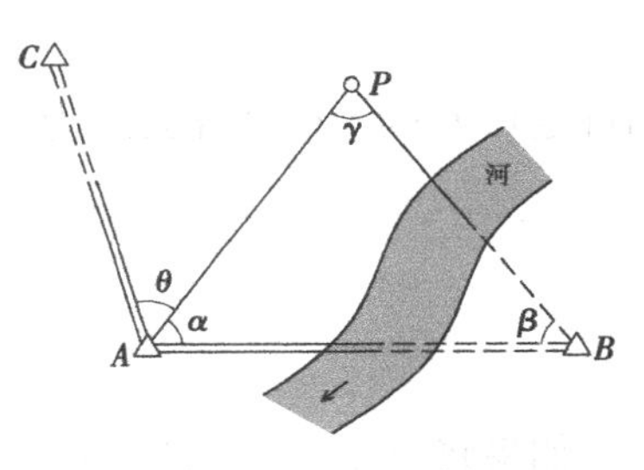

图7.17 侧方交会

3)后方交会

如图7.18所示,后方交会是在待定点 P 上安置经纬仪,观测水平角 α,β,γ 和检查角 θ,进而确定 P 点的平面坐标。测量上称由不在一条直线上的3个已知点 A,B,C 构成的圆为危险圆,当 P 点位于危险圆上时,无法计算出 P 点的坐标。因此,在选定 P 点时,应避免使其位于危险圆上。

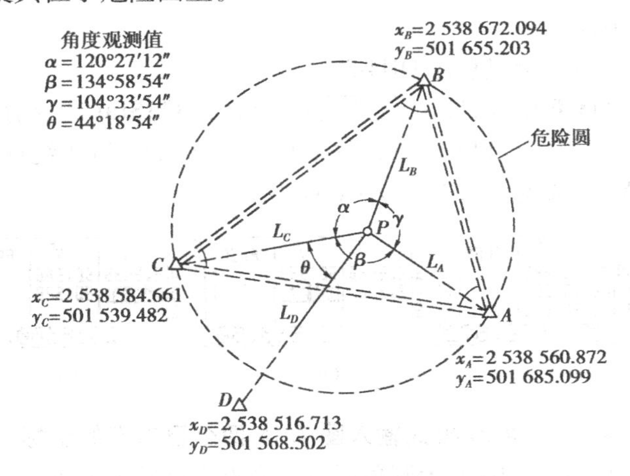

图7.18 测角后方交会观测案例

(1)坐标计算

后方交会的计算公式有多种,且推导过程比较复杂,下面仅给出一种适合于计算器编程计算的公式。

如图7.18所示,设由A,B,C3个已知点所构成的三角形的3个内角分别为$\angle A,\angle B,\angle C$,在$P$点对$A,B,C$3点观测的水平方向值分别为$L_A,L_B,L_C$,构成的3个水平角$\alpha,\beta,\gamma$为

$$\left.\begin{aligned}\alpha &= L_B - L_C\\ \beta &= L_C - L_A\\ \gamma &= L_A - L_B\end{aligned}\right\} \tag{7.28}$$

设A,B,C3个已知点的平面坐标分别为$(x_A,y_A),(x_B,y_B),(x_C,y_C)$,令

$$\left.\begin{aligned}P_A &= \frac{1}{\cot\angle A - \cot\alpha} = \frac{\tan\alpha\tan\angle A}{\tan\alpha - \tan\angle A}\\ P_B &= \frac{1}{\cot\angle B - \cot\beta} = \frac{\tan\beta\tan\angle B}{\tan\beta - \tan\angle B}\\ P_C &= \frac{1}{\cot\angle C - \cot\gamma} = \frac{\tan\gamma\tan\angle C}{\tan\gamma - \tan\angle C}\end{aligned}\right\} \tag{7.29}$$

则待定点P的坐标计算公式为

$$\left.\begin{aligned}x_P &= \frac{P_A x_A + P_B x_B + P_C x_C}{P_A + P_B + P_C}\\ y_P &= \frac{P_A y_A + P_B y_B + P_C y_C}{P_A + P_B + P_C}\end{aligned}\right\} \tag{7.30}$$

如果将P_A,P_B,P_C看作是3个已知点A,B,C的权,则待定点P的坐标就是3个已知点坐标的加权平均值。

(2)检核计算

求出P点的坐标后,设用坐标反算出P点分别至C,D点的坐标方位角分别为α_{PD},α_{PC},则θ角的计算值与观测值之差为

$$\left.\begin{aligned}\theta &= L_C - L_D\\ \Delta\theta &= \theta - (\alpha_{PC} - \alpha_{PD})\end{aligned}\right\} \tag{7.31}$$

$\Delta\theta$不应大于2倍测角中误差。

(3)fx-5800P测角后方交会点程序QH4-3

按MODE 1键进入**COMP**模式,按FUNCTION 6 1 EXE键执行**ClrStat**命令清除统计存储器;按MODE 4键进入**REG**模式,将图7.18已知点A,B,C,D的x坐标顺序输入统计串列**List X**,y坐标顺序输入统计串列**List Y**,结果见图7.19(a)~(b)。

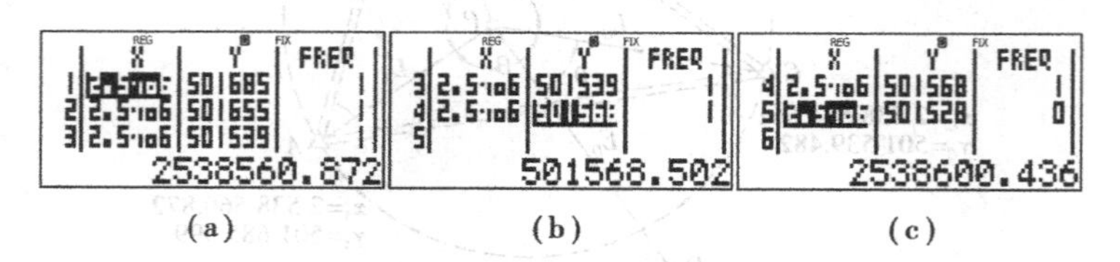

图7.19 REG模式输入图7.18四个已知点的坐标

执行程序QH4-3,计算图7.18所示测角后方交会点坐标的屏幕提示与操作过程如下:

屏幕提示	按 键	说 明
ANGLE RESECTION QH4-3		显示程序标题
CHECK POINT D EXIST!	EXE	显示有检查点 D
ANGLE A(Deg)=?	120 °′″ 27 °′″ 12 °′″ EXE	输入水平角 α
ANGLE B(Deg)=?	134 °′″ 58 °′″ 54 °′″ EXE	输入水平角 β
ANGLE C(Deg)=?	104 °′″ 33 °′″ 54 °′″ EXE	输入水平角 γ
CHECK ANGLE D(Deg)=?	44 °′″ 18 °′″ 54 °′″ EXE	输入检查角 θ
∠A=65°40′35.34″	EXE	显示计算出的∠A
∠B=67°58′20.55″	EXE	显示计算出的∠B
∠C=46°21′4.11″	EXE	显示计算出的∠C
Xp+Ypi(m)=2538600.436+501628.541i	EXE	显示 P 点坐标复数
∠CHECK=44°18′38.07″	EXE	显示计算出的检查角
CHECK ANGLE ERROR=0°0′15.93″	EXE	显示检查角差
QH4-3⇒END	EXE	程序执行结束显示

当观测了检查点 D 时，为了调用子程序 SUBQ4-3 计算检查角，需要将计算出的后方交会点 P 的坐标存入统计串列 **List X**[5]与 **List Y**[5]，本例结果见图 7.19(c)，但不影响重复执行程序。

7.5 三、四等水准测量

小地区一般以三等或四等水准网作为首级高程控制，地形测量时，再用五等水准测量、图根水准测量或三角高程测量进行加密。三、四等水准点的高程应从附近的一、二等水准点引测，布设成闭合或附合水准路线，其点位应选在土质坚硬、密实稳固的地方或稳定的建筑物上，并埋设水准标石或墙上水准标志(图 2.15)。也可以利用埋设了标石的平面控制点作为水准点，埋设的水准点应绘制点之记。在 2.3 节介绍了图根水准测量的方法，本节介绍用 DS3 水准仪进行三、四等水准观测的方法。

1)三、四等水准测量的技术要求

《工程测量规范》规定，三、四、五等水准测量的主要技术要求，应符合表 7.4 的规定；水准观测的主要技术要求，应符合表 7.9 的规定。

表 7.9 水准观测的主要技术要求

等级	水准仪型号	视线长/m	前后视距较差/m	前后视距累计差/m	视线离地面最低高度/m	基辅分划或黑红面读数较差/mm	基辅分划或黑红面读数高差较差/mm
三等	DS1	100	3	6	0.3	1.0	1.5
	DS3	75				2.0	3.0
四等	DS3	100	5	10	0.2	3.0	5.0
五等	DS3	100	—	—	—	—	—

2)三、四等水准观测的方法

三、四等水准观测应在通视良好、望远镜成像清晰及稳定的情况下进行。当采用数字水准仪作业时,水准路线还应避开电磁场的干扰。下面介绍双面尺中丝读数法的水准观测顺序。

(1)三等水准观测的顺序

①在测站上安置水准仪,使圆水准气泡居中,后视水准尺黑面,旋转微倾螺旋,使管水准气泡居中,用上、下视距丝读数,记入表 7.10 中(1)、(2)位置;用中丝读数,记入表 7.10 中(3)位置。

表 7.10 三、四等水准观测记录

测站编号	点号	后尺 上丝 / 下丝 / 后视距 / 视距差	前尺 上丝 / 下丝 / 前视距 / 累积差 $\sum d$	方向及尺号	水准尺读数 黑面	水准尺读数 红面	(K+黑-红)/mm	平均高差/m
		(1)	(4)	后尺	(3)	(8)	(14)	
		(2)	(5)	前尺	(6)	(7)	(13)	
		(9)	(10)	后-前	(15)	(16)	(17)	(18)
		(11)	(12)					
1	BM2	1426	0801	后 106	1211	5998	0	
	|	0995	0371	前 107	0586	5273	0	
	TP1	43.1	43.0	后-前	+0.625	+0.725	0	+0.625 0
		+0.1	+0.1					
2	TP1	1812	0570	后 107	1554	6241	0	
	|	1296	0052	前 106	0311	5097	+1	
	TP2	51.6	51.8	后-前	+1.243	+1.144	-1	+1.243 5
		-0.2	-0.1					
3	TP2	0889	1713	后 106	0698	5486	-1	
	|	0507	1333	前 107	1523	6210	0	
	TP3	38.2	38.0	后-前	-0.825	-0.724	-1	-0.824 5
		+0.2	+0.1					
4	TP3	1891	0758	后 107	1708	6395	0	
	|	1525	0390	前 106	0574	5361	0	
	BM1	36.6	36.8	后-前	+1.134	+1.034	0	+1.134 0
		-0.2	-0.1					
检核计算	$\sum(9)=169.5$			$\sum(3)=5.171$			$\sum(8)=24.120$	
	$\sum(10)=169.6$			$\sum(6)=2.994$			$\sum(7)=21.941$	
	$\sum(9)-\sum(10)=-0.1$			$\sum(15)=+2.177$			$\sum(16)=+2.179$	
	$\sum(9)+\sum(10)=339.1$			$\sum(15)+\sum(16)=+4.356$			$2\sum(18)=+4.356$	

②前视水准尺黑面,旋转微倾螺旋,使管水准气泡居中,用上、下视距丝读数,记入表 7.10 中(4)、(5)位置;用中丝读数,记入表 7.10 中(6)位置。

③前视水准尺红面，旋转微倾螺旋，使管水准气泡居中，用中丝读数，记入表7.10中(7)位置。

④后视水准尺红面，旋转微倾螺旋，使管水准气泡居中，用中丝读数，记入表7.10中(8)位置。

以上观测顺序简称为“后—前—前—后”。

(2)三等水准观测的计算与检核

①视距计算与检核：根据前、后视的上、下丝读数计算前视距(9) = {(1) - (2)} ÷10，后视距(10) = {(4) - (5)} ÷10；对于三等水准，(9)、(11)不应大于75 m；对于四等水准，(9)、(11)不应大于100 m。

计算前、后视距差(11) = (9) - (10)；对于三等水准，(11)不应大于3 m；对于四等水准，(11)不应大于5 m。

计算前、后视距累积差(12) = 上站(12) + 本站(11)；对于三等水准，(12)不应大于6 m；对于四等水准，(12)不应大于10 m。

②水准尺读数检核：同一水准尺黑面与红面读数差的检核

$(13) = (6) + K - (7)$

$(14) = (3) + K - (8)$

K 为双面水准尺红面分划与黑面分划的零点差（本例，106尺的 K = 4 787 mm，107尺的 K = 4 687 mm）。对于三等水准，(13)、(14)不应大于2 mm；对于四等水准，(13)，(14)不应大于3 mm。

③高差计算与检核：按前、后视水准尺红、黑面中丝读数分别计算一站高差

黑面高差(15) = {(3) - (6)} ÷1 000

红面高差(16) = {(8) - (7)} ÷1 000

红黑面高差之差(17) = (15) - {(16) ±0.1} = (14) - (13)

对于三等水准，(17)不应大于3 mm；对于四等水准，(17)不应大于5 mm。

红、黑面高差之差在容许范围以内时，取其平均值作为该站的观测高差：

$$(18) = \frac{1}{2}\{(15) + (16) \pm 0.1\}$$

④每页水准测量记录计算检核：

高差检核：$\sum(3) - \sum(6) = \sum(15)$，$\sum(8) - \sum(7) = \sum(16)$，$\sum(15) + \sum(16) \pm 0.1 = 2\sum(18)$

视距差检核：$\sum(9) - \sum(10)$ = 本页末站(12) - 前页末站(12)

本页总视距：$\sum(9) + \sum(10)$

(3)四等水准观测的顺序

四等水准观测可以直读视距，观测顺序为“后—后—前—前”。

直读视距的方法为：仪器粗平后，瞄准水准标尺，调整微倾螺旋，使上丝对准整标尺的一个整dm数或整cm数，然后数出上丝至下丝间视距间隔的整cm个数，每cm代表视距1 m，再估读出小于1cm的视距间隔mm数，每mm代表视距0.1 m，两者相加即得视距值，案例见图7.20。

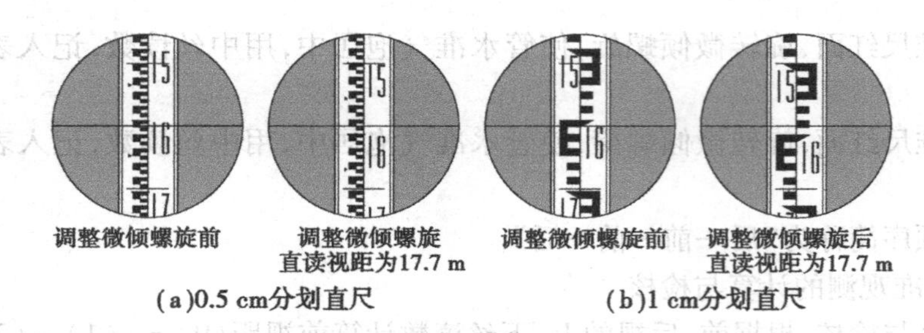

图7.20　四等水准观测直读视距案例

“后—后—前—前”的操作步骤为：瞄准后视标尺黑面，直读视距，精确整平，读取标尺中丝读数；瞄准后视标尺红面，读取标尺中丝读数；瞄准前视标尺黑面，直读视距，精确整平，读取标尺中丝读数；瞄准前视标尺红面，读取标尺中丝读数。

当使用自动安平水准仪观测时，因自动安平水准仪没有微倾螺旋，不便直读视距，可采用读上、下丝的方法计算视距。

3)三、四等水准测量的成果处理

水准测量成果处理是根据已知点高程和水准路线的观测数据，计算待定点的高程值。2.3节介绍的图根水准测量成果处理方法属于近似处理方法，不能用于三、四等水准测量的成果处理。因为《工程测量规范》规定，各等级水准网应采用最小二乘法进行计算，因本书没有介绍它们的内容，所以，三、四等水准测量的成果处理方法已超出了本书的范围。

7.6　三角高程测量

当地形高低起伏、两点间高差较大而不便于进行水准测量时，可以使用三角高程测量法测定两点间的高差和点的高程。由3.5节可知，三角高程测量时，应测定两点间的水平距离或斜距与竖直角。根据测距方法的不同，三角高程测量又分为光电测距三角高程测量和经纬仪视距三角高程测量，前者可以代替四等水准测量，后者主要用于地形测图时，测量碎部点的高程。

1)三角高程测量的严密计算公式

式(3.5)给出了利用斜距 S 计算三角高差的公式为 $h_{AB}=S\sin\alpha+i-v$，这个公式没有考虑地球曲率和大气折光对三角高程的影响，只适用于两点距离小于200 m的三角高程计算。

两点相距较远的三角高程测量原理见图7.21，图中的 f_1 为地球曲率改正数，f_2 为大气折光改正数，公式推导如下：

由图7.21可知

$$
\begin{aligned}
f_1 &= \overline{Ob'} - \overline{Ob} \\
&= R_A\sec\theta - R_A \\
&= R_A(\sec\theta - 1)
\end{aligned}
\tag{7.32}
$$

式中，R_A 为 A 点的地球曲率半径。将 $\sec\theta$ 按三角级数展开并略去高次项得

$$
\sec\theta = 1+\frac{1}{2}\theta^2+\frac{5}{24}\theta^4+\cdots\approx 1+\frac{1}{2}\theta^2 \tag{7.33}
$$

将式(7.32)代入式(7.33)，并顾及 $\theta=D/R_A$，得

$$f_1 = R_A\left(1 + \frac{1}{2}\theta^2 - 1\right) = \frac{R_A}{2}\theta^2 = \frac{D^2}{2R_A} \tag{7.34}$$

将式(7.34)的 R_A 用地球的平均曲率半径 R = 6 371 km 代替，得地球曲率改正（简称球差改正）为

$$f_1 = \frac{D^2}{2R} \tag{7.35}$$

如图 7.21 所示，受重力的影响，地球表面低层空气密度大于高层空气密度，当竖直角观测视线穿过密度不均匀的介质时，将形成一条上凸的曲线，使视线的切线方向向上抬高，测得的竖直角偏大，称这种现象为大气垂直折光。

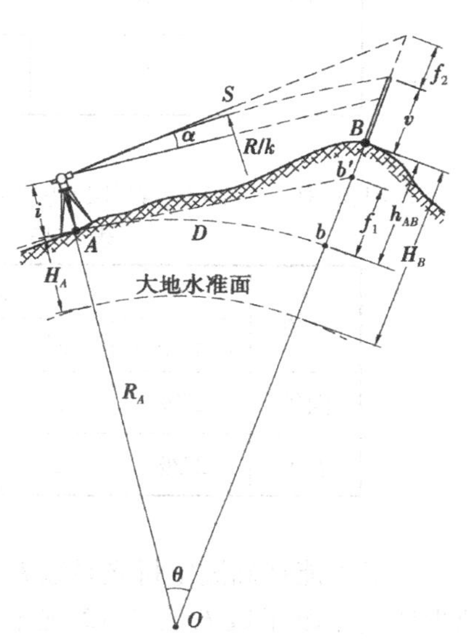

图 7.21 地球曲率和大气垂直折光对三角高程测量的影响

可以将受大气垂直折光影响的视线看成是一条半径为 R/k 的近似圆曲线，k 为大气垂直折光系数。仿照式(7.35)，可得大气垂直折光改正（简称气差改正）为

$$f_2 = -\frac{S^2}{2\dfrac{R}{k}} \approx -k\frac{D^2}{2R} \tag{7.36}$$

球差改正与气差改正之和为

$$f = f_1 + f_2 = (1 - k)\frac{D^2}{2R} \tag{7.37}$$

f 简称为球气差改正或两差改正。因 k 值为 0.08 ~ 0.14，所以，f 恒大于零。

大气垂直折光系数 k 是随地区、气候、季节、地面覆盖物和视线超出地面高度等条件的不同而变化的，目前，人们还不能精确地测定它的数值，一般常取 k = 0.14 计算球气差改正 f。表 7.11 列出了水平距离 D = 100 ~ 3 500 m 时球气差改正数 f 的值。

表 7.11 三角高程测量的球气差改正与距离的关系（k = 0.14）

D/m	f/mm	D/m	f/mm
100	1	2 000	270
500	17	2 500	422
1 000	67	3 000	607
1 500	152	3 500	827

顾及球气差改正 f，使用平距 D 或斜距 S 计算三角高差的计算公式为

$$\left.\begin{aligned} h_{AB} &= D_{AB}\tan\alpha_{AB} + i_A - v_B + f_{AB} \\ h_{AB} &= S_{AB}\sin\alpha_{AB} + i_A - v_B + f_{AB} \end{aligned}\right\} \tag{7.38}$$

《工程测量规范》规定，光电测距三角高程测量的主要技术要求，应符合表 7.12 的规定。

表 7.12　光电测距三角高程测量的主要技术要求

等　级	每 km 高差全中误差/mm	边长/km	观测次数	对向观测高差较差/mm	附合或环形闭合差/mm
四等	10	≤1	对向观测	$40\sqrt{D}$	$20\sqrt{\sum D}$
五等	15	≤1	对向观测	$60\sqrt{D}$	$30\sqrt{\sum D}$

光电测距三角高程观测的主要技术要求，应符合表 7.13 的规定。

表 7.13　电测距三角高程观测的主要技术要求

等级	竖直角观测				边长测量	
	仪器精度	测回数	竖盘指标差较差	测回较差	仪器精度	观测次数
四等	2″级	3	≤7″	≤7″	≤10 mm 级	往返各一次
五等	2″级	2	≤10″	≤10″	≤10 mm 级	往一次

由于不能精确测定折光系数 k，使球气差改正 f 带有误差，距离 D 越长，误差也越大。为了减少球气差改正数 f，表 7.12 规定，光电测距三角高程测量的边长不应大于 1 km，且应对向观测。

在 A，B 两点同时进行对向观测时，可以认为其 k 值是相同的，球气差改正 f 也基本相等，往返测高差为

$$\left.\begin{aligned} h_{AB} &= D_{AB}\tan\alpha_A + i_A - v_B + f_{AB} \\ h_{BA} &= D_{AB}\tan\alpha_B + i_B - v_A + f_{AB} \end{aligned}\right\} \tag{7.39}$$

取往返观测高差的平均值为

$$\bar{h}_{AB} = \frac{1}{2}(h_{AB} - h_{BA}) = \frac{1}{2}[(D_{AB}\tan\alpha_A + i_A - v_B) - (D_{AB}\tan\alpha_B + i_B - v_A)] \tag{7.40}$$

可以抵消掉 f_{AB}。

2）三角高程观测与计算

（1）三角高程观测

在测站上安置经纬仪或全站仪，量测仪器高 i，在目标点上安置觇牌或反光镜，量测觇牌高 v。仪器、反光镜或觇牌的高度，应在观测前后各量测一次并精确至 1 mm，取其平均值作为最终高度。

用望远镜十字丝横丝瞄准觇牌或反光镜中心，测量该点的竖直角，用全站仪或光电测距仪测量两点间的斜距。光电测距时，应同时测定大气温度与气压值，并对所测距离进行气象改正。

（2）fx-5800P 三角高程测量计算程序

下面的 fx-5800P 程序使用式（7.38）计算光电测距三角高程，案例观测数据及其计算结果列于表 7.14。

表 7.14 三角高程测量的高差计算

起算点	A		A	
待定点	B		C	
往返测	往	返	往	返
斜距 S	593.391	593.400	491.360	491.301
竖直角 α	+11°32′49″	−11°33′06″	+6°41′48″	−6°42′04″
仪器高 i	1.440	1.491	1.491	1.502
觇牌高 v	1.502	1.400	1.522	1.441
球气差改正 f	0.023	0.023	0.016	0.016
单向高差 h	+118.740	−118.715	+57.284	−57.253
往返高差均值 $\bar{h}$	+118.728		+57.269	

程序名:P7-6,占用内存 246 字节

```
Deg:Fix 3↵                              设置角度单位与数值显示格式
"K(0.08 To 0.14)="?K↵                   输入大气垂直折光系数
K<0.08 Or K>0.14⇒0.14→K↵                输入的k值超过其范围时取k=0.14
"SD(0),HD(≠0)="?Y↵                      输入0选择斜距,输入非零数值选择平距
If Y=0:Then "SD(m)="?S↵                 输入斜距
Else "HD(m)="?D:IfEnd↵                  或输入平距
"α(Deg)="?A:"i(m)="?I:"V(m)="?V↵        输入竖直角、仪器高与觇牌高
If Y=0:Then Scos(A)→D:IfEnd↵            计算平距
(1−K)D²÷(2×6371000)→F↵                  计算球气差改正,式(7.37)
Dtan(A)+I−V+F→H↵                        计算高差,式(7.38)
"f(m)=":F◢                              显示球气差改正
"h(m)=":H◢                              显示高差
"P7−6⇒END"
```

本章小结

(1)测定点位的 x,y 坐标为平面控制测量,推算平面控制网点的坐标时,至少需要已知一个点的平面坐标(定位)和一个边长的坐标方位角(定向);测定点位的 H 坐标为高程控制测量,高程控制网,至少需要已知一个点的高程。

(2)由任意直线 AB 端点的平面坐标反算其边长 D_{AB} 与坐标方位角 α_{AB} 的方法有两种:①用 $\arctan\dfrac{\Delta y_{AB}}{\Delta x_{AB}}$ 函数算出象限角 R_{AB}($0\sim\pm90°$),再根据 Δx_{AB} 与 Δy_{AB} 的正负判断 R_{AB} 的象限,按表 7.5 处理后才能得到 α_{AB};②用 fx-5800P 的 Pol(Δx_{AB},Δy_{AB})函数算出辐角 θ_{AB}($0\sim\pm180°$),$\theta_{AB}>0$ 时,$\alpha_{AB}=\theta_{AB}$;$\theta_{AB}<0$ 时,$\alpha_{AB}=\theta_{AB}+360°$。

(3)导线测量是平面控制测量的常用方法之一。单一闭合导线或单一附合导线的检核条件数均为3,对应有3个闭合差:方位角闭合差f_β与坐标闭合差f_x、f_y,应将闭合差分配完后才能计算未知导线点的坐标。f_β的分配原则是:反号、按导线的水平角数n平均分配;f_x与f_y的分配原则是:反号、按边长成比例分配。

(4)双面尺法三等水准观测的顺序为"后—前—前—后",四等水准观测的顺序为"后—后—前—前"。

(5)影响三角高程测量精度的主要因素是不能精确测定观测时的大气垂直折光系数k,使三角高程测量的边长小于1 km、往返同时对向观测取高差均值,可以减小k值的误差对高差的影响。

思考题与练习题

1. 建立平面控制网的方法有哪些?各有何优缺点?

2. 已知A,B,C三点的坐标列于下表,试计算边长AB,AC的水平距离D与坐标方位角α,计算结果填入下表中。

点名	x坐标/m	y坐标/m	边长AB	边长AC
A	2 544 967.766	423 390.405	$D_{AB}=$	$D_{AC}=$
B	2 544 955.270	423 410.231	$\alpha_{AB}=$	$\alpha_{AC}=$
C	2 545 022.862	423 367.244		

3. 平面控制网的定位和定向至少需要一些什么起算数据?

4. 导线布设形式有哪些?导线测量的外业工作有哪些内容?

5. 在图7.22(a)中,已知AB边的坐标方位角,观测了图中4个水平角,试计算边长$B\to1$,$1\to2$,$2\to3$,$3\to4$边长的坐标方位角。

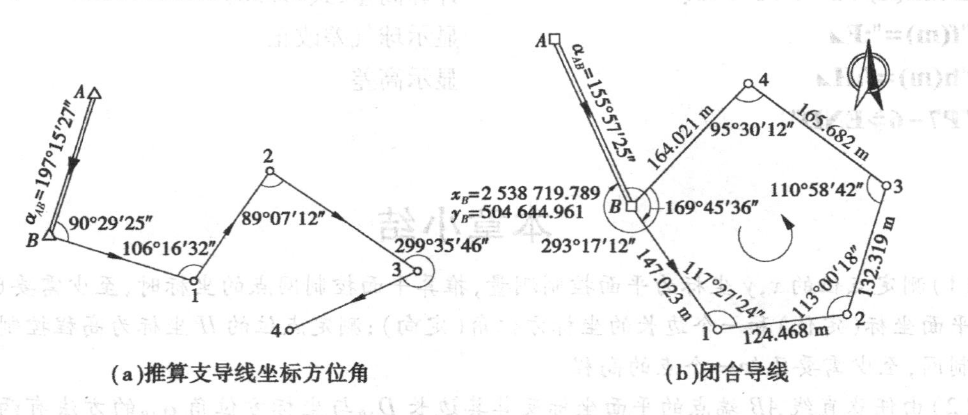

图7.22 图根支导线与图根闭合导线略图

6. 图根附和导线与图根闭合导线的计算有哪些不同?

7. 某图根闭合导线如图7.22(b)所示,已知B点的平面坐标和AB边的坐标方位角,观测了图中6个水平角和5条边长,试按图示的方位角推算方向计算1,2,3,4点的平面坐标。

8. 某图根附合导线如图 7.23 所示，已知 B，C 两点的平面坐标和 AB，CD 边的坐标方位角，观测了图中 5 个水平角和 4 条水平距离，试按图示的方位角推算方向计算 1，2，3 点的平面坐标。

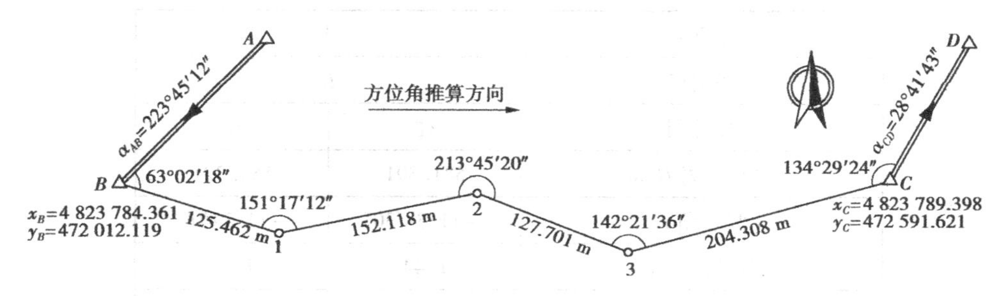

图 7.23 图根附合导线略图

9. 某图根无定向导线如图 7.24 所示，已知 A，B 两点的平面坐标，观测了图中 4 个水平角和 5 条水平距离，试用计算 1，2，3，4 点的平面坐标。

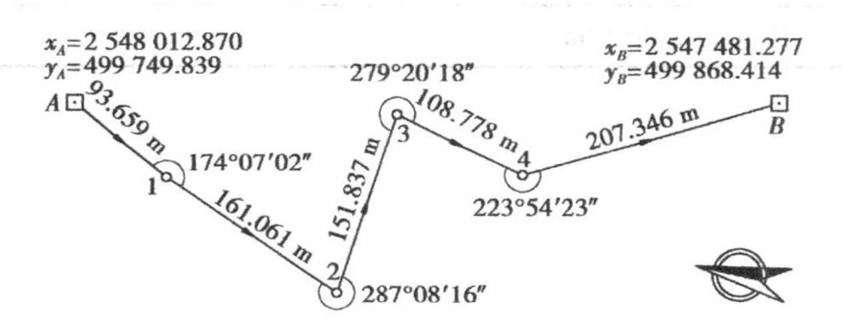

图 7.24 图根无定向导线略图

10. 试计算图 7.25(a) 所示测角后方交会点 P_1 的平面坐标。

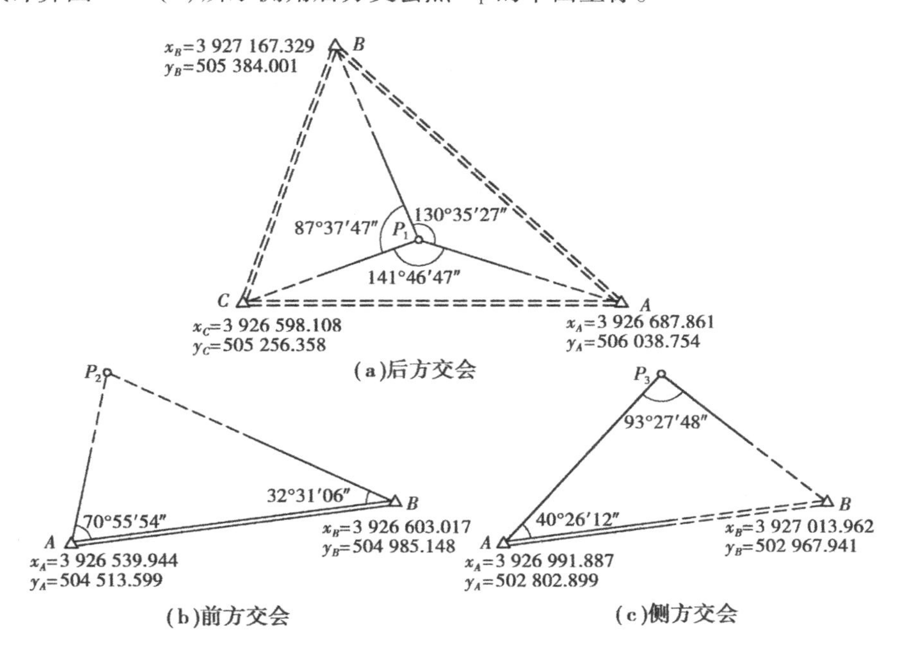

图 7.25 测角交会略图与观测数据

11. 试计算图 7.25(b)所示前方交会点 P_2 的平面坐标。

12. 试计算图 7.25(c)所示侧方交会点 P_3 的平面坐标。

13. 试完成下表的三角高程测量计算,取大气垂直折光系数 $k=0.14$。

起算点	A	
待定点	B	
往返测	往	返
水平距离 D/m	581.391	581.391
竖直角 α	+11°38′30″	−11°24′00″
仪器高 i/m	1.44	1.49
觇牌高 v/m	2.50	3.00
球气差改正 f/m		
单向高差 h/m		
往返高差均值/m		

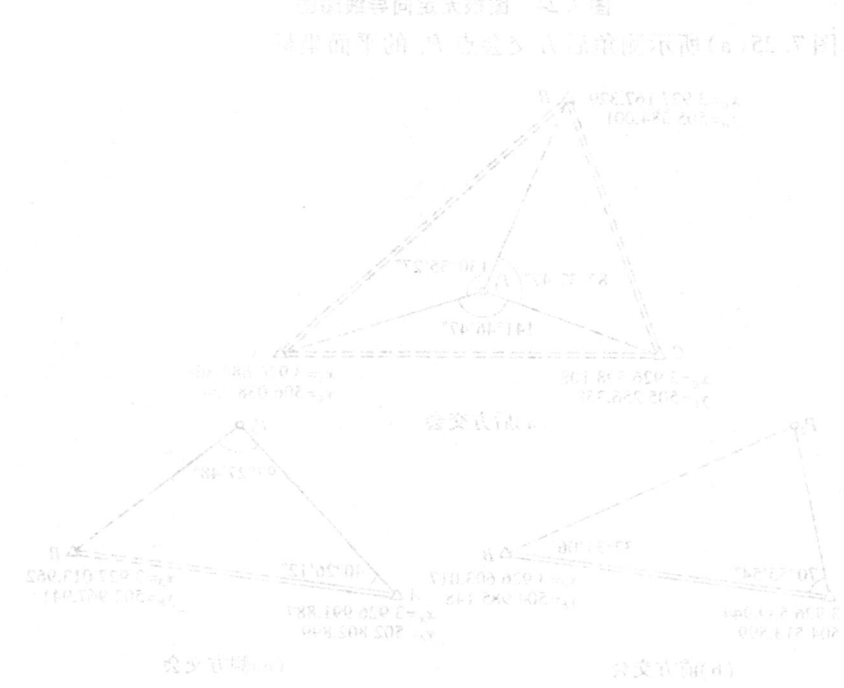

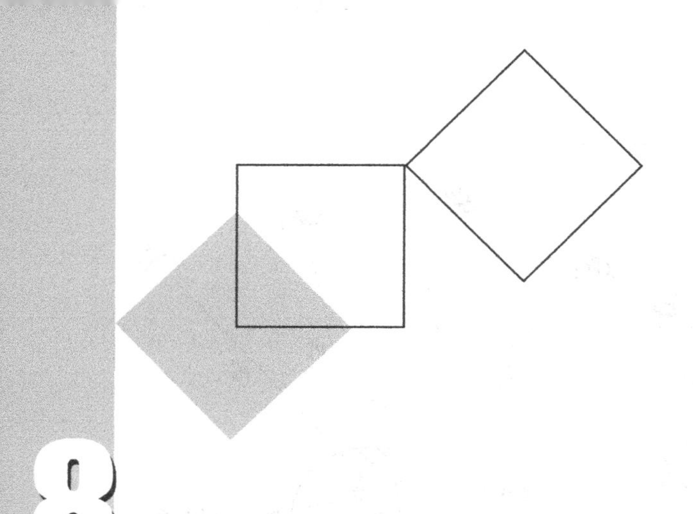

8 GNSS测量的原理与方法

本章导读:

- **基本要求** 理解伪距定位、载波相位定位、实时动态差分定位的基本原理,了解 S86 GNSS RTK 的基本操作。
- **重点** 理解测距码的分类及其单程测距原理,实时动态差分定位的基本原理。
- **难点** 单程测距,测距码测距,载波信号测距,载波相位测量整周模糊度 N_0,单频接收机,双频接收机。

GNSS 是全球导航卫星系统(Global Navigation Satellite System)的缩写。目前,GNSS 包含了美国的 GPS、俄罗斯的 GLONASS、中国的 Compass(北斗)、欧盟的 Galileo 系统,可用的卫星数目达到 100 颗以上。已投入商业运行的卫星定位测量系统主要有美国的 GPS 与俄罗斯的 GLONASS。2011 年 4 月 10 日,我国成功发射了第 8 颗北斗导航卫星,Compass 系统将于 2012 年前具备亚太地区区域服务能力,2020 年左右具备覆盖全球的服务能力。

1) GPS

GPS 始建于 1973 年,1994 年投入运营,其 24 颗卫星均匀分布在 6 个相对于赤道的倾角为 55°的近似圆形轨道上,每个轨道上有 4 颗卫星运行,它们距地球表面的平均高度为 20 183 km,运行速度为 3 800 m/s,运行周期为 11 h 58 min。每颗卫星可覆盖全球 38% 的面积,卫星的分布,可保证在地球上任意地点、任何时刻、在高度 15°以上的天空能同时观测到 4 颗以上卫星,如图 8.1(a)所示。

2) GLONASS

GLONASS 始建于 1976 年,2007 年投入运营,设计使用的 24 颗卫星均匀分布在 3 个相对于赤道的倾角为 64.8°的近似圆形轨道上,每个轨道上有 8 颗卫星运行,它们距地球表面的平均高度为 19 130 km,运行周期为 11 h 15 min 40 s。

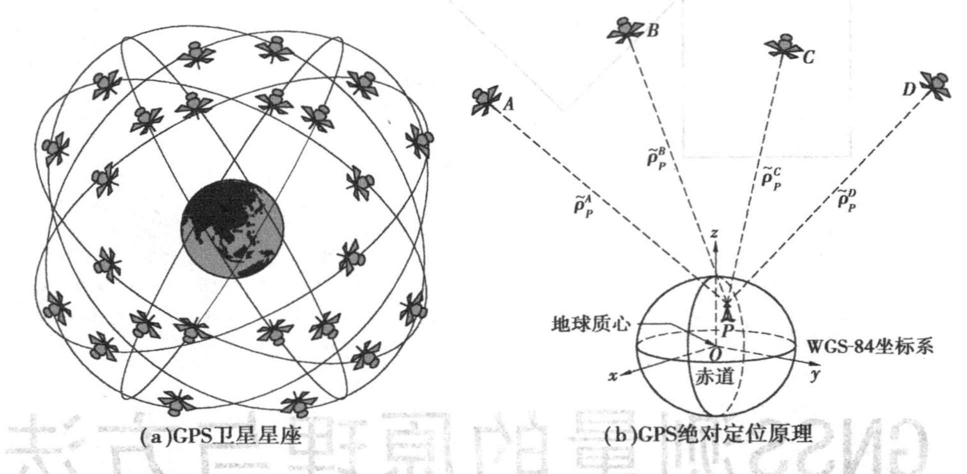

图 8.1　GPS 卫星星座与绝对定位原理

8.1　GPS 概述

GPS 采用空间测距交会原理进行定位。如图 8.1(b)所示，为了测定地面某点 P 在 WGS-84 坐标系中的三维坐标(x_P,y_P,z_P)，将 GPS 接收机安置在 P 点，通过接收卫星发射的测距码信号，在接收机时钟的控制下，可以解出测距码从卫星传播到接收机的时间 Δt，乘以光速 c 并加上卫星时钟与接收机时钟不同步改正，就可以计算出卫星至接收机的空间距离 $\tilde{\rho}$

$$\tilde{\rho} = c\Delta t + c(v_T - v_t) \tag{8.1}$$

式中，v_t 为卫星钟差，v_T 为接收机钟差。与 EDM 使用双程测距方式不同，GPS 是使用单程测距方式，即接收机接收到的测距信号不再返回卫星，而是在接收机中直接解算传播时间 Δt 并计算出卫星至接收机的距离，这就要求卫星和接收机的时钟应严格同步，卫星在严格同步的时钟控制下发射测距信号。事实上，卫星钟与接收机钟不可能严格同步，这就会产生钟误差，两个时钟不同步对测距结果的影响为 $c(v_T - v_t)$。卫星广播星历中包含有卫星钟差 v_t，它是已知的，而接收机钟差 v_T 却是未知数，需要通过观测方程解算。

式(8.1)中的距离 $\tilde{\rho}$ 没有顾及大气电离层和对流层折射误差的影响，它不是卫星至接收机的真实几何距离，通常称其为伪距。

在测距时刻 t_i，接收机通过接收卫星 S_i 的广播星历可以解算出 S_i 在 WGS-84 坐标系中的三维坐标(x_i,y_i,z_i)，则 S_i 卫星与 P 点的几何距离为

$$R_P^i = \sqrt{(x_P - x_i)^2 + (y_P - y_i)^2 + (z_P - z_i)^2} \tag{8.2}$$

由此得伪距观测方程为

$$\tilde{\rho}_P^i = c\Delta t_{iP} + c(v_t^i - v_T) = R_P^i = \sqrt{(x_P - x_i)^2 + (y_P - y_i)^2 + (z_P - z_i)^2} \tag{8.3}$$

式(8.3)有 x_P,y_P,z_P,v_T 4 个未知数，为解算这 4 个未知数，应同时锁定 4 颗卫星进行观测。如图 8.1(b)所示，对 A,B,C,D 4 颗卫星进行观测的伪距方程为

$$\left.\begin{aligned}\tilde{\rho}_P^A = c\Delta t_{AP} + c(v_t^A - v_T) &= \sqrt{(x_P - x_A)^2 + (y_P - y_A)^2 + (z_P - z_A)^2}\\ \tilde{\rho}_P^B = c\Delta t_{BP} + c(v_t^B - v_T) &= \sqrt{(x_P - x_B)^2 + (y_P - y_B)^2 + (z_P - z_B)^2}\\ \tilde{\rho}_P^C = c\Delta t_{CP} + c(v_t^C - v_T) &= \sqrt{(x_P - x_C)^2 + (y_P - y_C)^2 + (z_P - z_C)^2}\\ \tilde{\rho}_P^D = c\Delta t_{DP} + c(v_t^D - v_T) &= \sqrt{(x_P - x_D)^2 + (y_P - y_D)^2 + (z_P - z_D)^2}\end{aligned}\right\} \quad (8.4)$$

解式(8.4),即可计算出 P 点的坐标(x_P, y_P, z_P)。

8.2 GPS 的组成

GPS 由工作卫星、地面监控系统和用户设备 3 部分组成。

1)地面监控系统

在 GPS 接收机接收到的卫星广播星历中,包含有描述卫星运动及其轨道的参数,而每颗卫星的广播星历是由地面监控系统提供的。地面监控系统包括 1 个主控站、3 个注入站和 5 个监测站,其分布位置如图 8.2 所示。

图 8.2 地面监控系统分布图

主控站位于美国本土科罗拉多·斯平士的联合空间执行中心,3 个注入站分别位于大西洋的阿森松群岛、印度洋的狄哥伽西亚和太平洋的卡瓦加兰 3 个美国军事基地上,5 个监测站除了位于 1 个主控站和 3 个注入站以外,还在夏威夷设立了 1 个监测站。地面监控系统的功能如下:

(1)监测站

监测站是在主控站直接控制下的数据自动采集中心,站内设有双频 GPS 接收机、高精度原子钟、气象参数测试仪和计算机等设备。其任务是完成对 GPS 卫星信号的连续观测,搜集当地的气象数据,观测数据经计算机处理后传送给主控站。

(2)主控站

主控站除协调和管理所有地面监控系统的工作外,还进行下列工作:

①根据本站和其他监测站的观测数据,推算编制各卫星的星历、卫星钟差和大气层的修正参数,并将这些数据传送到注入站;

②提供时间基准。各监测站和 GPS 卫星的原子钟均应与主控站的原子钟同步,或测量出其间的钟差,并将这些钟差信息编入导航电文,送到注入站;

③调整偏离轨道的卫星,使之沿预定的轨道运行;

④启动备用卫星,以替换失效的工作卫星。

(3)注入站

注入站是在主控站的控制下,将主控站推算和编制的卫星星历、钟差、导航电文和其他控制指令等,注入到相应卫星的存储器中,并监测注入信息的正确性。

除主控站外,整个地面监控系统均为无人值守。

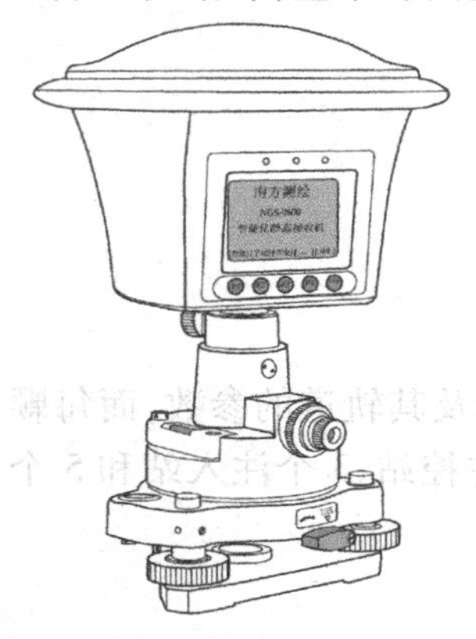

图 8.3　9600 静态 GPS 接收机

2)用户设备

用户设备包括 GPS 接收机和相应的数据处理软件。GPS 接收机由接收天线、主机和电源组成。随着电子技术的发展,现在的 GPS 接收机已高度集成化和智能化,实现了接收天线、主机和电源的一体化,并能自动捕获卫星并采集数据,图 8.3 为南方测绘公司生产的 NGS 9600 测地型单频静态 GPS 接收机。

GPS 接收机的任务是捕获卫星信号,跟踪并锁定卫星信号,对接收到的信号进行处理,测量出测距信号从卫星传播到接收机天线的时间间隔,译出卫星广播的导航电文,实时计算接收机天线的三维坐标、速度和时间。

按用途的不同,GPS 接收机分为导航型、测地型和授时型;按使用的载波频率分为单频接收机(用 1 个载波频率 L_1)和双频接收机(用 2 个载波频率 L_1,L_2)。本章只简要介绍测地型 GPS 接收机的定位原理和测量方法。

8.3　GPS 定位的基本原理

根据测距原理的不同,GPS 定位方式可以分为:伪距定位、载波相位测量定位和 GPS 差分定位。根据待定点位的运动状态可以分为:静态定位和动态定位。

8.3.1　卫星信号

卫星信号包含载波、测距码(C/A 码和 P 码)、数据码(导航电文或称 D 码),它们都是在同一个原子钟频率 f_0 = 10.23 MHz 下产生的,见图 8.4。

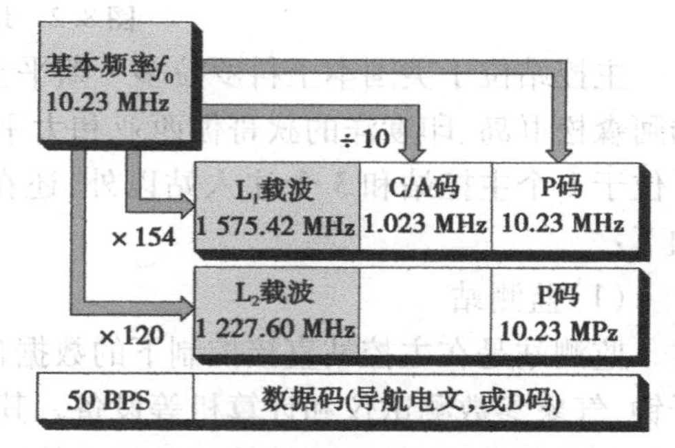

图 8.4　GPS 卫星信号频率的产生原理

1)载波信号

载波信号频率使用的是无线电中 L 波段的两种不同频率的电磁波,其频率与波长为

$$L_1 \text{ 载波}: f_1 = 154 \times f_0 = 1\ 575.42 \text{ MHz}, \lambda_1 = 19.03 \text{ cm} \tag{8.5}$$

$$L_2 \text{ 载波}: f_1 = 120 \times f_0 = 1\ 227.60 \text{ MHz}, \lambda_2 = 24.42 \text{ cm} \tag{8.6}$$

在 L_1 载波上调制有 C/A 码、P 码和数据码,在 L_2 载波上只调制有 P 码和数据码。

测距码是二进制编码,由“0”和“1”组成。在二进制中,一位二进制数叫做一比特(bit)或一个码元,每秒钟传输的比特数称为数码率。卫星采用的两种测距码 C/A 码和 P 码均属于伪随机码，它们具有良好的自相关特性和周期性，很容易复制。两种码的参数列于表 8.1。

表 8.1 C/A 码和 P 码参数

参 数	C/A 码	P 码
码长/bit	1 023	2.35×10^{14}
频率 f/MHz	1.023	10.23
码元宽度 $t_u = (1/f)/\mu s$	0.977 52	0.097 752
码元宽度时间传播的距离 ct_u/m	293.1	29.3
周期 $T_u = N_u t_u$	1 ms	265 天
数码率 $P_u/(\text{bit} \cdot \text{s}^{-1})$	1.023	10.23

使用测距码测距的原理是：卫星在自身时钟控制下发射某一结构的测距码，传播 Δt 时间后，到达 GPS 接收机；而 GPS 接收机在自己的时钟控制下产生一组结构完全相同的测距码（也称复制码），复制码通过一个时间延迟器使其延迟时间 τ 后与接收到的卫星测距码比较，通过调整延迟时间 τ 使两个测距码完全对齐（此时自相关系数 $R(t)=1$），则复制码的延迟时间 τ 就等于卫星信号传播到接收机的时间 Δt。

C/A 码码元宽度对应的距离值为 293.1 m，如果卫星与接收机的测距码对齐精度为1/100，则测距精度为 2.9 m；P 码码元宽度对应的距离值为 29.3 m，如果卫星与接收机的测距码对齐精度为 1/100，则测距精度为 0.29 m。显然 P 码的测距精度高于 C/A 码 10 倍，因此又称 C/A 码为粗码，P 码为精码。P 码受美国军方控制，一般用户无法得到，只能利用 C/A 码进行测距。

2）***数据码***

数据码就是导航电文，也称 D 码，它包含了卫星星历、卫星工作状态、时间系统、卫星时钟运行状态、轨道摄动改正、大气折射改正和由 C/A 码捕获 P 码的信息等。导航电文也是二进制码，依规定的格式按帧发射，每帧电文的长度为 1 500 bit，播送速率为 50 bit/s。

8.3.2 伪距定位

伪距定位分单点定位和多点定位。单点定位是将 GPS 接收机安置在测点上并锁定 4 颗以上的卫星，通过将接收到的卫星测距码与接收机产生的复制码对齐来测量各锁定卫星测距码到接收机的传播时间 Δt_i，进而求出卫星至接收机的伪距值，从锁定卫星的广播星历中获得其空间坐标，采用距离交会的原理解算出接收机天线所在点的三维坐标。设锁定 4 颗卫星时的伪距观测方程为式(8.4)，因 4 个方程中刚好有 4 个未知数，所以方程有唯一解。当锁定的卫星数超过 4 颗时，就存在多余观测，此时应使用最小二乘原理通过平差求解待定点的坐标。

由于伪距观测方程没有考虑大气电离层和对流层折射误差、星历误差的影响，所以，单点定位的精度不高。用 C/A 码定位的精度一般为 25 m，用 P 码定位的精度一般为 10 m。

单点定位的优点是速度快、无多值性问题，从而在运动载体的导航定位中得到了广泛的应用，同时，它还可以解决载波相位测量中的整周模糊度问题。

多点定位就是将多台 GPS 接收机（一般使用 2～3 台）安置在不同的测点上，同时锁定相同的卫星进行伪距测量，此时，大气电离层和对流层折射误差、星历误差的影响基本相同，在计算各测点之间的坐标差($\Delta x, \Delta y, \Delta z$)时，可以消除上述误差的影响，使测点之间的点位相对精度大大提高。

8.3.3 载波相位定位

载波 L_1，L_2 的频率比测距码(C/A 码和 P 码)的频率高得多，其波长也比测距码短很多，由式(8.5)和式(8.6)可知，$\lambda_1 = 19.03\ \text{cm}$，$\lambda_2 = 24.42\ \text{cm}$。若使用载波 L_1 或 L_2 作为测距信号，将卫星传播到接收机天线的正弦载波信号与接收机产生的基准信号进行比相，求出它们之间的相位延迟从而计算出伪距，就可以获得很高的测距精度。如果测量 L_1 载波相位移的误差为 1/100，则伪距测量精度可达 19.03 cm/100 = 1.9 mm。

1)载波相位绝对定位

图 8.5 为使用载波相位测量法单点定位的情形。与相位式电磁波测距仪的原理相同，由于载波信号是正弦波信号，相位测量时只能测出其不足一个整周期的相位移部分 $\Delta\varphi$($\Delta\varphi < 2\pi$)，因此存在整周数 N_0 不确定问题，称 N_0 为整周模糊度。

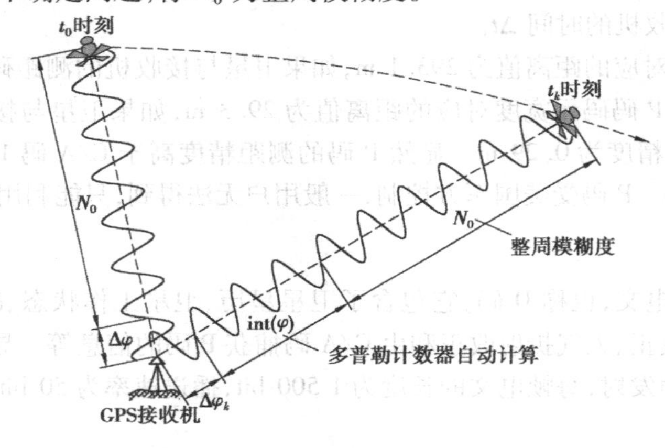

图 8.5　GPS 载波相位测距原理

如图 8.5 所示，在 t_0 时刻(也称历元 t_0)，设某颗卫星发射的载波信号到达接收机的相位移为 $2\pi N_0 + \Delta\varphi$，则该卫星至接收机的距离为

$$\frac{2\pi N_0 + \Delta\varphi}{2\pi}\lambda = N_0\lambda + \frac{\Delta\varphi}{2\pi}\lambda \tag{8.7}$$

式中，λ 为载波波长。当对卫星进行连续跟踪观测时，由于接收机内置有多普勒计数器，只要卫星信号不失锁，N_0 就不变，故在 t_k 时刻，该卫星发射的载波信号到达接收机的相位移变成 $2\pi N_0 + \text{int}(\varphi) + \Delta\varphi_k$，式中，$\text{int}(\varphi)$ 由接收机内置的多普勒计数器自动累计求出。

考虑钟差改正 $c(v_T - v_t)$、大气电离层折射改正 $\delta\rho_{\text{ion}}$ 和对流层折射改正 $\delta\rho_{\text{trop}}$ 的载波相位观测方程为

$$\rho = N_0\lambda + \frac{\Delta\varphi}{2\pi}\lambda + c(v_T - v_t) + \delta\rho_{\text{ion}} + \delta\rho_{\text{trop}} = R \tag{8.8}$$

通过对锁定卫星进行连续跟踪观测可以修正 $\delta\rho_{\text{ion}}$ 和 $\delta\rho_{\text{trop}}$，但整周模糊度 N_0 始终是未知的，

能否准确求出 N_0 就成为载波相位定位的关键。

2)载波相位相对定位

载波相位相对定位一般是使用两台 GPS 接收机，分别安置在两个测点，称两个测点的连线为基线。通过同步接收卫星信号，利用相同卫星相位观测值的线性组合来解算基线向量在 WGS-84 坐标系中的坐标增量($\Delta x, \Delta y, \Delta z$)进而确定它们的相对位置。如果其中一个测点的坐标已知，就可以推算出另一个测点的坐标。

根据相位观测值的线性组合形式，载波相位相对定位又分为单差法、双差法和三差法 3 种。下面介绍前两种。

(1)单差法

如图 8.6(a)所示，将安置在基线端点上的两台 GPS 接收机对同一颗卫星进行同步观测，由式(8.8)可以列出观测方程为

$$\left.\begin{aligned} N_{01}^{i}\lambda + \frac{\Delta\varphi_{01}^{i}}{2\pi}\lambda + c(v_T^{i} - v_{t1}) + \delta\rho_{\mathrm{ion1}} + \delta\rho_{\mathrm{trop1}} = R_1^{i} \\ N_{02}^{i}\lambda + \frac{\Delta\varphi_{02}^{i}}{2\pi}\lambda + c(v_T^{i} - v_{t2}) + \delta\rho_{\mathrm{ion2}} + \delta\rho_{\mathrm{trop2}} = R_2^{i} \end{aligned}\right\} \tag{8.9}$$

考虑到接收机到卫星的平均距离为 20 183 km，而基线的距离远小于它，可以认为基线两端点的电离层和对流层改正基本相等，也即有 $\delta\rho_{\mathrm{ion1}} = \delta\rho_{\mathrm{ion2}}$，$\delta\rho_{\mathrm{trop1}} = \delta\rho_{\mathrm{trop2}}$，对式(8.9)的两式求差可得单差观测方程为

$$N_{12}^{i}\lambda + \frac{\lambda}{2\pi}\Delta\varphi_{12}^{i} - c(v_{t1} - v_{t2}) = R_{12}^{i} \tag{8.10}$$

式中，$N_{12}^{i} = N_{01}^{i} - N_{02}^{i}$，$\Delta\varphi_{12}^{i} = \Delta\varphi_{01}^{i} - \Delta\varphi_{02}^{i}$，$R_{12}^{i} = R_1^{i} - R_2^{i}$。单差方程式(8.10)消除了卫星钟差改正数 v_T。

(2)双差法

如图 8.6(b)所示，将安置在基线端点上的两台 GPS 接收机同时对两颗卫星进行同步观测，根据式(8.10)可以写出观测 S_j 卫星的单差观测方程为

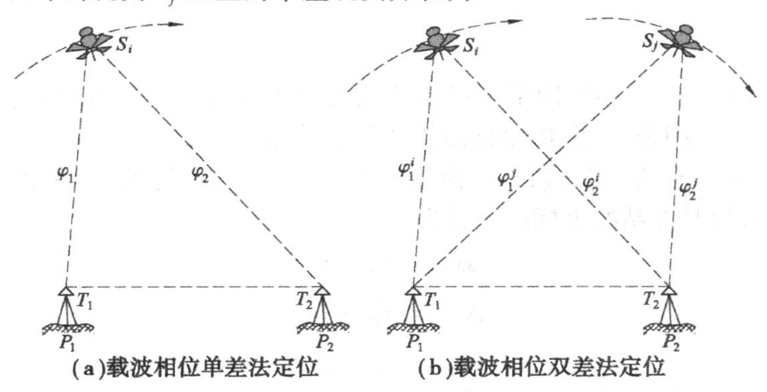

图 8.6　GPS 载波相位定位

$$N_{12}^{j}\lambda + \frac{\lambda}{2\pi}\Delta\varphi_{12}^{j} - c(v_{t1} - v_{t2}) = R_{12}^{j} \tag{8.11}$$

将式(8.10)和式(8.11)求差可得双差观测方程为

$$N_{12}^{ij}\lambda + \frac{\lambda}{2\pi}\Delta\varphi_{12}^{ij} = R_{12}^{ij} \tag{8.12}$$

式中，$N_{12}^{ij} = N_{12}^{i} - N_{12}^{j}$，$\Delta\varphi_{12}^{ij} = \Delta\varphi_{12}^{i} - \Delta\varphi_{12}^{j}$，$R_{12}^{ij} = R_{12}^{i} - R_{12}^{j}$。双差方程式(8.12)消除了基线端点两台接收机的相对钟差改正数 $v_{t1} - v_{t2}$。

综上所述，载波相位定位时采用差分法，可以减少平差计算中的未知数数量，消除或减弱测站相同误差项的影响，提高了定位精度。

由式(8.2)，可以将 R_{12}^{ij} 化算为基线端点坐标增量(Δx_{12}，Δy_{12}，Δz_{12})的函数，也即式(8.12)中有3个坐标增量未知数。如果两台GPS接收机同步观测了 n 颗卫星，则有 $n-1$ 个整周模糊度 N_{12}^{ij}，未知数总数为 $3+n-1$。当每颗卫星观测了 m 个历元时，就有 $m(n-1)$ 个双差方程。为了求出 $3+n-1$ 个未知数，要求双差方程数>未知数个数，也即

$$m(n-1) \geqslant 3 + n - 1 \text{ 或者 } m \geqslant \frac{n+2}{n-1}$$

一般取 $m=2$，也即每颗卫星观测2个历元。

为了提高相对定位精度，同步观测的时间应比较长，具体时间与基线长、所用接收机类型(单频机还是双频机)和解算方法有关。在小于15 km的短基线上使用双频机，采用快速处理软件，野外每个测点同步观测时间一般只需要10～15 min就可以使测量的基线长度达到5 mm+1 ppm的精度。

8.3.4 实时动态差分定位(RTK)

实时动态差分(Real-Time Kinematic)定位是在已知坐标点或任意未知点上安置一台GPS接收机(称为基准站)，利用已知坐标和卫星星历计算出观测值的校正值，并通过无线电通讯设备(称数据链)将校正值发送给运动中的GPS接收机(称为移动站)，移动站应用接收到的校正值对自身的GPS观测值进行改正，以消除卫星钟差、接收机钟差、大气电离层和对流层折射误差的影响。实时动态差分定位应使用带实时动态差分功能的RTK GPS接收机才能够进行，本节简要介绍常用的3种实时动态差分方法。

1)位置差分

将基准站的已知坐标与GPS伪距单点定位获得的坐标值进行差分，通过数据链向移动站传送坐标改正值，移动站用接收到的坐标改正值修正其测得的坐标。

设基准站的已知坐标为(x_B^0，y_B^0，z_B^0)，使用GPS伪距单点定位测得的基准站的坐标为(x_B，y_B，z_B)，通过差分求得基准站的坐标改正数为

$$\left.\begin{aligned}\Delta x_B &= x_B^0 - x_B\\ \Delta y_B &= y_B^0 - y_B\\ \Delta z_B &= z_B^0 - z_B\end{aligned}\right\} \tag{8.13}$$

设移动站使用GPS伪距单点定位测得的坐标为(x_i，y_i，z_i)，则使用基准站坐标改正值修正后的移动站坐标为

$$\left.\begin{aligned}x_i^0 &= x_i + \Delta x_B\\ y_i^0 &= y_i + \Delta y_B\\ z_i^0 &= z_i + \Delta z_B\end{aligned}\right\} \tag{8.14}$$

位置差分要求基准站与移动站同步接收相同卫星的信号。

2)伪距差分

利用基准站的已知坐标和卫星广播星历计算卫星到基准站间的几何距离 R_{B0}^{i},并与使用伪距单点定位测得的基准站伪距值 $\tilde{\rho}_{B}^{i}$进行差分得到距离改正数

$$\Delta\tilde{\rho}_{B}^{i} = R_{B0}^{i} - \tilde{\rho}_{B}^{i} \tag{8.15}$$

通过数据链向移动站传送 $\Delta\tilde{\rho}_{B}^{i}$,移动站用接收到的 $\Delta\tilde{\rho}_{B}^{i}$修正其测得的伪距值。基准站只要观测 4 颗以上的卫星并用 $\Delta\tilde{\rho}_{B}^{i}$修正其至各卫星的伪距值就可以进行定位,它不要求基准站与移动站接收的卫星完全一致。

3)载波相位实时动态差分

前面两种差分法都是使用伪距定位原理进行观测,而载波相位实时动态差分是使用载波相位定位原理进行观测。载波相位实时动态差分的原理与伪距差分类似,因为是使用载波相位信号测距,所以其伪距观测值的精度高于伪距定位法观测的伪距值。由于要解算整周模糊度,所以要求基准站与移动站同步接收相同的卫星信号,且两者相距一般应小于 30 km,其定位精度可以达到 1 ~2 cm。

8.4 GNSS 测量的实施

使用 GNSS 接收机进行控制测量的过程为:方案设计、外业观测和内业数据处理。

1)精度指标

GNSS 测量控制网一般是使用载波相位静态相对定位法,使用两台或两台以上的接收机同时对一组卫星进行同步观测。控制网相邻点间的基线精度 m_D 为

$$m_D = \sqrt{a^2 + (bD)^2} \tag{8.16}$$

式中,a 为固定误差(mm),b 为比例误差系数(ppm),D 为相邻点间的距离(km)。《工程测量规范》规定,各等级卫星定位测量控制网的主要技术指标,应符合表 8.2 的规定。

表 8.2 卫星定位测量控制网的主要技术要求

等级	平均边长 /km	固定误差 a /mm	比例误差系数 b /ppm	约束点间的边长相对中误差	约束平差后最弱边相对中误差
二等	9	≤10	≤2	≤1/250 000	≤1/120 000
三等	4.5	≤10	≤5	≤1/150 000	≤1/70 000
四等	2	≤10	≤10	≤1/100 000	≤1/40 000
一级	1	≤10	≤20	≤1/40 000	≤1/20 000
二级	0.5	≤10	≤40	≤1/20 000	≤1/10 000

2)观测要求

同步观测时,测站从开始接收卫星信号到停止数据记录的时段称为观测时段;卫星与接收

机天线的连线相对水平面的夹角称卫星高度角,卫星高度角太小时不能观测;反映一组卫星与测站所构成的几何图形形状与定位精度关系的值称点位几何图形强度因子 PDOP(position dilution of precision),其值与观测卫星高度角的大小以及观测卫星在空间的几何分布有关。如图 8.7 所示,观测卫星高度角越小,分布范围越大,其 PDOP 值越小。综合其他因素的影响,当卫星高度角设置为≥15°时,点位的 PDOP 值不宜大于 6。GNSS 接收机锁定一组卫星后,将自动显示锁定卫星数及其 PDOP 值,案例见图 8.15(a)、图 8.15(h)、图 8.16(g)。

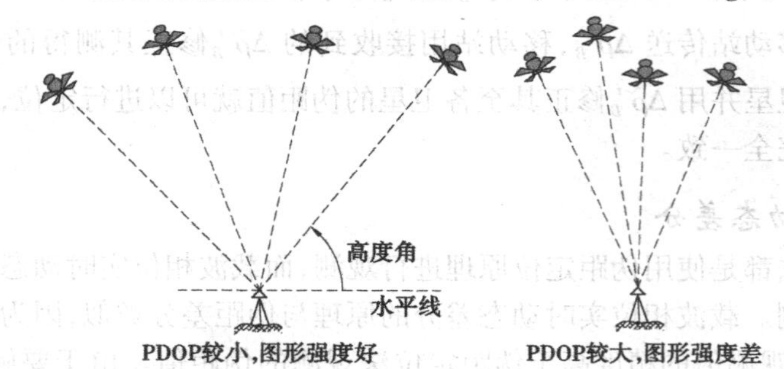

图 8.7　卫星高度角与点位几何图形强度因子 PDOP

《工程测量规范》规定,各等级卫星定位控制测量作业的基本技术要求应符合表 8.3 的规定。

表 8.3　GNSS 控制测量作业的基本技术要求

等　级		二等	三等	四等	一级	二级
接收机类型		双频或单频	双频或单频	双频或单频	双频或单频	双频或单频
仪器标称精度		10 mm +2 ppm	10 mm +5 ppm	10 mm +5 ppm	10 mm +5 ppm	10 mm +5 ppm
观测量		载波相位	载波相位	载波相位	载波相位	载波相位
卫星高度角/°	静　态	≥15	≥15	≥15	≥15	≥15
	快速静态	—	—	—	≥15	≥15
有效观测卫星数	静　态	≥5	≥5	≥4	≥4	≥4
	快速静态	—	—	—	≥5	≥5
观测时段长度/min	静　态	≥90	≥60	≥45	≥30	≥30
	快速静态	—	—	—	≥15	≥15
数据采样间隔/s	静　态	10 ~ 30	10 ~ 30	10 ~ 30	10 ~ 30	10 ~ 30
	快速静态	—	—	—	5 ~ 15	5 ~ 15
点位几何图形强度因子(PDOP)		≤6	≤6	≤6	≤8	≤8

3)网形要求

与传统的三角及导线控制测量方法不同,使用 GNSS 接收机设站观测时,并不要求各站点之间相互通视。网形设计时,根据控制网的用途、现有 GNSS 接收机的台数可以分为两台接收机同步观测、多台接收机同步观测和多台接收机异步观测 3 种方案。本节只简要介绍两台接收机同步观测方案，其两种测量与布网的方法如下：

(1)静态定位

网形之一如图 8.8(a)所示，将两台接收机分别轮流安置在每条基线的端点，同步观测 4 颗卫星 1 h 左右，或同步观测 5 颗卫星 20 min 左右。它一般用于精度要求较高的控制网布测，如桥梁控制网或隧道控制网。

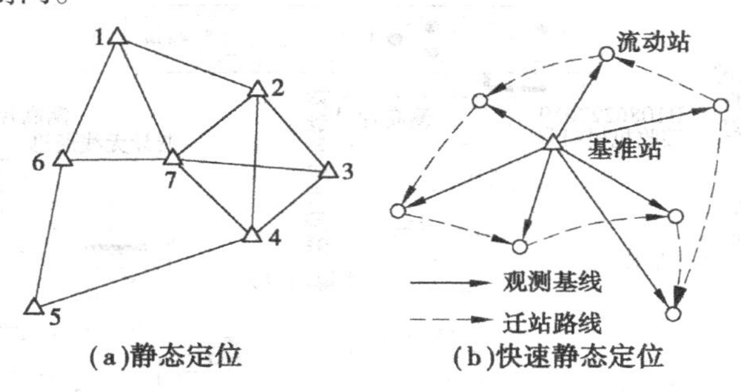

图 8.8 GNSS 静态定位典型网形

(2)快速静态定位

网形之一如图 8.8(b)所示，在测区中部选择一个测点作为基准站并安置一台接收机连续跟踪观测 5 颗以上卫星，另一台接收机依次到其余各点流动设站观测(不必保持对所测卫星连续跟踪)，每点观测 1 ~2 min。它一般用于控制网加密和一般工程测量。

控制点点位应选在天空视野开阔、交通便利、远离高压线、变电所及微波辐射干扰源的地点。

4)坐标转换

为了计算出测区内 WGS-84 坐标系与测区坐标系的坐标转换参数，要求至少有 2 个及以上的 GNSS 控制网点与测区坐标系的已知控制网点重合。坐标转换计算通常由 GNSS 附带的数据软件自动完成。

8.5 南方测绘灵锐 S86 双频双星 GNSS RTK 操作简介

南方测绘灵锐 S86 采用加拿大 Novatel 公司的 OEMV-2 主板(S86-T 采用美国 Trimble 公司的 BD970 主板，两种机型的操作方法相同)，能同时接收 GPS 与 GLONASS 卫星信号。S86 的标准配置为一个基准站加一个移动站，每个移动站标配一部 PSION 手簿，用户可以根据工作需要选购任意个移动站。

如图 8.9 所示，基准站只有主机，移动站设备为一个主机与一个 PSION 手簿，基准站与移动站的数传电台模块内置在主机，基准站按设置的电台频道发射基准站数据，移动站应设置与基准站相同的频道接收基准站数据，PSION 手簿与移动站之间通过内置的蓝牙卡进行数据通讯，全部设备均为无线连接。

S86 的主要技术参数为：独立 28 ~54 通道(14 通道 GPSL1 +2 通道 SBAS，14 通道 GPSL2 通道，12 通道 GLONASSL1 通道，12 通道 GLONASSL2 通道)；静态测量模式的平面精度 3 mm + 1 ppm，高程精度为 5 mm +2 ppm，静态作用距离≤100 km，静态内存 64 MB；RTK 测量模式的平

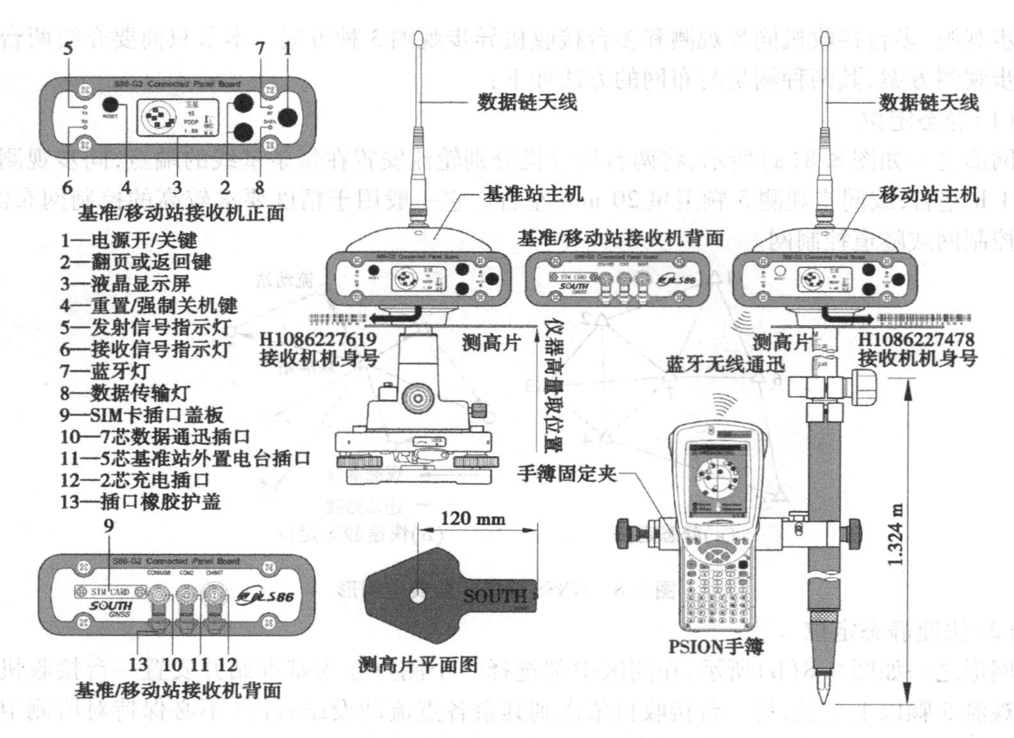

图 8.9　南方测绘灵锐 S86 GNSS RTK 接收机

面精度为 10 mm + 1 ppm，高程精度为 20 mm + 1 ppm，RTK 的作用距离为 8 km，内置数传电台的发射功率为 0.5 ~ 2 W，基准站与移动站均内置 2 块锂电池，充满电时，可供连续工作 12 h。

1）PSION 手簿

如图 8.10 所示，PSION 手簿实为掌上电脑（简称 PDA），配置为 520 MHZ 主频的 Intel PXA270 CPU，64 MB 内存，480 × 640 像素 3.6in（1 in = 0.025 4 m）触摸显示屏，52 键键盘，微软 Windows CE5.0 中文操作系统，一个 CFtype Ⅱ 卡槽、一个 SD 卡槽与一个 COM 口。CF 卡槽已插入一块蓝牙卡，以实现手簿与移动站主机的无线数据通讯，使用标配数据线连接手簿的 COM 口与 PC 机的 USB 口，通过同步软件 Microsoft ActiveSync 实现手簿与 PC 机间的文件传输操作。

（1）PSION 手簿的开关机操作

按住 ENTER 键 1 s 为打开 PSION 手簿电源，电源指示灯亮，30 s 内无按键或无光笔触屏操作，手簿自动降低屏幕亮度一半；1 min 内无按键或无光笔触屏操作，手簿自动关闭屏幕并进入“休眠”状态。按 FN ENTER 键为关机。

当手簿蓝牙连接不上或查找不到端口时，需要热启动手簿，方法是同时按住 FN 与 ENTER 键 6 s，待电源指示灯为橘黄色闪亮时松开按键，热启动手簿时间为 3 ~ 5 s。当 WinCE 死机时，需要冷启动手簿，方法是同时按住 FN、ENTER 与 0 或 9 键 6 s，冷启动手簿时间大于 10 s。热启动或冷启动后，存储在内存的文件与数据都将丢失。

（2）PSION 手簿的键盘操作

图 8.10 中的扫描键，需要安装扫描仪模块才可以使用。

SHIFT、CTRL、ALT、FN、FN 为功能键。与台式 PC 机键盘不同的是，PSION 手簿的功能键均为一次性使用键，不支持同时按下两个键的操作。

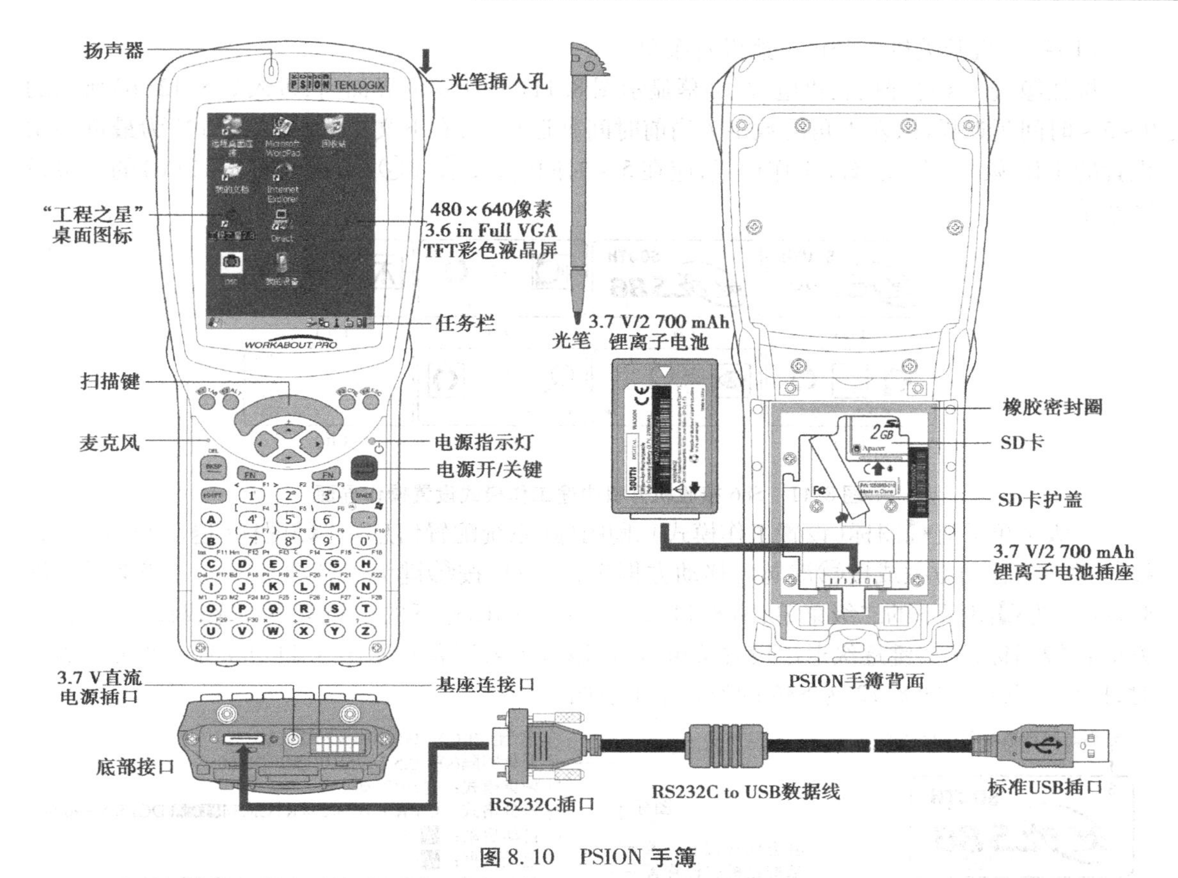

图 8.10 PSION 手簿

按SHIFT键一次,任务栏显示shift key,再按数字键为输入该键内右上方的字符,或按字母键为输入小写字母,任务栏的shift key消失。例如按SHIFT 9键为输入字符"(",按SHIFT A键为输入字母"A"。

按SHIFT键两次,任务栏显示SHIFT KEY,为锁定输入数字键内右上方的字符或字母键的大写字母,再按SHIFT键为取消该功能。

按FN键一次,任务栏显示org key,再按其余键为输入该键外左上方的桔黄色字符,任务栏org key消失。例如,按FN 9键为输入字符"/",按FN Z键为输入字符"?"。

按FN键两次,任务栏显示ORG KEY,为锁定输入其余键外左上方的字符,再按FN键为取消该功能。

按FN键一次,任务栏显示blue key,再按其余键为执行该键外右上方蓝色字符功能,任务栏blue key消失。例如,按FN ⌒键为执行开始功能,即调出 WinCE 的起始菜单。

按FN键两次,任务栏显示BLUE KEY,为锁定执行键外右上方蓝色字符功能,再按FN键为取消该功能。

CTRL与ALT键的功能与台式 PC 机的同名键功能相同,例如,当同时启动了"工程之星"与 WordPad 软件时,按ALT TAB键为切换显示软件界面。

BKSP为退格键,SPACE为空格键,ENTER为回车键,ESC为退出键。

2) 接收机

标配的两台接收机是完全相同的,具体哪一台作为基准站或移动站,需要通过按键设置实现。

(1)接收机开关机与开机中途设置菜单

按住◎键1 s打开接收机电源，屏幕显示图8.11(a)所示的界面后，进入如8.12(b)所示的0～5 s时间延迟界面，左上角的数字为当前时间延迟秒数，右下文字“基准站模式”为最近一次设置的工作模式。如要修改工作模式，应在5 s时间内，按F1或F2键，进入图8.11(c)的一级设置菜单。

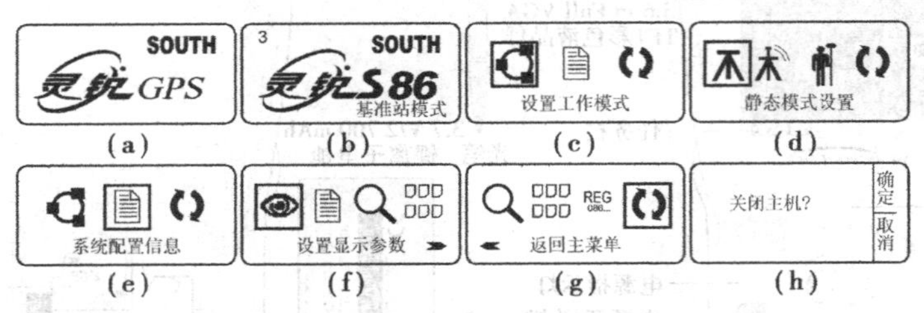

图8.11　S86接收机开机中途工作模式设置操作界面

一级菜单下有图标(设置工作模式)、图标(系统配置信息)与图标(退出)3个项目，按F1键向前移动方框或按F2键向后移动方框选择项目，按◎键为展开项目下的二级菜单。图8.11(d)为图标下的二级菜单，图8.11(f)～(g)为图标下的二级菜单。完成设置后，移动方框到图标，按◎键逐级退出设置菜单，按住◎键1 s，屏幕显示图8.11(h)所示的关机界面时，按F1键关机。图8.12为S86的设置菜单总图。

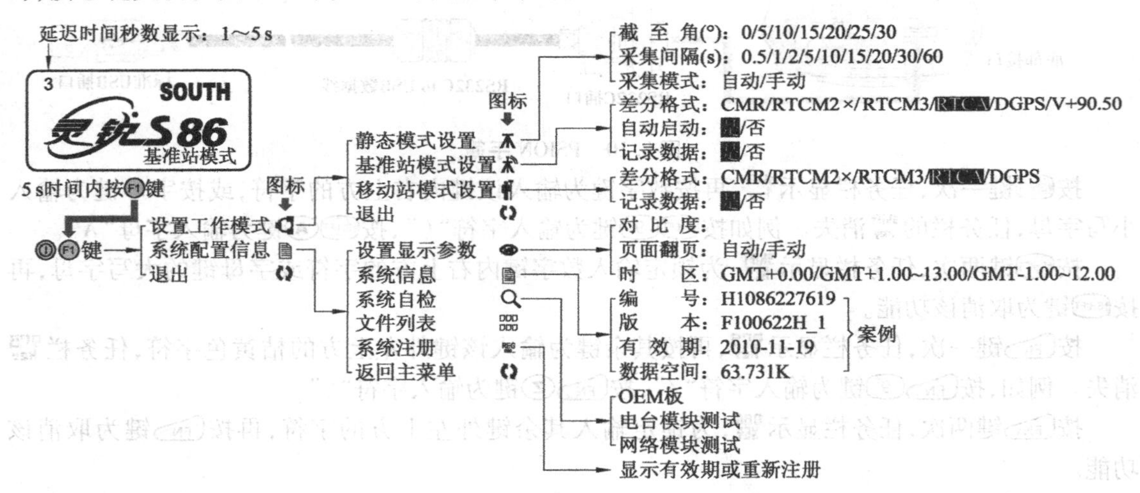

图8.12　S86开机中途设置菜单总图

S86接收机的工作模式可以在“静态/基准站/移动站”之间选择，静态模式一般用于等级控制测量；碎部点测量或放样测量一般将一台接收机设置为基准站模式，另一台接收机设置为移动站模式。基准站与移动站的差分格式应设置为一致，建议均设置为RTCA格式，这是Novatel主板的专用差分格式，见图8.12反白字符所示。

(2)基准站开机后设置菜单

完成基准站开机中途设置后关机，再按住◎键1 s重新开机，进入基准站模式后，按◎键进入图4.14(c)的开机后设置菜单，应设置数据链类型，当数据链设置为“内置电台”时，还应设置电台通道。

按F1键移动屏幕底部的粗矩形框到“修改”[图8.13(e)]，按◎键进入图4.14(f)的界面，

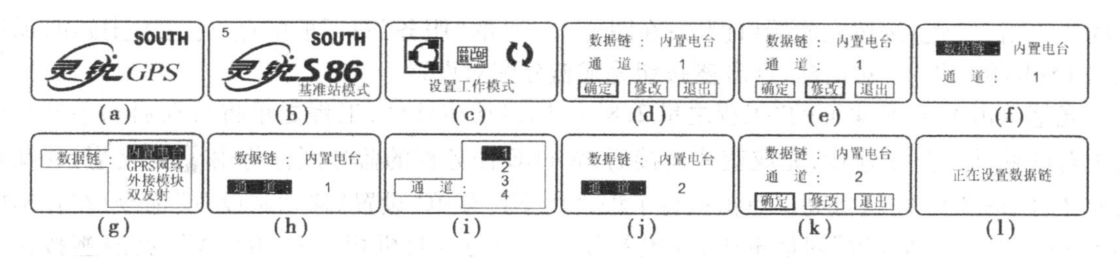

图 8.13　S86 开机后设置菜单总图

光标位于“数据链”，按◎键进入图 8.13(g)的数据链类型设置界面，按F2或F1键移动光标选择；当选择“内置电台”时，按◎键确认并进入图 8.13(h)的界面，要求设置内置电台通道，按◎键进入图 8.13(i)的内置电台通道设置界面，有 1 ~ 8 共 8 个通道，按F2或F1键移动光标选择，按◎键进入图 8.13(j)的界面，按F2键进入图 8.13(k)的界面，按◎键，基准站开始按用户修改后的内容设置数据链，完成设置后进入图 8.14(a)所示的基准站模式，图 8.14(a)的星图界面与图 8.14(b)的地理坐标界面每隔 7 s 切换一次。

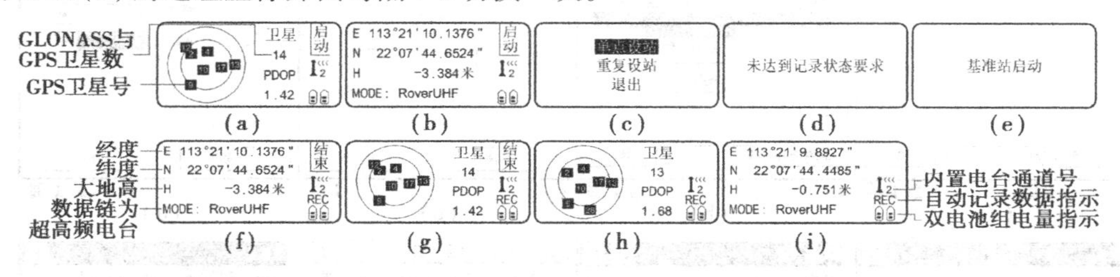

图 8.14　S86 基准站与移动站开机模式界面

按F1(启动)键进入图 8.14(c)的界面，“单点设站”为以当前点的信息设站，如果最近一次测量的基准站点与当前点相同，可选择“重复设站”，按F2或F1键移动光标选择后按◎键确定，如果基准站已接收到 4 颗以上的卫星信号且 PDOP <6，则屏幕显示图 8.14(e)的提示后进入图 8.14(f) ~ (g)所示的基准站工作界面，否则显示图 8.14(d)的信息后返回图 8.14(a) ~ (b)的界面。

(3)移动站开机后设置菜单

完成移动站开机中途设置后关机，再按住◎键 1 s 重新开机，进入图 8.14(g) ~ (h)所示的移动站工作界面，按◎键进入与图 8.13(c)相同的开机后设置菜单，操作方法与基准站相同。当数据链设置为“内置电台”时，移动站的电台通道应设置与基准站相同。移动站不需要按F1键启动。

(4)移动站与 PSION 手簿的蓝牙连接

光笔双击 WinCE 任务栏的蓝牙图标，弹出图 8.15(a)所示的“蓝牙”对话框，点击“设备”选项卡的 扫描 按钮，启动手簿在 15 m 范围内搜索蓝牙设备，搜索到的已开机蓝牙设备将显示在设备列表框中。因图 8.15(a)的蓝牙类型设置为“All”，所以，如果手簿附件有已打开蓝牙功能的手机也将一并搜索出。设备列表中的“Name”列为接收机的机身号，“Address”列为该设备的蓝牙模块地址。由图 8.9 可知，搜索到两台接收机的机身号分别为“H1086227619”与“H1086227478”，因是将后者设置为移动站，因此，应设置手簿与该设备蓝牙连接。点击该设备行，在弹出的快捷菜单中点击 配对 命令；弹出图 8.15(c)的“认证”对话框，点击 下一步 按钮不输入密码；弹出图 8.15(d)的“串行方式”对话框，在“端口”列表中选择一个 COM 口，一般选择

COM7,点击下一步按钮完成端口设置;在图 8.15(e)的“服务”对话框中点击完成按钮,返回图 8.15(b)的“蓝牙”对话框,点击OK按钮完成蓝牙配对设置。

光笔双击 WinCE 桌面的“工程之星 2.8”图标启动该软件,工程之星将自动启动手簿与前已配对的移动站蓝牙连接,完成蓝牙连接后,WinCE 任务栏的蓝牙图标将由变成,移动站的蓝牙灯(图 8.9 的 7)点亮。点击执行工程之星下拉菜单“设置\移动站设置”命令,在弹出的图 8.15(f)“移动站设置”对话框中,设置差分格式为与接收机相同的“RTCA”,点击OK按钮关闭对话框并完成设置,此时,移动站数据通过蓝牙通信自动显示在工程之星界面中,见图 8.15(g)。点击按钮,点击“星图”选项卡,显示图 8.15(h)所示的星图,其中蓝色与红色卫星为 GPS 卫星,绿色与黄色卫星为 GLONASS 卫星。

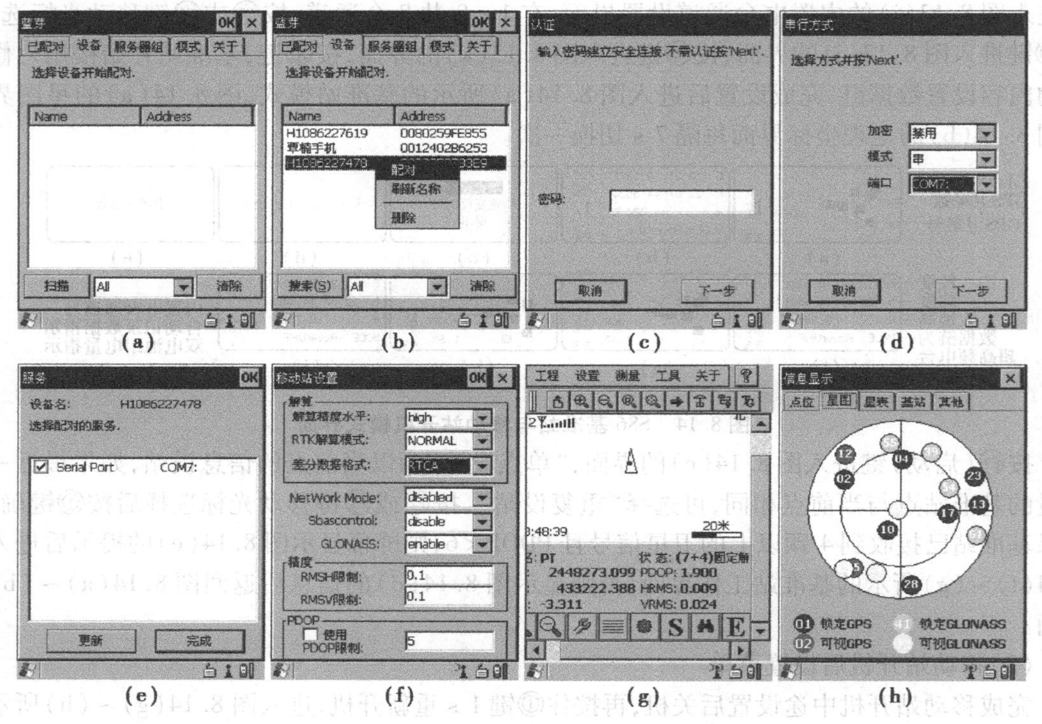

(a) (b) (c) (d)

(e) (f) (g) (h)

图 8.15　蓝牙配对设置与“工程之星”界面

只要接收到的卫星数 >4,且 PDOP 值满足设定值的要求,工程之星很快就可以显示移动站坐标的固定解。在图 8.15(g)~(h)的界面中,“状态:(7+4)固定解”表示锁定了 7 颗 GPS 卫星,4 颗 GLONASS 卫星,移动站坐标为固定解;“PDOP:1.900”为当前移动站的 PDOP 值为 1.9;“HRMS:0.009”表示移动站平面坐标的误差为 ±0.009 m;“VRMS:0.024”表示移动站高程坐标的误差为 ±0.024 m。

3)放样测量

可以将基准站安置在已知点上,也可以将基准站安置在地势较高、视野开阔、距离放样场区 <8 km 范围内的任意未知点上。下面介绍将基准站安置在任意未知点上的数据采集操作方法。

(1)安置接收机

在任意未知点上安置好基准站,按◎键打开基准站电源;按◎键打开移动站电源,按住ENTER键 1 s 为打开 PSION 手簿电源,分别量取基准站和移动站的仪器高(量至测高片位置)。

双击“工程之星 2.8”桌面图标,打开工程之星[图 8.16(a)],它有图 8.16(b)所示的 4 个下拉菜单。光笔点击工具栏图标,在弹出的“信息显示”对话框中,点击“星图”选项卡,可以察看当前接收到的卫星分布情况[图 8.16(c)]。

(2)坐标校正

一般情况下,仪器开机后,数传电台的频道设置、移动站与手簿间的蓝牙通讯及卫星搜索与锁定等操作均由工程之星自动完成,无须用户干预。当锁定 4 颗及以上的卫星信号时,能很快进入图 8.16(a)的“固定解”状态,图中显示的三维坐标为移动站在最近一次测量时所设坐标系的坐标。如果放样所用坐标系与最近一次测量的坐标系不同,则需要使用放样坐标系的至少 2 个已知点坐标校正。

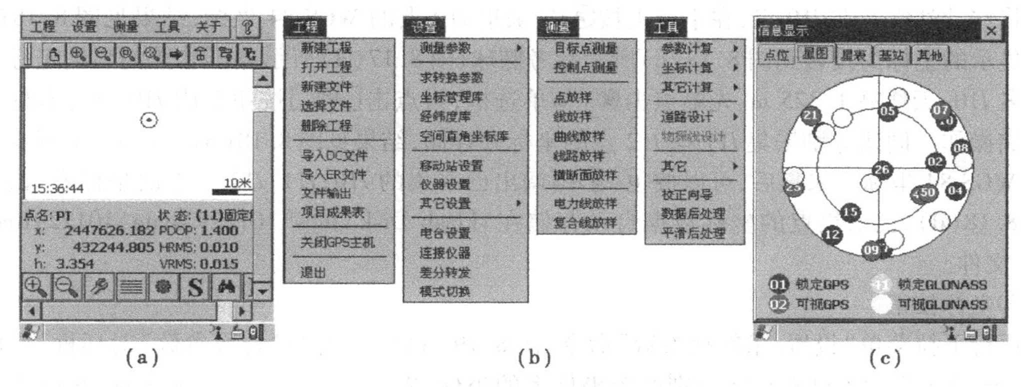

(a)　　(b)　　(c)

图 8.16　工程之星 2.8 操作界面

下面以放样图 5.45 所示的建筑物轴线交点 C 为例,介绍使用 3 个已知点 $I10$,$I11$,$I12$(图中未标注 $I12$ 点的坐标)计算坐标转换参数,并放样 C 点的操作过程,图中标注的坐标为 1980 西安坐标系、任意带的高斯坐标。

①新建工程:执行下拉菜单“工程/新建工程”命令,按提示输入新建工程名、选择椭球参数与高斯投影参数,操作过程见图 8.17。操作完成后,系统在“\Flash Disk\Jobs\”路径下建立“101229”文件夹,用以保存本次新建工程 101229 的全部数据。

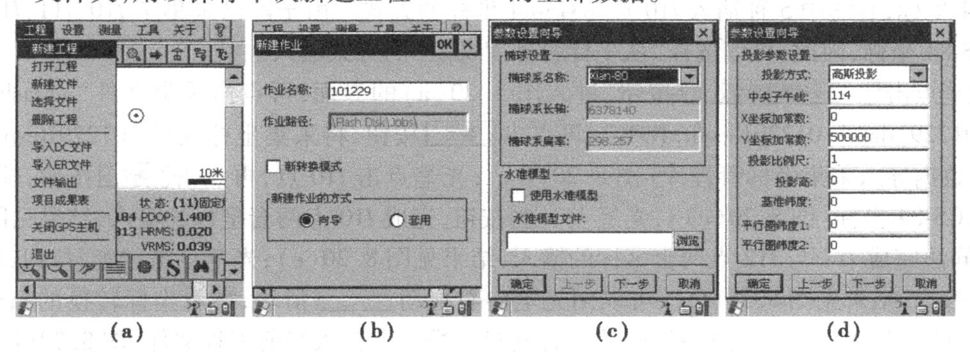

(a)　　(b)　　(c)　　(d)

图 8.17　执行“新建工程”命令,输入工程名与设置高斯投影参数

②采集已知点的 WGS-84 坐标:因 I10,I11,I12 三点的坐标已知,为了校正坐标系,需要先分别采集这三点在 WGS-84 坐标系的坐标。

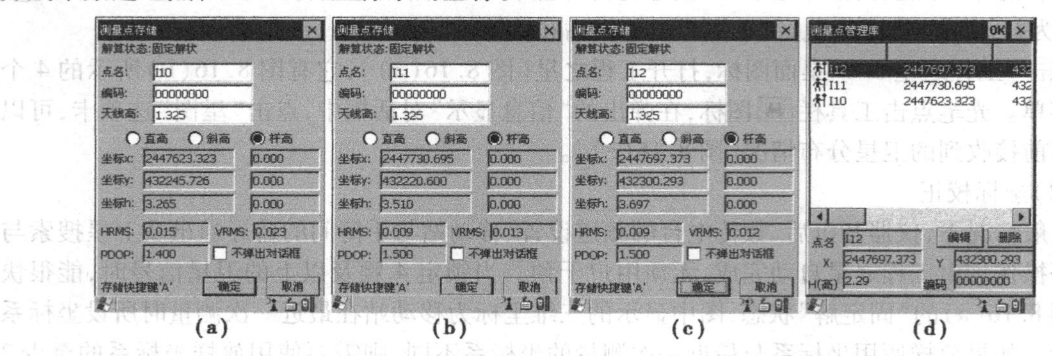

图 8.18 采集并存储 I10,I11,I12 三个已知点的 WGS-84 坐标

将移动站安置在 I10 点,在手簿上按Ⓐ键采集 I10 点的 WGS-84 坐标,结果见图 8.18(a),图中显示的坐标为投影到图 8.17(c)所示参考椭球、图 8.17(d)所示投影参数的高斯坐标。输入点名 I10、天线高 1.325 m、光笔点击◉杆高单选框,再点击确定按钮完成 I10 点的坐标采集与存储操作。同法分别采集 I11 与 I12 点的坐标并存储,结果见图 8.18(b)~(c)。完成 3 个已知点 WGS-84 坐标的采集后,可以按ⒷⒷ键调出已采集的 I10,I11,I12 三点的坐标察看,结果见图 8.18(d),已采集点的坐标数据自动存储在\Flash Disk\Jobs\101229\data\101229Result.RTK”文件。

③坐标校正

执行下拉菜单“设置/求转换参数”命令[图 8.19(a)],弹出“求转换参数”对话框[图8.19(b)],要求用户输入已知点在分别两个坐标系的坐标,先输入一个点的已知坐标,再输入该点的 WGS-84 坐标。下面介绍输入 I10 点两套坐标的操作方法。

在图 8.19(b)的界面下,光笔点击增加按钮,进入图 8.19(c)的界面,可以手动输入 I10 点的已知坐标,也可以从坐标文件中调用,后者的操作方法是:光笔点击▤按钮,再点击导入按钮[图 8.19(d)],再点击坐标文件 sample.dat,再点击确定按钮[图 8.19(e)],将坐标文件 sample.dat 的数据导入已知坐标管理库[图 8.19(f)];光笔点击 I10 点,再点击确定按钮,输入 I10 点的已知坐标[图 8.19(g)],光笔点击OK按钮,进入图 8.19(h)的界面,要求输入 I10 点的 WGS-84 坐标,有图中 5 种输入 I10 点 WGS-84 坐标的方式。由于前已采集了 I10,I11,I12 三点的 WGS-84 坐标,因此,可以选择“从坐标管理库选点”的方式输入。

光笔点击从坐标管理库选点按钮,进入图 8.20(a)的界面,再点击采集文件“\Flash Disk\Jobs\101229\data\101229Result.RTK”,再点击确定按钮,将采集坐标文件 101229Result.RTK 的坐标数据导入采集坐标管理库[图 8.20(b)];光笔点击 I10 点,再点击确定按钮,输入 I10 点的 WGS-84 坐标[图 8.20(c)],光笔点击OK按钮,完成 I10 点两套坐标的输入,结果见图 8.20(d)。同法完成 I11 与 I12 点两套坐标的输入,结果见图 8.20(e);光笔点击应用按钮,计算坐标转换参数,结果见图 8.20(f)。可以用光笔向右拖动▭滑块,察看坐标转换的精度情况[图 8.20(g)];光笔点击保存按钮,将坐标转换参数命名存入当前工程文件[图 8.20(h)]。

(3)放样

执行“测量\点放样”命令[图 8.21(a)],进入图 8.21(b)的界面。光笔点击▤按钮[图

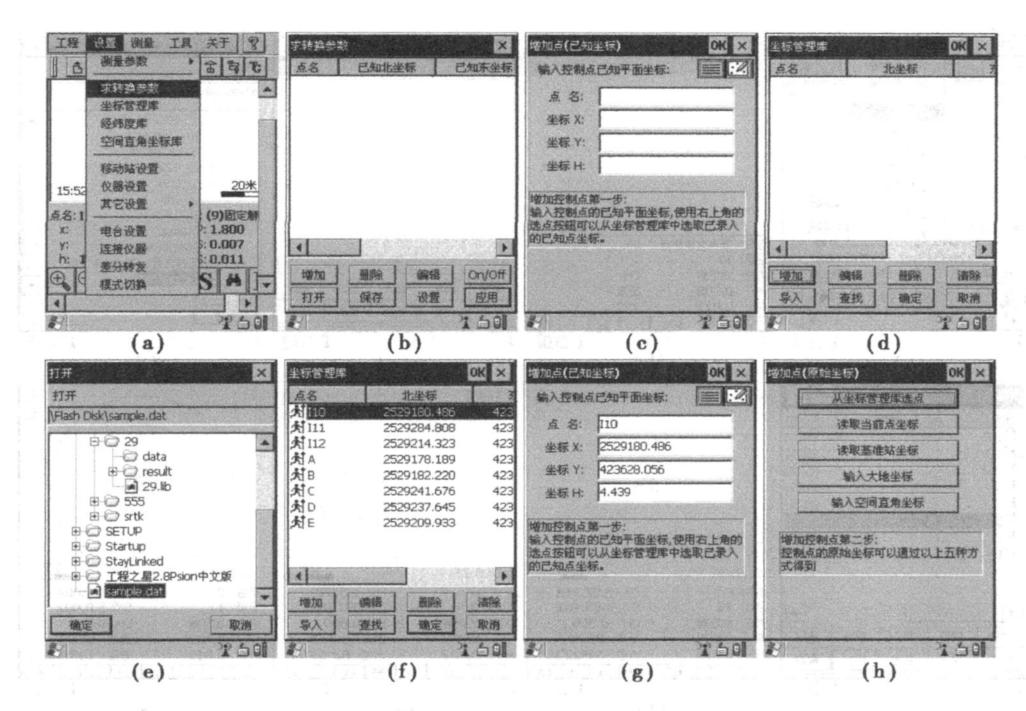

图 8.19 执行“设置\求转换参数”命令,输入 I10 点已知坐标

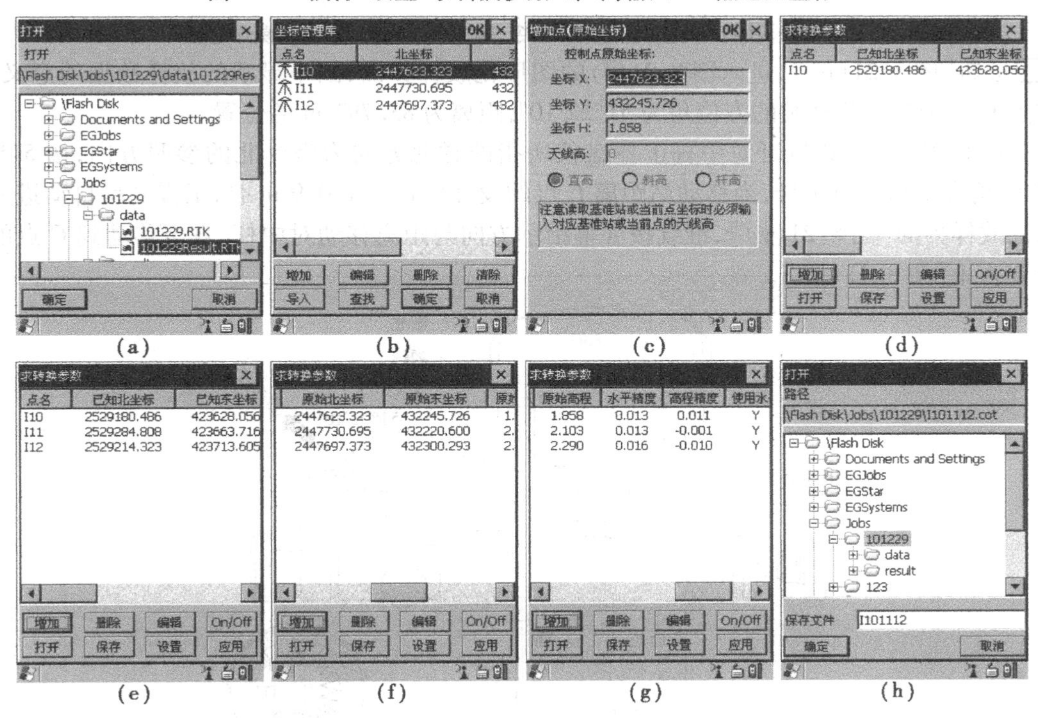

图 8.20 执行“设置\求转换参数”命令的操作过程

8.21(b)],再点击打开按钮[图 8.21(c)],从手簿内存中选择放样坐标文件 sample.dat,再点击确定按钮[图 8.21(d)],将坐标文件的数据引入“放样点坐标库”;光笔点击 C 点,再点击

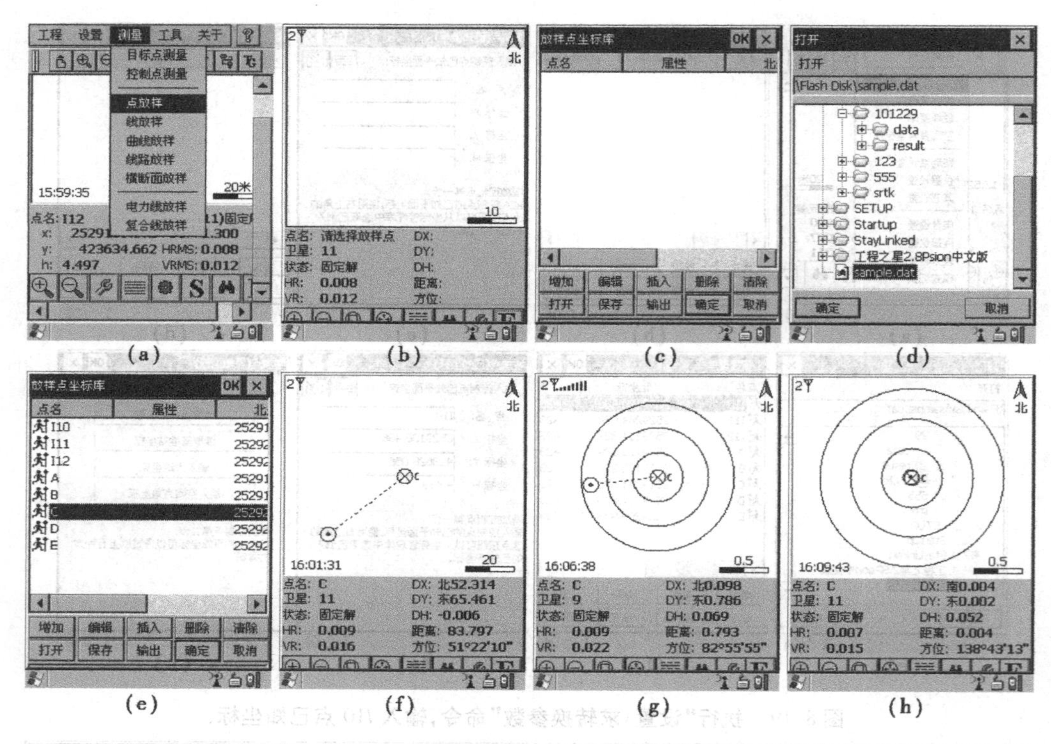

图 8.21 执行"测量\点放样"命令,输入 C 点坐标放样的操作过程

确定按钮[图 8.21(e)],进入图 8.21(f)的图形化放样界面,图中显示的放样数据的意义是;放样点 C 位于当前移动站的方位角为 51°22′10″,距离为 83.797 m 的位置。

如图 8.22 所示,以碳纤对中杆上罗盘仪所指的磁北方向为坐标北的参照方向,按 51°22′10″方位角方向移动对中杆,当移动站距离 C 点的设计位置小于 0.9 m 时,工程之星自动进入局部精确放样界面[图 8.21(g)],继续按屏幕指示方向与距离移动对中杆,直至移动到 C 点的设计位置为止[图 8.21(h)]。

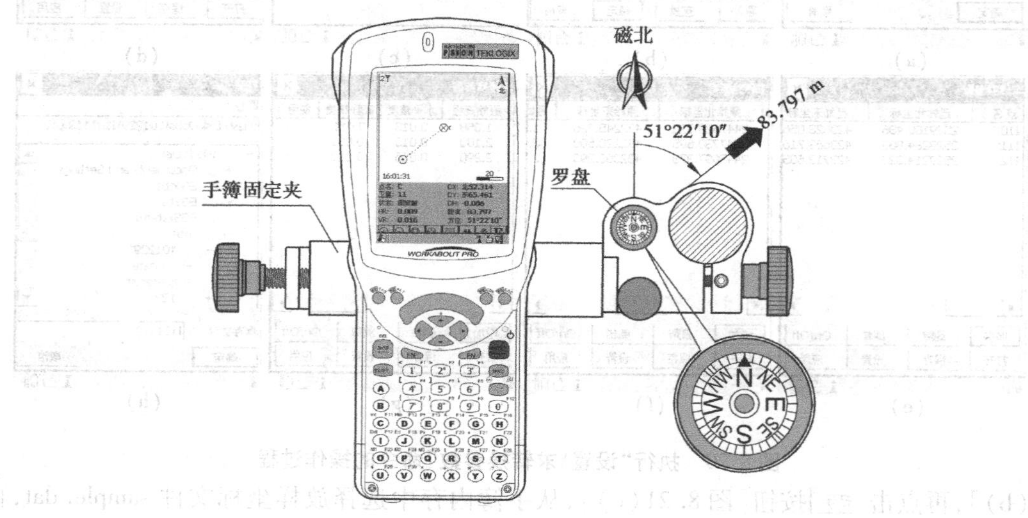

图 8.22 碳纤对中杆罗盘仪指示移动方向

需要特别说明的是,上载到南方全站仪内存的坐标文件格式为“点名,编码,y,x,H”,而S86调入的坐标文件[图8.21(d)或图8.19(e)的sample.dat]格式为“点名,x,y,H,编码”,它与索佳全站仪的坐标文件格式相同。

与全站仪放样比较,用S86放样点位的优点是:基准站与移动站之间不需要相互通视;移动站根据手簿显示的数据自主移动到放样点,无须基准站指挥;工期紧张时,可以夜间放样。缺点是,要求放样场区视野开阔,且无障碍物遮挡卫星信号。

本章小结

(1)GNSS使用WGS-84坐标系。卫星广播星历中包含有卫星在WGS-84坐标系的坐标,只要测出4颗及其以上卫星到接收机的距离,就可以解算出接收机在WGS-84坐标系的坐标。

(2)有C/A与P两种测距码,C/A码(粗码)码元宽度对应的距离值为293.1 m,其单点定位精度为25 m;P码(精码)码元宽度对应的距离值为29.3 m,其单点定位精度为10 m。P码受美国军方控制,一般用户无法得到,只能利用C/A码进行测距。

(3)使用测距码测距的原理是:卫星在自身时钟控制下发射某一结构的测距码,传播Δt时间后,到达GPS接收机;GPS接收机在自己的时钟控制下产生一组结构完全相同的测距码(也称复制码),复制码通过一个时间延迟器使其延迟时间τ后与接收到的卫星测距码比较,通过调整延迟时间τ使两个测距码完全对齐,则复制码的延迟时间τ就等于卫星信号传播到接收机的时间Δt,乘以光速c即得卫星至接收机的距离。

(4)GNSS使用单程测距方式,即接收机接收到的测距信号不再返回卫星,而是在接收机中直接解算传播时间Δt并计算出卫星至接收机的距离,这就要求卫星和接收机的时钟应严格同步,卫星在严格同步的时钟控制下发射测距信号。事实上,卫星钟与接收机钟不可能严格同步,这就会产生钟误差,其中,卫星广播星历中包含有卫星钟差v_t,它是已知的,而接收机钟差v_T却是未知数,需要通过观测方程解算。两个时钟不同步对测距结果的影响为$c(v_T - v_t)$。

(5)在任意未知点上安置一台GNSS接收机作为基准站,利用已知坐标和卫星星历计算出观测值的校正值,并通过数据链将校正值发送给移动站,移动站应用接收到的校正值对自身的GNSS观测值进行改正,以消除卫星钟差、接收机钟差、大气电离层和对流层折射误差的影响。

(6)S86 GNSS RTK放样点位的优点是:基准站与移动站之间不需要相互通视;移动站根据手簿显示的数据自主移动到放样点,无须基准站指挥;缺点是:要求放样场区视野开阔,且无障碍物遮挡卫星信号。

思考题与练习题

1. GPS有多少颗工作卫星?距离地表的平均高度是多少?GLONASS有多少颗工作卫星?距离地表的平均高度是多少?
2. 简要叙述GPS的定位原理?
3. 卫星广播星历包含什么信息?它的作用是什么?
4. 为什么称接收机测得的工作卫星至接收机的距离为伪距?

5. 测定地面一点在 WGS-84 坐标系中的坐标时,GPS 接收机为什么要接收至少 4 颗工作卫星的信号?

6. GPS 由哪些部分组成?简要叙述各部分的功能和作用。

7. 载波相位相对定位的单差法和双差法各可以消除什么误差?

8. 什么是同步观测?什么是卫星高度角?什么是几何图形强度因子 DPOP?

9. 使用 S86 GNSS RTK 进行放样测量时,基准站是否一定要安置在已知点上?移动站与基准站的距离有何要求?

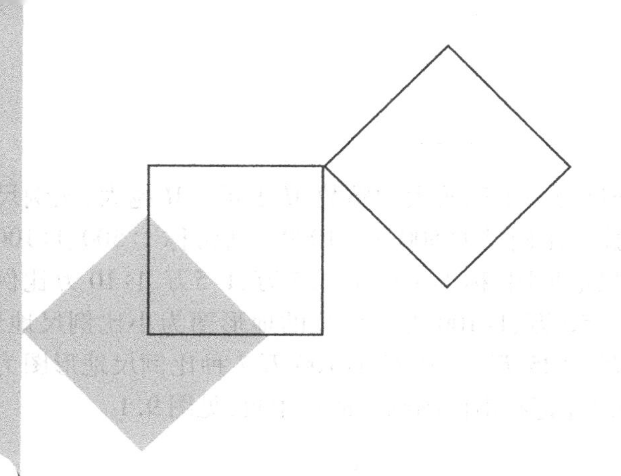

9 大比例尺地形图的测绘

本章导读：

• **基本要求** 理解地形图比例尺是图上直线长度与地面上相应线段的实际长度之比，大、中、小比例尺的分类，比例尺精度与测距精度之间的关系，测图比例尺的选用原则；熟悉大比例尺地形图常用地物符号、地貌符号与注记符号的分类与意义；掌握经纬仪配合量角器测绘地形图的基本原理与视距计算方法。

• **重点** 大比例尺地形图分幅与编号方法，控制点的展绘方法，量角器展绘碎部点的方法。

• **难点** 经纬仪配合量角器测绘地形图的原理与视距计算方法，等高线的绘制。

9.1 地形图的比例尺

地形图是按一定的比例尺，用规定的符号表示地物、地貌平面位置和高程的正射投影图。

1）比例尺的表示方法

图上一段直线长度 d 与地面上相应线段的实际长度 D 之比，称为地形图的比例尺。比例尺又分数字比例尺和图示比例尺两种。

（1）数字比例尺

数字比例尺的定义为

$$\frac{d}{D}=\frac{1}{\frac{D}{d}}=\frac{1}{M}=1:M \tag{9.1}$$

一般将数字比例尺化为分子为1,分母为一个比较大的整数 M 表示。M 越大,比例尺的值就越小;M 越小,比例尺的值就越大,如数字比例尺 1∶500 > 1∶1000。通常称 1∶500、1∶1000、1∶2000、1∶5000 比例尺的地形图为大比例尺地形图,称 1∶1万、1∶2.5 万、1∶5万、1∶10 万比例尺的地形图为中比例尺地形图,称 1∶25 万、1∶50 万、1∶100 万比例尺的地形图为小比例尺地形图。我国规定 1∶1万、1∶2.5 万、1∶5万、1∶10 万、1∶25 万、1∶50 万、1∶100 万 7 种比例尺地形图为国家基本比例尺地形图。地形图的数字比例尺注记在南面图廓外的正中央,见图 9.1。

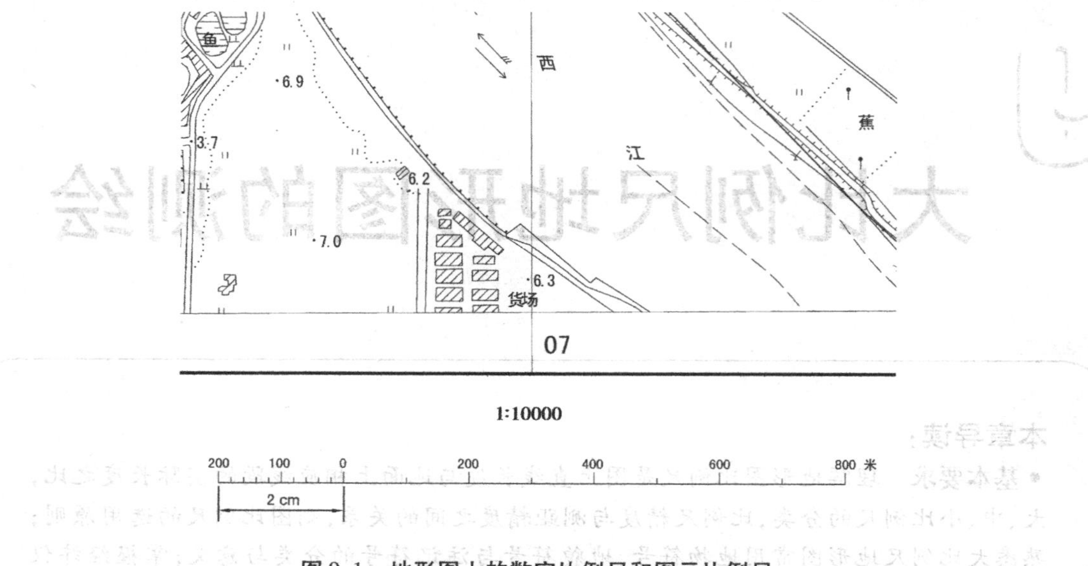

图 9.1　地形图上的数字比例尺和图示比例尺

城市和工程建设一般需要大比例尺地形图,其中 1∶500 和 1∶1000 比例尺地形图一般用平板仪、经纬仪或全站仪等测绘;1∶2000 和 1∶5000 比例尺地形图一般用由 1∶500 或 1∶1000 的地形图缩小编绘而成。大面积 1∶500 ~ 1∶5000 的地形图也可用航空摄影测量方法成图。

(2)图示比例尺

如图 9.1 所示,图示比例尺绘制在数字比例尺的下方,其作用是便于用分规直接在图上量取直线段的水平距离,同时还可以抵消在图上量取长度时,图纸伸缩的影响。

2)地形图比例尺的选择

《工程测量规范》[2] 规定,地形图测图的比例尺,根据工程的设计阶段、规模大小和运营管理需要,可按表 9.1 选用。

表 9.1　地形图测图比例尺的选用

比例尺	用　途
1∶5000	可行性研究、总体规划、厂址选择、初步设计等
1∶2000	可行性研究、初步设计、矿山总图管理、城镇详细规划等
1∶1000	初步设计、施工图设计;城镇、工矿总图管理;竣工验收等
1∶500	初步设计、施工图设计;城镇、工矿总图管理;竣工验收等

图 9.2 为 1∶500 与 1∶1000 地形图样图，两幅地形图的内容主要以城区平坦地区的地物为主；图 9.3 为 1∶2000 地形图样图，主要以城郊地貌为主。

3) 比例尺的精度

人的肉眼能分辨的图上最小距离是 0.1 mm，如果地形图的比例尺为 1∶M，则将图上 0.1 mm所表示的实地水平距离 0.1 M (mm)称为比例尺的精度。根据比例尺的精度，可以确定测绘地形图的距离测量精度。例如，测绘 1∶1000 比例尺的地形图时，其比例尺的精度为0.1 m，故量距的精度只需为 0.1 m 即可，因为小于 0.1 m 的距离在图上表示不出来。另外，当设计规定需要在图上能量出的实地最短长度时，根据比例尺的精度，可以反算出测图比例尺。如欲使图上能量出的实地最短线段长度为 0.05 m，则所采用的比例尺不得小于 0.1 mm/0.05 m = 1/500。

表 9.2 为不同比例尺地形图的比例尺精度，其规律是，比例尺越大，表示地物和地貌的情况越详细，精度就越高。对同一测区，采用较大比例尺测图往往比采用较小比例尺测图的工作量和经费支出都数倍增加。

表 9.2　大比例尺地形图的比例尺精度

比例尺	1∶500	1∶1000	1∶2000	1∶5000
比例尺的精度/m	0.05	0.1	0.2	0.5

9.2　大比例尺地形图图式

地形图图式是表示地物与地貌的符号和方法。一个国家的地形图图式是统一的，属于国家标准。我国当前使用的大比例尺地形图图式为《1∶500 1∶1000 1∶2000 地形图图式》[6]。

地形图图式中的符号有 3 类：地物符号、地貌符号和注记符号。

1) 地物符号

地物符号分比例符号、非比例符号和半比例符号。

(1) 比例符号

可按测图比例尺缩小，用规定符号画出的地物符号称为比例符号，如房屋、较宽的道路、稻田、花圃、湖泊等。如表 9.3 中，从编号 1 到 26 号都是比例符号(除编号 14b 和 15 以外)。

(2) 非比例符号

有些地物，如三角点、导线点、水准点、独立树、路灯、检修井等，其轮廓较小，无法将其形状和大小按照地形图的比例尺绘到图上，则不考虑其实际大小，而是采用规定的符号表示，这种符号称为非比例符号。如表 9.3 中，从编号 28 到 44 都是非比例符号。

(3) 半比例符号

对于一些带状延伸地物，如小路、通讯线、管道、垣栅等，其长度可按比例缩绘，而宽度无法按比例表示的符号称为半比例符号。如表 9.3 中，从编号 47 到 56 都是半比例符号，另外编号 14b 和 15 也是半比例符号。

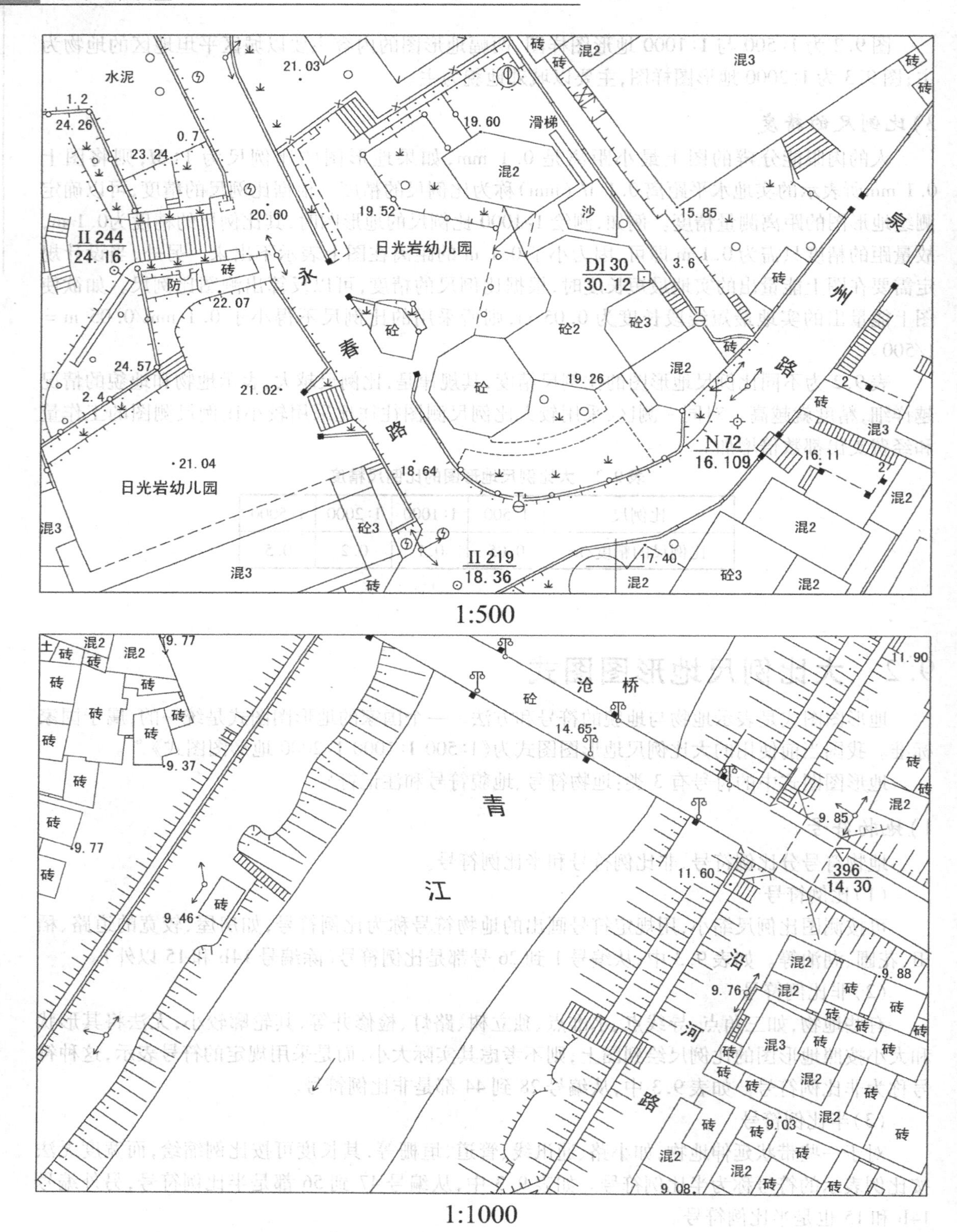

图 9.2　城区与城镇居民地地形图样图

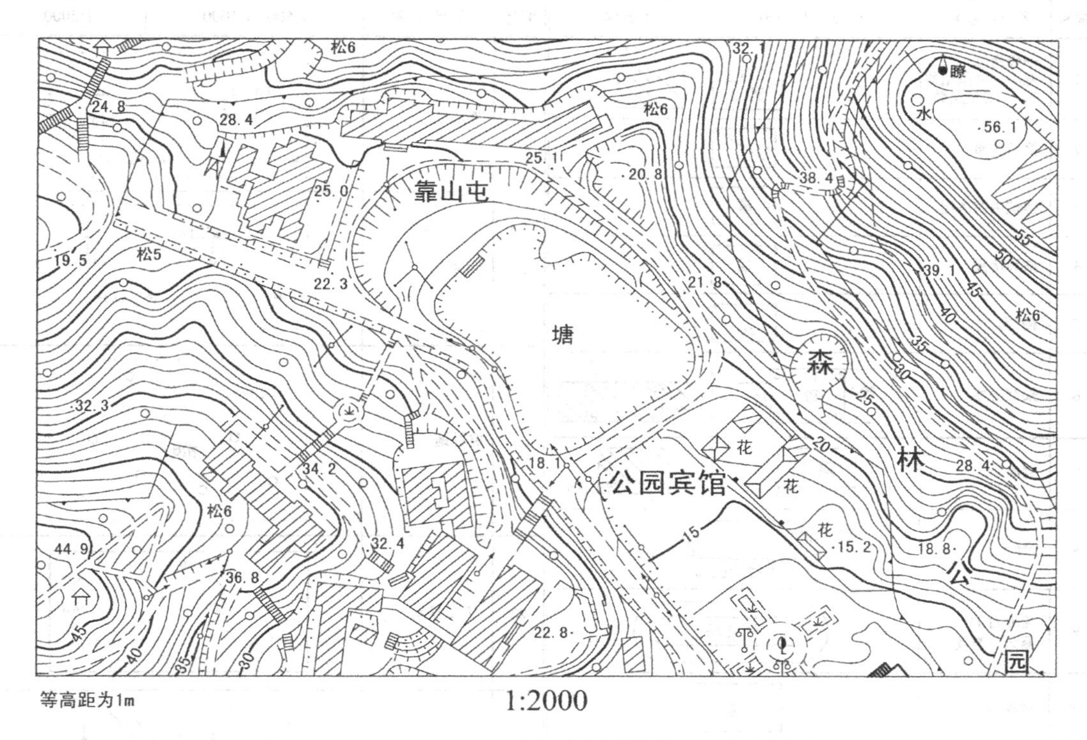

图9.3　城郊地形图样图

2)地貌符号

地形图上表示地貌的主要方法是等高线。等高线又分为首曲线、计曲线和间曲线;在计曲线上注记等高线的高程(编号60);在谷地、鞍部、山头及斜坡方向不易判读的地方和凹地的最高、最低一条等高线上,绘制与等高线垂直的短线,称为示坡线,用以指示斜坡降落方向(编号61);当梯田坎比较缓和且范围较大时,也可用等高线表示(编号62)。

3)注记

有些地物除了用相应的符号表示外,对于地物的性质、名称等在图上还需要用文字和数字加以注记,如房屋的结构、层数(编号1,6,7)、地物名(编号24)、路名(编号58)、单位名、计曲线的高程(编号60)、碎部点高程(编号57a)、独立性地物的高程(编号57b)以及河流的水深、流速等。

表 9.3 常用地物、注记和地貌符号

编号	符号名称	1:500 1:1000	1:2000
1	一般房屋 混——房屋结构 3——房屋层数	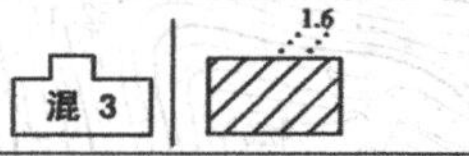 混 3	1.6
2	简单房屋		
3	建筑中的房屋	 建	
4	破坏房屋	 破	
5	棚房	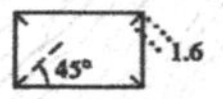 45° 1.6	
6	架空房屋	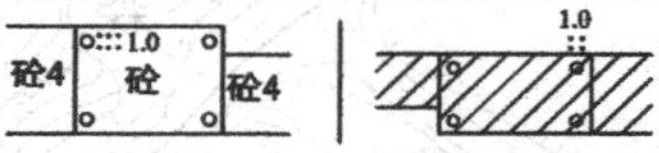 砼4 1.0 砼 砼4	1.0
7	廊房	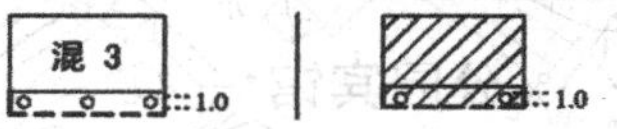 混 3 1.0	1.0
8	台阶	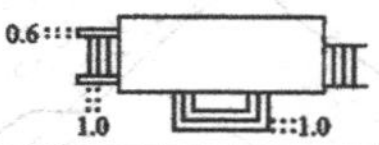 0.6 1.0 1.0	
9	无看台的露天体育场	 体育场	
10	游泳池	 泳	
11	过街天桥		
12	高速公路 a.收费站 0——技术等级代码	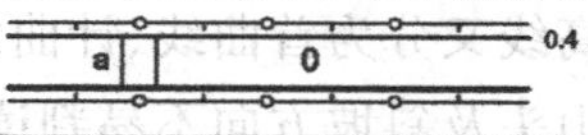 a 0 0.4	
13	等级公路 2——技术等级代码 (G325)——国道路线编码	2(G325) 0.2 0.4	
14	乡村路 a.依比例尺的 b.不依比例尺的	a 4.0 1.0 0.2 b 8.0 2.0 0.3	
15	小路	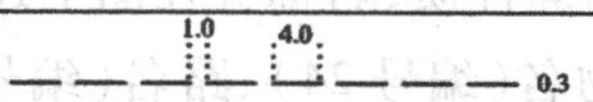 1.0 4.0 0.3	
16	内部道路	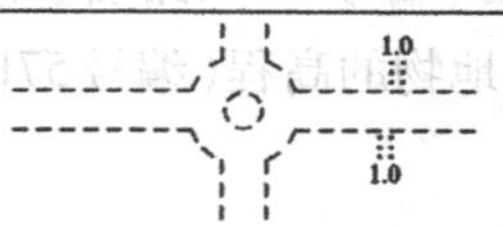 1.0 1.0	
17	阶梯路	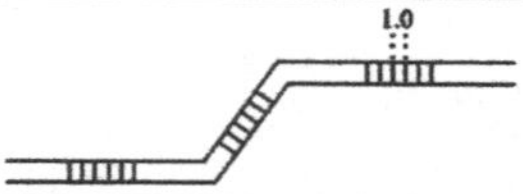 1.0	
18	打谷场、球场	 球	
19	旱地	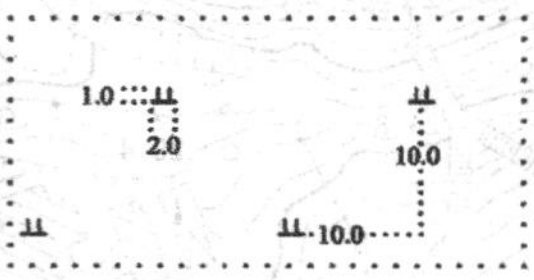 1.0 2.0 10.0 10.0	
20	花圃	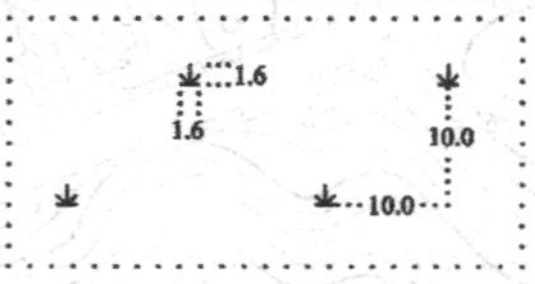 1.6 1.6 10.0 10.0	
21	有林地	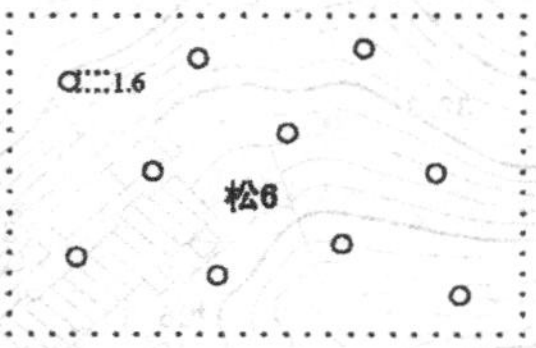 1.6 松6	
22	人工草地	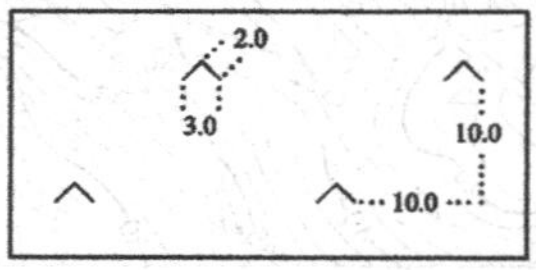 2.0 3.0 10.0 10.0	
23	稻田	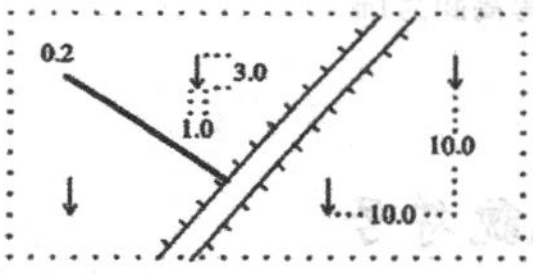 0.2 3.0 1.0 10.0 10.0	
24	常年湖	 青湖	
25	池塘	 塘	塘
26	常年河 a.水涯线 b.高水界 c.流向 d.潮流向 涨潮 落潮	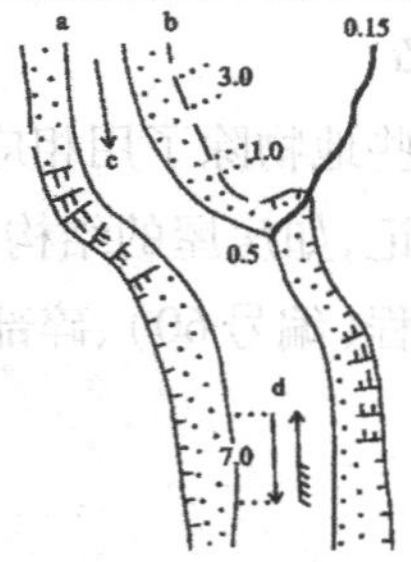 a b 0.15 3.0 c 1.0 0.5 d 7.0	
27	喷水池	 1.0 3.6	
28	GNSS控制点	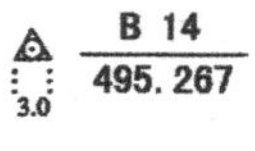 B 14 / 495.267 3.0	

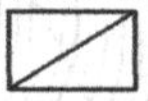

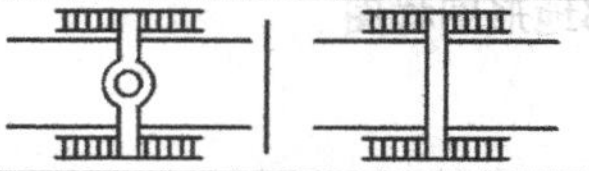

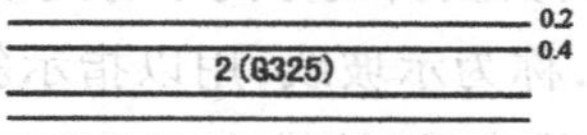

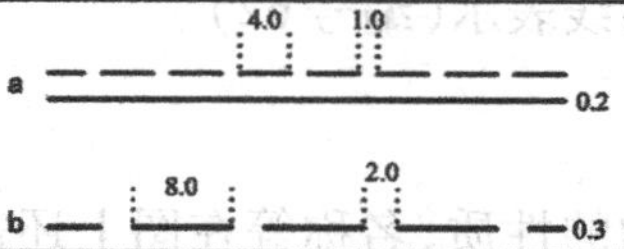

续表

编号	符号名称	1:500 1:1000	1:2000
29	三角点 凤凰山——点名 394.468——高程	凤凰山 394.468 3.0	
30	导线点 I16——等级、点号 84.46——高程	2.0 I16 84.46	
31	埋石图根点 16——点号 84.46——高程	1.6 2.6 16 84.46	
32	不埋石图根点 25——点号 62.74——高程	1.6 25 62.74	
33	水准点 Ⅱ京石5——等级、点名、点号 32.804——高程	2.0 Ⅱ京石5 32.804	
34	加油站	1.6 3.6 1.0	
35	路灯	2.0 1.6 4.0 1.0	
36	独立树 a.阔叶 b.针叶 c.果树 d.棕榈、椰子、槟榔	a 1.6 2.0 3.0 1.0 b 1.6 3.0 1.0 c 1.6 3.0 1.0 d 2.0 3.0 1.0	
37	上水检修井	2.0	
38	下水(污水)、雨水检修井	2.0	
39	下水暗井	2.0	
40	煤气、天然气检修井	2.0	
41	热力检修井	2.0	
42	电信检修井 a.电信人孔 b.电信手孔	a 2.0 b 2.0 2.0	
43	电力检修井	2.0	
44	污水篦子	2.0 2.0 1.0	
45	地面下的管道	污 4.0 1.0	
46	围墙 a.依比例尺的 b.不依比例尺的	a 10.0 b 10.0 0.3 0.6	

编号	符号名称	1:500 1:1000	1:2000
47	挡土墙	1.0 6.0 0.3	
48	栅栏、栏杆	10.0 1.0	
49	篱笆	10.0 1.0	
50	活树篱笆	6.0 1.0 0.6	
51	铁丝网	10.0 1.0	
52	通讯线 地面上的	4.0	
53	电线架		
54	配电线 地面上的	4.0	
55	陡坎 a.加固的 b.未加固的	2.0 a b	
56	散树、行树 a.散树 b.行树	a 1.6 b 10.0 1.0	
57	一般高程点及注记 a.一般高程点 b.独立性地物的高程	a 0.5 ·163.2 b 75.4	
58	名称说明注记	友谊路 中等线体4.0(18k) 团结路 中等线体3.5(15k) 胜利路 中等线体2.75(12k)	
59	等高线 a.首曲线 b.计曲线 c.间曲线	a 0.15 b 0.3 c 1.0 6.0 0.15	
60	等高线注记	25	
61	示坡线	0.8	
62	梯田坎	56.4 1.2	

9.3 地貌的表示方法

地貌形态多种多样,一般可按其起伏的变化分为以下4种地形类型:地势起伏小,地面倾斜角在3°以下,比高不超过20 m的,称为平坦地;地面高低变化大,倾斜角在3°~10°,比高不超过150 m的,称为丘陵地;高低变化悬殊,倾斜角为10°~25°,比高在150 m以上的,称为山地;绝大多数倾斜角超过25°的山地,称为高山地。

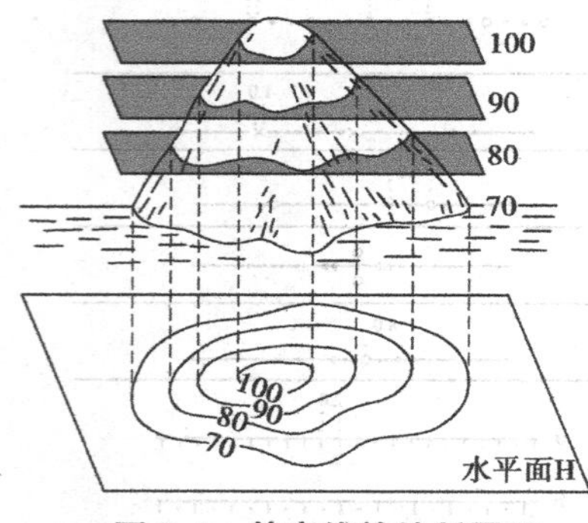

图9.4 等高线的绘制原理

1)等高线

(1)等高线的定义

等高线是地面上高程相等的相邻各点连成的闭合曲线。如图9.4所示,设想有一座高出水面的小岛,与某一静止的水面相交形成的水涯线为一闭合曲线,曲线的形状由小岛与水面相交的位置确定,曲线上各点的高程相等。例如,当水面高为70 m时,曲线上任一点的高程均为70 m;若水位继续升高至80 m、90 m,则水涯线的高程分别为80 m、90 m。将这些水涯线垂直投影到水平面H上,按一定的比例尺缩绘在图纸上,就可将小岛用等高线表示在地形图上。这些等高线的形状和高程,客观地显示了小岛的空间形态。

(2)等高距与等高线平距

地形图上相邻等高线间的高差,称为等高距,用 h 表示,如图9.4中的 $h=10$ m。同一幅地形图的等高距应相同,因此地形图的等高距也称为基本等高距。大比例尺地形图常用的基本等高距为0.5 m、1 m、2 m、5 m等。等高距越小,表示的地貌细部越详尽;等高距越大,地貌细部表示就越粗略。但等高距太小会使图上的等高线过于密集,从而影响图面的清晰度。因此,在测绘地形图时,应根据测图比例尺、测区地面的坡度情况,按《工程测量规范》的要求选择合适的基本等高距,见表9.4。

表9.4 地形图的基本等高距 单位:m

比例尺 / 地形类别	1:500	1:1000	1:2000	1:5000
平坦地	0.5	0.5	1	2
丘陵	0.5	1	2	5
山地	1	1	2	5
高山地	1	2	2	5

相邻等高线间的水平距离称为等高线平距,用 d 表示,它随地面的起伏情况而改变。相邻等高线之间的地面坡度为

$$i = \frac{h}{d \cdot M} \tag{9.2}$$

式中 M 为地形图的比例尺分母。在同一幅地形图上,等高线平距愈大,表示地貌的坡度愈小;

反之，坡度愈大，见图9.5。因此，可以根据图上等高线的疏密程度，判断地面坡度的陡缓。

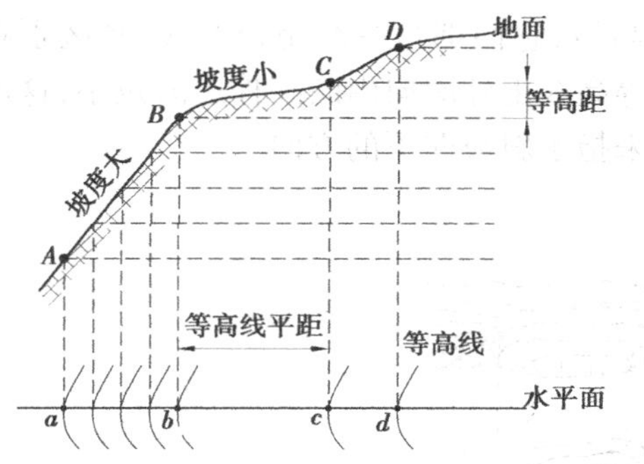

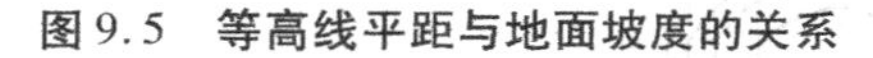
图9.5　等高线平距与地面坡度的关系

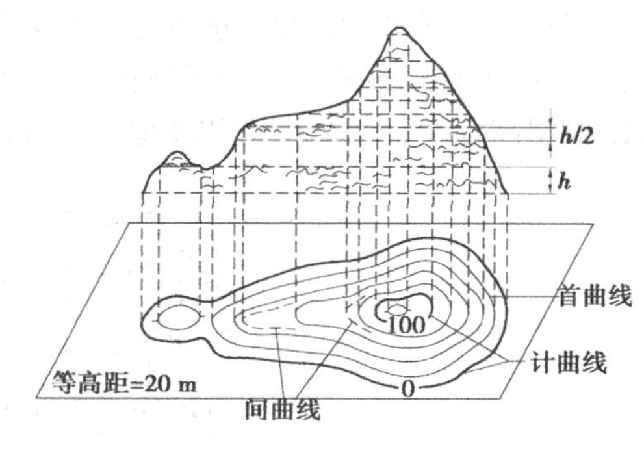

图9.6　等高线的分类

(3)等高线的分类

等高线分为首曲线、计曲线和间曲线，如表9.3编号59和图9.6所示。

①首曲线：按基本等高距测绘的等高线，用0.15 mm宽的细实线绘制，见表9.3编号59a。

②计曲线：从零米起算，每隔4条首曲线加粗的一条等高线称为计曲线。计曲线用0.3 mm宽的粗实线绘制，见表9.3编号59b。

③间曲线：对于坡度很小的局部区域，当用基本等高线不足以反映地貌特征时，可按1/2基本等高距加绘一条等高线，该等高线称为间曲线。间曲线用0.15 mm宽的长虚线绘制，可不闭合，见表9.3编号59c。

2)典型地貌的等高线

虽然地球表面高低起伏的形态千变万化，但它们都可由几种典型地貌综合而成。典型地貌主要有山头和洼地、山脊和山谷、鞍部、陡崖和悬崖等，见图9.7。

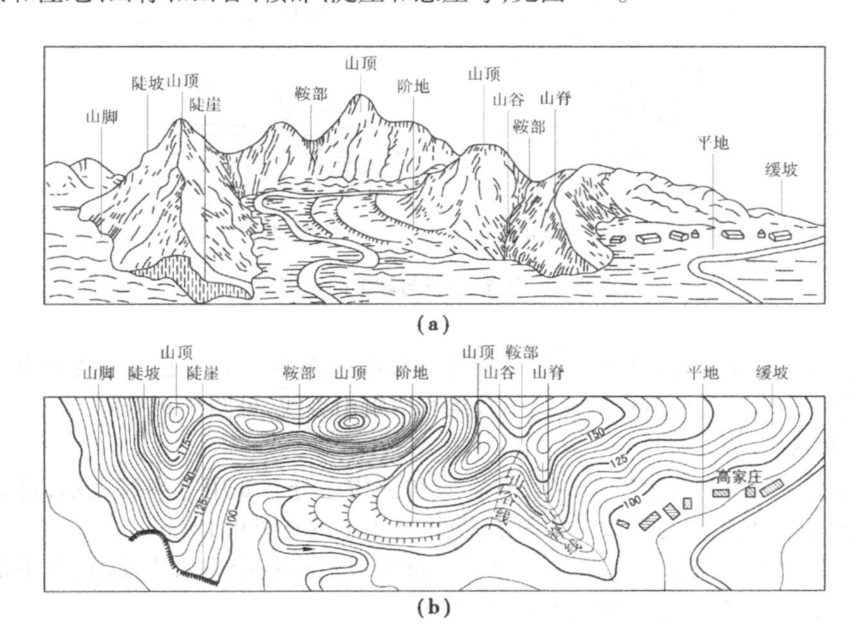

图9.7　综合地貌及其等高线表示

(1)山头和洼地

图9.8(a)和图9.8(b)分别表示山头和洼地的等高线,它们都是一组闭合曲线,其区别在于:山头的等高线由外圈向内圈高程逐渐增加,洼地的等高线由外圈向内圈高程逐渐减小,这就可以根据高程注记区分山头和洼地。也可以用示坡线来指示斜坡向下的方向。

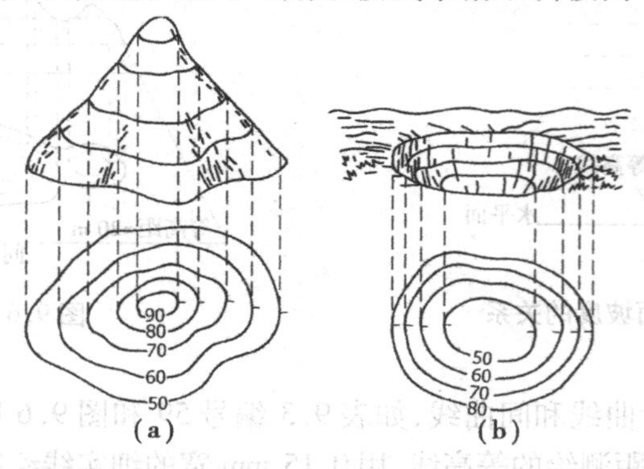

图9.8　山头与洼地的等高线

(2)山脊和山谷

如图9.9所示,当山坡的坡度与走向发生改变时,在转折处就会出现山脊或山谷地貌。山脊的等高线均向下坡方向凸出,两侧基本对称。山脊线是山体延伸的最高棱线,也称分水线。山谷的等高线均凸向高处,两侧也基本对称。山谷线是谷底点的连线,也称集水线。在土木工程规划及设计中,应考虑地面的水流方向、分水线、集水线等问题。因此,山脊线和山谷线在地形图测绘及应用中具有重要的作用。

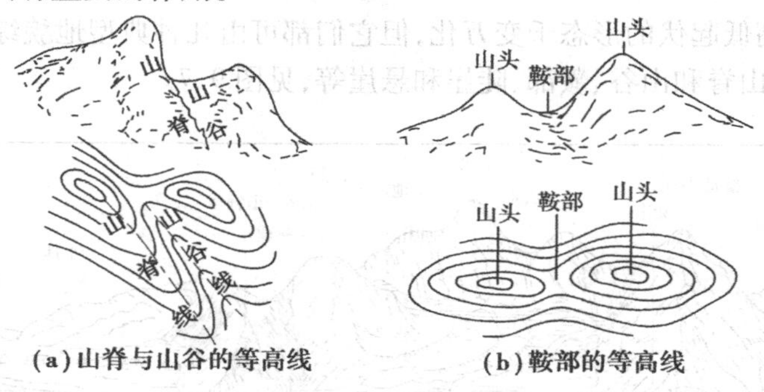

图9.9　山脊、山谷与鞍部的等高线

(3)鞍部

相邻两个山头之间呈马鞍形的低凹部分称为鞍部。鞍部是山区道路选线的重要位置。鞍部左右两侧的等高线是近似对称的两组山脊线和两组山谷线,见图9.9(b)。

(4)陡崖和悬崖

陡崖是坡度在70°以上的陡峭崖壁,有石质和土质之分。如用等高线表示,将是非常密集或重合为一条线,因此采用陡崖符号来表示,见图9.10(a)与图9.10(b)。

悬崖是上部突出、下部凹进的陡崖。悬崖上部的等高线投影到水平面时,与下部的等高线相交,下部凹进的等高线部分用虚线表示,见图9.10(c)。

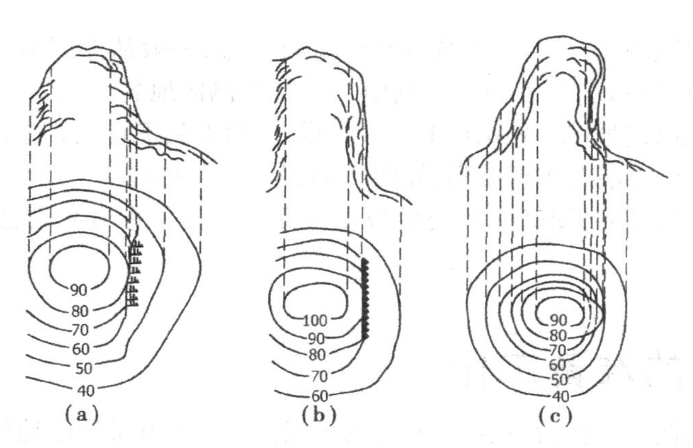

图 9.10 陡崖与悬崖的表示

3)等高线的特征

①同一条等高线上各点的高程相等。

②等高线是闭合曲线,不能中断(间曲线除外),如果不在同一幅图内闭合,则必定在相邻的其他图幅内闭合。

③等高线只有在陡崖或悬崖处才会重合或相交。

④等高线经过山脊或山谷时改变方向,因此山脊线与山谷线应和改变方向处的等高线的切线垂直相交,见图 9.9。

⑤在同一幅地形图内,基本等高距是相同的,因此,等高线平距大表示地面坡度小;等高线平距小则表示地面坡度大;平距相等则坡度相同。倾斜平面的等高线是一组间距相等且平行的直线。

9.4 1:500 ~ 1:2000 大比例尺地形图的分幅与编号

受图纸尺寸的限制,不可能将测区内的所有地形都绘制在一幅图内,因此,需要分幅测绘地形图。《1:500 1:1000 1:2000 地形图图式》规定:1:500 ~ 1:2000 比例尺地形图一般采用 50 cm × 50 cm 的正方形分幅或 50 cm × 40 cm 的矩形分幅;根据需要,也可以采用其他规格的分幅;1:2000 地形图也可以采用经纬度统一分幅。地形图编号一般采用图廓西南角坐标公里数编号法,也可选用流水编号法或行列编号法等。

采用图廓西南角坐标公里数编号法时,x 坐标在前,y 坐标在后,1:500 地形图取至0.01 km(如 10.40-21.75),1:1000、1:2000 地形图取至 0.1 km(如 10.0-21.0)。

	荷塘-1	荷塘-2	荷塘-3	荷塘-4	
荷塘-5	荷塘-6	荷塘-7	荷塘-8	荷塘-9	荷塘-10
荷塘-11	荷塘-12	荷塘-13	荷塘-14	荷塘-15	荷塘-16

(a)

A-1	A-2	A-3	A-4	A-5	A-6
B-1	B-2	B-3	B-4		
	C-2	C-3	C-4	C-5	C-6

(b)

图 9.11 大比例尺地形图的分幅和编号

带状测区或小面积测区，可按测区统一顺序进行编号，一般从左到右，从上到下用数字1，2,3,4,…编定，如图9.11(a)的"荷塘-7"，其中"荷塘"为测区地名。

行列编号法一般以代号(如A,B,C,D,…)为横行，由上到下排列，以数字1,2,3,…为代号的纵列，从左到右排列来编定，先行后列，如图9.11(b)中的A-4。

采用国家统一坐标系时，图廓间的公里数应根据需要加注带号和百公里数，如X:^{43}27.8，Y:^{374}57.0。

9.5 测图前的准备工作

在测区完成控制测量工作后，就可以测定的图根控制点为基准测绘地形图。测图前应做好下列准备工作。

1)图纸准备

测绘地形图使用的图纸材料一般为聚酯薄膜。聚酯薄膜图纸厚度一般为0.07～0.1 mm，经过热定型处理后，伸缩率小于0.2‰。聚酯薄膜图纸具有透明度好、伸缩性小、不怕潮湿等优点。图纸弄脏后，可用水洗，便于野外作业。在图纸上着墨后，可直接复晒蓝图。缺点是易燃、易折，在使用与保管时应注意防火防折。

2)绘制坐标方格网

聚酯薄膜图纸分空白图纸和印有坐标方格网的图纸。印有坐标方格网的图纸又有50 cm×50 cm的正方形分幅和50 cm×40 cm的矩形分幅两种规格。

如果购买的聚酯薄膜图纸是空白图纸，则需要在图纸上精确绘制坐标方格网，每个方格的尺寸应为10 cm×10 cm。绘制方格网的方法有对角线法、坐标格网尺法及使用AutoCAD绘制等。

可以在CASS中执行下拉菜单"绘图处理/标准图幅50×50 cm"或"标准图幅50×40 cm"命令，直接生成坐标方格网图形，其操作过程可播放"CASS自动生成坐标格网.avi"视频演示文件观看。我们将两个标准方格网图形文件"标准图幅50×50 cm.dwg"和"标准图幅50×40 cm.dwg"放置在"矩形图幅"文件夹下，使用AutoCAD2004以上版本都可以打开它。

为了保证坐标方格网的精度，无论是印有坐标方格网的图纸还是自己绘制的坐标方格网图纸，都应进行以下几项检查：

①将直尺沿方格的对角线方向放置，同一条对角线方向的方格角点应位于同一直线上，偏离不应大于0.2 mm。

②检查各个方格的对角线长度，其长度与理论值141.4 mm之差不应超过0.2 mm。

③图廓对角线长度与理论值之差不应超过0.3 mm。

超过限差要求时，应重新绘制，对于印有坐标方格网的图纸，则应予以作废。

3)展绘控制点

根据图根平面控制点的坐标值，将其点位在图纸上标出，称为展绘控制点。如图9.12所示，展点前，应根据地形图的分幅位置，将坐标格网线的坐标值注记在图框外相应的位置。

展点时，应先根据控制点的坐标，确定其所在的方格。例如A点的坐标为x_A = 2 508 614.623 m，y_A =403 156.781 m，由图可以查看出，A点在方格1,2,3,4内。从1,2点分别向右量取Δy_{1A} = (403 156.781 m－403 100 m)/1 000 =5.6781 cm，定出a,b两点；从1,4点分

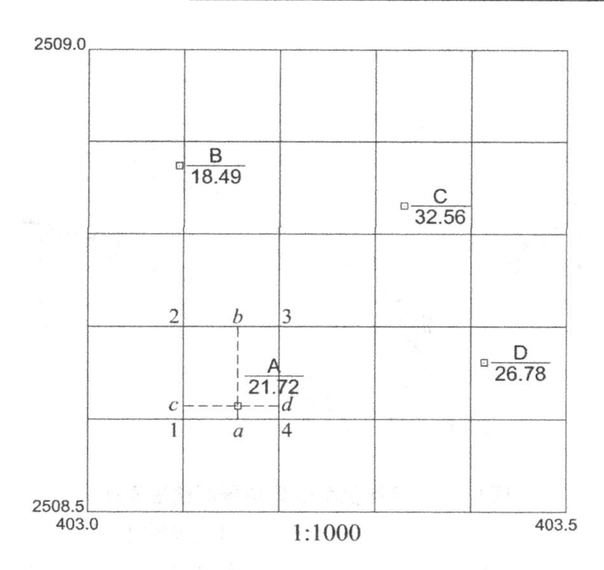

图 9.12　展绘控制点

别向上量取 $\Delta x_{1A}=(2\ 508\ 614.623\ \text{m}-2\ 508\ 600\ \text{m})/1\ 000=1.462\ 3\ \text{cm}$，定出 c，d 两点。直线 ab 与 cd 的交点即为 A 点的位置。

参照表 9.3 中编号为 29～32 的控制点符号，根据控制点的等级，将点号与高程注记在点位的右侧 0.5 mm 的位置。同法，可将其余控制点 B，C，D 点展绘在图上。展绘完图幅内的全部控制点后，应进行检查，方法是：在图上分别量取已展绘控制点间的长度，如线段 AB，BC，CD，DA 的长度，其值与已知值（由坐标反算的长度除以地形图比例尺的分母）之差不应超过 ±0.3 mm，否则应重新展绘。

为了保证地形图的精度，测区内应有一定数目的图根控制点。《工程测量规范》规定，测区内解析图根点的个数，一般地区不宜少于表 9.5 的规定。

表 9.5　一般地区解析图根点的个数

测图比例尺	图幅尺寸/cm×cm	解析图根点/个		
		全站仪测图	GNSS（RTK）测图	平板测图
1:500	50×50	2	1	8
1:1000	50×50	3	1～2	12
1:2000	50×50	4	2	15

9.6　大比例尺地形图的解析测绘方法

大比例尺地形图的测绘方法有解析测图法和数字测图法。解析测图法又有多种方法，本节简要介绍经纬仪配合量角器测绘法，数字测图法将在第 11 章介绍。

1）经纬仪配合量角器测绘法

经纬仪配合量角器测绘法的原理见图 9.13，图中 A，B，C 为已知控制点，测量并展绘碎部点

1 的操作步骤如下:

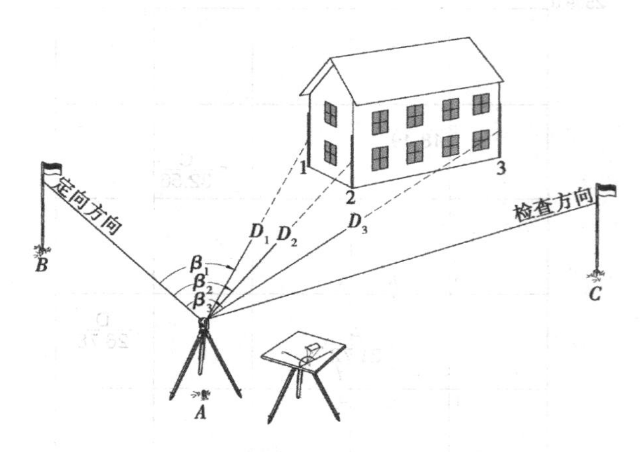

图 9.13　经纬仪配合量角器测绘法原理

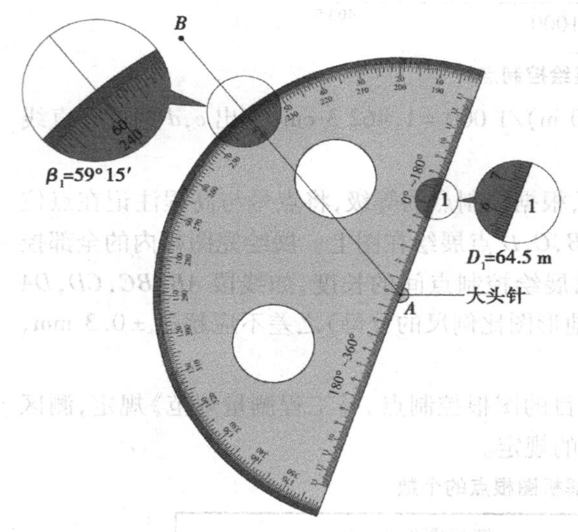

图 9.14　使用量角器展绘碎部点示例

(1)测站准备

在 A 点安置经纬仪,量取仪器高 i_A,用望远镜照准后视点 B 的标志,将水平度盘读数配置为 0°;在经纬仪旁架好小平板,用透明胶带纸将聚酯薄膜图纸固定在图板上,在绘制了坐标方格网的图纸上展绘 A,B,C 等控制点,用直尺和铅笔在图纸上绘出直线 AB 作为量角器的 0 方向线,用大头针插入专用量角器的中心,并将大头针准确地钉入图纸上的 A 点,见图 9.14。

(2)经纬仪视距观测的计算

在碎部点 i 竖立标尺,使经纬仪望远镜照准标尺,读出视线方向的水平度盘读数 β_i,竖盘读数 V_i,上丝读数 a_i,下丝读数 b_i,则测站到碎部点的水平距离 d_i 及碎部点高程 H_i 的计算公式(视距法碎部测量公式)为:

$$\left.\begin{aligned} d_i &= 100(b_i - a_i)(\cos(90 - V_i + x))^2 \\ H_i &= H_0 + d_i \tan(90 - V_i + x) + i_0 - (a_i + b_i)/2 \end{aligned}\right\} \tag{9.3}$$

式中,H_0 为测站点的高程,i_0 为测站的仪器高,x 为经纬仪竖盘指标差,可以使用下列 fx-5800P 程序计算。

程序名:P9-1,占用内存 230 字节

```
"STADIA MAPPING P9−1"↲                 显示程序标题
Deg:Fix 3↲                             基本设置
"H0(m)="?H:"i0 (m)="?I↲                输入测站点高程与仪器高
"X(Deg)="?X↲                           输入经纬仪竖盘指标差
Lbl 0:"a(mm),<0⇒END="?→A↲              输入碎部点观测上丝读数
A<0⇒Goto E↲                            上丝读数为负数时结束程序
"b(mm)="?→B:"V(Deg)="?→V↲              输入下丝读数及盘左竖盘读数
90−V+X→E↲                              计算竖直角
```

```
0.1Abs(B-A)cos(E)²→D↵          计算测站至碎部点的水平距离
H+Dtan(E)+I-(A+B)÷2000→F↵      计算碎部点的高程
"Di(m)=":D◢                     显示水平距离
"Hi(m)=":F◢                     显示碎部点高程
Goto 0:Lbl E:"P9-1⇛END"
```

表 9.6 使用程序 P9-1 记录计算经纬仪视距法测图数据

测站高程 = 5.553 m,测站仪器高 = 1.42 m,竖盘指标差 = -0°15′

碎部点序	视距测量观测结果				计算结果	
	上丝读数/mm	下丝读数/mm	水平盘读数	竖盘读数	水平距离/m	高程/m
1	500	1 145	59°15′	91°03′	64.467	4.688
2	800	1 346	70°11′	91°10′	54.567	4.551
3	1 600	2 364	81°07′	90°03′	76.398	4.591

如图 9.13 所示,在 *A* 点安置经纬仪,标尺分别竖立在 1,2,3 点的视距测量观测结果列于表 9.6;执行程序 P9-1,计算其中 1 号碎部点视距测量数据的屏幕提示与用户操作过程如下:

屏幕提示	按键	说明
STADIA MAPPING P9-1		显示程序标题
H0(m)=?	**5.553** EXE	输入测站高程
I0(m)=?	**1.42** EXE	输入仪器高
X(Deg)=?	**-0** °′″ **15** °′″ EXE	输入竖盘指标差
a(mm),<0⇛END=?	**500** EXE	输入上丝读数
b(mm)=?	**1145** EXE	输入下丝读数
V(Deg)=?	**91** °′″ **3** °′″ EXE	输入盘左竖盘读数
Di(m)=64.467	EXE	显示测站至 1 号碎部点的平距
Hi(m)=4.688	EXE	显示 1 号碎部点的高程
a(mm),<0⇛END=?	**-2** EXE	输入任意负数结束程序
P9-1⇛END		程序结束显示

(3)展绘碎部点

以图纸上 *A*,*B* 两点的连线为零方向线,转动量角器,使量角器上的 β_1 角位置对准零方向线,在 β_1 角的方向上量取距离 D_1/M,M 为地形图比例尺的分母值,用铅笔点一个小圆点做标记,在小圆点右侧 0.5 mm 的位置注记其高程值 H_1,字头朝北,即得到碎部点 1 的图上位置。如图 9.14 所示,地形图比例尺为 1∶1000,1 号碎部点的水平角为 59°15′,水平距离为 64.467 m/1 000 = 6.45 cm。

使用同样的方法,在图纸上展绘表 9.6 中的 2,3 点,在图纸上连接 1,2,3 点,通过推平行线将所测房屋绘出。

经纬仪配合量角器测绘法一般需要 4 个人操作,其分工是:1 人观测,1 人记录计算,1 人绘图,1 人立尺。

2)地形图的绘制

外业工作中,当碎部点展绘在图纸上后,就可以对照实地随时描绘地物和等高线。

(1)地物描绘

地物应按地形图图式规定的符号表示。房屋轮廓应用直线连接,而道路、河流的弯曲部分应逐点连成光滑曲线。不能依比例描绘的地物,应按规定的非比例符号表示。

(2)等高线的勾绘

勾绘等高线时,首先用铅笔轻轻描绘出山脊线、山谷线等地性线,再根据碎部点的高程勾绘等高线。不能用等高线表示的地貌,如悬崖、陡崖、土堆、冲沟、雨裂等,应按图式规定的符号表示。

由于碎部点是选在地面坡度变化处,因此相邻点之间可视为均匀坡度,这样可在两相邻碎部点的连线上,按平距与高差成比例的关系,内插出两点间各条等高线通过的位置。如图9.15(a)所示,地面上两碎部点 C 和 A 的高程分别为202.8 m及207.4 m,若取基本等高距为1 m,则其间有高程为203 m、204 m、205 m、206 m及207 m 5条等高线通过。根据平距与高差成正比的原理,先目估定出高程为203 m的 m 点和高程为207 m的 q 点,然后将 mq 的距离四等分,定出高程为204 m、205 m、206 m的 n,o,p 点。同法定出其他相邻两碎部点间等高线应通过的位置。将高程相等的相邻点连成光滑的曲线,即为等高线,结果见图9.15(b)。

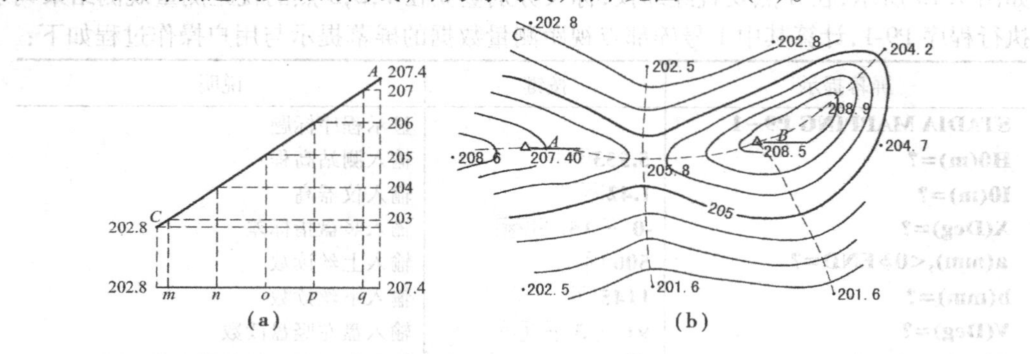

图9.15 等高线的勾绘

勾绘等高线时,应对照实地情况,先画计曲线,后画首曲线,并注意等高线通过山脊线、山谷线的走向。

3)地形图测绘的基本要求

(1)仪器设置及测站检查

《工程测量规范》对地形测图时仪器的设置及测站上的检查要求如下:

①仪器对中的偏差,不应大于图上0.05 mm。

②以较远一点定向,另一点进行检核,例如,图9.13是选择 B 点定向,C 点进行检核。采用经纬仪测绘时,其角度检测值与原角值之差不应大于2′;每站测图过程中,应随时检查定向点方向,归零差不应大于4′。

③检查另一测站的高程,其较差不应大于1/5基本等高距。

④采用经纬仪配合量角器测绘法,当定向边长在图上短于10 cm时,应以正北或正南方向作起始方向。

(2)地物点、地形点视距和测距长度

地物点、地形点视距的最大长度应符合表9.7的规定。

表 9.7　经纬仪视距法测图的最大视距长度

比例尺	一般地区		城镇建筑区	
	地物	地形	地物	地形
1:500	60	100	—	70
1:1000	100	150	80	120
1:2000	180	250	150	200

(3)高程注记点的分布

①地形图上高程注记点应分布均匀，丘陵地区高程注记点间距宜符合表 9.8 的规定。

表 9.8　丘陵地区高程注记点间距

比例尺	1:500	1:1000	1:2000
高程注记点间距/m	15	30	50

注：平坦及地形简单地区可放宽至 1.5 倍，地貌变化较大的丘陵地、山地与高山地应适当加密。

②山顶、鞍部、山脊、山脚、谷底、谷口、沟底、沟口、凹地、台地、河川湖地岸旁、水涯线上以及其他地面倾斜变换处，均应测高程注记点。

③城市建筑区高程注记点应测设在街道中心线、街道交叉中心、建筑物墙基脚和相应的地面、管道检查井井口、桥面、广场、较大的庭院内或空地上以及其他地面倾斜变换处。

④基本等高距为 0.5 m 时，高程注记点应注至 cm；基本等高距大于 0.5 m 时可注至 dm。

(4)地物、地貌的绘制

在测绘地物、地貌时，应遵守“看不清不绘”的原则。地形图上的线划、符号和注记应在现场完成。

按基本等高距测绘的等高线为首曲线。从零米起算，每隔 4 根首曲线加粗一根计曲线，并在计曲线上注明高程，字头朝向高处，但应避免在图内倒置。山顶、鞍部、凹地等不明显处等高线应加绘示坡线。当首曲线不能显示地貌特征时，可测绘二分之一基本等高距的间曲线。

城市建筑区和不便于绘等高线的地方，可不绘等高线。

地形原图铅笔整饰应符合下列规定：

①地物、地貌各要素，应主次分明、线条清晰、位置准确、交接清楚。

②高程的注记，应注于点的右方，离点位的间隔应为 0.5 mm，字头朝北。

③各项地物、地貌均应按规定的符号绘制。

④各项地理名称注记位置应适当，并检查有无遗漏或不明之处。

⑤等高线须合理、光滑、无遗漏，并与高程注记点相适应。

⑥图幅号、方格网坐标、测图者姓名及测图时间应书写正确齐全。

4)地形图的拼接、检查和提交的资料

(1)地形图的拼接

测区面积较大时,整个测区划分为若干幅图进行施测,这样,在相邻图幅的连接处,由于测量误差和绘图误差的影响,无论地物轮廓线还是等高线往往不能完全吻合。图9.16表示相邻两幅图相邻边的衔接情况。由图可知,将两幅图的同名坐标格网线重叠时,图中的房屋、河流、等高线、陡坎都存在接边差。若接边差小于表9.9规定的平面、高程中误差的$2\sqrt{2}$倍时,可平均配赋,并据此改正相邻图幅的地物、地貌位置,但应注意保持地物、地貌相互位置和走向的正确性。超过限差时则应到实地检查纠正。

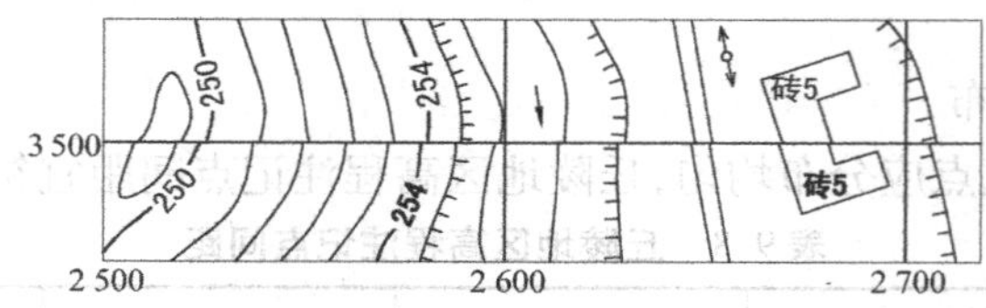

图9.16　地形图的拼接

表9.9　地物点、地形点平面和高程中误差

地区分类	图上点位中误差/mm	图上邻近地物点间距中误差/mm	等高线高程中误差			
			平地	丘陵地	山地	高山地
城市建筑区和平地、丘陵地	≤0.5	≤ ±0.4	≤1/3	≤1/2	≤2/3	≤1
山地、高山地和设站施测困难的旧街坊内部	≤0.75	≤ ±0.6				

(2)地形图的检查

为了保证地形图的质量,除施测过程中加强检查外,在地形图测绘完成后,作业人员和作业小组应对完成的成果、成图资料进行严格的自检和互检,确认无误后方可上交。地形图检查的内容包括内业检查和外业检查。

①内业检查:图根控制点的密度应符合要求,位置恰当;各项较差、闭合差应在规定范围内;原始记录和计算成果应正确,项目填写齐全。地形图图廓、方格网、控制点展绘精度应符合要求;测站点的密度和精度应符合规定;地物、地貌各要素测绘应正确、齐全,取舍恰当,图式符号运用正确;接边精度应符合要求;图历表填写应完整清楚,各项资料齐全。

②外业检查:根据内业检查的情况,有计划地确定巡视路线,进行实地对照查看,检查地物、地貌有无遗漏;等高线是否逼真合理,符号、注记是否正确等。再根据内业检查和巡视检查发现的问题,到野外设站检查,除对发现的问题进行修正和补测外,还应对本测站所测地形进行检查,看原测地形图是否符合要求。仪器检查量为每幅图内容的10%左右。

(3)地形测图全部工作结束后应提交的资料

①图根点展点图、水准路线图、埋石点点之记、测有坐标的地物点位置图、观测与计算手簿、成果表。

②地形原图、图历簿、接合表、按版测图的接边纸。

③技术设计书、质量检查验收报告及精度统计表、技术总结等。

本章小结

(1)地面上天然或人工形成的物体称为地物,地表高低起伏的形态称地貌,地物和地貌总称为地形。地形图是表示地物、地貌平面位置和高程的正射投影图,图纸上的点、线表示地物的平面位置,高程用数字注记与等高线表示。

(2)图上一段直线长度 d 与地面上相应线段的实际长度 D 之比,称为地形图的比例尺。称 d/D 为数字比例尺,称 1:500、1:1000、1:2000、1:5000 为大比例尺,称 1:1 万、1:2.5 万、1:5万、1:10万为中比例尺,称 1:25 万、1:50 万、1:100 万为小比例尺。

(3)地物符号分为比例符号、非比例符号、半比例符号;地貌符号是等高线,分为首曲线、计曲线和间曲线;注记符号是用文字或数字表示地物的性质与名称。

(4)经纬仪配合量角器测绘法是用经纬仪观测碎部点竖立标尺的上丝读数、下丝读数、竖盘读数与水平盘读数 4 个数值,算出测站至碎部点的平距及碎部点的高程,采用极坐标法、用量角器在图纸上按水平盘读数与平距展绘碎部点的平面位置,在展绘点位右边 0.5 mm 的位置注记其高程数值。用量角器展绘点的平面位置时,测站至碎部点的平距应除以比例尺的分母。

(5)经纬仪配合量角器测绘法测图时,图幅内解析图根点的个数宜不少于表 9.5 的规定,以保证地形图内碎部点的测绘精度。

(6)等高线绘制的方法是:两相邻碎部点的连线上,按平距与高差成比例的关系,内插出两点间各条等高线通过的位置,同法定出其他相邻两碎部点间等高线应通过的位置,将高程相等的相邻点连成光滑的曲线。

(7)等高距为地形图上相邻等高线间的高差,等高线平距为相邻等高线间的水平距离。

思考题与练习题

1. 地形图比例尺的表示方法有哪些？国家基本比例尺地形图有哪些？何为大、中、小比例尺？

2. 测绘地形图前,如何选择地形图的比例尺？

3. 何为比例尺的精度,比例尺的精度与碎部测量的距离精度有何关系？

4. 地物符号分为哪些类型？各有何意义？

5. 地形图上表示地貌的主要方法是等高线,等高线、等高距、等高线平距是如何定义的？等高线可以分为哪些类型？如何定义与绘制？

6. 典型地貌有哪些类型？它们的等高线各有何特点？

7. 测图前,应对聚酯薄膜图纸的坐标方格网进行哪些检查项目？有何要求？

8. 试述经纬仪配合量角器测绘法在一个测站测绘地形图的工作步骤？

9. 下表是经纬仪配合量角器测绘法在测站 A 上观测 2 个碎部点的记录,定向点为 B,仪器高为 $i_A=1.57$ m,经纬仪竖盘指标差 $x=0°12'$,测站高程为 $H_A=298.506$ m,试计算碎部点的水平距离和高程。

序号	下丝读数/mm	上丝读数/mm	竖盘读数	水平盘读数	水平距离/m	高程/m
1	1 947	1 300	87°21′	136°24′		
2	2 506	2 150	91°55′	241°19′		

10. 根据图 9.17 所示碎部点的平面位置和高程，勾绘等高距为 1 m 的等高线，加粗并注记 45 m 高程的等高线。

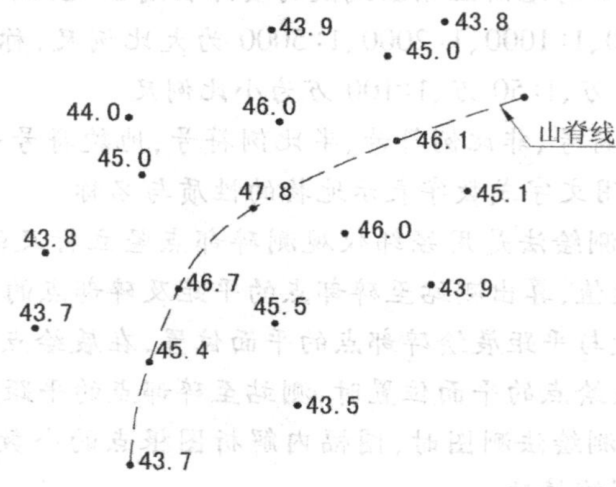

图 9.17　碎部点展点图

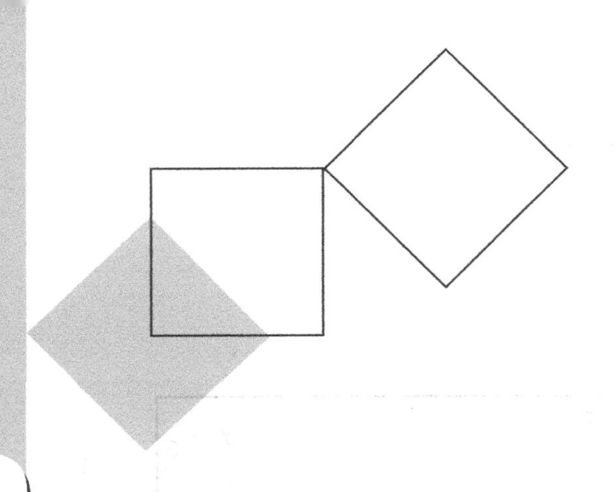

10 地形图的应用

本章导读:

- **基本要求** 熟悉地形图图廓外注记字符的内容与意义,1:5000~1:100 万地图国际分幅与编号,正确判读地形图的方法,地形图应用的基本内容;掌握 AutoCAD 法与解析法计算面积的方法,了解电子求积仪的使用方法;掌握方格网法计算挖填土方量的原理与方法。
- **重点** 地形图的判读方法,AutoCAD 法与解析法计算面积的方法,方格网法计算挖填土方量的原理与方法。
- **难点** 解析法计算面积的原理与方法,方格网法计算挖填土方量的原理与方法。

地形图的应用内容包括:在地形图上,确定点的坐标、点与点之间的距离和直线间的夹角;确定直线的方位;确定点的高程和两点间的高差;勾绘出集水线(山谷线)和分水线(山脊线),标志出洪水线和淹没线;计算指定范围的面积和体积,由此确定地块面积、土石方量、蓄水量、矿产量等;了解各种地物、地类、地貌等的分布情况,计算诸如村庄、树林、农田等数据,获得房屋的数量、质量、层次等资料;截取断面,绘制断面图。

10.1 地形图的识读

正确应用地形图的前提是先看懂地形图。下面以图 10.1 所示的一幅 1:10000 比例尺地形图为例介绍地形图的识读方法。该图 AutoCAD2004 格式的图形文件为光盘"\数字地形图练习\1:1万数字地形图.dwg"。

1)地形图的图廓外注记

地形图图廓外注记的内容包括:图号、图名、接图表、比例尺、坐标系、使用图式、等高距、测图日期、测绘单位、坐标格网、三北方向线和坡度尺等,它们分布在东、南、西、北四面图廓线外。

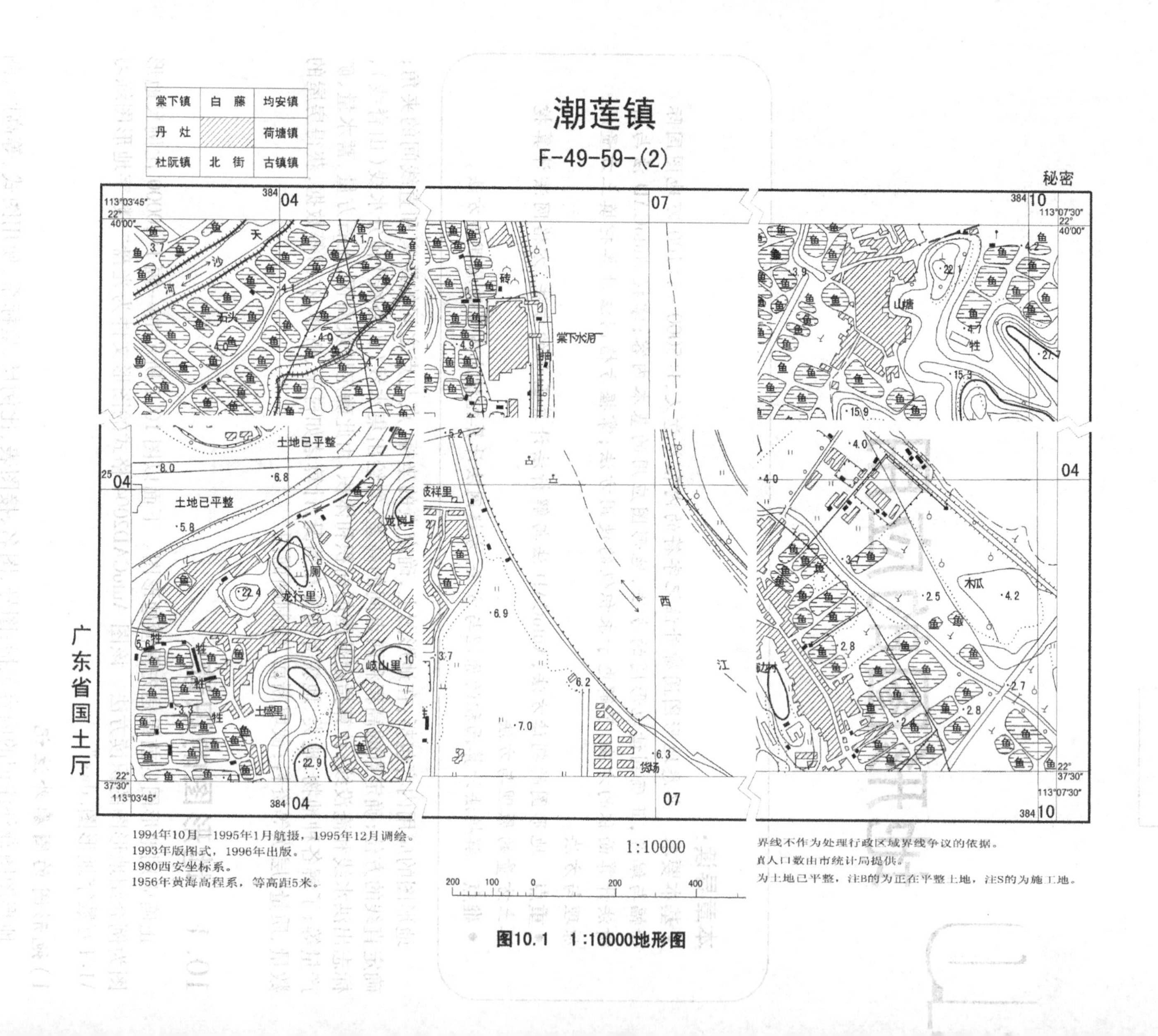

图10.1　1:10000地形图

(1)图号、图名和接图表

为了区别各幅地形图所在的位置和拼接关系,每幅地形图都编有图号和图名。图号一般根据统一分幅规则编号,图名是以本图内最著名的地名、最大的村庄或突出的地物、地貌等的名称来命名。图号、图名注记在北图廓上方的中央,见图 10.1 上方。

在图的北图廓左上方,画有接图表,用于表示本图幅与相邻图幅的位置关系,中间有阴影线的一格代表本图幅,其余为相邻图幅的图号或图名。

(2)比例尺

如图 10.1 下方所示,在每幅图南图框外的中央均注有数字比例尺,在数字比例尺下方绘出图示比例尺,图示比例尺的作用是便于用图解法确定图上直线的距离。对于 1:500,1:1000 和 1:2000等大比例尺地形图,一般只注数字比例尺,不注图示比例尺。

(3)经纬度与坐标格网

图 10.1 是梯形分幅。梯形图幅的图廓是由上、下两条纬线和左、右两条经线构成,经差为 3′45″,纬差为 2′30″。本图幅位于东经 113°03′45″ ~ 113°07′30″、北纬 22°37′30″ ~ 22°40′00″所包括的范围。

图 10.1 中的方格网为高斯平面直角坐标格网,它是平行于以投影带的中央子午线为 x 轴和以赤道为 y 轴的直线,其间隔通常是 1 km,也称为公里格网。

图 10.1 的第一条坐标纵线的 y 坐标为 38 404 km,其中的 38 为高斯投影统一 3°带的带号,其实际的横坐标值应为 404 km − 500 km = −96 km,即位于 38 号带中央子午线以西 96 km 处。图中第一条坐标横线的 x 坐标为 2 504 km,则表示位于赤道以北约 2 504 km 处。

由经纬线可以确定各点的地理坐标和任一直线的真方位角,由公里格网可以确定各点的高斯平面坐标和任一直线的坐标方位角。

(4)三北方向线关系图

三北方向是指真北方向 N、磁北方向 N′和高斯平面直角坐标系的坐标北方向 $+x$。3 个北方向间的角度关系图一般绘制在中、小比例尺地图的东图廓线的坡度比例尺上方。如图 10.2 所示,该图幅的磁偏角为 $\delta = -2°16'$;子午线收敛角 $\gamma = -0°21'$,应用式(4.28)、式(4.29)、式(4.31),可对图上任一方向的真方位角、磁方位角和坐标方位角进行相互换算。

(5)坡度尺

坡度尺是在地形图上量测地面坡度和倾角的图解工具。如图 10.2 所示,它按下式制成:

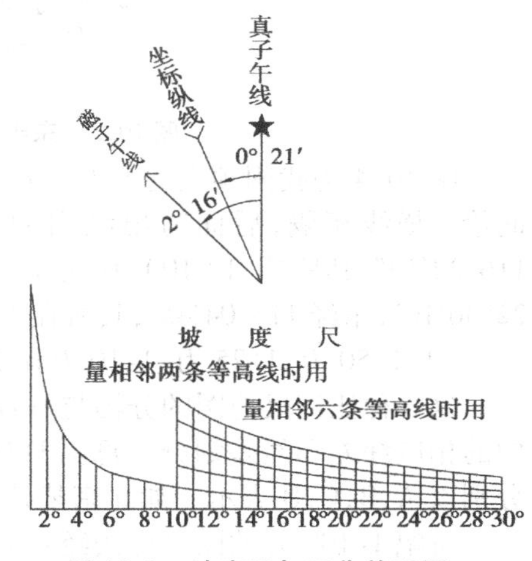

图 10.2 坡度尺与三北关系图

$$i = \tan\alpha = \frac{h}{dM} \tag{10.1}$$

式中,i 为地面坡度,α 为地面倾角,h 为等高距,d 为相邻等高线平距,M 为比例尺分母。

用分规量出图上相邻等高线的平距 d 后,在坡度尺上使分规的两针尖下面对准底线,上面对准曲线,即可在坡度尺上读出地面倾角 α。

2)1:100 万 ~ 1:5000 比例尺地图的梯形分幅与编号

地图的分幅方法有两类:一类是按经纬线分幅的梯形分幅法,一般用于 1:100 万 ~ 1:5000

比例尺地图的分幅；另一类是按坐标格网分幅的矩形分幅法，一般用于1:2000～1:500比例尺地图的分幅。

地图的梯形分幅由国际统一规定的经线为图的东西边界，统一规定的纬线为图的南北边界，由于子午线向南北两极收敛，因此，整个图幅呈梯形。

(1)1:100万比例尺地图的分幅与编号

1:100万比例尺地图的分幅是从赤道(纬度0)起，分别向南北两极，每隔纬差4°为一横行，依次以拉丁字母A,B,C,D,…,V表示；由经度180°起，自西向东每隔经差6°为一纵列，依次用数字1,2,3,…,60表示，图10.3为东半球北纬1:100万地图的国际分幅与编号。

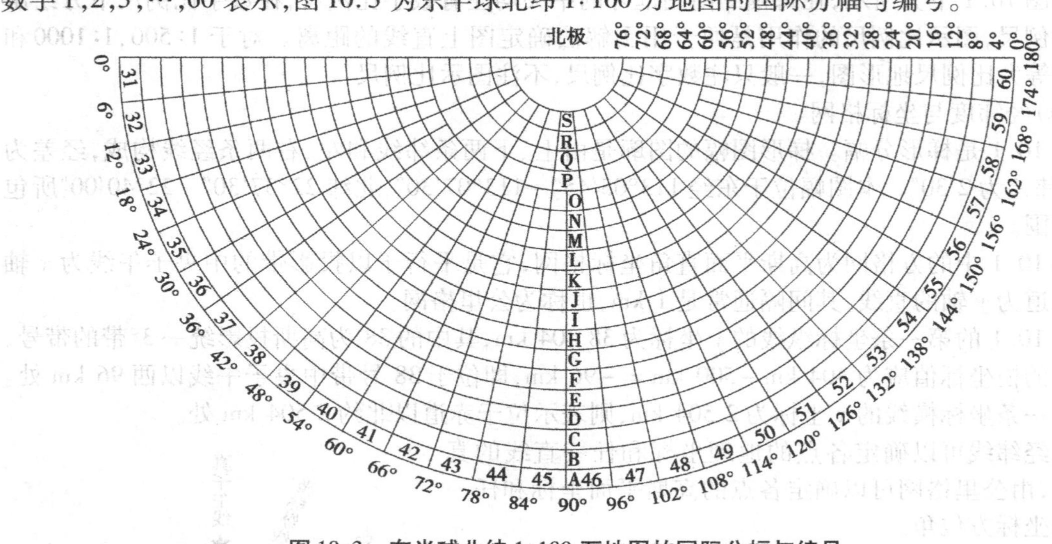

图10.3　东半球北纬1:100万地图的国际分幅与编号

图10.4为我国领土的1:100万地图的分幅与编号。每幅图的编号，先写出横行的代号，中间绘一横线相隔，后面写出纵列的代号。如北京某处的地理位置为北纬39°56′23″，东经116°22′53″，其所在1:100万比例尺地图的图幅号是J-50；广东某处的地理位置为北纬22°36′10″，东经113°04′45″，其所在1:100万比例尺地图的图幅号为F-49。

(2)1:50万、1:25万、1:10万比例尺地图的分幅与编号

这3种比例尺地图的分幅与编号是在1:100万比例尺地图分幅与编号的基础上，按表10.1中的相应纬差和经差划分。每幅1:100万的图，按经差3°、纬差2°可划分为4幅1:50万的图，分别以A,B,C,D表示。如北京某处所在的1:50万的图的编号为J-50-A，见图10.5(a)。

每幅1:100万的图又可按经差1°30′、纬差1°划分为16幅1:25万的图，分别以[1]，[2]，…，[16]表示。如北京某处所在的1:25万图的编号为J-50-[2]，见图10.5(a)中有阴影线的图幅。

每幅1:100万的图按经差30′、纬差20′划分为144幅1:10万的图，分别以1,2,3,…,144表示。如北京某处所在的1:10万图幅的编号为J-50-5，见图10.5(b)中有阴影线的图幅。

(3)1:5万、1:2.5万、1:1万比例尺地图的分幅与编号

这3种比例尺地图的分幅与编号为在1:10万比例尺地图的分幅与编号的基础上进行，其划分的经差和纬差见表10.1。

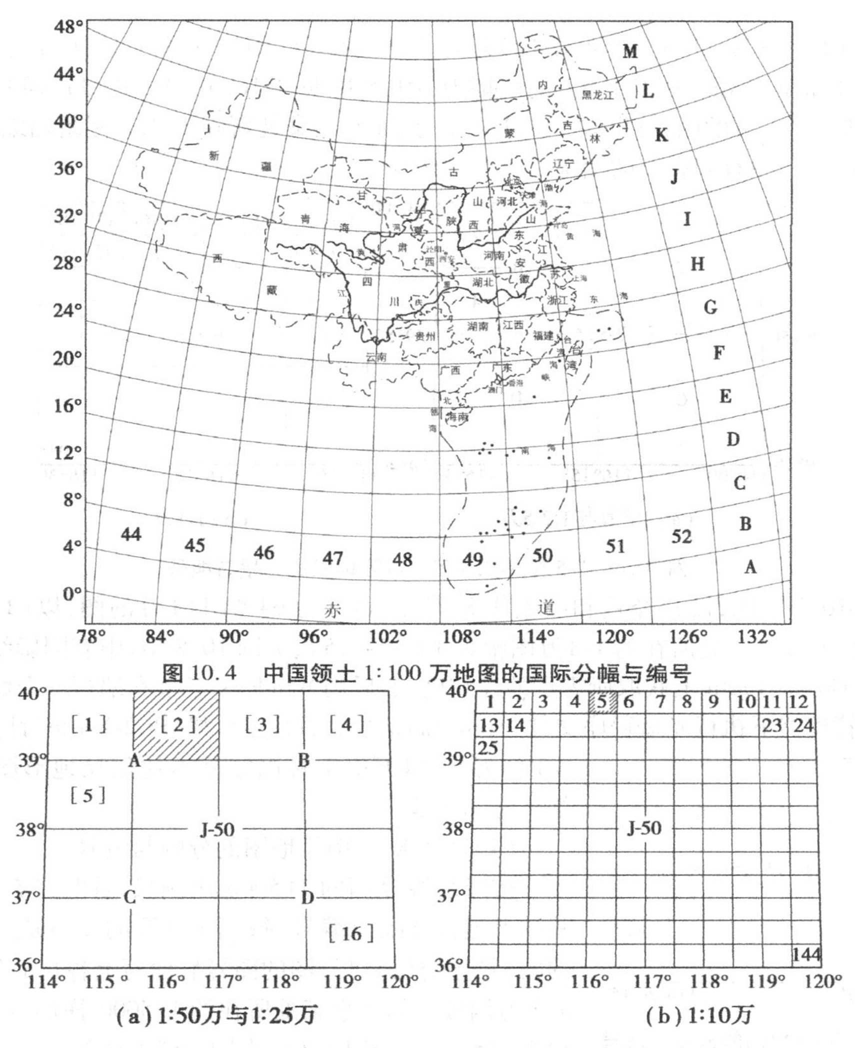

图 10.4 中国领土 1:100 万地图的国际分幅与编号

图 10.5 1:50 万,1:25 万,1:10 万地图的分幅与编号

表 10.1 各种比例尺地图按经、纬度分幅

比例尺	图幅大小		1:100 万,1:10 万 1:5万,1:1万 图幅内的分幅数	分幅代号
	纬差	经差		
1:100 万	4°	6°	1	行 A,B,C,…,V;列 1,2,3,…,60
1:50 万	2°	3°	4	A,B,C,D
1:25 万	1°	1°30′	16	[1],[2],[3],…,[16]
1:10 万	20′	30′	144	1,2,3,…,144
1:10 万	20′	30′	1	
1:5万	10′	15′	4	A,B,C,D
1:1万	2′30″	3′45″	64	(1),(2),(3),…,(64)
1:5万	10′	15′	1	
1:2.5 万	5′	7′30″	4	1,2,3,4
1:1万	2′30″	3′45″	1	
1:5000	1′15″	1′52.5″	4	a,b,c,d

每幅1:10万的图,可划分为4幅1:5万的图,分别在1:10万的图号后面写上各自的代号A,B,C,D。如北京某处所在的1:5万的图幅为J-50-5-B,见图10.6(a)。再将每幅1:5万的图四等分,即得到1:2.5万的图,分别以1,2,3,4编号,如北京某处所在1:2.5万图幅编号为J-50-5-B-2,见图10.6(a)中有阴影线的图幅。

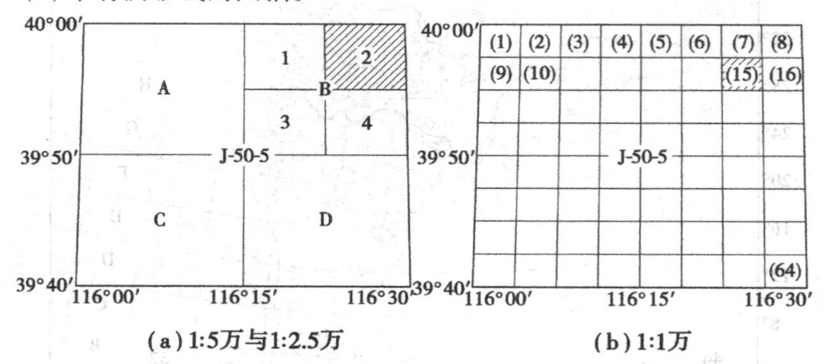

图10.6 1:5万,1:2.5万,1:1万地图的分幅与编号

每幅1:10万的图,按其经差和纬差作8等分,划分为64幅1:1万的图,以(1),(2),…,(64)作编号,如北京某处所在的1:1万图幅为J-50-5-(15),见图10.8(b)中有阴影线的图幅。

可以从Google Earth上获取所需点的经纬度,然后用Windows记事本编写一个数据文件,在Windows的管理器下执行光盘程序文件"\prog\高斯投影程序_PC机\PG2-1.exe"计算该点所在1:100万~1:1万等7种国家基本比例尺地形图的图号,详细参见1.3节。

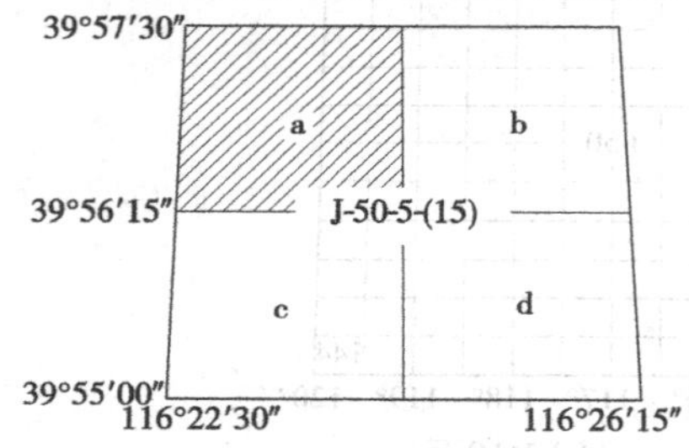

图10.7 1:5000地图的分幅与编号

(4)1:5000比例尺地图的分幅与编号

按经纬线分幅的1:5000比例尺地图,是在1:1万图的基础上进行分幅与编号,每幅1:1万的图分成四幅1:5000的图,并分别在1:1万图的图号后面写上各自的代号a,b,c,d作为编号。如北京某处所在的1:5000梯形分幅图号为J-50-5-(15)-a,见图10.7中有阴影线的图幅。

3)1:500~1:2000比例尺地形图的矩形分幅与编号

《1:500 1:1000 1:2000地形图图式》规定:1:500~1:2000比例尺地形图一般采用50 cm×50 cm正方形分幅或50 cm×40 cm矩形分幅;根据需要,也可以采用其他规格的分幅;1:2000地形图也可以采用经纬度统一分幅。地形图编号一般采用图廓西南角坐标公里数编号法,也可选用流水编号法或行列编号法等,带状测区或小面积测区,可按测区统一顺序进行编号,详细参见9.4节。

4)地形图的平面坐标系统和高程系统

对于1:1万或更小比例尺的地图,通常采用国家统一的高斯平面坐标系,如"1954北京坐标系"或"1980西安坐标系"。城市地形图一般采用以通过城市中心的某一子午线为中央子午线的任意带高斯平面坐标系,称为城市独立坐标系。当工程建设范围较小时,也可采用将测区看作平面的假定平面直角坐标系。

高程系统一般使用"1956年黄海高程系"或"1985国家高程基准"。但也有一些地方高程系统，如上海及长江流域采用“吴淞高程系”，广东地区有采用“珠江高程系”等。各高程系统之间只需加减一个常数即可进行换算。

地形图采用的坐标系和高程系统应在南图廓外的左下方用文字说明，见图 10.1 左下角所示。

5）地物与地貌的识别

应用地形图应了解地形图所使用的地形图图式，熟悉常用地物和地貌符号，了解图上文字注记和数字注记的意义。

地形图上的地物、地貌是用不同的地物符号和地貌符号表示的。比例尺不同，地物、地貌的取舍标准也不同，随着各种建设的发展，地物、地貌又在不断改变。要正确识别地物、地貌，阅图前应先熟悉测图所用的地形图图式、规范和测图日期。

（1）地物的识别

识别地物的目的是了解地物的大小种类、位置和分布情况。通常按先主后次的步骤，并顾及取舍的内容与标准进行。按照地物符号先识别大的居民点、主要道路和用图需要的地物，然后再扩大到识别小的居民点、次要道路、植被和其他地物。通过分析，就会对主、次地物的分布情况，主要地物的位置和大小形成较全面的了解。

（2）地貌的识别

识别地貌的目的是了解各种地貌的分布和地面的高低起伏状况。识别时，主要根据基本地貌的等高线特征和特殊地貌（如陡崖、冲沟等）符号进行。山区坡陡，地貌形态复杂，尤其是山脊和山谷等高线犬牙交错，不易识别。这时可先根据水系的江河、溪流找出山谷、山脊系列，无河流时可根据相邻山头找出山脊。再按照两山谷间必有一山脊，两山脊间必有一山谷的地貌特征，识别山脊、山谷地貌的分布情况。再结合特殊地貌符号和等高线的疏密进行分析，就可以较清楚地了解地貌的分布和高低起伏情况。最后将地物、地貌综合在一起，整幅地形图就像三维模型一样展现在眼前。

6）测图时间

测图时间注记在南图廓左下方，用户可根据测图时间及测区的开发情况，判断地形图的现势性。

7）地形图的精度

测绘地形图碎部点位的距离测量精度是参照比例尺精度制定的。对于 1∶1万比例尺的地形图，小于 0.1 mm × 10 000 = 1 m 的实地水平距离在图上分辨不出来；对于 1∶1000 比例尺的地形图，小于 0.1 mm × 1 000 = 0.1 m 的实地水平距离在图上分辨不出来。

《工程测量规范》规定：对于城市大比例尺地形图，地物点平面位置精度为地物点相对于邻近图根点的点位中误差在图上不得超过0.5 mm；邻近地物点间距中误差在图上不得超过 0.4 mm。山地、高山地和设站施测困难的旧街坊内部，其精度要求按上述规定适当放宽，分别为 0.75 mm 和 0.6 mm。高程精度的规定是：城市建筑区和平坦地区铺装地面的高程注记点相对于邻近图根点的高程中误差不得超过 0.07 m，一般地面不得超过 0.15 m。在等高线地形图上，根据相邻等高线内插求得地面点相对于邻近图根点的高程中误差，在丘陵地区不得超过1/2 等高距，在山地不得超过 2/3 等高距，在高山地不得超过 1 个等高距。

10.2 地形图应用的基本内容

1)点位平面坐标的量测

如图 10.8 所示,在大比例尺地形图上绘有纵、横坐标方格网(或在方格的交会处绘制有一十字线),欲从图上求 A 的坐标,可先通过 A 点作坐标格网的平行线 mn,pq,在图上量出 mA 和 pA 的长度,分别乘以数字比例尺的分母 M 即得实地水平距离,即有

$$\left.\begin{aligned} x_A &= x_0 + \overline{mA} \times M \\ y_A &= y_0 + \overline{pA} \times M \end{aligned}\right\} \tag{10.2}$$

式中,x_0,y_0 为 A 点所在方格西南角点的坐标(图中的 x_0=2 517 100 m,y_0=38 457 200 m)。

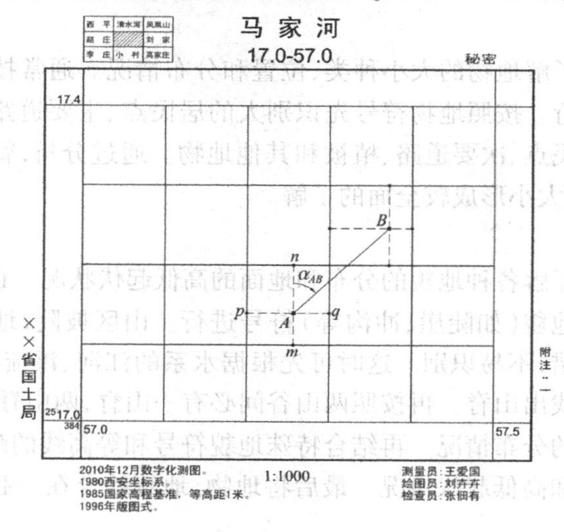

图 10.8 点位坐标的量测

为检核量测结果,并考虑图纸伸缩的影响,还需要量出 An 和 Aq 的长度,若$\overline{mA}+\overline{An}$和$\overline{pA}+\overline{Aq}$不等于坐标格网的理论长度 l(一般为 10 cm),则 A 点的坐标应按下式计算

$$\left.\begin{aligned} x_A &= x_0 + \frac{l}{\overline{mA}+\overline{An}}\,\overline{mA} \times M \\ y_A &= y_0 + \frac{l}{\overline{pA}+\overline{Aq}}\,\overline{pA} \times M \end{aligned}\right\} \tag{10.3}$$

2)两点间水平距离的量测

要确定图上 A,B 两点间的水平距离 D_{AB}时,可以根据已量得的 A,B 两点的平面坐标 x_A,y_A 和 x_B,y_B 依勾股定理计算

$$D_{AB} = \sqrt{(x_B - x_A)^2 + (y_B - y_A)^2} \tag{10.4}$$

3)直线坐标方位角的量测

如图 10.8 所示,要确定直线 AB 的坐标方位角 α_{AB},可根据已经量得的 A,B 两点的平面坐

标用下式先计算出象限角 R_{AB}

$$R_{AB} = \arctan\left(\frac{y_B - y_A}{x_B - x_A}\right) \tag{10.5}$$

然后,根据直线所在的象限参照表7.5的规定计算坐标方位角。或用fx-5800P的Pol函数计算辐角 θ_{AB},算出的 $\theta_{AB}>0$ 时,$\alpha_{AB}=\theta_{AB}$;$\theta_{AB}<0$ 时,$\alpha_{AB}=\theta_{AB}+360°$。

当精度要求不高时,可以通过 A 点作平行于坐标纵轴的直线,用量角器直接在图上量取直线 AB 的坐标方位角 α_{AB}。

4)点位高程与两点间坡度的量测

如果所求点刚好位于某条等高线上,则该点的高程就等于该等高线的高程,否则需要采用比例内插的方法确定。如图10.9所示,图中 E 点的高程为54 m,而 F 点位于53 m和54 m两根等高线之间,可过 F 点作一大致与两条等高线垂直的直线,交两条等高线于 m,n 点,从图上量得距离 $\overline{mn}=d$,$\overline{mF}=d_1$,设等高距为 h,则 F 点的高程为

$$H_F = H_m + h\frac{d_1}{d} \tag{10.6}$$

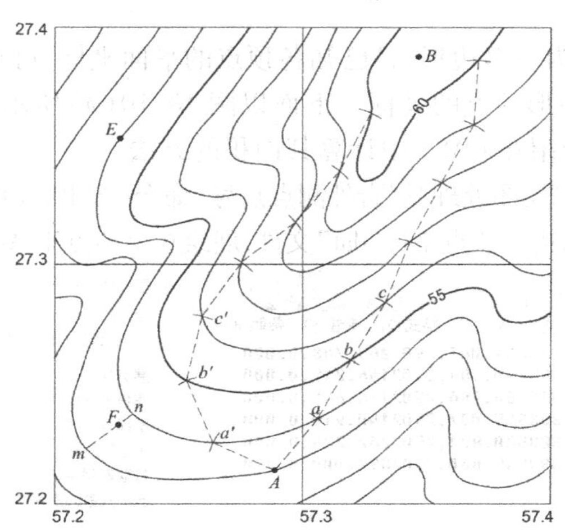

图10.9 确定点的高程和选定等坡路线

在地形图上量得相邻两点间的水平距离 d 和高差 h 以后,可按下式计算两点间的坡度

$$i = \tan\theta = \frac{h}{dM} \tag{10.7}$$

式中,θ 为地面两点连线相对于水平线的倾角。

5)图上设计等坡线

在山地或丘陵地区进行道路、管线等工程设计时,往往要求在不超过某一坡度的条件下选定一条最短路线。如图10.9所示,需要从低地 A 点到高地 B 点定出一条路线,要求坡度限制为 i。设等高距为 h,等高线平距为 d,地形图的比例尺为1:M,根据坡度的定义 $i=\frac{h}{dM}$,求得

$$d = \frac{h}{iM} \tag{10.8}$$

将 $h=1$ m,$M=1\ 000$,$i=3.3\%$ 代入式(10.8)求出 $d=0.03$ m $=3$ cm。在图10.9中,以 A 点为

圆心，以 3 cm 为半径，用两脚规在直尺上截交 54 m 等高线，得到 a，a' 点；再分别以 a，a' 为圆心，用脚规截交 55 m 等高线，分别得到 b，b' 点，依此进行，直至 B 点，连接 $A—a—b—\cdots—B$ 和 $A—a'—b'—\cdots—B$ 得到的两条路线均为满足设计坡度 $i = 3.3\%$ 的路线，可以综合各种因素选取其中的一条。

作图时，当某相邻的两条等高线平距 > 3 cm 时，说明这对等高线的坡度小于设计坡度 3.3%，可以选该对等高线的垂线为路线。

10.3　图形面积的量算

图上面积的量算方法有透明方格纸法、平行线法、解析法、CAD 法与求积仪法，本节只介绍 CAD 法、解析法与求积仪法，其中求积仪法的内容参见光盘"\电子章节"文件夹的相应 pdf 格式文件。

1) CAD 法

(1) 多边形面积的计算

如待量取面积的边界为一多边形，且已知各顶点的平面坐标，可打开 Windows 记事本，按格式"点号，，y，x，0"输入多边形顶点的坐标。下面以图 10.10(a) 所示的"六边形顶点坐标.dat"文件定义的六边形为例，介绍在 CASS 中计算其面积的方法。

①执行 CASS 下拉菜单"绘图处理/展野外测点点号"命令(图 10.10(b))，在弹出的"输入坐标数据文件名"对话框中选择"六边形顶点坐标.dat"文件，展绘 6 个顶点于 AutoCAD 的绘图区；

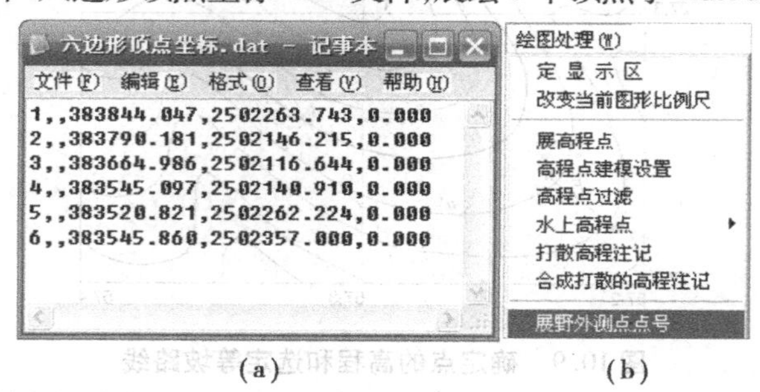

图 10.10　在 CASS 中展绘多边形顶点坐标

②将 AutoCAD 的对象捕捉设置为节点捕捉(nod)，执行多段线命令 Pline，连接 6 个顶点为一个封闭多边形；

③执行 AutoCAD 的面积命令 Area，命令行提示及操作过程如下：

命令：Area

指定第一个角点或 [对象(O)/加(A)/减(S)]：O

选择对象：点取多边形上的任意点

面积 = 52 473.220，周长 = 914.421

上述结果的意义是，多边形的面积为 52 473.220 m^2，周长为 914.421 m。

(2) 不规则图形面积的计算

当待量取面积的边界为一不规则曲线，只知道边界中的某个长度尺寸，曲线上点的平面坐标不宜获得时,可用扫描仪扫描边界图形并获得该边界图形的 JPG 格式图像文件,将该图像文件插入 AutoCAD,再在 AutoCAD 中量取图形的面积。

例如,图 10.11 为从 Google Earth 上获取的海南省卫星图片边界图形(光盘文件“\数字地形图练习\海南省卫星图片.jpg”),图中海口→三亚的距离为在 Google Earth 中,执行工具栏“显示标尺”命令▮测得。在 AutoCAD 中的操作过程如下:

①执行插入光栅图像命令 imageattach,将“海南省卫星图片.jpg”文件插入到 AutoCAD 的当前图形文件中;

②执行对齐命令 align,将图中海口→三亚的长度校准为 214.31 km;

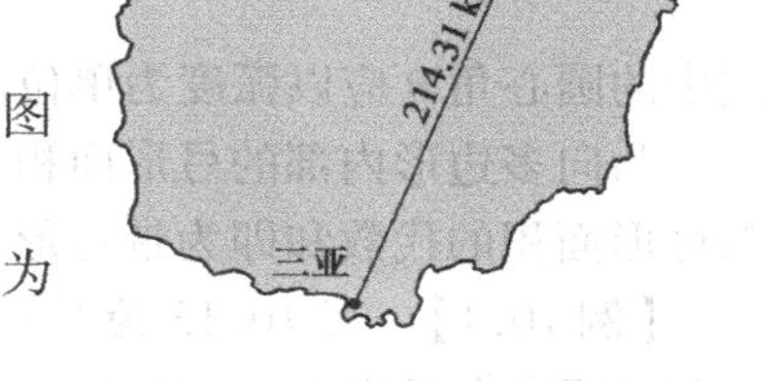

图 10.11　海南省卫星图片边界

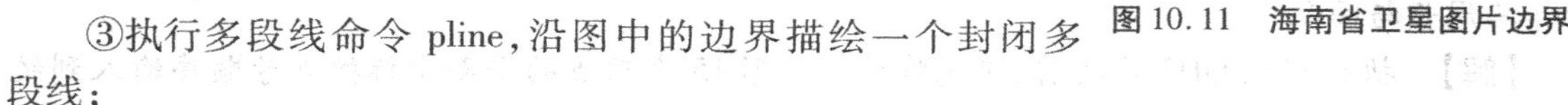

③执行多段线命令 pline,沿图中的边界描绘一个封闭多段线;

④执行面积命令 area 可测量出该边界图形的面积为34 727.807 km^2,周长为937.454 km。

2)解析法

当图形边界为多边形,各顶点的平面坐标已在图上量出或已实地测定,可以使用多边形各顶点的平面坐标,用解析法计算面积。

在图 10.12 中,1,2,3,4 为多边形的顶点,其平面坐标已知,则该多边形的每一条边及其向 y 轴的坐标投影线(图中虚线)和 y 轴都可以组成一个梯形,多边形的面积 A 就是这些梯形面积的和或差,计算公式为

$$A = \frac{1}{2}[(x_1 + x_2)(y_2 - y_1) + (x_2 + x_3)(y_3 - y_2) - (x_3 + x_4)(y_3 - y_4) - (x_4 + x_1)(y_4 - y_1)]$$

$$= \frac{1}{2}[x_1(y_2 - y_4) + x_2(y_3 - y_1) + x_3(y_4 - y_2) + x_4(y_1 - y_3)]$$

对于任意的 n 边形,可以写出下列按坐标计算面积的通用公式:

$$A = \frac{1}{2}\sum_{i=1}^{n} x_i(y_{i+1} - y_{i-1}) \tag{10.9}$$

需说明的是,当 $i=1$ 时,y_{i-1}用 y_n 代替;当 $i=n$ 时,y_{i+1}用 y_1 代替。上式是将多边形各顶点投影至 y 轴的面积计算公式。将各顶点投影于 x 轴的面积计算公式为

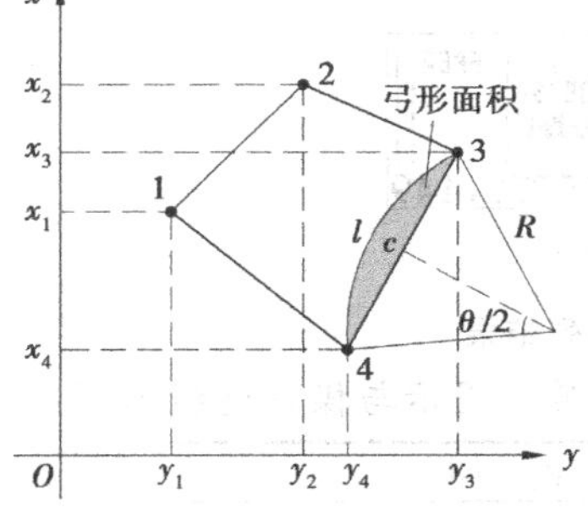

图 10.12　解析法面积计算原理

$$A = \frac{1}{2}\sum_{i=1}^{n} y_i(x_{i+1} - x_{i-1}) \tag{10.10}$$

式中,当 $i=1$ 时,x_{i-1}用 x_n 代替;当 $i=n$ 时,x_{i+1}用 x_1 代替。

图 10.12 的多边形顶点 1→2→3→4 为顺时针编号,计算出的面积为正值;如为逆时针编号,则计算出的面积为负值,但两种编号方法计算出的面积绝对值相等。

在图 10.12 中,设 3,4 两点弧长的半径为 R,由 3,4 两点的坐标反算出弧长的弦长 c,则弦长 c 所对的圆心角 θ 与弧长 l 为

$$\left.\begin{aligned} \theta &= 2\ \arcsin\frac{c}{2R} \\ l &= R\theta \end{aligned}\right\} \tag{10.11}$$

弓形的面积为

$$A_{弓} = \frac{1}{2}R^2(\theta - \sin\theta) \tag{10.12}$$

式中的圆心角 θ 应以弧度为单位。

凸向多边形内部的弓形面积为负数，凸向多边形外部的弓形面积为正数，多边形面积与全部弓形面积的代数和即为带弓形多边形的面积。

【例 10.1】 图 10.13 为带弓形多边形，有 15 个顶点，3 个弓形，试用 fx-5800P 程序QH3-6 计算其周长与面积。

【解】 执行程序 QH3-6 之前，应先将该多边形 15 个顶点的平面坐标按点号顺序输入到统计串列中。

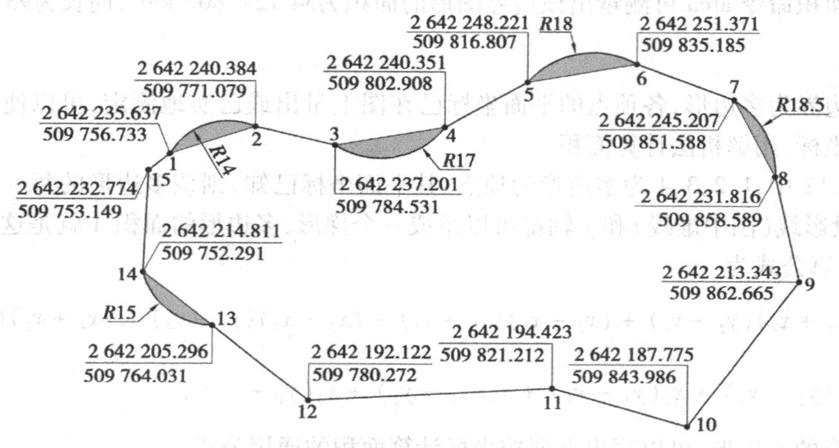

图 10.13 带弓形的多边形面积与周长计算案例

按 MODE 1 键进入 COMP 模式，按 FUNCTION 6 1 键执行 ClrStat 命令清除统计存储器；按 MODE 4 键进入 REG 模式，将图 10.13 所示15 个点的 x 坐标依次输入统计串列 List X，y 坐标依次输入统计串列 List Y，结果见图 10.14。

(a) (b) (c)

图 10.14 输入图 10.13 的 15 个顶点坐标到统计串列结果

执行程序 QH3-6，计算图 10.13 带弓形的多边形周长与面积的屏幕提示与操作过程如下：

屏幕提示	按 键	说 明
POLYGON(ARC) AREA QH3-6	EXE	显示程序标题
VERTEX n(m)=15	EXE	显示多边形顶点数
ARC START n, 0⇛END=?	1 EXE	输入弓形起点号
ARC END n, 0⇛END=?	2 EXE	输入弓形端点号

续表

屏幕提示	按键	说明
ARC +，-R(m)=?	14 EXE	输入弓形半径(>0 加弓形面积)
ARC START n，0⇒END=?	3 EXE	输入弓形起点号
ARC END n，0⇒END=?	4 EXE	输入弓形端点号
ARC +，-R(m)=?	-17	输入弓形半径(<0 减弓形面积)
ARC START n，0⇒END=?	5 EXE	输入弓形起点号
ARC END n，0⇒END=?	6 EXE	输入弓形端点号
ARC +，-R(m)=?	18 EXE	输入弓形半径(>0 加弓形面积)
ARC START n，0⇒END=?	7 EXE	输入弓形起点号
ARC END n，0⇒END=?	8 EXE	输入弓形端点号
ARC +，-R(m)=?	18.5 EXE	输入弓形半径(>0 加弓形面积)
ARC START n，0⇒END=?	13 EXE	输入弓形起点号
ARC END n，0⇒END=?	14 EXE	输入弓形端点号
ARC +，-R(m)=?12	15 EXE	输入弓形半径(>0 加弓形面积)
ARC START n，0⇒END=?	0 EXE	输入0结束弓形面积计算
PRIMETER(m)=292.812	EXE	显示带弓形多边形周长
AREA(m^2)=5035.361	EXE	显示带弓形多边形面积
QH3-6⇒END		程序执行结束显示

10.4 工程建设中地形图的应用

1)按指定方向绘制纵断面图

在道路、隧道、管线等工程的设计中，通常需要了解两点之间的地面起伏情况，这时，可根据地形图的等高线来绘制纵断面图。

如图10.15(a)所示，在地形图上作 A,B 两点的连线，与各等高线相交，各交点的高程即为交点所在等高线的高程，各交点的平距可在图上用比例尺量得。在毫米方格纸上画出两条相互垂直的轴线，以横轴 AB 表示平距，以垂直于横轴的纵轴表示高程，在地形图上量取 A 点至各交点及地形特征点的平距，并将其分别转绘在横轴上，以相应的高程作为纵坐标，得到各交点在断面上的位置。连接这些点，即得到 AB 方向的纵断面图。

为了更明显地表示地面的高低起伏情况，断面图上的高程比例尺一般比平距比例尺大5～20倍。

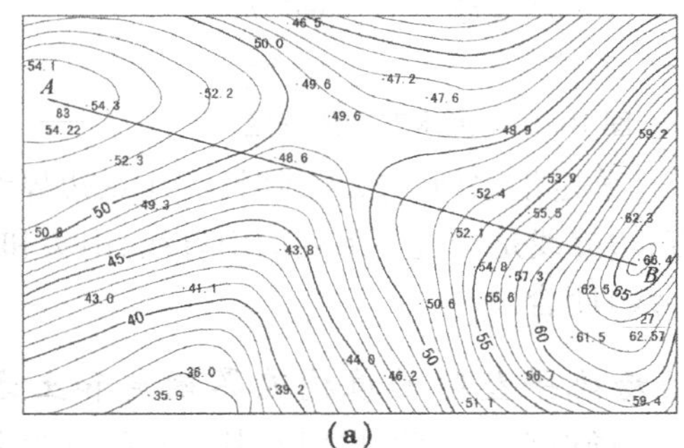

(a)

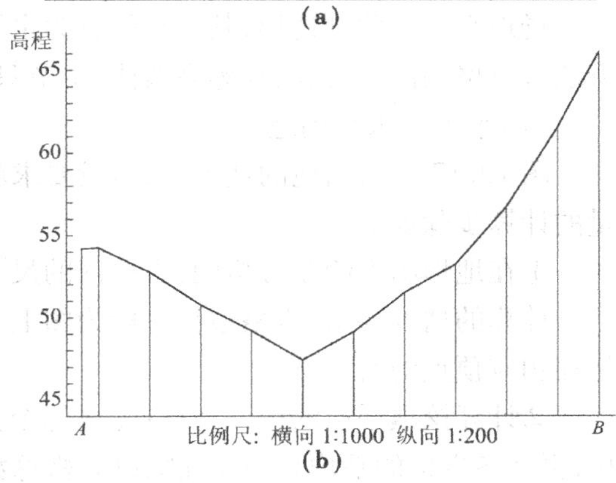

(b)

图10.15 绘制纵断面图

2）确定汇水面积

修筑道路时，有时要跨越河流或山谷，这时就应建造桥梁或涵洞，兴修水库必须筑坝拦水。而桥梁、涵洞孔径的大小，水坝的设计位置与坝高，水库的蓄水量等，都要根据汇集于这个地区的水流量来确定。汇集水流量的面积称为汇水面积。由于雨水是沿山脊线（分水线）向两侧山坡分流，所以汇水面积的边界线是由一系列山脊线连接而成的。

如图10.16所示，一条公路经过山谷，拟在P处建桥或修筑涵洞，其孔径大小应根据流经该处的流水量决定，而流水量又与山谷的汇水面积有关。由图可知，由山脊线和公路上的线段所围成的封闭区域$A—B—C—D—E—F—G—H—I—A$的面积，就是这个山谷的汇水面积。量出该面积的值，再结合当地的气象水文资料，便可进一步确定流经公路P处的水量，从而为桥梁或涵洞的孔径设计提供依据。

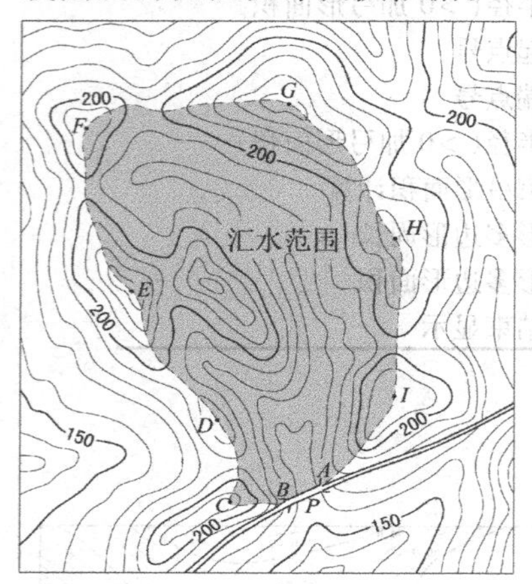

图10.16 汇水范围的确定

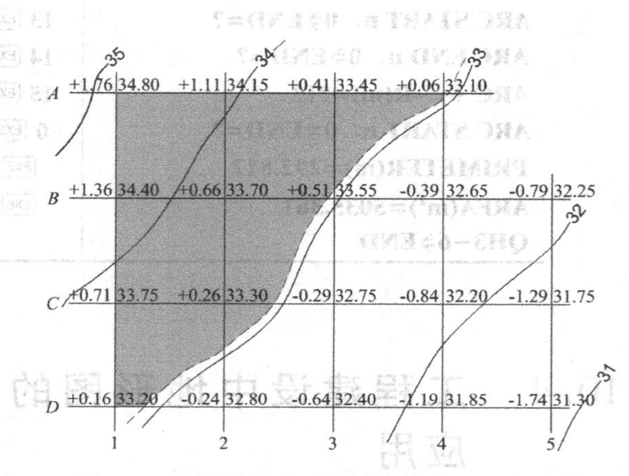

图10.17 平整为水平场地方格网法土方计算

确定汇水面积边界线时，应注意边界线（除公路AB段外）应与山脊线一致，且与等高线垂直；边界线是经过一系列的山脊线、山头和鞍部的曲线，并在河谷的指定断面（公路或水坝的中心线）闭合。

3）场地平整时的填挖边界确定和土方量计算

场地平整有两种情形，其一是平整为水平场地，其二是整理为倾斜面场地。土方量的计算方法有方格网法、断面法与等高线法，本节只介绍方格网法。

（1）平整为水平场地

图10.17为某场地的地形图，假设要求将原地貌按照挖填平衡的原则改造成水平面，土方量的计算步骤如下：

①在地形图上绘制方格网：方格网的尺寸取决于地形的复杂程度、地形图比例尺的大小和土方计算的精度要求，方格边长一般为图上2 cm。各方格顶点的高程用线性内插法求出，并注记在相应顶点的右上方。

②计算挖填平衡的设计高程：先将每个方格顶点的高程相加除4，得到各方格的平均高程H_i，再将各方格的平均高程相加除以方格总数n，就得到挖填平衡的设计高程H_0，计算公式为

$$H_0 = \frac{1}{n}(H_1 + H_2 + \cdots + H_n) = \frac{1}{n}\sum_{i=1}^{n} H_i \qquad (10.13)$$

由图 10.20 可知，方格网的角点 A_1, A_4, B_5, D_1, D_5 的高程只用了 1 次，边点 $A_2, A_3, B_1, C_1, D_2, D_3, \cdots$ 的高程用了 2 次，拐点 B_4 的高程用了 3 次，中点 $B_2, B_3, C_2, C_3, \cdots$ 的高程用了 4 次，根据上述规律，可以将式(10.13)简化为：

$$H_0 = \frac{(\sum H_{角} + 2\sum H_{边} + 3\sum H_{拐} + 4\sum H_{中})}{4n} \tag{10.14}$$

称式(10.14)中 Σ 前的系数 1、2、3、4 为方格顶点的面积系数，将图 10.20 中各方格顶点的高程代入式(10.14)，即可计算出设计高程为 33.04 m。在图 10.20 中内插出 33.04 m 的等高线(虚线)即为挖填平衡的边界线。

③计算挖、填高度：将各方格顶点的高程减去设计高程 H_0 即得其挖、填高度，其值注明在各方格顶点的左上方。

④计算挖、填土方量：可按角点、边点、拐点和中点分别计算，公式如下

$$\left.\begin{aligned} &角点:挖(填)高 \times \frac{1}{4} 方格面积 \\ &边点:挖(填)高 \times \frac{2}{4} 方格面积 \\ &拐点:挖(填)高 \times \frac{3}{4} 方格面积 \\ &中点:挖(填)高 \times \frac{4}{4} 方格面积 \end{aligned}\right\} \tag{10.15}$$

(2)整理为倾斜面场地

将原地形整理成某一坡度的倾斜面，一般可根据挖、填平衡的原则，绘制出设计倾斜面的等高线。但是，有时要求所设计的倾斜面必须包含某些不能改动的高程点(称设计倾斜面的控制高程点)，例如已有道路的中线高程点、永久性或大型建筑物的外墙地坪高程等。如图 10.21 所示，设 A,B,C 三点为控制高程点，其地面高程分别为 54.6 m，51.3 m 和 53.7 m。要求将原地形整理成通过 A,B,C 三点的倾斜面，其土方量的计算步骤如下：

①确定设计等高线的平距：过 A,B 二点作直线，用比例内插法在 AB 直线上求出高程为54 m，53 m，52 m 各点的位置，也就是设计等高线应经过 AB 直线上的相应位置，如 $d,e,f,g,\cdots$ 点。

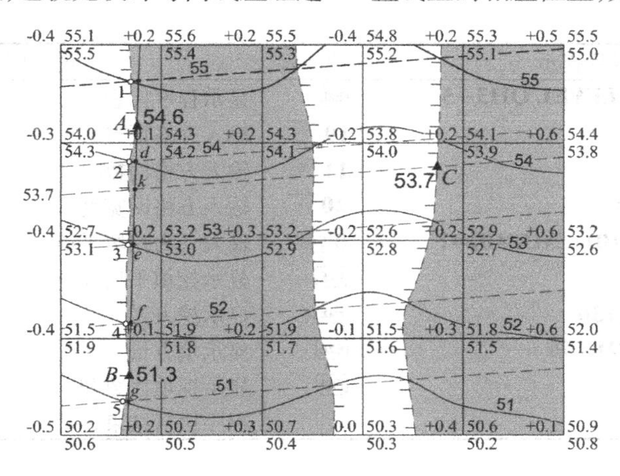

图 10.21　平整为倾斜平面场地方格网法土方计算

②确定设计等高线的方向：在 AB 直线上比例内插出一点 k，使其高程等于 C 点的高程 53.7 m。过 kC 连一直线，则 kC 方向就是设计等高线的方向。

③插绘设计倾斜面的等高线：过 $d,e,f,g,\cdots$ 各点作 kC 的平行线（图中的虚线），即为设计倾斜面的等高线。过设计等高线和原同高程的等高线交点的连线，如图中连接 1,2,3,4,5 等点，可得到挖、填边界线。图中绘有短线的一侧为填土区，另一侧（灰底色）为挖土区。

④计算挖、填土方量：与前面的方法相同，首先在图上绘制方格网，并确定各方格顶点的挖深和填高量。不同之处是各方格顶点的设计高程是根据设计等高线内插求得的，并注记在方格顶点的右下方。其填高和挖深量仍注记在各顶点的左上方。挖方量和填方量的计算和前面的方法相同。

（3）使用 fx-5800P 程序 QH3-5 计算场地平整的土方量

执行程序 QH3-5 之前，应先在统计串列中输入方格顶点的面积系数与高程。当平整为水平面时，只需要在 **List X** 与 **List Y** 串列分别输入各顶点的面积系数与高程，此时，频率串列 **List Freq** 自动变成 **1**，**除非平整为倾斜面，否则请不要改变机器自动生成的 List Freq 的数值 1**；当平整为倾斜平面时，除需要在 **List X** 与 **List Y** 串列分别输入各顶点的面积系数与高程外，还需要在 **List Freq** 输入顶点的设计高程。程序对顶点面积系数与高程的输入顺序没有要求，可以按任意顺序输入。

【例 10.2】 试用程序 QH3-5 计算图 10.17 挖填平衡的设计高程及其挖填土方量，计算设计高程为 32 m 时的挖填土方量。

【解】 按 MODE 1 键进入 **COMP** 模式，按 FUNCTION 6 1 键执行 **ClrStat** 命令清除统计存储器；按 MODE 4 键进入 **REG** 模式，在统计串列中输入方格顶点的面积系数与高程，结果见图 10.19。

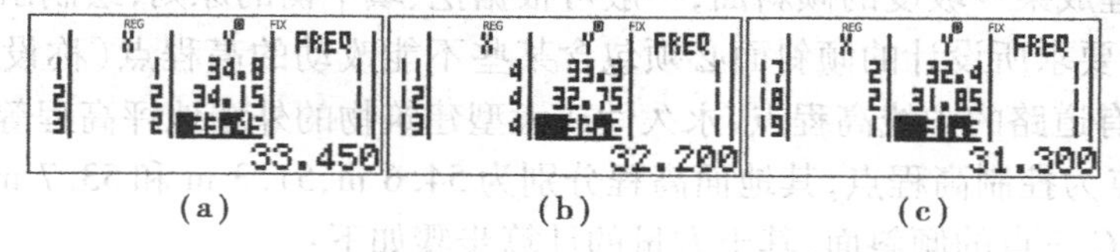

图 10.19 在统计串列输入图 10.17 的 19 个顶点面积系数与高程结果

执行程序 QH3-5，计算图 10.22 挖填平衡设计高程及其土方量的屏幕提示与操作过程如下：

屏幕提示	按 键	说 明
EARTHWORK LEVEL QH3－5	EXE	显示程序标题
VERTEX n=?	**19** EXE	输入方格顶点数
SQUARE n=?	**11** EXE	输入方格网数
WIDTH D(m)=?	**20** EXE	输入方格网宽度
BALANCE YES(0), NO(≠0)=?	**0** EXE	输入 0 为挖填平衡
H0(m)=33.039	EXE	显示挖填平衡高程
WA(m3)=1491.136	EXE	显示挖方量
TIAN(m3)=-1491.136	EXE	显示填方量
W+T(m3)=0	EXE	显示挖填代数和
QH3－5⇒END		程序执行结束显示

重复执行程序 QH3-5，输入设计高程 32 m，计算挖填土方量的屏幕提示与操作过程如下：

屏幕提示	按　键	说　明
EARTHWORK LEVEL QH3－5	EXE	显示程序标题
VERTEX n=?19	EXE	使用最近一次输入的方格顶点数
SQUARE n=?11	EXE	使用最近一次输入的方格网数
WIDTH D(m)=?20	EXE	使用最近一次输入的方格网宽度
BALANCE YES(0)，NO(≠0)=?	**1** EXE	输入非0值计算指定设计高程的挖填方量
H0(m)=?	**32** EXE	输入设计水平面的高程
WA(m3)=4720.000	EXE	显示挖方量
TIAN(m3)=-150.000	EXE	显示填方量
W+T(m3)=4570.000	EXE	显示挖填代数和
QH3－5⇒END		程序执行结束显示

【例 10.3】 试用程序 QH3-5 计算图 10.18 平整为倾斜平面场地的挖填土方量。

【解】 按 MODE 1 键进入 **COMP** 模式，按 FUNCTION 6 1 键执行 **ClrStat** 命令清除统计存储器；按 MODE 4 键进入 **REG** 模式，在统计串列中输入方格顶点的面积系数、实际高程与设计高程，结果见图 10.20。

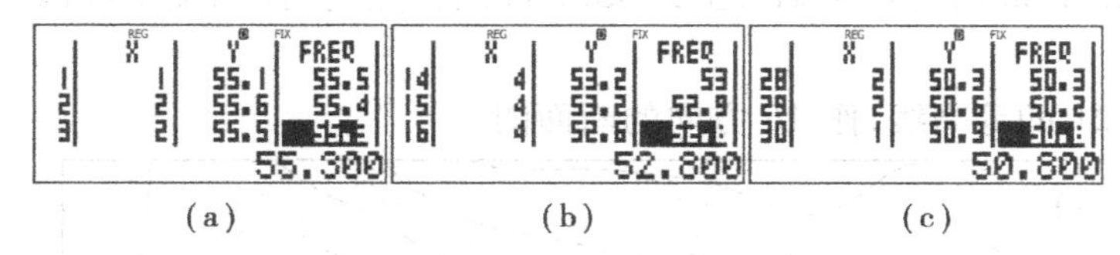

图 10.23　输入图 10.21 的 30 个顶点的面积系数与高程到统计串列结果

执行程序 QH3-5，计算图 10.21 平整为倾斜平面场地挖填土方量的屏幕提示与操作过程如下：

屏幕提示	按　键	说　明
EARTHWORK LEVEL QH3－5	EXE	显示程序标题
VERTEX n=?	**30** EXE	输入方格顶点数
SQUARE n=?	**20** EXE	输入方格网数
WIDTH D(m)=?	**20** EXE	输入方格网宽度
WA(m3)=1440.000	EXE	显示挖方量
TIAN(m3)=-580.000	EXE	显示填方量
W+T(m3)=860.000	EXE	显示挖填代数和
QH3－5⇒END		程序运行结束显示

本章小结

(1) 地形图图廓外的注记内容有图号、图名、接图表、比例尺、坐标系、使用图式、等高距、测图日期、测绘单位、坐标格网等内容，中小比例尺地形图还绘制有三北方向线和坡度尺。

(2) 中小比例尺地图采用国际梯形分幅，其中一幅 1∶100 万比例尺地图的经差为 3°、纬差为 2°；1∶50 万、1∶25 万、1∶10 万比例尺地图的分幅与编号为在 1∶100 万比例尺地图分幅与编号的基础上进行，1∶5万、1∶2.5 万、1∶1万比例尺地图的分幅与编号为在 1∶10 万比例尺地图分幅与编号的基础上进行。

(3)纸质地形图应用的主要内容有:量测点的平面与高程坐标,量测直线的长度、方位角及坡度,计算汇水面积,绘制指定方向的断面图。

(4)CAD 法适用于计算任意图形的面积,它需要先获取图形的图像文件;解析法适用于计算顶点平面坐标已知的多边形面积。

(5)方格网法土方量计算的原理是将需要平整场地的区域划分为若干个方格,每个方格的面积乘以该方格4个顶点高程的平均值即为该方格的土方量,为了简化方格4个顶点高程平均值的计算,将方格顶点分类为角点、边点、拐点、中点,其面积系数分别为1,2,3,4。

思考题与练习题

1. 从 Google Earth 上获得广州新电视塔中心点的经纬度分别为 $L=113°19'09.29''$E,$B=23°06'32.49''$N,试用高斯投影正算程序 PG2-1. exe 计算该地所在图幅的 1:100 万 ~ 1:1万 7 种比例尺地形图的国际分幅的图幅编号。

2. 使用 CASS 打开随书光盘"\数字地形图练习\1 比 1 万数字地形图. dwg"文件,试在图上测量出鹅公山顶 65.2 m 高程点至烟管山顶 43.2 m 高程点间的水平距离和坐标方位角,并计算出两点间的坡度。

3. 根据图 10.21 的等高线,作 AB 方向的断面图。

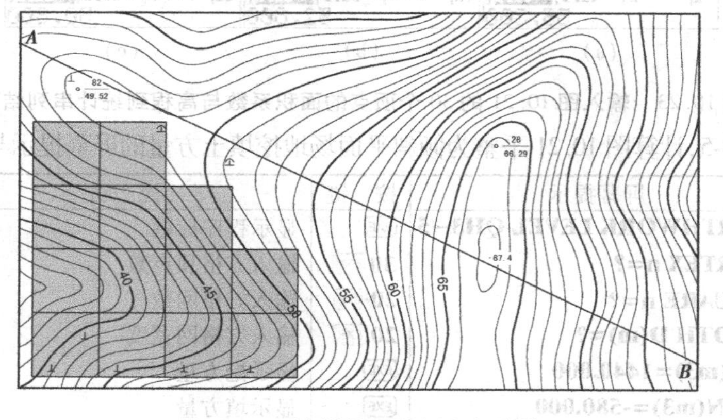

图 10.21 绘制断面图与土方计算

4. 场地平整范围见图 10.21 方格网所示,方格网的长宽均为 20 m,试用 fx-5800P 程序 QH3-5计算:①挖填平衡的设计高程 H_0 及其土方量,并在图上绘出挖填平衡的边界线;②设计高程 $H_0=46$ m 的挖填土方量;③设计高程 $H_0=42$ m 的挖填土方量。

5. 试在 Google Earth 上获取安徽巢湖的图像并测量一条基准距离,将获取的图像文件引入 AutoCAD,使用所测基准距离校正插入的图像,然后用 CAD 法计算安徽巢湖的周长与面积。

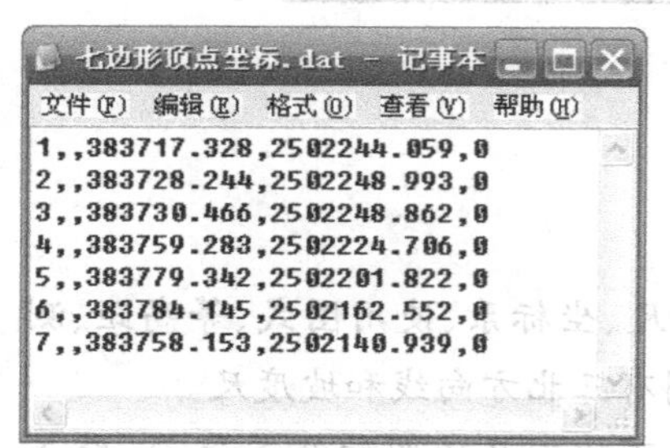
七边形顶点坐标.dat - 记事本
文件(F) 编辑(E) 格式(O) 查看(V) 帮助(H)

```
1,,383717.328,2502244.059,0
2,,383728.244,2502248.993,0
3,,383730.466,2502248.862,0
4,,383759.283,2502224.706,0
5,,383779.342,2502201.822,0
6,,383784.145,2502162.552,0
7,,383758.153,2502140.939,0
```

图 10.22 七边形顶点坐标

6. 已知七边形顶点的平面坐标如图 10.22 所示,分别用 CAD 法与 fx-5800P 程序 QH3-6 计算其周长与面积。

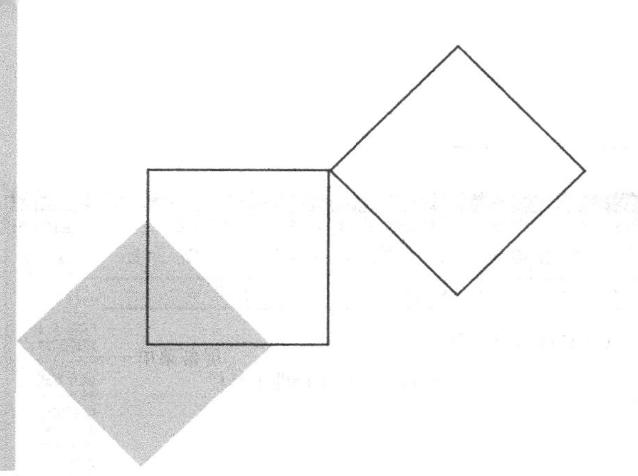

11 大比例尺数字测图及其在工程中的应用

本章导读：

● **基本要求** 掌握数字测图软件CASS的功能与基本操作方法；了解“草图法”与“电子平板法”数字测图、扫描数字化纸质地形图的原理与方法；掌握方格网法土方量计算的方法。

● **重点** 数字地形图的应用内容，尤其是土方量的计算。

● **难点** 电子平板法数字测图中，全站仪与CASS的数据通讯。

数字测图是用全站仪或GPS RTK采集碎部点的坐标数据，应用数字测图软件绘制成图，其方法有草图法与电子平板法两种。国内有多种较成熟的数字测图软件，本章只介绍南方测绘的CASS。

11.1 CASS数字测图方法

1)CASS6.1 操作界面

双击安装文件在桌面上创建的CASS6.1图标启动CASS，图11.1是在AutoCAD2004上安装CASS6.1的界面。

它与AutoCAD2004的界面及操作方法基本相同，两者的区别在于下拉菜单及屏幕菜单的内容不同，各区的功能如下：

①下拉菜单区：执行主要的测量功能；

②屏幕菜单：绘制各种类别的地物，操作较频繁的地方；

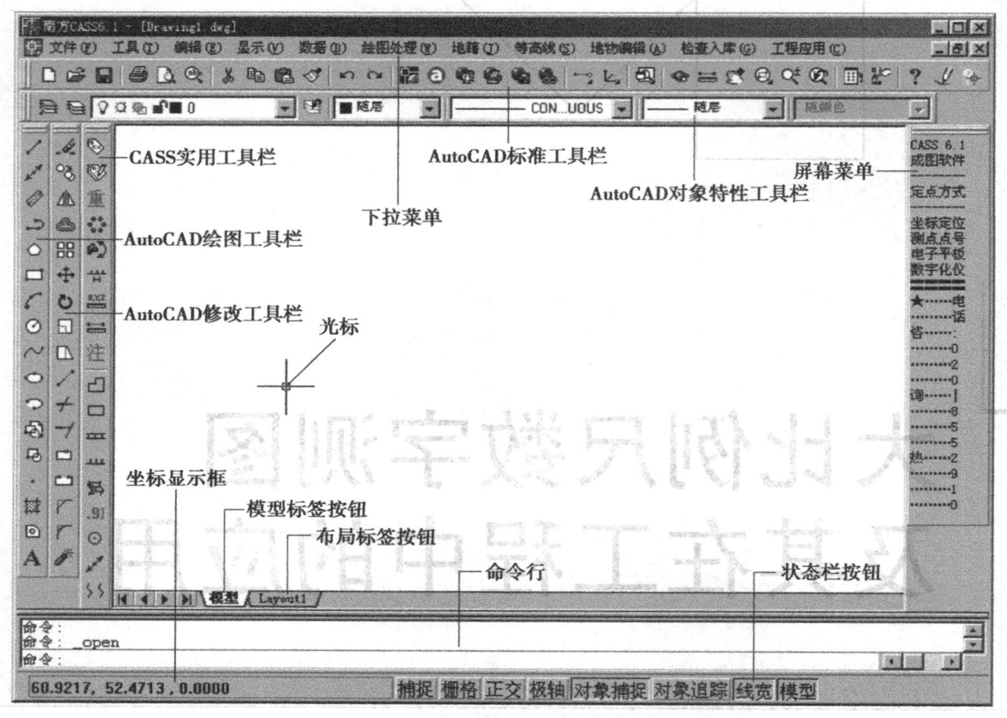

图 11.1　CASS6.1 的操作界面

③图形区:主要工作区,显示图形及其操作;

④工具栏:各种 AutoCAD 命令、测量功能,实质为快捷工具;

⑤命令提示区:命令记录区,提示用户操作。

2)草图法数字测图

外业用全站仪测量碎部点三维坐标的同时,领图员绘制碎部点构成的地物形状和类型并记录碎部点点号(应与全站仪自动记录的点号一致)。内业将全站仪内存中的碎部点三维坐标下载到 PC 机的数据文件中,将其转换成 CASS 坐标格式文件并展点,根据野外绘制的草图在 CASS 中绘制地物。

(1)人员组织

①观测员 1 人:负责操作全站仪,观测并记录碎部点坐标,观测中应注意检查后视方向及与领图员核对点号。

②领图员 1 人:负责指挥跑尺员,现场勾绘草图。要求熟悉地形图图式,以保证草图的简洁、正确,应注意经常与观测员对点号(一般每测 50 个碎部点与观测员对一次点号)。

草图纸应有固定格式,不应随便画在几张纸上;每张草图纸应包含日期、测站、后视、测量员、绘图员信息;搬站时,尽量换张草图纸,不方便时,应记录本草图纸内的点所隶属的测站。

③跑尺员 1 人:负责现场跑尺,要求对跑点有经验,以保证内业制图的方便,对于经验不足者,可由领图员指挥跑尺,以防引起内业制图的麻烦。

④内业制图员:一般由领图员担任内业制图任务,操作 CASS 展绘坐标文件,对照草图连线成图。

(2)野外采集数据下载到 PC 机文件

使用数据线连接全站仪与计算机的通讯口,设置好全站仪的通讯参数,在 CASS 中执行下拉菜单“数据/读取全站仪数据”命令，弹出图11.2的“全站仪内存数据转换”对话框。对话框操作如下：

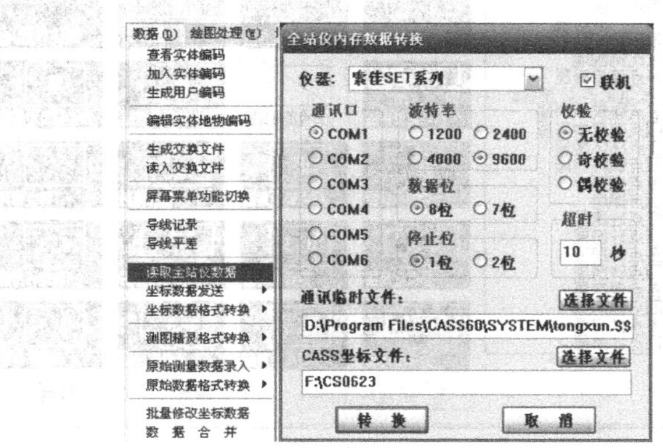

图11.2　执行CASS下拉菜单“数据\读取全站仪数据”命令的界面

①在“仪器”下拉列表中选择所使用的全站仪类型，对于索佳SET50RX系列全站仪应选择“索佳SET系列”。

②设置与全站仪一致的通讯参数，图中设置的通讯参数为SET50RX系列全站仪的出厂设置参数，勾选“联机”复选框，在“CASS坐标文件”文本框中输入保存全站仪数据的文件名和路径，也可以单击其右边的选择文件按钮，在弹出的文件选择对话框中选择路径和输入文件名。

③单击转换按钮，CASS弹出一个提示对话框，按提示操作全站仪发送数据，单击对话框的确定按钮，即可将发送数据保存到图11.2设定的CS0623.dat坐标文件中。

(3)展绘碎部点

将坐标文件中点的三维坐标展绘在CASS绘图区，并在点位右边注记点号，以方便用户结合野外绘制的草图绘制地物。其创建的点位和点号对象位于“ZDH”(意为展点号)图层，其中点位对象是AutoCAD的“point”对象，用户可以执行AutoCAD的ddptype命令修改点样式。

执行下拉菜单“绘图处理\展野外测点点号”命令，在弹出的文件选择对话框中选择一个坐标文件，单击打开(O)按钮，根据命令行提示操作完成展点。执行AutoCAD的zoom命令，键入E按回车键即可在绘图区看见展绘好的碎部点点位和点号，根据需要，还可以执行下拉菜单“绘图处理\切换展点注记”命令，在弹出的图11.3的对话框中选择所需的注记方式。

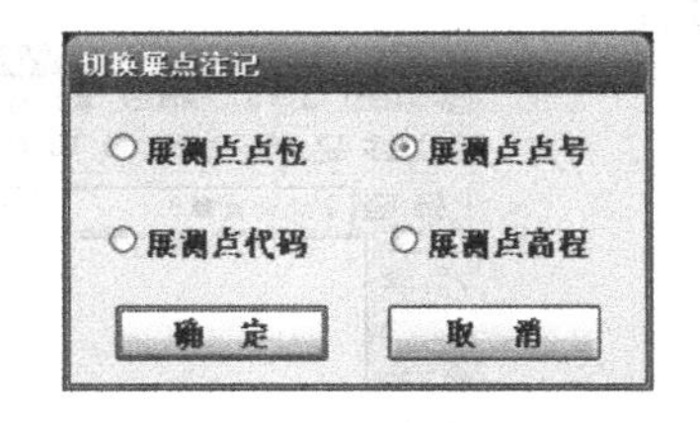

图11.3　“切换展点注记”对话框

(4)根据草图绘制地物

单击屏幕菜单的“坐标定位”按钮，屏幕菜单变成图11.4(a)所示。用户可以根据野外绘制的草图和将要绘制的地物在该菜单中选择适当的命令执行，下面的操作是假设已执行“绘图处理\展野外测点点号”命令将CASS自带的坐标文件“\cass60\Demo\Ymsj.dat”展绘到绘图区。

假设根据草图，33，34，35号点为一幢简单房屋的3个角点，4，5，6，7，8号点为一条小路的5个特征点，25号点为一口水井。

①绘制简单房屋的操作步骤为：单击屏幕菜单中的“居民地”按钮，在弹出的图11.4(b)的“居民地和垣栅”对话框中选择“四点简单房屋”，单击确定按钮关闭对话框，命令行的提示及输入如下：

1.已知三点/2.已知两点及宽度/3.已知四点<1>:1

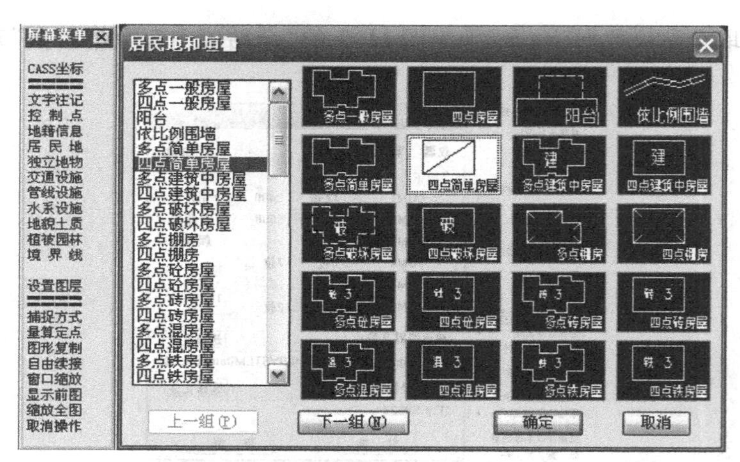

图 11.4 “坐标定位”屏幕菜单与“居民地和垣栅”对话框

输入点：（节点捕捉 33 号点）

输入点：（节点捕捉 34 号点）

输入点：（节点捕捉 35 号点）

②绘制一条小路的操作步骤为：单击屏幕菜单中的“交通设施”按钮，在弹出的“交通及附属设施类”对话框中选择“小路”，单击 确定 按钮关闭对话框，根据命令行的提示分别捕捉 4,5,6,7,8 五个点位后按回车键结束指定点位操作，命令行最后提示如下：

拟合线 <N>？ y

一般选择拟合，键入 y 按回车键，完成小路的绘制。

③绘制一口水井的操作步骤为：单击屏幕菜单中的“水系设施”按钮，在弹出的“水系及附属设施”对话框中选中“水井”后单击 确定 按钮，关闭对话框，点击 25 号点位，完成水井的绘制，结果见图 11.5。可播放光盘“教学演示片\草图法绘制地物. avi”视频文件观看上述操作过程。

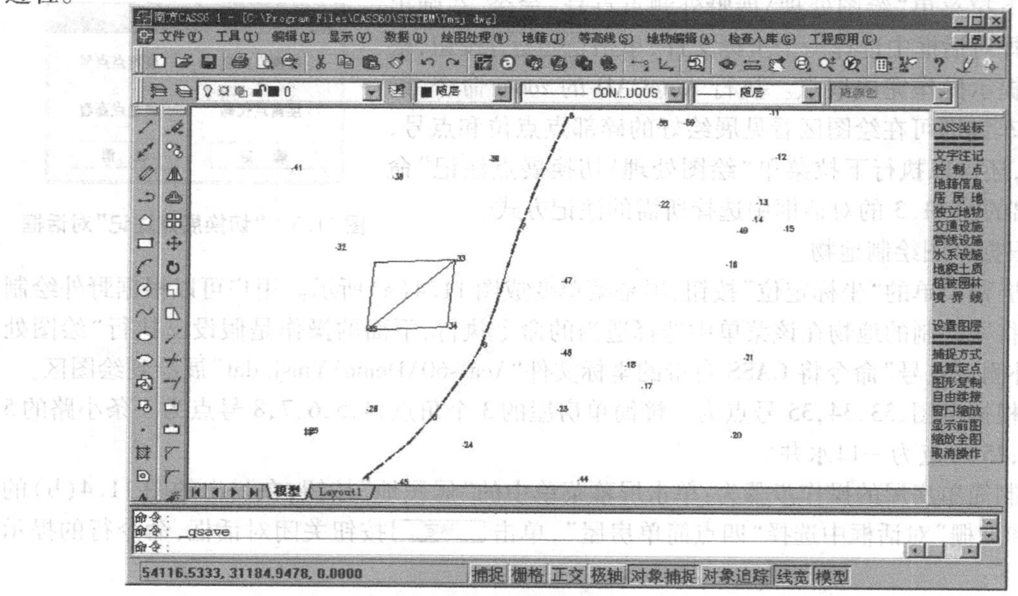

图 11.5 绘制完成的简单房屋、水井与小路

3)电子平板法数字测图

用 UTS-232 数据线将安装了 CASS 的笔记本电脑与测站上安置的全站仪连接起来,全站仪测得的碎部点坐标自动传输到笔记本电脑并展绘在 CASS 绘图区,完成一个地物的碎部点测量工作后,采用与草图法相同的方法现场实时绘制地物。

(1)人员组织

观测员 1 人:负责操作全站仪,观测并将观测数据下载到笔记本电脑中。

制图员 1 人:负责指挥跑尺员、现场操作笔记本电脑、内业处理整饰地形图。

跑尺员 1 ~2 人:负责现场跑尺。

(2)创建测区已知点坐标文件

可执行 CASS 下拉菜单“编辑\编辑文本文件”命令调用 Windows 的记事本创建测区已知点坐标文件。坐标文件的格式如下:

总点数

点名,编码,y,x,H

⋮

点名,编码,y,x,H

图 11.6 左图为一个包括 8 个已知点的坐标文件(光盘“数字地形图练习\030330. dat”),其中“I12”和“I13”点为导线点(编码 131500),其余为图根点(编码 131700)。

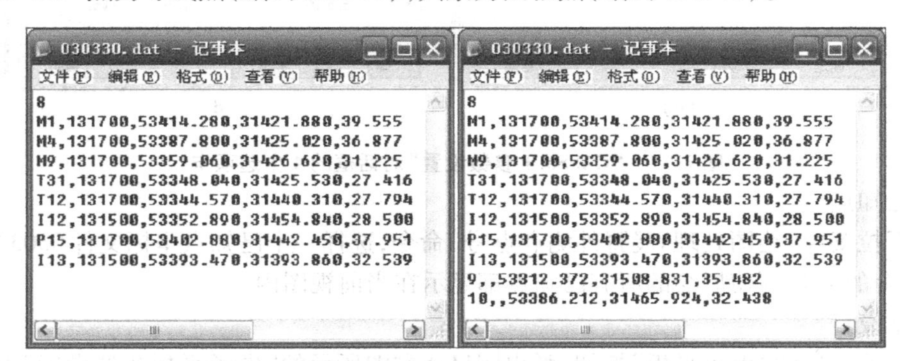

图 11.6　碎部测量前后的已知坐标文件 030330. dat 比较

已知点编码也可以不输入,当不输入已知点编码时,其后的逗号不能省略。

(3)测站准备

测站准备的工作内容是:参数设置、定显示区、展已知点、确定测站点、定向点、定向方向水平度盘值、检查点、仪器高、检查。

①参数设置

在测站安置好全站仪,用 UTS-232 数据线连接全站仪与笔记本电脑的 USB 口,执行下拉菜单“文件\CASS6.1 参数设置”命令,弹出图 11.7(a)的“CASS6.1 参数设置”对话框,它有 4 个选项卡,用户可根据实际需要设置,见图 11.7(b) ~(d)。

在图 11.7(b)的“电子平板”选项卡中,设置笔记本的通讯口为 COM4,具体应选择哪个 COM 口,根据用户所插入 USB 口的不同而不同,查询用户所插入 COM 口号的方法请参见随书光盘“\全站仪通讯软件\拓普康\UTS-232 数据线使用方法. pdf”文件。

图 11.7 “CASS6.1 参数设置”对话框的 4 个选项卡

②展已知点

执行下拉菜单“绘图处理\展野外测点点号”命令，选择一个已知点坐标文件 030330. dat，执行 zoom 命令的 E 选项使展绘的所有已知点都显示在当前视图内。

③测站设置

单击屏幕菜单的“电子平板”按钮，弹出图11.8左图所示的“电子平板测站设置”对话框，屏幕菜单变成图 11.8 右图所示，对话框的操作步骤如下：

单击…按钮，在弹出的文件选择对话框中选择已知坐标文件名 030330. dat。

在 M9 点安置全站仪，量取仪器高(假设为1.47 m)，单击“测站点”区域内的拾取按钮，在屏幕绘图区拾取 M9 点为测站点，此时，M9 点的坐标将显示在该区域内的坐标栏内；在“仪器高”栏输入仪器高 1.47。

使操作全站仪瞄准 I12 点的棱镜，并使之为后视定向点，单击“定向点”区域内的拾取按钮，在屏幕绘图区拾取 I12 点为定向点，此时，I12 点的坐标将显示在该区域内的坐标栏内。

单击“检查点”区域内的拾取按钮，在屏幕绘图区拾取 M4 点为检查点，此时，M4 点的坐标将显示在该区域内的坐标栏内，单击检 查按钮弹出图11.9所示的“AutoCAD”对话框，其中检查点水平角为∠I12-M9-M4 = 105°31′10.2″；使全站仪瞄准检查点 M4 的棱镜，此时全站仪屏幕显示的水平度盘读数应为 105°31′10.2″。

图 11.8 测站检查结果提示

(4)测量并自动展绘碎部点坐标

测图过程中,主要使用图 11.8 右图所示的"电子平板"屏幕菜单驱动全站仪测量碎部点的坐标,结果自动展绘在 CASS 绘图区。

图 11.9 测站检查结果提示

下面以测绘 2 点 15 m 宽的 3 层砼(混凝土)房屋为例说明操作步骤:

①操作全站仪照准立在第一个房角点的棱镜。

②单击屏幕菜单的"居民地"按钮,在弹出的图 11.4 右图所示的"居民地和垣栅"对话框中选择"四点砼房屋",单击 确定 按钮,命令行提示如下:

绘图比例尺 1: <500> Enter

1. 已知三点/2. 已知两点及宽度/3. 已知四点 <1>:2 Enter

等待全站仪信号...

CASS 驱动全站仪自动测距,完成测距后弹出图 11.10 左图所示的"全站仪连接"对话框,对话框中的水平角、垂直角、斜距值为 CASS 自动从全站仪获取;输入棱镜高,照准第二个房角的棱镜,单击 确定 按钮,CASS 命令行显示已测第一个房角的坐标后又继续驱动全站仪测量第二个房角的棱镜:

点号:9　X = 31 508.831 米 Y = 53 312.372 米 H = 35.482 米

等待全站仪信号...

CASS 弹出图 11.10 右图所示的"全站仪连接"对话框,输入棱镜高后,单击 确定 按钮,CASS 命令行显示已测第二个房角的坐标后,提示用户输入房屋宽度与层数:

点号:10　X = 31 465.924 米 Y = 53 386.212 米 H = 32.438 米

输入宽度 <米,左 +/右 ->:15 Enter

输入层数:<1>3 Enter

CASS 自动绘制的 2 点 15 m 宽 3 层砼房屋的结果见图 11.11,其中的文字注记"砼 3"是由 CASS 自动加注的,它与房屋轮廓线对象都位于"JMD"图层。

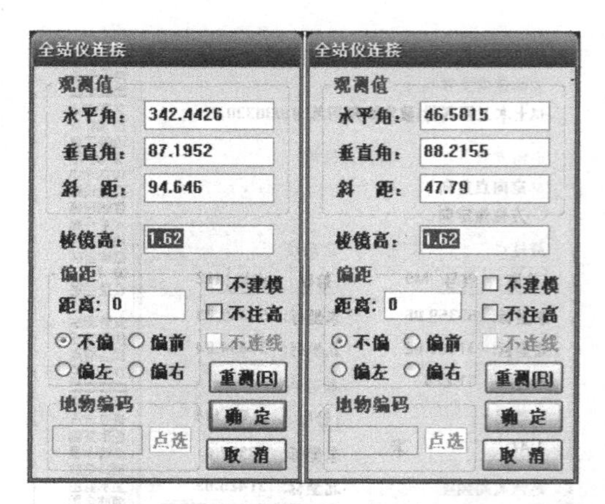

图 11.10　CASS 驱动全站仪测量 3 层砼房屋 2 个角点的结果

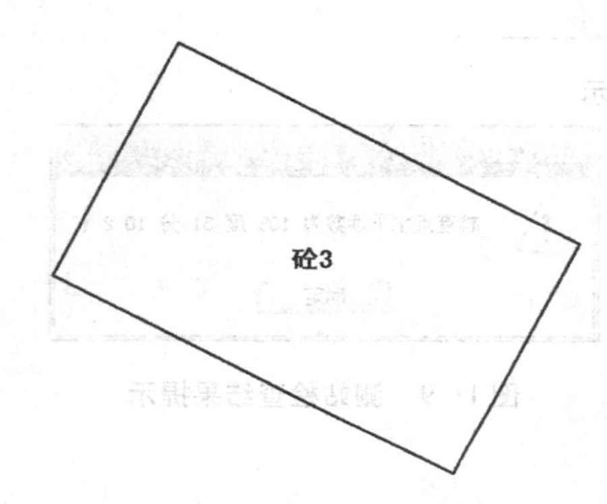

图 11.11　CASS 自动绘制的 2 点 15 m 宽 3 层砼房屋

上述测得的 3 层 15 m 宽的砼房屋的两个房角点的坐标自动存入笔记本电脑的030330. dat坐标文件,结果见图 11.6 右图。

4)等高线的处理

操作 CASS 创建数字地面模型 DTM(Digital Terrestrial Model)自动生成等高线。DTM 是指在一定区域范围内,规则格网点或三角形点的平面坐标(x,y)和其他地形属性的数据集合。如果该地形属性是该点的高程坐标H,则该数字地面模型又称为数字高程模型 DEM(Digital Elevation Model)。DEM 从微分角度三维地描述了测区地形的空间分布,应用它可以按用户设定的等高距生成等高线、绘制任意方向的断面图、坡度图、计算指定区域的土方量等。

下面以 CASS6.1 自带的地形点坐标文件"C:\CASS60\DEMO\dgx. dat"为例,介绍等高线的绘制过程。

(1)建立 DTM

执行下拉菜单"等高线\建立 DTM"命令,在弹出的图 11.12 左图所示的"建立 DTM"对话框中勾选"由数据文件生成"单选框,单击[...]按钮,选择坐标文件 dgx. dat,其余设置见图中所示。单击[确定]按钮,屏幕显示图 11.12 右图所示的三角网,它位于"SJW"(意为三角网)图层。

(2)修改数字地面模型

由于现实地貌的多样性、复杂性和某些点的高程缺陷(如山上有房屋,而屋顶上又有控制点),直接使用外业采集的碎部点很难一次性生成准确的数字地面模型,这就需要对生成的数字地面模型进行修改,它是通过修改三角网来实现的。

修改三角网命令位于下拉菜单"等高线"下,见图 11.13,各命令的功能如下:

①删除三角形:执行 AutoCAD 的 erase 命令,删除所选的三角形。当某局部内没有等高线通过时,可以删除周围相关的三角网。如误删,可执行 u 命令恢复。

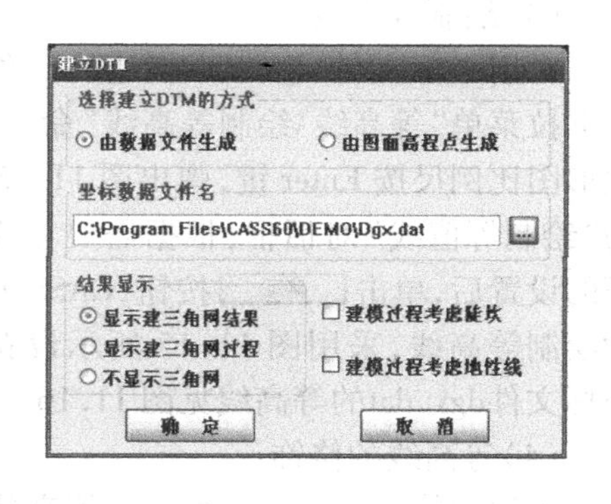

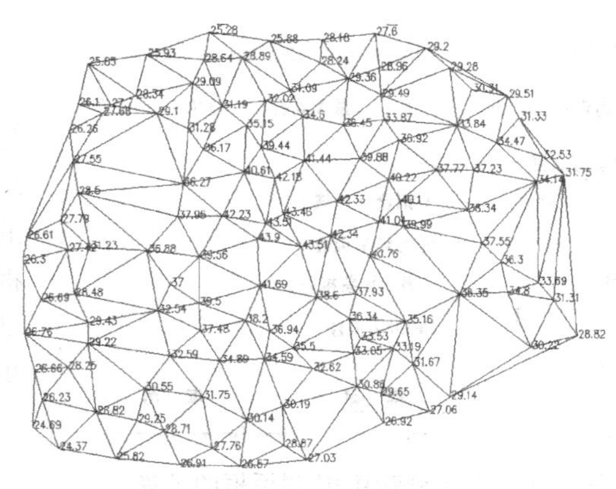

图 11.12　“建立 DTM”对话框的设置与 DTM 三角网结果

②过滤三角形：如果 CASS 无法绘制等高线或绘制的等高线不光滑，这是由于某些三角形的内角太小或三角形的边长悬殊太大所致，可用该命令过滤掉部分形状特殊的三角形。

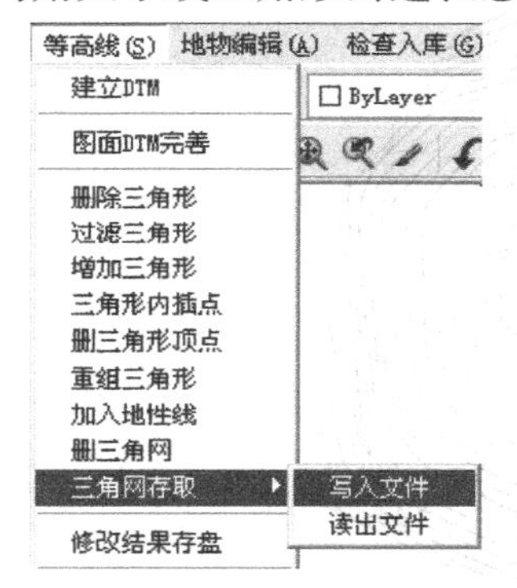

图 11.13　修改 DTM 命令菜单

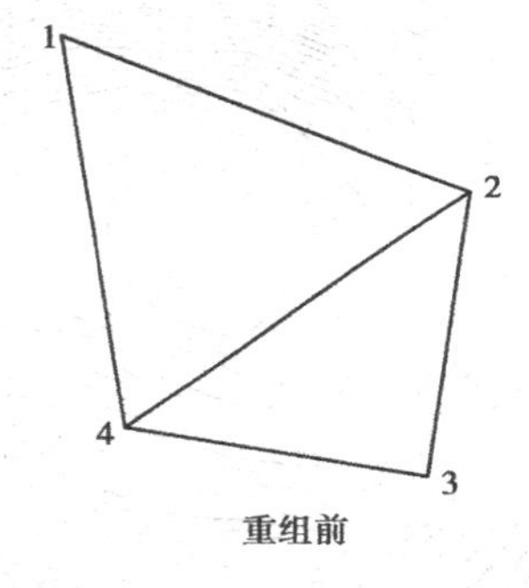

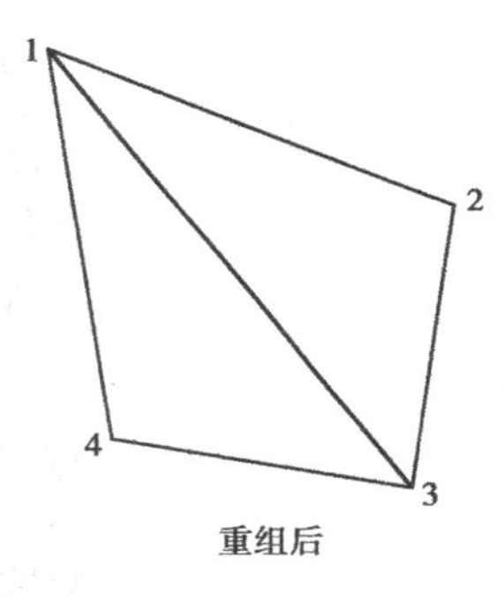

图 11.14　重组三角形的效果

③增加三角形：点取屏幕上任意 3 个点可以增加一个三角形，当所点取的点没有高程时，CASS 将提示用户手工输入高程值。

④三角形内插点：要求用户在任一个三角形内指定一个内插点，CASS 自动将内插点与该三角形的 3 个顶点连接构成 3 个三角形。当所点取的点没有高程时，CASS 将提示用户手工输入高程值。

⑤删三角形顶点：当某一个点的坐标有误时，可以用该命令删除它，CASS 会自动删除与该点连接的所有三角形。

⑥重组三角形：在一个四边形内可以组成两个三角形，如果认为三角形的组合不合理，可以用该命令重组三角形，重组前后的差异见图 11.14。

⑦删三角网：生成等高线后就不需要三角网了，如果要对等高线进行处理，则三角网就比较碍事，可以执行该命令删除三角网。最好先执行下面的“三角网存取”命令将三角网保存好再删除，以便需要时通过读入保存的三角网文件恢复。

⑧三角网存取：下有“写入文件”和“读出文件”两个子命令。“写入文件”是将当前图形中的三角网写入用户给定的文件，CASS 自动为该文件加上扩展名 dgx（意为等高线）；读出文件是读取执行“写入文件”命令保存的扩展名为 dgx 的三角网文件。

⑨修改结果存盘：完成三角形的修改后，应执行该命令保存后其修改结果才有效。

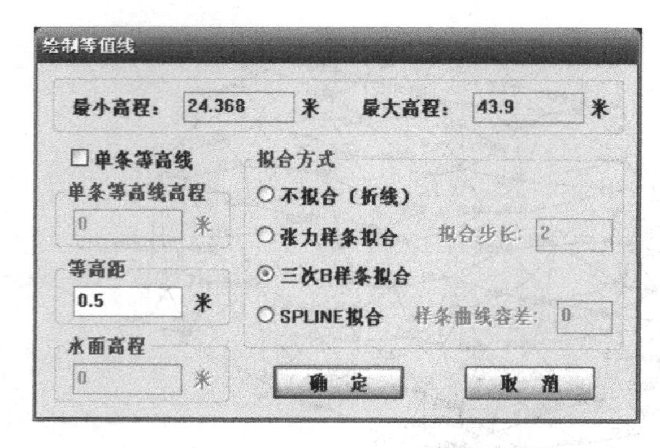

图 11.15 “绘制等值线”对话框的设置

(3)绘制等高线

对用坐标文件 dgx. dat 创建的三角网执行下拉菜单“等高线\绘制等高线”命令,输入地形图比例尺按 Enter 键,弹出图 11.15 所示的“绘制等值线”对话框,根据需要完成对话框的设置后,单击[确定]按钮,CASS 开始自动绘制等高线,采用图 11.15 所示设置绘制坐标文件dgx. dat的等高线见图 11.16。

(4)等高线的修饰

①注记等高线:有 4 种注记等高线的方法,其命令位于下拉菜单“等高线\等高线注记”下,见图 11.17 左图。批量注记等高线时,一般选择“沿直线高程注记”,它要求用户先用 AutoCAD 的 line 命令绘制一条垂直于等高线的直线,所绘直线的方向应为注记高程字符字头的朝向。执行“沿直线高程注记”命令后,CASS 自动删除该辅助直线,注记字符自动放置在 DGX(意为等高线)图层。

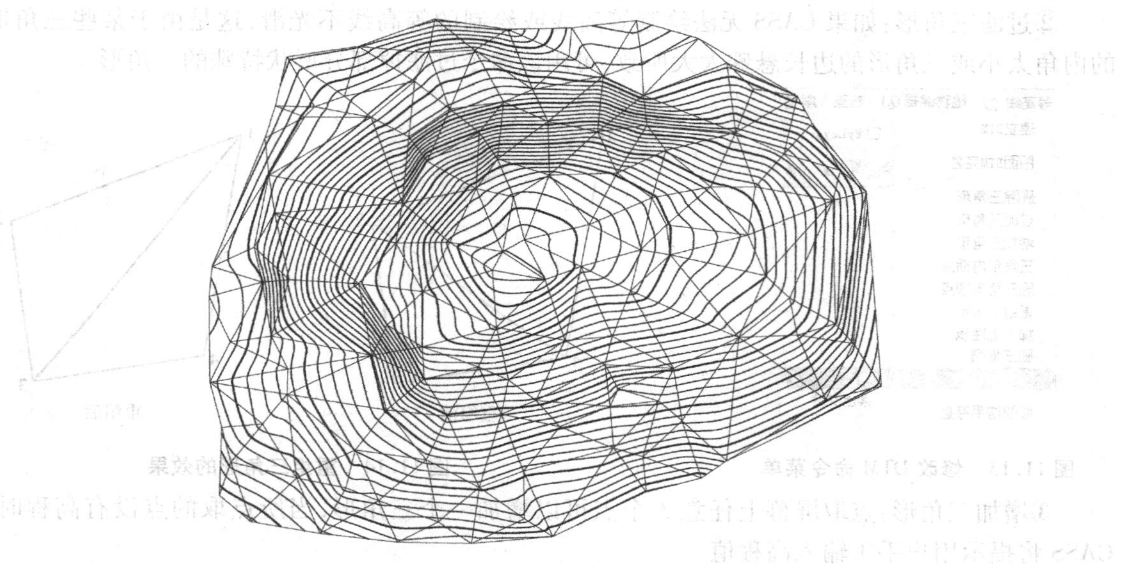

图 11.16 使用坐标文件“dgx. dat”绘制的等高线

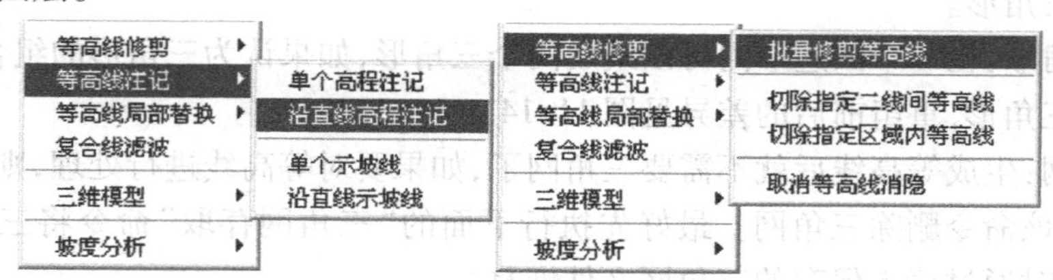

图 11.17 等高线注记与修剪命令选项

②等高线修剪:有多种修剪等高线的方法,命令位于下拉菜单“等高线\等高线修剪”下,见图 11.17 右图,请播放光盘“教学演示片\绘制等高线. avi”视频文件观看上述操作过程。

5)地形图的整饰

本节只介绍使用最多的添加注记和图框的操作方法。

(1)加注记

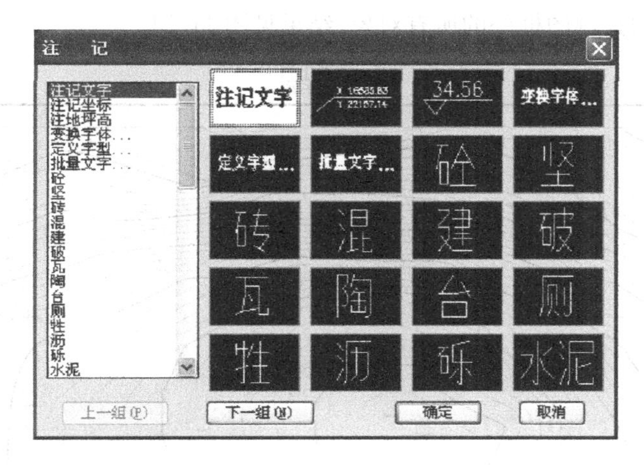

图 11.18 “注记”对话框

为图 11.19 的道路加上路名“迎宾路”的操作方法为:单击屏幕菜单的“文字注记”按钮,弹出图 11.18 所示的“注记”对话框,选中“注记文字”,单击 确定 按钮,命令行提示与操作过程如下:

命令: zjwz

请输入注记内容:迎宾路

请输入图上注记大小(mm): <4.0 >

请输入注记位置(中心点):

该命令添加的注记字符为一个单行文本,还需要用 AutoCAD 进行编辑才能得到图 11.19 所示的效果。

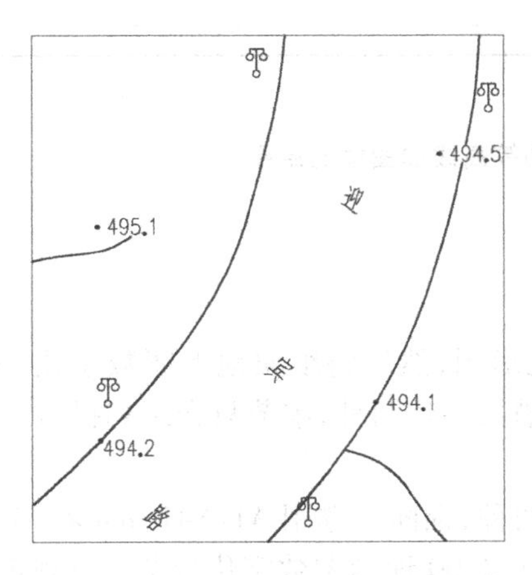

图 11.19 道路注记

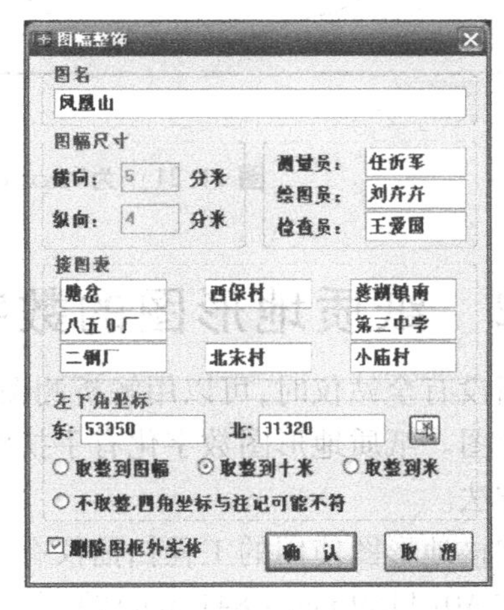

图 11.20 “图幅整饰”对话框

(2)加图框

下面以为图 11.16 的等高线图形加图框为例,说明加图框的操作方法。

先执行下拉菜单“文件\CASS6.1 参数配置”命令,在弹出的图 11.6(d)“CASS6.1 参数设置”对话框的“图框设置”选项卡中设置好外图框的部分注记内容。

执行下拉菜单“绘图处理\标准图幅(50×40 cm)”命令,弹出图 11.20 的“图幅整饰”对话框,完成设置后单击按钮,CASS 自动按照对话框的设置为图 11.16 的等高线图形加图框并以内图框为边界,自动修剪掉内图框外的所有对象,结果见图 11.21。

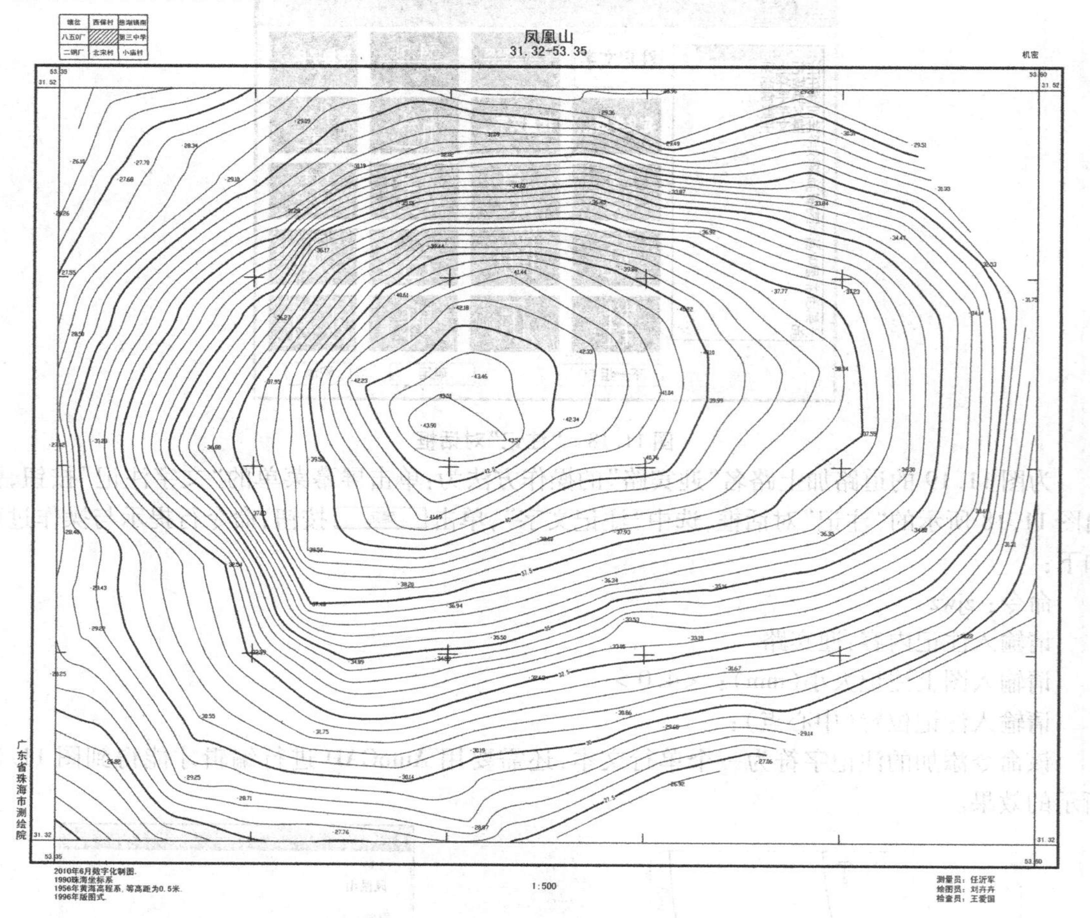

图 11.21 为“dgx.dat”坐标文件绘制的等高线加图框的结果

11.2 纸质地形图的数字化

当没有全站仪时,可以用解析测图法先获得纸质地形图,然后将纸质地形图数字化获得数字地形图。纸质地形图数字化有手扶跟踪数字化和扫描数字化两种,本节只介绍扫描数字化的操作方法。

扫描地形图使用的工程扫描仪有平台式和滚筒式两种,幅面可选用 A1(841 mm×597 mm)幅面或 A0(1189 mm×841 mm)幅面。《1:500、1:1000、1:2000 地形图数字化规范》[20] 规定扫描仪的分辨率应不小于 157 点/cm。

对已着墨、图面清晰的聚酯薄膜底图,扫描分辨率一般设置为 300 dpi,对未着墨的铅笔聚酯薄膜原图,扫描分辨率一般设置为 450~600 dpi,扫描获得的栅格图像文件一般为 TIFF、PCX

或 BMP 格式。完成图纸的扫描后，即可以进行数字化操作，下面以光盘“数字地形图练习\01708300. pcx”文件为例介绍地形图数字化的方法。该幅地形图的比例尺为 1∶1000，内图廓西南角坐标为(2 501 700,383 000)，图形分幅为 50 cm×40 cm。

1)插入光栅图像

执行下拉菜单“工具\光栅图像\插入图像”命令，弹出“图像管理器”对话框；单击 附着(A)... 按钮，在弹出的文件选择对话框中选择要数字化的光栅图像文件 01708300. pcx；完成操作后，弹出“图像”对话框，在“插入点”选区键入内图廓西南角坐标(2 501 700,383 000)，在“比例”选区键入比例系数 250，单击 确定 按钮，即完成光栅图像插入操作。

2)加图框

执行下拉菜单“绘图处理/标准图幅 50×40 cm”命令，在命令行输入比例尺 1000，在弹出的“图幅整饰”对话框中输入所需的内容，单击 确认 按钮，即完成加图框操作。

3)裁剪光栅图像

当光栅图像的幅面较大时，可以适当裁剪掉外图廓的部分图像。执行下拉菜单“工具\光栅图像\图像剪裁”命令，命令行的提示及输入如下：

选择要剪裁的图像：(点取光栅图像的边界)

输入图像剪裁选项［开(ON)/关(OFF)/删除(D)/新建边界(N)］<新建边界>：Enter

输入剪裁类型［多边形(P)/矩形(R)］<矩形>：Enter

指定第一角点：

指定对角点：

裁剪时应注意保留外图框边界附近的文字注记图像。

4)设置光栅图像透明

光栅图像透明模式的缺省设置是关闭的，这时，在光栅图像后面的对象不可见，应执行下拉菜单“工具\光栅图像\图像透明度”命令打开。命令执行后的提示与输入如下：

选择图像：(点取光栅图像的边界)

选择图像：Enter

输入透明模式［开(ON)/关(OFF)］<OFF>：on

5)纠正光栅图像

为便于下面将要进行的纠正图像操作，可以先执行 AutoCAD 的 move 和 scale 命令将光栅图像移动并缩放至与内图框大小相吻合。

执行下拉菜单“工具\光栅图像\图像纠正”命令，在命令行提示“选取要纠正的图像”下，点取图像边框，弹出图 11.22 所示的“图像纠正”对话框。

在“纠正方法”列表框中有“赫尔默特”(至少选择 2 组点)、“仿射变换”(至少选择 3 组点)、“线性变换”(至少选择 4 组点)、“二次变换”(至少选择 6 组点)和“三次变换”(至少选择 10 组点)。用户可以根据图纸变形的大小选择一种适当的纠正方法。当使用聚酯薄膜底图扫描时，图纸变形较小，可选择“线性变换”。

所谓“一组控制点”是指光栅图像的一个格网点＋与之对应的图框格网点，采集一组控制点坐标的方法如下：

图 11.22 完成控制点采集后的"图像纠正"对话框

单击"图面"最右边的[拾取]按钮,CASS 暂时关闭"图像纠正"对话框,命令行提示"选取控制点:",根据需要使用 AutoCAD"标准工具栏"中的"平移"、"缩放"、"窗选缩放"等命令选项放大图纸内图廓的一个角点,点取光栅图像内图廓的一个角点,CASS 恢复"图像纠正"对话框,此时所拾取点光栅图像角点的坐标显示在"图面"右边的"东"、"北"坐标框内。

单击"实际"最右边的[拾取]按钮,CASS 暂时关闭"图像纠正"对话框,命令行提示"指定纠正后实际位置:",使用对象交点捕捉点取与图像内图廓角点一致的图框内图廓角点,此时,点取的图框角点的坐标显示在"实际"右边的"东"、"北"坐标框内,确认无误后,单击[添加(A)]按钮,将该组坐标添加到"已采集控制点"列表区。

执行同样的操作,采集其余三组角点的坐标,如果需要还可以在图纸中央采集一组格网点坐标,这样可以提高图像纠正的精度。对该图幅完成 5 组控制点采集后的"图像纠正"对话框见图 11.22,单击[纠 正]按钮,CASS 开始对光栅图像进行纠正,并用纠正后的光栅图像覆盖原光栅图像文件。如果希望保存原来的光栅图像文件,则应在纠正之前先作备份。

查看光栅图像各格网点与图框格网点的重合情况,如果相差较大则再选择"仿射变换"纠正方法进行纠正,操作方法同上。

6)数字化

单击屏幕菜单的"坐标定位"按钮,用屏幕菜单进行数字化操作。请播放光盘"教学演示片\地形图扫描数字化.avi"视频文件观看上述操作过程。

11.3 数字地形图应用简介

本节介绍使用 CASS 在数字地形图上查询点位坐标、直线的方位角和距离、封闭对象或指定区域的面积,计算填挖土方量等命令的操作方法,这些命令放置在下拉菜单"工程应用"下,如图 11.23 所示。

11.3.1 查询计算与结果注记

打开光盘"\数字地形图练习\Study.dwg"图形文件,下面的查询操作都在该图形文件中进行。

1)查询指定点的坐标

执行下拉菜单“工程应用\查询指定点坐标”命令,提示如下:

输入点:(圆心捕捉图 11.24 中的图根点 D121)

测量坐标:X=31 194.120 米 Y=53 167.880 米 H=495.800 米

如要在图上注记点的坐标,应执行屏幕菜单的“文字注记”命令,在弹出的“注记”对话框(见图 11.18)中双击坐标注记图标,鼠标点取指定注记点和注记位置后,CASS 自动标注该点的 X,Y 坐标。图 11.24 注记了图根点 D121 和 D123 点的坐标。

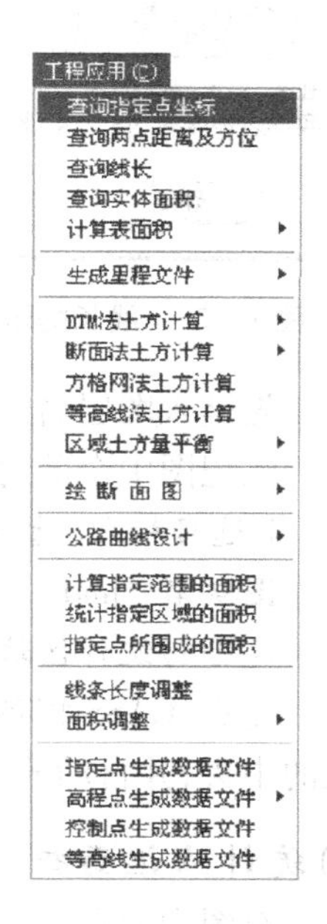

图 11.23 “工程应用”下拉菜单

2)查询两点的距离和方位角

执行下拉菜单“工程应用\查询两点距离及方位”命令,提示如下:

第一点:(圆心捕捉图 11.24 中的 D121 点)

第二点:(圆心捕捉图 11.24 中的 D123 点)

两点间距离=45.273 米,方位角=201 度 46 分 57.39 秒

3)查询线长

执行下拉菜单“工程应用\查询线长”命令,提示如下:

选择精度:(1)0.1 米 (2)1 米 (3)0.01 米 <1> 3 Enter

选择曲线:(点取图 11.24 中 D121 点至 D123 点的直线)

完成响应后,CASS 弹出图 11.25 的提示框给出查询的线长值。

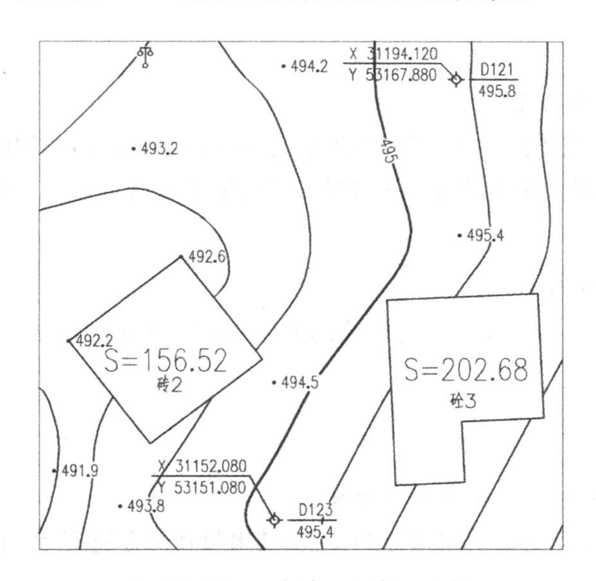

图 11.24 数字地形图应用实例

4)查询封闭对象的面积

执行下拉菜单“工程应用\查询实体面积”命令,提示如下:

选择对象:(点取图 11.24 中砼房屋轮廓线上的点)

实体面积为 202.683 平方米

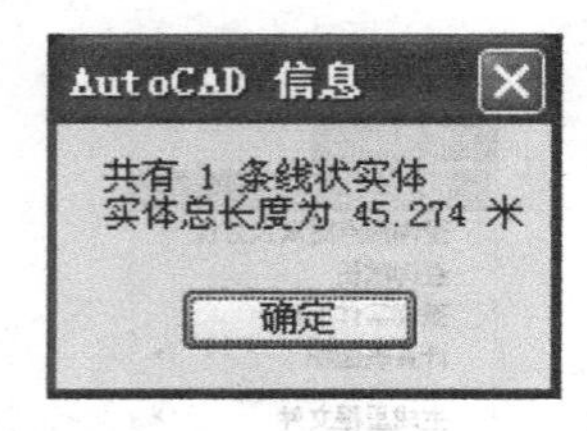

图 11.25　线长提示

5)注记封闭对象的面积

执行下拉菜单“工程应用\计算指定范围的面积”命令,提示如下:

1 选目标/2. 选图层/3. 选指定图层的目标 <1>

- 1. 选目标:选择指定的封闭对象。
- 2. 选图层:键入图层名,注记该图层上的全部封闭对象的面积。
- 3. 选指定图层的目标:

先键入图层名,再选择该图层上的封闭对象,注记它们的面积。

注记图中全部封闭房屋的面积并填充斜线的操作步骤如下:

1 选目标/2. 选图层/3. 选指定图层的目标 <1> 2

图层名: jmd

是否对统计区域加青色阴影线? (1)是(2)否 <1> Enter

注意,CASS 将各种类型房屋都放置在 JMD(意为居民地)图层,面积注记文字位于封闭对象的中央,并自动放置在 MJZJ(意为面积注记)图层。

6)统计注记面积

对图中面积注记数字求和。统计上述全部房屋面积的操作步骤为:执行下拉菜单“工程应用\统计指定区域的面积”命令,提示如下:

面积统计 - - 可用:窗口(W. C)/多边形窗口(WP. CP)/等多种方式选择已计算过面积的区域

选择对象: all

选择对象: Enter

总面积 = 597.88 平方米

也可以点取单个面积注记文字,当面积注记文字比较分散时,可使用窗选方式选择面积注记对象,CASS 自动过滤出 MJZJ 图层上的面积注记对象进行统计计算,统计计算的结果只在命令行提示,不注记在图上。

7)计算指定点围成的面积

执行下拉菜单“工程应用\指定点所围成的面积”命令,提示如下:

输入点:

⋮

输入点: Enter

指定点所围成的面积 = ×. ×××平方米

CASS 计算出由指定点围成的多边形的面积,结果只在命令行提示,不注记在图上。

11.3.2　土方量的计算

CASS 设置有 DTM 法、断面法、方格网法、等高线法和区域土方量平衡法 5 种计算土方量的方法,命令见图 11.26,本节只介绍方格网法和区域土方量平衡法,使用的案例坐标文件为 CASS 自带的 dgx. dat。

1) 方格网法土方计算

执行下拉菜单"绘图处理\展高程点"命令,将坐标文件 dgx. dat 中的碎部点三维坐标展绘在 CASS 绘图区。执行 AutoCAD 的多段线命令 pline 绘制一条闭合多段线作为土方计算的边界,见图 11.27。

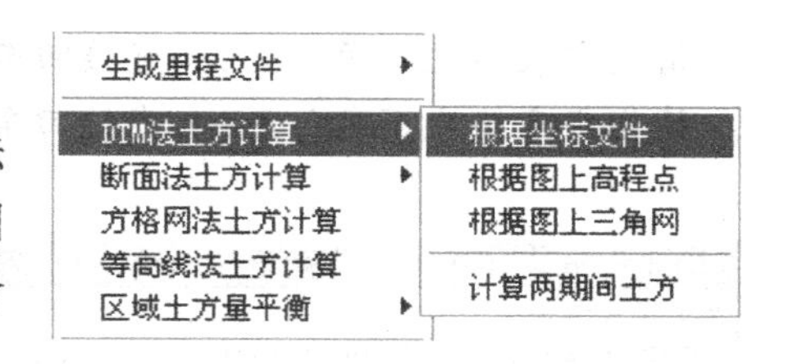

图 11.26　CASS 土方量计算命令

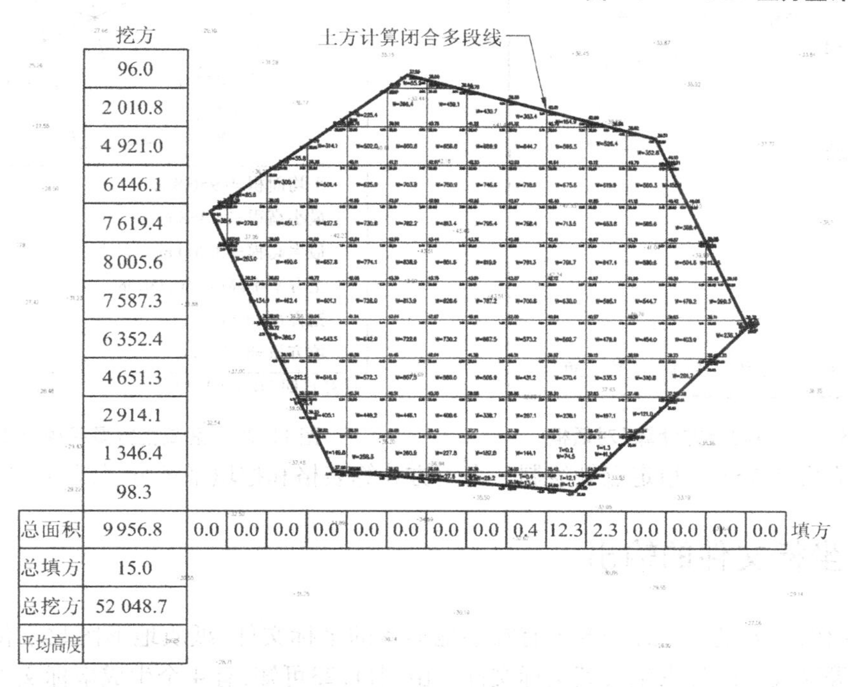

图 11.27　方格网法土方计算表格

执行下拉菜单"工程应用\方格网法土方计算"命令,点选土方计算闭合多段线,在弹出的"方格网土方计算"对话框中选择 dgx. dat 文件,在"设计面"区选择 ⊙ 平面,方格宽度输入 10,结果见图 10.26。单击 确定 按钮,CASS 按对话框的设置自动绘制方格网,计算每个方格网的挖填土方量,并将计算结果绘制土方量图,结果见图 11.27,并在命令行给出下列计算结果提示:

最小高程 =24.368 米,最大高程 =43.900 米

总填方 =15.0 立方米, 总挖方 =52 048.7 立方米

方格宽度一般要求为图上 2 cm,在 1∶500 比例尺的地形图上,2 cm 的实地距离为 10 m。方格宽度越小,土方计算精度就越高。

2) 区域土方量平衡计算

计算指定区域挖填平衡的设计高程和土方量。执行下拉菜单"工程应用\区域土方量平衡\根据坐标文件"命令,在弹出的文件对话框中选择 dgx. dat 文件后,命令行提示及输入如下:

选择土方边界线 (点选封闭多段线)

请输入边界插值间隔(米): <20 >10

土方平衡高度 =34.134 米, 挖方量 =0 立方米, 填方量 =0 立方米

请指定表格左下角位置：<直接回车不绘表格>

请指定表格左下角位置：<直接回车不绘表格>（在展绘点区域外拾取一点）

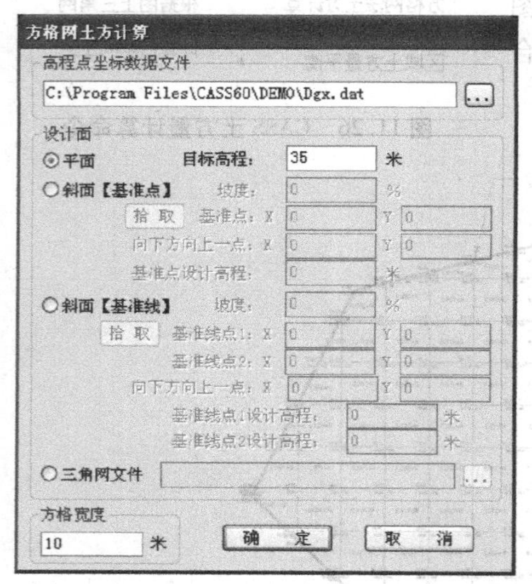

图 11.28 “方格网土方计算”对话框

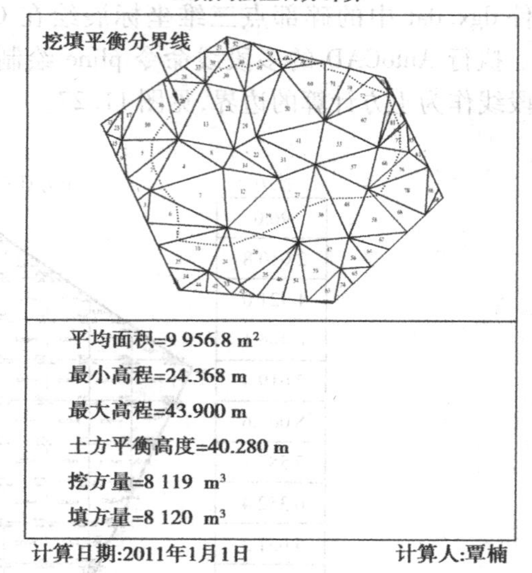

图 11.29 区域土方量平衡计算表格

完成响应后，CASS 在指定点处绘制一个土方计算表格和挖填平衡分界线，见图 11.29。

11.3.3 坐标文件的输出

上节介绍的土方量计算方法要求有数字地形图的坐标文件，纸质地形图数字化后，可以根据图面上的等高线和高程点生成其坐标文件。由图11.23可知，有 4 个生成坐标文件的命令，通常是使用“高程点生成数据文件”命令。

打开一幅已数字化的地形图，用 pline 命令绘制一条封闭多段线，它应包含待生成数据文件的全部高程点。执行下拉菜单“工程应用\高程点生成数据文件\有编码高程点”命令，在弹出的文件对话框中键入数据文件名后，命令提示如下：

请选择：(1)选取高程点的范围 (2)直接选取高程点或控制点 <1> Enter

请选取建模区域边界：（点取已绘制的封闭多段线）

CASS 即将封闭边界内全部高程点的三维坐标存入给定的坐标文件中。

本章小结

(1)CASS 是在 AutoCAD 上二次开发的软件，其命令执行方法与 AutoCAD 相同，主要有下拉菜单、屏幕菜单与工具栏。

(2)CASS 是一个功能强大的专业测绘软件，本章只介绍了最常用的基本功能。

(3)学习 CASS 的基础是熟练掌握 AutoCAD 的操作方法与技能，用扫描数字化方法对随书光盘“数字地形图练习\01708300.pcx”文件数字化，可以更好地理解数字地形图的测绘原理与方法，有助于正确使用数字地形图。

(4)在数字地形图上执行下拉菜单“工程应用”下的常用命令,如土方量计算,应通过反复多次练习才能掌握理解与掌握命令的能工。

(5)在建筑物数字化放样中,下拉菜单“工程应用\指定点生成数据文件”命令可用于从dwg格式基础施工图上获取放样坐标文件,下拉菜单“绘图处理\展野外测点点号”命令可用于检核放样坐标文件的正确性。

(6)使用下拉菜单“数据”下的“读取全站仪数据”与“坐标数据发送”也可以实现与全站仪的双向数据通讯。

思考题与练习题

1. 数字化纸质地形图的方法有哪些?各有何特点?

2. 数字测图有哪些的方法?各有何特点?

3. 试绘制 CASS 自带坐标文件 dgx. dat 的等高线,等高距设为 1 m,并注记计曲线的高程。

4. 试用扫描数字化地形图法,将光盘中的“\数字地形图练习\01708300. pcx”地形图扫描图像文件数字化;以图中的五边形为边界,试用 CASS 完成下列计算:

(1)按挖填平衡的原则平整为水平面,试计算挖填平衡高程及土方量。

(2)将其平整为高程为 50 m 的水平面,用方格网法计算挖方量与填方量,方格宽度取 5 m。

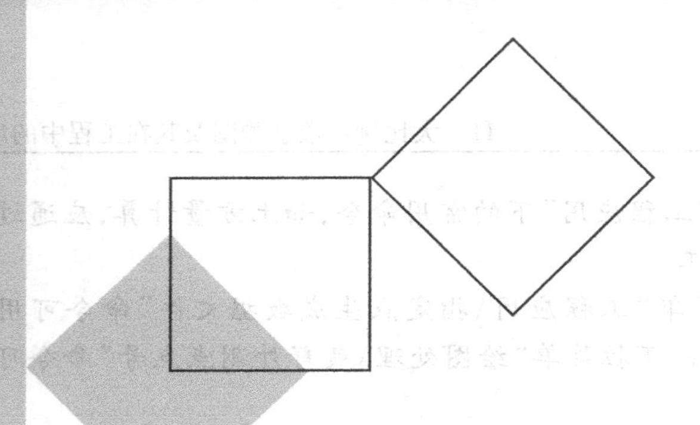

12 建筑施工测量

本章导读：

- **基本要求** 掌握全站仪测设点位设计三维坐标的原理与方法；水准仪测设点位设计高程的原理与方法；掌握建筑基础施工图 dwg 文件的校准与坐标变换方法、使用数字测图软件 CASS 采集设计点位平面坐标、展绘坐标文件的方法；掌握高层建筑轴线竖向投测与高程竖向投测的方法；了解新型激光探测与投影仪器的使用。
- **重点** 全站仪三维坐标放样，水准高程放样、建筑基础施工图 dwg 文件的校准与坐标变换、建筑轴线竖向投测与高程竖向投测。
- **难点** 建筑基础施工图 dwg 文件的校准、结构施工总图的拼绘、坐标变换与放样点位平面坐标的采集。

建筑施工测量的任务是将图纸设计的建筑物或构筑物的平面位置 x，y 和高程 H，按设计的要求，以一定的精度测设到实地上，作为施工的依据，并在施工过程中进行一系列的衔接测量工作。

施工测量应遵循“由整体到局部，先控制后碎部”的原则，主要工作内容包括施工控制测量和施工放样，工业与民用建筑及水工建筑的施工测量依据为《工程测量规范》[5]。

12.1 施工控制测量

施工前，一般应在建筑场地上重新建立场区控制。场区控制分场区平面控制和场区高程控制。

1）场区平面控制

场区平面控制的坐标系应与工程设计所采用的坐标系相同，投影长度变形不应超过

1/40 000。由于全站仪的普及，场区平面控制网一般布设成导线网的形式，其等级和精度应符合下列规定：

①建筑场地大于 1 km^2 或重要工业区，应建立一级或一级以上精度等级的平面控制网；

②建筑场地小于 1 km^2 或一般性建筑区，可建立二级精度等级的平面控制网；

③用原有控制网作为场区控制网时，应进行复测检查。

场区一、二级导线测量的主要技术要求应符合表 12.1 的规定。

表 12.1　场区导线测量的主要技术要求

等级	导线长度/km	平均边长/m	测角中误差/(″)	测距相对中误差	测回数		方位角闭合差/(″)	导线全长相对闭合差
					2″仪器	6″仪器		
一级	2.0	100～300	≤±5	≤1/30 000	3	—	$10\sqrt{n}$	≤1/15 000
二级	1.0	100～200	≤±8	≤1/14 000	2	4	$16\sqrt{n}$	≤1/10 000

2）场区高程控制

场区高程控制网，应布设成闭合环线、附合路线或结点网形。大中型施工项目的场区高程测量精度，不应低于三等水准。场区水准点，可单独布置在场地相对稳定的区域，也可以设置在平面控制点的标石上。水准点间距宜小于 1 km，距离建构筑物不宜小于 25 m，距离回填土边线不宜小于 15 m。施工中，当少数高程控制点标石不能保存时，应将其高程引测至稳固的建构筑物上，引测的精度不应低于原高程点的精度等级。

12.2　工业与民用建筑施工放样的基本要求

工业与民用建筑施工放样应具备的资料是建筑总平面图、设计与说明、轴线平面图、基础平面图、设备基础图、土方开挖图、结构图、管网图。建筑物施工放样的偏差，不应超过表 12.2 的规定。

表 12.2　建筑物施工放样的允许偏差

<table>
<tr><th>项　目</th><th colspan="2">内　容</th><th>允许偏差/mm</th></tr>
<tr><td rowspan="2">基础桩位放样</td><td colspan="2">单排桩或群桩中的边桩</td><td>±10</td></tr>
<tr><td colspan="2">群　桩</td><td>±20</td></tr>
<tr><td rowspan="8">各施工层上放线</td><td rowspan="4">外廓主轴线长度 L/m</td><td>L≤30</td><td>±5</td></tr>
<tr><td>30<L≤60</td><td>±10</td></tr>
<tr><td>60<L≤90</td><td>±15</td></tr>
<tr><td>90<L</td><td>±20</td></tr>
<tr><td colspan="2">细部轴线</td><td>±2</td></tr>
<tr><td colspan="2">承重墙、梁、柱边线</td><td>±3</td></tr>
<tr><td colspan="2">非承重墙边线</td><td>±3</td></tr>
<tr><td colspan="2">门窗洞口线</td><td>±3</td></tr>
</table>

续表

项　目	内　容		允许偏差/mm
轴线竖向投测	每　层		3
	总高 H/m	$H \leqslant 30$	5
		$30 < H \leqslant 60$	10
		$60 < H \leqslant 90$	15
		$90 < H \leqslant 120$	20
		$120 < H \leqslant 150$	25
		$150 < H$	30
标高竖向传递	每　层		±3
	总高 H/m	$H \leqslant 30$	±5
		$30 < H \leqslant 60$	±10
		$60 < H \leqslant 90$	±15
		$90 < H \leqslant 120$	±20
		$120 < H \leqslant 150$	±25
		$150 < H$	±30

柱子、桁架或梁安装测量的偏差，不应超过表 12.3 的规定。

表 12.3　柱子、桁架或梁安装测量的允许偏差

测量内容		允许偏差/mm
钢柱垫板标高		±2
钢柱 ±0 标高检查		±2
混凝土柱（预制）±0 标高检查		±3
柱子垂直度检查	钢柱牛腿	5
	标高 10 m 以内	10
	标高 10 m 以上	H/1 000≤20
桁架和实腹梁、桁架和钢架的支承结点间相邻高差的偏差		±5
梁间距		±3
梁面垫板标高		±2

注：H 为柱子高度。

构件预装测量的偏差，不应超过表 12.4 的规定。

表 12.4　构件预装测量的允许偏差

测量内容	允许偏差/mm
平台面抄平	±1
纵横中心线的正交度	$\pm 0.8\sqrt{l}$
预装过程中的抄平工作	±2

注:l 为自交点起算的横向中心线长度的米数,长度不足 5 m 时,以 5 m 计。

附属构筑物安装测量的允许偏差,不应超过表 12.5 的规定。

表 12.5　附属构筑物安装测量的允许偏差

测量项目	允许偏差/mm
栈桥和斜桥中心线的投点	±2
轨面的标高	±2
轨道跨距的丈量	±2
管道构件中心线的定位	±5
管道标高的测量	±5
管道垂直度的测量	H/1 000

注:H 为管道垂直部分的长度。

12.3　施工放样的基本工作

1)全站仪测设点位的三维坐标

将场区已知点与设计点的三维坐标上载到全站仪内存文件后,执行全站仪的坐标放样命令就可以轻松地实现。例如,图 12.1 中的 I10 与 I11 点为场区已知导线点,A,B,C,D,E 为建筑物的待放样点。场区三通一平完成后,需要先放样 $A \sim E$ 点的平面位置。

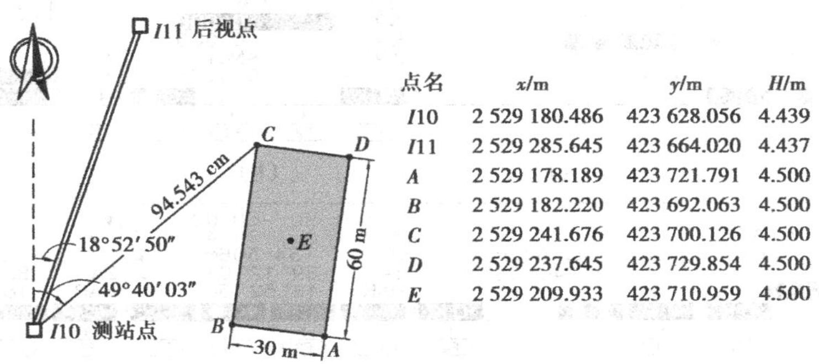

图 12.1　全站仪放样建筑物轴线交点坐标数据案例

使用索佳 SET250RX 全站仪,在 **测 量** 模式下,放样图中 C 点的操作过程如下。假设图中 7 个点的三维坐标已上载到仪器内存工作文件 JOB1,已在 I10 点安置好全站仪,在 I11 点安置好棱镜对中杆。

(1)测距设置

按FUNC键翻页到P2页软键功能菜单[图12.2(a)],按F4(EDM)键,调出EDM设置菜单,设置测距模式为"单次精测";反射光为"导向光",以指示司镜员将棱镜快速移动到仪器视线方向;输入放样时的大气温度与大气压力,图12.2(c)输入的大力温度为25 ℃,仪器按式(5.1)自动算出的测距气象改正比例系数*ppm*为9.6 ppm。完成EDM设置后,按ESC键返回图12.2(a)的 测量 模式P2页软键功能菜单。

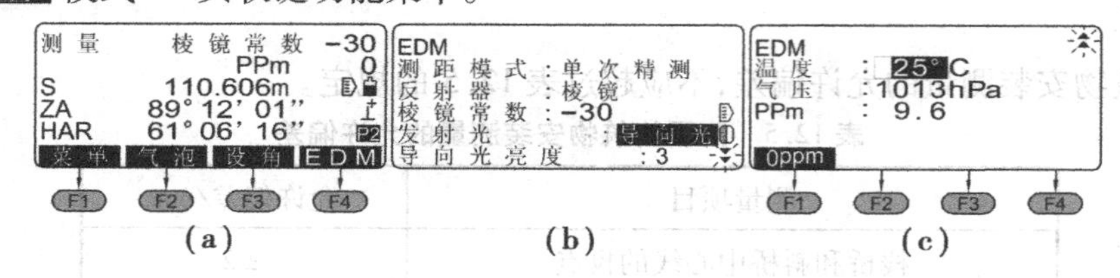

图12.2 索佳SET250R全站仪测距设置

(2)测站设置

按FUNC键翻页到P3页软键功能菜单[图12.3(a)],按F4(放样)键,移动光标到"测量定向"行[图12.3(b)]按↵键,进入输入测站点坐标界面[图12.3(c)];可以用数字键输入测站点的坐标、也可以从工作文件调用点的坐标为测站点。

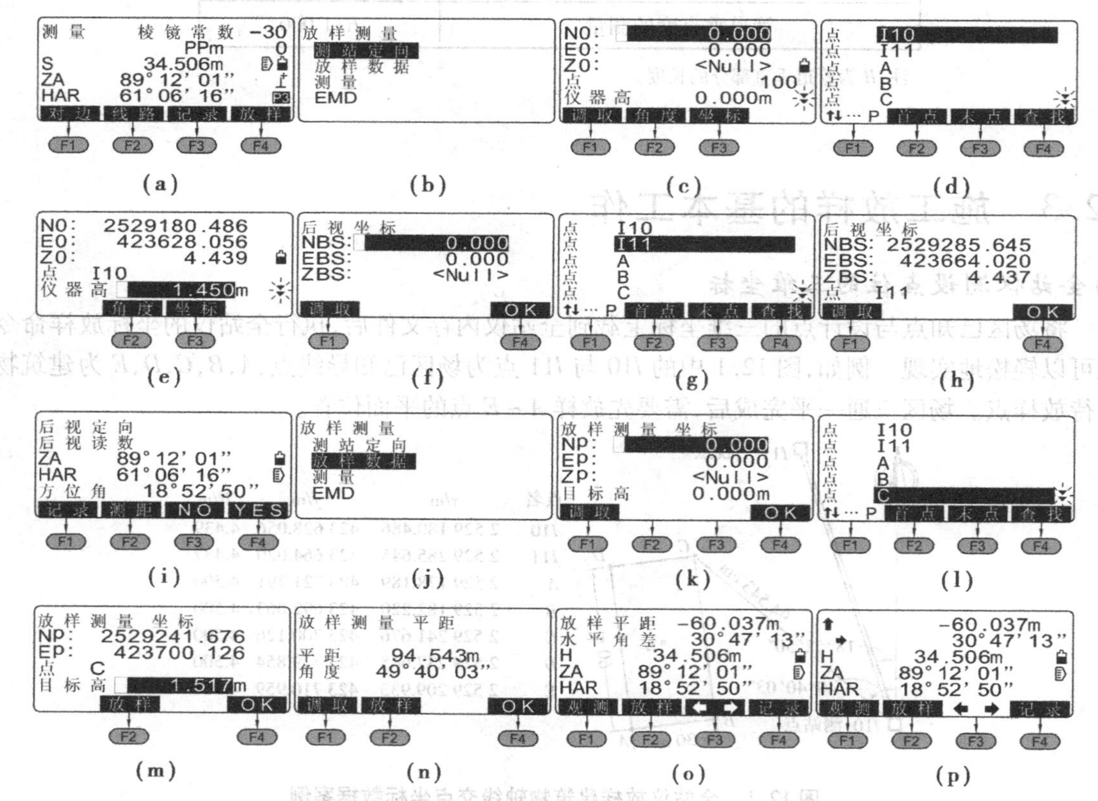

图12.3 执行"放样"命令进行测站定向与放样图12.1中C点的操作过程

按F1(调取)键,进入"坐标文件"与"工作文件"联合点名列表界面[图12.3(d)],移动光标到*I*10点行按↵键,屏幕显示测站点*I*10的坐标[图12.3(e)],输入仪器高按↵键完成测站设置。

(3)后视设置

在图 12.3(e)的界面下,按 F2 (角 度)键为输入图 $I10 \rightarrow I11$ 的方位角 18°52′50″进行后视定向,按 F3 (坐 标)键为输入后视点坐标进行后视定向。

按 F3 (坐 标)键进入图 12.3(f)的界面;可以用数字键输入后视点的坐标,也可以从"坐标文件"与"工作文件"联合点名列表界面调用点的坐标为后视点。

按 F1 (调 取)键,进入"坐标文件"与"工作文件"联合点名列表界面[图 12.3(g)],移动光标到 $I11$ 点行按 ↵ 键,屏幕显示后视点 $I11$ 的坐标[图 12.3(h)],按 F4 (OK)键,仪器算出测站 $I10$→后视 $I11$ 的方位角[图 12.3(i)];使望远镜照准 $I11$ 点的棱镜中心,按 F4 (YES)键完成测站定向操作并返回图 12.3(b)的"放样测量"菜单。

全站仪测站定向的作用是:将望远镜的视线方向设置为测站至后视点的方位角,因此,按 F4 (YES)键之前,应保证望远镜已准确照准后视点标志。

(4)放样 C 点

在"放样测量"菜单下,移动光标到"放样数据"行[图 12.3(j)]按 ↵ 键,进入输入放样点坐标界面[图 12.3(k)];可以用数字键输入放样点的坐标、也可以从"坐标文件"与"工作文件"联合点名列表界面调用点的坐标为放样点。

按 F1 (调 取)键进入"坐标文件"与"工作文件"联合点名列表界面[图 12.3(l)],移动光标到 C 点行按 ↵ 键,屏幕显示放样点 C 的坐标[图 12.3(m)],输入目标高,按 F2 (放 样)键,屏幕显示测站 $I10 \rightarrow C$ 点的设计平距与方位角[图 12.3(n)];按 F4 (OK)键进入图 12.3(o)的界面,其中 H 值为仪器最近一次测量的平距,"放样平距"为 H 减设计平距 94.543 的差值。

按 F3 (← →)键,屏幕显示见图 12.3(p),向右旋转仪器照准部,使"水平角差"为 0°00′00″,按住导向光键 2 s 打开导向光,以便于司镜员将棱镜快速移至仪器视线方向;照准棱镜中心,按 F1 (观 测)键测距,案例结果见图 12.4(a)。

屏幕显示的"放样平距" −0.730 m 为实测平距 93.813 m 减 C 点设计平距 94.543 m 的差值,为负数时,表示棱镜需要沿仪器视线、离开仪器方向移动 0.730 m;如果为正数,表示棱镜需要沿仪器视线、接近仪器方向移动屏幕显示的放样平距值。

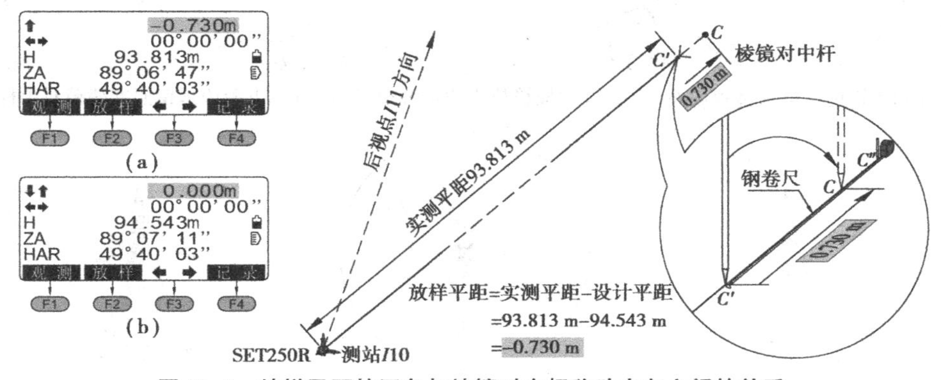

图 12.4 放样平距的正负与棱镜对中杆移动方向之间的关系

测站观测员用步话机将屏幕显示的放样平距代数值报送给镜站,司镜员根据接收到的放样平距代数值移动棱镜。如图 12.4 所示,设棱镜对中杆的当前位置为 C'点,应在 C'点后、离开仪

器方向 >0.730 m 的 C''点竖立一定向标志(如铅笔或短钢筋),测站观测员下俯仪器望远镜,照准定向标志附近,用手势指挥,使定向标志移动到仪器视线方向的 C'';用钢卷尺沿 $C'C''$直线方向量距,距离 C'点 0.730 m 的点即为放样点 C 的准确位置。将棱镜对中杆移至 C 点,整平棱镜对中杆,测站观测员上仰仪器望远镜,照准棱镜中心,按 F1 (观 测)键测距,结果见图 12.4(b)。当屏幕显示的放样平距为 0 时,棱镜对中杆中心即为放样点 C 的平面位置。

按 F2 (放 样)键两次切换至图 12.5 所示的"放样高差"界面,V 为实测初算高差,屏幕第一行 1.321 m 为"放样高差",其左边显示的 ▼ 符号表示该点下沉 1.321 m 即为 C 点设计高程的位置。

当只放样点的平面位置时,可以不输入测站仪器高[图 12.3(e)]及棱镜高[图 12.3(m)]。

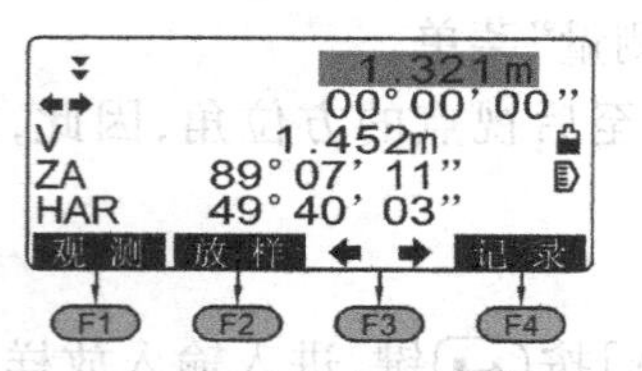

图 12.5 显示高程序放样结果

(5)全站仪放样测站与镜站的手势配合

全站仪放样时,测站与镜站应各配一个步话机,步话机的作用主要是用于测站报送棱镜在仪器视线方向前后移动的平距代数值,例如图 12.4(a)中的 -0.730 m。测站指挥棱镜横向移动到仪器视线方向,棱镜完成整平后,示意测站重新测距等应通过手势确定。

仍以放样图 12.1 的 C 点为例,全站仪水平角差调零后[图 12.4(a)],照准部就不能再水平旋转,只能仰俯望远镜,指挥棱镜移动到仪器视线方向。

如图 12.6 所示,当棱镜位于望远镜视场外时,使用望远镜光学粗瞄器指挥棱镜快速移动,测站手势见图 12.6(a);当棱镜移动到望远镜视场内时,应上仰或下俯望远镜,使望远镜基本照准棱镜,指挥棱镜缓慢移动,测站手势见图 12.6(b);当棱镜接近仪器视线方向时,应下俯望远镜,照准棱镜对中杆底部,指挥棱镜微小移动,测站手势见图 12.6(c);当棱镜对中杆底部已移至仪器视线方向时,测站手势见图 12.6(d),司镜员应立即整平棱镜对中杆,完成操作后,应及时告知测站,手势见图 12.6(e)。

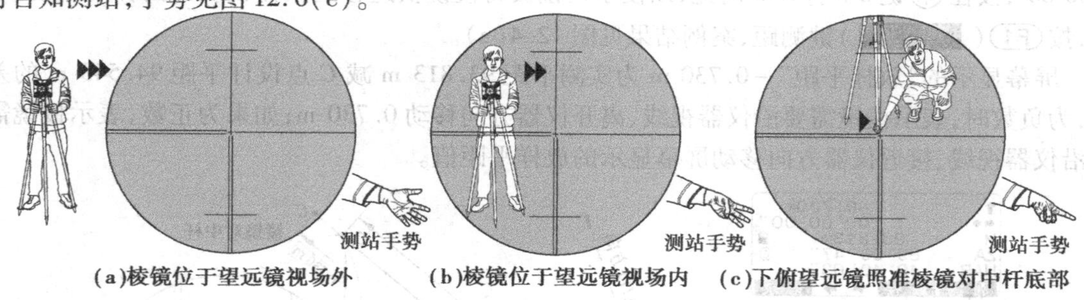

(a)棱镜位于望远镜视场外 (b)棱镜位于望远镜视场内 (c)下俯望远镜照准棱镜对中杆底部

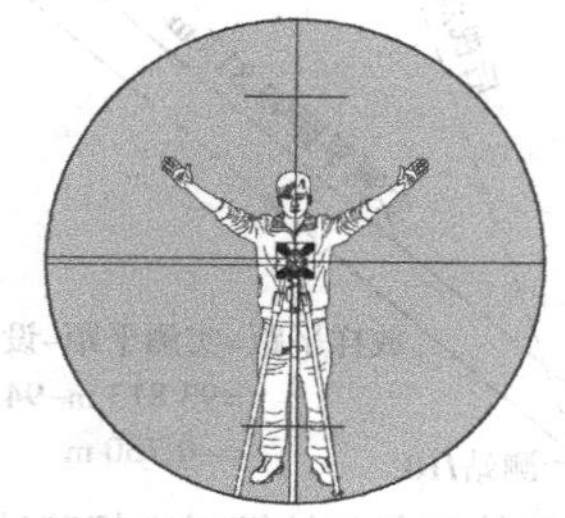

(d)棱镜对中杆准确移至视线方向后测站手势 (e)完成棱镜整平后镜站手势 (f)"放样平距"为零时测站手势

图 12.6 使用全站仪放样点位的平面位置测站与镜站的手势配合

测站观测员上仰望远镜，照准棱镜中心，按 F1（观测）键测距，并将测得的放样平距代数值通过步话机告知镜站。当测得的放样平距为零时，测站应及时告知镜站钉点，手势见图12.6(f)。

为了加快放样速度，一般应打印一份A1或A0尺寸的建筑物基础施工大图，镜站专门安排一人看图，以便完成一个点的放样后，大概可以知道下一个放样点的位置，以便于指挥棱镜快速移动到放样点附件，减少镜站寻点时间。

(6)全站仪盘左放样点位的误差分析

SET250RX全站仪的方向观测误差为±2″，则放样点的水平角误差为 $m_\beta = \pm\sqrt{2}\times 2'' = \pm 2.83''$，测距误差为±2 mm，当放样平距 $D=100$ m时，放样点相对于测站点的误差为

$$m_P = \sqrt{\left(D\frac{m_\beta}{\rho''}\right)^2 + m_D^2} = \sqrt{\left(\frac{100\ 000\times 2.83}{206\ 265}\right)^2 + 2^2}\text{mm} = 2.45\text{ mm} \qquad (12.1)$$

由表12.2可知，除细部轴线要求放样偏差≤±2 mm外，其余点的放样偏差要求都大于±2 mm。因此，在建筑施工放样中，只要控制放样平距小于100 m，用SET250RX全站仪盘左放样，基本可以满足所有放样点位的要求。

2)高程的测设

高程测设是将设计高程测设在指定桩位上。高程测设主要在平整场地、开挖基坑、定路线坡度等场合使用。高程测设的方法有水准测量法和全站仪三角高程测量法，水准测量法一般采用视线高程法进行。

(1)水准仪视线高程法

如图12.7所示，已知水准点 A 的高程为 $H_A = 12.345$ m，欲在 B 点测设出某建筑物的室内地坪设计高程（建筑物的±0.000）为 $H_B = 13.016$ m。将水准仪安置在 A，B 两点的中间位置，在 A 点竖立水准尺，读取 A 尺上的读数设为 $a = 1.358$ m，则水准仪的视线高程应为

$$H_i = H_A + a = (12.345 + 1.358)\text{m} = 13.703\text{ m}$$

在 B 点竖立水准尺，设水准仪瞄准 B 尺的读数为 b，则 b 应满足方程 $H_B = H_i - b$，由此求出 b 为

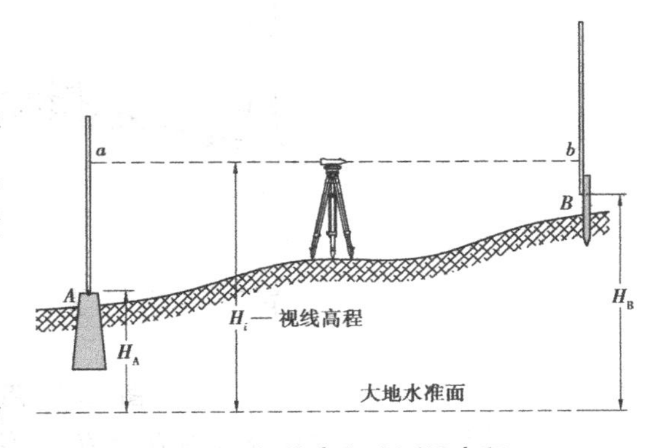

图12.7 视线高程法测设高程

$$b = H_i - H_B = 13.703 - 13.016 = 0.687\text{ m}$$

用逐渐打入木桩或在木桩一侧画线的方法，使竖立在 B 点桩位上的水准尺读数为0.687 m。此时，B 点的高程就等于欲测设的设计高程13.016 m。

在建筑设计图纸中，建筑物各构件的高程都是参照室内地坪为零高程面标注的，即建筑物内的高程系统是相对高程系统，基准面为室内地坪。

(2)全站仪三角高程测量法

当欲测设的高程与水准点之间的高差较大时，可以用全站仪测设。如图12.8所示，在基坑边缘设置一个水准点 A，在 A 点安置全站仪，量取仪器高 i_A；在 B 点安置棱镜，读取棱镜高 v_B，在SET250RX执行 坐标 命令，测量 B 点的坐标，输入仪器高与棱镜高后得 B 点桩面的高程 H'_B，在 B 点桩的侧面、桩面以下 $H'_B - H_B$ 值的位置画线，其高程就等于欲测设的高程 H_B。

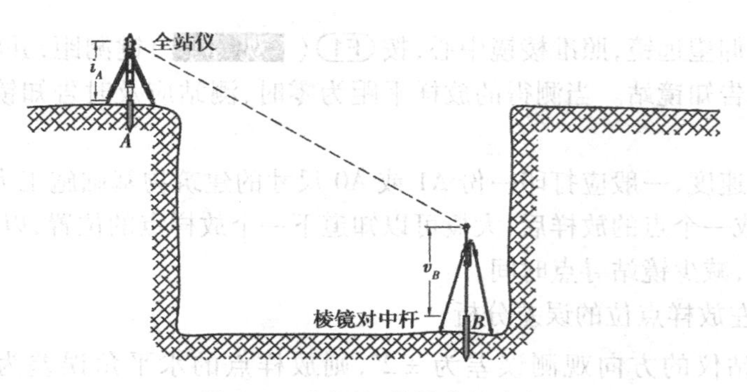

图 12.8　测设深基坑内的高程

3）坡度的测设

在修筑道路，敷设上、下水管道和开挖排水沟等工程施工中，需要测设设计坡度线。坡度测设所用仪器有水准仪、经纬仪与全站仪。

（1）水准仪测设法

如图 12.9 所示，设地面上 A 点的高程为 H_A，现要从 A 点沿 AB 方向测设出一条坡度为 i 的直线，AB 间的水平距离为 D。使用水准仪测设的方法如下：

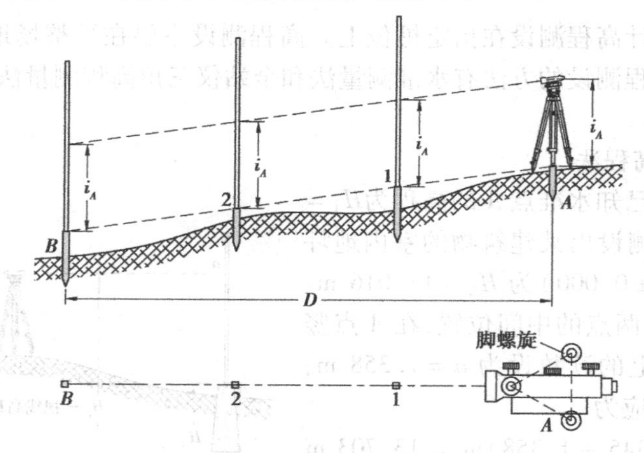

图 12.9　用水准仪测设坡度

①计算出 B 点的设计高程为 $H_B=H_A-iD$，应用水平距离和高程测设方法测设出 B 点。

②在 A 点安置水准仪，使一个脚螺旋在 AB 方向线上，另两个脚螺旋的连线垂直于 AB 方向线，量取水准仪高 i_A，用望远镜瞄准 B 点的水准尺，旋转 AB 方向上的脚螺旋，使视线倾斜至水准尺读数为仪器高 i_A 为止，此时，仪器视线坡度即为 i。在中间点 1,2 处打木桩，在桩顶上立水准尺使其读数均等于仪器高 i_A，这样各桩顶的连线就是测设在地面上的设计坡度线。

（2）全站仪测设法

当设计坡度 i 较大，超出了水准仪脚螺旋的最大调节行程时，可使用全站仪测设。方法是，将屏幕显示的竖盘读数切换为坡度显示，直接将望远镜视线的坡度值调整到设计坡度值 i 即可，不需要先测设出 B 点的平面位置和高程。

例如，使用索佳 SET50RX 全站仪测设坡度时，应执行 ZA/% 命令，将竖盘读数切换为坡度显示。图 12.10(a)～(e)为将仪器出厂设置软键功能菜单 P32 由 线 路 修改为 ZA/% 的操作过程，方法是：在图 5.4(b)的主菜单下，按 F4（配 置）键进入设置菜单[图 12.10(a)]，执行“键定义”命令进入图 12.10(d)的界面,多次按◁键移动光标到 线 路 ,按△键 13 次切换为 ZA/% ,按F4(O K)键保存。

按ESC ESC F1(测 量)键进入“测量”模式,按FUNC键翻页到 P3 页软键功能菜单,按F2(ZA/%)键切换竖盘读数为坡度显示,纵转望远镜,使屏幕显示的坡度值等于 2% 左右,制动望远镜,旋转望远镜微动螺旋,使屏幕显示的坡度值精确等于 2%,此时,望远镜视准轴的坡度即为设计坡度 2%,操作过程见图 12.10(f) ~ (h)。

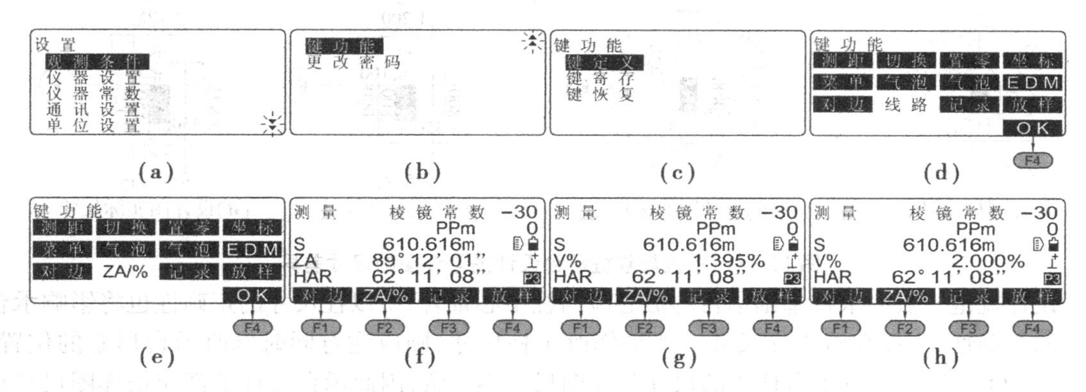

图 12.10　定义 P32 软键功能菜单为“ZA/%”并测设 2% 坡度的操作过程

12.4　建筑物数字化放样设计点位平面坐标的采集

全站仪坐标放样的关键,是如何准确地获取设计点位的平面坐标。本节介绍用 AutoCAD 编辑建筑物基础施工图的 dwg 格式设计文件,使用数字测图软件 CASS 采集测设点位平面坐标的方法。由于设计单位一般只为施工单位提供有设计、审核人员签字并盖有出图章的设计蓝图,因此应通过工程甲方向设计单位索取 dwg 格式设计文件。

1)校准建筑基础平面图 dwg 格式设计文件

校准建筑基础平面图 dwg 格式设计文件的目的是使设计图纸的实际尺寸与标注尺寸完全一致,这一步非常重要。因为建筑施工是以建筑蓝图上标注的尺寸为依据进行的,即使在 AutoCAD 中,对象的实际尺寸不等于其标注尺寸,依据蓝图放样也不会影响放样的正确性,但要在 AutoCAD 中直接采集放样点的坐标,则应绝对保证标注尺寸与实际尺寸完全一致,否则将酿成重大的责任事故。

在 AutoCAD 中打开基础平面图,将其另存盘,最好不要破坏原设计文件。图纸校准的操作步骤如下:

(1)检查轴线尺寸

可以执行文字编辑命令 ddedit,选择需要查看的轴线尺寸文字对象,若显示为“ <> ”,表明该尺寸文字为 AutoCAD 自动计算的,只要尺寸的标注点位置正确,该尺寸应没有问题。但有些设计图纸(如随书光盘中的“建筑物数字化放样\宝成公司宿舍基础平面图_原设计图. dwg”文件)的全部尺寸文字都是文字,这时,可以新建一个图层如“dimtest”并设为当前图层,执行相应的尺寸标注命令,对全部尺寸重新标注一次,察看新标注尺寸与原有尺寸的吻合情况。

(2)检查构件尺寸

构件尺寸的检查应参照大样详图进行。以“江门中心血站主楼基础平面图_原设计图.dwg”文件为例,该项目采用桩基础承台,图12.11为设计三桩与双桩承台详图尺寸与设计图尺寸的比较,其差异见图中灰底色数字。显然,设计图中双桩承台尺寸没有严格按详图尺寸绘制,必须重新绘制。

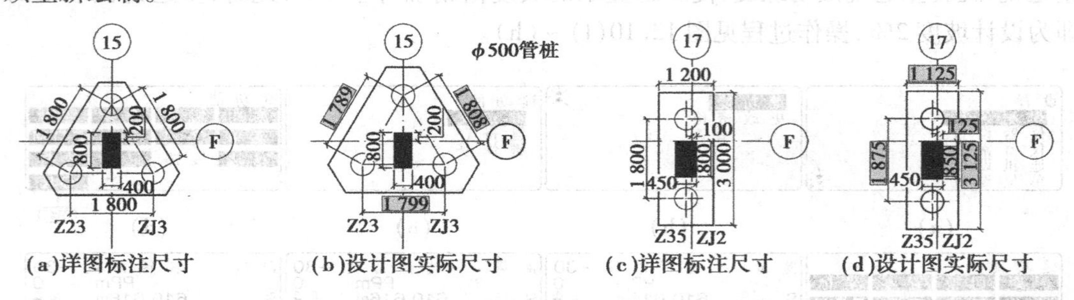

图12.11 三桩与双桩承台设计图与详图的尺寸差异

设计规范一般要求桩基础承台的形心应与柱中心重合,所以柱尺寸的正确性也将影响承台位置的正确性,应仔细检查柱尺寸。如果修改了柱尺寸,则应注意同时修改承台形心的位置。在图12.11(d)中,双桩承台柱子的尺寸与详图尺寸不一致,因此承台与柱子都应按详图尺寸重新绘制,并使桩基础承台的形心与柱中心重合。

dwg格式设计图的校准工作,根据设计图纸的质量及操作者的AutoCAD熟练水平不同,可能需要花费大量的时间。例如,江门中心血站分主楼与副楼,结构设计由两人分别完成,其中主楼的桩基础承台尺寸与详图尺寸相差较大,而副楼的桩基础承台尺寸与详图尺寸基本一致,因此主楼的校准工作量要比副楼的大很多。

2)将设计图纸坐标系变换到测量坐标系中

建筑设计一般以mm为单位,而测量坐标是以m为单位,因此应先执行比例命令scale将图纸缩小1 000倍;然后执行对齐命令align,将设计图变换为测量坐标系,当命令最后提示“是否基于对齐点缩放对象?[是(Y)/否(N)] <否>:”,应按Enter键选择“否(N)”选项。其中原点的位置应直接在命令行输入建筑红线点的测量坐标,格式为y,x,其坐标值可以在建筑总平面图上获取。

3)桩位与轴线控制桩编号

使用文字命令text,复制命令copy,文字编辑命令ddedit,在各桩位处绘制与编辑桩号文字。

根据施工场地的实际情况,确定轴线控制桩至墙边的距离d,执行构造线命令xline的“偏移(O)”选项,将外墙线或轴线向外偏移距离d;执行延伸命令extend,将需测设轴线控制桩的轴线延伸到前已绘制的构造线上;执行圆环命令donut,内径设置为0,外径设置为0.35,在轴线与构造线的交点处绘制圆环,最后为轴线控制桩绘制编号文字。轴线控制桩编号的规则建议为,首位字符为桩号,如1,2,3,…或A,B,C…,后位字符为N,S,E,W,分别表示北、南、东、西,具体可根据轴线控制桩的方位确定,最后存盘保存。

4)生成桩位与轴线控制桩坐标文件

用CASS打开校准后的基础平面图,设置自动对象捕捉为圆心捕捉,执行下拉菜单“工程应用\指定点生成数据文件”命令,在弹出的“输入数据文件名”对话框中键入文件名字符,例如输

入 CS101212 响应后,命令行循环提示与输入如下:

指定点:(捕捉 1 号桩位圆心点)

地物代码:Enter

高程 <0.000 >:Enter

测量坐标系:X =45 471.365 m Y =21 795.528 m Z =0.000 m Code:

请输入点号:<1 > Enter

指定点:捕捉 2 号桩位圆心点

⋮

上述字符“Enter”表示在 PC 机上按“回车”键。先按编号顺序采集管桩位圆心点的坐标,采集每个管桩位时,可以使用命令自动生成的编号为点号,完成全部管桩位的坐标采集后,再采集轴线控制桩的坐标。由于命令要求输入的“点号”只能是数字,不能为其他字符,所以轴线控制桩编号不能在“请输入点号:<1 >”提示下输入,只能在“地物代码:”提示下输入。最后在“指定点:”提示下,按 Enter 键空响应结束命令操作。

当因故中断命令执行时,可以重新执行该命令,选择相同的数据文件,向该数据文件末尾追加采集点的坐标。

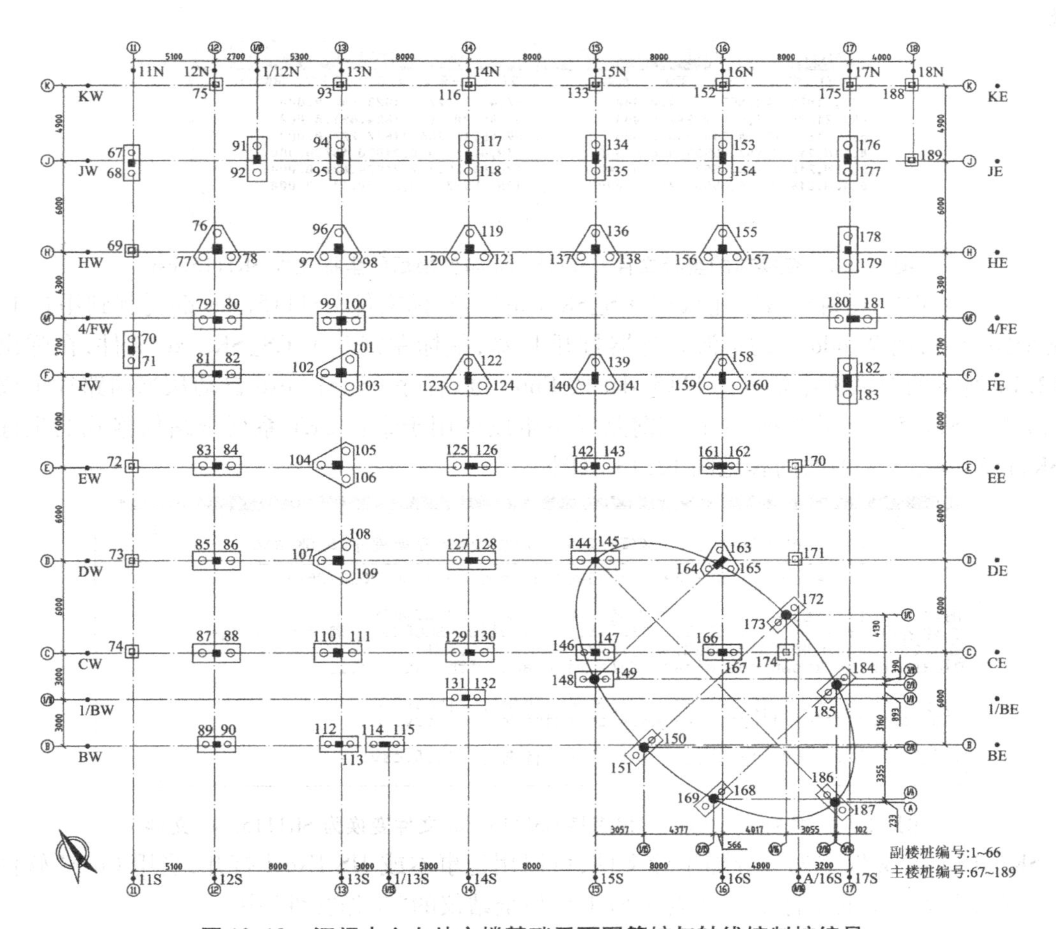

图 12.12 江门中心血站主楼基础平面图管桩与轴线控制桩编号

5）坐标文件的检核

执行下拉菜单“绘图处理\展野外测点点号”命令，在弹出的“输入坐标文件名”对话框中选择前已创建的坐标文件，CASS将展绘的点位对象自动放置在“ZDH”图层，操作员应放大视图，仔细察看展绘点位与设计点位的吻合情况，发现错误应及时更正。

6）坐标文件的编辑

使用CASS采集的放样点位坐标文件格式是：每个点的坐标数据占一行，每行数据的格式为“点号，编码，y，x，H”。管桩桩位点的坐标数据没有编码，故不需要编辑，因轴线控制桩的编码位一般为非数字点号，应前移到点号位，也即将轴线控制桩行的坐标数据由“点号，编码，y，x，H”格式变成“编码，，y，x，H”格式。

例如，在图12.12中，⑫轴线北控制桩12N的坐标数据为：“5，12N，21 824.028，45 528.719，0.000”，应将其编辑为“12N，，21 824.028，45 528.719，0.000”。

当轴线控制桩较多时，可以使用随书光盘程序“\建筑物数字化放样\CS_SK.exe”自动变换坐标文件。为了说明CS_SK.exe程序的使用方法，我们采集了图12.12中67，68，69号管桩中心及轴线控制桩11N，12N，13N的坐标数据，生成的坐标文件CS1115.dat的内容见图12.13左图。

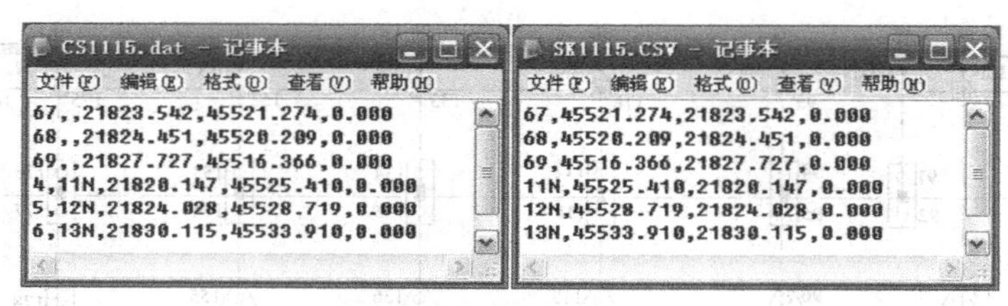
CS1115.dat - 记事本
文件(F) 编辑(E) 格式(O) 查看(V) 帮助(H)
67,,21823.542,45521.274,0.000
68,,21824.451,45520.209,0.000
69,,21827.727,45516.366,0.000
4,11N,21820.147,45525.410,0.000
5,12N,21824.028,45528.719,0.000
6,13N,21830.115,45533.910,0.000

SK1115.CSV - 记事本
文件(F) 编辑(E) 格式(O) 查看(V) 帮助(H)
67,45521.274,21823.542,0.000
68,45520.209,21824.451,0.000
69,45516.366,21827.727,0.000
11N,45525.410,21820.147,0.000
12N,45528.719,21824.028,0.000
13N,45533.910,21830.115,0.000

图12.13 变换前的坐标文件CS1115.dat与变换后的坐标文件SK1115.csv

将光盘文件“\建筑物数字化放样\CS_SK.exe”与坐标文件CS1115.dat都复制到用户U盘的某个路径下，用Windows的资源管理器打开U盘，鼠标左键双击CS_SK.exe文件，在弹出的图12.14所示的对话框中输入cs1115.dat按Enter键，程序CS_SK.exe自动从当前路径下读入坐标文件CS1115.dat的数据，并在当前路径下生成适用于索佳SET系列全站仪格式的坐标文件SK1115.csv，该文件的内容见图12.13右图。

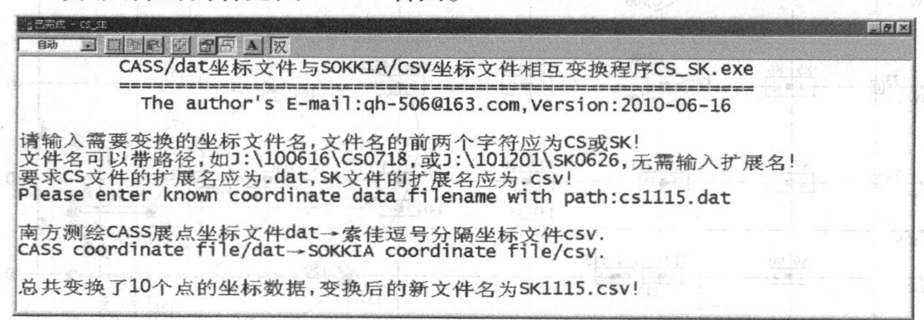

图12.14 执行CS_SK.exe程序将CS1115.dat文件变换为SK1115.csv文件

SK1115.csv文件是逗号分隔坐标文件，可以用记事本或MS Excel打开，当用Coord软件打开时，可以将文件中的坐标上载到索佳SET系列全站仪的“工作文件”中。

比较图12.13的两个坐标文件可知，CS_SK.exe程序是将CS1115.dat中6个点的x与y坐标的位置互换，并删除了3个轴线控制桩的点号，将轴线控制桩的编码变成了新点号，新创建的坐标文件名是将输入文件名的前两个字符“CS”改为“SK”，扩展名“dat”改为“csv”。

CS_SK. exe程序是一个DOS程序，只有在Win98操作系统中执行时，才显示图12.14所示的中文界面，在WinXP、WinVista、Win7中执行时，程序界面的中文字符为乱码，但这不影响程序的正确执行。

CS_SK. exe程序有两个功能：其一是将CASS采集的dat格式坐标文件变换为索佳SET系列全站仪的csv格式坐标文件，供Coord软件上载到索佳SET系列全站仪内存的“工作文件”；其二是将索佳SET系列全站仪下载到Coord软件并另存为csv格式的坐标文件变换为可用于CASS展点的dat坐标文件。程序通过用户输入坐标文件名的前两个字符自动控制：当用户输入坐标文件名的前两个字符为“CS”时，则新创建坐标文件名的前两个字符为“SK”，扩展名为csv；当用户输入坐标文件名的前两个字符为“SK”时，则新创建坐标文件名的前两个字符为“CS”，扩展名为dat。

CS_SK. exe程序对用户输入的坐标文件名有严格的要求：

①文件名的前两个字符只能是“CS”或“SK”，CS代表CASS的缩写，SK代表索佳SOKKIA的缩写；

②文件名最多只能由8位字符组成，最好不要有中文字符，否则很难输入；

③当输入文件名的前两个字符为“CS”时，其扩展名必须为dat，当输入文件名的前两个字符为“SK”时，其扩展名必须为csv。

采集坐标与编辑数据文件的操作方法请播放光盘“\教学演示片\采集与编辑坐标文件演示. avi”文件观看。

7）坐标文件上载到索佳SET50RX系列全站仪

用DOC27数据线连接好全站仪与PC机的COM口，启动通讯软件Coord并打开U盘上的SK1115. csv坐标文件，结果见图12.15。设置好Coord的通讯参数与仪器相同，在图5.5(b)的主菜单下执行“内存\已知坐标\通讯输入”命令启动仪器接收数据；在Coord软件执行下拉菜单“通讯\数据上载”命令，启动Coord发送数据。

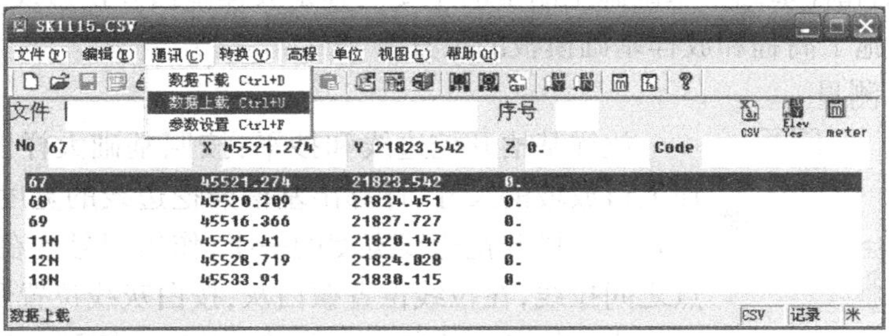

图12.15 用Coord软件打开SK1115. csv文件

12.5 建筑施工测量

建筑施工测量的内容是建筑物的轴线测设、施工控制桩的测设、基础施工测量、构件安装测量等。

1）轴线的测设

建筑工程项目的部分轴线交点或外墙角点一般由城市规划部门直接测设到实地，施工企业的测量员只能依据这些点来测设轴线。测设轴线前，应用全站仪检查规划部门所测点位的正确性。

例如，图 12.12 为江门中心血站主楼基础平面图，该建筑物设计采用桩基础单、双桩与三桩承台，Φ500 预制管桩 189 根，轴线编号为①～⑱和Ⓐ～Ⓚ共 29 条，规划部门给出了 $N1$，$N2$，$N3$ 三个导线的坐标，经全站仪检测均正确无误。

当只测设了轴线桩时，由于基槽开挖或地坪层施工会破坏轴线桩，因此，基槽开挖前，应将轴线引测到基槽边线以外的位置，引测轴线的方法是设置轴线控制桩或龙门板（图 12.16）。

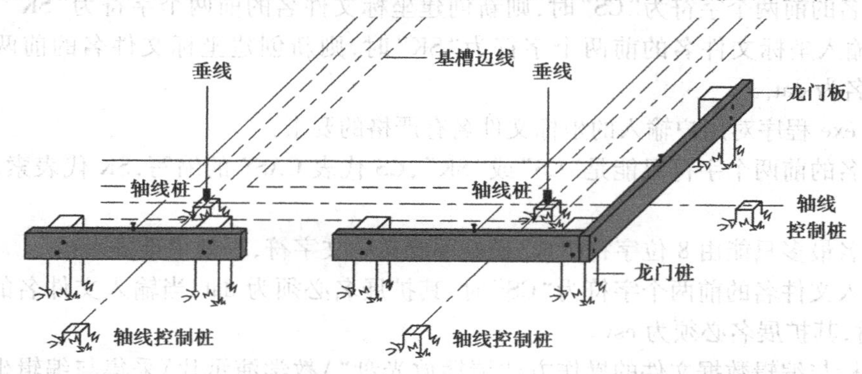

图 12.16　轴线控制桩、龙门桩和龙门板

龙门板的施工成本较轴线控制桩高，当使用挖掘机开挖基槽时，极易妨碍挖掘机工作，现已很少使用，主要使用轴线控制桩。

图 12.12 只设置了轴线控制桩，没有设置轴线桩，轴线控制桩距离建筑物外墙 8 m，为施工留下了空间，因此，用数字化放样法测设的这些轴线控制桩不需要再外延轴线控制桩。

2）基础施工测量

基础分墙基础和柱基础。基础施工测量的主要内容是放样基槽开挖边线、控制基础的开挖深度、测设垫层的施工高程和放样基础模板的位置。

（1）墙基施工测量

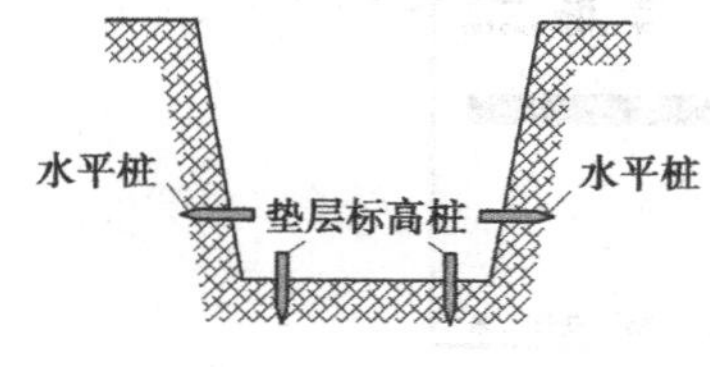

图 12.17　基槽抄平

放样基槽开挖边线和抄平：按照基础大样图上的基槽宽度，加上口放坡的尺寸，计算出基槽开挖边线的宽度。由桩中心向两边各量基槽开挖边线宽度的一半，作出记号。在两个对应的记号点之间拉线，在拉线位置撒白灰，按白灰线位置开挖基槽。

为了控制基槽的开挖深度，当基槽挖到一定的深度时，应用水准测量的方法在基槽壁上、离坑底设计高程 0.3～0.5 m 处、每隔 2～3 m 和拐点位置设置一些水平桩，如图 12.17 所示。施工中，称高程测设为抄平。

基槽开挖完成后，应根据轴线控制桩复核基槽宽度和槽底标高，合格后，才能进行垫层施工。

（2）垫层和基础放样

如图 12.17 所示，基槽开挖完成后，应在基坑底设置垫层标高桩，使桩顶面的高程等于垫层设计高程,作为垫层施工的依据。

垫层施工完成后,根据轴线控制桩,用拉线的方法,吊垂球将墙基轴线投设到垫层上,用墨斗弹出墨线,用红油漆画出标记。墙基轴线投设完成后,应按设计尺寸复核。

3)工业厂房柱基施工测量

(1)柱基的测设

柱基测设是为每个柱子测设出4个柱基定位桩(图12.18),作为放样柱基坑开挖边线、修坑和立模板的依据。柱基定位桩应设置在柱基坑开挖范围以外。

图12.18为杯形柱基大样图。按照基础大样图的尺寸,用特制的角尺,在柱基定位桩上,放出基坑开挖线,撒白灰标出开挖范围。桩基测设时,应注意定位轴线不一定都是基础中心线,具体应仔细察看设计图纸确定。

(2)基坑高程的测设

如图12.17所示,当基坑开挖到一定深度时,应在坑壁四周离坑底设计高程0.3~0.5 m处设置几个水平桩,作为基坑修坡和清底的高程依据。

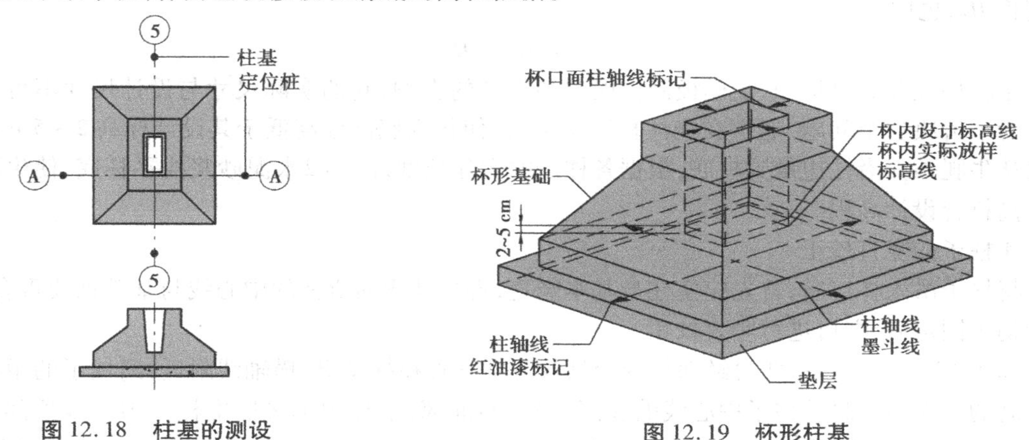

图12.18 柱基的测设

图12.19 杯形柱基

(3)垫层和基础放样

在基坑底设置垫层标高桩,使桩顶面的高程等于垫层的设计高程,作为垫层施工的依据。

(4)基础模板的定位

如图12.19所示,完成垫层施工后,根据基坑边的柱基定位桩,用拉线的方法,吊垂球将柱基定位线投设到垫层上,用墨斗弹出墨线,用红油漆画出标记,作为柱基立模板和布置基础钢筋的依据。立模板时,将模板底线对准垫层上的定位线,并吊垂球检查模板是否竖直,同时注意使杯内底部标高低于其设计标高2~5 cm,作为抄平调整的余量。拆模后,在杯口面上定出柱轴线,在杯口内壁上定出设计标高。

4)工业厂房构件安装测量

装配式单层工业厂房主要由柱、吊车梁、屋架、天窗和屋面板等主要构件组成。在吊装每个构件时,有绑扎、起吊、就位、临时固定、校正和最后固定等几道操作工序。下面主要介绍柱子、吊车梁及吊车轨道等构件的安装和校正工作。

(1)厂房柱子的安装测量

①柱子安装的精度要求:

a. 柱脚中心线应对准柱列轴线，偏差应不超过 ±5 mm。

b. 牛腿面的高程与设计高程应一致，误差应不超过 ±3 mm。

c. 柱子全高竖向允许偏差应不超过 ±3 mm。

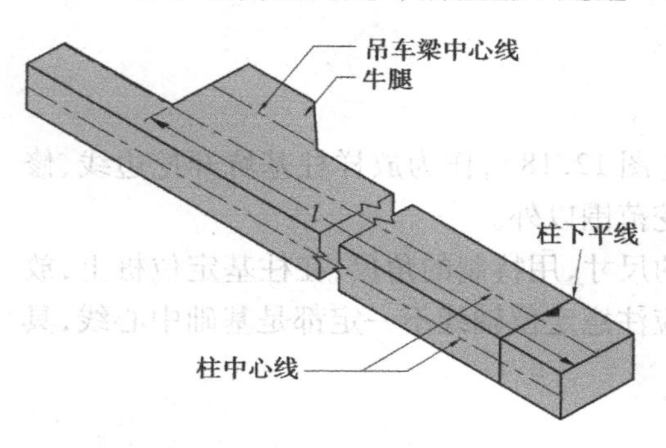

图 12.20　在预制的厂房柱子上弹线

②柱子吊装前的准备工作：柱子吊装前，应根据轴线控制桩，将定位轴线投测到杯形基础顶面上，并用红油漆画上▼标明，如图 12.20 所示。在杯口内壁测出一条高程线，从该高程线起向下量取 10 cm 即为杯底设计高程。

在柱子的 3 个侧面弹出中心线；根据牛腿面设计标高，用钢尺量出柱下平线的标高线，如图12.20 所示。

③柱长检查与杯底抄平：柱底到牛腿面的设计长度 l（见图 12.19）应等于牛腿面的高程 H_2 减去杯底高程 H_1，也即

$$l = H_2 - H_1$$

牛腿柱在预制过程中，受模板制作误差和变形的影响，它的实际尺寸与设计尺寸不可能一致。为了解决这个问题，通常在浇注杯形基础时，使杯内底部标高低于其设计标高 2 ~5 cm，用钢尺从牛腿顶面沿柱边量到柱底，根据各柱子的实际长度，用 1∶2水泥砂浆找平杯底，使牛腿面的标高符合设计高程。

④柱子的竖直校正

将柱子吊入杯口后，首先应使柱身基本竖直，再令其侧面所弹的中心线与基础轴线重合，用木楔初步固定后，即可进行竖直校正。

如图 12.21 所示，将两台经纬仪或全站仪分别安置在柱基纵、横轴线附近，离柱子的距离约为柱高的 1.5 倍。瞄准柱子中心线的底部，固定照准部，上仰望远镜照准柱子中心线顶部。如重合，则柱子在这个方向上已经竖直；如不重合，应调整，直到柱子两侧面的中心线都竖直为止。

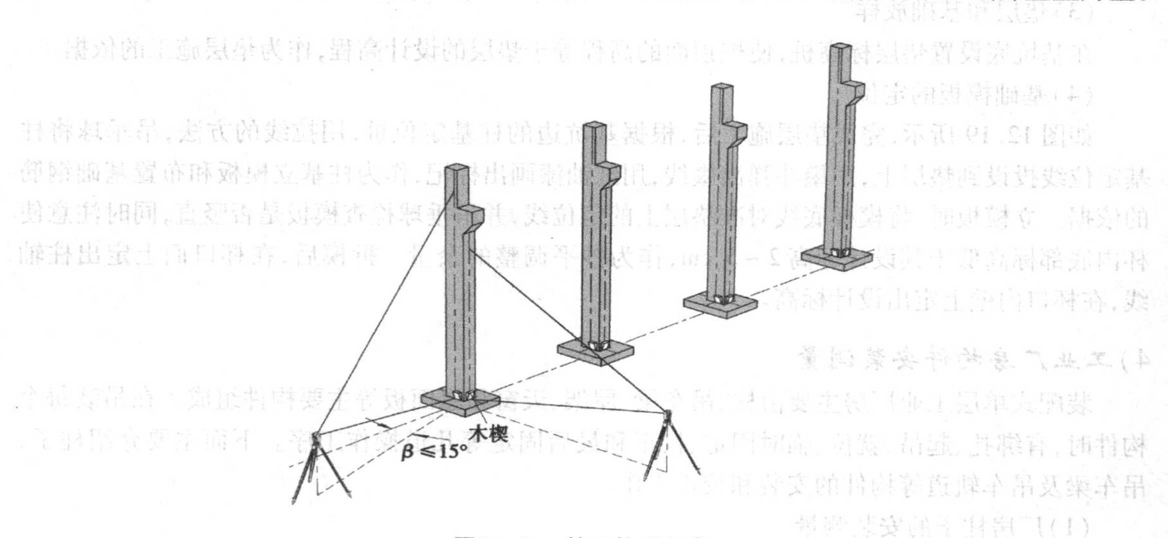

图 12.21　校正柱子竖直

在纵轴方向上，柱距很小，可以将仪器安置在纵轴的一侧，仪器偏离轴线的角度 β 最好不要超过 15°，这样，安置一次仪器，就可以校正多根柱子。

(2)吊车梁的安装测量

如图 12.22 所示，吊车梁吊装前，应先在其顶面和两个端面弹出中心线。安装步骤如下：

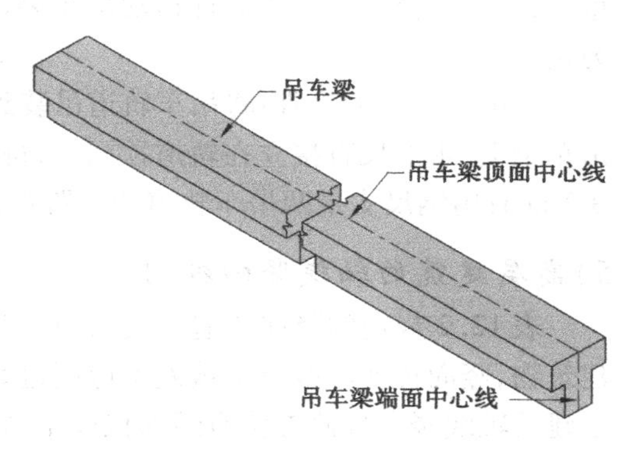

图 12.22 在吊车梁顶面和端面弹线

①如图 12.23(a)所示，利用厂房中心线 A_1A_1，根据设计轨道距离，在地面上测设出吊车轨道中心线 $A'A'$ 和 $B'B'$。

②将经纬仪或全站仪安置在轨道中线的一个端点 A' 上，瞄准另一个端点 A'，上仰望远镜，将吊车轨道中心线投测到每根柱子的牛腿面上并弹出墨线。

③根据牛腿面上的中心线和吊车梁端面上的中心线，将吊车梁安装在牛腿面上。

④检查吊车梁顶面的高程。在地面安置水准仪，在柱子侧面测设 +50 cm 的标高线(相对于厂房 ±0.000)；用钢尺沿柱子侧面量出该标高线至吊车梁顶面的高度 h，如果 h +0.5 m 不等于吊车梁顶面的设计高程，则需要在吊车梁下加减铁板进行调整，直至符合要求为止。

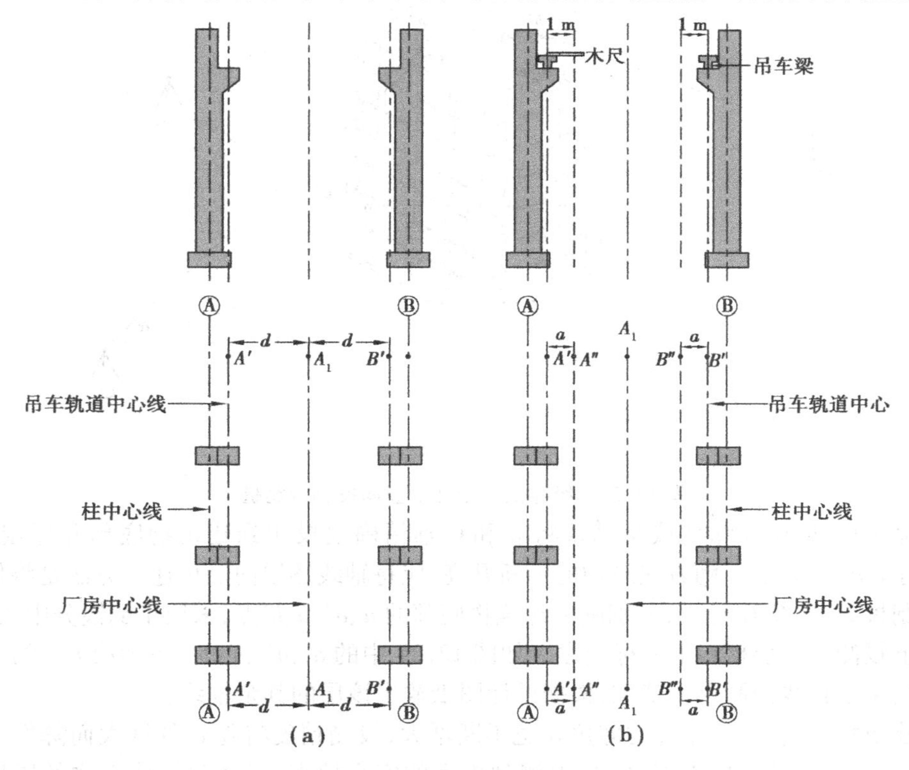

图 12.23 吊车梁和吊车轨道的安装

(3)吊车轨道的安装测量

①吊车梁顶面中心线间距检查：一般使用平行线法检查，如图 12.23(b)所示，在地面上分别从两条吊车轨道中心线量出距离 a = 1 m，得到两条平行线 $A''A''$ 和 $B''B''$；将经纬仪或全站仪安

置在平行线一端的 A''点上，瞄准另一端点 A''，固定照准部，上仰望远镜投测；另一人在吊车梁上左右移动横置水平木尺，当视线对准 1 m 分划时，尺的零点应与吊车梁顶面的中线重合。如不重合，应予以修正。可用撬杆移动吊车梁，直至使吊车梁中线至 $A''A''$（或 $B''B''$）的间距等于 1 m 为止。

②吊车轨道的检查：将吊车轨道吊装到吊车梁上安装后，应进行两项检查；将水准仪安置在吊车梁上，水准尺直接立在轨道顶面上，每隔 3 m 测一点高程，与设计高程比较，误差应不超过 ±2 mm；用钢尺丈量两吊车轨道间的跨距，与设计跨距比较，误差应不超过 ±3 mm。

5）高层建筑的轴线竖向投测

表 12.2 规定的竖向传递轴线点中误差与建筑物的结构及高度有关，例如，总高 $H \leqslant 30$ m 的建筑物，竖向传递轴线点的偏差不应超过 5 mm，每层竖向传递轴线点的偏差不应超过3 mm。高层建筑轴线竖向投测方法有经纬仪或全站仪引桩投测法和激光垂准仪投测法两种。

（1）经纬仪或全站仪引桩投测法

如图 12.24 所示，某高层建筑的两条中心轴线号分别为③和Ⓒ，在测设轴线控制桩时，应将这两条中心轴线的控制桩 3、3′、C、C'设置在距离建筑物尽可能远的地方，以减小投测时的仰角 α，提高投测精度。

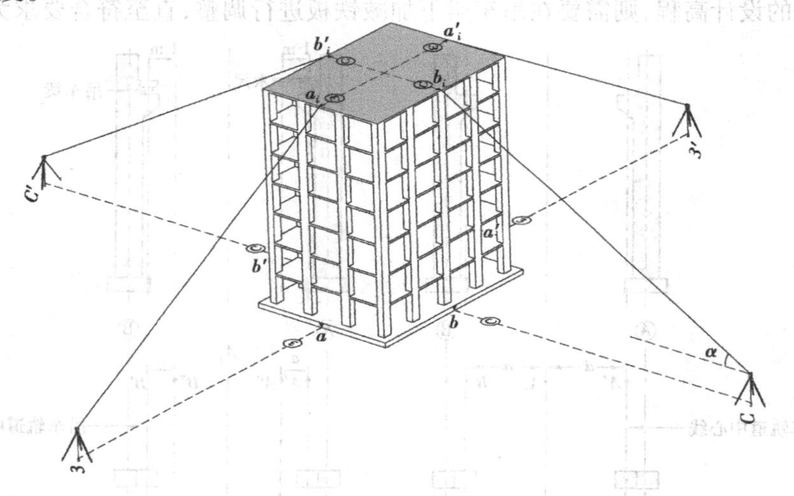

图 12.24　经纬仪或全站仪竖向投测控制桩

基础完工后，应用经纬仪或全站仪将③和Ⓒ轴精确地投测到建筑物底部并标定之，如图 12.24 中的 a、a'、b、b'点。随着建筑物的不断升高，应将轴线逐层向上传递。方法是将仪器分别安置在控制桩 3、3′、C、C'点上，分别瞄准建筑物底部的 a、a'、b、b'点，采用正倒镜分中法，将轴线③和Ⓒ向上投测至每层楼板上并标定之。如图 12.24 中的 a_i、a'_i、b_i、b'_i 点为第 i 层的 4 个投测点。再以这 4 个轴线控制点为基准，根据设计图纸放出该层的其余轴线。

随着建筑物的增高，望远镜的仰角 α 也不断增大，投测精度将随 α 的增大而降低。为保证投测精度，应将轴线控制桩 3、3′、C、C'引测到更远的安全地点，或者附近建筑物的屋顶上。操作方法为：将仪器分别安置在某层的投测点 a_i、a'_i、b_i、b'_i 上，分别瞄准地面上的控制桩 3、3′、C、C'，以正倒镜分中法将轴线引测到远处。图 12.25 为将 C'点引测到远处的 C'_1 点，将 C 点引测到附近大楼屋顶上的 C_1 点。以后，从 $i+1$ 层开始，就可以将仪器安置在新引测的控制桩上进行投测。

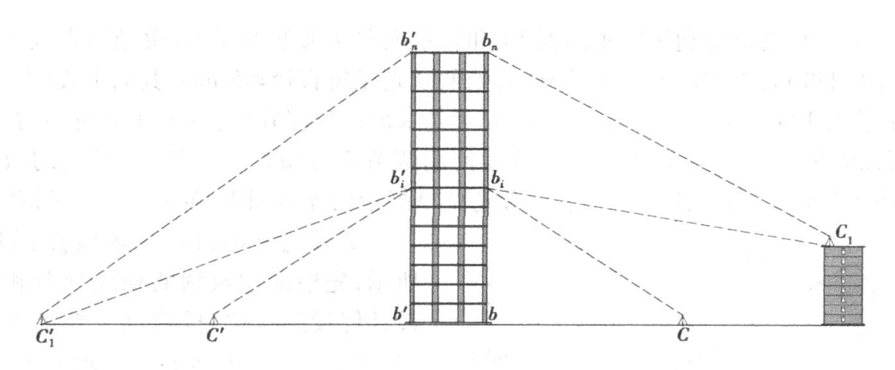

图 12.25 将轴线引测到远处或附近建筑物屋顶上

用于引桩投测的经纬仪或全站仪应经过严格检验和校正后才能使用，尤其是照准部管水准器应严格垂直于竖轴，作业过程中，必须确保照准部管水准气泡居中，使用全站仪投测时，应打开补偿器。

(2)激光垂准仪投测法

①激光垂准仪的原理与使用方法：图 12.26 为苏州一光 DZJ2 激光垂准仪，它是在光学垂准系统的基础上添加了激光二极管，可以分别给出上下同轴的两束激光铅垂线，并与望远镜视准轴同心、同轴、同焦。当望远镜照准目标时，在目标处就会出现一个红色光斑，可以通过目镜 6 观察到；另一个激光器通过下对点系统发射激光束，利用激光束照射到地面的光斑进行激光对中操作。

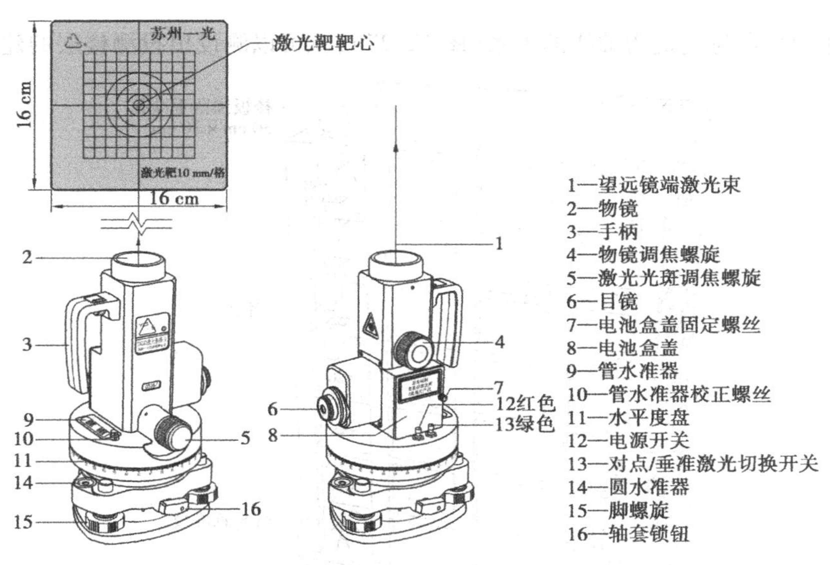

图 12.26 DZJ2 型激光垂准仪

仪器操作非常简单，在设计投测点位上安置仪器，按 12 键(图 12.26)打开电源；按 13 键使仪器向下发射激光，转动激光光斑调焦螺旋 5，使激光光斑聚焦于地面上一点，进行常规的对中整平操作安置好仪器；再按 13 键切换激光方向为向上发射激光，将仪器标配的网格激光靶放置在目标面上，转动激光光斑调焦螺旋 5，使激光光斑聚焦于目标面上的一点；移动网格激光靶，使靶心精确地对准激光光斑，将投测轴线点标定在目标面上得 S'点；依据水平度盘 11 旋转仪器照准部 180°，重复上述操作得 S''点，取 S'与 S''点连线的中点得最终投测点 S。

DZJ2 型激光垂准仪是利用圆水准器 14 和管水准器 9 来整平仪器，激光的有效射程白天为 120 m，夜间为 250 m，距离仪器望远镜 80 m 处的激光光斑直径≤5 mm，其向上投测一测回垂直测量标准偏差为 1/4.5 万，等价于激光铅垂精度为 ±5″；当投测高度为 150 m 时，其投测偏差为 3.3 mm，可以满足表 12.2 的限差要求。仪器使用两节 5 号碱性电池供电，发射的激光波长为 0.65 μm，功率为 0.1 mw。详细内容请参考光盘“\测量仪器说明书”路径下的说明书文档。

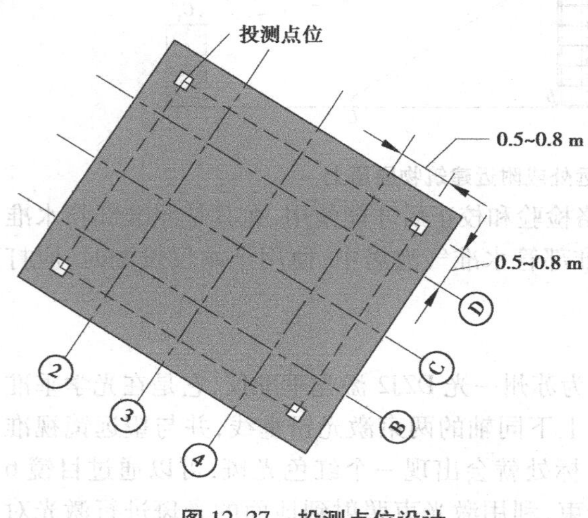

图 12.27　投测点位设计

②激光垂准仪投测轴线点：如图 12.27 所示，先根据建筑物的轴线分布和结构情况设计好投测点位，投测点位至最近轴线的距离一般为 0.5 ~ 0.8 m。基础施工完成后，将设计投测点位准确地测设到地坪层上，以后每层楼板施工时，都应在投测点位处预留 30 cm × 30 cm 的垂准孔，见图 12.28。

将激光垂准仪安置在首层投测点位上，打开电源，在投测楼层的垂准孔上可以看见一束红色激光；依据水平度盘，在对经 180°两个盘位投测取其中点的方法获取投测点位，在垂准孔旁的楼板面上弹出墨线标记。以后要使用投测点时，仍然用压铁拉两根细麻线恢复其中心位置。

根据设计投测点与建筑物轴线的关系（图 12.27），就可以测设出投测楼层的建筑轴线。

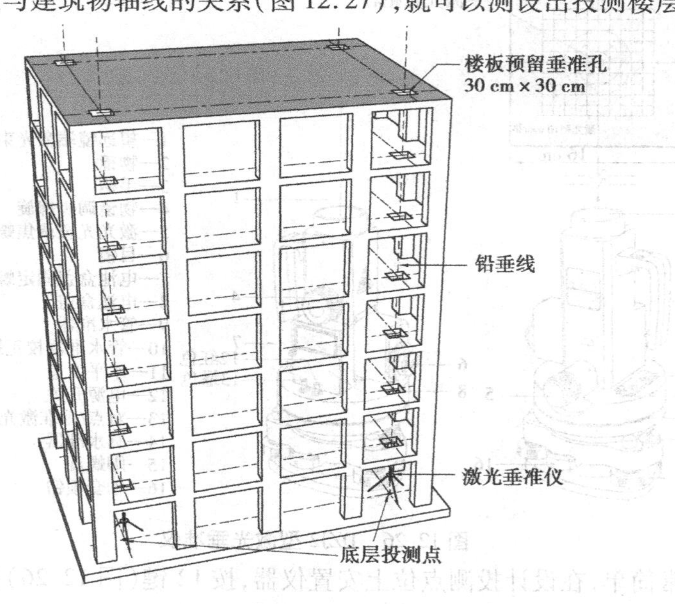

图 12.28　用激光垂准仪投测轴线点

6）高层建筑的高程竖向传递

（1）悬吊钢尺法

如图 12.29（a）所示，首层墙体砌筑到 1.5 m 标高后，用水准仪在内墙面上测设一条

"+50 mm"的标高线,作为首层地面施工及室内装修的标高依据。以后每砌一层,就通过吊钢尺从下层的"+50 mm"标高线处,向上量出设计层高,测出上一楼层的"+50 mm"标高线。以第二层为例,图中各读数间存在方程$(a_2-b_2)+(a_1-b_1)=l_1$,由此解出b_2为

$$b_2 = a_2 - l_1 + (a_1 - b_1) \tag{12.2}$$

在进行第二层的水准测量时,上下移动水准尺,使其读数为b_2,沿水准尺底部在墙面上画线,即可得到该层的"+50 mm"标高线。同理,第三层的b_3为

$$b_3 = a_3 - (l_1 + l_2) + (a_1 - b_1) \tag{12.3}$$

(2)全站仪对天顶测距法

超高层建筑,吊钢尺有困难时,可以在投测点或电梯井安置全站仪,通过对天顶方向测距的方法引测高程,见图12.29(b)。操作步骤如下:

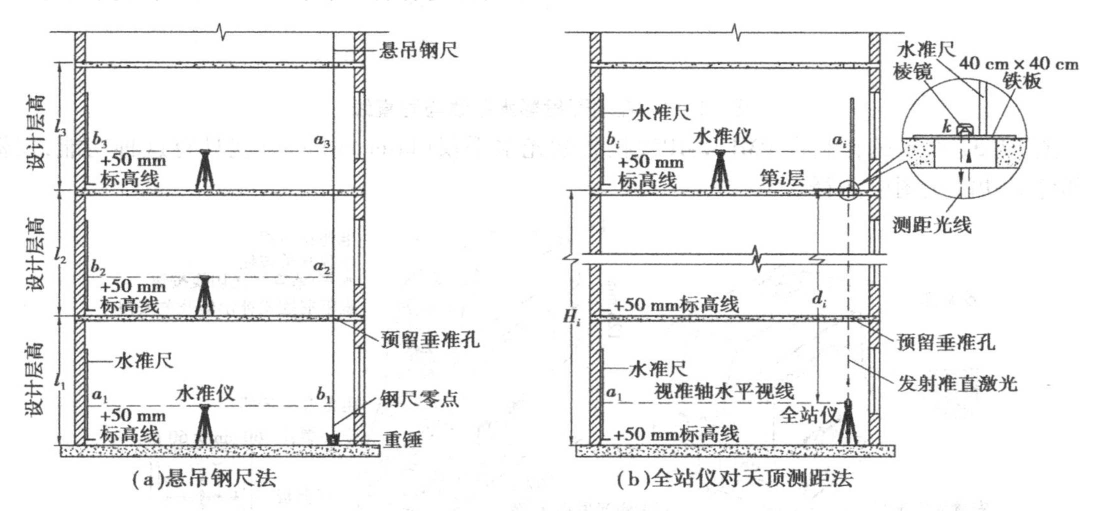

图12.29 高程竖向传递的方法

①在投测点安置全站仪,置平望远镜(显示窗显示的竖直角为0°或竖盘读数为90°),读取竖立在首层"+50 mm"标高线上水准尺的读数为a_1。a_1即为全站仪横轴至首层"+50 mm"标高线的仪器高。

②将望远镜指向天顶(屏幕显示竖直角90°或竖盘读数为0°),打开全站仪的准直激光(索佳SET250RX按住⊛键2 s为打开准直激光),将一块制作好的40 cm×40 cm、中间开了一个Φ30 mm圆孔的铁板,放置在需传递高程的第i层层面垂准孔上,使圆孔中心对准准直激光光斑,将棱镜扣在铁板上,操作全站仪测距,得距离d_i。

③在第i层安置水准仪,将一把水准尺竖立在铁板上,设其上的读数为a_i,另一把水准尺竖立在第i层"+50 mm"标高线附近,设其上的读数为b_i,则有下列方程成立

$$a_1 + d_i - k + (a_i - b_i) = H_i \tag{12.4}$$

式中,H_i为第i层楼面的设计高程(以建筑物的±0.000起算);k为棱镜常数,可以通过实验的方法测定出。

由(12.4)式可以解出b_i为

$$b_i = a_1 + d_i - k + (a_i - H_i) \tag{12.5}$$

上下移动水准尺,使其读数为b_i,沿水准尺底部在墙面上画线,即可得到第i层的"+50 mm"标高线。

12.6 喜利得 PML32-R 线投影激光水平仪

如图 12.30 所示，在房屋建筑施工中，经常需要在墙面上弹一些水平或垂直墨线，作为施工的基准。

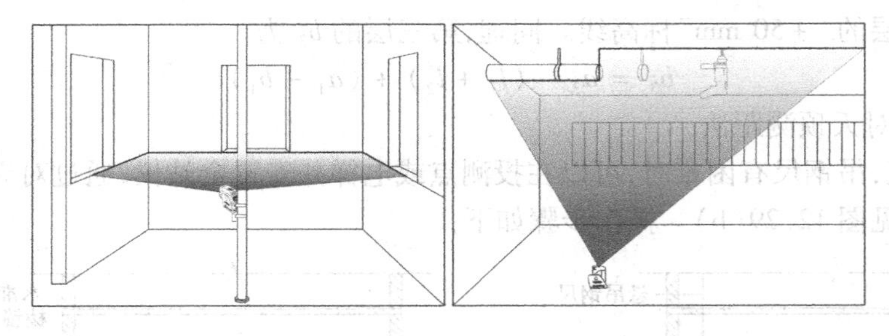

图 12.30 在墙面投影水平线与垂直线

图 12.31 所示的喜利得 PML32-R 线投影激光水平仪（laser swinger）就具有这种功能，仪器各部件的功能见图中注释。

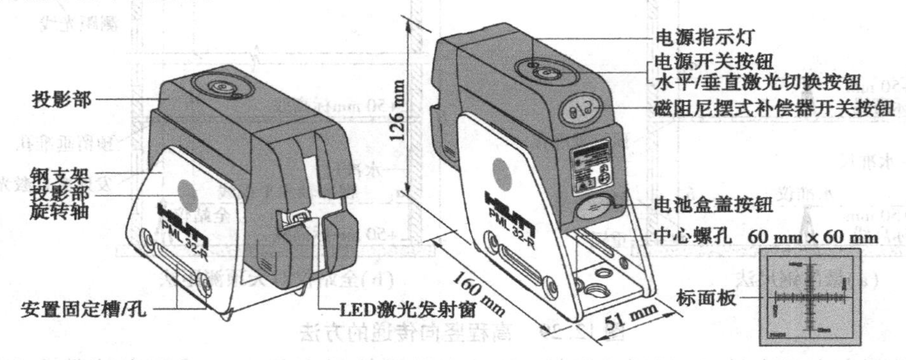

图 12.31 喜利得 PML32-R 线投影激光水平仪

PML32-R 的主要技术参数如下：

①激光：2 级红色激光，波长 620 ~ 690 nm，最大发射功能 0.95 mW；

②补偿器：磁阻尼摆式补偿器安平激光线，工作范围为 ±5°，安平时间 <3 s；

③线投影误差：±1.5 mm/10 m；

④线投影范围：线投影距离为 10 m，使用 PMA30 激光接收器时，投射距离为 30 m，线投影角度为 120°，见图 12.32；

⑤电源：4 ×1.5 V 的 7 号 AAA 电池可供连续投影 40 h。

（1）PML32-R 的使用方法

按⊖按钮打开 PML32-R 的电源后，15 min 不操作仪器自动关机；按住⊖按钮不放 4 s 开机，仪器自动取消自动关机功能；投影线每隔 10 s 闪烁 2 次时，表示电池即将耗尽，应尽快更换电池。

PML32-R 中心螺孔与全站仪的中心螺孔完全相同，可以将其安装在全站仪脚架上使用，也可以用仪器标配附件 PMA70 与 PMA71 将其安装在直径小于 50 mm 的管道上使用，还可以直接放置在水平面上使用。

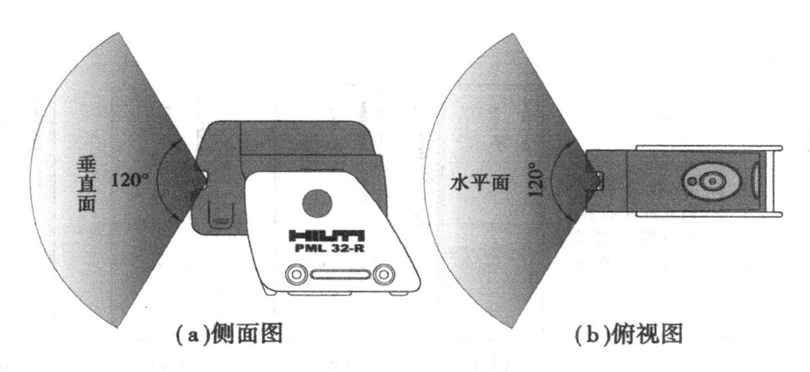

(a)侧面图 (b)俯视图

图 12.32 PML32-R 水平线与垂直线投影角度范围 120°

图 12.33(a)为仪器投影部处于关闭位置,旋转投影部至 90°位置[图 12.33(b)]或 180°位置[图 12.33(c)],按⊖按钮打开 PML32-R 的电源,电源指示灯点亮。

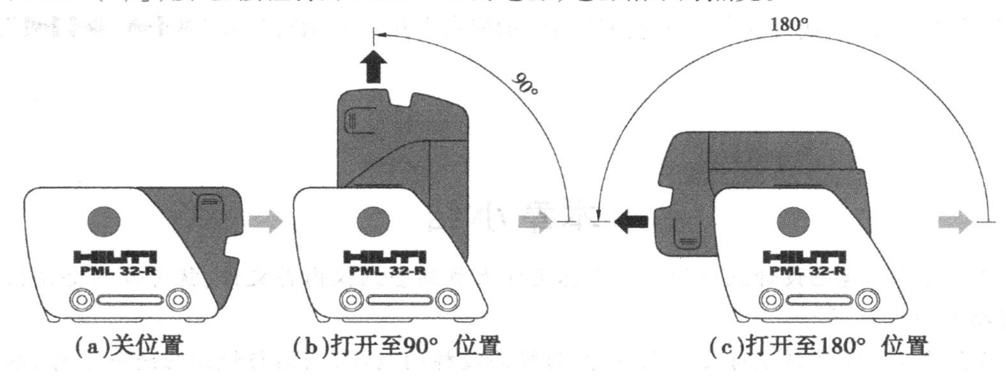

(a)关位置 (b)打开至90° 位置 (c)打开至180° 位置

图 12.33 PML32-R 投影部由关闭位置分别旋转至 90°与 180°位置

当仪器安置在水平面,投影部位于 180°位置时,仪器投射一条基本水平的激光线,再按⊖按钮切换为一条基本垂直的激光线,再按⊖按钮为切换为基本水平与垂直的两条激光线,当磁阻尼摆式补偿器关闭时,上述激光线每隔 2 s 闪烁一次,表示这些激光线并不严格水平或垂直;再按⊖按钮为关闭电源。

按⊖按钮打开磁阻尼摆式补偿器,当仪器安置在倾角较大的斜面、超出补偿器的工作范围时,投影线将快速闪烁;当补偿器正常工作时,投影线将常亮。

当投影部旋转至 180°位置以外的其余位置时,应关闭补偿器,旋转投影部,使投影线与墙面已有参照线重合的方式来校正投影线。

(2)PMA30 激光投影线接收器的使用方法

PML32-R 激光投影线的有效距离为 10 m,当距离超出 10 m 时,激光投影线的强度变弱,人的肉眼难以分辨,应使用图 12.34 所示的 PMA30 激光投影线接收器。

PMA30 采用 2×1.5 V 的 5 号 AAA 电池供电,距离 PML32-R 的最大距离为 30 m。按⓪按钮开机,再次按⓪按钮为关机,移动 PMA30,使其基准线接近激光投影线,当激光投影线进入 PMA30 的激光线接收窗时,液晶显示窗将显示三节箭头以指示 PMA30 的移动方向,见图 12.34(b);按箭头方向继续移动 PMA30,使其接近激光线投影线,当基准线与激光线投影线重合时,液晶显示窗不显示箭头,只显示基准线,此时,用铅笔在基准线侧面的槽位画线[图 12.34(a)]即得激光投影线在墙面的投影,液晶显示窗的变化过程见图 12.34(c)~(e)。

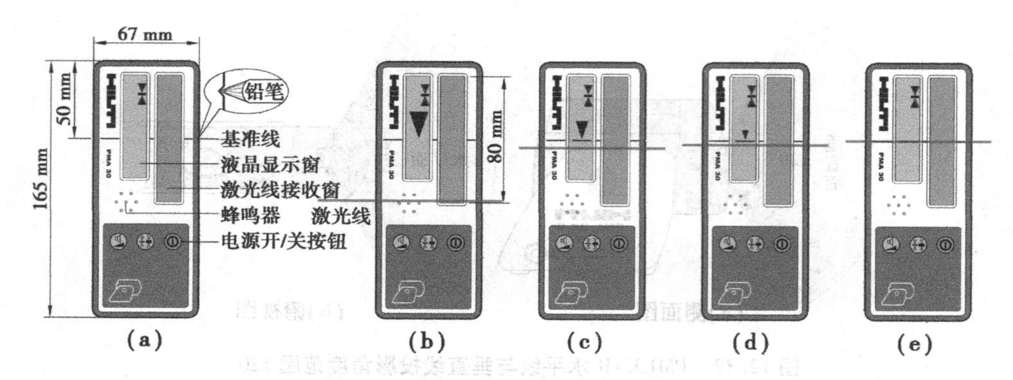

图 12.34　PMA30 激光投影线接收器

按㉄按钮为使蜂鸣器与移动箭头在“蜂鸣器强 + 三节移动箭头/蜂鸣器弱 + 两节移动箭头/一节箭头”之间切换，按⊕按钮为使液晶显示窗右上角的显示符号在“▶I◀/▶I I◀”之间切换。

本章小结

(1)只要将建筑物设计点位的平面坐标文件上载到全站仪内存文件，就可以用全站仪的坐标放样功能快速放样。

(2)全站仪批量放样坐标文件点位时，为提高放样的效率，测站与镜站应统一手势，尽量减少步话机通话。

(3)从 dwg 格式基础施工图采集点位设计坐标的流程是：参照设计蓝图，在 AutoCAD 中校准图纸尺寸、拼绘结构施工总图、缩小 1 000 倍使图纸单位变换为 m、变换图纸到测量坐标系、绘制采集点编号；在数字测图软件 CASS 中批量采集需放样点位的平面坐标并生成坐标文件、展绘采集坐标文件检查；编辑坐标文件。

(4)某些大型建筑的结构设计通常由多名结构设计人员分别设计完成，设计院通常只绘制了 dwg 格式的建筑总图，没有绘制结构施工总图，此时，参照建筑总图拼绘结构施工总图的内业制图工作量将非常大，要求测量施工员应熟练掌握 AutoCAD 的操作，这是实施建筑物数字化放样的基础。

(5)高层建筑竖向轴线投测有经纬仪或全站仪引桩投测法与激光垂准仪法，高程竖向传递有悬吊钢尺法与全站仪对天顶测距法。

思考题与练习题

1. 施工测量的内容是什么？如何确定施工测量的精度？
2. 施工测量的基本工作是什么？
3. 试叙述使用水准仪进行坡度测设的方法。
4. 试叙述使用全站仪进行坡度测设的方法。

5. 建筑轴线控制桩的作用是什么？距离建筑外墙的边距如何确定？龙门板的作用是什么？

6. 校正工业厂房柱子时，应注意哪些事项？

7. 高层建筑轴线竖向投测和高程竖向传递的方法有哪些？

8. 如图 12.40 所示，A，B 为已有平面控制点，E，F 为待测设的建筑物角点，试计算分别在 A，B 设站，用全站仪方位角法分别测设 E，F 点的方位角与平距，结果填入下列表格（角度算至 1″，距离算至 1 mm，建议使用 fx-5800P 程序 P7-1 计算）。

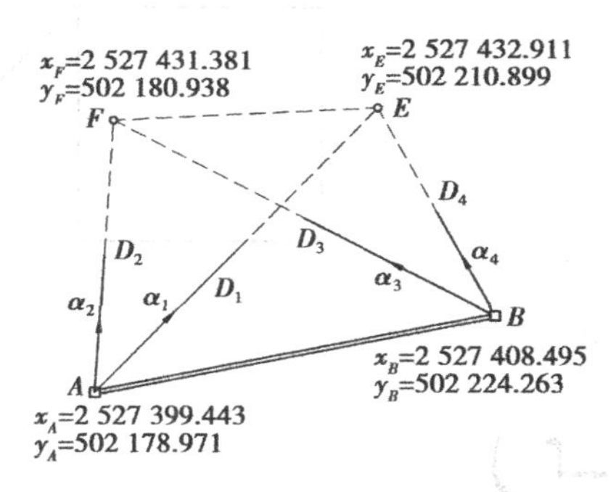

图 12.35 极坐标法测设数据

测　站	放样点	方位角	平距/m	测　站	放样点	方位角	平距/m
A	E			B	E		
	F				F		

9. 用 CASS 打开光盘“\建筑物数字化放样\宝成公司厂房基础平面图_坐标采集. dwg”文件，采集图中绘制的编号为Ⓐ、Ⓓ、Ⓖ、Ⓚ和①、⑤、⑭、㉒、㉖轴线控制桩的坐标文件，要求坐标文件名为 CS1212. dat 并位于用户 U 盘根目录下，将随书光盘“\建筑物数字化放样\CS_SK. exe”文件复制到用户 U 盘根目录下，执行 CS_SK. exe 程序，将其变换为索佳 SET 系列全站仪可以接收的坐标文件格式 SK1212. csv，打印 CS1212. dat 与 SK1212. csv 坐标文件并粘贴到作业本上。

10. 用 AutoCAD2004 或以上版本打开光盘“\建筑物数字化放样\未校正建筑物施工图\广州某高层裙楼结构施工图. dwg”文件，找到“桩基础平面布置图”（图框为红色加粗多段线），进行如下操作：

(1) 删除除桩基础平面布置图以外的全部图形对象；

(2) 执行比例命令 scale，将桩基础平面布置图缩小 1 000 倍，删除未缩小的尺寸标注对象；

(3) 执行对齐命令 align，用图中标注的测量坐标将桩基础平面布置图变换到测量坐标系；

(4) 为图中的管桩编号，以文件名“广州某高层裙楼结构施工图_坐标采集. dwg”存盘；

(5) 用 CASS 打开“广州某高层裙楼结构施工图_坐标采集. dwg”文件，采集管桩中心点的坐标并存入坐标文件。

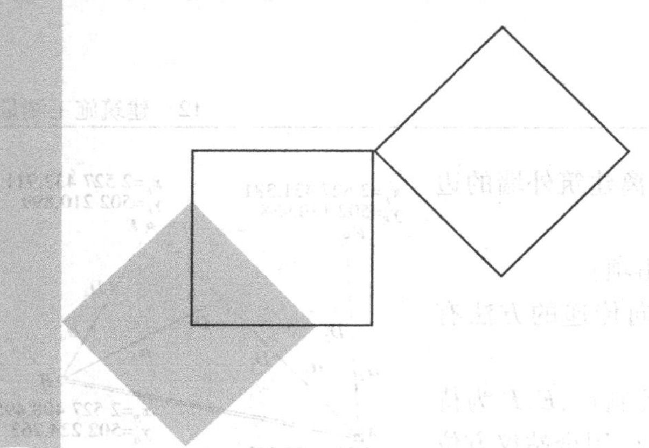

13 路线施工测量

本章导读：

- **基本要求**　掌握路线桩号、曲线主点、加桩的定义；掌握交点法单圆平曲线与基本型平曲线计算的内容、原理与方法，掌握路线平曲线坐标正、反算的原理与方法；掌握使用 QH2-7T 程序进行路线平曲线坐标正、反算，竖曲线中桩设计高程，路基超高横坡及边桩设计高程的计算方法，数据库子程序的编写方法，了解程序计算的基本原理；掌握使用全站仪放样程序计算结果的原理与方法。
- **重点**　缓和曲线参数 A，计算偏角 β，直线、圆曲线、缓和曲线线元的坐标正、反算原理，竖曲线、路基超高横坡、边坡坡口开口位置与桥墩基桩坐标计算的原理。
- **难点**　缓和曲线线元的坐标正、反算原理。

路线施工测量的主要工作包括：恢复路线中线、测设施工控制桩、路基边桩和竖曲线。

从路线勘测，经过路线工程设计到开始路线施工的时间段内，常有部分路线中桩点被碰动或丢失。为了确保路线中线位置的正确无误，施工前，应进行一次复核测量，将已丢失或碰动过的交点桩、里程桩等恢复与校正好。

路线属于三维空间曲线，设计图纸是按路线平曲线与路线竖曲线分别给出，平、竖曲线联系的纽带为桩号。桩号表示路线中线上的某点距路线起点的水平距离，即里程数。例如某中桩距离路线起点的水平距离为 1 086.586 m，当该桩位于路线的整体式路基时，则桩号为 K1 + 086.586；当该桩位于路线分离式路基的左线时，则桩号为 ZK1 +086.586；当该桩位于路线分离式路基的右线时，则桩号为 YK1 +086.586；当该桩位于互通式立交 B 匝道时，则桩号为 BK1 + 086.586。

路线平曲线的测设内容有两项：一是根据给定的桩号，计算并测设中、边桩的位置，简称坐标正算；二是由全站仪测定的边桩坐标，向路线中线作垂线，计算并测设垂足点的桩号与坐标，简称反算。路线竖曲线的测设内容主要是,根据给定的桩号,测设中桩的设计高程,根据路线标准横断面图纸给定的设计数据,测设横断面。

本章介绍了 fx-5800P 单交点路线三维坐标正、反算与桥墩桩基计算程序 QH2-7T 的使用方法,它是将文献[18]的 QH2-7D 与 QH2-10D 平竖曲线计算程序合并,并新增超高及边桩设计高程计算、隧道超欠挖计算、桥墩桩基坐标计算等功能,再综合一线工程用户的意见修改而成。

13.1 路线中线测量

路线中线测量属于勘察设计院的工作范畴,施工人员了解路线中线测量的内容,对路线施工测量是有帮助的。路线中线测量是将路线设计中心线测设到实地。如图 13.1 所示,路线中线的平面线型由直线和曲线组成,曲线又由圆曲线与缓和曲线组成。

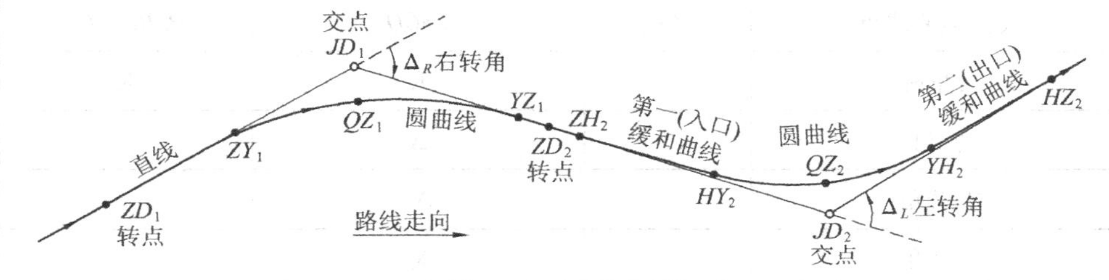

图 13.1 路线中线

中线测量的主要工作是:测设中线交点 *JD* 和转点 *ZD*、测量交点转角 Δ、测设曲线等。

图 13.1 中的 *JD* 与 *ZD* 等为公路测量符号。《公路勘测规范》[7]规定,公路测量符号可采用汉语拼音字母或英文字母,当工程为国内招标时,可采用汉语拼音字母,需要引进外资或为国际招标项目时,应采用英文字母。一条公路宜使用一种符号,常用符号应符合表 13.1 的规定。

表 13.1 公路测量符号

名　称	中文简称	汉语拼音或国际通用符号	英文符号
交点	交点	*JD*	*I. P.*
转点	转点	*ZD*	*T. P.*
导线点	导点	*DD*	*R. P.*
水准点		*B. M.*	*B. M.*
圆曲线起点	直圆	*ZY*	*B. C.*
圆曲线中点	曲中	*QZ*	*M. C.*
圆曲线终点	圆直	*YZ*	*E. C.*
复曲线公切点	公切	*GQ*	*P. C. C.*
第一缓和曲线起点	直缓	*ZH*	*T. S.*
第一缓和曲线终点	缓圆	*HY*	*S. C.*
第二缓和曲线终点	圆缓	*YH*	*C. S.*

续表

名　称	中文简称	汉语拼音或国际通用符号	英文符号
第二缓和曲线起点	缓直	*HZ*	*S. T.*
反向平曲线点	反拐曲	*FGQ*	*P. R. C*
变坡点	竖交点	*SJD*	*P. V. I.*
竖曲线起点	竖直圆	*SZY*	*B. V. C*
竖曲线终点	竖圆直	*SYZ*	*E. V. C*
竖曲线公切点	竖公切	*SGQ*	*P. C. V. C*
反向竖曲线点	反竖拐曲	*FSGQ*	*P. R. V. C.*
公里标		K	K
转角		Δ	
左转角		Δ_L	
右转角		Δ_R	
缓和曲线角		β	
缓和曲线参数		A	A
平、竖曲线半径		R	R
曲线长(包括缓和曲线长)		L	L
圆曲线长		L_Y	L_C
缓和曲线长		L_h	L_S
平、竖曲线切线长		T	T
平曲线外距、竖曲线外距		E	E
方位角		θ	

1)路线交点和转点的测设

纸上定线完成后,应将图上确定的路线交点位置标定到实地。当相邻两交点互不通视或直线较长时,需要在其连线上测定一个或几个转点,以便在交点测量转角时作为照准的目标。直线上一般每隔 200 ~ 300 m 设一转点,另外,在路线与其他道路交叉处以及路线上需设置桥、涵等构筑物处,也应设置转点。

如图 13.2 所示,现在的路线带状地形图基本上是数字地形图。用 CASS 打开路线地形图的. dwg 格式文件,在图上绘制并编辑好转点 *ZD* 的位置,执行下拉菜单“工程应用\指定点生成数据文件”命令,将图上采集的转点坐标存入坐标文件,再将坐标文件上载到全站仪内存,供野外放样转点使用。

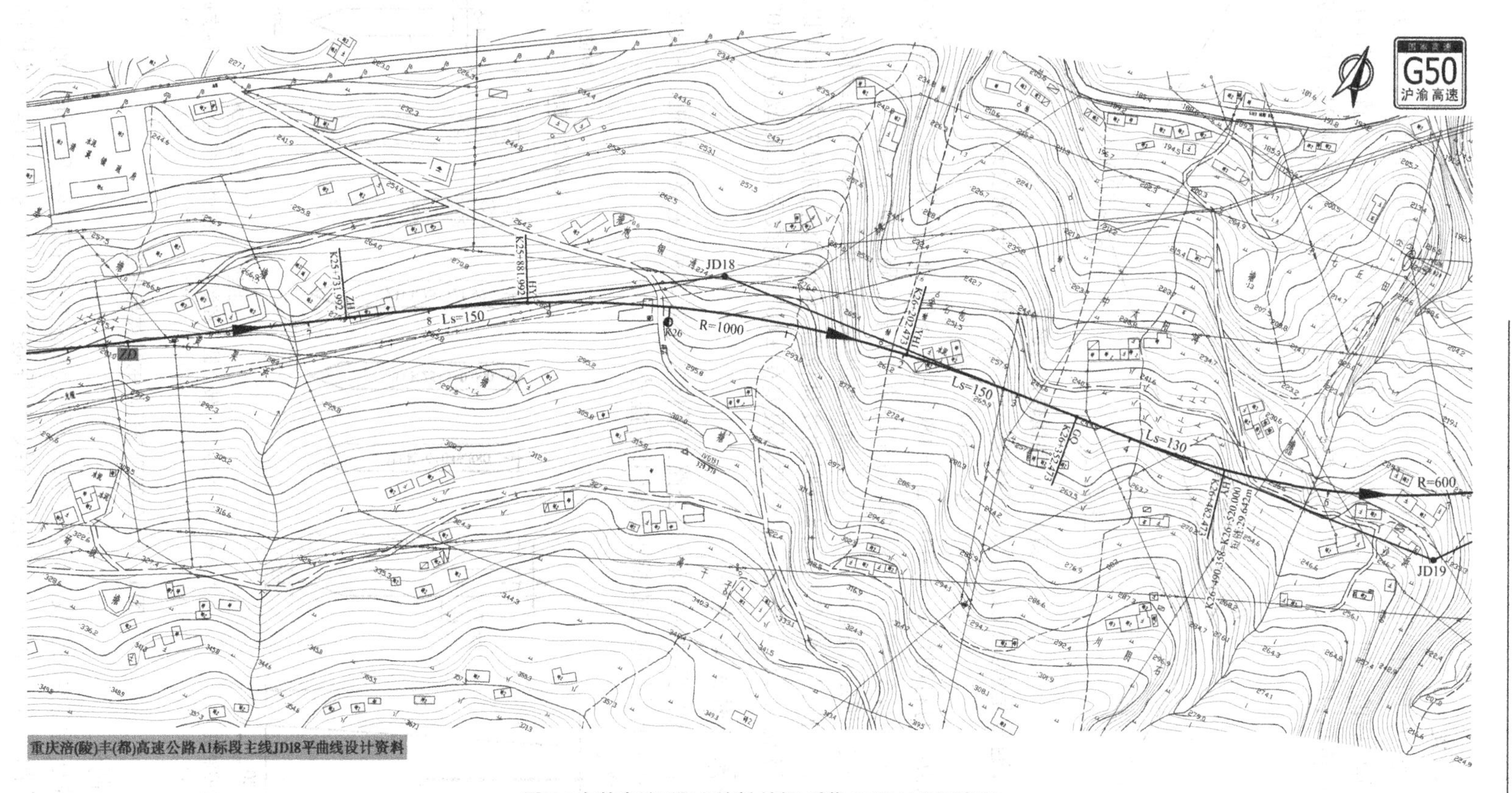

图13.2 在数字地形图上绘制、编辑、采集ZD设计坐标案例

2)路线转角的测定

在路线转折处,为了测设曲线,需要精确测定交点的转角。转角是路线由一个方向偏转至另一个方向时,偏转后的方向与原方向间的水平夹角。如图 13.3 所示,当偏转后的方向位于原方向右侧时,为右转角,用 Δ_R 表示(JD_1);当偏转后的方向位于原方向左侧时,为左转角,用 Δ_L 表示(JD_2)。

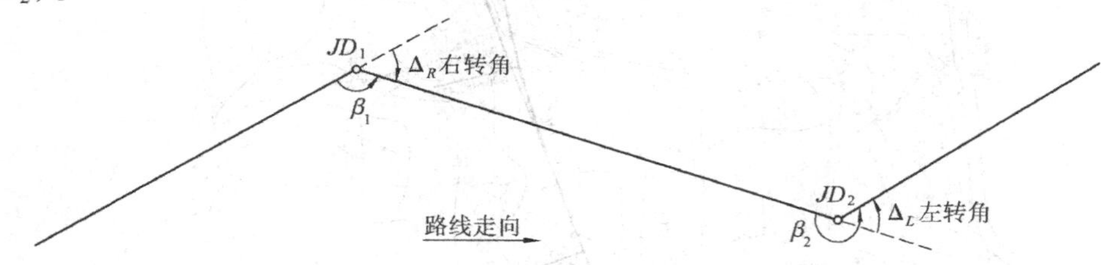

图 13.3　路线转角的定义

路线测量中,通常是沿路线走向,观测路线交点的右测角 β,转角公式为

$$\Delta = 180° - \beta \tag{13.1}$$

由图 13.3 可知,JD_1 的右测角 $\beta_1 < 180°$,$\Delta_1 = 180° - \beta_1 > 0$,为右转角 Δ_R,表示路线向右偏转;JD_2 的右测角 $\beta_2 > 180°$,$\Delta_2 = 180° - \beta_2 < 0$,为左转角 Δ_L,表示路线向左偏转。

《公路勘测规范》规定:高速公路、一级公路应使用精度不低于 DJ6 级经纬仪,采用方向观测法测量右测角 β 一测回。两半测回间应变动度盘位置,角值相差的限差在 ±20″以内取平均值,取位至 1″;二级及二级以下公路角值相差的限差在 ±60″以内取平均值,取位至 30″。

3)公路测量标志的种类与用途

如图 13.4 所示,《公路勘测规范》将公路测量标志分为 3 种:主要控制桩、一般控制桩与标志桩,位于路线中线上的控制桩或指示桩应书写桩号。

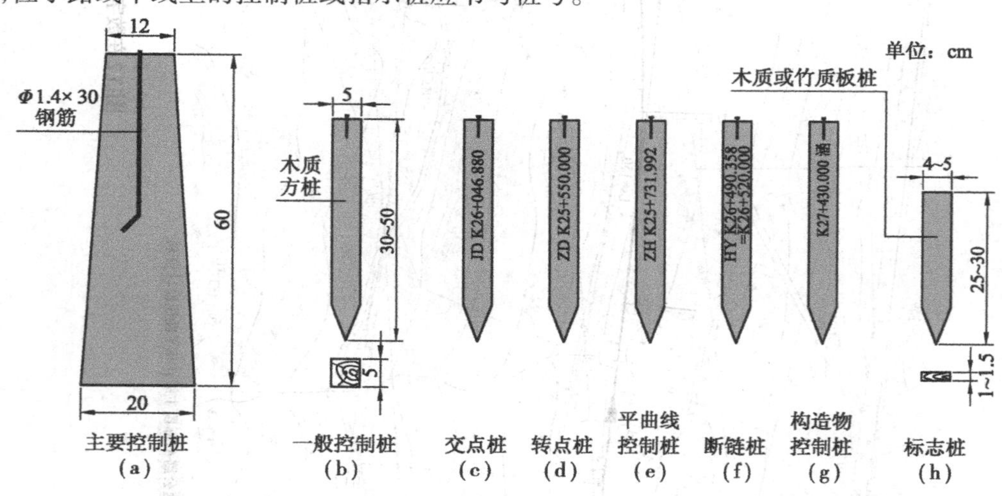

图 13.4　公路测量标志的种类与用途

(1)主要控制桩

主要控制桩是指需要保留较长时间、各设计阶段及施工等都需要重复使用的控制性标志。主要用于平面控制测量的 GPS 点、三角点、导线点、桥隧控制桩、互通式立体交叉控制桩等。主要控制桩应为混凝土桩,如图 13.4(a)所示。混凝土桩可以预制或就地浇筑,当有整体坚固岩

石或建筑物时,可设置在岩石或建筑物上。主要控制桩埋入地下时,其桩顶面应高出地面 1 ~ 5 cm,桩位位于中线时,应加设指示桩。

(2)一般控制桩

一般控制桩主要用于交点桩、转点桩、平曲线控制桩、路线起终点桩、断链桩及其他构造物控制桩等。如图 13.4(b) ~ (g)所示,一般控制桩的木质方桩顶面应钉小铁钉,表示点位。

(3)标志桩

标志桩主要用于路线中线上的整桩、加桩和主要控制桩、一般控制桩的指示桩,应钉设在控制桩外侧 25 ~ 30 cm,书写桩号面应面向被指示桩。

13.2 交点法单圆平曲线的计算与测设

当路线由一个方向转向另一个方向时,应用曲线连接。曲线的形式较多,其中单圆曲线是最基本的平面曲线之一,如图 13.5(a)所示。

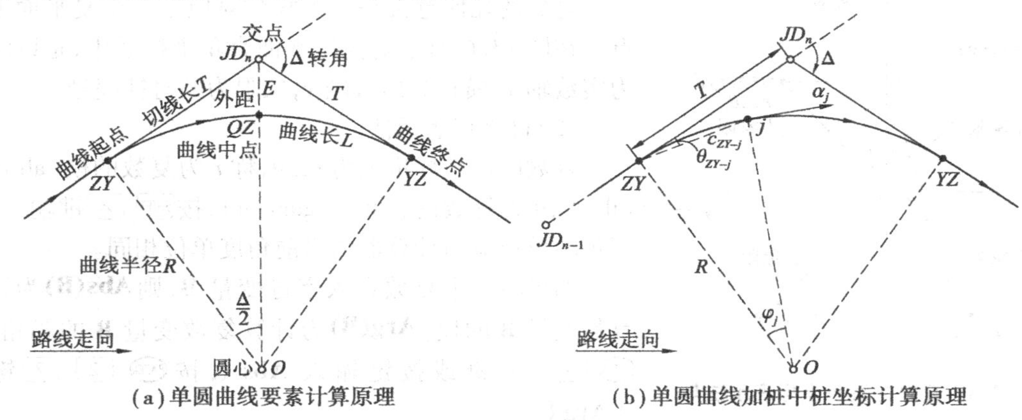

(a)单圆曲线要素计算原理　　(b)单圆曲线加桩中桩坐标计算原理

图 13.5　单圆平曲线要素与坐标计算原理

《公路路线设计规范》[8]规定,各级公路的圆曲线最小半径按设计速度应符合表 13.2 的规定。

表 13.2　圆曲线最小半径

设计速度/(km · h^{-1})		120	100	80	60	40	30	20
圆曲线最小半径/m	一般值	1 000	700	400	200	100	65	30
	极限值	650	400	250	125	60	30	15

路线设计图纸的"直线、曲线及转角表"给出了交点 JD_n 的圆曲线设计数据为:交点桩号 Z_{JD_n}、平面坐标 z_{JD_n}、转角 Δ、圆曲线半径 R、主点桩号及其中桩坐标、20 m 间距的逐桩坐标,施工测量员的计算工作主要有:① 验算设计数据的正确性;② 根据施工需要计算曲线上任意加桩的中、边桩坐标(简称坐标正算),用全站仪测定路线附近某个边桩的平面坐标,由该边桩点向路线曲线作垂线,计算边距、垂足点的桩号及其中桩坐标(简称坐标反算)。

路线曲线的坐标正、反算计算非常繁琐,但又要求在施工现场快速算出结果,以指导施工。用普通计算器几乎无法满足施工的进度要求,因此,需要使用合适的编程计算器程序快速计算。

本节介绍 fx-5800P 基于数据库子程序输入设计数据的交点法路线曲线坐标正、反算程序 QH2-7T 计算的原理与方法，由于 fx-5800P 具有较强的复数计算功能，且复数计算能简化公式与程序，因此，本章采用复数推导坐标计算公式。

1）复数计算原理

复数有式（13.2）的直角坐标、极坐标与指数三种表示方法，其中前两种表示方程也称复数的几何表示法，fx-5800P 只能对直角坐标与极坐标表示的复数进行计算。

$$z = x + yi = r\angle\theta = re^{i\theta}，要求 r > 0 \tag{13.2}$$

（1）直角坐标表示法

复数的直角坐标格式为 $a + bi$，称 a 为复数的实部（real part），b 为复数的虚部（imaginary part），$i^2 = -1$，按 [i] 键输入 i。

如果将一个复数存入字母变量 **B**，则 **ReP(B)** 为提取复数变量 **B** 的实部，**ImP(B)** 为提取复数变量 **B** 的虚部，按 [FUNCTION] [2] [4] 键输入 **ReP (**，按 [FUNCTION] [2] [5] 键输入 **ImP (**。

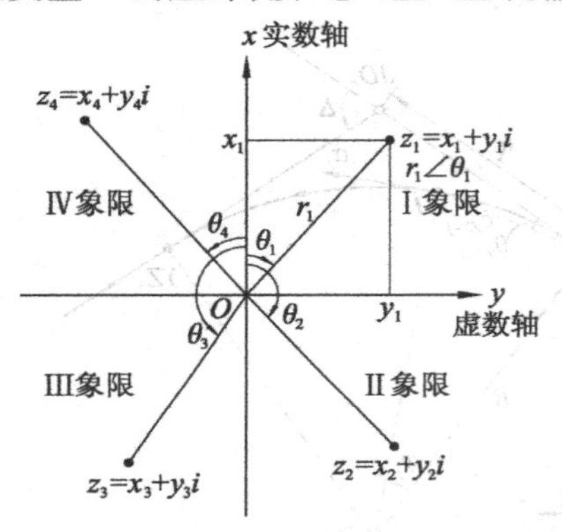

图 13.6　复数的直角坐标表示法与极坐标表示法的关系

复数的几何意义是一个复数对应于一个复平面上的点。在图 13.6 所示的高斯平面直角坐标系中，是以纵轴为实数轴 x，横轴为虚数轴 y，象限为顺时针编号。

（2）极坐标表示法

复数的极坐标格式为 $r\angle\theta$，称 r 为复数的模（absolute value），θ 为复数的辐角（argument），按 [SHIFT] [∠] 键输入∠。辐角的单位应与计算器的当前角度单位相同。

如果将一个复数存入字母变量 **B**，则 **Abs(B)** 为计算复数变量 **B** 的模，**Arg(B)** 为计算复数变量 **B** 的辐角，按 [FUNCTION] [2] [1] 键或按键输入 **Abs (**，按 [FUNCTION] [2] [2] 键输入 **Arg (**。

如图 13.6 所示，fx-5800P 的辐角函数 **Arg** 算出的辐角 θ 的取值范围为 0°～±180°，与 **Pol** 函数算出的辐角 θ 的几何意义完全相同。

2）单圆平曲线的坐标正算

（1）曲线要素的计算

如图 13.5 所示，称切线长 T、曲线长 L、外距 E 及切曲差 J 为交点曲线要素，公式为

$$\left.\begin{aligned}
&切线长\quad T = R\tan\frac{\Delta}{2}\\
&曲线长\quad L = R\Delta\\
&外距\quad E = R\left(\sec\frac{\Delta}{2} - 1\right)\\
&切曲差\quad J = 2T - L
\end{aligned}\right\} \tag{13.3}$$

（2）主点桩号的计算

设 JD 桩号为 Z_{JD}，则曲线主点 ZY，QZ，YZ 的桩号为

$$\left.\begin{aligned} Z_{ZY} &= Z_{JD} - T \\ Z_{QZ} &= Z_{ZY} + \frac{L}{2} \\ Z_{YZ} &= Z_{QZ} + \frac{L}{2} = Z_{JD} + T - J \end{aligned}\right\} \tag{13.4}$$

(3)主点中、边桩坐标的计算

如图 13.5(b)所示,设 JD_n 的复数形式坐标为 $z_{JD_n}=x_{JD_n}+y_{JD_n}i$,相邻后交点 JD_{n-1} 的复数形式坐标为 $z_{JD_{n-1}}=x_{JD_{n-1}}+y_{JD_{n-1}}i$,先由下式算出 JD_{n-1} 至 JD_n 的辐角

$$\theta_{(n-1)n} = \mathrm{Arg}(z_{JD_n} - z_{JD_{n-1}}) \tag{13.5}$$

算出的辐角 $\theta_{(n-1)n}>0$ 时,$\alpha_{(n-1)n}=\theta_{(n-1)n}$;$\theta_{(n-1)n}<0$ 时,$\alpha_{(n-1)n}=\theta_{(n-1)n}+360°$。则 ZY 点与 YZ 点的中桩坐标为

$$\left.\begin{aligned} z_{ZY} &= z_{JD_n} - T\angle\alpha_{(n-1)n} \\ z_{YZ} &= z_{JD_n} + T\angle(\alpha_{(n-1)n} + \Delta) \end{aligned}\right\} \tag{13.6}$$

式中的转角 Δ 为含 ± 号的代数值,右转角 $\Delta>0$,左转角 $\Delta<0$。

(4)加桩中桩坐标的计算

设圆曲线上任意点 j 的桩号为 Z_j,则 ZY 点至 j 的弧长为

$$l_j = Z_j - Z_{ZY} \tag{13.7}$$

弦切角 θ_{ZY-j} 与弦长 c_{ZY-j} 的计算公式为

$$\left.\begin{aligned} \theta_{ZY-j} &= \frac{l_j}{R}\frac{90}{\pi} \\ c_{ZY-j} &= 2R\sin\theta_{ZY-j} \end{aligned}\right\} \tag{13.8}$$

弦长 c_{ZY-j} 的方位角 α_{ZY-j} 及 j 点的走向方位角 α_j 为

$$\left.\begin{aligned} \alpha_{ZY-j} &= \alpha_{(n-1)n} \pm \theta_j \\ \alpha_j &= \alpha_{(n-1)n} \pm 2\theta_j \end{aligned}\right\} \tag{13.9}$$

j 点的走向方位角是指 j 点切线沿路线走向方向的方位角。式中的“±”号,交点转角 Δ 为右转角时取“+”;交点转角 Δ 为左转角时取“-”,下同。j 点的中桩坐标为

$$z_j = z_{ZY} + c_{ZY-j}\angle\alpha_{ZY-j} \tag{13.10}$$

如图 13.7 所示,边桩的左、右偏角,一般只需要给出其中的任一个即可,另一个偏角通过 ±180°获得。输入的偏角值<0 时为左偏角 δ_L,中桩 j→左边桩 j_L 的方位角为 $\alpha_{j-j_L}=\alpha_j+\delta_L$,中桩$j$→右边桩 j_R 的方位角为 $\alpha_{j-j_R}=\alpha_{j-j_L}+180°$。

输入的偏角值>0 时为右偏角 δ_R,中桩 j→右边桩 j_R 的方位角为 $\alpha_{j-j_R}=\alpha_j+\delta_R$,中桩 j→左边桩 j_L 的方位角为 $\alpha_{j-j_L}=\alpha_{j-j_R}-180°$。

当输入的偏角值为-90°或+90°时,均为计算走向法向的边桩坐标,其效果是相同的。设左、右边距分别为 w_L,w_R,则 j 点的左边桩坐标为

$$z_{j_L} = z_j + w_L\angle\alpha_{j-j_L} \tag{13.11}$$

j 点的右边桩坐标为

$$z_{j_R} = z_j + w_R\angle\alpha_{j-j_R} \tag{13.12}$$

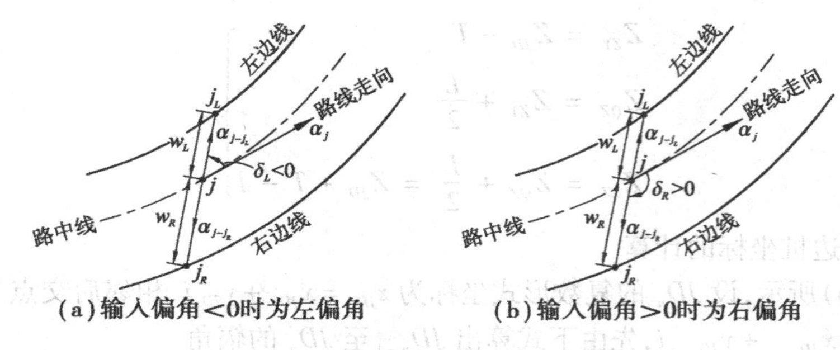

(a)输入偏角<0时为左偏角　　(b)输入偏角>0时为右偏角

图 13.7　边桩坐标计算原理

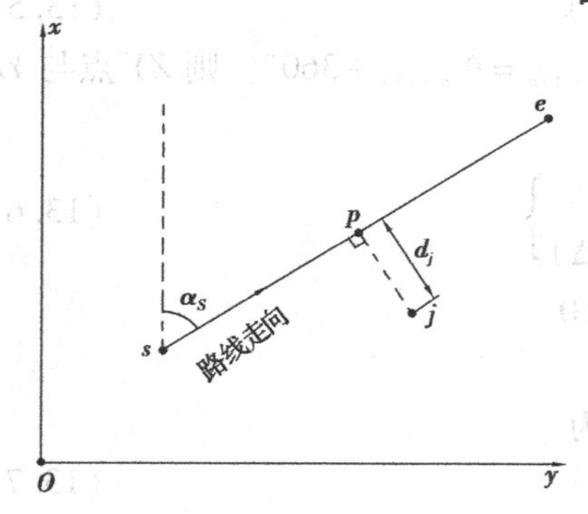

图 13.8　直线线元坐标反算原理

3)单圆平曲线的坐标反算

设用全站仪测量的路线附近任意边桩点 j 的坐标为 $z_j=x_j+y_ji$,由 j 点向单圆曲线作垂线时,垂足点 p 可能位于圆曲线线元,也可能位于圆曲线外的直线线元。

(1)直线线元坐标反算原理

如图 13.8 所示,设已知直线线元起点 s 的桩号 Z_s、中桩坐标 $z_s=x_s+y_si$、走向方位角 α_s,终点为 e,设垂足点 p 的中桩坐标为 $z_p=x_p+y_pi$,则直线 $\overline{se}$ 的点斜式方程为

$$y-y_p=\tan\alpha_s(x-x_p) \tag{13.13}$$

将起点 s 的中桩坐标代入式(13.13),解得

$$y_p=y_s-\tan\alpha_s(x_s-x_p) \tag{13.14}$$

因直线 $\overline{jp}\perp\overline{se}$,故 p 点中桩坐标应满足垂线 $\overline{jp}$ 的下列点斜式方程

$$y_p-y_j=-\frac{x_p-x_j}{\tan\alpha_s} \tag{13.15}$$

将式(13.14)代入式(13.15),得

$$y_s-\tan\alpha_s(x_s-x_p)-y_j=-\frac{x_p-x_j}{\tan\alpha_s}$$

$$\tan\alpha_s(y_s-y_j)-\tan^2\alpha_sx_s+\tan^2\alpha_sx_p=-x_p+x_j$$

化简后,得

$$\left.\begin{aligned}x_p&=\frac{x_j+\tan^2\alpha_sx_s-\tan\alpha_s(y_s-y_j)}{\tan^2\alpha_s+1}\\y_p&=y_j-\frac{x_p-x_j}{\tan\alpha_s}\end{aligned}\right\} \tag{13.16}$$

再由 p 点坐标反算出边距 d_j,p 点桩号为

$$Z_p=Z_s+\mathrm{Abs}(z_p-z_s) \tag{13.17}$$

下面介绍边桩点位于直线线元左、右边的判断方法。设由垂足点 p 的坐标与边桩点 j 的坐标反算出的 p 至 j 的方位角为 α_{pj},而 p 点的走向方位角为 $\alpha_p=\alpha_s$,以 α_p 为零方向,将 α_{pj} 归零为

$$\alpha'_{pj}=\alpha_{pj}-\alpha_p\pm360° \tag{13.18}$$

当 $\alpha'_{pj}>180°$ 时,j 点位于直线线元走向的左边;$\alpha'_{pj}<180°$ 时,j 点位于直线线元走向的右边。

(2)圆曲线线元坐标反算原理

如图 13.9 所示,设已知圆曲线线元起点 s 的桩号 Z_s、中桩坐标 $z_s = x_s + y_s i$、走向方位角 α_s,终点为 e,圆曲线半径为 R,则圆心点 C 的坐标为

$$\left.\begin{aligned} z_C &= z_s + R\angle\alpha_{sC} \\ \alpha_{sC} &= \alpha_s \pm 90° \end{aligned}\right\} \tag{13.19}$$

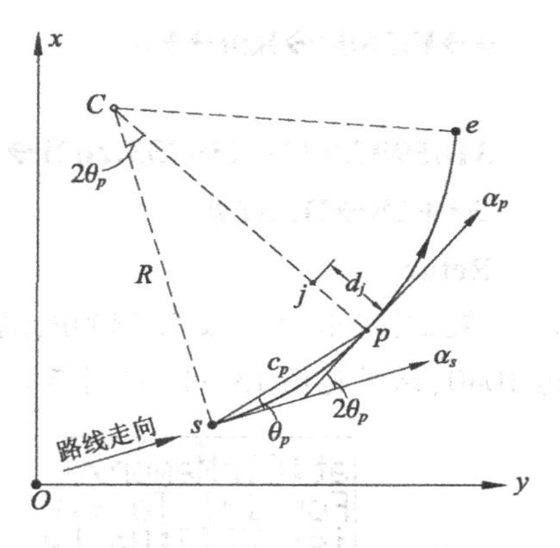

图 13.9　圆曲线线元坐标反算原理

由圆心点 C 与 j 点的坐标算出直线 $\overline{Cj}$ 的方位角 α_{Cj} 与距离 d_{Cj},则 j 点的边距为 $d_j = R - d_{Cj}$,由圆心点坐标反算垂足点 p 的中桩坐标为

$$z_p = z_C + R\angle\alpha_{Cj} \tag{13.20}$$

s 点至 p 点的弦长及弦切角为

$$\left.\begin{aligned} c_{sp} &= \mathrm{Abs}(z_p - z_s) \\ \theta_{sp} &= \sin^{-1}\frac{c_{sp}}{2R} \end{aligned}\right\} \tag{13.21}$$

垂足点 p 的桩号与走向方位角为

$$\left.\begin{aligned} Z_p &= Z_s + 2\theta_{sp}R \\ \alpha_p &= \alpha_s \pm 2\theta_{sp} \end{aligned}\right\} \tag{13.22}$$

边桩点位于圆曲线线元左、右边的判断方法是:当交点转角 $\Delta < 0$,边距 $d_j > 0$,j 点位于圆曲线线元走向的左边,边距 $d_j < 0$,j 点位于圆曲线线元走向的右边;当交点转角 $\Delta > 0$,边距 $d_j > 0$,j 点位于圆曲线线元走向的右边,边距 $d_j < 0$,j 点位于圆曲线线元走向的左边。

【例 13.1】　图 13.10 为重庆市渝湘高速公路上官桥至酉阳 G1 合同段 JD_{40} 的平曲线设计资料,设全站仪已安置在导线点 D27 并完成后视定向,试用 QH2-7T 程序计算加桩 K48 + 230,K47 + 930,K48 + 610 的中、边桩坐标及其坐标放样数据,左右边距均为 13 m;试计算图 13.10 所示 3 个边桩点的坐标反算结果。

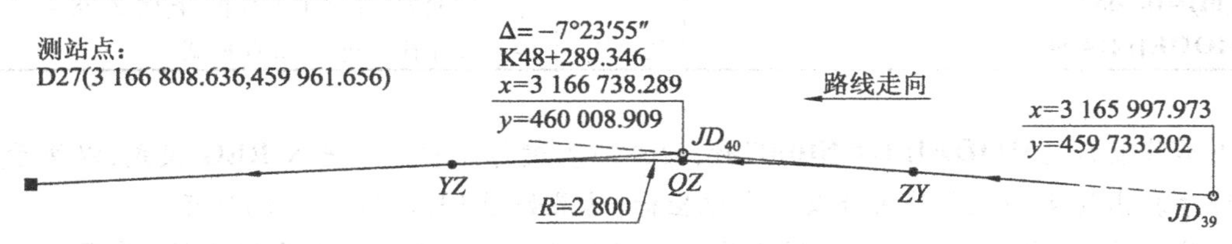

重庆市渝湘高速公路上官桥至酉阳G1合同段
JD_{40} 单圆曲线设计图

坐标反算边桩点坐标

点号	线元类型	x_j/m	y_j/m
1	圆曲线	3 166 751.246	460 021.792
2	直　线	3 166 488.624	459 901.729
3	直　线	3 167 102.071	460 076.764

图 13.10　交点法单圆平曲线设计案例

【解】　①编写与输入 JD_{40} 的数据库子程序文件 JD40。

48289.346→Z:3166738.289+460008.909i→B↲　JD_{40} 桩号/平面坐标复数

-7°23°55°→Q↲　负数为左转角

0→E:2800→R:0→F↵ 第一缓曲参数/圆曲半径/第二缓曲参数

3165997.973+459733.202i→U↵ *ZH*点平面坐标复数

35+2S→DimZ↵ 定义额外变量维数

Return

将上述子程序输入fx-5800P，编辑QH2-7T主程序，将正数第10行的数据库子程序名修改为JD40，结果见图13.11(a)所示。

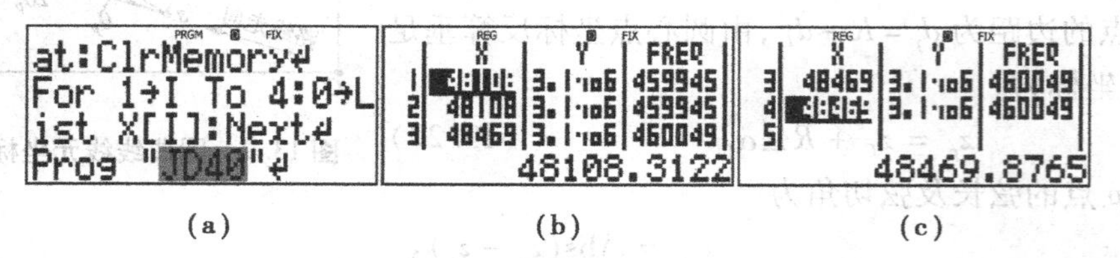

(a) (b) (c)

图13.11 将主程序QH2-7T中的数据库子程序名修改为JD40及程序计算的串列结果

②执行QH2-7T程序，计算JD_{40}的曲线要素与主点数据的屏幕提示及操作过程如下：

屏幕提示	按 键	说 明
BASIC TYPE CURVE QH2-7T		显示程序标题
NEW(0),OLD(≠0) DATA=?	0 EXE	重新调用数据库子程序/耗时2.82 s
DISP YES(1),NO(≠1)=?	1 EXE	输入1显示交点曲线要素
T1(m)=181.0338	EXE	显示第一切线长
T2(m)=181.0338	EXE	显示第二切线长
E(m)=5.8463	EXE	显示外距
Lh1(m)=0.0000	EXE	显示第一缓和曲线长
LY(m)=361.5643	EXE	显示圆曲线长
Lh2(m)=0.0000	EXE	显示第二缓和曲线长
L(m)=361.5643	EXE	显示总曲线长
J(m)=0.5033	EXE	显示切曲差，计算主点数据/耗时2.78 s
[MODE][4]⇒Stop!	MODE 4	停止程序执行进入REG模式

当屏幕显示"**[MODE][4]⇒Stop!**"时，按MODE 2键停止程序并进入**REG**模式，以便于用户查看程序算出的4个主点的桩号及其中桩坐标，结果如图13.11(b)~(c)所示。

程序按计算"第一缓和曲线+圆曲线+第二缓和曲线"基本型平曲线设计，单圆曲线是基本型平曲线在第一缓和曲线参数$A_1=0$，第二缓和曲线参数$A_2=0$时的特例。基本型平曲线有*ZH*,*HY*,*QZ*,*YH*,*HZ*等5个主点，程序只将除*QZ*点外4个主点的桩号与中桩坐标顺序存储在统计串列List X,List Y,List Freq的1~4行，*ZH*,*HY*,*YH*,*HZ*主点的走向方位角分别存储在额外变量Z[1],Z[2],Z[3],Z[4]中。为便于野外快速计算，程序不显示这4个主点的桩号、中桩坐标与走向方位角；正算时，程序不自动计算逐桩坐标，只计算加桩的中、边桩坐标。

对于单圆曲线，*ZH*与*HY*点重合为*ZY*点，也即串列1~2行的数据相同；*YH*与*HZ*点重合为*YZ*点，也即串列3~4行的数据相同。将串列的2个主点*ZY*,*YZ*数据与设计图纸比较无误后，即可重复执行QH2-7T程序进行坐标正、反算计算。

③坐标正算及其全站仪放样

重复执行 QH2-7T 程序，计算本例坐标正算的屏幕提示及操作过程如下：

屏幕提示	按　键	说　明
BASIC TYPE CURVE QH2－7T		显示程序标题
NEW(0),OLD(≠0) DATA=?	3 EXE	用最近调用的数据库子程序计算
STA XY,NEW(0),OLD(1),NO(2)=?	0 EXE	重新输入测站点(station)坐标
STA X(m),Mat F TRA n=?	3166808.636 EXE	输入测站点 D27 的坐标
STA Y(m)=?	459961.656 EXE	
PEG→XY(1),XY→PEG(2),Pier(4)=?	1 EXE	输入 1 为坐标正算
+PEG(m),π⇒END=?	48230 EXE	输入加桩号
αi=17°56′10.2″	EXE	显示加桩走向方位角/耗时 1.69 s
X+Yi(m)=3166683.561+459985.7062i	EXE	显示中桩坐标复数
α=169°6′56.28″	EXE	显示测站→中桩方位角
HD(m)=127.3659	EXE	显示测站→中桩平距
ANGLE(0)⇒NO,-L +R(Deg)=?	90 EXE	输入正数为右偏角
WL(m),0⇒NO=?	13 EXE	输入左边距值
XL+YLi(m)=3166687.565+459973.3380i	EXE	显示左边桩坐标复数
α=174°29′19.22″	EXE	显示测站→左边桩方位角
HD(m)=121.6335	EXE	显示测站→左边桩平距
WL(m),0⇒NO=?	0 EXE	输入 0 结束左边桩坐标计算
WR(m),0⇒NO=?	13 EXE	输入右边距值
XR+YRi(m)=3166679.558+459998.0744i	EXE	显示右边桩坐标复数
α=164°14′38.38″	EXE	显示测站→右边桩方位角
HD(m)=134.1173	EXE	显示测站→右边桩平距
WR(m),0⇒NO=?	0 EXE	输入 0 结束右边桩坐标计算
+PEG(m),π⇒END=?	SHIFT π EXE	输入 π 结束程序
QH2－7T⇒END		程序结束显示

为了节省篇幅，上表只计算了加桩 K48＋230 的中、边桩坐标，加桩 K47＋930 与 K48＋610 的中、边桩坐标请读者自己计算。

使用程序计算结果，用全站仪放样 K48＋230 加桩中桩的方法是：旋转全站仪照准部，使水平盘读数为程序算出的测站至中桩的方位角 169°6′56.28″，指挥棱镜，使其移动到全站仪的视准轴方向上，测距，当测站至棱镜的平距为 127.365 9 m 时，立镜点即为该桩号的中桩位置。参照上表计算结果，同法可放样该加桩的左、右边桩点位置。

④不计算极坐标放样数据的坐标反算

重复执行 QH2-7T 程序，计算本例坐标反算的屏幕提示与操作过程如下：

屏幕提示	按　键	说　明
BASIC TYPE CURVE QH2－7T		显示程序标题
NEW(0),OLD(≠0) DATA=?	2 EXE	用最近调用的数据库子程序计算
STA XY,NEW(0),OLD(1),NO(2)=?	2 EXE	输入 2 为不计算极坐标放样数据
PEG→XY(1),XY→PEG(2),Pier(4)=?	2 EXE	输入 2 为坐标反算
XJ(m),π⇒END=?	3166751.246 EXE	输入 1 号边桩坐标(图 13.10 内表)
YJ(m)+ni=?	460021.792 EXE	
pPEG(m)+ni=48305.1280+2.0000i	EXE	显示垂足点桩号/耗时 5.16 s

续表

屏幕提示	按 键	说 明
αp=16°23′55.81″	EXE	显示走向方位角
Xp+Ypi(m)=3166755.340+460007.8808i	EXE	显示中桩坐标复数
HDp→J -L,+R(m)=14.5011	EXE	显示正数为右边距
XJ(m),π⇛END=?	3166488.624 EXE	输入2号边桩坐标(图13.10内表)
YJ(m)+ni=?	459901.729 EXE	
p PEG(m)+ni=48017.9734-1.0000i	EXE	显示垂足点桩号/耗时3.10 s
αp=20°25′34.45″	EXE	显示走向方位角
Xp+Ypi(m)=3166483.980+459914.1996i	EXE	显示中桩坐标复数
HDp→J - L,+R(m)=-13.3074	EXE	显示负数为左边距
XJ(m),π⇛END=?	SHIFT π EXE	输入π结束程序
QH2-7T⇛END		程序结束显示

为了节省篇幅,上表只计算了图13.10内表1,2号边桩的坐标反算结果,3号边桩的坐标反算请读者自己计算。

13.3 交点法非对称基本型平曲线的计算与测设

可以将直线看作曲率半径为∞的圆曲线,在直线与半径为R的圆曲线的径相连接处,曲率半径有突变,由此带来离心力的突变。当R较大时,离心力的突变一般不对行车安全构成不利影响;但当R较小时,离心力的突变将使快速行驶的车辆在进入或离开圆曲线时偏离原车道,侵入邻近车道,从而影响行车安全。解决该问题的方法是在圆曲线段设置超高或在直线与圆曲线之间增设缓和曲线,或既设置超高又增设缓和曲线。

《公路路线设计规范》规定,高速公路、一、二、三级公路的直线同小于如表13.3所示不设超高的圆曲线最小半径径相连接处,应设置缓和曲线。

表13.3 不设超高的圆曲线最小半径

设计速度/($km \cdot h^{-1}$)		120	100	80	60	40	30	30
不设超高圆曲线最小半径/m	路拱≤2.0%	5 500	4 000	2 500	1 500	600	350	150
	路拱>2.0%	7 550	5 250	3 350	1 900	850	450	200

称由第一缓和曲线、圆曲线、第二缓和曲线组成的路线交点曲线为基本型平曲线。

1)缓和曲线方程

如图13.12所示,缓和曲线的几何意义是:曲线上任意点的曲率半径ρ与该点至曲线起点ZH的曲线长l成反比,曲线方程为

$$\rho = \frac{A^2}{l} \tag{13.23}$$

式中,A为缓和曲线参数。在缓和曲线终点HY,缓和曲线长为L_h,曲率半径为R,代入式(13.23),求得缓和曲线参数为

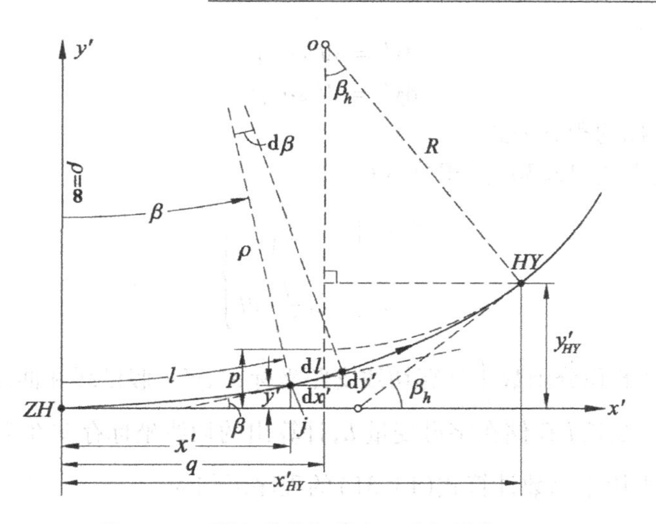

图 13.12 缓和曲线切线支距坐标计算原理

$$A = \sqrt{RL_h} \tag{13.24}$$

将式(13.24)代入式(13.23),得

$$\rho = \frac{RL_h}{l} \tag{13.25}$$

在缓和曲线的起点 ZH 处,$l=0$,代入式(13.25),求得 $\rho \to \infty$,缓和曲线的曲率半径等于直线的曲率半径;在缓和曲线的终点 HY 处,$l=L_h$,代入式(13.25),求得 $\rho=R$,缓和曲线的曲率半径等于圆曲线的半径。因此,缓和曲线的作用是使路线曲率半径由 ∞ 逐渐变化到 R。

设缓和曲线上任意点 j 的曲率半径为 ρ,其偏离纵轴 y' 的角度为 β,称 β 为 j 点的计算偏角,微分弧长为 $\mathrm{d}l$,则缓和曲线的微分方程为

$$\mathrm{d}l = \rho \mathrm{d}\beta \tag{13.26}$$

顾及式(13.23),得

$$\mathrm{d}\beta = \frac{\mathrm{d}l}{\rho} = \frac{l}{A^2}\mathrm{d}l \tag{13.27}$$

对上式积分,得

$$\beta = \frac{l^2}{2A^2} \tag{13.28}$$

在 ZH 点,$l=0$,代入式(13.28),得 $\beta_0=0$;在 HY 点,$l=L_h$,代入式(13.28)并顾及式(13.24),得 HY 点的计算偏角为

$$\beta_h = \frac{L_h^2}{2RL_h} = \frac{L_h}{2R} \tag{13.29}$$

式(13.29)表明,当圆曲线半径 R 一定时,选取的缓和曲线长 L_h 越大,HY 点的计算偏角 β_h 也越大。

2)缓和曲线的切线支距坐标

缓和曲线细部点坐标的计算一般在如图 13.12 所示的切线支距坐标系 $ZHx'y'$ 中进行。设缓和曲线上任意点 j 在该坐标系中的坐标 x',y' 为切线支距坐标,则微分弧长 $\mathrm{d}l$ 在坐标轴上的投影为

$$\left.\begin{aligned} dx' &= dl\cos\beta \\ dy' &= dl\sin\beta \end{aligned}\right\} \tag{13.30}$$

(1)切线支距坐标的积分公式

将式(13.28)代入式(13.30)并积分,得

$$\left.\begin{aligned} x' &= \int_0^l \cos\frac{l^2}{2A^2}dl \\ y' &= \int_0^l \sin\frac{l^2}{2A^2}dl \end{aligned}\right\} \tag{13.31}$$

可以用 fx-5800P 的积分函数 $\int$ 计算切线支距坐标 x',y'。假设缓和曲线参数 A 存储在字母变量 A,j 点的缓和曲线长 l 存储在字母变量 L,计算出的切线坐标存储在字母变量 U,支距坐标存储在字母变量 V,则用 $\int$ 函数计算式(13.31)的程序语句为

Rad:∫(cos(X²÷(2A²)),0,L)→U:∫(sin(X²÷(2A²)),0,L)→V:Deg↵

积分函数 $\int$ 的自变量只能是字母变量 **X**,当积分表达式含有三角函数时,应将角度单位设置为弧度 **Rad**,完成积分计算后,应将角度单位恢复为十进制度 **Deg**。

(2)切线支距坐标的级数展开式

将式(13.26)代入式(13.30),得

$$\left.\begin{aligned} dx' &= \rho\cos\beta d\beta \\ dy' &= \rho\sin\beta d\beta \end{aligned}\right\} \tag{13.32}$$

由式(13.28)求得 $l = A\sqrt{2\beta}$,代入式(13.23),得

$$\rho = \frac{A^2}{A\sqrt{2\beta}} = \frac{A}{\sqrt{2\beta}} \tag{13.33}$$

将式(13.33)代入式(13.32),得

$$\left.\begin{aligned} dx' &= \frac{A}{\sqrt{2\beta}}\cos\beta d\beta \\ dy' &= \frac{A}{\sqrt{2\beta}}\sin\beta d\beta \end{aligned}\right\} \tag{13.34}$$

将 $\cos\beta$,$\sin\beta$ 以三角级数表示为

$$\left.\begin{aligned} \cos\beta &= 1 - \frac{\beta^2}{2!} + \frac{\beta^4}{4!} - \frac{\beta^6}{6!} + \cdots = 1 - \frac{\beta^2}{2} + \frac{\beta^4}{24} - \frac{\beta^6}{720} + \cdots \\ \sin\beta &= \beta - \frac{\beta^3}{3!} + \frac{\beta^5}{5!} - \frac{\beta^7}{7!} + \cdots = \beta - \frac{\beta^3}{6} + \frac{\beta^5}{120} - \frac{\beta^7}{5\,040} + \cdots \end{aligned}\right\} \tag{13.35}$$

将式(13.35)代入式(13.34)积分,并顾及式(13.28),略去高次项,经整理后,得

$$\left.\begin{aligned} x' &= l - \frac{l^5}{40A^4} + \frac{l^9}{3\,456A^8} - \frac{l^{13}}{599\,040A^{12}} + \cdots \\ y' &= \frac{l^3}{6A^2} - \frac{l^7}{336A^6} + \frac{l^{11}}{42\,240A^{10}} - \frac{l^{15}}{9\,676\,800A^{14}} + \cdots \end{aligned}\right\} \tag{13.36}$$

将 $l = L_h$ 代入式(13.36)并顾及式(13.24),得 HY 点的切线支距坐标为

$$
\left.\begin{aligned}
x'_{HY} &= L_h - \frac{L_h^3}{40R^2} + \frac{L_h^5}{3\ 456R^4} - \frac{L_h^7}{599\ 040R^6} \\
y'_{HY} &= \frac{L_h^2}{6R} - \frac{L_h^4}{336R^3} + \frac{L_h^6}{42\ 240R^5} - \frac{L_h^8}{9\ 676\ 800R^7}
\end{aligned}\right\} \tag{13.37}
$$

因式(13.36)、式(13.37)为省略了高次项的近似公式，当最大计算偏角 $\beta_h<55°$时，计算误差约为 ±1 mm，当 $\beta_h>55°$时，应使用积分公式(13.31)计算。

3) 曲线要素

(1) 圆曲线内移值与切线增量

如图 13.13 所示，当在直线与圆曲线之间插入缓和曲线时，在参数为 A_1 的第一缓和曲线端，应将原有圆曲线向内移动距离 p_1，才能使圆曲线与第一缓和曲线衔接，这时，切线增长了距离 q_1，称 p_1 为圆曲线内移值，q_1 为切线增量；此时，在参数为 A_2 的第二缓和曲线端，圆曲线内移值为 p_2，切线增量为 q_2。

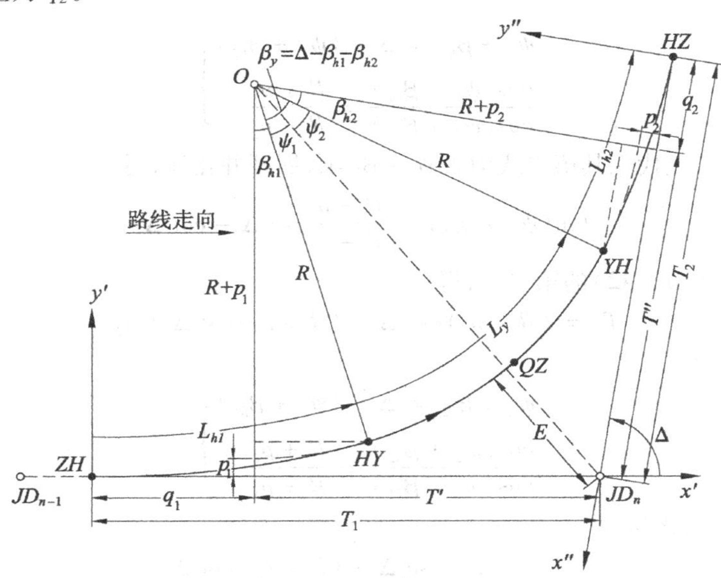

图 13.13 非对称基本型平曲线要素计算原理

由图 13.13 可以写出圆曲线在第一缓和曲线端的内移值 p_1 与切线增量 q_1 的公式为

$$
\left.\begin{aligned}
p_1 &= y'_{HY} - R(1-\cos\beta_{h1}) \\
q_1 &= x'_{HY} - R\sin\beta_{h1}
\end{aligned}\right\} \tag{13.38}
$$

圆曲线在第二缓和曲线端的内移值 p_2 与切线增量 q_2 为

$$
\left.\begin{aligned}
p_2 &= y''_{YH} - R(1-\cos\beta_{h2}) \\
q_1 &= x''_{YH} - R\sin\beta_{h2}
\end{aligned}\right\} \tag{13.39}
$$

(2) 切线长

由式(13.24)，得第一与第二缓和曲线长为

$$\left.\begin{aligned} L_{h1} &= \frac{A_1^2}{R} \\ L_{h2} &= \frac{A_2^2}{R} \end{aligned}\right\} \tag{13.40}$$

由式(13.29),得以弧度为单位的第一与第二缓和曲线的最大计算偏角为

$$\left.\begin{aligned} \beta_{h1} &= \frac{L_{h1}}{2R} \\ \beta_{h2} &= \frac{L_{h2}}{2R} \end{aligned}\right\} \tag{13.41}$$

由图13.13可以列出切线方程为

$$\left.\begin{aligned} T_1 &= T' + q_1 = (R + p_1)\tan(\psi_1 + \beta_{h1}) + q_1 \\ T_2 &= T'' + q_2 = (R + p_2)\tan(\psi_2 + \beta_{h2}) + q_2 \end{aligned}\right\} \tag{13.42}$$

角度方程为

$$\left.\begin{aligned} &\psi_1 + \beta_{h1} = \Delta - (\psi_2 + \beta_{h2}) \\ &\frac{\cos(\psi_1 + \beta_{h1})}{\cos(\psi_2 + \beta_{h2})} = \frac{R + p_1}{R + p_2} \end{aligned}\right\} \tag{13.43}$$

将式(13.43)的第一式代入其第二式消去$\psi_1 + \beta_{h1}$项,展开并化简,得

$$\tan(\psi_2 + \beta_{h2}) = \frac{R + p_1}{R + p_2}\csc\Delta - \cot\Delta \tag{13.44}$$

将式(13.44)代入式(13.42)的第二式,得

$$T_2 = (R + p_1)\csc\Delta - (R + p_2)\cot\Delta + q_2 \tag{13.45}$$

将式(13.43)变换为

$$\left.\begin{aligned} &\psi_2 + \beta_{h2} = \Delta - (\psi_1 + \beta_{h1}) \\ &\frac{\cos(\psi_2 + \beta_{h2})}{\cos(\psi_1 + \beta_{h1})} = \frac{R + p_2}{R + p_1} \end{aligned}\right\} \tag{13.46}$$

采用上述同样的方法化简,得

$$T_1 = (R + p_2)\csc\Delta - (R + p_1)\cot\Delta + q_1 \tag{13.47}$$

作为特例,当$A_1 = A_2$时,非对称基本型曲线便蜕化为对称基本型曲线,有$p_1 = p_2 = p, q_1 = q_2 = q$成立,将其代入式(13.47),并顾及下列半角三角函数恒等式

$$\tan\frac{\Delta}{2} = \frac{1 - \cos\Delta}{\sin\Delta} = \csc\Delta - \cot\Delta \tag{13.48}$$

则有

$$T_1 = T_2 = T = (R + p)\tan\frac{\Delta}{2} + q \tag{13.49}$$

4)主点桩号

由图13.13可以列出曲线长公式为

$$\left.\begin{aligned} L_y &= R(\Delta - \beta_{h1} - \beta_{h2}) \\ L &= L_{h1} + L_{h2} + L_y \end{aligned}\right\} \tag{13.50}$$

式中L_y为圆曲线长,切曲差为

$$J = T_1 + T_2 - L \tag{13.51}$$

5 个主点桩号为

$$\left.\begin{aligned} Z_{ZH} &= Z_{JD} - T_1 \\ Z_{HY} &= Z_{ZH} + L_{h1} \\ Z_{QZ} &= Z_{HY} + \frac{L_y}{2} \\ Z_{YH} &= Z_{HY} + L_y \\ Z_{HZ} &= Z_{YH} + L_{h2} = Z_{JD} + T_2 - J \end{aligned}\right\} \tag{13.52}$$

由图 13.13 可以写出外距公式为

$$E = \sqrt{(R + p_1)^2 + (T_1 - q_1)^2} - R \tag{13.53}$$

5)主点与加桩的中桩坐标

(1)*ZH* 点与 *HZ* 点的中桩坐标

设由 JD_{n-1} 与 JD_n 的坐标算出的 $JD_{n-1} \to JD_n$ 的方位角为 $\alpha_{(n-1)n}$，则 *ZH* 点的走向方位角与中桩坐标为

$$\left.\begin{aligned} \alpha_{ZH} &= \alpha_{(n-1)n} \\ z_{ZH} &= z_{JD_n} - T_1 \angle \alpha_{ZH} \end{aligned}\right\} \tag{13.54}$$

HZ 点的走向方位角与中桩坐标为

$$\left.\begin{aligned} z_{HZ} &= \alpha_{(n-1)n} + \Delta \\ z_{HZ} &= z_{JD_n} + T_2 \angle \alpha_{HZ} \end{aligned}\right\} \tag{13.55}$$

式中的转角 Δ 为含 ± 号的代数值，右转角 $\Delta > 0$，左转角 $\Delta < 0$。边桩坐标的计算公式与式(13.11)和式(13.12)相同，下同。

(2)加桩位于第一缓和曲线段的中桩坐标

设加桩 j 的桩号为 Z_j，则 j 可以位于第一缓和曲线、圆曲线、第二缓和曲线。当位于第一缓和曲线段时，以 *ZH* 点为基准计算。设 *ZH* 点至加桩 j 的曲线长为

$$l_j = Z_j - Z_{ZH} \tag{13.56}$$

将 l_j 代入式(13.31)或式(13.36)算出 j 点的切线支距坐标 $z'_j = x'_j + y'_j i$，则 *ZH* 至 j 点的弦长及其弦切角即为 z'_j 的模与辐角

$$\left.\begin{aligned} c_{ZH-j} &= \mathrm{Abs}(z'_j) \\ \theta_{ZH-j} &= \mathrm{Arg}(z'_j) \end{aligned}\right\} \tag{13.57}$$

ZH 至 j 点弦长的方位角及 j 点的走向方位角为

$$\left.\begin{aligned} \alpha_{ZH-j} &= \alpha_{ZH} \pm \theta_{ZH-j} \\ \alpha_j &= \alpha_{ZH} \pm \beta_j \end{aligned}\right\} \tag{13.58}$$

式中，β_j 为 j 点的计算偏角，将 A_1 与 l_j 代入式(13.28)，求得 j 点的中桩坐标为

$$z_j = z_{ZH} + c_{ZH-j} \angle \alpha_{ZH-j} \tag{13.59}$$

当 $l_j = L_h$ 时，j 点即为 *HY* 点。

(3)加桩位于圆曲线段的中桩坐标

以 *HY* 点为基准计算，*HY* 点至加桩 j 的弧长为

$$l_j = Z_j - Z_{HY} \tag{13.60}$$

HY 至 j 点的弦切角与弦长为

$$\left.\begin{aligned}\theta_{HY-j} &= \frac{l_j}{2R} \\ c_{HY-j} &= 2R\sin\theta_{HY-j}\end{aligned}\right\} \tag{13.61}$$

HY 至 j 点弦长的方位角及 j 点的走向方位角为

$$\left.\begin{aligned}\alpha_{HY-j} &= \alpha_{HY} \pm \theta_{HY-j} \\ \alpha_j &= \alpha_{HY} \pm 2\theta_{HY-j}\end{aligned}\right\} \tag{13.62}$$

j 点的中桩坐标为

$$z_j = z_{HY} + c_{HY-j}\angle\alpha_{HY-j} \tag{13.63}$$

当 $l_j = L_y/2$ 时，j 点即为 QZ 点；当 $l_j = L_y$ 时，j 点即为 YH 点。

(4)加桩位于第二缓和曲线段的中桩坐标

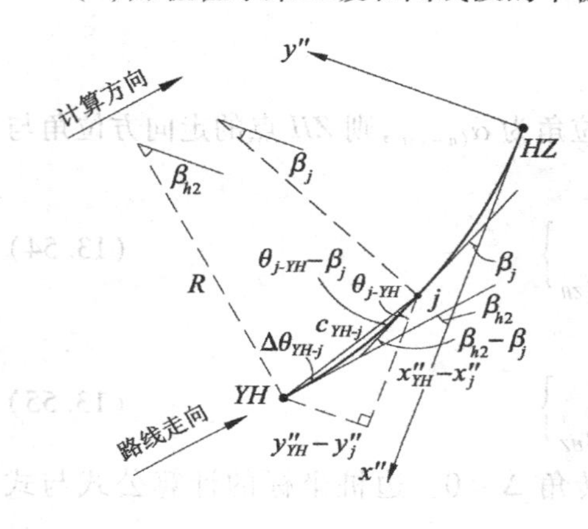

图 13.14　以 YH 点为基点计算加桩 j 的坐标

如图 13.14 所示，有以 YH 点为基准点计算和以 HZ 点为基准点计算两种方法，本书采用前者，它需要在第二缓和曲线的切线支距坐标系 $HZx''y''$ 中算出 YH 点至加桩 j 点的弦长 c_{YH-j} 及其弦切角 $\Delta\theta_{YH-j}$。

将 $A = A_2$ 及 $l = L_{h2}$ 代入式(13.31)或式(13.36)与式(13.28)，分别算出 YH 点的切线支距坐标 $z''_{YH} = x''_{YH} + y''_{YH}i$ 及其计算偏角 β_{h2}，则 j 点至 HZ 点的曲线长为

$$l_j = Z_{HZ} - Z_j \tag{13.64}$$

同理算出 j 点的切线支距坐标 $z''_j = x''_j + y''_j i$ 及其计算偏角 β_j，则有

$$\left.\begin{aligned}c_{j-YH} &= \mathrm{Abs}(z''_{YH} - z''_j) \\ \theta_{j-YH} &= \mathrm{Arg}(z''_{YH} - z''_j)\end{aligned}\right\} \tag{13.65}$$

由图 13.14 可以列出角度方程如下：

$$\beta_{h2} - \beta_j = \Delta\theta_{YH-j} + (\theta_{j-YH} - \beta_j)$$

化简上式，可得

$$\Delta\theta_{YH-j} = \beta_{h2} - \theta_{j-YH} \tag{13.66}$$

YH 至 j 点弦长的方位角及 j 点的走向方位角为

$$\left.\begin{aligned}\alpha_{YH-j} &= \alpha_{YH} \pm \Delta\theta_{YH-j} \\ \alpha_j &= \alpha_{YH} \pm (\beta_{h2} - \beta_j)\end{aligned}\right\} \tag{13.67}$$

j 点的中桩坐标为

$$z_j = z_{YH} + c_{j-YH}\angle\alpha_{YH-j} \tag{13.68}$$

(5)缓和曲线线元的坐标反算原理

缓和曲线属于积分曲线，边桩点 j 在缓和曲线上的垂足点 p 的桩号与中桩坐标无法一次解算出，传统的方法是使用牛顿法或二分法迭代解算，迭代计算次数 n 与缓和曲线长 L_h 及迭代计算误差 ε 有关。例如，当 $L_h = 200$ m，取 $\varepsilon = 0.001$ m 时，$n = 18$。本书介绍拟合圆弧法，取 $\varepsilon = 0.001$ m 时，它一般只需要计算 2 次即可。

①拟合圆弧的曲率半径

设任意非完整缓和曲线的起点半径为 R_s，原点线长为 l_s；终点半径为 R_e，原点线长为 l_e，则缓和曲线长为 $L_h = l_e - l_s$，则由式(13.23)得缓和曲线中点的曲率半径 R' 为

$$R' = \frac{A^2}{l_s + \frac{L_h}{2}} = \frac{A^2}{\frac{2l_s + L_h}{2}} = \frac{2}{\frac{l_s}{A^2} + \frac{l_e}{A^2}} = \frac{2}{R_s^{-1} + R_e^{-1}} \tag{13.69}$$

当 $R_s \to \infty$ 或 $R_e \to \infty$ 时，代入式(13.69)，可得 $R' = 2R$，R 为圆曲线的半径。由此可知，完整缓和曲线中点的曲率半径 R' 为其小半径 R 的 2 倍。对于第一缓和曲线，以 ZH 点和 HY 点为端点，以 R' 为半径作圆弧；对于第二缓和曲线，以 YH 点与 HZ 点为端点，以 R' 为半径作圆弧，称该圆弧为缓和曲线的拟合圆弧，简称拟合圆弧。

②拟合圆弧的圆心坐标

如图 13.15 所示，由 ZH 点和 HY 点的中桩坐标，可以算出弦长 c_{ZH-HY} 及其方位角 α_{ZH-HY}，弦长中点 m' 的坐标为

$$z_{m'} = \frac{z_{ZH} + z_{HY}}{2} \tag{13.70}$$

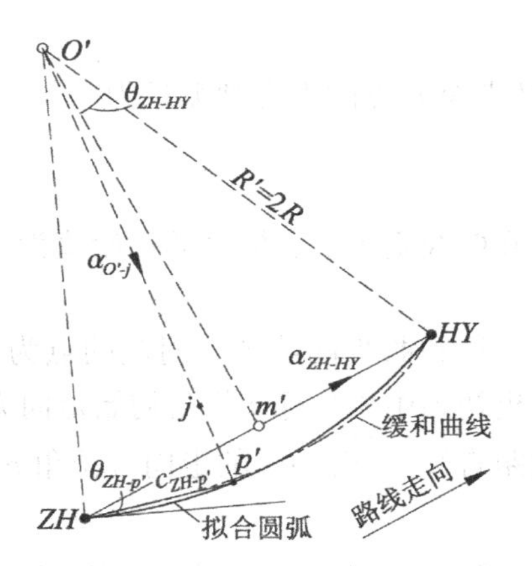

图 13.15　拟合圆弧圆心坐标的计算原理

设拟合圆弧的圆心为 O'，则直线 $\overline{m'O'}$ 的平距及其方位角为

$$\left.\begin{aligned} d_{m'O'} &= \sqrt{R'^2 - \frac{c_{ZH-HY}^2}{4}} \\ \alpha_{m'O'} &= \alpha_{ZH-HY} \pm 90° \end{aligned}\right\} \tag{13.71}$$

则 O' 点的坐标为

$$z_{O'} = z_{m'} + d_{m'O'} \angle \alpha_{m'O'} \tag{13.72}$$

③垂足点应满足的条件

设边桩点 j 在缓和曲线上的垂足点 p 的坐标为 $z_p = x_p + y_p i$，p 点的走向方位角 α_p，则垂线 $\overline{jp}$ 的点斜式方程为

$$y - y_j = -\frac{x - x_j}{\tan \alpha_p} \tag{13.73}$$

将 p 点坐标代入式(13.73)，得

$$y_p - y_j = -\frac{x_p - x_j}{\tan \alpha_p} \tag{13.74}$$

化简后得方程式

$$\begin{aligned} f(l_p) &= \tan \alpha_p (y_p - y_j) + x_p - x_j \\ &= \tan \alpha_p \Delta y_{jp} + \Delta x_{jp} \\ &= \tan \alpha_p \mathrm{ImP}(z_p - z_j) + \mathrm{ReP}(z_p - z_j) \end{aligned} \tag{13.75}$$

式中，$\mathrm{ImP}(z_p - z_j)$ 为复数 $z_p - z_j$ 的虚部，$\mathrm{ReP}(z_p - z_j)$ 为复数 $z_p - z_j$ 的实部，称 $f(l_p)$ 为垂线方程残差。在式(13.75)中，z_p 与 α_p 都是垂足点桩号 Z_p 的函数，而 $Z_p = Z_{ZH} + l_p$，故它们也是 ZH 点至 p 点的线长 l_p 的函数，因此以 $f(l_p)$ 表示。

④垂足点的初始桩号及其改正数

如图 13.15 所示，由拟合圆弧的圆心坐标 $z_{O'}$，算出直线 $\overline{O'j}$ 的方位角 $\alpha_{O'j}$ 及平距 $d_{O'j}$，则边桩点 j 在拟合圆弧上的垂足点 p' 的坐标为

$$z_{p'} = z_{O'} + R' \angle \alpha_{O'j} \tag{13.76}$$

在拟合圆弧上，ZH 至 p' 点弦长的弦切角为

$$\theta_{ZH-p'} = \sin^{-1} \frac{c_{ZH-p'}}{2R'} \tag{13.77}$$

ZH 点至 p' 点的拟合圆弧长为

$$l_{p'} = \frac{\pi \theta_{ZH-p'} R'}{90} \tag{13.78}$$

缓和曲线垂足点 p 桩号的初始值为

$$Z_p^{(0)} = Z_{ZH} + l_{p'} \tag{13.79}$$

缓和曲线桩号 $Z_p^{(0)}$ 对应的点为 $p^{(0)}$，l'_p 为 $p^{(0)}$ 点的缓和曲线长，简称初始线长。由此可以算出初始中桩坐标 $z_p^{(0)}$ 与初始走向方位角 $\alpha_p^{(0)}$，$p^{(0)}$ 至边桩点 j 的边距 $d_{p(0)j}$ 及其方位角 $\alpha_{p(0)j}$，则边距直线 $\overline{p^{(0)}j}$ 以 $p^{(0)}$ 的走向方位角 $\alpha_p^{(0)}$ 为零方向的走向归零方位角为

$$\alpha'_{p(0)j} = \alpha_{p(0)j} - \alpha_p^{(0)} \tag{13.80}$$

走向归零方位角 $\alpha'_{p(0)j}$ 的标准值，右边桩点应为 90°，左边桩点应为 270°，由此得边距直线 $\overline{p^{(0)}j}$ 的偏角改正数为

$$\left.\begin{aligned} \delta_L &= \alpha'_{p(0)j} - 270° \\ \delta_R &= 90° - \alpha'_{p(0)j} \end{aligned}\right\} \tag{13.81}$$

如图 13.16 所示，偏角改正数 $\delta(\delta_L$ 或 $\delta_R) > 0$ 时，垂足点初始线长 $l_p^{(0)}$ 的改正数 $dl > 0$，反之 $dl < 0$。下面讨论 dl 的计算公式。

如图 13.16(a)所示，线长改正数 dl 对直线 $\overline{p^{(0)}j}$ 方位角的影响值为

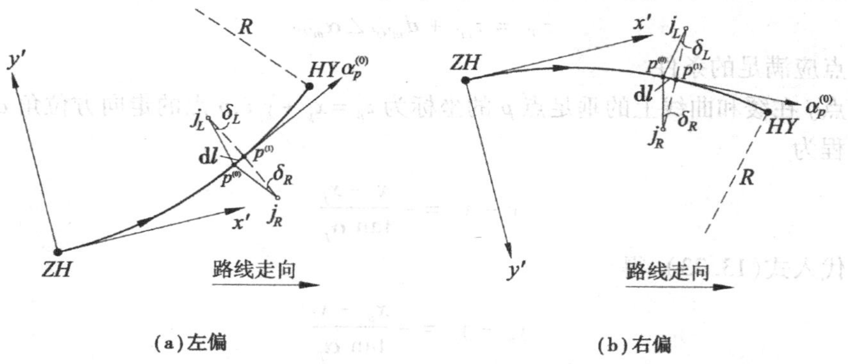

图 13.16　缓和曲线垂足点初始桩号改正数与角度改正数的关系

$$d\beta_1 = \frac{dl}{c_{p(0)j}} \tag{13.82}$$

对式(13.27)取微分，得 dl 对 $p^{(0)}$ 点走向方位角的影响值为

$$d\beta_2 = \frac{l dl}{A^2} \tag{13.83}$$

式(13.82)与式(13.83)的代数和应等于式(13.81)的偏角改正数

$$\delta = \frac{\mathrm{d}l}{c_{p(0)j}} \pm \frac{l\mathrm{d}l}{A^2} \tag{13.84}$$

式(13.84)中的“±”号，与缓和曲线偏转方向(左偏或右偏)、边桩点的位置(路线左侧或右侧)有关，规律如下：

右边桩$\begin{cases}\text{路线左偏取“+”号}\\\text{路线右偏取“-”号}\end{cases}$；左边桩$\begin{cases}\text{路线左偏取“-”号}\\\text{路线右偏取“+”号}\end{cases}$

由式(13.84)解得缓和曲线初始线长改正数为

$$\mathrm{d}l = \frac{\delta}{c_{p(0)j}^{-1} \pm \dfrac{l}{A^2}} \tag{13.85}$$

则改正后的垂足点桩号为 $Z_p = Z_p^{(0)} + \mathrm{d}l$，由 Z_p 算出垂足点中桩坐标 z_p 与走向方位角 α_p，将其代入式(13.75)计算垂线方程残差值 $f(l_p)$，如果 $|f(l_p)| < 0.001$ m，则结束计算，否则还需再重复计算一次即可。

【例 13.2】　图 13.17 为福建省永安至宁化高速公路(闽赣界)A7 合同段 JD_{48} 的曲线设计图，试将 F17 与 F18 两个导线点坐标预先输入到 Mat F 矩阵，以 F18 为测站点，应用 QH2-7T 程序计算加桩 K55+915，K56+163，K56+755 的中、边桩坐标及其坐标放样数据，左右边距均为 12.25 m；计算图 13.17 内表所示 3 个边桩点的坐标反算结果。

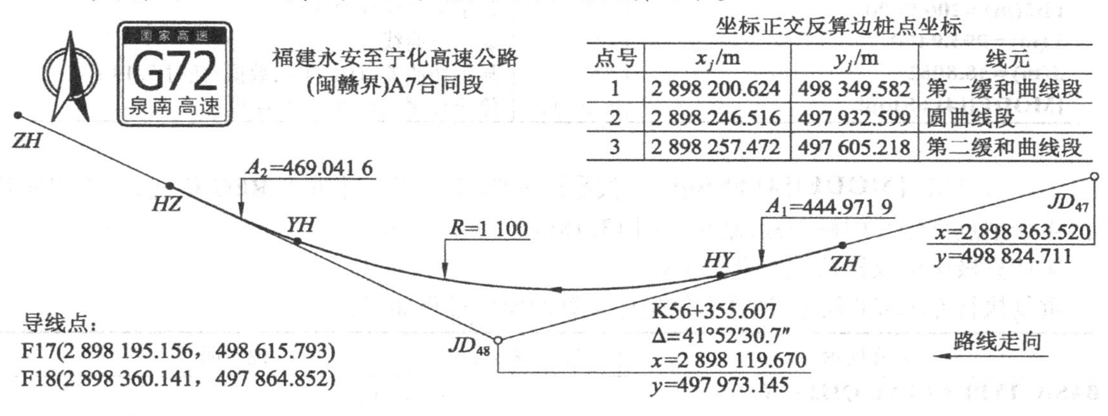

坐标正交反算边桩点坐标

点号	x_j/m	y_j/m	线元
1	2 898 200.624	498 349.582	第一缓和曲线段
2	2 898 246.516	497 932.599	圆曲线段
3	2 898 257.472	497 605.218	第二缓和曲线段

图 13.17　交点法非对称基本型平曲线设计数据

【解】　①编写与输入 JD_{48} 的数据库子程序文件 JD48

56355.607→Z:2898119.67+497973.145i→B↲　　JD_{48} 桩号/平面坐标复数

41°52°30.7°→Q↲　　正数为右转角

444.9719→E:1100→R:469.0416→F↲　　第一缓曲参数/圆曲半径/第二缓曲参数

2898363.52+498824.711i→U↲　　JD_{47} 平面坐标复数

35+2S→DimZ↲　　定义额外变量维数

Return

将上述子程序输入 fx-5800P，编辑 QH2-7T 主程序，将正数第 10 行的调数据库子程序名修改为 JD48，结果如图 13.18(a)所示。

②按 MODE 1 键进入 **COMP** 模式，按 FUNCTION 8 1 键进入矩阵列表菜单，按 ▲ ▲ 键移动光标到 **Mat F** 矩阵行按 EXE 2 EXE 2 EXE EXE 键，定义 **Mat F** 矩阵为 2 行×2 列，将图 13.17 的 F17 与 F18 导线点坐标输入矩阵单元，结果如图 13.18(b)所示。

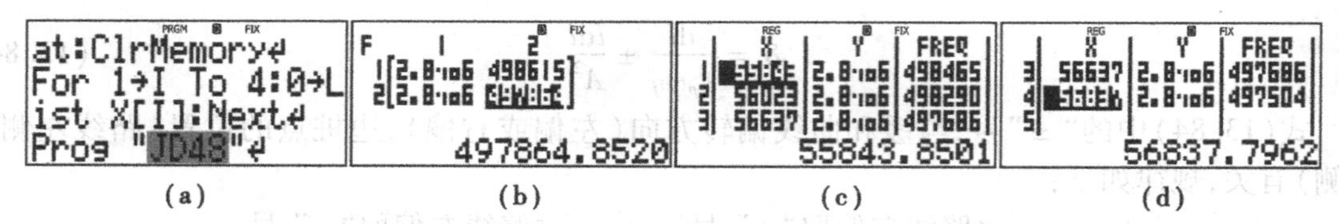

(a) (b) (c) (d)

图 13.18　将主程序 QH2-7T 中的数据库子程序名修改为 JD48 及程序计算串列结果

③执行 QH2-7T 程序计算 JD_{48} 的曲线要素与主点数据

选择执行 QH2-7T 程序，调用数据库子程序 JD48 计算 JD_{48} 平曲线的屏幕提示及操作过程如下：

屏幕提示	按　键	说　明
BASIC TYPE CURVE QH2-7T		显示程序标题
NEW(0),OLD(≠0) DATA=?	0 EXE	重新调用数据库子程序/耗时 4.41 s
DISP YES(1),NO(≠1)=?	1 EXE	输入 1 显示交点曲线要素
T1(m)=511.7568	EXE	显示第一切线长
T2(m)=520.9973	EXE	显示第二切线长
E(m)=79.2356	EXE	显示外距
Lh1(m)=180.0000	EXE	显示第一缓和曲线长
LY(m)=613.9460	EXE	显示圆曲线长
Lh2(m)=200.0000	EXE	显示第二缓和曲线长
L(m)=993.9460	EXE	显示总曲线长
J(m)=38.8082	EXE	显示切曲差，计算主点数据/耗时 5.19 s
[MODE][4]⇛Stop!	MODE 4	停止程序执行进入 REG 模式

当屏幕显示"**[MODE][4]⇛Stop!**时，按MODE 4键停止程序并进入 **REG** 模式，察看程序算出的 4 个主点桩号与中桩坐标，结果如图 13.18(c)~(d)所示。

④计算极坐标放样数据的坐标正算

重复执行 QH2-7T 程序，计算本例坐标正算的操作过程如下：

屏幕提示	按　键	说　明
BASIC TYPE CURVE QH2-7T		显示程序标题
NEW(0),OLD(≠0) DATA=?	4 EXE	用最近调用的数据库子程序计算
STA XY,NEW(0),OLD(1),NO(2)=?	0 EXE	重新输入测站点(station)坐标
STA X(m),Mat F TRA n=?	2 EXE	输入 2 选择 F18 为测站点
Xt+Yti(m)=2898360.141+497864.8520i	EXE	显示 2 号导线点(traverse)坐标复数
PEG→XY(1),XY→PEG(2),Pier(4)=?	1 EXE	输入 1 为坐标正算
+PEG(m),π⇛END=?	55915 EXE	输入加桩号
αi=254°45′11.26″	EXE	显示加桩走向方位角/耗时 2.34 s
X+Yi(m)=2898241.257+498396.6451i	EXE	显示中桩坐标复数
α=102°36′5.36″	EXE	显示测站→中桩方位角
HD(m)=544.9196	EXE	显示测站→中桩平距
ANGLE(0)⇛NO,-L+R(Deg)=?	90 EXE	输入正数为右偏角
WL(m),0⇛NO=?	12.25 EXE	输入左边距
XL+YLi(m)=2898229.438+498399.8666i	EXE	显示左边桩坐标复数

续表

屏幕提示	按 键	说 明
α=103°43′42.13″	EXE	显示测站→左边桩方位角
HD(m)=550.7485	EXE	显示测站→左边桩平距
WL(m),0⇒NO=?	0 EXE	输入0结束左边桩坐标计算
WR(m),0⇒NO=?	12.25 EXE	输入右边距
XR+YRi(m)=2898253.075+498393.4236i	EXE	显示右边桩坐标复数
α=101°27′2.51″	EXE	显示测站→右边桩方位角
HD(m)=539.3060	EXE	显示测站→右边桩平距
WR(m),0⇒NO=?	0 EXE	输入结束右边桩坐标计算
+PEG(m),π⇒END=?	SHIFT π EXE	输入π结束程序
QH2-7T⇒END		程序结束显示

请读者自己计算加桩 K56+163 与 K56+755 的中、边桩坐标。

⑤不计算极坐标放样数据的坐标反算

重复执行 QH2-7T 程序，计算本例坐标反算的操作过程如下：

屏幕提示	按 键	说 明
BASIC TYPE CURVE QH2-7T		显示程序标题
NEW(0),OLD(≠0) DATA=?	5 EXE	用最近调用的数据库子程序计算
STA XY,NEW(0),OLD(1),NO(2)=?	2 EXE	输入2不计算极坐标放样数据
PEG→XY(1),XY→PEG(2),Pier(4)=?	2 EXE	输入2为坐标反算
XJ(m),π⇒END=?	2898200.624 EXE	输入1号边桩坐标(图13.17内表)
YJ(m)+ni=?	498349.582 EXE	
p PEG(m)+ni=55970.3380+1.0000i	EXE	显示垂足点桩号/耗时6.40 s
αp=256°20′7.95″	EXE	显示走向方位角
Xp+Ypi(m)=2898227.374+498343.0786i	EXE	显示中桩坐标复数
p→J HD -L,+R(m)=-27.5292	EXE	显示负数为左边距
+PEG(m),π⇒END=?	SHIFT π EXE	输入π结束程序
QH2-7T⇒END		程序结束显示

请读者自己计算2、3号边桩的坐标反算成果。QH2-7T 允许用户在执行程序前，将路线附近的已知导线点坐标输入到 Mat F 矩阵(最多允许输入10个导线点坐标)，执行 QH2-7T 程序，当屏幕提示"**STA X(m),Mat F TRA n=?**"时，可以直接输入导线点号选择 Mat F 矩阵中的导线点作为测站点。

13.4 断链计算

因局部改线或其他原因造成路线桩号不连续的现象称为"断链"，桩号不连续中桩称为断链桩，设计图纸应在断链桩处标明它的老(后)、新(前)桩号与断链值，格式为：后桩号=前桩号，断链值=后桩号-前桩号。断链值<0 称为短链，案例如图13.19所示；断链值>0 称为长链，案例见图13.20所示。

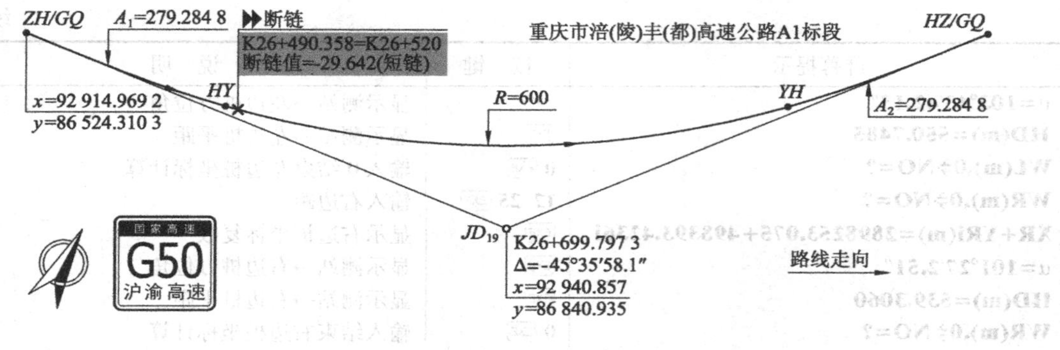

图 13.19　交点平曲线含短链案例

1)坐标正算的桩号处理

图 13.19 所示的短链存在一个空桩区间 K26 +490.358 ~ K26 +520,区间宽度为短链值,该区间内的桩号在实际路线中是不存在的。坐标正算时,如果用户输入的加桩号位于该空桩区间 K26 + 490.358 ~ K26 +520 内时,程序不能计算并提示用户重复输入新的加桩号。

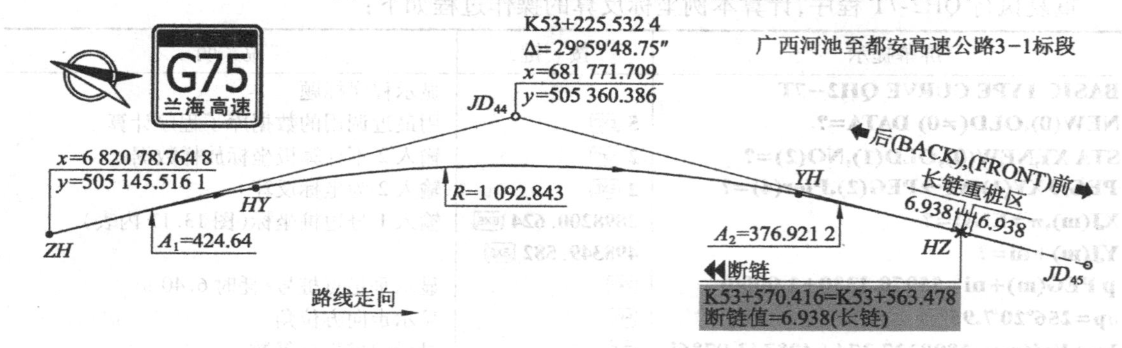

图 13.20　交点平曲线含长链案例

图 13.20 所示的长链存在两个重桩区间,分长链桩后重桩区间 K53 +563.478 ~ K53 +570.416与长链桩前重桩区间 K53 +570.416 ~ K53 +563.478,后、前重桩区间的总宽度为两倍长链值。坐标正算时,如果用户输入的加桩号位于重桩区间 K53 +570.416 ~ K53 +563.478 内时,应提示用户在长链桩后重桩区间(BACK)与长链桩前(FRONT)重桩区间选择,以路线走向为前进方向。

称不考虑断链的桩号为连续桩号,顾及断链的桩号为设计桩号。执行 QH2-7T 程序正算时,用户输入的桩号为设计桩号,主程序通过调用 SUB2-7A 子程序将其变换为连续桩号才能计算。

2)坐标反算的桩号处理

坐标反算求出的桩号为连续桩号,通过调用 SUB2-79 子程序将其变换为设计桩号后,才发送到屏幕显示。

3)短链计算案例

【例 13.3】　试用 QH2-7T 程序计算图 13.19 所示短链加桩 K26 +510,K26 +480,K26 +530 的中桩坐标。

【解】 ①编写与输入 JD_{19} 的数据库子程序文件 JD19

26699.7973→Z:92940.857+86840.935i→B↵	JD_{19} 桩号/平面坐标复数
-45°35°58.1°→Q↵	负数为左转角
279.2848→E:600→R:279.2848→F↵	第一缓曲参数/圆曲半径/第二缓曲参数
92914.9692+86524.3103i→U↵	GQ 点平面坐标复数
1→D↵	断链桩数
35+2S→DimZ↵	定义额外变量维数
26490.358→List X[5]:26520→List Y[5]↵	断链桩数值

Return

将上述子程序输入 fx-5800P，编辑 QH2-7T 主程序，将正数第 10 行的调数据库子程序名修改为 JD19，结果见图 13.21(a)所示。

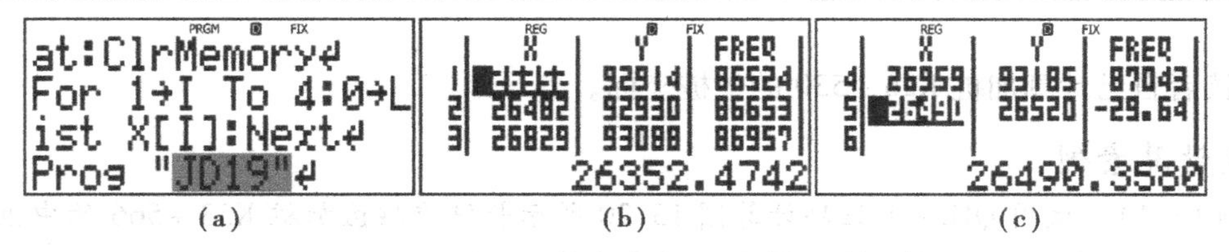

图 13.21 将主程序 QH2-7T 中的数据库子程序名修改为 JD19 及程序计算串列结果

②计算 JD_{19} 的曲线要素与主点数据

选择执行 QH2-7T 程序，调用数据库子程序 JD19 计算 JD_{19} 平曲线主点数据的屏幕提示及操作过程如下：

屏幕提示	按 键	说 明
BASIC TYPE CURVE QH2-7T		显示程序标题
NEW(0),OLD(≠0) DATA=?	0 EXE	重新调用数据库子程序/耗时 4.85 s
DISP YES(1),NO(≠1)=?	1 EXE	输入 1 显示交点曲线要素
T1(m)=317.6812	EXE	显示第一切线长
T2(m)=317.6812	EXE	显示第二切线长
E(m)=52.1271	EXE	显示外距
Lh1(m)=130.0000	EXE	显示第一缓和曲线长
LY(m)=347.5166	EXE	显示圆曲线长
Lh2(m)=130.0000	EXE	显示第二缓和曲线长
L(m)=607.5166	EXE	显示总曲线长
J(m)=27.8459	EXE	显示切曲差，计算主点数据/耗时 5.03 s
[MODE][4]⇛Stop!	MODE 4	停止程序执行进入 REG 模式

当屏幕显示“**[MODE][4]⇛Stop!**”时，按 MODE 4 键停止程序并进入 **REG** 模式，察看程序算出的 4 个主点桩号、中桩坐标与断链桩数据，List Freq[5]为程序计算的断链值(负数为短链)，结果见图 13.21(b)～(c)所示。

③坐标正算

重复执行 QH2-7T 程序，计算本例坐标正算的操作过程如下：

屏幕提示	按 键	说 明
BASIC TYPE CURVE QH2-7T		显示程序标题
NEW(0),OLD(≠0) DATA=?	4 EXE	用最近调用的数据库子程序计算
STA XY,NEW(0),OLD(1),NO(2)=?	2 EXE	输入2不计算极坐标放样数据
PEG→XY(1),XY→PEG(2),Pier(4)=?	1 EXE	输入1为坐标正算
+PEG(m),π⇒END=?	26510 EXE	输入加桩号
in -Break PEG n=1.0000	EXE	显示加桩位于1号短链空桩区
+PEG(m),π⇒END=?	26480 EXE	输入加桩号
αi=79°21′9.93″	EXE	显示加桩走向方位角,耗时2.59 s
X+Yi(m)=92929.7633+86650.9132i	EXE	显示中桩坐标复数
ANGLE(0)⇒NO,-L +R(Deg)=?	0 EXE	输入0不计算边桩坐标
+PEG(m),π⇒END=?	SHIFT π EXE	输入π结束程序
QH2-7T⇒END		程序结束显示

请读者自己计算加桩K26+530的中桩坐标。

4)长链计算案例

【例13.4】 试用QH2-7T程序计算图13.20所示长链重桩区加桩K53+566的中桩坐标。

【解】 ①编写与输入JD_{44}的数据库子程序文件JD44

53225.5324→Z:681771.709+505360.386i→B↲	JD_{44}桩号/平面坐标复数
29°59°48.75°→Q↲	正数为右转角
424.64→E:1092.843→R:376.9212→F↲	第一缓曲参数/圆曲半径/第二缓曲参数
682078.7648+505145.5161i→U↲	GQ点平面坐标复数
1→D↲	断链桩数
35+2S→DimZ↲	定义额外变量维数
53570.416→List X[5]:53563.478→List Y[5]↲	断链桩数值

Return

将上述子程序输入fx-5800P,编辑QH2-7T主程序,将正数第10行的调数据库子程序名修改为JD44,结果见图13.22(a)所示。

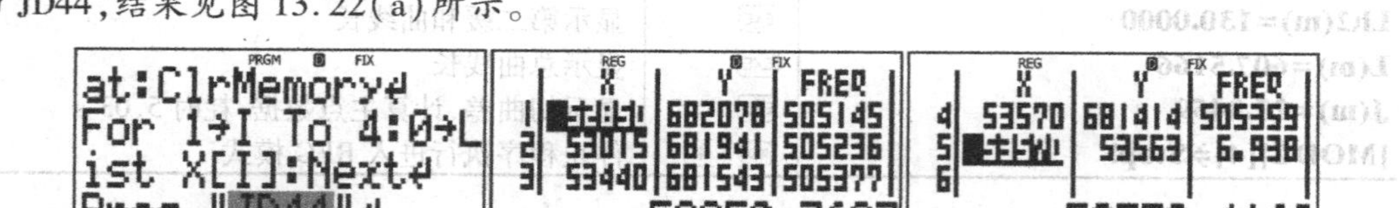

图13.22 将主程序QH2-7T中的数据库子程序名修改为JD44及程序计算串列结果

②计算JD_{44}的曲线要素与主点数据

选择执行QH2-7T程序,调用数据库子程序JD44计算JD_{44}平曲线的屏幕提示及操作过程如下:

屏幕提示	按　键	说　明
BASIC TYPE CURVE QH2-7T		显示程序标题
NEW(0),OLD(≠0) DATA=?	0 EXE	重新调用数据库子程序/耗时 5.78 s
DISP YES(1),NO(≠1)=?	1 EXE	输入 1 显示交点曲线要素
T1(m)=347.7697	EXE	显示第一切线长
T2(m)=358.7465	EXE	显示第二切线长
E(m)=39.4140	EXE	显示外距
Lh1(m)=165.0000	EXE	显示第一缓和曲线长
LY(m)=424.6516	EXE	显示圆曲线长
Lh2(m)=130.0000	EXE	显示第二缓和曲线长
L(m)=719.6517	EXE	显示总曲线长
J(m)=13.8646	EXE	显示切曲差,计算主点数据/耗时 5.34 s
[MODE][4]⇛Stop!	MODE 4	停止程序执行进入 REG 模式

当屏幕显示“**[MODE][4]⇛Stop!**”时,按 MODE 4 键停止程序并进入 **REG** 模式,察看程序算出的 4 个主点桩号、中桩坐标与断链桩数据,List Freq[5]为程序计算的断链值(正数为长链),结果见图 13.22(b)~(c)所示。

③坐标正算

重复执行 QH2-7T 程序,计算本例坐标正算的操作过程如下:

屏幕提示	按　键	说　明
BASIC TYPE CURVE QH2-7T		显示程序标题
NEW(0),OLD(≠0) DATA=?	4 EXE	用最近调用的数据库子程序计算
STA XY,NEW(0),OLD(1),NO(2)=?	2 EXE	输入 2 不计算极坐标放样数据
PEG→XY(1),XY→PEG(2),Pier(4)=?	1 EXE	输入 1 为坐标正算
+PEG(m),π⇛END=?	53566 EXE	输入加桩号
BACK(0),+Break,FRONT(≠0)=?	0 EXE EXE	输入 0 选择长链后重桩区
αi=175°0′34.51″	EXE	显示加桩走向方位角/耗时 1.40 s
X+Yi(m)=681418.7179+505391.1847i	EXE	显示中桩坐标复数
ANGLE(0)⇛NO,-L +R(Deg)=?	0 EXE	输入 0 不计算边桩坐标
+PEG(m),π⇛END=?	53566 EXE	输入加桩号
BACK(0),+Break,FRONT(≠0)=?	5 EXE	输入≠0 的数选择长链前重桩区
αi=175°0′48.66″	EXE	显示加桩走向方位角/耗时 1.40 s
X+Yi(m)=681411.8062+505391.7879i	EXE	显示中桩坐标复数
ANGLE(0)⇛NO,-L +R(Deg)=?	0 EXE	输入 0 不计算边桩坐标
+PEG(m),π⇛END=?	EXE	输入 π 结束程序
QH2-7T⇛END	SHIFT π EXE	程序结束显示

13.5　竖曲线计算

为了行车的平稳和满足视距的要求,路线纵坡变更处应以圆曲线相接,称这种曲线为竖曲线,纵坡变更处称为变坡点,也即竖交点,用 *SJD* 表示。竖曲线按其变坡点 *SJD* 在曲线的上方或下方分别称为凸形或凹形竖曲线。如图 13.23 所示,路线上有三条相邻纵坡 i_1(+)、i_2(-)、

$i_3(+)$，在 i_1 和 i_2 之间设置凸形竖曲线；在 i_2 和 i_3 之间设置凹形竖曲线。

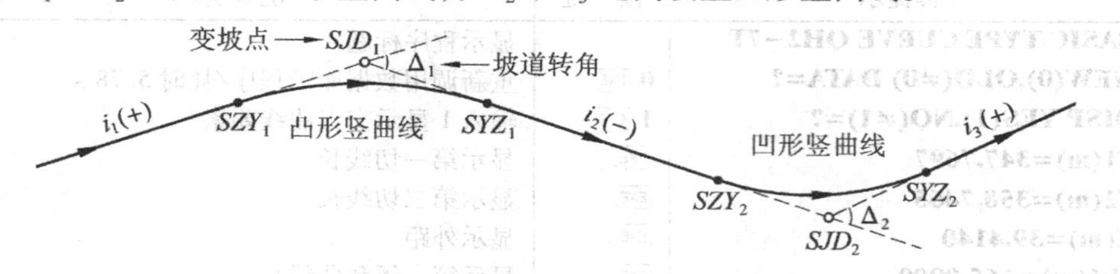

图 13.23　竖曲线及其类型

《公路路线设计规范》规定，路线最大纵坡应符合表 13.4 的规定。

表 13.4　最大纵坡

设计速度/($km \cdot h^{-1}$)	120	100	80	60	40	30	20
最大纵坡/%	3	4	5	6	7	8	9

竖曲线的最小半径与竖曲线长度应符合表 13.5 的规定。

表 13.5　竖曲线最小半径与竖曲线长度

设计速度/($km \cdot h^{-1}$)		120	100	80	60	40	30	20
凸形竖曲线半径/m	一般值	17 000	10 000	4 500	2 000	700	400	200
	极限值	11 000	6 500	3 000	1 400	450	250	100
凹形竖曲线半径/m	一般值	6 000	4 500	3 000	1 500	700	400	200
	极限值	4 000	3 000	2 000	1 000	450	250	100
竖曲线长度/m	一般值	250	210	170	120	90	60	50
	最小值	100	85	70	50	35	25	20

1)计算原理

如图 13.24 所示，设 s 为路线起点，其桩号与高程分别为 Z_s 与 H_s，SJD_1 为 1 号变坡点，其桩号与高程分别为 Z_{SJD_1} 与 H_{SJD_1}，SJD_2 为 2 号变坡点，其桩号与高程分别为 Z_{SJD_2} 与 H_{SJD_2}，设 SJD_1 的竖曲线半径为 R；$s \to SJD_1$ 的纵坡为 i_1，$SJD_1 \to SJD_2$ 的纵坡为 i_2。

$i_1 - i_2 > 0$ 时为凸形竖曲线，有两种情形的凸形竖曲线：图 13.24(a)为 $i_1 > 0$ 的凸形竖曲线，图 13.24(b)为 $i_1 < 0$ 的凸形竖曲线。$i_1 - i_2 < 0$ 时为凹形竖曲线，有两种情形的凹形竖曲线：图 13.25(a)为 $i_1 < 0$ 的凹形竖曲线，图 13.25(b)为 $i_1 > 0$ 的凹形竖曲线。

(1)竖曲线要素的计算

在竖曲线设计资料中，虽然同时给出了 Z_s，H_s，Z_{SJD_1}，H_{SJD_1}，Z_{SJD_2}，H_{SJD_2}，i_1，i_2 等数据，但在编程计算输入已知数据时，坡度 i_1 与 i_2 是不需要输入的，它们可以利用下列公式反算出

$$\left.\begin{aligned} i_1 &= \frac{H_{SJD_1} - H_s}{Z_{SJD_1} - Z_s} \\ i_2 &= \frac{H_{SJD_2} - H_{SJD_1}}{Z_{SJD_2} - Z_{SJD_1}} \end{aligned}\right\} \tag{13.86}$$

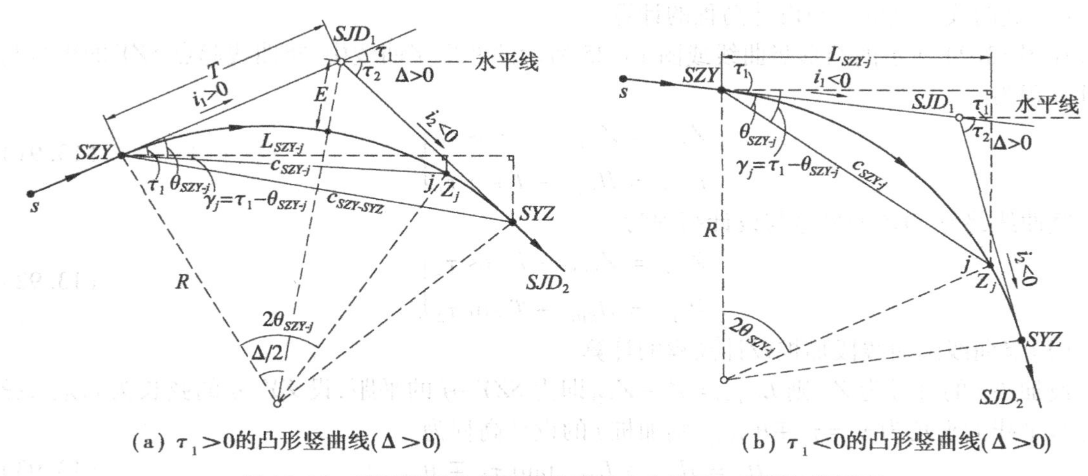

(a) $\tau_1>0$的凸形竖曲线($\Delta>0$)　　(b) $\tau_1<0$的凸形竖曲线($\Delta>0$)

图 13.24　两种情形的凸形竖曲线的主点桩号与高程计算原理

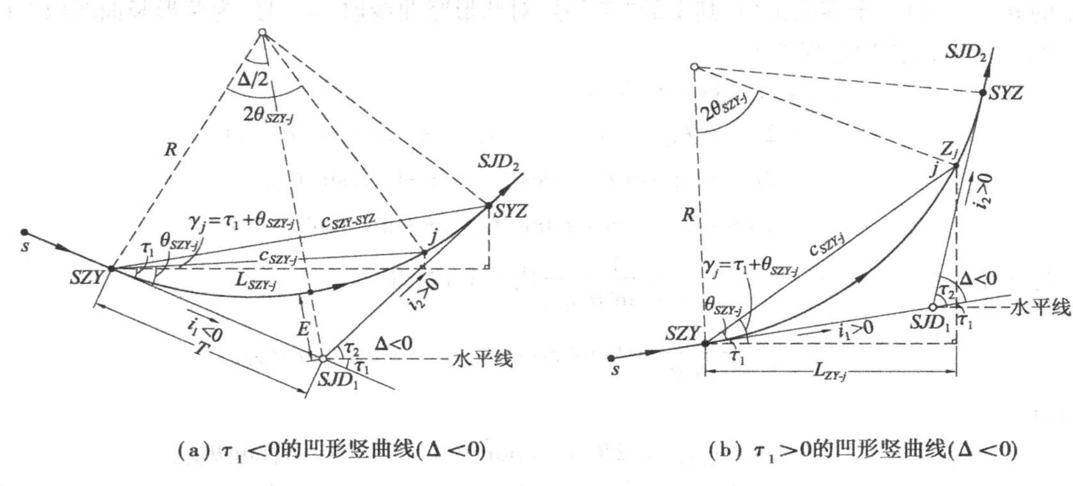

(a) $\tau_1<0$的凹形竖曲线($\Delta<0$)　　(b) $\tau_1>0$的凹形竖曲线($\Delta<0$)

图 13.25　两种情形的凹形竖曲线的主点桩号与高程计算原理

变坡点 SJD_1 的竖曲线要素包括竖曲线长 L_y、切线长 T、外距 E 和坡道转角 Δ。由图 13.24 或图 13.25 所示的几何关系,可得

$$\left.\begin{aligned}\Delta &= \tau_1 - \tau_2 \\ \tau_1 &= \tan^{-1} i_1 \\ \tau_2 &= \tan^{-1} i_2\end{aligned}\right\} \tag{13.87}$$

式(13.87)中的坡道转角 Δ,对于凸形竖曲线,$\Delta>0$;对于凹形竖曲线,$\Delta<0$。

竖曲线其余要素的计算公式为

$$L_y = \frac{\pi}{180^\circ}|\Delta|R \tag{13.88}$$

$$T = R\tan\frac{|\Delta|}{2} \tag{13.89}$$

$$E = R\left(\sec\frac{|\Delta|}{2} - 1\right) \tag{13.90}$$

(2)竖曲线主点桩号与设计高程的计算

在图13.24所示的凸形竖曲线或图13.25所示的凹形竖曲线中,竖曲线起点 SZY 的桩号与设计高程为

$$\left.\begin{aligned} Z_{SZY} &= Z_{SJD_1} - T\cos\tau_1 \\ H_{SZY} &= H_{SJD_1} - T\sin\tau_1 \end{aligned}\right\} \tag{13.91}$$

竖曲线终点 SYZ 的桩号与设计高程为

$$\left.\begin{aligned} Z_{SYZ} &= Z_{SJD_1} + T\cos\tau_2 \\ H_{SYZ} &= H_{SJD_1} + T\sin\tau_2 \end{aligned}\right\} \tag{13.92}$$

(3)竖曲线圆曲线段加桩设计高程的计算

设加桩 j 的桩号为 Z_j,则 $L_{SZY-j}=Z_j-Z_{SZY}$ 即为 $SZY\rightarrow j$ 的平距,设 $ZY\rightarrow j$ 的弦长为 c_{SZY-j},弦长与水平线的夹角为 $\gamma_j=\tau_1\mp\theta_{SZY-j}$,则加桩 j 的设计高程为

$$H_j = H_{SZY} + L_{SZY-j}\tan(\tau_1 \mp \theta_{SZY-j}) \tag{13.93}$$

式中的 θ_{SZY-j} 为恒大于零的正角,其中的"$\mp$"号,对凸形竖曲线取"$-$"号;为凹形竖曲线取"$+$"号。θ_{SZY-j} 的公式推导过程如下

$$\begin{aligned} L_{SZY-j} &= c_{SZY-j}\cos(\tau_1 \mp \theta_{SZY-j}) \\ &= 2R\sin\theta_{SZY-j}(\cos\tau_1\cos\theta_{SZY-j} \pm \sin\tau_1\sin\theta_{SZY-j}) \\ &= 2R(\cos\tau_1\sin\theta_{SZY-j}\cos\theta_{SZY-j} \pm \sin\tau_1\sin^2\theta_{SZY-j}) \\ &= 2R\cos^2\theta_{SZY-j}(\cos\tau_1\tan\theta_{SZY-j} \pm \sin\tau_1\tan^2\theta_{SZY-j}) \end{aligned}$$

将三角函数恒等式 $\cos^2\theta_{SZY-j}=\dfrac{1}{1+\tan^2\theta_{SZY-j}}$ 代入上式,得

$$L_{SZY-j} = \frac{2R}{1+\tan^2\theta_{SZY-j}}(\cos\tau_1\tan\theta_{SZY-j} \pm \sin\tau_1\tan^2\theta_{SZY-j})$$

化简,得

$$L_{SZY-j} + L_{SZY-j}\tan^2\theta_{SZY-j} = 2R\cos\tau_1\tan\theta_{SZY-j} \pm 2R\sin\tau_1\tan^2\theta_{SZY-j}$$

$$(\pm 2R\sin\tau_1 - L_{SZY-j})\tan^2\theta_{SZY-j} + 2R\cos\tau_1\tan\theta_{SZY-j} - L_{SZY-j} = 0 \tag{13.94}$$

式(13.94)为一元二次方程,其中的"$\pm$"号,对凸形竖曲线取"$+$"号;为凹形竖曲线取"$-$"号。设方程式的系数为

$$\left.\begin{aligned} a &= \pm 2R\sin\tau_1 - L_{SZY-j} \\ b &= 2R\cos\tau_1 \\ c &= -L_{SZY-j} \end{aligned}\right\} \tag{13.95}$$

则方程式(13.94)的两个解为

$$\tan\theta_{SZY-j} = \frac{-b \pm \sqrt{b^2-4ac}}{2a} \tag{13.96}$$

应取满足条件

$$0 < \theta_{SZY-j} \leqslant \frac{|\Delta|}{2} \tag{13.97}$$

的解为方程式(13.94)的解。

(4)竖曲线直线坡道加桩设计高程的计算

当加桩位于 SYZ 前,纵坡为 i_2 的直线坡道时,其设计高程为

$$H_j = H_{SYZ} + (Z_j - Z_{SYZ})i_2 \tag{13.98}$$

2)竖曲线设计数据的输入

QH2-7T 程序要求在数据库子程序中,将竖曲线的变坡点数输入到 S 变量,路基超高横坡数输入到 C 变量,从 $Z[34]$ 开始输入竖曲线起点桩号与高程复数,详细参见表 13.6。

表 13.6　竖曲线设计数据的输入位置

单　元	数据内容	数据类型
$Z[34]$	起点设计桩号 + 高程 i	复数
$Z[35]$	SJD_1 设计桩号 + 高程 i	复数
$Z[36]$	SJD_1 半径 R_1	实数
⋮	⋮	⋮
$Z[35+2S]$	终点设计桩号 + 高程 i	复数

13.6　路基超高横坡度与边桩设计高程的计算

圆曲线半径小于表 13.3 规定的不设超高的最小半径时,应在曲线上设置超高。路基由直线段的双向路拱横断面逐渐过渡到圆曲线段的全超高单向横断面,其间必须设置超高过渡段。

二、三、四级公路的圆曲线半径 $R \leqslant 250$ m 时,应设置加宽。圆曲线上的路面加宽应设置在圆曲线的内侧。设置缓和曲线或超高过渡段时,加宽过渡段长度应采用与缓和曲线或超高过渡段长度相同的数值。

四级公路的直线和小于表 13.3 不设超高的圆曲线最小半径径相连接处,和半径 $\leqslant 250$ m 的圆曲线径相连接处,应设置超高、加宽过渡段。

《公路路线设计规范》将超过过渡方式分"无中间带公路"与"有中间带公路"两类,图13.26 为有中间带公路超高过渡的 3 种方式。

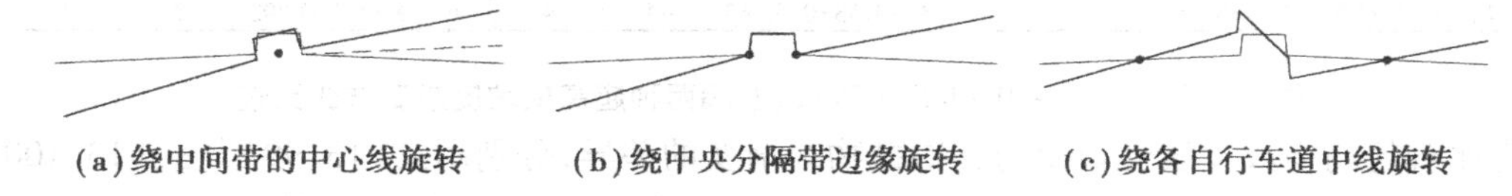

(a)绕中间带的中心线旋转　(b)绕中央分隔带边缘旋转　(c)绕各自行车道中线旋转

图 13.26　有中间带公路的 3 种路基超高过渡方式

①绕中间带的中心线旋转:先将外侧行车道绕中间带的中心线旋转,待达到与内侧行车道构成单向横坡后[图 13.26(a)虚线所示],整个断面一同绕中心线旋转,直至超高横坡值。此时,中央分隔带呈倾斜状,中间带宽度 $\leqslant 4.5$ m 的公路可采用。

②绕中央分隔带边缘旋转:将两侧行车道分别绕中央分隔带边缘旋转,使之各自成为独立的单向超高断面,此时,中央分隔带维持原水平状态,各种宽度中间带的公路均可采用。

③绕各自行车道中线旋转:将两侧行车道分别绕各自行车道中线旋转,使之各自成为独立的单向超高断面,此时中央分隔带两边缘分别升高与降低而成为倾斜断面,车道数大于 4 条的公路可采用。

图 13.29 为采用绕中央分隔带边缘旋转的超高过渡方式,这也是高速公路主线使用率最高

的一种超高过渡方式，本节只讨论这种超高过渡方式。

在路线设计图纸中，纵、横坡度正负值的定义是相反的。纵坡度 >0 时为升坡，纵坡度 <0 时为降坡；横坡度 >0 为降坡，横坡度 <0 为升坡。

1）路基超高横坡度渐变方式

设 i_s 为路基超高过渡段的起点横坡度，i_e 为终点横坡度，L_C 为超高过渡段长，l 为超高过渡段内任意点 j 至起点的线长，$k=l/L_C$ 为 0 ~ 1 的系数。采用线性渐变方式计算 j 点超高横坡度的公式为

$$i_j = i_s + (i_e - i_s)k \tag{13.99}$$

采用三次抛物线渐变方式计算 j 点超高横坡度的公式为

$$i_j = i_s + (i_e - i_s)(3k^2 - 2k^3) = i_s + (i_e - i_s)k^2(3 - 2k) \tag{13.100}$$

路基超高数据及采用的渐变方式在纵断面图的最底行给出，在设计说明文件中也会给出相应的文字说明。图 13.27 为图 13.20 所示 JD_{44} 的纵断面图底部的超高表，它有下面 4 个超高过渡段：

①K52 +850.763 ~ K52 +908.514，超高过渡段长 57.751 m；

②K52 +908.514 ~ K53 +015.763，超高过渡段长 107.249 m；

③K53 +015.763 ~ K53 +440.414，超高过渡段长 424.651 m；

④K53 +440.414 ~ K53 +570.414，超高过渡段长 130 m。

因其超高线为折线连接，所以，其超高横坡度渐变方式为线性渐变。

平曲线　ZH　HY　A_1=424.64　JD_{44} R=1 092.843　YH　A_2=376.921 2　HZ

超　高　0%　0%　K52+850.763　-2%　2%　K52+908.514　-4%　4%　K53+015.763　-4%　4%　K53+440.414　2%　K53+570.414

竖曲线及纵坡表

序	桩号	高程/m	R/m	i/%
SJD_{16}	K52+150	285.467		-0.3
SJD_{17}	K53+160	288.493	49 000	0.299 6
SJD_{18}	K54+600	274.733		

超高横坡度表

序	桩号	i_L/%	i_R/%	序	桩号	i_L/%	i_R/%
1	K52+850.763	0	0	4	K53+440.414	-4	4
2	K52+908.514	-2	2	5	K53+570.414	2	2
3	K53+015.763	-4	4	6	K53+763.792	2	-2

图 13.27　K27 +420 ~ K27 +550 段左幅两种超高横坡度渐变方式比较

为比较超高横坡度线性渐变与三次抛物线渐变的差异，分别用式(13.99)与式(13.100)计算超高过渡段 K53 +440.414 ~ K53 +570.414 左幅的超高横坡度，结果见图 13.28 所示。

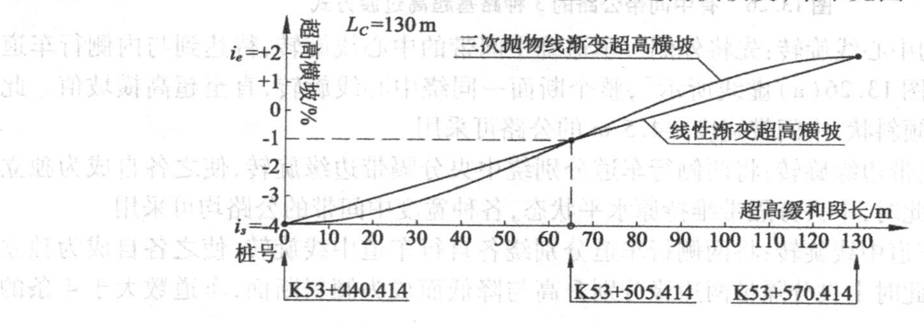

图 13.28　K53 +440.414 ~ K53 +570.414 段左幅两种超高横坡度渐变方式比较

2)边桩设计高程计算原理

加桩边桩设计高程的计算依据是:加桩的中桩设计高程、路基超高横坡度及横断面设计数据。

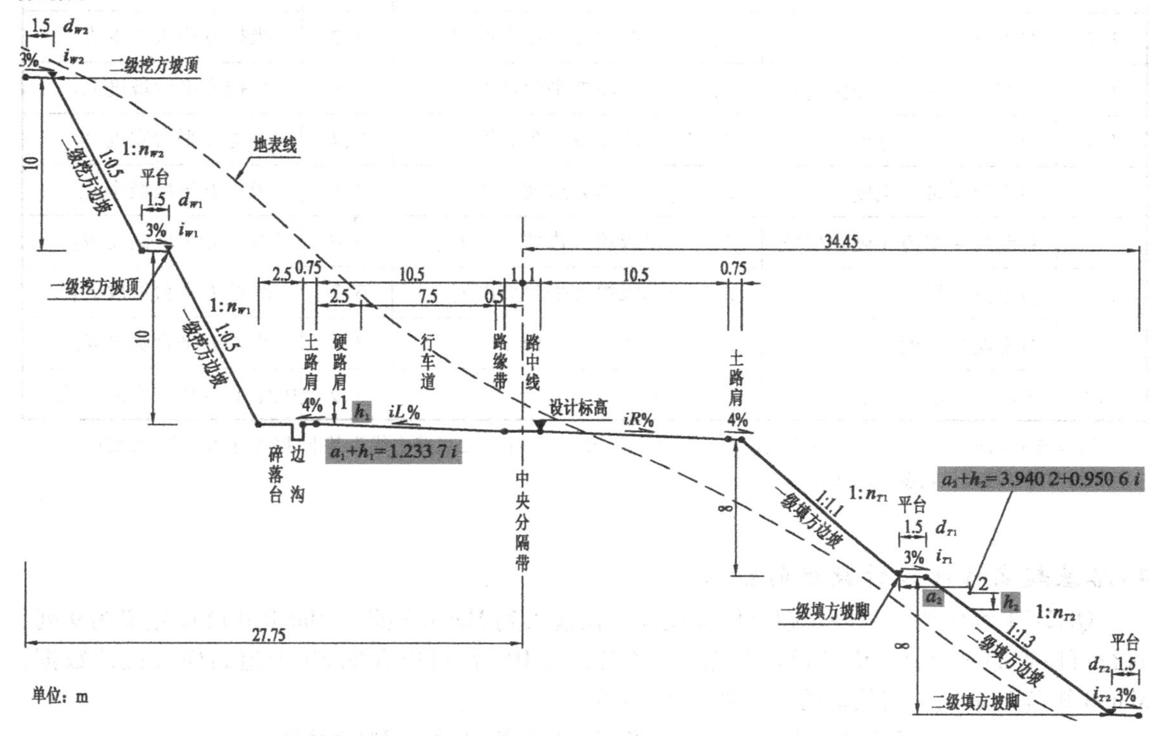

图 13.29　广西河池至都安高速公路 2-2 标段的标准路基横断面设计图

图 13.29 为广西河池至都安高速公路 2-2 标段的标准横断面图,图中的“设计标高”即为根据竖曲线算出的设计高程。在标准横断面图上,一般应给出填方边坡与挖方边坡的设计数据,每级边坡的设计数据有 4 个:边坡坡率 $1:n$,坡高 H,平台宽 d,平台横坡度 i。在图 13.29 所示的标准横断面图中,挖方边坡数据绘制于路线左幅,填方边坡数据绘制于路线右幅,但这并不代表加桩左幅一定是挖方边坡,右幅一定是填方边坡,应根据实际地形情况选择挖填边坡。

图 13.29 的土路肩横坡度为 4%,当路基超高横坡度小于 4% 时,土路肩横坡度取为 4%;当路基超高横坡度大于 4% 时,土路肩横坡度应取路基超高横坡度,以满足路面排水的需要。

挖方“边沟 + 碎落台”内的设计高程均取土路肩外缘的设计高程。

3)路基横断面设计数据的输入

QH2-7T 程序要求将路基横断面设计数据输入到 Mat A 矩阵。Mat A 矩阵应定义为 3 行 ×9 列,其中,第 1 行用于输入路中线分别至左、右土路肩的路基横断面设计数据,第 2 行用于输入一、二级填方边坡的设计数据,第 3 行用于输入一、二级挖方边坡的设计数据,Mat A[3,9]单元输入超高横坡渐变方式控制系数,输入 0 为线性渐变,输入 ≠0 的数为三次抛物线渐变,详细列于表 13.7。

表 13.7　路基横断面设计数据矩阵 Mat A(3 行 ×9 列)单元规划

行,列	车道与路缘数据	行,列	填方数据	行,列	挖方数据
1,1	左土路肩宽度	2,1	一级填方边坡坡率 n_{T1}	3,1	一级挖方边坡坡率 n_{W1}
1,2	左土路肩横坡度	2,2	一级填方边坡高度 H_{T1}	3,2	一级挖方边坡高度 H_{W1}
1,3	左路缘＋车道＋硬路肩宽	2,3	一级填方平台坡度 i_{T1}	3,3	一级挖方平台坡度 i_{W1}
1,4	中央分隔带左宽度	2,4	一级填方平台宽度 d_{T1}	3,4	一级挖方平台宽度 d_{W1}
1,5	中央分隔带右宽度	2,5	二级填方边坡坡率 n_{T2}	3,5	二级挖方边坡坡率 n_{W2}
1,6	右路缘＋车道＋硬路肩宽	2,6	二级填方边坡高度 H_{T2}	3,6	二级挖方边坡高度 H_{W2}
1,7	右土路肩横坡度	2,7	二级填方平台坡度 i_{T2}	3,7	二级挖方平台坡度 i_{W2}
1,8	右土路肩宽度	2,8	二级填方平台宽度 d_{T2}	3,8	二级挖方平台宽度 d_{W2}
1,9	边沟＋碎落台宽度	2,9	0	3,9	0 线性，≠0 三次抛物线

注：边坡坡率 n，填方应输入正数，挖方应输入负数；平台横坡度 i 的正负是以路中线为基准，降坡输入正数，升坡输入负数，与路基超高横坡度 i_L，i_R 的定义相同。

4）路基超高横坡设计数据的输入

QH2-7T 程序要求将路基超高横坡设计数据输入到 Mat B 矩阵。Mat B 矩阵应定义为 9 列，每行可以存储 3 个超高横坡设计数据，最多定义为 10 行，可以存储 30 个超高横坡设计数据，Mat B 矩阵各单元存储数据的意义列于表 13.8。

表 13.8　路基超高横坡矩阵 Mat B(最多 10 行 ×9 列)单元规划

行\列	1	2	3	4	5	6	7	8	9
1	设计/连续桩号 1	i_{L1}	i_{R1}	设计/连续桩号 2	i_{L2}	i_{R2}	设计/连续桩号 3	i_{L3}	i_{R3}
2	设计/连续桩号 4	i_{L4}	i_{R4}	设计/连续桩号 5	i_{L5}	i_{R5}	设计/连续桩号 6	i_{L6}	i_{R6}
⋮	⋮	⋮	⋮	⋮	⋮	⋮	⋮	⋮	⋮
10	设计/连续桩号 28	i_{L28}	i_{R28}	设计/连续桩号 29	i_{L29}	i_{R29}	设计/连续桩号 30	i_{L30}	i_{R30}

注：①路基超高横坡度 i_L，i_R，以路中线为基准，降坡输入正数，升坡输入负数；②Mat B 矩阵最多定义为 10 行 ×9 列，可以输入 30 个路基超高横坡断面数据。

5）中边桩设计高程计算案例

【例 13.5】　试用 QH2-7T 程序计算图 13.20 所示 JD_{44} 加桩 K52＋920 的中边桩三维坐标，用全站仪实测挖方边坡的两个边桩点三维坐标分别为(682 027.768，505 193.643，289.173)，(682 007.808，505 164.297，278.495)，试计算这两点的设计高程与挖填高差。

【解】　①将图 13.27 两个内表的竖曲线设计数据、超高横坡设计数据、图 13.29 的标准横断面设计数据，按表 13.6～13.8 的要求，添加到【例 13.5】的数据库子程序 JD_{44} 中，结果如下：

53225.5324→Z:681771.709＋505360.386i→B↵　JD_{44} 桩号/平面坐标复数

29°59°48.75°→Q↵　正数为右转角

424.64→E:1092.843→R:376.9212→F↵	第一缓曲参数/圆曲半径/第二缓曲参数
682078.7648+505145.5161i→U↵	*GQ* 点平面坐标复数
1→D:1→S:6→C↵	断链桩数/竖曲线变坡点数/超高横坡数
35+2S→DimZ↵	定义额外变量维数
53570.416→List X[5]:53563.478→List Y[5]↵	断链桩数值
52150+285.467i→Z[34]↵	竖曲线起点桩号+高程复数
53160+288.493i→Z[35]:49000→Z[36]↵	竖曲线变坡点桩号+高程复数/竖曲线半径
54600+274.733i→Z[37]↵	竖曲线终点桩号+高程复数

[[0.75,4,10.5,1,1,10.5,4,0.75,2.5][1.1,8,3,1.5,1.3,8,3,1.5,0][-0.5,10,-3,1.5,-0.5,10,-3,1.5,0]]
→Mat A↵ 路基标准横断面设计数据矩阵，Mat A[3,9]=0 时超高横坡度为线性渐变

[[52850.763,0,0,52908.514,-2,2,53015.763,-4,4]
[53440.414,-4,4,53570.414,2,2,53763.792,2,2]]→Mat B↵ 路基超高横坡矩阵赋值

Return

②平竖曲线主点数据计算及坐标正算

将 QH2-7T 主程序第 10 行的数据库子程序修改为 JD44[与图 13.22(a)相同]，执行 QH2-7T 程序，计算加桩 K52+920 的中边桩坐标的操作过程如下：

屏幕提示	按　键	说　明
BASIC TYPE CURVE QH2−7T		显示程序标题
NEW(0),OLD(≠0) DATA=?	0 EXE	重新调用数据库子程序，耗时 6.25 s
+Break Z(m)=53570.4140+1.0000i	EXE	显示超高横坡桩号位于长链重桩区
BACK(0),+Break,FRONT(≠0)=?	0 EXE	输入 0 选择长链后重桩区
DISP YES(1),NO(≠1)=?	0 EXE	输入 0 不显示交点平曲线要素
[MODE][4]⇒Stop!	EXE	继续执行程序
STA XY,NEW(0),OLD(1),NO(2)=?	2 EXE	输入 2 不计算极坐标放样数据
PEG→XY(1),XY→PEG(2),Pier(4)=?	1 EXE	输入 1 为坐标正算
+PEG(m),π⇒END=?	52920 EXE	输入加桩号
αi=145°46′41.7″	EXE	显示加桩走向方位角，耗时 2.50 s
X+Yi(m)=682021.8625+505184.9605i	EXE	显示中桩坐标复数
H(m)=287.7290	EXE	显示中桩设计高程
ANGLE(0)⇒NO,-L +R(Deg)=?	-90 EXE	输入负数为左偏角
iL(%)=-2.2142	EXE	显示左横坡度，耗时 4.40 s
WL(m),0⇒NO=?	6.25 EXE	输入行车道内左边距

续表

屏幕提示	按　键	说　明
XL+YLi(m)=682025.3775+505190.1284i	EXE	显示左边桩坐标复数
HL(m)=287.8452	EXE	显示左边桩设计高程
WL(m),0⇟NO=?	23.75 EXE	输入挖方边坡左边距
XL+YLi(m)=682035.2194+505204.5986i	EXE	显示左边桩坐标复数
T(>0),W(<0),NO(0)=?	-3 EXE	输入任意负数为挖方边坡
HL(m)=302.9765	EXE	显示左边桩设计高程
WL(m),0⇟NO=?	0 EXE	输入0结束左边桩坐标计算
iR(%)=2.2142	EXE	显示右横坡度
WR(m),0⇟NO=?	12.25 EXE	输入土路肩外缘右边距
XR+YRi(m)=682014.9731+505174.8313i	EXE	显示右边桩坐标复数
HR(m)=287.4665	EXE	显示右边桩设计高程
WR(m),0⇟NO=?	21.8 EXE	输入填方边坡右边距
XR+YRi(m)=682009.6022+505166.9348i	EXE	显示右边桩坐标复数
T(>0),W(<0),NO(0)=?	2 EXE	输入任意正数为填方边坡
HR(m)=279.4440	EXE	显示右边桩设计高程
WR(m),0⇟NO=?	0 EXE	输入0结束右边桩坐标计算
+PEG(m),π⇟END=?	SHIFT π EXE	输入π结束程序
QH2－7T⇟END		程序结束显示

程序结束后,按MODE 4键进入 **REG** 模式,可以察看平竖曲线主点数据计算结果。如图13.30所示,平曲线4个主点数据存储在统计串列的1~4行,第5行存储一个断链桩数据,List X与List Y的6~9行分别存储竖曲线起点 *SJD*16,*SJD*17 的两个主点 *SZY*17,*SYZ*17 与终点 *SJD*18 的连续桩号与高程;List Freq[6]存储起点的走向纵坡(%),List Freq[7]存储 *SJD*17 的竖曲线半径,List Freq[8]与 List Freq[9]均为存储 *SYZ*17 的走向纵坡。

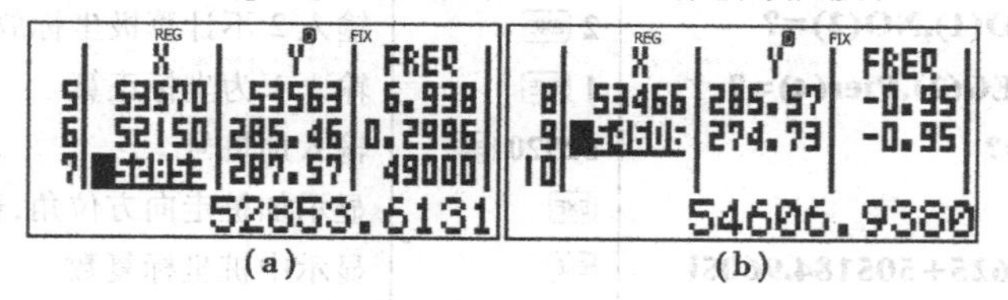

(a)　(b)

图13.30　竖曲线主点数据计算结果

如图13.29所示,本例二级填方平台外缘的边距为34.45 m,当输入的填方边坡边距大于该值时,程序只显示边桩的平面坐标,不显示设计高程;二级挖方平台外缘的边距为27.75 m,当输入的挖方边距大于该值时,程序只显示边桩的平面坐标,不显示设计高程。

③三维坐标反算

重复执行QH2-7T程序,进行三维坐标反算的屏幕显示与操作过程如下:

屏幕提示	按　键	说　明
BASIC TYPE CURVE QH2-7T		显示程序标题
NEW(0),OLD(≠0) DATA=?	5 EXE	用最近调用的数据库子程序计算
STA XY,NEW(0),OLD(1),NO(2)=?	2 EXE	输入2不计算极坐标放样数据
PEG→XY(1),XY→PEG(2),Pier(4)=?	2 EXE	输入2为坐标反算
XJ(m),π⇒END=?	682027.768 EXE EXE	输入1号边桩点坐标
YJ(m)+ni=?	505193.643 EXE	
HJ(m),0⇒NO=?	289.173 EXE	输入1号边桩点高程
p PEG(m)+ni=52920.0000+1.0000i	EXE	显示垂足点桩号/耗时6.37 s
αp=145°46′41.7″	EXE	显示走向方位角
Xp+Ypi(m)=682021.8625+505184.9604i	EXE	显示中桩坐标复数
HD p→J-L,+R(m)=-10.5005	EXE	显示负数为左边距
H(m)=287.7290	EXE	显示垂足点设计高程/耗时1.32 s
HL(m)=287.9393	EXE	显示边桩点设计高程/耗时5.44 s
a+hi(m)=1.2337i	EXE	显示"挖填高差i"复数
XJ(m),π⇒END=?	682007.808 EXE	输入2号边桩点坐标
YJ(m)+ni=?	505164.297 EXE	
HJ(m),0⇒NO=?	278.495 EXE	输入2号边桩点高程
p PEG(m)+ni=52920.0001+1.0000i	EXE	显示垂足点桩号/耗时6.38 s
αp=145°46′41.71″	EXE	显示走向方位角
Xp+Ypi(m)=682021.8624+505184.9605i	EXE	显示中桩坐标复数
HDp→J -L,+R(m)=24.9902	EXE	显示正数为右边距
H(m)=287.7290	EXE	显示垂足点设计高程/耗时1.35 s
T(>0),W(<0),NO(0)=?	4 EXE	输入任意正数为填方边坡
HR(m)=277.5444	EXE	显示边桩点设计高程
a+hi(m)=3.9402+0.9506i	EXE	显示"坡口平距+挖填高差i"复数
XJ(m),π⇒END=?	SHIFT π EXE	输入π结束程序
QH2-7T⇒END		程序结束显示

程序显示的边桩点挖填高差h为实测高程减设计高程，负数为挖方高差，正数为填方高差；移动平距a为边桩点边距减最近一个挖方坡顶或填方坡脚的边距，负数表示远离路中线方向移动，正数表示靠近路中线方向移动。上述1,2号边桩点的"坡口平距+挖填高差i"复数的几何意义见图13.29灰底色数字所示。

由于1号边桩点位于左幅硬路肩，程序只显示"挖填高差i"复数，2号边桩点位于填方边坡，所以，程序显示"坡口平距+挖填高差i"复数。

13.7　桥墩桩基坐标验算

《公路工程技术标准》[9]对公路桥梁的分类规定如表13.9。

表 13.9　桥梁分类

分　类	多孔跨径总长 L/m	单孔跨径 L_K/m
特大桥	$L>1\ 000$	$L_K>150$
大桥	$100\leqslant L\leqslant 1\ 000$	$40\leqslant L_K\leqslant 150$
中桥	$30\leqslant L\leqslant 100$	$20\leqslant L_K<40$
小桥	$8\leqslant L\leqslant 30$	$5\leqslant L_K<20$

桥梁施工图应给出每个桥墩的墩台中心设计桩号、法向偏距、走向偏角和每个桩基的测量坐标，施工前，应验算每个桩基的设计坐标，并与设计坐标相符后才能放样桥墩桩基。

下面以 205 国道江苏淮安西绕城段淮涟三干渠中桥为例，介绍使用 QH2-7T 程序计算桥墩桩基坐标的方法。

1）编写桥墩类号

将桥墩桩基完全相同的桥墩合并为同类，并编著墩类号。如图 13.31 所示，三干渠中桥共有 4 个桥墩，墩类号编为 1，2，3，其中 0#墩为 1 类墩，1#，2#墩为 2 类墩，3#墩为 3 类墩。

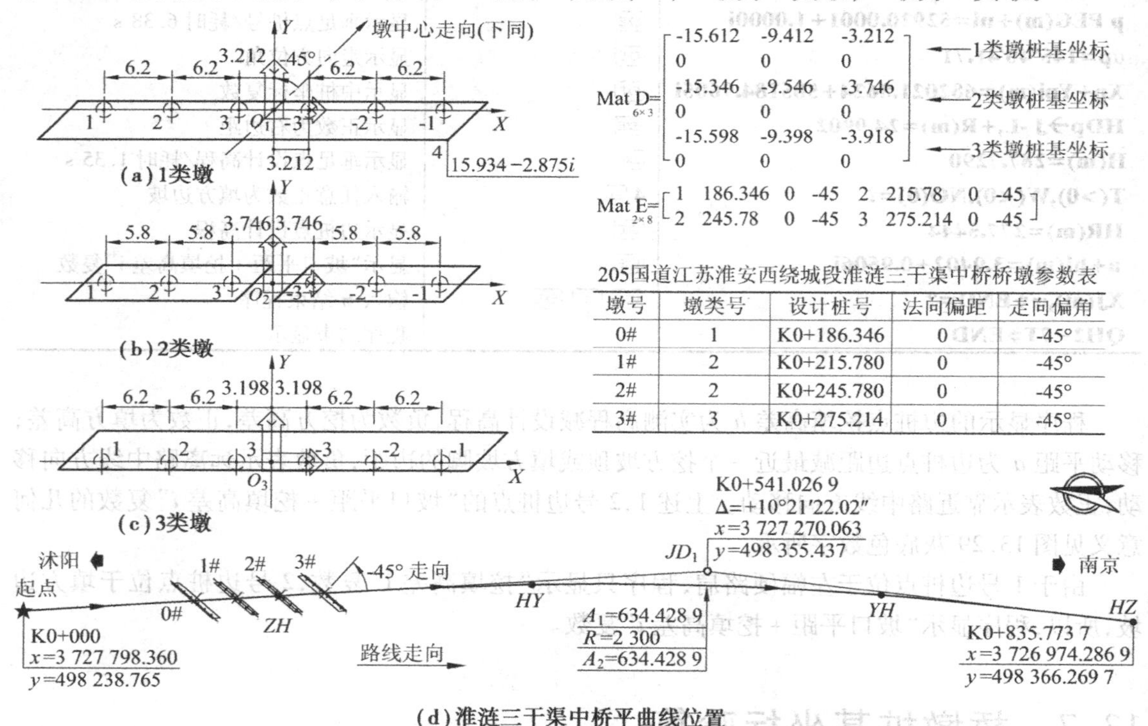

205国道江苏淮安西绕城段淮涟三干渠中桥桥墩参数表

墩号	墩类号	设计桩号	法向偏距	走向偏角
0#	1	K0+186.346	0	-45°
1#	2	K0+215.780	0	-45°
2#	2	K0+245.780	0	-45°
3#	3	K0+275.214	0	-45°

图 13.31　205 国道江苏淮安西绕城段淮涟三干渠中桥平曲线位置及桥墩桩基大样图

2）桩基墩台中心坐标的采集与输入

在 AutoCAD，以 m 为单位，按 1∶1 的比例分别绘制 1，2，3 类墩的桩基大样图，执行 AutoCAD 的 UCS/新建（N）命令，鼠标对象捕捉图 13.31（a）中的 O_1 点，建立图示的 XO_1Y 用户坐标系，简称墩台中心坐标系。由于这三类墩的桩基都是关于 Y 轴对称的图形，故只需为左幅（也可以是右幅）的 3 个桩基编写桩基号 1,2,3，右幅对称桩基号分别为 -1，-2，-3；在 AutoCAD 中执行 id 命令，分别对象捕捉 1,2,3 号桩基点，将命令行显示的墩台中心坐标输入到 Mat D 矩阵的 1 ~2 行。重复上述操作，分别采集 2 类与 3 类墩台 1,2,3 号桩基的墩台中心坐标，并输入到 Mat D 矩阵的 3 ~6 行。

Mat D 矩阵最多可定义为 10 行 ×10 列，可以输入 5 类墩台、每类墩台最多可以输入 1 ~10 号桩基的墩台中心坐标。

3）墩台设计数据的输入

每个桥墩的墩台设计数据有 4 个：墩类号、墩台中心设计桩号、法向偏距及走向偏角。墩台中心法向偏距是以路线走向为基准，墩台中心偏离路线走向左侧为负数，右侧为正数；走向偏角也是以路线走向为基准，墩台中心坐标系 +Y 轴偏离路线走向的偏角，左偏为负角，右偏为正角。

墩台设计数据应输入到 Mat E 矩阵。Mat E 矩阵最多可定义为 10 行 ×8 列，最多可以输入 0# ~19#桥墩、共 20 个墩台的设计数据。

桩基墩台中心坐标与墩台设计数据的输入，有手工输入与数据库子程序输入两种方法。手工输入到 Mat D 与 Mat E 矩阵的结果见图 13.31 右上图所示。下面是在数据库子程序 JD1 中输入的结果。

数据库子程序 JD1

541.0269→Z:3727270.063+498355.437i→B↵	JD_1 桩号/平面坐标复数
10°21°22.02°→Q↵	正数为右转角
634.4289→E:2300→R:634.4289→F↵	第一缓曲参数/圆曲半径/第二缓曲参数
3727798.36+498238.765i→U↵	起点平面坐标复数
2→S↵	竖曲线变坡点数
35+2S→DimZ↵	定义额外变量维数
14.559i→Z[34]↵	竖曲线起点桩号 + 高程复数
250+15.309i→Z[35]:60000→Z[36]↵	SJD_1 起点桩号 + 高程复数/竖曲线半径
785+14.4i→Z[37]:80000→Z[38]↵	SJD_2 起点桩号 + 高程复数/竖曲线半径
1600+14.497i→Z[39]↵	竖曲线终点桩号 + 高程复数
[[-15.612,-9.412,-3.212][0,0,0][-15.346,-9.546,-3.746][0,0,0] [-15.598,-9.398,-3.198][0,0,0]]→Mat D↵	1 ~3 类桥墩 1 ~3 号桩基的墩台中心坐标
[[1,186.346,0,-45,2,215.78,0,-45][2,245.78,0,-45,3,275.214,0,-45]]→Mat E↵	0# ~3#桥墩墩台设计数据

Return

将 QH2-7T 主程序第 10 行的数据库子程序修改为 JD1，执行 QH2-7T 程序，计算桥墩桩基坐标的操作过程如下：

屏幕提示	按　键	说　明
BASIC TYPE CURVE QH2－7T		显示程序标题
NEW(0),OLD(≠0) DATA=?	0 EXE	重新调用数据库子程序/耗时 5.25 s
DISP YES(1),NO(≠1)=?	0 EXE	输入 0 不显示交点曲线要素
[MODE][4]⇒Stop!	EXE	继续执行程序/耗时 7.19 s
STA XY,NEW(0),OLD(1),NO(2)=?	2 EXE	输入 2 不计算极坐标放样数据
PEG→XY(1),XY→PEG(2),Pier(4)=?	4 EXE	输入 4 为桥墩(pier)桩基坐标计算
Pier n(0→19),π⇒END=?	0 EXE	输入 0#桥墩
Pier PEG(m)+ni=186.3460+1.0000i	EXE	显示 0#桥墩桩号＋墩类号复数
αi=167°32′46.98″	EXE	显示墩台中心走向方位角/耗时 1.34 s
X+Yi(m)=3727616.399+498278.9504i	EXE	显示墩台中心坐标复数
H(m)=15.0682	EXE	显示墩台中心设计高程
Sn,X+Yi(m),π⇒Next=?	1 EXE	输入 1 号桩基(stake)
X+YSi(m)=3727629.559+498287.3493i	EXE	显示 1 号桩基坐标复数
Sn,X+Yi(m),π⇒Next=?	-3 EXE	输入－3 号桩基(stake)
X+YSi(m)=3727613.691+498277.2224i	EXE	显示－3 号桩基坐标复数
Sn,X+Yi(m),π⇒Next=?	15.934 (−) 42.875 i EXE	输入 4 号点墩台中心坐标复数
X+YSi(m)=3727604.514+498267.9546i	EXE	显示 4 号点坐标复数
Sn,X+Yi(m),π⇒Next=?	EXE	输入 π 结束 0#桥墩计算
Pier n(0→19),π⇒END=?	3 EXE	输入 3#桥墩
Pier PEG(m)+ni=275.2140+3.0000i	EXE	显示 3#桥墩桩号＋墩类号复数
αi=167°36′40.08″	EXE	显示墩台中心走向方位角/耗时 1.34 s
X+Yi(m)=3727529.619+498298.1036i	EXE	显示墩台中心坐标复数
H(m)=15.1545	EXE	显示墩台中心设计高程
Sn,X+Yi(m),π⇒Next=?	1 EXE	输入 1 号桩基(stake)
X+YSi(m)=3727542.758+498306.5099i	EXE	显示 1 号桩基坐标复数
Sn,X+Yi(m),π⇒Next=?	SHIFT π EXE	输入 π 结束 3#桥墩计算
Pier n(0→19),π⇒END=?	SHIFT π EXE	输入 π 结束程序
QH2－7T⇒END		程序结束显示

限于篇幅，上述只计算了部分桥墩桩基坐标。图 13.32 为设计图纸给出的淮涟三干渠中桥 24 个桩基的设计坐标，上述计算结果与设计值基本相符。

图 13.31(a)的 1 类墩台 4 号点的墩台中心坐标没有输入到 Mat D 矩阵，可以直接输入该点的墩台中心坐标复数计算其测量坐标。

程序应用竖曲线数据算出的墩台中心设计高程一般为该点的桥面设计高程，具体请查阅桥台构造图。当用户输入了测站点坐标时，程序将计算并显示墩台桩基的极坐标放样数据，可以直接用全站仪放样桩基的平面位置。

205国道江苏淮安西绕城段淮涟三干渠中桥桩基坐标表

墩号	桩基	x/m	y/m	墩号	桩基	x/m	y/m
0#	1	3 727 629.558 6	498 287.349 1	2#	1	3 727 571.299 1	498 300.023 1
	2	3 727 624.332 3	498 284.013 6		2	3 727 566.409 9	498 296.902 8
	3	3 727 619.105 9	498 280.678 1		3	3 727 561.520 8	498 293.782 5
	4(-3)	3 727 613.6915	498 277.222 5		4(-3)	3 727 555.205 5	498 289.752 0
	5(-2)	3 727 608.4651	498 273.887 1		5(-2)	3 727 550.316 3	498 286.631 7
	6(-1)	3 727 603.238 8	498 270.551 6		6(-1)	3 727 545.427 2	498 283.511 4
1#	1	3 727 600.593 2	498 293.553 6	3#	1	3 727 542.758 1	498 306.509 9
	2	3 727 595.704 1	498 290.433 3		2	3 727 537.535 5	498 303.168 5
	3	3 727 590.814 9	498 287.313 0		3	3 727 532.312 9	498 299.827 1
	4(-3)	3 727 584.499 6	498 283.282 5		4(-3)	3 727 526.925 3	498 296.380 1
	5(-2)	3 727 579.610 5	498 280.162 2		5(-2)	3 727 521.702 7	498 293.038 7
	6(-1)	3 727 574.721 3	498 277.041 9		6(-1)	3 727 516.480 2	498 289.697 3

说明：

1.平面坐标系为淮安市独立坐标系。

2.本图提供的数据需经施工单位核实无误后方可施工，并需用桩号和纵横向距离相互校核。

图 13.32　淮涟三干渠中桥桥墩桩基坐标设计值

本章小结

(1)路线属于三维空间曲线，路线曲线投影到水平面构成平曲线、投影到竖直面构成竖曲线，平、竖曲线联系的纽带为桩号，桩号为路线中线上，该桩距路线起点的水平距离，也称里程数。

(2)路线平曲线由直线、圆曲线、缓和曲线等三种线元，根据设计需要径相连接组合而成，其中缓和曲线为半径连续渐变的积分曲线，称一端半径为∞的缓和曲线为完整缓和曲线，缓和曲线半径为∞的端点为切线支距坐标系的原点；两端半径均≠∞的缓和曲线为非完整缓和曲线。

(3)缓和曲线参数定义为 $A=\sqrt{RL_h}$，缓和曲线上任意点 j 的计算偏角为 $\beta_j=\dfrac{l_j^2}{2A^2}$，其中 l_j 为缓和曲线原点至 j 点的线长。缓和曲线 j 点的切线支距坐标公式(13.36)只适用于计算偏角 $\beta_j<55°$ 的坐标计算，$\beta_j>55°$ 时，应使用积分公式(13.31)。

完整缓和曲线、绝大部分非完整缓和曲线的最大计算偏角均 $<55°$，只有大参数小半径非完整缓和曲线的计算偏角 $>55°$，这种非完整缓和曲线常出现在城市道路改造设计中。

(4)称根据给定桩号计算其中、边桩平面坐标为坐标正算。由于公路路线设计图纸一般只给出了 20 m 间距的逐桩整桩坐标，不能满足路线平曲线详细测设的需求，因此需要使用程序 QH2-7T 频繁地计算加桩的中、边桩坐标及设计高程。根据全站仪测定的边桩三维坐标反求垂足点的桩号、走向方位角、中桩坐标、边距、设计高程、挖填高差、边桩距离最近坡口点的平距称为坐标反算。坐标正、反算是路线施工测量中使用频率最高的计算类型。

(5)根据桥墩桩基大样图、墩台中心设计参数计算桥墩桩基的坐标称为桥墩桩基坐标计算。

(6)全站仪的普及，使得测定与测设任意点的三维坐标变得容易与简单。只要点的三维设计坐标已知，使用全站仪的坐标放样功能，就能方便快捷地测设出该点的地面位置。fx-5800P 程序 QH2-7T 适用于在现场准确、快速、高效地计算路线中、边桩的设计三维坐标。

思考题与练习题

1. 路线中线测量有哪些内容？

2. 什么是转角？正负如何定义？什么是右测角？两者有何关系？

3. 用全站仪测得交点 JD_{12} 的右测角为 $\beta_{12}=120°56'18''$，交点 JD_{13} 的右测角为 $\beta_{13}=241°11'36''$，试计算 JD_{12} 与 JD_{13} 的路线转角，并说明是左转角还是右转角。

4. 路线平曲线，在什么情况下需要设置缓和曲线？

5. 什么情况下圆曲线需要设置加宽？高速公路的圆曲线是否需要设置加宽？

6. 什么情况下圆曲线需要设置超高？如何设置超高过渡段？

7. 什么情况下需要设置超高、加宽过渡段？

8. 里程桩是如何分类的？加桩有什么类型？*ZH* 属于什么桩？*JD* 属于什么桩？

9. 图 13.33 为湖南常德至安化高速公路 D3 段右线 *JD*1 平竖曲线设计图，全站仪已安置在图中的导线点上并完成后视定向，试用 QH2-7T 程序计算加桩 YK72＋860，YK72＋940 的中桩坐标、设计高程及其极坐标放样数据，取左右边距为 12.25 m，计算边桩坐标；计算图中内表所列 1，2 号边桩点的坐标反算结果。

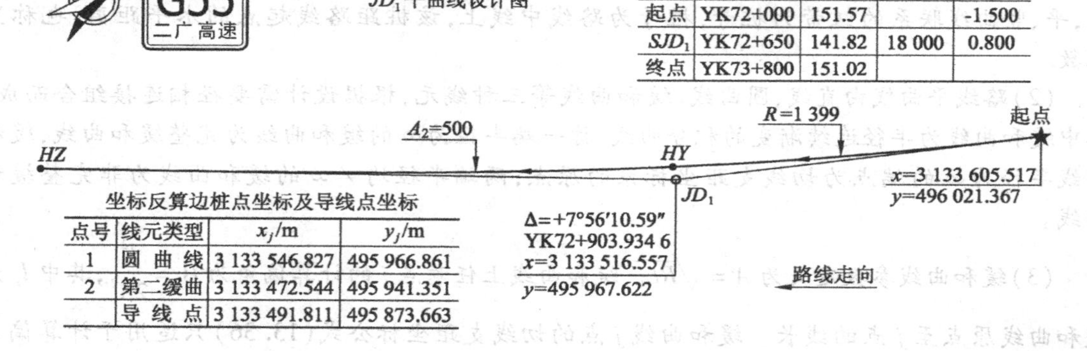

竖曲线及纵坡表

序号	桩号	高程/m	R/m	i/%
起点	YK72+000	151.57		-1.500
SJD_1	YK72+650	141.82	18 000	0.800
终点	YK73+800	151.02		

坐标反算边桩点坐标及导线点坐标

点号	线元类型	x_j/m	y_j/m
1	圆曲线	3 133 546.827	495 966.861
2	第二缓曲	3 133 472.544	495 941.351
	导线点	3 133 491.811	495 873.663

图 13.33　无第一缓和曲线的交点法平曲线与竖曲线设计图

10. 图 13.34 为广东河源市滨江大道改造工程 JD_{17} 的平曲线设计资料，试用 QH2-7T 程序计算曲线要素、主点数据与加桩 K11＋456，K11＋575 的中桩坐标。

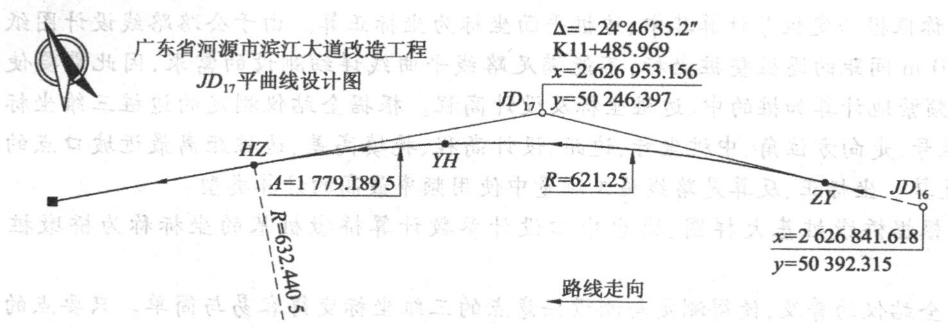

图 13.34　含大参数小半径的非完整缓和曲线交点法平曲线设计图

11. 图 13.35 为广西河池至都安高速公路 JD_{43} 的平曲线设计图，试用 QH2-7T 程序计算曲线要素、主点数据与加桩 K51 +940，K52 +760 的中桩坐标。

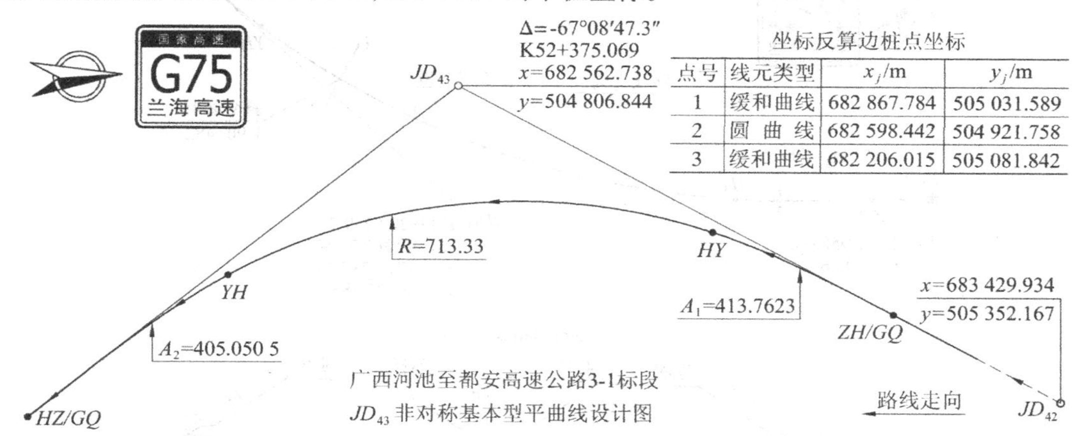

图 13.35 交点法非对称基本型平曲线设计图

12. 试用 QH2-7T 程序计算图 13.36 所示 AJD_2 的平曲线要素、主点数据，并以 2 号导线点为测站点，计算加桩 AK0 +800 的中桩坐标及其极坐标放样数据，计算图中内表 3 个边桩点的垂足点桩号、中桩坐标、边距及其极坐标放样数据。要求先将 1，2 号导线点的坐标输入到 fx-5800P 的 Mat F 矩阵，再从 Mat F 矩阵中选择测站点。

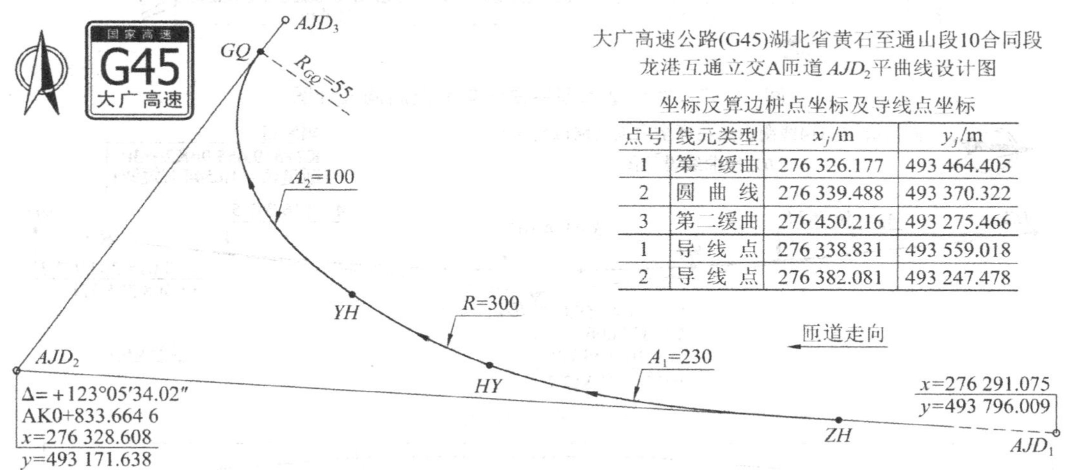

图 13.36 第二缓和曲线为 $R_{GQ}<R$ 的非完整缓和曲线交点法平曲线设计图

13. 试用 QH2-7T 程序计算图 13.37 所示斜交涵洞轴线左右边桩 A，B 点的设计坐标。

14. 图 13.38 为湖南省道 S314 线衡山黄花坪至白果公路改建工程 JD_6 的平竖曲线及超高横坡设计图，图 13.39 为标准横断面设计图，试用 QH2-7T 程序计算：

①加桩 K2 +860 的中桩坐标、设计高程，取左边距分别为 6 m 与 16 m，计算填方边坡的边桩坐标及其设计高程；取右边距分别为 6 m 与 14.5 m，计算挖方边坡的边桩坐标及其设计高程。

②用全站仪测得 1 号填方边桩点的三维坐标为(3 018 663.038，508 345.103，89.645)，2 号挖方边桩点的三维坐标为(3 018 662.285，508 395.597，117.689)，试计算这两点的挖填高差及距离边坡坡口的平距。

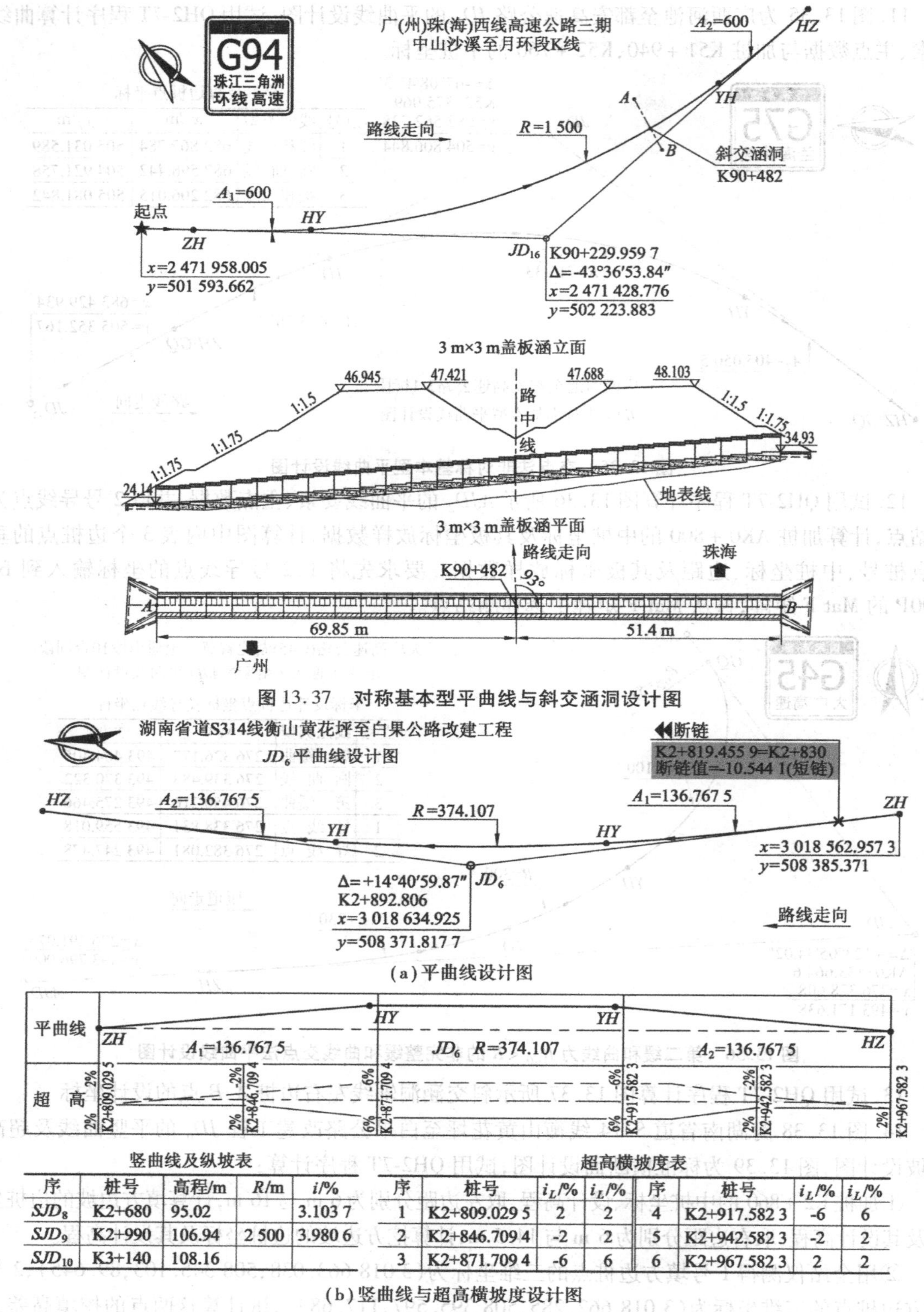

图 13.37 对称基本型平曲线与斜交涵洞设计图

(a)平曲线设计图

竖曲线及纵坡表

序	桩号	高程/m	R/m	i/%
SJD_8	K2+680	95.02		3.103 7
SJD_9	K2+990	106.94	2 500	3.980 6
SJD_{10}	K3+140	108.16		

超高横坡度表

序	桩号	i_L/%	i_L/%	序	桩号	i_L/%	i_L/%
1	K2+809.029 5	2	2	4	K2+917.582 3	-6	6
2	K2+846.709 4	-2	2	5	K2+942.582 3	-2	2
3	K2+871.709 4	-6	6	6	K2+967.582 3	2	2

(b)竖曲线与超高横坡度设计图

图 13.38 交点法平曲线、竖曲线与超高横坡设计图

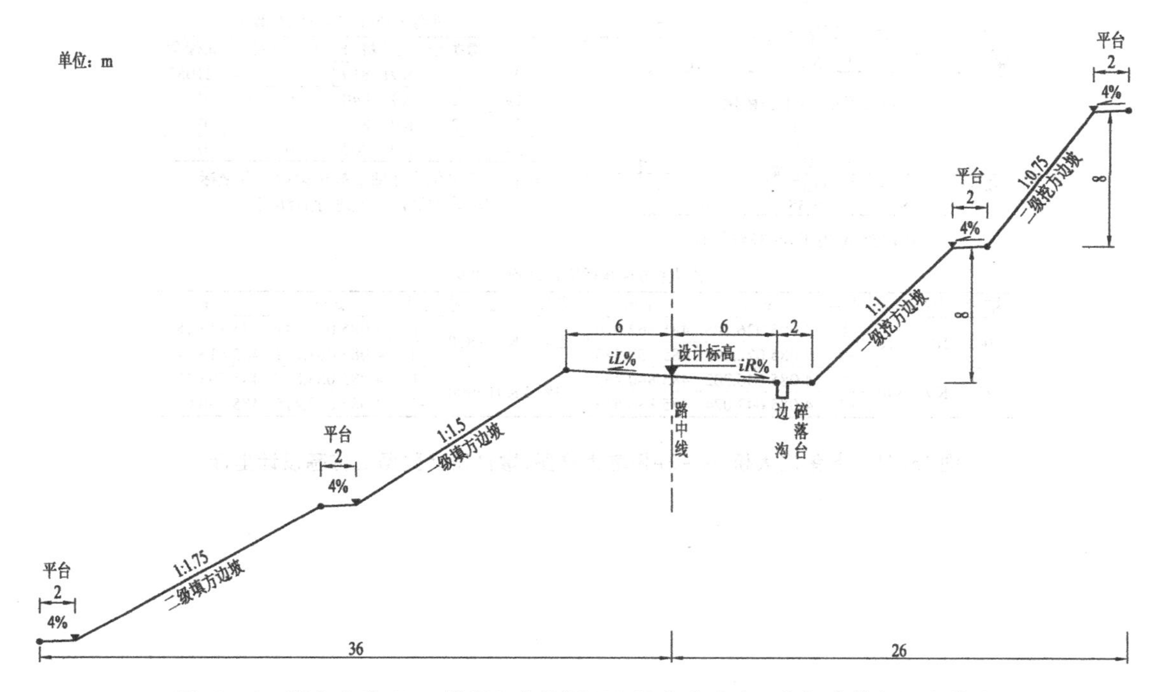

图 13.39　湖南省道 S314 线衡山黄花坪至白果公路改建工程标准横断面设计图

15. 图 13.40 为陕西延安经志丹至吴起高速公路 C 合同段卜鱼沟大桥所在的 JD_{59}平曲线设计图。卜鱼沟大桥全长 990 m，设有 0# ~ 33#共 34 个桥墩，位于 JD_{59} ~ JD_{60}平曲线，其中0# ~ 10#桥墩位于 JD_{59}平曲线段内；图 13.41 为卜鱼沟大桥 0# ~ 3#桥墩桩基大样图、墩台设计数据及桩基坐标表，试用 QH2-7T 程序验算这 4 个桥墩的 8 个桩基坐标。

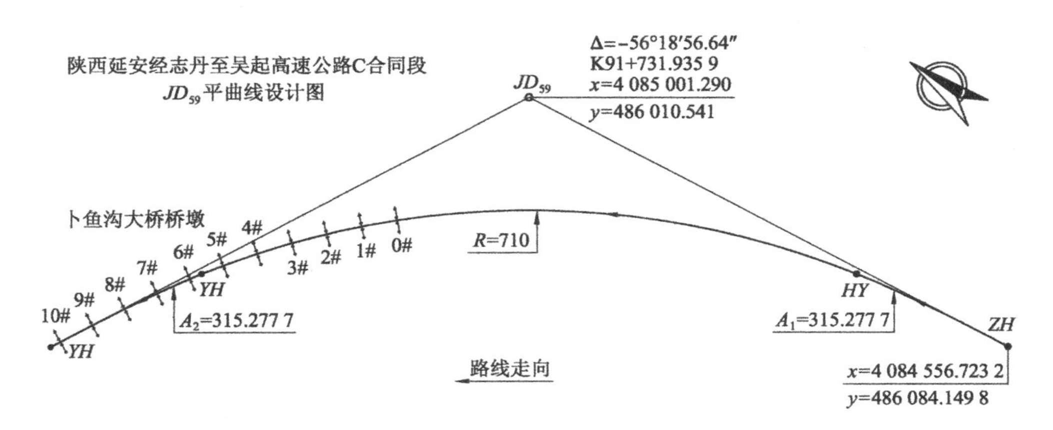

图 13.40　陕西延安经志丹至吴起高速公路 C 合同段 JD_{59} 平曲线设计图

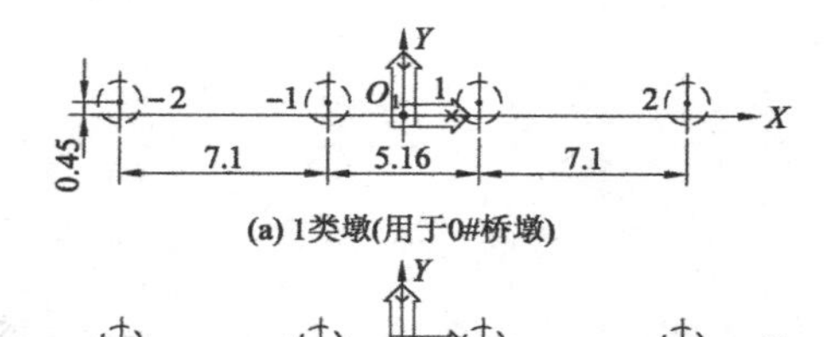

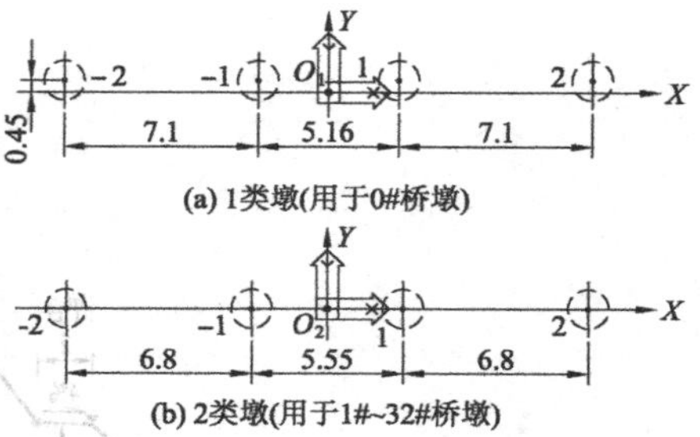

(a) 1类墩(用于0#桥墩)

(b) 2类墩(用于1#~32#桥墩)

卜鱼沟大桥0#~3#桥墩参数表

墩号	墩类号	设计桩号	法向偏距	走向偏角
0#	1	K91+810	0	−1.2105°
1#	2	K91+840	0	0
2#	2	K91+870	0	0
3#	2	K91+900	0	0

注：施工单位应仔细复核桥梁墩、台坐标的准确性后，才能进行后续施工。

卜鱼沟大桥0#~3#桥墩桩基设计坐标表

墩号	中心桩号	点号	x/m	y/m	墩号	中心桩号	点号	x/m	y/m
0#	K91+810	1	4 085 026.105	485 862.010	2#	K91+870	1	4 085 065.541	485 817.183
		−1	4 085 022.293	485 858.533			−1	4 085 061.212	485 813.710
1#	K91+840	1	4 085 046.202	485 840.269	3#	K91+900	1	4 085 083.887	485 793.301
		−1	4 085 042.024	485 836.616			−1	4 085 079.415	485 790.014

图 13.41　卜鱼沟大桥 0# ~3#桥墩大样图、墩台设计数据及桩基设计坐标

参考文献

[1] 中华人民共和国国家标准(GB 50026—2007).工程测量规范[S].中华人民共和国建设部与国家技术监督总局2007-10-25联合发布.2008-05-01实施.北京:中国计划出版社,2008.
[2] 覃辉,徐卫东,任沂军.测量程序与新型全站仪的应用[M].2版.北京:机械工业出版社,2007.
[3] 朱华统,杨元喜,吕志平.GSP坐标系统的变换[M].北京:测绘出版社.1994.
[4] 中华人民共和国国家标准(GB/T 7929—1995).1:500 1:1000 1:2000地形图图式[S],国家技术监督局批准.1995-09-15批准,1996-05-01实施.北京:中国标准出版社,1996.
[5] 中华人民共和国行业标准(JGJ/T 8—97).建筑变形测量规程[S].中华人民共和国建设部发布,1999-06-01实施.北京:中国建筑工业出版社,1998.
[6] 中华人民共和国行业标准(JTJ 061—99).公路勘测规范[S].中华人民共和国交通部1999-06-04发布,1999-12-01实施.北京:人民交通出版社,1999.
[7] 中华人民共和国行业标准(JTG D02—2006).公路路线设计规范[S].中华人民共和国交通部2006-07-07发布,2006-10-01实施.北京:人民交通出版社,2006.
[8] 中华人民共和国行业标准(JTG B01—2003).公路工程技术标准[S].中华人民共和国交通部2004-01-29发布,2004-03-01实施.北京:人民交通出版社,2004.
[9] 覃辉,谭平英,余代俊,等.土木工程测量[M].上海:同济大学出版设,2004.
[10] 覃辉.CASIO fx-4850P/4800P/3950P编程计算器在土木工程中的应用[M].广州:华南理工大学出版社,2004.
[11] 覃辉,段长虹.CASIO fx-9860G SD矩阵串列编程计算器的原理与方法[M].广州:华南理工大学出版社,2006.
[12] 覃辉,段长虹.CASIO fx-9860G SD矩阵串列编程计算器实用测量程序[M].广州:华南理工大学出版社,2006.
[13] 覃辉,段长虹.CASIO fx-5800P矩阵编程计算器原理与实用测量程序[M].上海:同济大学出版社,2007.
[14] 覃辉.CASIO fx-50F编程计算器原理与测量程序[M].北京:人民交通出版社,2008.
[15] 覃辉.CASIO fx-4800P/fx-4850P与fx-5800P编程计算器功能比较与程序转换[M].上海:同济大学出版社,2009.
[16] 覃辉.CASIO fx-5800P编程计算器公路与铁路施工测量程序[M].上海:同济大学出版

社,2009.
[17] 覃辉. CASIO fx-9750GII 图形编程计算器公路与铁路测量程序[M]. 北京:人民交通出版社,2010.
[18] 覃辉,覃楠. CASIO fx-5800P 编程计算器基于数据库子程序的测量程序与案例[M]. 上海:同济大学出版社,2010.
[19] 覃辉,段长虹,覃楠. CASIO fx-CG20 中文图形编程计算器电子手簿与隧道超欠挖程序[M]. 上海:同济大学出版社,2011.